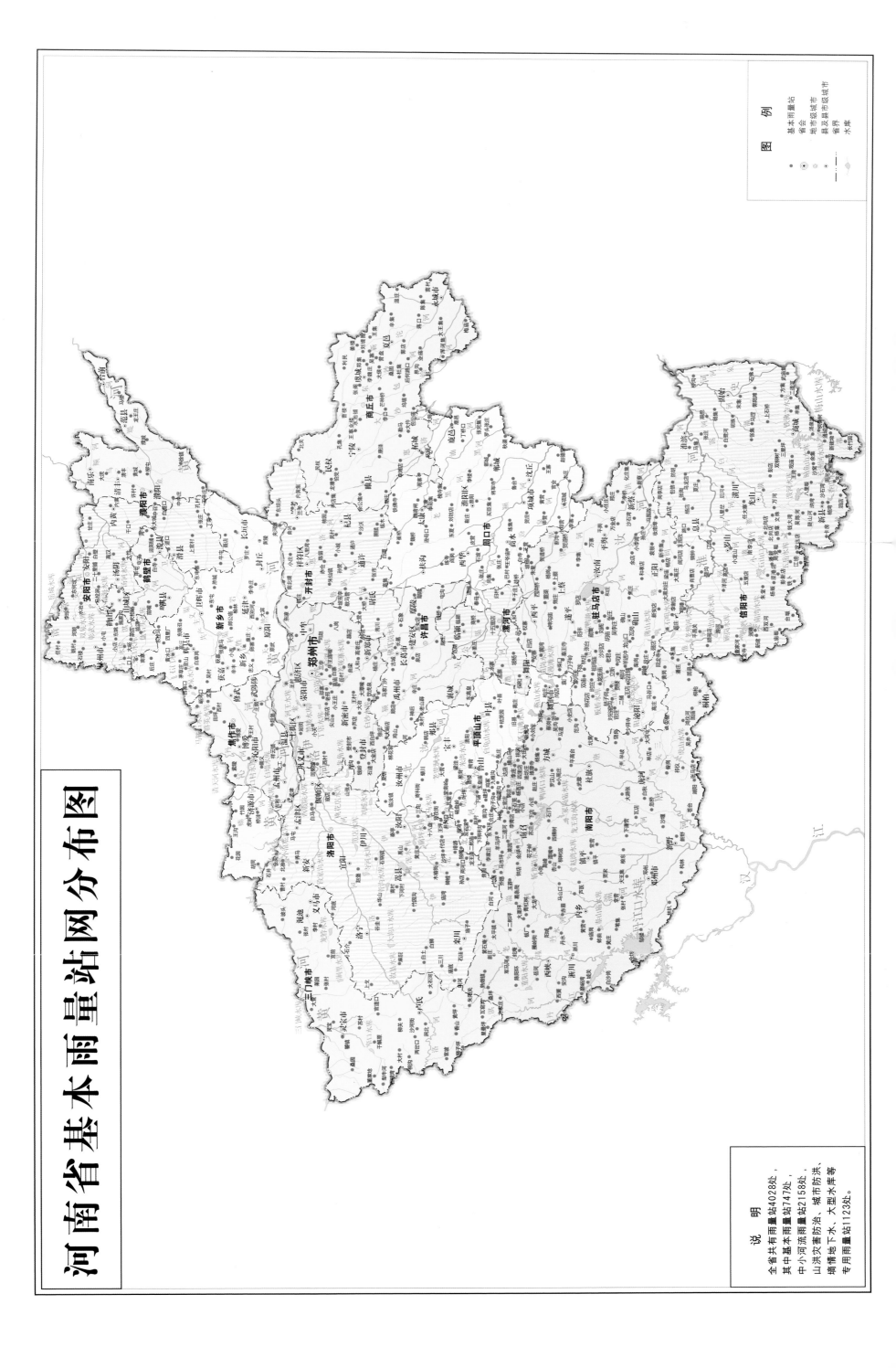

河南省基本雨量站网分布图

说 明

全省共有雨量站4028处,
其中基本雨量站747处,
中小河流雨量站2158处,
山洪灾害防治、城市防洪、
墒情地下水、大型水库等
专用雨量站1123处。

图 例

基本雨量站
省会
地市级城市
县会县级城市
县及县市级城市
省界
水库

河南省水文站网分布图

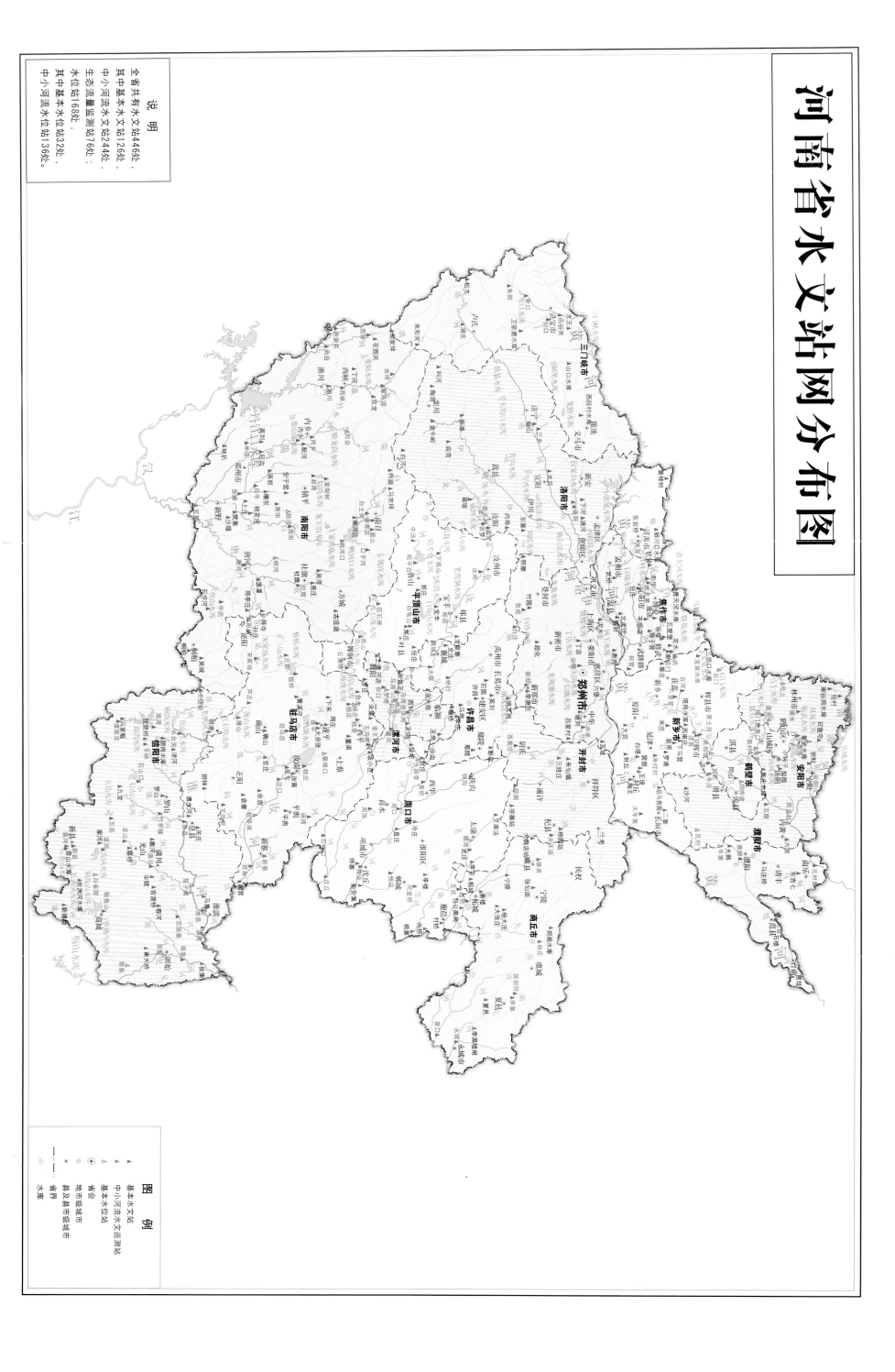

图 例

▲ 基本水文站
▲ 中小河流水文巡测站
△ 基本水文巡测站
◉ 生态流量监测站
● 省会
● 地市级城市
○ 县及县市级城市
—·— 省界
—— 水库

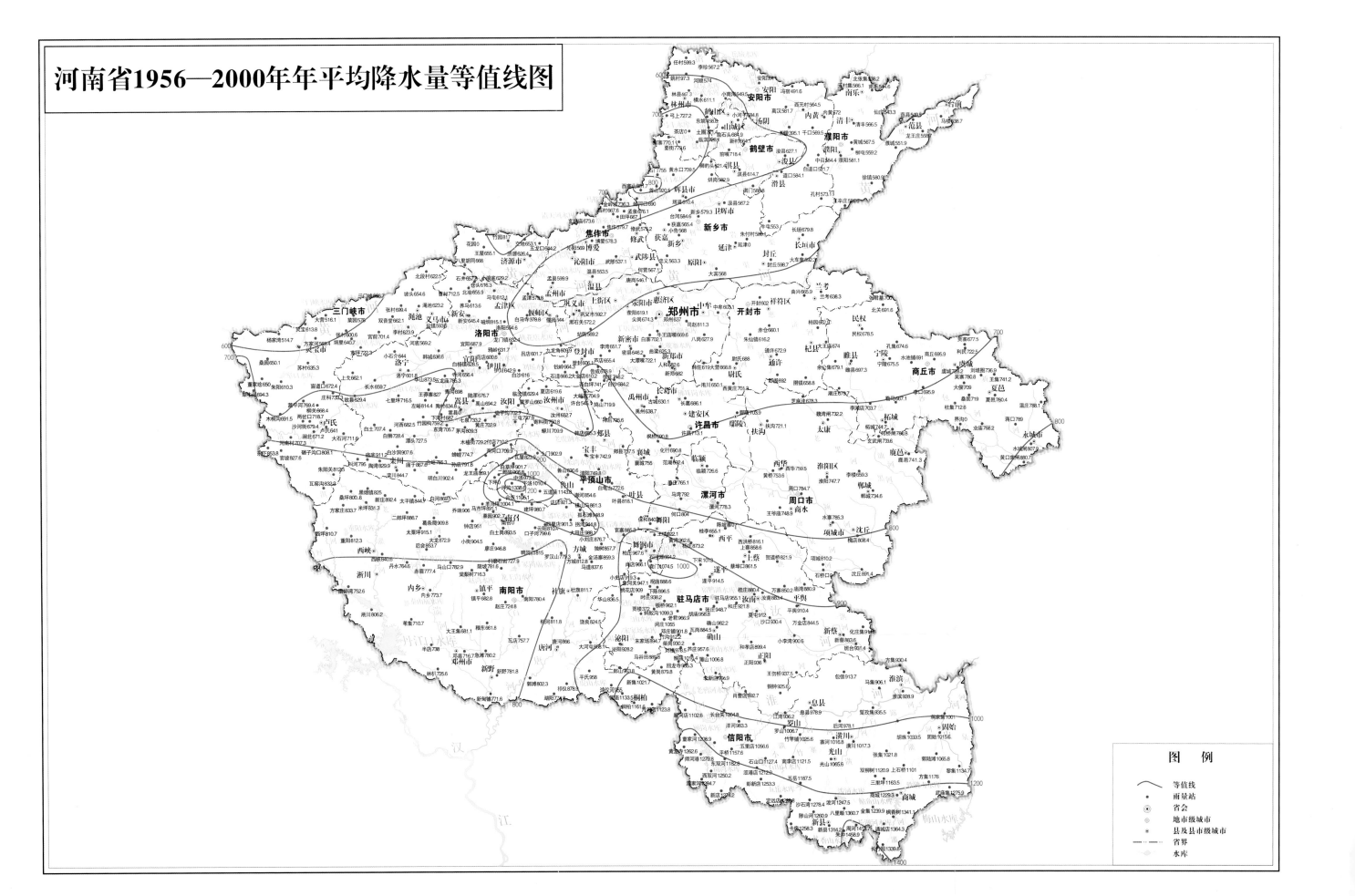

河南省1956—2000年年平均降水量等值线图

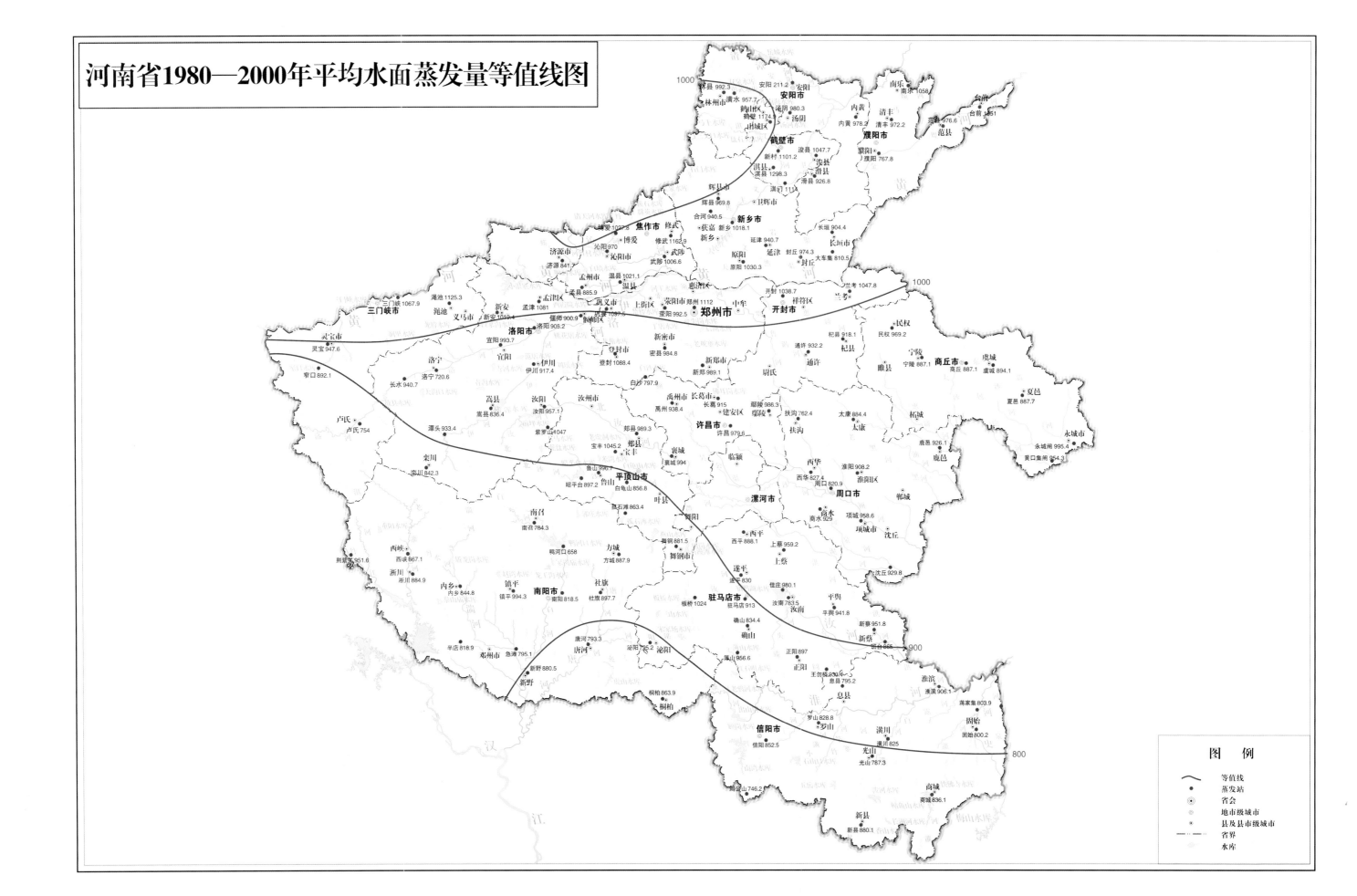

河南省1980—2000年平均水面蒸发量等值线图

图 例

〜 等值线
• 蒸发站
⊙ 省会
◎ 地市级城市
◉ 县及县市级城市
—·—·— 省界
—— 水库

河南省地下水监测站点分布图

图 例

150自动井
国家地下水监测工程新建井
国家地下水监测工程改建井
1354人工井
省会
地市级城市
县及县市级城市
省界
水库
平原区

河南省地表水水质站点分布图

河南省水文志

河南省水文水资源局　编

中国水利水电出版社
www.waterpub.com.cn
·北京·

内 容 提 要

《河南省水文志》是河南省第一部水文专业志书。本着详今略古、详主略次、详独略同等原则，全面、系统、客观、真实地记述了自上古时期至 2015 年河南水文的发展史实，反映河南水文在物质文明、政治文明、精神文明等方面的建设成果及水文改革的历史进程。全志共十二章，横排门类，纵写始末，并有序、凡例、主要机构全称与简称对照表、大事记、编纂始末等内容。

本志可供水利系统各级领导干部、工程技术人员、有关高等院校师生以及关心河南水文的社会各界人士参阅。

图书在版编目（CIP）数据

河南省水文志 / 河南省水文水资源局编. -- 北京：
中国水利水电出版社，2021.3
ISBN 978-7-5170-9486-9

Ⅰ．①河… Ⅱ．①河… Ⅲ．①水文工作－概况－河南
Ⅳ．①P337.261

中国版本图书馆CIP数据核字(2021)第048812号

审图号：豫 S〔2021 年〕004 号

书　　名	**河南省水文志** HENAN SHENG SHUIWEN ZHI	
作　　者	河南省水文水资源局　编	
出版发行	中国水利水电出版社 （北京市海淀区玉渊潭南路 1 号 D 座　100038） 网址：www. waterpub. com. cn E－mail：sales@waterpub. com. cn 电话：（010）68367658（营销中心）	
经　　售	北京科水图书销售中心（零售） 电话：（010）88383994、63202643、68545874 全国各地新华书店和相关出版物销售网点	
排　　版	中国水利水电出版社微机排版中心	
印　　刷	北京印匠彩色印刷有限公司	
规　　格	184mm×260mm　16 开本　31.75 印张　588 千字　19 插页	
版　　次	2021 年 3 月第 1 版　2021 年 3 月第 1 次印刷	
印　　数	0001—1000 册	
定　　价	**198.00 元**	

2008 年 4 月 27 日，副省长刘满仓视察淮滨水文站

2008 年 12 月 26 日，水利部副部长鄂竟平参加洛阳水文局挂牌仪式

2009 年 7 月 13 日，省长郭庚茂在省水文局水情中心听取汛情汇报

2010 年 8 月 22 日，省委书记卢展工视察省水情中心

2011 年，省委省政府主要领导听取水文工作汇报

2012 年 6 月 30 日，厅领导来水文局调研

2013 年 7 月 8 日，省长谢伏瞻视察省水文局水情中心

2013 年 4 月 19 日，部水文局领导到潢川调研检查工作

"全国五一劳动奖章"获得者廖仲楷

"全国五一劳动奖章"获得者潘涛

"全国先进工作者"孙明志及白土岗水文站职工

荣誉证书　　第 0820 号

授予范厚克 同志河南省

劳动模范称号。

河南省人民政府

一九九四年四月二十七日

荣誉证书

艾昌术 同志在一九九一年抗洪抢险斗争中成绩突出，特授予全国抗洪抢险模范称号。

国家防汛总指挥部

一九九二年

证书

王鸿杰 同志：

　　经省政府批准，您入选为 2010 年度河南省学术技术带头人。

　　特发此证。

第 9412010087 号　　　二〇一一年一月二十四日

河南省人民政府

授予

傅明耦 同志

为 2003 年至 2007 年"中原环保世纪行"宣传活动先进工作者称号。

河南省人大常委会环境与资源保护工作委员会　　中共河南省委宣传部

河南省环境保护局　　河南省新闻工作者协会

二〇〇七年十二月

2011 年 11 月 11 日，河南省水文水资源局揭牌仪式

2009 年 6 月 4 日，信阳市水文水资源局
揭牌仪式

2013 年 4 月 19 日，河南省首个县级水文
水资源局成立

2009 年 9 月 26 日，河南省水文系统离退休职工
管理工作会议

2012 年 6 月 14—16 日，第五届河南省
水文勘测工技能竞赛

2012 年 6 月 14 日，全国水文
系统勘测工竞赛

2012 年 4 月 6 日，全省水文
工作会议在郑州召开

2012 年 8 月 30 日，河南省 2012 年度中小
河流水文监测系统工程建设会议

2012 年 11 月 26 日，河南省水文水资源局
学习贯彻党的十八大精神大会

2012 年 9 月 24 日，河南省中小河流水文监测
系统采购项目合同签订仪式

2013 年 3 月 26 日，全国水文工作
视频会议河南分会场

2013 年 4 月 12 日，河南省水环境监测
中心计量认证复查评审会议

2013 年 8 月 6 日，"不忘初心 牢记使命"
红旗渠党建活动

2013 年 8 月 14 日，"惩治腐败与预防职务犯罪的思考"
廉政教育讲堂

2013 年 8 月 16 日，原喜琴局长带领水文职工到信阳新县
鄂豫皖苏区首府革命博物馆参观学习

2013 年 11 月 25 日，省局机关向王少杰献爱心
捐款仪式

2013 年 11 月 21 日，省局机关学习贯彻十八届
三中全会精神会议

2013 年 12 月 5 日，河南省水文志修编
第一次会议

2013 年 12 月 13 日，省水利工会、省水文工会
及全系统水文职工向息县水文站捐款

2014 年 1 月 10 日，河南省中小河流水文监测
项目整改工作会议

2014 年 5 月 14 日，省水文局组织青年团员
走进军营

2014 年 8 月 15 日，河南省水文水资源局争创省级文明单位动员大会

2014 年 8 月 15 日，《河南省水文基础设施建设总体方案（2014—2020 年）》审查会

2014 年，全省水文工作会议

2015 年，全国水文工作视频会议河南分会场

早期报汛设备

手工计算

老式桥测

耗时、费力的老式船测

现代化的桥测

利用 ADCP 先进技术抢测洪峰

ADCP 测流

水文演练

应急指挥通信车

水准测量

夜幕下的应急监测

打水尺桩

测流

测验

雨量观测场

沙河小尚巡测站

现代化的报汛设备

测雨雷达

雨滴谱仪

城市防洪雨量采集系统

河南省水环境监测中心

选手认真参加水质采样及现场测定课目考核

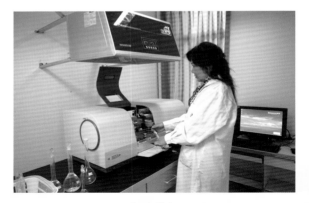

水质分析

水样采样前处理

水质化验

荆紫关旧貌

荆紫关新貌

淮滨水文站旧貌

淮滨水文站新貌

淮滨水文站多跨度水文缆道

观测场新貌

常庄水文站旧貌

常庄水文站新貌

五陵水文站旧貌

五陵水文站新貌

西峡水文站旧貌

西峡水文站新貌

平氏水文站旧貌

平氏水文站新貌

新村水文站旧貌

新村水文站新貌

竹竿铺水文站改造后新貌

盘石头水文站

信阳平桥水文站

潢川水文站

2007 年 7 月 8 日，竹竿铺水文站大水

南湾水库老自记井

新改造的自记井

潢川水文站缆道房

平顶山老虎洞水位站

许昌长葛佛耳岗水位站

周口缆道房一侧

2005 年 1 月，迎新春老干部联欢会

2010 年 5 月，水文杯"生态河南·美丽家园"
摄影作品大赛启动仪式

2006 年 8 月 15 日，水文职工自编自演小品

《河南省水文志》编纂委员会

主　　任：李斌成

副 主 任：王鸿杰　　杨传彬　　江海涛　　岳利军　　赵彦增　　沈兴厚

委　　员：郑立军　　李中原　　郭德勇　　王冬至　　何俊霞　　禹万清
　　　　　崔新华　　付铭韬　　袁建文　　于吉红　　李智喻　　席献军
　　　　　李振安　　周广华　　吴新建　　李　鹏　　彭公明　　游巍亭
　　　　　黄振离　　王振奇　　薛建民　　王　福　　李春正　　赵恩来
　　　　　郑连科　　张铁印　　陈顺胜　　黄　凯　　顾长宽　　吴庆申
　　　　　郭　宇　　王小国　　冯　卫　　张少伟　　李向鹏　　胡凤启
　　　　　闫寿松

顾　　问：潘　涛　　原喜琴

审　　核：潘　涛

主　　编：王鸿杰

副 主 编：宾予莲　　王　林　　史和平　　杨正富

《河南省水文志》参与编写及提供资料人员名单

范留明　　黄　岩　　韩　潮　　郭周亭　　王志刚　　王增海　　彭新瑞
王择明　　许　凯　　魏　磊　　於立新　　史秀霞　　王松茹　　马荣华
张东安　　李　超　　宋金喜　　王鸿燕　　苏顺奇　　程庆华　　余卫华
李继成　　王丙申　　何长海　　李　黎　　赵　丹　　李娟芳　　郭清雅
尤　宾　　靳永强　　李　争　　荣小明　　王卫东　　刘　磊　　赵　伟
周军亭　　刘爱姣　　何　军　　饶元根　　曹瑞仙　　冯前进　　邓庆红
田　龙　　於　稹　　孔令钦　　颜世德　　张殿识　　於彤旸　　张　冰
李　博　　慕丽云　　崔亚年　　冯　瑛　　罗清元　　燕　青

图片主要供稿人：江海涛　　王　伟　　於立新

序

水是生命之源，生产之要，生态之基。水与人类生存、生产、生活、发展息息相关。水文，是研究自然界水的时空分布以及量、质变化规律的学科，为防汛抗旱、水资源管理、水环境保护、水利工程规划建设与管理、水生态修复及其他涉水事务提供基础信息与决策依据，是防洪安全、供水安全、粮食安全、经济安全、生态安全、国家安全乃至整个经济社会发展的重要基础性、公益性事业。随着经济社会的发展，水文在政府公共服务及大量水利事务决策中的科学参谋作用和社会服务功能将更为凸显其重要性和必要性。

河南是全国唯一地跨长江、淮河、黄河、海河四大流域的省份，特殊的地理位置及地形地貌、复杂多变的河流水文情势，形成了水旱灾害频繁发生的典型水文特征。河南水文观测具有悠久的历史，早在4000多年前的黄帝、尧舜时期，勤劳智慧的先人们，就有暴雨洪水和水文观测的记载。1919年陕县水文站的设立，开创了河南省驻站水文观测的先河。但是，由于社会动荡，极大地限制和阻碍了河南水文科学的发展。

中华人民共和国成立后的河南水文事业，从小到大，从弱到强，从落后到先进，走过了一段极不寻常的历程，谱写出一页页壮丽的篇章，取得了巨大成就，探索出了一条具有河南特色的水文事业发展道路，造就了一支基本适应水文事业发展需要的高素质人才队伍，初步建成了一个以先进科学技术为支撑的现代水文业务体系，水文服务领域日益扩大、服务手段和能力不断改善，服务的经济社会效益显著提高。

改革开放以来，特别是进入21世纪后，河南水文人抓住良好发展机遇，积极践行"大水文"发展理念，规划完善水文站网，不断加强能力建设，积极拓展服务范围，基础设施逐步改善，监测能力不断提升，管理体系逐步完善，河南水文走上了快速发展的道路。

"编史修志作镜鉴，谈古论今话发展。"盛世修志，鉴古思今。《河南省水文志》运用现代科学理论和方法，本着详今略古、详主略次、详独略同等原则，全面、系统、客观、真实地记述了自上古时期至2015年河南基本水文史实，反映了物质文明、政治文明、精神文明建设的成果，着重反映了水文改革的历史进程和水文事业发展取得的成京及经验教训。

《河南省水文志》是河南省第一部水文专业志书，史料丰富，脉络清晰，体例完备，资料翔实，是一部资料性、实用性较强的志书，也是一部河南省省情、水情教育读本。它的正式出版，将充分发挥"存史、资政、育人"的水文"第一官书"、当代水文"史记"的作用，可以使读者了解河南水文工作的成就和意义，可使有关决策者和水文职工从历史过程中认识水文工作的特点和规律，从中汲取有益的营养，发扬成绩，纠正错误，促进河南水文事业又好又快发展，为今后有关历史研究存留系统可靠的资料。

《河南省水文志》是传播普及水文科学、水文文化的优秀载体，在增强实用性和读者体验上下了很大功夫，书中图文并茂、文表互见、直观清晰、通俗易懂、查询方便，并在纸质图书基础上开发了数字化版本，为后期内容更新维护和再次开发利用奠定了基础。河南水文人做了一件功在当代、利在千秋的益事，也是全国水文系统的一件盛事，水文文化领域的一件大事，意义重大，影响深远。

《河南省水文志》参与编审的同志不辞劳苦，通过查阅历史档案文献、召开座谈会、走访专家和离退休职工、现场勘查等形式，广泛征集修志史料和意见，作出了艰苦的努力、终于完成了这部专业志书。

值此《河南省水文志》出版之际，我谨表示衷心的祝贺。

邓坚

2015.8.26

凡　　例

一、《河南省水文志》是河南省水文专业志书。本志运用辩证唯物主义和历史唯物主义观点，坚持实事求是的原则，全面记述河南水文发展史实，力求达到思想性、科学性和资料性相统一。

二、本志坚持"统合古今、详今略古、寓论于史、经世致用"，以概括全貌和存真求实的原则，突出河南省境内发生的水文事实，如实记述客观实际，充分反映水文事业的发展过程及成就。

三、本志的时间断限，上限追溯事物在河南省的发端，下限至于 2015 年年底，个别重大事项适当后延。

四、本志以志为主体，辅以述、记、图、表、照片及附录等。篇目采取横排门类、纵述始末，一般设章、节、目层次，目为实体，用一、（一）、1、（1）序号表示。

五、本志广采博取资料，详加考订核实，力求做到去粗取精，去伪存真，准确完整，翔实可靠。

六、本志除引文外一律使用语体文、记述体。文风力求简洁、严谨、朴实，做到言简意赅，文约事丰，述而不论，寓褒贬于事物记叙之中。

七、大事记以时间顺序排列，主要记述水文工作的大事、特事、要事和新事，省级及以上的法律法规颁布与实施，重要水文科学试验研究及成果，水文站站址迁移、裁撤，重大雨水情测报、服务等。

八、文字使用标准的简化汉字，以国家语言文字工作委员会 1986 年发布的《简化字总表》为准；数字、标点分别以 GB/T 15835—2011《出版物上数字用法的规定》、GB/T 15834—2011《标点符号用法》为准；计量单位执行 GB 3100～3102—93《量和单位》和 SL 2.1～2.3—98《水利水电量和单位》规定。历史上使用的旧计量单位，仍照实记载。正文中的计量单位均使用汉字，图表中使用符号。正文中出现的 20—90 年代均为 20 世纪。

九、为记述上方便，对一些经常出现的机构名称，首次出现用全称，以后则用简称。为便于查阅，列表对照。

十、省部级以上劳模、省级水文机构主要领导、因公牺牲的水文职工入志并作简介；受省部级以上表彰的单位和个人、省级水文机构副职以上、市级水文机构领导班子成员、副高级工程师以上工程技术职称人员列表入志。

十一、本志所取史料来源于部水文局、长江委、黄委、淮委和海委等水文机构的有关史料，河南省档案局、省水利厅和省水文局及驻市水文局历年的业务文书档案、水文年鉴，以及河南部分老水文工作者的回忆记录等。

主要机构全称与简称对照表

主要机构全称	机构简称
中华人民共和国国务院	国务院
中华人民共和国国家发展和改革委员会	国家发展改革委
中华全国总工会	全国总工会
国家防汛抗旱总指挥部	国家防总
国家防汛抗旱总指挥部办公室	国家防办
中华人民共和国水利部	水利部
中华人民共和国水利电力部	水电部
中华人民共和国劳动部	劳动部
中华人民共和国人事部	人事部
中华人民共和国人力资源和社会保障部	人社部
中华人民共和国财政部	财政部
水利部水文司	部水文司
水利部水资源司	部水资源司
水利部水文局	部水文局
水利部水利信息中心	部信息中心
水利部长江流域规划办公室	长办
水利部长江水利委员会	长江委
水利部黄河水利委员会	黄委
水利部淮河水利委员会	淮委
水利部海河水利委员会	海委
华东军政委员会水利部	华东水利部
淮河水利工程总局	淮河水工总局
长江（黄河、淮河、海河）流域水资源保护局	长江委（黄委、淮委、海委）水保局
南京水文水资源研究所	南京水文所
河南省革命委员会	省革委

河南省革命委员会生产指挥组	省革委生产组
中国共产党河南省委员会	省委
中共河南省委组织部	省委组织部
中共河南省委宣传部	省委宣传部
河南省人民代表大会常务委员会农村工作委员会	省人大农工委
河南省人民委员会	省人委
河南省人民政府	省政府
河南省机构编制委员会	省编委
河南省机构编制委员会办公室	省编办
河南省发展计划委员会	省计委
河南省发展和改革委员会	省发展改革委
河南省科学技术委员会	省科委
河南省人事厅	省人事厅
河南省劳动厅	省劳动厅
河南省劳动和社会保障厅	省劳社厅
河南省财政厅	省财政厅
河南省总工会	省总工会
共青团河南省委员会	团省委
河南省科学技术厅	省科技厅
河南省质量技术监督局	省技术监督局
河南省环境保护厅（局）	省环保厅（局）
河南省气象局	省气象局
河南省防汛抗旱指挥部	省防指
河南省防汛抗旱指挥部办公室	省防办
河南省农林厅水利局	省农林厅水利局
河南省治淮总指挥部	省治淮指挥部
河南省水利局	省水利局
中共河南省水利厅党组	省水利厅党组
河南省水利厅	省水利厅
河南省水资源管理委员会办公室	省水资办
河南省水利史志编纂委员会办公室	省水利史志办
水利电力部河南省水文总站	省水文总站

河南省水文总站	省水文总站
河南省水文水资源总站	省水文总站
河南省水文水资源局	省水文局
河南省水环境监测中心	省中心
河南省水环境监测中心××分中心	××分中心
河南省水文（水资源）总站××分站	××水文分站
河南省××水文水资源勘测局	××水文局
河南省水利科学研究所	省水科所
河南省水利勘测设计院	省水利设计院
河南省建设厅	省建设厅

目录

概　　述

　　水文，是一门关于研究自然界水的分布、运动和变化规律，以及水与环境相互作用的学科。

　　河南地处中原，最早的水文资料记载可上溯到四千多年前的黄帝时期，而真正称得上具有现代意义的水文观测工作，则是在 1919 年设立了陕县水文站以后，但直到 1949 年，水文事业始终发展缓慢。1950 年后，河南水文事业得到快速发展，到 1979 年，全省逐步建立起比较完善的水文站网和专业的水文队伍，大部分水文测站实现水文测验缆道化。1980—2000 年，河南水文管理体制进一步理顺，水文基础设施建设、水文基础研究和水文测报手段进一步加强，水文服务水平较大提高，水文事业进入稳定发展时期。2001—2015 年，是河南水文改革创新全新发展时期。随着水文站网的成倍扩大，水文基础设施建设步伐进一步加快，水文测报全面进入信息化、自动化，水文已经成为河南省国民经济和社会发展的基础性技术支撑，在水利规划、水工程管理、防汛抗旱、水资源管理与保护中，发挥着不可替代的重要作用。

一

　　河南简称豫，处于中国中东部。全省国土面积 16.7 万平方千米，全省耕地面积 1.19 亿亩❶，是国家粮食核心产区。地势西高东低，太行山、伏牛山、桐柏山、大别山分别在北、西、南三面沿省界呈半环形分布。中、东部为黄淮海冲积平原，西南部为南阳盆地。灵宝市境内的老鸦岔为全省最高峰，海拔 2413.8 米，海拔最低处在固始县淮河出省界处，仅 23.2 米。

　　河南省属于暖温带和北亚热带地区，水文气象要素具有明显的过渡性特征。以伏牛山—淮河干流为界，北为暖温带，南为北亚热带。全省属大陆性季风气候，全年四季分明，具有冬长寒冷少雨雪、春短干旱多风沙、夏季炎热多雨水、秋季晴和日照长的特点。

---

❶　1 亩≈667 平方米。

全省多年平均年降水量 771.1 毫米。在地区分布上，由南向北递减，南部信阳多年平均年降水量 1105.4 毫米，北部濮阳仅 561.7 毫米。在时间分布上，全省汛期（6—9 月）平均降水量约 494 毫米，主要集中在 7、8 两月。水面蒸发量自南往北、自西向东递增，即北部与东部蒸发量大于南部和西部。干旱指数自南向北，自西到东递增，同纬度山区小于平原。

河南省地跨长江、黄河、淮河、海河四大流域，河流众多。其中流域面积 100 平方千米以上的河流共 560 条，其中 1000～5000 平方千米的有 45 条，5000～10000 平方千米的有 8 条，10000 平方千米以上的有 11 条。河流总的趋势为自西向东流，水量主要由降水补给。

河南省多年平均河川径流深分布与降水量分布趋势吻合，具有自南向北、自西向东递减，山区大于平原，河流上游大于下游的分布规律。其中豫南大别山、桐柏山、豫西伏牛山和豫北太行山属高值区，豫西南南阳盆地和豫北东部金堤河、徒骇马颊河属低值区。

河川径流量受降水量年内分配影响，同样呈现汛期集中、季节变化大、最大值与最小值相差悬殊等特点。河南省河川径流量主要集中在汛期的 6—9 月，呈现年内集中程度平原河流大于山区河流、下游大于上游的分布趋势。

全省多年平均水资源总量 404.9 亿立方米，居全国第 19 位。人均占有量约 400 立方米，居全国第 22 位，为全国人均占有量的 1/5，世界的 1/16。

河南省河流泥沙含量总的情况是：西部山区大，东部平原小。灵宝至郑州沿黄河一带多属黄土台地丘陵区，河流含沙量较大。

由于河南省特殊的地理位置及地形的影响，自古以来，水旱灾害频繁，旱灾发生频率大于水灾，空间上具有较大的区域差异。

二

人们对水文的最初认知，就是从洪水和干旱灾害开始的。《水经注·洛水》就记载过一次黄帝时期的降雨情况，说黄帝在一次大雾天到洛河边看到水中大鱼，遂以"五牲"祭之，接着就下了七日七夜大雨。据《竹书纪年》载，夏帝癸十年"伊洛竭"，为伊洛河断流情况的最早记载，说明当时旱情十分严重。又说：汤王十九年大旱，二十至二十四年大旱，汤王曾"于桑林"祈祷，而下雨。为黄河、淮河、海河流域最早的一次连旱记载。

河南安阳殷墟出土甲骨文中也有大量水文、气象方面的记录，并且有小雨、大雨、急雨等定性降水的描述。还有洹水（今安阳河）发生大雨和洪水等，可以说是最朴素的原始雨水情预测活动。诸如"癸卯卜，今日雨。其自西来雨？其自东来雨？其自北来雨？其自南来雨？"等，说明当时已经对云气运行规律有了一定认识。

商丘人庄周所著《庄子·徐无鬼》说"风之过，河也有损焉；日之过，河也有损焉。"说明当时对水面蒸发机理已有基本认知。

禹州人吕不韦在他主编的《吕氏春秋·冬纪》中说：孟冬之月……水始冰，地始冻；……仲冬之月，……冰益壮，地始坼；……季冬之月，……冰方盛，水泽腹坚。这可以看作是对冰情的最早记录与描述。

宋代人们已经可以通过对河槽水深和流速情况来估计水量大小（《宋史·河渠志》）。明代黄河已开始有水情报汛机制。自潼关至宿迁，每三十里设一传报站，"摆设塘马"，飞报汛情（《治水筌蹄》）。清乾隆二十二年（1757年），河南抚院又在淮河干流沿线设立水尺，挨次向下游"填单飞报"汛情。

在这一时期，人们对水文要素的观察与记录还多停留在感性认知上，且多与宗教活动有关，还称不上是科学的水文观测活动。

三

河南省具有现代意义的水文观测工作始于20世纪初。1914年12月，北洋政府以导淮局为基础成立全国水利局，并通令全国各省成立水利分局，自此开始由水利机构专司水文测验工作。1915年7月，河南水利委员会成立。1918年3月20日，北洋政府在天津成立顺直水利委员会，内设流量测验处，负责相关水文技术工作。1919年初春，顺直水利委员会在黄河陕县设立陕县水文站，从此揭开了河南省境内现代水文观测之先河。之后又在安阳河、淇河、卫河和黄河柳园口先后设立4处水文站，但至1929年年底全部停测。

此外，江淮水利测量局于1919年11月也在河南省境内设立洪河口水文站和三河尖水文站。后因战乱洪河口水文站被撤销，陕县水文站也因三门峡水库淹没而被下游站所取代，唯有三河尖水文站历经百年坎坷，始终保持观测，是河南省水文资料至2015年序列最长的一个测站。

1920年1月，河南水利委员会改组为河南省水利分局，首次明确负责全省水文工作。但其他区域水利机构依然是河南境内水文建设的重要投资和管理渠道。1928年，时任河南省主席的冯玉祥通过筹办河南省水利技术传习所，首次系统地为河南省培养了专业的水文测绘技术人才。

1929年7月1日，南京国民政府成立导淮委员会（淮河水利委员会的前身）。1931 年大水后，导淮委员会在河南省境内增设了一批水文站、水位站和雨量站，为淮委在河南省境内设立的首批水文站。

1932 年，省建设厅水利处设置水文测量队，为河南省最早的省级水文专业技术管理机构。次年在各大河流上先后设立 17 处水文站和 2 处水位站，为河南省政府设立的首批水文站。

1933 年 9 月 1 日，黄河水利委员会在南京正式成立，11 月 8 日迁至开封办公，12 月组建水文测量队。1933 年黄河大水，陕县水文站实测到建站以来最大洪峰流量 22000 立方米每秒。1934 年 2 月，黄委和秦厂水文站，首次配备无线电台，大大增加了水情报汛的时效性和预见期。

1935 年，河南省国民政府年刊《五年工作报告》记载："本省连年水旱频仍，所有河流，急待治理，而水文测量，尤为设计河道工程最重要之根据，其统计价值，又须持久至数年或数十年而后效用始彰。今日缓办一日，即将来治水计划缓成一日。"这是河南省政府对水文工作重要性的最早描述。

1940 年，河南省水文总站成立，为河南省首次使用"河南省水文总站"名称，也是河南省首次设立的省级水文专门管理领导机构。

至 1937 年抗日战争爆发前，河南境内的水文、水位站最多时达到 45 处，雨量站达到 70 多个。但到 1949 年中华人民共和国成立前夕，绝大部分水文站由于时局动荡都被迫停测或中断，仅存水文站 3 处、水位站 2 处、雨量站 2 处，且资料也不完整。唯有三河尖水文站观测员杨子俊在经费中断的情况下，仍坚持观测 30 年，并刻记诸多年份洪水痕迹，保证了水位资料的连续性，1950 年受到华东水利部的嘉奖。

四

1950—1957 年为河南水文恢复发展期。这一时期，时值中华人民共和国成立之初，百废待兴，加上黄、淮流域连年大水，以防洪减灾为中心的水利建设被摆上了国家的重要议事日程，全国迅速掀起了水利建设高潮。水文作为水利尖兵，水文站得到了迅速恢复和发展，截至 1957 年年底，设立各类水文站 138 处、水位站 27 处、雨量站 371 处，初步形成了门类基本齐全的水文站网体系和水文管理体系。其中由淮河水利工程建设总局恢复设立的水文、水位站有 13 处，省治淮指挥部设立的 14 处，省农林厅水利局设立的 26 处；省防指设立的 5 处，平原省水利局设立的 9 处，黄委设立的 8 处，华北水利工程局设立的 4 处，省水利设计院设立的 4 处，湖北省水利局在丹江水系设立水文站省 1 处（李官桥水文站），省治淮指挥部径流试验站设立水文站 1 处。

在水文管理体系建设上，由分散逐步过渡到相对统一模式。1951 年 1 月河南省成立开封一等水文站，后又分设南阳、洛阳、新乡一等水文站，分片管理所属水文站。5 月开封一等水文站迁至漯河，与原漯河二等水文站合并，改称淮河上游（漯河）一等水文站，专门负责淮河流域的水文站管理工作，其他非淮河流域水文站分别由南阳、洛阳、新乡一等水文站管理，并直属省农林厅水利局领导。1952 年淮河上游一等水文站撤销，直归省治淮指挥部水文科统一管理。是年，平原省建制撤销，新乡一等水文站划归省农林厅水利局领导。

1953 年 9 月，省农林厅水利局成立水文分站，成为全省（淮河流域和黄委直管的除外）的水文领导机关。1954 年，省水利局将安阳二等水文站改为一等水文站，管理安阳、濮阳两专区的水文、水位站。洛阳一等水文站交由黄委管理。1955 年，撤销一等水文站建制，省农林厅水利局水文分站下设安阳、新乡和五爷庙等中心水文站，分片管辖水文、水位及雨量站。1957 年 4 月成立河南省水文总站，内设水情、测验、整编等业务组，负责全省水文业务工作。

这一时期河南水文科研也取得了丰硕成果，同时涌现一批劳动模范。刀割式浮标投掷器研制成功，在全国得以推广使用。叶县、孤石滩水文站成为河南省淮河流域最早安装刀割式浮标投掷器的水文站。石漫滩水文站首创流速仪输送器，为水文测流缆道雏形。白沙水文站首先开展了水化学测验项目，这是河南省最早开展水化学分析的水文站。省治淮指挥部在商水县白寺乡穆庄村成立汾河试验站，是在河南省最早开展地下水观测、地下水水质化验及平原区降水产流试验研究的水文试验站。期间，陈应祥、李芳青分别获得治淮甲等模范和全国先进工作者荣誉称号。

1958—1979 年，为河南水文调整、成长期。这一时期，河南水文管理体制与全国一样，经历了"三下三上"的大起大落。机构设置变革频繁，反复多达 20 余次。

1958 年 6 月，河南省水文总站撤销，水文业务工作由省水利设计院水文测验室管理，中心站、水文站下放到地、县，有点下放到公社，设施遭破坏，部分技术人员被调走。1961 年 9 月，下放到县、公社的水文站一律收回地区，实行省、地分级管理。1962 年 10 月，中共中央国务院将基本水文站一律收归省、自治区、直辖市水利厅（局）直接领导，将水文职工列为勘测工种。1963 年 1 月，恢复河南省水利厅水文总站。1964 年 1 月，管理权限收归水利电力部统一领导，政治思想工作委托省水利厅代管，4 月下放给省、自治区、直辖市革命委员会领导。1969 年 12 月，撤销水文总站，与气象部门合并，成立省水文气象台，管理全省气象及水文工作。1970 年 1 月，全省水文站再次下放到地、市。1971 年 9 月，又恢复河南省水利局水文总站，但基层水文站仍属地、市水利局管理，而个别地区（如南阳）将水文站下放到县。1980 年 1 月，各级水文站再次收归省水利厅领导，成立中共河南省水文总站党委。1985 年 8 月，河南省水文总站更名为河南省水文水资源总站。

这一时期，河南省水文开展了大量的技术研究工作，1958 年编写了《河南许昌专区小型水利工程简易算水账方法》，并向全国推广。随后又与其他部门合编出版了《河南沙颍河流域实用水文手册》《河南省水文图集》。1973 年编制了《河南省防汛水情手册》《河南省历年水文特征资料统计》。1974 年编制出版了《河南省中小型水利工程水文计算常用图》，即水文图集。这一年河南水文还首次引进应用了 TQ-16 电子计算机进行资料整编工作，开创了河南省用计算机进行水文资料整编的先河；编制的《河南省水利工程水文计算常用图》获河南省科学大会奖，在息县水文站研制成功的《对孔开关电动缆道连续取沙器》获 1978 年全国科学大会奖，这是河南省水文系统有史以来取得的最高奖项。

在水文测验设施方面，分别在漯河站、周口站成功架设电动水文缆道，在鸡冢站架设测流吊箱，在周口站、漯河站、何口站和马湾站等设立水位自记井。1971 年，在息县水文站成功建造支柱高 21.2 米、跨度 561 米的水文缆道，这是河南省第一个大跨度水文缆道。至 1978 年水文缆道在全省得以全部铺开，基本结束了下水测流的历史。1977 年在沙颍河流域建设超短波通信网，这是河南防汛报汛方面的首次组网工程。

水文业务面不断扩展，1971 年，全省在平原地区布设地下水观测井点 400 余处，1972 年开始大面积地下水观测工作。1975 年省水文总站成立监测室，并在周口、许昌、南阳、洛阳和信阳水文分站相继组建了化验室，开展污染项目的监测工作。1976 年，通过总结"75·8"暴雨洪水水文测报经验教训，全省又新建雨量站 200 多处，恢复重建水毁水文站 30 多处，修订主要河流水文站洪水预报图表等。同年，河南省各蒸发观测站改用改进后的 E-601 型蒸发器观测水面蒸发。

五

1980—2000 年为河南水文稳步发展时期。在这一时期，水文管理体制稳定在省级领导，实行省、地市与水文站三级管理。尤其是地市级水文机构得到不断加强；大批水文水资源和化学分析专业的大学生进入水文队伍；水文站网得到进一步优化和加强；水文投资渠道逐步顺畅，投资力度稳步增加，水文基础设施建设逐步纳入政府发展计划；水文科技取得较快发展，水文自动化水平得到明显提高。

1980年1月，各级水文站再次收归省水利厅领导时，全省共有水文站139个、水位站26个、委托雨量站499处。经省编委批准，河南省水文总站事业编制1100人。以省水文总站（局）、分站（地市局）和测站形成的三级管理体制，日臻完备和成熟。1980年，成立中共河南省水文总站党委，分站（局）建立党支部，继而又在省总站成立纪律检查委员会、监察室。1985年8月河南省水文总站更名为河南省水文水资源总站，12月省水文总站增设水资源室，凸显水文水资源勘测与评价服务特点。1993年6月地市级水文分站更名为水文水资源勘测局，1995年升格为副处级。1997年2月河南省水文水资源总站更名为河南省水文水资源局，并成立河南省水质监测中心，规格相当于正处级，与省局一个单位两块牌子。是年9月省局机关设置党委办公室、计算信息室和水质监测室和综合经营等13个内设科室。地市局也相继设置水资源、水情、水质监测等科室，突出服务职能，增强协调能力。

在改革理念上，河南省水文水资源总站积极探索"站队结合"新模式，逐渐淡化"固守断面"的单一思想，坚持地表水与地下水并重、水量与水质并重、水情与水资源服务并重新思路。1983年在史灌河、鸭河口等水文站，首先试点"定任务、定经费和定人员"的水文承包责任制，商丘水文分站首先试点"站队结合"新机制。1988年开始实行定编制、定岗位、定任务、经费包干的"三定一包"责任制，对技术人员实行聘任制，部分岗位实行竞争上岗。至1994年全省共改制成立由省局直管的科级水文水资源勘测队5个（商丘、开封、漯河、平顶山和濮阳），由地市水文局领导管理的副科级水文水资源勘测队12个。全省水文、水位站达144处，地下水观测井点达到1386处，地下水质监测井258处，地表水质监测断面（站）138个，排污口监测点143个。

加强水资源监测评价工作，开展水污染源调查与监测。在全国水利系统水质质控考核中，河南省水文系统7个化验室全部达到全优分析化验室标准。1984年完成河南省第一次水资源评价工作，其成果《河南省水资源调查评价研究》获1985年度河南省科学技术进步奖二等奖。1986年首次发布了《河南省水资源基本数据》，1987年开始每年刊布《河南省水资源公报》，成为全省水资源开发、利用与保护的权威数据。

随着改革开放的深入，河南水文也开始不断走出国门，先后有多人赴美国、荷兰交流考察，多次参加国际性学术讨论会和国内跨部门、跨学科的学术交流报告会，加大了水文技术交流力度，推进了水文自动化建设步伐，水文新科技得以长足发展。

1986 年从美国引进 VAX - 11 计算机，并依此开发了计算机水文资料整编和水情信息实时处理软件。进入 90 年代后，微型计算机得到逐步普及，全省水文系统基本实现办公微机化。1992 年 4 月，淮河正阳关以上流域首先建成水文自动测报系统，1996 年河南省防汛计算机网络与邮电公用数据网联网，实现省水情信息收发计算机化；同时完成的河南省水文数据库工程建设，1996 年被水利部评为国家水文数据库建设一等奖。1999 年，开发完成的河南省水利网在国际互联网上正式开通发布。积极推进水文测报自动化进程，至2000 年共建成自动或半自动水文缆道 73 处，自动测报水位站 42 处、自动测报雨量站 296 处，无线通信网 65 处。

此外，还先后完成《河南省历代旱涝等水文气候史料》《河南省历代大水、大旱年表》《河南省防汛水情资料汇编》《河南省洪水调查资料》《黄河下游河南省引黄灌区资料汇编和水资源量分析研究》《计算机水情电报接收处理系统》《有线压力传感器水文缆道测深仪》《近五千年来我国中原地区气候在年降水量方面的变迁规律》《豫北国土资源调查遥感技术应用研究》《地下水资源评价方法及动态研究》等科研成果及资料汇编。

六

2001—2015 年为河南水文改革创新全面发展时期，尤其是"大水文"理念的提出和 2011 年中央一号文件的出台，极大地推动了河南省水文的全面发展，水文监测能力和服务质量有了显著提高。

首先，省水文局机构升格，进一步理顺了全省水文体制。2004 年经省水利厅批准，先后将全省 47 个国家级重点水文站和 30 个省级重点水文站规格定为科级。2005 年在全系统推行全员聘用制度，247 名职工竞聘科级岗位，996名职工全部与单位签订聘用合同书。2008 年 12 月又率先全国将全省 14 个勘测局全部实行水利厅与市政府双重管理体制，加挂市政府水文水资源局牌子。2010 年 12 月省水文局升格为副厅级，内设 8 个副处级机构。2011 年新成立三门峡、鹤壁、焦作、济源 4 个省辖市水文水资源勘测局，规格为副处级，实现全省 18 个省辖市级水文机构全覆盖。2013 年潢川水文站率先实行市水文局与县政府双重管理机制，开启河南省设立县级水文机构新试点。逐步实行全省水文系统"省、市、县"三级管理体制新模式。

其次，建立起水文执法体系，保障合法权益。2005 年 5 月 26 日《河南省水文条例》正式出台，同年 10 月 1 日起施行。其中明确规定，将水文事业的发展纳入省人民政府国民经济和社会发展总体规划。2005 年 7 月，省水文局成立水政监察支队，同时在 14 个地市水文勘测局设水政监察大队，先后共查处各种水事案件 37 起，挽回经济损失 398 万元。

2006—2010 年，省防办建立水情自动测报预警体系，新建遥测水位站 322 处，雨量站 1100 处。2011 年后，省水文局又在中小河流上新建水文巡测站 240 处、水位站 101 处、遥测雨量站 2168 处。在市、县建设水文巡测基地 4 处，中心水文站 60 处。

截至 2015 年年底，河南省（不含黄委管理测站）共有水文站 126 处、水位站 32 处、中小河流巡测水文站 240 处、水位站 114 处，雨量站 747 处，遥测雨量站 4028 处，水面蒸发站 53 处，泥沙站 37 处；地下水普通观测井 1270 眼、自动观测井 150 眼、城市控制井 468 眼，墒情站 121 处；地表水水质站 484 处，地下水水质站 222 处；重点入河排污口监测点 400 处，水生态（水量）监测站 76 处，水资源监测站 15 处。

2001—2015 年，经费投入有大幅增长。在 1991 年突破 1000 万元的基础上，2000 年达 3000 多万元，2005 年突破 5000 万元，2010 年首次突破亿元。尤其是河南省中小河流水文监测系统工程建设截至 2015 年年底完成投资 9.16 亿元，使水文设施得到全面革新改造，新建、改建房屋 8.21 万平方米。

2001 年省水文局与河南省防汛指挥部办公室共同开发建成河南省防汛雨水情会商系统，实现了全省防汛会商自动化。2003 年承担完成了河南省第二次水资源调查评价工作。2005 年在国内首次实现水文站信息采集、传输、存储、分析、处理和发布为一体的远程监控预警功能。2007 年利用局域网和广域网络，以光纤信道实现雨水情信息实时传输、处理储存、查询、预报、决策评估全程自动化，从本质上改变水文信息的传统应用模式。

百年水文，铸就辉煌，继往开来，任重道远。河南水文正以"大水文"的发展服务理念、"求实、团结、进取、奉献"的水文精神，进行不断探索与进取，续写着河南水文新的篇章。

大 事 记

◆ 黄帝时期（公元前 21 世纪前）

据《水经注·卷十五·洛水》载："昔黄帝之时，天大雾三日，帝游洛水之上，见大鱼，煞五牲以醮之，天乃甚雨，七日七夜，鱼流始得图书，今《河图·视萌篇》是也。"这是传说的中国最早的一次暴雨洪水记载。

◆ 尧舜时期（公元前 21 世纪前）

大禹治水时进行水文调查，用"行山表木""准绳"和"规矩"，"居外十三年，过家门不敢入"。经过广泛的调查研究，改过去"障水"为"疏导"，平治了水患。

◆ 夏帝癸十年（公元前 16 世纪）

夏帝癸十年，"伊洛竭"。这为黄河支流伊洛河发生枯水现象的最早记载。

◆ 商汤二十四年（公元前 16 世纪）

汤"十九祀（商代称年为祀）大旱，二十至二十四祀大旱，王祷于桑林，雨"。这为黄河、淮河、海河流域最早的一次连旱记载。

◆ 商盘庚以后（公元前 13—前 11 世纪）

河南安阳殷墟出土的甲骨文中有大量水文、气象方面的记录，有小雨、大雨、急雨等降水定性的描述。郭沫若著《甲骨文字研究》中第 57 片甲骨记有"虫从雨"，郭氏解释为"谓有急雨，有骤雨也"；第 676 片甲骨记有"不雨，其雨，翌日戊又大雨，辛又大雨"，是说丁日无雨，第二天戊日大雨，至第五天辛日又大雨。甲骨文上的"昔"字，是将水波纹"≈"画于太阳"⊙"的上方或下方，意思是已经过去的日子曾经有过洪水的泛滥。

◆ 周定王五年（公元前 602 年）

周定王五年，黄河发生了自大禹治水以来，也是有记载以来的第一次大改道。当时，洪水从宿胥口夺河而走，东行漯川，至长寿津（今河南滑县东北）又与漯川分流，北合漳河，至章武（今河北沧县东北）入海。

◆ 战国时期（公元前 5—前 3 世纪）

庄周，宋国蒙（今安徽蒙城，一说今河南省商丘市睢阳区东北）人。据《庄子·徐无鬼》（约成书于公元前 369—前 286 年）载："风之过，河也有损焉；日之过，河也有损焉。"这说明水面蒸发与风和日照有关。

吕不韦（？—前 235 年），秦国阳翟人（今河南省禹州市），他主编的《吕氏春秋·冬纪》中记有："孟冬之月……水始冰，地始冻；……仲冬之月，……冰益壮，地始坼；……季冬之月，……冰方盛，水泽腹坚。"这说明在先秦时期，黄河流域人民对冰情现象已有所观察和认识。

《吕氏春秋·圜道》篇中提出中国早期对水循环的概念："云气西行，云云然，冬夏不辍；水泉东流，日夜不休；上不竭，下不满，小为大，重为轻，圜道也。"揭示了地处太平洋西岸的中国水循环的途径和规律。水汽从海洋不断吹向大陆，在大陆上空回旋，凝降为雨；地上、地下的水流向海洋，日夜不息，海洋也常注不满，"小为大，重为轻"是说明涓滴可以汇合河海，海水又蒸发为浮云，形成水的大循环。

战国时治水名家白圭（约公元前 375—前 290 年，洛阳人）预测农业收成随水旱十二年为一变化周期：丰收—收成不好—过渡—旱—收成较好—过渡—丰收—收成不好—过渡—大旱—收成较好，丰水—过渡。这是对水旱规律的探讨。

◆ 西汉元光三年（公元前 132 年）

《史记·河渠书》有记：元光三年"河决于瓠子，东南注巨野，通于淮、泗"。当年堵口失败，汉武帝听信丞相田分之言："江河之决皆大事，未易以人力为强塞之，未必应天。"故未再堵合，以致泛滥二十余年。到西汉元封二年（公元前 109 年），汉武帝发卒数万人，亲到河上督工，令群臣从官自将军以下背着薪柴填堵决口，终于堵合。

◆ 西汉元始四年（公元 4 年）

汉平帝元始四年，安汉公王莽召集群臣征求治河意见，"大司马史长安张戒言：水性就下，行疾则自刮除成空而稍深。河水重浊，号为一石水而六斗泥。今西方诸郡，以至京师东行，民皆引河、渭山川水溉田。春夏干燥，少水时也，故使河流迟，贮淤而稍浅；雨多水暴至，则溢决。而国家数堤塞之，稍益高于平地，犹筑垣而居水也。可各顺从其性，毋复灌溉，则百川流行，水道自利，无溢决之害矣"。张戎分析黄河多沙的特点及造成下游河患成因，提出在春季枯水时期，停止中、上游引水灌溉，以免分水过多，造成下游河道淤积而遭决溢之患；主张要保持河水自身的挟沙能力，以水刷沙，排沙入海。特别是"河水重浊，号为一石六斗泥"这句名言为黄河水沙作了量的估计，对后世黄河治理具有深刻意义，常为人们所引用。这是史书上关于黄河的水沙关系和利用水力冲沙的第一次记载。

◆ 东汉永元二年（公元 90 年）

东汉王充（公元 27—约 97 年），所著《论衡》一书的《顺鼓篇》中说："案天将雨，山先出云，云积为雨，雨流为水。"在《说日篇》中说："雨之出山，或为云载而行，云散水坠，名为雨矣。夫云则雨，雨则云矣。初出为云，云繁为雨，……"在《物势篇》中说："下气蒸上，上气下降。"对地面蒸发、行云、降雨的水循环现象作出解释。

◆ 东汉建光元年（121 年）

东汉许慎（约公元 58—147 年），汝南召陵（今河南省漯河市郾城区）人，于建光元年完成《说文解字》一书，对"测"字解释为"深所至也"。据段玉裁（1735—1815 年）注释："深所至谓之测，度其深所至亦谓之测。"前一句指测水位，后一句指测水深。"测"字从水，则声。这是嗣后将观读水位的设备以"水则"命名的由来。

◆ 魏黄初四年（223 年）

魏文帝黄初四年六月，大雨霖，伊、洛溢，至津阳城门（古洛阳城），漂数千家，伤人颇多。是年伊河龙门左岸石壁刻铭文："黄初四年六月二十四日，辛巳，大水出，水举高四丈五尺（约合 10.9 米），齐此已下。"经黄委水文人员多次调查测量，推算该年伊河的洪水流量达 20000 立方米每秒。

◆ 西晋咸宁四年（278 年）

西晋初，徐、兖、豫三州大水，涝灾严重，晋武帝下诏求计，度支尚书杜预曾两次上书陈述救灾计划。提出废除兖豫东界陂塘的对策，他认为由于陂塘的浸润，地下水位过高，每逢大雨，积水无法下渗，是造成渍涝灾害的原因，主张在兖豫东界平原地区"宁泄不蓄"。已认识到平原地区地下水位和渍涝灾害的关系。

◆ 北魏孝昌三年（527 年）

北魏郦道元（？—527 年），范阳涿县（今河北涿县）人，曾任颍川（今河南省许昌市）太守、鲁阳（今河南省鲁山县）太守、河南尹等官职。公元493 年，郦道元曾随孝文帝巡视黄河，观三门山砥柱天险。所著《水经注》以《水经》（作者、时代均不详）为主干，作了 40 倍于《水经》原书的补充和发展而成为共 40 卷、30.3 万字的巨著。《水经》记录河流 137 条，共 7000 余字，而《水经注》记录河流多达 5000 条以上。《水经》所述水道源流，相对简略，而郦注则逐一记述河流源头、流经地区、流域地形、水文、气候、土壤、矿藏、农业、水利、地理沿革、历史故事、碑刻题记等，旁征博引，详加考证，引用书籍多达 437 种，记录大量碑文题刻，得以保存许多珍贵的原始文献。《水经注》集中国 6 世纪以前地理学著作之大成，为历史地理学、水文地理学、经济地理学、考古学、水利学等方面的重要文献。

◆ 北宋大中祥符八年（1015 年）

北宋大中祥符八年"六月诏：自今后汴水添涨及七尺五寸，即遣禁兵三千，沿河防护"。这是中国制定"警戒水位"的最早记载。

◆ 北宋天禧五年（1021 年）

北宋天禧五年有人提出："以黄河随时涨落，故举物候为水势之名。自立春之后，东风解冻，河边人候水，初至凡一寸、夏秋当至一尺，颇为信验，故谓之信水。二月三月，桃花始开，水泮雨积，川流猥集，波澜盛长，谓之桃花水，春末芜菁花开，谓之荣华水。四月末，垄麦结秀，擢芒变色，谓之麦黄水。五月瓜实延蔓，谓之瓜蔓水。朔野之地，深山穷谷，固阴冱寒，冰坚晚泮，逮乎盛夏，消释方尽，而沃荡山石，水带矾腥，并流于河，故六月中旬后谓之矾山水。七月菽豆方秀，谓之豆华水。八月炎乱华（即芦苇花开时节），谓之荻苗水。九月以重阳纪节，谓之登高水。十月水落安流，复其故道，谓之复槽水。十一月十二月断冰杂流，乘寒复结，谓之蹙凌水。水信有常，率以为准。非时暴涨，谓之客水。"这描述了黄河一年之内水位涨落过程的年内分配规律。

◆ 北宋至和二年（1055 年）

北宋人对黄河泥沙运动的观察大都在河南境内的澶、滑地区进行。宋仁宗至和二年，欧阳修就曾说："且河本泥沙，无不淤之理。淤常先下流，下流淤高，水行渐壅，乃决上流之低处，引势之常也。"又说："天禧以来屡决之因……水既淤塞，乃决天台埽（今滑县），寻塞而复故道；未几，又决于滑州南铁狗庙，今所谓龙门埽者。其后数年，又塞而复故道。已而又决王楚埽，所决差小，与故道分流，然而故道之水终以壅淤；故又于横陇大决口。"《宋史·河渠志》对黄河泥沙堆积运动和河决影响有了实践的认识。

◆ 北宋元丰元年（1078 年）

据《宋史·河渠志》载："汜水出玉仙山，索水出嵩诸山，合洛水，积其广深，得二千一百三十六尺，视今汴尚赢九百七十四尺。以河、洛湍缓不同，得其赢余，可以相补。"这里以河流断面面积和水流速度来估计河流流量的概念，在中国水文史上是第一次。

◆ 金泰和二年（1202 年）

金泰和二年，金章宗完颜璟主持修订的《泰和律令》颁行，其中的《河防令》规定，每年阴历六月一日至八月终，为大江大河"涨水月"，沿河各州县官员必须轮流守防，参加并指挥汛期河务事宜，随时奏报水情、险情。

◆ 元至元七年（1270 年）

元代科学家郭守敬（1231—1316 年），1262 年被任命提举诸路河渠。1264 年，朝廷加授郭守敬银符，升为副河渠使，1265 年升任都水少监。据《元朝名臣事略》载郭在从事水利工程规划、测量中提出："以海面较京师至汴梁地形高下之差，谓汴梁之水去海甚远，其流峻急，而京师之水去海至近，其流且缓，……"其在中国首次提出"海拔"的概念，比德国要早560 年。

◆ 明嘉靖三十二年（1553 年）

明嘉靖三十二年五月至七月，河北、河南大部分地区和山西、山东、安徽等省的部分地区发生了大暴雨。大雨或暴雨区范围很广，南北跨江、淮、黄、海四大流域，包括长江流域之唐白河，淮河流域之洪汝河、沙颍河、涡河、南四湖，黄河流域之伊河、洛河、沁河、汾河，海河流域之南运河、子牙河、滏阳河、大清河、永定河等水系，致使各河发生了大洪水或特大洪水。其中以黄河三花间伊河、洛河、沁河洪水特大，造成灾害最重。

◆ 明万历元年（1573 年）

黄河从上游潼关向下游传送水情的塘马报汛始于明万历元年。据明万恭《治水筌蹄》中记述："黄河盛发，照飞报边情，摆设塘马，上自潼关，下至宿迁，每三十里为一节，一日夜驰五百里，其行速于水汛。凡患害急缓，堤防善败，声息消长，总督者必先知之，而后血脉通贯，可从而理也。"这是黄河从上游潼关向下游传送水情的最早记载。在当时通信条件下，用"塘马"制（即驿站快马）是传送水情最快的办法。万恭在总督河道工作中深知水文情报的重要，故有此创举，还提到："凡黄水消长，必有先几。如水先泡，则方盛；泡先水，则将衰；及占初候而知一年之长消；观始势而知全河之高下。旧日识水高手者，唯黄河之滨有之。"这是介绍黄河沿岸的人们根据洪水来势情况作预报的记述。

◆ 明万历 21 年（1593 年）

全省特大水灾。这次特大水灾，主要在淮河流域，有记载可查的受灾县41 个，东部、南部的灾情尤为严重。淮阳："夏五月大水，淹麦。秋大水淹稼，淫雨弥月，平地水深数尺，破堤漫城，四门道路不通，出入以舟。"汝南："春夏淫雨，历秋弥甚，势若倾注，淮、汝横溢，舟行于途，人栖于木，田禾庐舍崩坏殆尽，其溺而死者无算。"各州县地方志中多有记载，洪、汝、沙、颍等河横溢为患，洪汝交汇之新蔡，洪水自西北澎湃而来，平地水深数丈，人物房产冲陷殆尽。

◆ 明崇祯五年（1632 年）

全省特大水灾，各流域皆大雨，加之黄河决孟津口，横浸数百里。有记载可查的受灾县 54 个。新乡："大水，县北行舟，淹没田禾。"汝南、正阳："秋八月淫雨，大水，平地行舟"，"水坏民舍，鱼入街市"。内乡："六月湍河水溢四十余日，庐舍尽淹"灾情惨重。

◆ 明崇祯十一年至十四年（1638—1641 年）

明崇祯十一年至十四年，河南发生连续 4 年的大面积特大干旱，旱情、灾情遍及全省，有 70 余县为重灾区，以黄河南北两岸最为严重，河南各地井河皆竭，濠沟扬尘，蝗虫蔽天，瘟疫流行，野无表草，田无人耕，人饥相啖。罗山"民饥死者十之五六，流亡十之三"，内黄"人死七分"，濮阳"人死过半"，史籍记载"人相食"的有 60 余县。

◆ 清康熙十八年（1679 年）

陈潢（1637—1688 年）是河道总督靳辅（1623—1692 年）的得力谋士。他在中国首先提出完整的流量计算方法称为"测水法"，即先测出水流速度及河道横断面积，二者相乘即得流量，称作"水方"。这一"测水法"，在清余金所著《熙朝新语》及清何梦瑶著《算迪》中都有记载。他还根据对黄河大量调查研究后所掌握的黄河水文、泥沙规律，提出"逼淮注黄、蓄清刷浑"的主张，在治河中取得成功。

◆ 清乾隆二十二年（1757 年）

据《续行水金鉴》载：乾隆二十二年六月，乾隆提出淮河应建立报汛制度，按照黄河用塘马报汛的办法，正阳关为淮水上下关键，"大汛时，着白钟山（时任江南河道总督）酌委妥员在彼探报"。七月，河南抚院覆称：于信阳州属之长台关河口、罗山县之周家渡口、息县之大埠口、乌龙集、固始县之往流集、三河尖等处各照式设立水志，令地保乡约轮日看管，令州判巡检，每月派役巡查，如遇水发，则由各县挨次填单飞报下游。

◆ 清乾隆二十六年（1761 年）

黄河三门峡至花园口发生区间洪水。八月中旬，伊河、洛河、沁河及干流区间均发生连续大暴雨。雨区范围较广，除三花区间外，还包括汾河、漳卫河和洪汝河流域。由于伊洛河、沁河和干流区间洪水同时遭遇，在花园口断面形成近 400 年来的最大洪水，造成黄河下游受灾严重。这场洪水的特点是干支流洪水同时遭遇，峰高量大，持续时间长。据调查粗略估计，花园口洪峰流量达 32000 立方米每秒，5 天洪量 85 亿立方米，12 天洪量 120 亿立方米，均超过 1958 年和 1982 年。

是年，江南河道总督李宏奏准于陕州、巩县各立水志，每年自桃汛至霜降止，水势涨落尺寸，逐日查记，据实具报；并在武陟木栾店龙王庙前另立水志，按日查报。

◆ 清乾隆五十八年（1793 年）

清乾隆五十八年八月十二日，乾隆帝对河督李奉翰等所奏黄河陕县万锦滩七月间几次涨水尺寸提出批评："所奏未免张大其词。黄、沁等河叠次涨水，其势固为旺盛，但骤来之水，旋涨旋消，迨第二次涨水，其初次所涨之水自已早经下注，断无积雨久待之理。……若如该河督等所奏，竟似河水有涨无消，积高至一丈四五尺，一齐下注，有是理乎？……嗣后该河督等奏报水势增涨情况……毋得仍前重叠牵算，过事张皇，致骇听闻也。"

◆ 清道光二十一年（1841 年）

六月上旬，河南陕州万锦滩黄河 7 次"长水二丈一尺六寸"。武陟沁阳河 3 次"长水四尺三寸"。据东河总督文冲奏称："历查伏汛涨水，从未有如此之盛者。"六月十六日，祥符上汛引堡无工处所（张家湾附近）滩水漫过堤顶。二十二日，口门"刷宽80 余丈，掣溜 7 分"。黄水决堤而出后，至开封西北城角分流为二，均向东南下注至距省十余里之苏村口，以下又分为南北两股，北股溜约三分，由惠济河经陈留、杞县、睢州、柘城至鹿邑之北归涡河，注安徽亳州以下。南股溜有七分，经通许、太康至淮阳、鹿邑交界之观武西冲成河槽 9 处，弥漫而下。受灾 20 多个州县。由于河督文冲思想麻痹，估算水情不足，防汛不力，祥符河决传至京城后，道光帝下渝革职河督文冲"枷号河干，以示惩儆"，后充军伊犁。

◆ 清道光二十三年（1843 年）

黄河中游特大水，中牟决口。六月上中旬，沁河连续 10 次涨水。陕州万锦滩又"长水五尺五寸"。水至下游后，中牟下汛九堡（今辛寨）出险。二十六日，堤身蛰陷，"口门塌宽 100 余丈"。以后黄河、沁河继续涨水，至七月十九日，中牟九堡"口门宽360 余丈，中泓水深 2 丈八九尺不等，东坝头水深 5.5 尺，西坝头水深 5 尺"。中牟决口后，溜分为两股：贾鲁河经中牟、尉氏、扶沟、西华等县入大沙河；一由惠济河经祥符、通许、太康、鹿邑、亳州入涡河。受灾 30 余州县。

是年洪水，陕县有"道光二十三，黄河涨上天，冲走太阳渡，捎带万锦滩"之说。中华人民共和国成立后，1952 年 10 月在水利部水文局局长谢家泽率领下，调查 1843 年洪水，推算陕县洪峰流量达 36000 立方米每秒。

◆ 清咸丰五年（1855 年）

黄河决口改道。6 月中旬，黄河上中游大水，各河汇往下游，以致洪水漫滩，一望无际。8 月 1 日（清咸丰五年六月十九日）在河南兰阳（今兰考）北岸铜瓦厢决口。19 日决口过水，于 20 日全行夺溜，下游正河断流。黄河决口后，先向西北斜注，淹及封丘、祥符各县村庄，再折向东北，淹及兰、仪、考城及直隶长垣等县村庄。从此结束了长期以来黄河夺淮的历史。

◆ 清光绪三年（1877 年）

光绪三年前后，河南发生连续大旱年，而以是年为尤甚。据河南各地方志记述，无雨日数一般为 7~12 个月，最长者达到 18 个月。"河南有四五季未收者，有二三季未收者""报灾 87 厅、州、县""待赈饥民不下五六百万"，饿死者无数，状极凄惨：有"攫遗骸而吮其髓者，有抱髑髅而盐其脑者，及呼吸无力，而亦倒矣。甚至割煮亲长之肉，并有生啖者"。据清代户籍统计，这次大旱黄河流域各省死亡 1300 万人左右，按引估算，河南饿死者近 200 万人，约为当时全省人口的 1/10。

◆ 清光绪十五年（1889 年）

清光绪十五年，荷兰工程师单百克和魏舍于来华对黄河下游进行考察，曾在河南铜瓦厢等处测验过黄河泥沙含量，并写有考察报告。

◆ 清光绪十六年（1890 年）

3 月，东河总督吴大澂奏请自河南阌乡金才关至山东利津铁门关间测量河道，并与直隶总督李鸿章、山东巡抚张曜、河南巡抚倪文蔚会商。旋即"遴派候补道易顺鼎总司其事，分饬各员按段测绘，于十六年三月全图告竣"。完成黄河自阌乡（今灵宝市）金斗关至山东利津铁门关间河道测量，并"装潢成册，恭呈御览"，名为《御览三省黄河全图》。这是黄河上最早用新法测出的河道图。

◆ 民国 7 年（1918 年）

3 月 20 日，华北地区顺直水利委员会在天津成立，内设流量测验处，杨豹灵任处长，并聘英人罗斯为技术部长，负责水文技术工作。计划次年在黄河陕县、泺口等处设立水文站。

◆ 民国 8 年（1919 年）

初春，南京河海工程专门学校（今河海大学）教师戈福海受顺直水利委员会委托，率领员工数人，携带水文测验仪器、工具到陕县黄河万锦滩，选定测验断面，安装两岸测验标志，调查、测绘附近河道地形，设立水尺，4 月4 日起正式观测水位，后又增加雨量、流量、含沙量等测验项目。这是黄河流域最早设立的两个水文站之一（另一个是设在山东省境内的泺口水文站），也是河南省境内设立最早的水文站。

10 月，由农商部、内务部、全国水利局会衔布置全国各省开展水文测验工作，随文印发《河川测验办法七条》，测验项目有降水量、流量、沙率、水位等。

11 月，江淮水利测量局在河南省境内淮河上设立洪河口水文站、三河尖水位站。三河尖水位站当月 15 日起即有水位观测资料，洪河口水文站仅有1921 年少量资料。

◆ 民国 9 年（1920 年）

1 月，河南水利委员会（成立于 1915 年 7 月）改组为河南省水利分局，明确主管水文工作。

◆ 民国 10 年（1921 年）

顺直水利委员会在安阳河彰德（今河南省安阳市）、淇河淇县、卫河新乡三处设立汛期水文站，利用京汉铁路桥施测水位、流量和含沙量，安阳站还观测雨量。这三个站陆续于 1926 年以后停测。汛期的观测资料曾刊载在 1948年 7 月华北水工总局编印的《南运河流域资料记载表》中。

◆ 民国 11 年（1922 年）

江淮水利局在河南省境内增设桐柏、信阳、商城、驻马店、新蔡、叶县、周家口、长葛和杞县等一批雨量站。

◆ 民国 12 年（1923 年）

由河南河务局局长吴隐孙主持，黎世安等 21 人参加编纂的《豫河志》出版。该书为记述河南黄河、沁河的一部专志，共 28 卷 29 万字，分成图、源流、工程等 7 部分。

◆ 民国 17 年（1928 年）

9 月，顺直水利委员会改组为内务部华北水利委员会，并接管原顺直水利委员会所辖包括河南省境内的各水文测站。徐世大为负责水文业务的技术长。华北水利委员会在黄河干流上的开封县设立柳园口水文站，但 1929 年年底停测。

是年，河南省主席冯玉祥筹办河南省水利技术传习所，培养出了水文测绘和水利工程施工方面的专业技术人才 150 名，改变了河南水利人才缺乏的局面，也为以后建立健全水利机构储备了人才。

◆ 民国 20 年（1931 年）

6—8 月，"自交夏令淫雨不霁，时而细雨缤纷，时而大雨倾盆"，水灾遍及全省江、淮、黄、海水系，河道普遍漫溢，数十县治一片汪洋，低洼之地尽成泽国，灾情极为惨重。据中华人民共和国成立后的洪水调查资料，淮河长台关水文站洪峰流量 7480 立方米每秒，沙河漯河站 3760 立方米每秒，伊洛河水系洛阳站 11100 立方米每秒、龙门站 10400 立方米每秒、黑石关站 7800 立方米每秒，均为 1761 年以后的第二位大水。

是年，河南境内淮河流域各类水文站改由导淮委员会领导。

◆ 民国 21 年（1932 年）

省建设厅水利处设置水文测量队，负责水文观测等各项事宜，是河南省最早成立的省级水文管理机构。

◆ 民国 22 年（1933 年）

省建设厅先后在全省的双洎河、沙河、贾鲁河、淮河干流、白河、伊洛河、卫河、淇河、洹河、漳河和沁河等河流上设立 17 处水文站和 2 处水位站。

8 月 8 日午夜，陕县水文站水位陡涨，水尺没顶。9 日午夜，又出现大洪峰，当时水位、流量均未测得。事后根据洪痕测得最高洪水位 298.23 米（大沽基面），推算流量 23000 立方米每秒。1952—1955 年经多次整编审查计算，最终确定洪峰流量为 22000 立方米每秒，为 1919 年建站有实测资料以后最大洪水。

9 月 1 日黄河水利委员会在南京成立，11 月 8 日迁至开封办公，接管了原华北水利委员会管理的黄河水文站。1933—1935 年黄委在河南境内的黄河及其支流上增设 9 个水文站和 2 个水位站。

◆ 民国 23 年（1934 年）

2 月 20 日，黄委获得黄河水灾救济委员会调拨无线电机两台，无线通信距离 250～300 千米。一台配置给秦厂水文站，一台设于开封黄委。秦厂水文站即日开始向开封逐日报告水位、流量。此为黄河专设无线电台报汛之始，也是河南境内水文站专设无线电台报汛之始。

8 月 11 日，黄委于开封黑岗口站黄河最高水位时采取泥沙水样，送至华北水利委员会代为进行泥沙颗粒分析。11 月，完成水样泥沙颗粒分析，并绘制成图表。此为黄河首次悬移质泥沙颗粒分析，也是河南境内首次进行悬移质泥沙颗粒分析。

◆ 民国 24 年（1935 年）

7 月 8 日，伊洛河水暴发，两岸泛滥成灾，死亡千余人，陇海铁路路轨上水深 1 米，偃师县城被淹（当时县城在陇海铁路南）。后经调查推算这次洪水在黑石关洪峰流量为 10200 立方米每秒。

8 月 1 日，省建设厅水利处成立，主管水文工作。

是年，据 1935 年河南省国民政府年刊《五年工作报告》记载："本省连年水旱频仍，所有河流，急待治理，而水文测量，尤为设计河道工程最重要之根据，其统计价值，又须持久至数年或数十年而后效用始彰。今日缓办一日，即将来治水计划缓成一日。"

◆ 民国 25 年（1936 年）

因 1935 年 7 月 10 日黄河在董庄（今山东鄄城境）决口，黄委将原《黄河防汛条例》规定的黄河 7 月 15 日为伏秋大汛入汛日，从本年起改为 7 月 1 日入汛，以备不虞。

1931 年大水后，至 1936 年，由导淮委员会陆续在河南境内增设淮滨镇、息县、潢川、项城、郾城、临汝、禹县、密县、新郑、太康、开封和永城等一批雨量站和周家口、杜曲（临颍县境）、陆桥（扶沟县境）、漯河、息县、杨埠（汝南汝河）、潢川、三岔口（新郑县境）和徐家咀（固始史河）等水文、水位站。

是年，河南省建设厅水利处增设淮河息县、长台关、潢河潢川、浉河信阳、史河固始、沙河漯河和唐河等水文站及西高平（安阳河）、砖桥（惠济河）等水位站。上述大部分测站 1937 年相继停测。

◆ 民国 26 年（1937 年）

河南省建设厅水利处编制的《水文统计图表汇编（1937 年版）》出版，总页数 295 页。这是河南省首部"水文手册"。

◆ 民国 27 年（1938 年）

6 月，黄河南岸花园口被决开后，为掌握口门泄水情况，遂在口门以西 2 千米的李西河铁牛大王庙设立水位站，逐日记录花园口的水位变化。

◆ 民国 29 年（1940 年）

1940 年成立河南省水文总站，由国民政府经济部水工试验所和河南省建设厅双重管理，主任由省建设厅第三科科长仝允奎兼任，工程师冯龙云、副工程师王锦树、事务员一二人，水文经费由水工试验所提供，经费未到位时，由省建设厅暂时垫支。

◆ 民国 30 年（1941 年）

省水文总站恢复增设息县、潢川、西平、汝南、杜曲、周家口、漯河、南席和西孟亭等水文站，并调派技术人员到测站工作。但时局动荡，观测工作时断时续。

◆ 民国 31 年（1942 年）

1 月，中央水工试验所更名为中央水利实验处，主管全国水文测验业务。除各大流域水文站外，河南等水文总站及其水文水位站网归其管理。中央水利实验处水文研究站管辖河南等 3 省的水文测站。

8 月 4 日，陕县水文站观测员为躲避日军隔河射击，用经纬仪远距离观测水尺，误将 298.66 米的水位误读为 299.66 米（大沽），亦将流量误推算为 29000 立方米每秒。后经 50 年代水文资料整编时流量修正为 17700 立方米每秒。

1940—1943 年，河南省连续 4 年特大干旱。1940 年豫北夏秋旱，1941 年冬季少雨雪，1942 年春夏秋冬全年持续干旱，一直到 1943 年夏旱结束。据1940—1943 年降雨量统计，较常年偏少 4～6 成。旱情尤以 1942 年最重。据河南省气象台统计的《河南省西汉以来历史灾情史料》和《河南省政府救灾报告》记载："郑州等九十余县，自春徂夏大旱，雨泽愆期，麦苗受损甚巨，至收获之期复遭风暴，致二麦欠收，平均不及三成。入夏后，又苦亢旱，禾苗枯萎，投火可着。低地秋禾更遭虫害，入秋后，风雨失调、寒暖不均，早秋晚秋绝收，以致引起今年大旱。郑县、中牟、尉氏、长葛、扶沟、鄢陵、许昌、临颍、西华、郾城等四十县灾特甚。"

◆ 民国 32 年（1943 年）

8月2—16日，河南西部伏牛山、外方山及嵩山山区发生局部性大暴雨。这场大雨主要位于沙颍河、伊河及唐白河上游，雨区范围约5万平方千米，暴雨区约1万平方千米。暴雨中心位于沙颍河流域北汝河、沙河上游。据中华人民共和国成立后的洪水调查资料，北汝河紫罗山水文站（集水面积1800平方千米）洪峰流量达10000立方米每秒，沙河下汤站（集水面积825平方千米）8650立方米每秒，为1870年以后首位。沙颍河下游堤防溃决，推算漯河（沙河）站流量为3760立方米每秒。据推算，北汝河、沙河及伊洛河上游，应为50～100年一遇大洪水。

◆ 民国 35—37 年（1946—1948 年）

1946年河南省统计年鉴记载，黄委管辖河南省境内的测站有陕县、花园口、尉氏、洛阳、界首水文站以及龙门镇水位站。1947年水文站有所增加，黄河水利工程总局水文总站管辖河南省境的测站有陕县、花园口、孟津、洛阳、开封、兰封、木栾店等水文站和龙门镇、黑石关和秦厂等水位站。到1949年中华人民共和国成立前夕，基本维持观测的仅有陕县、花园口和开封柳园口等站。

1947年6月1日，原水利委员会改组成立水利部，内设水文司，统管全国水文工作。水文司按流域、区域在全国重新设立18个水文总站，其中由中央水利实验处在开封设立区域性跨流域的水文机构河南水文总站，主任仍由全允奎担任，管理体制和经费渠道同于1940年仍保持不变。河南水文总站管辖的测站有：黄河流域的杨庄和洛阳水文站；淮河流域的三河尖、郾城、周家口、汝南水文站和襄城县水位站；汉江流域的南阳、唐河水文站和淅川、新野、邓县水位站。中华人民共和国成立前夕，上述测站几近全部停测。

◆ 1949 年

11月8—18日，水利部在北京召开各解放区水利联席会议，讨论1950年工作计划，把"各水系查勘测量、水文、水工试验等基本工作"列为重点工作项目之一。中华人民共和国成立前处于停顿状态的河南省水文观测工作，随着大规模治淮、治黄水利建设的开展，逐步得以恢复发展。

◆ 1950 年

3月，淮河水利工程总局组成由何家濂任队长的黄泛区查勘队，历时半年，对河南、安徽黄泛区和淮河上中游各干支流的自然地理、河流、水文、灾情、土壤渗漏、产流等进行查勘。

4月5—7日，在华东水利部召开的南京水文会议上，固始淮河三河尖水位站观测员杨子俊，长期不计报酬，坚持观测30年，尤其是1932—1949年水位资料连续完整，并刻记诸多年份洪水痕迹，受到嘉奖。

5月，淮河水工总局派沈观可恢复设立周口、漯河二等水文站。

6月1日，省农林厅水利局成立，设计科主管水文工作，科长魏希思。

6月26日至7月25日，淮河流域连降暴雨，新蔡雨量站最大雨量达735.5毫米。洪河、汝河、淮河、白露河、史灌河等多条河流漫决。信阳城关7月4日平地水深数尺。汝南、新蔡一片汪洋，平地行船。遂平县境内京汉铁路一度中断行车。

6月，华东水利部派出技术人员，配合淮河水工总局测验处水文科在淮河上游河南境内设立长台关、息县、三河尖、西平、固始、扶沟、杜曲、西平、洪河新蔡等水文站和洪河口、汝河新蔡等水位站，其中息县、漯河和周口为二等水文站，分片管辖三等站和水位站。

7月19日，周口水文站开始用浮标测流。8月1日起使用旋杯流速仪测流。这是中华人民共和国成立后淮河流域河南省境内最早恢复流量测验的水文站。

7月，省防指设立临汝、宝丰、襄县、新郑和遂平等第一批报汛站。黄委设立黑石关（洛河）水文站。平原省水利局（平原省省会新乡）成立测验科，并在卫河水系设立新乡、淇门、合河、浚县和蒋沟等汛期水文站。

10月，水利部设立水文局，负责指导全国水文工作。

是年，设立新郑、颍桥、宝丰、临汝、遂平、嵩县和宜阳等汛期水文站。华北水利工程局在卫河水系设立楚旺水文站。

是年，降水量和蒸发量观测时制均以9时为日分界，水文资料整编方法采用中央水利部南京水利实验处的水文资料整编规定报表格式。测站报汛按统一规定的密码，送当地邮电局拍发。

◆ **1951 年**

1 月 2 日，水利部颁发《各级水文测站之名称及业务》，规定各省水文总站，各大流域可分段设立水文总站。总站下设实验站，一等、二等、三等水文站以及水位站、雨量站等，并规定各级水文站的业务范围。

1 月 17 日，淮委成立开封一等水文站，站长朱克俭。

3 月，省农林厅水利局在黄河流域伊洛河水系设立潭头、嵩县、龙门、卢氏、长水、宜阳和洛阳等水位、水文站，其中洛阳为一等水文站，站长张三照。在汉江水系设立西坪、西峡、黑山头、南阳、新野、内乡、淄滩、刁河店、唐河和社旗等水位、水文站，其中南阳为一等水文站，站长王景溪。5 月底全部完成。

5 月，淮河流域开封一等水文站迁至漯河，与原漯河二等水文站合并，改称淮河上游（漯河）一等水文站，站长刘启佑。并先后增设调整汝南、固始、沈丘、长台关、新蔡和襄城等一批二等水文站。

7 月至 1952 年 6 月，平原省水利局又设立后进村、五龙口、山路平和五爷庙等水位、水文站，并建立新乡一等水文站。

7 月，黄委测验处水文科在黄河干流设立三门峡、宝山（渑池县）、八里胡同、孟津和秦厂水文站。陕县水文站首次使用排水 10 吨的汽油机船测流，测流时间比用木船缩短 3/4（流速仪测）至 4/5（浮标测）。

◆ **1952 年**

4 月，淮委调整水文管理体制。原设在漯河的淮河上游一等水文站，自 5 月起委托省治淮指挥部代管，并迁往开封，与省治淮指挥部合署办公，编制不变。省农林厅水利局所属一等、二等水文站配备上海产虹吸式自记雨量计。

6 月 27 日，沙颍河流域发生大暴雨。周口、襄城的洪水位分别超过 1950 年洪水位 1.60～4.65 米。28 日沙河叶县水文站洪峰流量为 5096 立方米每秒。

6 月，华北水利工程局设立新村、高城（汤河）水文站及安阳汛期水文站，建成后相继移交平原省水利局管理。

8 月，省农林厅水利局与省治淮指挥部合署办公，在省治淮指挥部工程部内成立水文科，由工程部和省农林厅设计科的水文人员组成，科长赵劲民，副科长郭展鹏，统一管理各专区治淮指挥部设立的水文站和省水利局所辖的洛阳、南阳一等水文站及其属站。

10 月，淮河上游一等水文站撤销，部分人员调入治淮工程部水文科，属站划归水文科管理。水文科科长刘也秋,副科长赵劲民。

11月30日,平原省建制撤销,所属测站划归河南省农林厅水利局管理。

是年,省治淮指挥部工程部在拟建水库的孤石滩、紫罗山、肖楼、官寨、白沙和石漫滩等处设立水文站。

是年,漯河、周口等水文站汛期开始使用钢丝绳过河索,进行吊船流速仪测流;石漫滩水文站创造流速仪输送器,是水文测流缆道的原型。

是年,李芳青首创的刀割式浮标投掷器,经治淮工程部水文科组织人员改进后,完成定型。1953年在省内外推广应用。

◆ **1953 年**

3月,黄委设立秦厂水文分站,管辖河南省境内的黄河水系测站。

4月29日,水利部颁发《水文测站工作人员津贴办法》,规定水文测站人员享受外勤补助。

5月,叶县、孤石滩水文站首次安装浮标投掷器,减轻由人力投放浮标的劳动强度。这是河南省淮河流域最早安装浮标投掷器的水文站。

9月,省治淮指挥部与省农林厅水利局机构分家,省农林厅水利局成立水文分站,孟克东任副站长,管辖南阳、洛阳和新乡3个一等水文站。河南省淮河流域的水文站仍由淮河水工总局测验处水文科管理。

10月,漯河水文站安装三轮测流绞关,减轻由人工提放流速仪的劳动强度。

◆ **1954 年**

1月,河南省降水量、蒸发量观测时制改为19时为日分界,一直沿用到1955年年底。

4月,省水利局和黄委测验处商定,将伊河、洛河、沁河的水文站移交黄委管理,并办理交接手续。

7月10日,寨河水文站职工张文超在船上测流时,为打捞落水的原始水文资料光荣牺牲。息县县委发出通报,追认他为模范共青团员。

7月,水利部勘测设计院设立冯宿(安阳河)、马厂(运粮河)、土圈和峪河口等8处水文、水位站。10月,移交河南省水利局管理。

7月,淮河流域大水。淮河淮滨站以上平均降雨量664.2毫米,洪汝河平均降雨量530毫米,项城7月平均降雨量934.7毫米。息县站连续出现7次洪峰;淮滨站7月6日最高水位达30.89米,超过堤顶1.5米,相应流量6360

立方米每秒。

10 月 20 日，河南省首届治淮劳模代表大会在开封召开。孤石滩水文站陈应祥被评为甲等模范，杜世敬、张献瑞等 19 人被评为乙等模范。

11 月 5 日，白沙水文站开始地表水检验水化学取样，水样由省水科所进行分析。分析项目有 12 个，成果刊印在 1959 年水文年鉴上。这是河南省最早开展水化学分析的水文站。

12 月，省水利局将安阳二等水文站改为一等水文站，管理安阳、濮阳两专区的水文、水位站。

是年，各水文站开始执行淮委颁发的《1954 年水文资料在站整编计划》。

是年，淮委精密水准测量队接测水准点后，水位一律冻结到废黄河口基面上，称"测站基面"。

◆ 1955 年

2 月，按部水文局要求，撤销一等水文站建制，在省农林厅水利局水文分站下设安阳、新乡和五爷庙等中心水文站，分片管辖水文、水位及雨量站。

3 月 15 日，水利部水文局在天津举办水文测站规范研习会，并随之印发《水文测站暂行规范》，这是新中国成立后正式颁布的第一部水文测验技术标准。

6 月，省治淮指挥部在商水县白寺乡穆庄村成立汾河试验站，研究淮河流域平原区降水损失及产流关系，凿打专用井进行地下水位观测和地下水水质化验，这是河南省最早开展地下水观测和地下水水质化验的水文试验站。

7 月，省治淮指挥部通知，非汛期水位每日 8 时、20 时观测 2 次。汛期水位每日 8 时、11 时、14 时、17 时、20 时观测 5 次。

10 月，河南省各水文站开始执行水利部颁发的《测站报表填制说明》。

是年，漯河水文站杜世敬作为河南省治淮劳模参加由淮委召开的首届治淮劳动模范代表大会。

是年，薄山水文站建立水库漂浮蒸发实验场（三角形木筏）和各种口径水面蒸发皿实验场并开始观测。

◆ 1956 年

4 月 17—25 日，李芳青、陈应祥参加在北京召开的全国农业水利先进生产者和先进工作者代表会议。毛泽东主席等党和国家领导于 24 日下午接见了全体代表并合影。

5 月 27 日，省水利局下发《关于二等站改组为中心站及干部调整的通知》，明确原部分二等水文站改为中心水文站，分区管理属站，三等站改为流量站。

6 月 27 日，水利部颁发《水文测站暂行组织简则》。

9 月 30 日至 10 月 8 日，河南省召开水利先进生产者代表会议。授予周口水文站"全省水利系统先进单位"称号，授予孙双进、徐天德等 15 人"全省水利系统先进生产者"称号。

是年，淮委及省水利厅以苏联点、线原则为规划站网的技术指标，对全省基本流量站和基本雨量站等站网进行统一规划。

是年，水文系统停止刊布气象资料。

◆ 1957 年

4 月，经省编委批准，成立河南省水文总站，编制人数为 35 人（包括勤杂人员 3 人），为省水利厅直属二级机构，负责全省水文业务工作。水文测站的政治思想工作归属地方管理。刘也秋任站长，郝诚儒任副站长兼党委书记。水文总站内设水情、测验、整编、研究等 4 个业务组。

5 月，原省治淮指挥部水文科管理的二等水文站改为中心水文站，原水文分站管理的中心水文站进行了调整。调整后的中心水文站有潢川、息县、汝南、周口、漯河、襄城、常庙、紫罗山、南阳、濮阳、安阳、新乡和西峡等 13 处，原汾河试验站改为小商桥排涝实验站。

5 月，由省水利设计院提供的《淮河综合标准单位线之研究》成果报告，经王邨、林继伦二人整理完成。此成果在以后全省的设计洪水中，得到较好的推广应用。

7 月 5—14 日，淮河北部连降 4 次暴雨，总历时 15 天，鲁山累计降雨量 857.7 毫米、方城 537.0 毫米、通许 568.6 毫米、民权 614.5 毫米、商丘 579.2 毫米，暴雨造成沙、颍、涡、沱等河系出现大洪水。10 日沙河叶县站最大洪峰流量 9980 立方米每秒，11 日 8 时胡庄站洪峰流量 4090 立方米每秒，15 日叶县洪峰流量 6030 立方米每秒，白河南阳站最大洪峰流量 8400 立方米每秒。泥河洼分别在 7 日、10 日、15 日、19 日、20 日 5 次分洪沙河洪水，7 日、15 日、19 日 3 次分洪澧河洪水。

8 月，水利部、中国农业水利工会筹委会授予周口中心水文站"全国农业水利系统先进单位"称号。

11 月，河南省各水文站执行水利部颁发的《水文资料审编刊印须知》。

◆ **1958 年**

5 月 21 日，省人委根据水电部将水文测站管理权限下放到地、县的文件精神，撤销省水文总站，所属水文站下放专县管理。省水利设计院增设水文测验室负责全省水文业务工作，刘也秋任主任。各地专署水利局内增设水文组管理水文属站工作。刚成立的蟒河综合实验站改由济源水土保持局管理。

6 月 1 日，全省水文站恢复使用标准雨量器观测雨量，防风圈雨量器停止使用。

6 月 7 日，水电部发布的《关于大力开展群众性水利建设观测研究工作的意见》指出，1958 年全国大搞群众性水利建设，大大改变了原来的自然面貌，从而水文现象也相应发生了新的变化。因此，要求全国水文部门对群众性水利工程进行必要的观测研究，以便更好地为水利建设服务，并随文附寄《河南省群众性水利建设观测工作会议总结》等材料以资参考。

6 月 8 日，经中央批准撤销淮委，河南省辖淮河流域水文工作由省水利厅管理。

6 月 14—18 日，黄河三门峡至花园口区间普降暴雨，雨区范围还包括汾河、淮河上游等地区。暴雨中心位于三花间畛水上游的曹村和洛河支流的仁村。仁村最大 24 小时雨量达 650 毫米。暴雨笼罩面积广、强度大、时间集中。三花间干支流基本同时遭遇洪水，将京广铁路郑州黄河铁路桥冲垮两孔。18 日，花园口出现洪峰流量 22300 立方米每秒。

6 月，中国科学院、水利部水利科学研究院水文研究所副所长叶永毅和部水文局周聿超、匡占元率领工作小组到许昌专署水利局开展编制水文手册的试点工作，以求在中小型水利工程设计中提供区域性水文资料。

8 月，部水文局和中国科学院、水利部水利科学研究院水文研究所联合组成工作组赴河南许昌地区探索大搞群众性中小型水利工程形势下的简易算水账方法。工作组编写的《许昌专署小型水利工程简易算水账方法》小册子，由部水文局向全国推广。

10 月 10—16 日，河南省水文工作跃进会议在信阳市召开，会议传达贯彻全国水文工作跃进会议精神，交流全省水文技术革新成果，进一步推动群众水文观测工作。

12 月，部水文局工作组与省水利厅、许昌专署水利局完成《河南省沙颍河流域实用水文手册》《河南省许昌地区水文特征值》的编制工作。

◆ **1959 年**

1月10—20日，水电部在郑州召开全国水文工作会议，提出"以全民服务为纲，以水利、电力和农业为重点，国家站网和群众站网并举，社社办水文，站站搞服务"的水文工作方针。会议要求对水文管理体制下放尚有顾虑的单位，坚决下放，层层负责，勿再等待观望。会议期间还举办技术革新成果展览。

2月20日，地质部在包头召开全国第一届地下水长期观测工作会议，主要讨论通过《地下水长期观测工作的基本要求（草案）》。水电部指派部水文局及黄委、长办、河北、河南、安徽、江苏、江西和内蒙古等流域机构和部分省（自治区）水文部门代表参加。

3月，省水利厅按照水电部开展《中国水文图集》编制工作的要求，组织编制《河南省水文图集》。10月，与华北诸省进行拼图工作。1960年8月《河南省水文图集》出版。

5月下旬，河南省河网径流观测研究现场会议在新乡召开，会议期间参观原阳、济源两县的工程和观测试验工作。

◆ **1960 年**

2月20—24日，河南省中小型水利工程算水账现场会议在禹县召开，有6专、1市、53县的代表参加。部水文局、黄委及河北、山西、陕西和湖北等省也派代表参加会议。由河南省建议，山西、河北、山东、河南和北京5省（直辖市）同意成立华北水文工作协作区，逐年轮流担任组长单位。

是年，河南省将"测站基面"改为"冻结基面"。

是年，连续大旱。自1959年7月中旬开始，全省降雨普遍偏少，7—9月全省平均降雨量约200毫米，比同期多年平均雨量少60%。1960年又出现春旱和连旱。1961年春夏又旱，7月开封、许昌、信阳等地区降雨量仅为历年同期平均的20%～25%。

◆ **1961 年**

4月8日，省水利厅根据水电部文件精神，水文站的测报时间在第二、第三季度内一律改为北京时间，每日6时为日分界。

4月14日4时，白龟山水库白村进库水文站青年测工岳朝鲜观测水位（当时流量1560立方米每秒）时不幸落水遇难。

9 月 19 日，《关于改进水文测报站管理工作的通知》（省人委〔1961〕豫水字 44 号）明确水文站分级管理办法。凡省直管的大型水库、灌区设立的水文站（包括水库上下游属站、渠首、灌区重要控制站），担负国家重大科研任务的试验站由省水利厅管理；凡国家基本站和省、专（市）为防汛、工程管理、规划设计需要设立的专用站和试验站，由各专（市）水利局管理；凡为县水利建设需要设立的专用站等由县管理。群众自行设立的水文站，则本着自设、自管、自测、自用的原则，由社、队管理。

12 月 18 日，《关于南湾等 13 座水库收归省直接管理的通知》（省人委〔1961〕豫水字 63 号）明确水库水文站（包括上下游属站）从 1962 年 1 月 1 日起同时收归省水利厅管理。

◆ 1962 年

8 月，全省开展水文测站鉴定工作，主要是对测站测流断面布设和基本设施进行清查和鉴定，以符合水文测验规范的要求，提高测验质量，并为进一步装备测流设施做准备。采取测站自查填表，地区水文部门审查，省水文部门复查的方式。

10 月 1 日，中共中央、国务院以中发〔1962〕503 号文批转水电部党组《关于当前水文工作存在的问题和解决意见的报告》。决定将国家基本站网的规划、设置、调整和裁撤的审批权收归水电部，基本水文站一律收归省（自治区、直辖市）水电厅（局）直接领导，水文测站职工列为勘测工种。

12 月 7 日，省委、省人委发文批转省水利厅党分组关于贯彻中共中央、国务院中发〔1962〕503 号文的决定，明确"将现由各专（市）水利局领导的国家基本站、省统一规划的专用站、径流实验站，收归省水利厅直接领导。将厅设计院水文测验室改为由厅直接领导的省水文总站，负责全省的水文测站管理工作，下设 8 个水文分站"。年底水文测站的交接工作基本完成。

◆ 1963 年

1 月，河南省水文总站成立，负责全省水文管理工作，张剑秋任站长。水文经费项目在省级水利事业费内编造，专款专用。省水文总站机关内设办公室、人事、测验、资料、水情和基建等 6 个科室，实有职工 50 余人。

是月，部水文局、部水利信息中心主办的《水利水电技术（水文副刊）》（《水文》杂志的前身）1963 年第 1 期刊登《河南、河北两省水文测站鉴定工作经验介绍》。文中介绍水文测站管理权限上收后，河南省从 1962 年 8 月开始分三个阶段进行测站鉴定工作的经验。

4月12日，省水利厅《关于1963年水文工作安排的通知》要求：进一步贯彻巩固调整站网，加强测站管理，提高测报质量的工作方针。随后，向各个水文站颁发测站任务书，对委托雨量站进行整顿，签订委托合同书。

10月8—14日，部水文局召集黄委、山东和河南等9个水文单位负责人汇报水文测站基本设施整顿工作情况，并提出今后工作意见，要求在3～5年内全部达到《水文测验暂行规范》规定的标准。

11月20—25日，华北水文工作协作区会议在山西太原召开。会议交流加强水文测站思想政治工作和整顿基本设施的经验，并对1964年协作区活动安排达成一致意见。水文协作区活动至"文化大革命"开始而中止。

是年，汛期提前。5月起全省阴雨连绵，并伴有大雨、暴雨。8月发生暴雨和特大暴雨，是全省性大水年。6—9月汛期雨量，淮河干流达862毫米，洪汝河达779毫米，淇卫河上游区达922毫米，其他地区也达到400～600毫米。7月30日至8月9日，海河流域发生特大洪水。暴雨中心滏阳河獐獏站7天降雨量2050毫米，创中国大陆最高纪录。河南省黄河以北大部分地区降水量达400～600毫米，卫河流域平均雨量433毫米，安阳小南海水库降雨量达758毫米，暴雨中心的汤阴老观嘴总降水量785.5毫米。卫河支流淇河的新村站8月8日洪峰流量达5590立方米每秒。致卫河在淇门处向长虹渠分洪流量约1930立方米每秒、共产主义渠刘庄闸下泄流量641立方米每秒、卫河下泄流量763立方米每秒，合计下泄流量为3334立方米每秒。称海河流域"63·8"洪水。新乡、安阳市内被淹，京广铁路新乡站停车3天，全省成灾面积5632万亩。

◆ **1964 年**

1月，根据1963年12月9日国务院批转水电部《关于改变各省（区、市）水文工作管理体制的报告》的要求，省水文总站、水文分站、6种基本水文站网和专用站收归水电部统一管理，委托省水利厅（局）代管。省水文总站更名为水电部河南省水文总站，站长仍为张剑秋。其人员、经费、物资自1964年起一律列入中央计划和中央预算，由水电部下达。

4月15日，部水文局局长王子平到河南省检查工作并到漯河等站视察。

6月25日，撤销洛阳水文分站，其所属测站划归许昌水文分站管理。

7月，省水文总站组织编制全省水文站网分析与调整规划。

8月，全省各测站执行水电部颁发的《水文资料审编刊印暂行规范》。

12月，省水文总站派员参加部水文局在北京举办的水文测验建筑物研习班，学习研讨过河设备技术，后编写《水文测验过河设备技术参考材料》在全省测站推广。

是年，汛期开始早，结束迟，降雨时间长，降水量多。全省从4月初至10月，除6月少雨外，基本上阴雨连绵。各地区年降雨量在1000毫米以上的有信阳1277.7毫米、驻马店1112.3毫米、许昌1243.8毫米、开封1058.8毫米、洛阳1069.8毫米和南阳1286.4毫米。周口、商丘、新乡都在900毫米以上，安阳在800毫米以上。泥河洼滞洪区4月下旬、10月上旬两次分洪。

◆ 1965年

1月，按水文规范要求，取消流量站名称，恢复为水文站，并对测站任务书进行修订。

3月，撤销蟒河径流实验站，保留赵李庄水文站。

6月1日，全省执行水电部颁发的《水文情报预报拍报办法》（1964年水电部对其进行了修订），并将《降水量拍报办法》《水位拍报办法》作为《水文情报预报暂行规范》的附录二、附录三进行颁发，1965年6月全省报汛按照附录规定执行。

6月，省水文总站提交《河南省站网分析与调整规划报告（草案）》，站网规划初步调整意见为：基本水文站100处，专用水文站26处；基本水位站5处，专用水位站12处；基本雨量站720处；蒸发站44处；水化学站27处；基本泥沙站49处。

7月8—12日，洪河流域发生暴雨洪水，暴雨中心在杨庄至老王坡一带，老王坡以上平均面雨量277毫米，老王坡滞洪区蓄水超过保证水位，威胁东大堤和京广铁路安全，迫使滞洪区在叶寨向南扒口分洪。许昌水文站测流时发生两次翻船、一次跑船事故。22日孤石滩水文站测流时翻船，3人落水，漂流10余里上岸。

12月2—16日，水电部在保定市召开全国水文工作会议，提出"三五"期间（1966—1970年）水文工作方针为"发扬大庆精神，狠抓基层建设，开展技术革命，提高测报质量，更好地为水利建设和其它国民经济建设服务"。

是年，大旱。从豫北、豫西以及豫南地区开始，而后发展到豫东、豫中地区，形成全省性大旱。安阳、新乡两地的年雨量只有多年平均值的42%～46%。5—6月，正当夏季作物生长需水时期，大部分地区的降雨量比同期均值少5～8成，新乡地区不足20毫米，安阳地区不足40毫米。

◆ **1966 年**

1 月，省水文总站召开全省水文会议传达贯彻全国水文工作会议精神，并增设政治处，以加强对全省水文职工的政治思想工作的领导。

3 月，省水文总站成立由张剑秋站长兼任组长的水文测验设施基本建设领导小组，组成 30 人的专业基建队伍（其中测站 20 人），下设缆道组 12 人，自记化组 7 人，测船配套组 4 人，加工供应组 7 人。先后架设漯河、周口站电动水文缆道 2 处，下孤山手摇水文缆道 1 处，鸡冢站测流吊箱 1 处。建设周口、漯河、何口和马湾站水位自记井 4 处。

6 月，"文化大革命"开始，省水文总站及分站领导机构受到冲击。

7 月 1 日，按照部水文局对水文测验暂行规范进行改革的要求，省水文总站总结制订的第一批规范改革意见发至测站试行。

是年，续 1965 年旱情进一步发展，全省平均降雨量为 490.3 毫米，只有多年平均值的 62.5%。信阳、驻马店稻区汛期降雨量只有多年平均值的 30%左右，大部分地区基本上未下透雨，从 6 月初至 11 月上旬大旱 160 天。许多河道断流，潢川站 9—10 月，班台站 10 月，漯河站 10 月初，沁河小董、卫河合河、金堤河范县和天然文岩渠大车集等河段都发生断流现象。

◆ **1967 年**

4 月 7 日，水电部下发《关于做好当前水文工作几个问题的意见》，要求水文测站和各级水文领导机关不失时机地做好一切汛前准备工作。在汛期，测站职工都应回站坚守岗位，做好水文测报工作。

6 月 25 日，国务院、中央军委下发《关于保证做好防汛工作的通知》，其中要求水文测站工作人员，必须按照规定及时向原收报单位发报水情、雨情，各群众组织应大力支持测报工作正常进行，任何团体和个人都不能对测报工作进行干扰破坏。河南省水文总站在全省开展贯彻落实上述文件精神，各级水文领导机关和水文测站职工不失时机地做好一切汛前准备工作，汛期坚守岗位，及时测报雨水情信息。

◆ **1968 年**

4 月 11 日，水电部军管会发出《关于 1968 年水文站网计划审批工作意见》，明确水文站的增设、调整、裁撤、迁移，建议各省级行政区革委会指定各级水利领导机关审批，并报水电部备查。对关系到相邻省区的水文站，可协商决定，未能取得一致意见，由水电部审批。

5月，成立水文总站革命委员会。

7月12—17日淮河普降暴雨，长台关降雨量681.5毫米、新店降雨量643.8毫米、乌龙店降雨量681.5毫米、南李店降雨量598.2毫米、息县降雨量575.2毫米、潢川降雨量508.5毫米、蒋集降雨量570.6毫米。息县以上平均降雨量约560毫米，因前期雨量大，该区出现大洪水，淮河干流及支流浉河、小洪河、竹竿河等河堤内外一起行洪；15日息县站最高水位45.29米，洪水水面宽2500米，南至蒲公山，北到息县县城连成片，水文站所在的王湾村成为孤岛，最大流量为15000立方米每秒。潢川站以上平均降雨量527毫米，16日最高水位40.62米，最大流量3300立方米每秒，潢川南城以上右堤全线漫决，长达6千米，潢川至商城公路一片汪洋。淮滨站最大流量达16600立方米每秒，洪水位高出县城围堤0.79米，城关全部淹没，省水文总站先后向长台关、息县、淮滨站派出支援人员。

12月5日，省水文总站留3人（2个技术人员和1名会计）坚持工作，其余50余人去商水县邓城农村搞"斗、批、改"，全省水文管理工作瘫痪，各地测站在职工的努力坚持下，基本维持着全省的水文测、整、报工作。

是年，水电部水文局撤销。

◆ 1969 年

4月30日，水电部军事管制委员会以〔69〕水电军生字125号文通知水文体制下放，将水电部所属省、市、区水文总站及所属水文站的管理领导，下放给省、市、区革命委员会。

7月15日，史灌河出现最大洪水，蒋集水文站最高水位33.27米，最大流量4550立方米每秒。

11月，河南省革委生产指挥组批准省水文总站人员编制为20人，先确定15人工作，其余超编人员下放农村或干校劳动。

12月，省级水文、气象部门合并，成立省水文气象台，由省水利局管理，负责人马金印，水文组15人。

◆ 1970 年

1月19日，河南省革委生产指挥组在《关于再下放一批企事业机构归地、市革委会领导的通知》文件第三条中明确，取消原水文分站跨地区的领导关系，原设在信阳、许昌、商丘、安阳和南阳的水文分站及派出水情组（驻开封、洛阳和周口专署）连同设在各地区、市的水文站，委托水位、雨量站均下放给所在地区、市革委会领导。设在大型水库上的水文站（包括进库站）建议各地划归工程管理单位统一管理。1970—1975 年，安阳、新乡、开封、商丘、周口地区和郑州市的水文测站，由地、市水利局领导，属水文单位建制；信阳、驻马店地区的水文测站，其工作由地区水利局领导，而建制分别在水文分站、工程管理部门和施工单位；洛阳地区的水文测站，分别由地、县水利局领导，建制一部分在水文分站，一部分在工程管理部门；南阳地区的水文测站，建制在水文分站，领导权全部下放到县水利局；其中有的地、县受省级水文、气象合并的影响，也将地、县的水文、气象合并。

8 月，卫河上游降大暴雨，合河水文站出现大洪水，共产主义渠最高水位 75.85 米，最大流量 1710 立方米每秒。

◆ **1971 年**

3 月，根据省革委水利局豫革水〔1970〕73 号文要求，《河南省水文图集》及《河南省水文特征资料》编制工作启动。

5 月，息县水文站自己动手建造支柱高 21.2 米、跨度 561 米的自动水文缆道，1972 年 8 月竣工，这是河南省第一个大跨度水文缆道。

9 月，省水文气象台撤销，恢复省水文总站，负责人为刘彤。测站仍归属地区管理。各地水文体制管理不一，全省 10 个地区中的水文测站，6 个归属地区管理，4 个归属县管理。

◆ **1972 年**

7 月，省革委水利局派徐荣波为省水文总站负责人。

10 月，黄委、华东水利学院和省气象局协作，省水文总站派员参加，引进美国的水文气象法，开展黄河三门峡至花园口区间可能产生最大暴雨和最大洪水分析计算工作，历时 3 年完成。

10 月 5 日，水电部发出《对水文工作的几点意见》，特别强调"水文体制一般应由省一级管起来，少数可视具体情况下放到地区一级，不要再层层下放"。10 月下旬，省水文总站到湖南、浙江、江西调查水文体制管理情况，并向中共河南省水利局党的核心小组提交了《关于水文管理体制意见的报告》，阐明省管水文体制的重要性。

11 月中旬，省革委水利局向省革委生产组报送《关于健全水文体制的报告》，反映全省水文管理体制不统一存在的问题，提出省管的必要性，为全省水文体制管理统一奠定基础。

是年，水电部恢复成立水文司。

◆ 1973 年

5月3日，省革委水利局《对开展 1973 年水文工作的意见》要求，搞好平原地区地下水观测研究，加强库、渠工程的水文观测，开展水源污染监测等工作。是年地下水观测点 400 余处。

5月13日至6月22日，人民胜利渠向天津送水 40 天，总水量 1.3 亿立方米。

7月28日，湍河山洪暴发，内乡后会水文站职工唐忠源、吴辉堂上船抢测洪水流量，吊船索被漂浮物挂断，船被卷入洪流，唐忠源不幸以身殉职。南阳地区为表彰唐忠源的英雄事迹，在内乡县召开追悼大会，追认唐忠源为革命烈士，并安葬于内乡烈士陵园。

8月，省革委水利局《关于开展地下水开发利用和动态变化的调查意见》指出，1972 年全省抽取浅层地下水 11 亿立方米，其中：农业灌溉开采量 10 亿立方米，工业用水开采量 1 亿立方米。由于豫北机井密度较大，水位下降，在温县青风岭、修武郇封岭和汲县东部出现 3 个区域地下水下降漏斗，漏斗区面积 460 平方千米。

10月17日，水电部编发《水利动态》第四期（水文专刊）按语指出："河南省洛阳地区开展中型水库水文观测，为水利管理和工程建设服务的经验很好，值得推广。"从 1960 年开始，洛阳地区 13 座中型水库中已有 10 座水库进行水文观测工作，观测项目有雨量、蒸发量、水位、下泄流量、水库淤积和大坝渗漏等，这些资料为验证水库规划、编制水库预报图表、编制水文图集补充了水文数据。

10月，省水文总站编制的《河南省防汛水情手册》出版。

12月，《河南省历年水文特征资料统计》编印成册，第一册为降水量、蒸发量部分；第二册为考证、水位、地下水位、流量、泥沙、水化学和水温等内容。资料统计时限为 20 世纪 20 年代起至 1970 年止。

◆ 1974 年

6月，《河南省中小型水利工程水文计算常用图》即水文图集出版。

12月，水电部颁发《国务院环境保护机构及有关部门的环境保护职责范围和工作要点》中规定："……由各地水文站经常检验主要水系水质变化情况，调查污染来源，并按照国家有关规定监督有关地区和部门向江河湖海的排污情况，并及时向有关地区和部门提出防止对水源污染的要求。"

是年，监测结果显示，全省部分河流严重污染。安阳河（安阳市段）汞、砷、酚、氯化物和六价铬超标。惠济河（柘城段）酚的最高含量超过国家规定 27 倍，砷超过 4～8 倍。沙颍河白龟山水库稀释后的水，酚的含量超过国家规定标准 2～14 倍，浉河大肠菌指数超过国家标准 7600 倍，细菌总数超过规定标准 1400 倍。

◆ 1975 年

3 月，省革委会水利局《关于认真贯彻全国水文工作和水源保护会议精神的通知》提出，水文工作"不仅要观测研究水流动态规律，还要进行水质分析和水源污染的监测工作""中型水库和位置重要的小型一类水库，都要常年开展水文测报工作""大型灌区的渠首都要进行水文观测，为灌区的科学用水，农业增产服务""要巩固、提高地下水观测站网"等。

4 月 17—20 日，省水文总站派员参加长办水文处在汉口召开的第一届长江流域汛期长期水文气象预报讨论会，分析预报当年汛期旱涝趋势。此后，每年汛前召开一次。

8 月 4—8 日，三号台风深入内陆，洪汝河、沙颍河发生历史上罕见的特大暴雨洪水。暴雨影响范围 4 万余平方千米，3 天雨量大于 600 毫米和 400 毫米的笼罩面积分别为 8200 平方千米和 16800 平方千米，暴雨中心 3 天最大点雨量泌阳林庄 1605 毫米，其中 6 小时雨量为 830 毫米，达到当时世界最大记录。洪水来势猛，使水库、河道大大超过设计标准，板桥、石漫滩两座大型水库溃坝失事。洪水横流，沙颍河、洪汝河洪水连成一片，京广铁路冲毁 102 千米，中断行车 18 天。驻马店、周口、许昌、南阳四地区 29 个县市，1100 多万人受灾，淹地 1700 多万亩，倒房 560 万间，死亡 2.6 万人，死亡牲畜 30 余万头，冲走、霉烂粮食 11.4 亿万千克。全省冲毁 37 个水文站，占雨洪区域 46 个水文站的 80%，其中严重摧毁的 9 个站。冲毁测流缆道 21 处，浮标投掷器 11 处，测船 16 只，有 101 个水文站和雨量站，因报汛线路冲毁无法报汛。

9 月 24 日，水电部组织豫、皖、苏、鲁 4 省水利局、治淮规划小组办公室、大专院校、水电部十一工程局和黄委等 20 余单位共 60 余人组成水库、河道 2 个调查组，调查"75·8"大水的情况。

10 月 20 日，调查组野外调查工作结束。编写了《雨情、水情资料（初步成果）》及 2 个附件，初步调查、核算了暴雨、洪水资料。

11 月 21 日至 12 月 10 日，水电部在郑州召开全国防汛和水库安全会议。参加会议的有各省、直辖市、自治区水利部门，流域机构和大型水库管理单位的负责人，国务院有关部门和大专院校、科研单位的代表 465 人。会议总结河南省"75·8"抗洪斗争，特别是水库安全方面的经验教训；研究确保水库安全的措施，部署明年的防汛工作。

是年，经省革委会水利局与省地矿部门协商，全省地下水监测工作划归省水利厅水文总站统一管理，省水文总站负责全省的地下水观测井网的规划调整、业务技术指导、监测资料整编、地下水资料年鉴刊印和技术咨询服务。全省地下水观测井增至 1100 处。

◆ **1976 年**

5 月 26 日，省水文总站以豫革水文字〔1976〕10 号文下达《1976 年水文站网调整意见》。

是年，总结"75·8"暴雨洪水水文测报经验教训。全年新建雨量站 200 多处，恢复重建水毁水文站 30 多处，修订主要河流水文站洪水预报图表。

是年，省水文总站成立监测室，周口、许昌、南阳、洛阳和信阳水文分站相继建立化验室，开展污染项目的监测。

◆ **1977 年**

1 月，在湖北沙市召开的全国防汛通讯工作会议上决定，在河南省沙颍河流域组建超短波通讯网，由省水利局工管处、省水文总站和许昌水文分站参与实施。

5 月 20—26 日，河南省水文工作会议暨全省防汛会议在郑州省委第三招待所召开。会议的主要内容是解决"学大庆、学大寨"的认识问题，并讨论"学大庆、学大寨"先进水文站评选条件试行稿。

6 月 8 日，省水利局印发的《省水文工作会议纪要》指出，"从今年起到 1980 年的四年内，要把全省 1/3 以上的水文站建设成'学大庆、学大寨'先进水文站"。

12 月 6—16 日，水电部在长沙召开全国水文战线"学大庆、学大寨"会议上，板桥水文站被评为"学大庆、学大寨"英勇顽强、奋战特大洪水的标兵站，林庄雨量站被评为先进雨量站。

◆ **1978 年**

3 月 18—31 日，中共中央、国务院在北京隆重召开全国科学大会，省水文总站、信阳水文分站和息县水文站合作完成的《水文缆道自动测流、取沙技术》荣获全国科学大会奖；息县水文站荣获全国科技工作先进集体。

3月，《淮河流域洪汝河、沙颍河水系1975年8月暴雨洪水调查报告》出版，供内部使用。该报告是由淮委组织河南等省水利、水文人员参加的调查组，1975年冬至1976年春历时4个月现场调查和复核，并对调查资料详细整理分析，由华士乾组织编审工作。

4月下旬，省水利局召开为期8天的全省水文战线"学大庆、学大寨"会议，制定今后3年和8年加速水文技术现代化规划。1980年前要完成水位、雨量自记化，测流、测沙缆道化，推广电子计算机在水文整编、水文预报和水文计算中的应用。

5月1日，省委、省革委在郑州召开的河南省科学大会上，由省水文总站钟之纲等人完成的《对孔开关式电动缆道连续取沙器》和省水文总站郭展鹏等人合作完成的《河南省水利工程水文计算常用图》荣获"河南省科学大会奖"；息县水文站荣获"河南省科技工作先进集体"称号。

6月，河南省各蒸发观测站改用改进后的E－601型蒸发器观测水面蒸发。

9月，河南、云南、山东和吉林4省在昆明召开水库站网座谈会，商讨水库站作为基本水文站的条件和措施。

10月12—17日，省水文总站在郑州召开全省地下水工作会议，传达贯彻水利部召开的全国地下水观测规范修订会议精神。

11月，恢复洛阳水文分站。中旬，省水文总站开始应用TQ－16电子计算机进行水文资料整编。

是年，大旱。豫西、豫北、豫东春季大旱。豫北、豫南秋季大旱，部分地区夏、冬旱。豫北地区从1977年冬开始，200多天少雨，降水量比常年少6成以上。安阳地区4月、5月滴雨未降，为1920年以后没有遇到的现象。伏旱严重，卫河断流，彰武、南海水库无水可放，大部分中小型水库干涸，地下水位普遍下降2～3米。安阳地区有万余眼机井抽不出水。全省旱灾成灾面积2767.4万亩。

是年，全省已建有水文站159处，水位站22处，雨量站1209处，地下水位观测井1644眼，有48处中、小型水库工程管理部门开展水文观测，并进行资料整编，基本上建成一个国家基本站和专用站相结合、地面水和地下水相结合、定点观测和面上观测相结合的水文观测站网。

◆ 1979年

1月，省水文总站完成《河南省近期水文站网调整充实规划》，省水利局以豫革水文字〔1979〕004 号文报部备案。

6 月，水利部发文，重申 1962 年中共中央、国务院关于水文管理体制的意见，要求各省（自治区、直辖市）水文管理体制仍要以省管理为主。

10 月 9 日，朱阳水文站负责人吕天祥架设电话线时因线杆断裂坠地不幸殉职。

◆ 1980 年

1 月 10 日，省委、省政府以豫文〔1980〕4 号文批转同意省水利厅党组的报告，明确"各地市水利局领导的水文分站（包括辖区内各水文站）于 1980 年元月 1 日起收归省水文总站统一管理，改为省水文总站的派出单位，……各水文站的党团组织受省水文总站党委和地市水利局党组织双重领导"。全省上收水文站 139 个、水位站 26 个，委托雨量站 499 处。

4 月，经省水利厅党组批准，成立中共河南省水文总站党委，徐荣波任党委书记兼站长，周西乾、王亚岭任副书记、副站长。省水文总站机关内设办公室、测验、资料、水情、监测和人事等科室，实有职工 55 人。

4 月，河南省第一次水资源调查和水利化区划工作会议在禹县召开。对水资源调查评价工作的内容要求、技术规定和工农业用水等调查工作进行布置。此项工作由省水文总站承担，各地（市）水利局配合。

4 月，省水文总站成立技术职称评定小组，"文化大革命"结束后首次技术职称评定工作正式开始。

8 月 5—9 日，省水文总站在郑州召开全省水资源调查工作经验交流会。

12 月 16 日，省劳动厅、省水利厅劳薪字〔1980〕第 77 号文通知，调整水文勘测职工野外工作津贴。从 1981 年 1 月开始，执行水利部转发国务院批转的国家劳动总局、地质部关于调整地质勘探职工野外工作津贴标准。

◆ 1981 年

4 月，省水文总站完成全省水资源（地表水、地下水及其水质）调查评价的初步成果，在省水利厅编制全省水利化简明区划中得到应用，为水资源评价计算进入细账阶段奠定基础。

4 月，为适应河南省蓄、引、提、排等水利工程和跨流域引水较多的特点，对 18 个水文站及地下水观测站网进行调整。长台关、遂平、漯河等 22 个水文站的 23 处水文缆道安装可控硅调速装置。

8 月，马骠骑、倪太庚任省水文总站副站长。

8月21—28日，省水文总站召开技术职称评定工作总结会议，向相关人员颁发技术职称证书。

10月，为贯彻执行国务院紧急抗旱会议精神，新乡、安阳水文分站按期设立和布置人民胜利渠渠首、四号跌水和汲县、淇门、元村集等水文站承担引黄济津向天津送水水量监测工作。1981年10月15日至1982年1月13日的90天中，省水文总站编发《引黄济津水情简报》24期，以元村集出省水量累计，向天津送水4.2亿立方米。

◆ 1982 年

1月，黄河水利学校陆地水文专业42名大专毕业生分配到河南水文系统工作。

3月，《河南省防汛水情资料汇编》刊印出版。

4月1—7日，省水文总站在郑州召开1982年水文工作会议，总结1981年工作，部署1982年任务；表彰21个先进单位、42名先进个人。该次会议是水文站上收省管后的第一次全省水文工作会议。

4月，增设裴河、王勿桥、豆湾和内黄4处小流域代表站和20处雨量站。

5月，省水利厅在郑州召开河南水利系统先进单位代表大会，表彰水文、引黄济津等98个先进单位。

6月14日，部水文局局长王子平、副局长胡宗培来河南检查工作。

10月20日，在河南省抗洪抢险庆功表模大会上，田龙、赵守章等17人被评为"河南省抗洪抢险模范"。

是年汛期，全省由南向北先后出现4次暴雨洪水过程，北汝河紫罗山水文站最大洪峰流量7050立方米每秒，沁河五龙口站最大洪峰流量4240立方米每秒，安阳河安阳站最大洪峰流量2060立方米每秒，均为1949年以后第一位大水。洪汝河、沙颍河洪水仅次于"75·8"洪水，伊洛河、黄河洪水仅次于1958年，卫河洪水仅次于1963年8月大水，淮河王家坝洪水仅次于1968年和1954年大水，三河尖在保证水位（26.5米）以上行洪达30天，为历史上所罕见。安阳河发生大洪水，安阳市区进水，京广铁路中断运行20小时。8月14日漯河站洪水高出上行铁路桥1.01米，迫使上行线路停运24小时。

是年，省水文总站编写的《河南省历代旱涝等水文气候史料》及《河南省历代大水、大旱年表》两本旱、涝史料出版。

◆ 1983 年

1月，在省政府召开的全省农业劳动模范表彰大会上，王志芳、田龙被授予"河南省农业劳动模范"称号。

4月4—11日，水电部在北京召开全国水文系统先进集体和先进个人代表会议，省水文总站水情室等4个先进单位，杨正富、刘肃德等4名先进个人受到表彰。

5月5—8日，淮委在蚌埠召开淮河流域地表水资源调查及评价工作会议。豫、皖、苏、鲁4省水利厅及南京水文水资源研究所等单位代表出席会议。会议对4年来水资源工作进行总结，讨论地表水资源调查报告编写有关问题。

5月，省水文总站开展水文勘测站队结合试点工作，史灌河4个水文站、鸭河口水库库区5个水文站采取定任务、定经费和定人员的承包责任制。

9月，省水文总站编制完成的《河南省历代旱涝等水文气候史料》《河南省历代大水、大旱年表》荣获河南省科学技术奖三等奖。

11月，王亚岭任省水文总站党委书记，王志芳任站长，杨正富任副站长。

12月，进行《1971—1980年水文特征值资料汇编》的刊印工作并开始试行编制《1982年河南省水文年报》。

是年，省水文总站开始进行缆道测深压敏传感器的研制。

◆ 1984 年

1月23日，省水利厅以豫水人字〔1984〕13号文转发省编委豫编〔1983〕204号文《关于河南省水文总站人员编制和机构设置的通知》，核定省水文总站事业编制1100人。

4月15—20日，省水文总站召开1984年全省水文工作会议，总结1983年工作，提出1984年三项重点工作：①组织职工培训；②抓好站网调整及规划；③开展计算机技术在水文工作中的应用。会上进行电子计算机操作表演。

7月17—26日，颍河、洪汝河流域连降大暴雨引发洪水，西平县小红河梁庄决口。老王坡滞洪区，最大蓄洪量1.16亿立方米。

9月6—9日，汝河、汾泉河和颍河流域普降大到暴雨，暴雨中心在洪汝河、汾泉河。老王坡滞洪区第二次，蓄洪1.02亿立方米。汾泉河再次出现洪水，沿河第二次受淹。颍河出现30年来最大洪水，全省涝灾严重。

9月17—20日，中意合作项目淮河遥测系统土建工程在信阳召开落实会议。会议由省水文总站主办，淮委及信阳地、县有关部门参加。

11月，河南省水文技术咨询服务部成立。

12月10—16日，水电部在北京召开全国水电系统劳动模范和先进集体表彰大会上，宋良壁被授予"全国水电系统劳动模范"称号，省水文总站水情室被授予"全国水电系统先进集体"称号。

是年,《河南省地表水资源》出版。

是年,省水文总站进行内设科室调整:增设老职工管理科和水文分析室;撤销财务器材科,财务器材工作由办公室管理。

◆ **1985 年**

3月,省水文总站转发省政府豫发〔1985〕17号文,按照助理工程师以上人员在农村的配偶及未婚而又未就业子女可迁入城镇,转为非农业人口的有关规定,办理相关人员农转非问题。

5月,省水利厅党组以豫水组字〔1985〕029号文通知:马骠骑、严守序任省水文总站副站长,王志芳任总工程师。

6月,开封水文分站撤销,更名为副科级建制的开封水文勘测队,由郑州水文分站管理。

6月13日,省水文总站编制的《河南省水质监测站网规划初步方案》完成。该规划在全省四大流域、13个水系、66条河共设水质监测站138个,其中基本站54个、辅助站82个、专用站2个。

8月5日,省编委以豫编〔1985〕84号文通知,将河南省水文总站改名为河南省水文水资源总站,不增加行政和事业编制。

9月17—20日,省水文总站在洛阳水文分站召开技术咨询和多种经营信息交流会。

9月,省水文总站完成中意淮河遥测土建工程合作项目。经淮委验收,工程质量合格。

12月,省水文总站内设机构调整:增设水资源室、总工程师室、财务科,撤销水文分析室、资料情报室。

是年,对全省水文站网进行调整。撤销或交管理单位9处,改水位站的7处,改汛期站的1处,雨量站减少约200处。对全省的水质站网进行规划。

是年,《河南省水资源调查评价研究》获1985年度河南省科学技术进步奖二等奖;《有线压力传感器水文缆道测深仪》《近五千年来我国中原地区气候在年降水量方面的变迁规律》《豫北国土资源调查遥感技术应用研究》获1985年度河南省科学技术进步奖三等奖。

◆ **1986 年**

3月12—14日,省水文总站召开水文勘测站队结合工作会议,拟订全省水文勘测站队实施方案。

3月29日，省水文总站派彭新瑞、李俊卿赴美国孙氏公司接受 VAX - 11 计算机接机前3个月培训，8月底携带主机回国。

4月22—25日，省水文总站第一次党代会在郑州召开，选举产生第一届中共河南省水文总站党委和纪委。

4月，《河南省地下水资源》出版。

6月13日，省水文总站在郑州召开水文大事记和测站站志编写工作会议。

6月25日，省水文总站发布《河南省水资源基本数据》。

6月26日，鸭河口水库上游普降暴雨，白土岗水文站6小时降雨354.5毫米，最大入库流量7550立方米每秒，水库最大下泄流量327立方米每秒，削减洪峰95.7%，保证了南阳市的安全，减少经济损失4.2亿元。白土岗水文站6名职工在特大暴雨洪水的情况下，舍生忘死，英勇拼搏，圆满完成测报任务。7月10日和8月21日河南广播电台、9月10日中央广播电台分别播出白土岗水文站先进事迹。12月24日，省政府发布嘉奖令，号召全省各行各业向他们学习。

7月23日，省水利厅党组以豫水组字〔1986〕019号文通知，杨崇效任省水文总站纪委书记。

8月，省水文总站在商丘水文分站开展水文勘测站队结合试点工作，将商丘水文分站更名为商丘水文水资源勘测大队，规格仍为科级。

10月6日至11月5日，省水文总站在许昌水文分站举办水文缆道学习班，全省水文系统30人参加学习。

10月24日，平顶山勘测队（副科级）成立，隶属许昌水文分站。

是年大旱，是1950年后旱灾面积最大、受灾程度最重、冬春夏连旱时间最长的一年。全省受旱灾面积8182万亩。

◆ 1987 年

1月21日，省政府在南召县举行表彰白土岗水文站全体职工与"6·26"特大洪水英勇搏斗光荣事迹大会。部水文局给大会发来贺电。会议宣读《河南省人民政府关于对白土岗水文站的嘉奖令》《关于给王景琴等六位职工晋级的通知》《河南省总工会关于向白土岗水文站和王景琴颁发河南省五一劳动奖状和奖章的决定》《中共河南省直属机关委员会授予孙明志优秀共产党员称号的决定》《共青团河南省委关于授予王玉娟"优秀共青团员"，陈献、梁青为"临危不惧，忠于职守的好青年"的决定》。大会向六位英雄发奖状、奖章和荣誉证书。省水利厅、南阳行署、南召县和省水文总站负责人发表讲话。全省各地、市水利局长、各水文分站站长和南召县直机关共 1000 余人参加会议。

1月，省水利厅以豫水劳人字〔1987〕002 号文通知，严守序任省水文总站站长。

2月16日，VAX 计算机安装调试通过验收，3月2日投入试运行。

3月，新县水文站女职工马亚林书法作品入选由全国妇联、中国书法家协会举办的全国妇女书法展，在中国美术馆展出。

4月9—13日，受部水文局委托，由省水文总站主持的全国桥上测流试验研究协作会在河南洛阳举行。与会代表对提交的 9 篇论文进行交流和讨论，并对 8 年来的协作工作进行总结，建议进一步进行模型试验研究，组织攻关，使这项技术日臻完善。

7月24日，省防办发布《关于保护防汛水文测报设施的紧急通知》，要求各地、市、县防汛指挥部门对各水文测报设施的安全应给予高度重视。各级公安部门对有关破坏水文测报设施的案件，要严加追究，坚决打击，保证防汛工作的顺利进行。

9月，经省编委批准成立河南省水资源管理委员会办公室，事业编制 8 人，从省水文总站人员编制中调整。

9月，严守序被下派至新蔡县任职县委副书记。

是年，省水文总站第一次刊布《河南省水资源公报》。

是年，是继 1985 年干旱之后的第三个连续干旱年。7月、8月，河南省中部和北部地区降水比历年同期均值偏少 5～9 成。9月中旬至 10 月上旬麦播期间出现多年未遇的高温干旱天气。

◆ **1988 年**

5月23日，王志芳等 18 名职工经省职改办评审批准为省水文局首批高级工程师。

7月6日，省水文总站首次与各水文分站（勘测大队）签订"三定一包"（定编制、定岗位、定任务、经费包干）责任书。

9月5—6日，省水文总站在郑州召开水文勘测站队结合工作经验交流会。

10月11—14日，全国水利系统水文综合经营工作会议在郑州召开。

10月17日，部水文司司长胡宗培、山西省水文总站主任张履声、黑龙江省水文总站牡丹江大队劳动服务公司经理张培亚，在省水文总站机关职工大会上介绍开展综合经营工作的经验。

10 月 25 日，省水文总站在开封省水利职工培训学校举办测站站长培训班。

12 月，经河南省工资制度改革领导小组、河南省劳动人事厅同意，从 10 月 1 日起，全省水文测站职工按部人劳司人劳工〔1988〕6 号文的有关规定，执行野外地质勘探工资标准。

是年，《河南省洪水调查资料》获 1988 年度河南省科学技术进步奖二等奖；与其他单位合作项目《水情电报接收系统与白龟山水库防洪系统的微机处理技术》获 1988 年度河南省科学技术进步奖三等奖。

是年，春夏秋冬四季都有严重干旱。是继 1985 年之后的第四个连续干旱年。

◆ 1989 年

1 月 31 日下午，省水文总站机关召开首次发放技术职务聘任证书大会。

2 月，省水利厅以豫水劳人字〔1989〕020 号文通知，严守序任省水利厅工程管理处处长，免去其省水文总站站长职务。

4 月 13 日，省水利厅以豫水劳人字〔1989〕030 号文通知，马骠骑任省水文总站站长，杨大勇任副站长。

5 月 15 日，在全国水利工作会议和全国水利工会工作会议上，白士岗水文站站长孙明志被水利部授予"全国水利系统特等劳动模范"称号。

8 月 29 日，省政府授予谭家河水文站河南省先进集体；授予孙明志"河南省劳动模范"称号。

8 月，马骠骑任省水文总站党委书记，刘春来任党委副书记，苏玉璋任省水文工会主席。

是月，省职改办以〔1989〕163 号文通知，王志芳、周玉醴被评为教授级高级工程师。这是河南省水文系统首批教授级高级工程师。

9 月 14 日，省水利厅以豫水劳人字〔1989〕076 号文通知，田龙任省水文总站副站长。

9 月 29 日，国务院授予孙明志"全国先进工作者"称号。

11 月 1—8 日，国家防办副主任、水利部水文司司长、部水调中心主任卢九渊等来河南省检查水文防汛测报工作。

12 月 26 日，省水文总站对河南省地表水水质监测站网进行调整。调整后共有水质站 125 个，其中基本站 58 个、辅助站 66 个、专用站 2 个。另布设水质调查点 12 个。

◆ 1990 年

4 月 24—26 日，部水文司在洛阳召开全国水文咨询服务和综合经营座谈会。10 个省级行政区水文总站和长江委、黄委等 40 余名单位负责人参加会议，会议由全国水文综合经营领导小组成员、部水文司司长胡宗培主持。

7 月 15 日，省水文总站委托黄河职工大学举办的为期 1 年、14 名水文职工参加学习的水文测验与资料整编专业证书班结业。

10 月 30 日至 11 月 2 日，部办公厅、部水文司邀请中央电视台《观察思考》节目组采访南阳水文工作。

11 月 15—16 日，省水利厅在漯河召开的河南省沙颍河水系动态监测工作会议上，通过《关于防止我省沙颍河水系突发性污染事故的实施方案》。方案要求"在拟定的站网上进行水质、水量同步动态监测，利用水文系统的传报方式，即时进行信息传递，并不定期发布《水质公报》，提出预报或警报"。具体实施和传递信息工作由省水文总站负责。

11 月 17—22 日，水利部在北京召开全国水文系统先进单位和先进个人表彰大会。省水文总站水情室被授予"全国水文系统先进单位"称号；息县、扶沟、尖岗和漯河 4 个水文站被授予"全国先进水文站"称号；谷培生、李春正、邢长有和黄柏富被授予"全国水文系统先进个人"称号；刘肃德、陈加三和李进亭被授予"全国先进委托观测员"称号。

是年，8 月下旬至 11 月 6 日，全省大部地区降雨偏少，出现中华人民共和国成立后 40 年少见的秋旱，其中南阳、商丘两地区出现有气象记录以后最严重的秋旱。

◆ 1991 年

1 月，潢川、漯河、濮阳和鸭河口水文勘测队成立，均为副科级规格。

1 月 22 日下午，水利部副部长王守强来河南检查工作时，在郑州看望参加 1990 年度水文工作总结会议的各水文分站、省水文总站机关各科室负责人。

6 月 14 日，信阳、驻马店地区普降大暴雨，洪汝河、淮河洪水猛涨，班台水文站最高水位 36.65 米，超保证水位 1.1 米，仅次于"75·8"洪水位，流量 2170 立方米每秒。16 日 8 时淮滨站洪峰流量 5060 立方米每秒、王家坝洪峰流量 6280 立方米每秒。

7月2—4日，淮南大别山降大暴雨，最大点雨量黄柏山285毫米。4日蒋集水文站洪峰水位高达33.26米，超保证水位1.26米，是中华人民共和国成立后第三高水位，相应流量3490立方米每秒。省长李长春、副省长宋照肃获悉史灌河流域出现较大洪水的水情预报信息后，分别到蒋集水文站部署和指导防汛抗洪工作。

10月，全国总工会授予信阳水文分站"全国五一劳动奖状""全国抗灾救灾先进集体"称号。

12月10—14日，全国水文站队结合工作会议在郑州山河宾馆召开。各流域机构、各省、自治区、直辖市水文总站及部规划总院、重庆水文仪器厂、南京水利水文自动化所、南京水文水资源研究所、河海大学等单位代表和列席代表98人出席会议。会议就《水文管理暂行办法》，1991年修订的站队结合规划（修改稿）及评审站队结合建设标准、管理条例和技术规定进行研讨，并交流站队结合工作经验。会议期间，国家物价局吕福新博士在部水文司综合处处长王玉辉陪同下，邀请省物价局收费处有关人员就水文有偿服务收费标准问题进行座谈。

◆ **1992 年**

1月，为加强水文系统行政监察工作，经河南省劳动人事厅研究同意，省水文总站下属10个水文分站（勘测大队）各配备一名副科级行政监察员。

2月27日，水利部授予息县水文站1991年"水利系统抗洪抢险先进集体"称号。

4月7—9日，省水文总站第二次党代会在郑州召开，选举产生第二届省水文总站党委和纪委。

4月19—26日，部水调中心在郑州举办全国桥测车使用方法研讨班。来自11个省、自治区、直辖市水文总站的40人参加研讨。

4月，国家防总、人事部、水利部授予省水文总站、息县水文站1991年"全国抗洪抢险先进集体"称号；授予艾昌术、王有振1991年"全国抗洪抢险模范"称号。全国总工会授予廖中楷"全国五一劳动奖章"。

是月，淮河正阳关以上流域水文自动测报系统通过部水调中心的鉴定验收，汛期正式开通使用。

6月13日，全国人大财经委副主任张根生、全国人大常委王润生率领全国人大常委会《中华人民共和国水法》视察组一行6人，在省人大农工委副主任陈惺等陪同下，视察天桥断水文站并听取安阳水文分站工作汇报，对水文工作为防汛抗旱服务及建立无线通信网、水文现代化建设等作出指示。

7月24日，省水利厅《关于水质监测工作归口管理的通知》（豫水政字〔1992〕018号）指出，各级水文机构是同级水行政主管部门实施水资源保护的监测机构，各级水行政主管部门对今后凡涉及取水、排水，向河道、水库和引黄渠系排污的排污口的设置和扩大以及有关的水事纠纷案件裁决等所需水量、水质资料，一律以水文部门提供的数据为依据。关于水质监测方法、资料整编方法等工作，由省水文总站归口管理。

8月27日，经信阳地区行署批准，成立信阳地区水资源水质监测中心。该中心办公室设在信阳水文分站，隶属于地区水资源管理委员会，具体负责全区取水许可管理中水质、水量的监测核定，具体监测工作由信阳水文分站承担。信阳水文分站支部书记艾昌术、站长张殿识任副主任。

9月8—11日，河南省水利系统水文勘测工技术比赛在周口水文分站举行。

9月30日，省水文总站《关于站网调整意见的通知》（豫水文字〔1992〕064号），撤销顺河店、水寨、丁店和孔村4个水位站；迁移礓石河、豆庄、玄武和秦厂水文站；后会、半店和西黄庄由水文站降为水位站，其中半店、西黄庄二站全年推流；下孤山水文站改为汛期站，全年推流；段胡同水文站改为汛期水位站；内黄水文站改为汛期流量站；内乡水位站上升为水文站。新建南阳白牛巡测断面。

9月，省水文总站获得水利部颁发的《甲级水文水资源调查评价资质证书》，可向社会提供地表水、地下水水量、水质和水能的勘测、水文情报预报、水文分析计算及水资源调查评价等方面的技术成果和咨询服务。

是月，由部水文司组织的全国水利系统水质质控考核，历时两年，测试项目共18个。在1991年的考核中，洛阳、周口分站化验室，被部水文司授予全优分析室。在1992年考核中，河南省7个化验室全部达到全优分析化验室标准。

10月，田龙经经批准为享受"国务院政府特殊津贴"专家。

11月，临汝水文站刘新志参加水利部、劳动部、全国总工会和团中央在湖南省长沙市举办的全国首届水文勘测技术大赛，获得"全国测船测速"第一名。在此之前，他还获得全省水文勘测工技术比赛全能总分第一名。

◆ **1993 年**

1月15日，经省物价局、省财政厅、省水利厅豫价市字〔1993〕93号文批准，《河南省水利系统水文专业有偿服务收费项目及标准》颁布执行。

1月，信阳、南阳、郑州、驻马店、周口、安阳、新乡、唐河、许昌和洛阳建立水文勘测队，为副科级建制。

3月20—25日，部水文司在江苏省常州市召开全国水文行业管理经验交流会，信阳水文分站大会介绍信阳水资源水质监测中心工作经验。

3月，在全国水文系统应用计算机整编、存贮、检索水文资料达标评比中，省水文总站被部人劳司、部水文司评为集体一等奖，张延杰被评为个人三等奖。

4月3日，省水利厅党组以豫水组字〔1993〕010号文通知，赵庆淮任省水文总站党委副书记兼纪委书记；省水利厅以豫水劳人字〔1993〕021号文通知，潘涛任省水文总站副站长，陈宝轩任总工程师。

5月25日，省水利厅党组以豫水组字〔1993〕015号文通知，于新芳任省水文总站党委书记，马骠骑改任副书记。

6月8日，经省水利厅同意，省水文总站以豫水文字〔1993〕036号文《关于水文分站、勘测大队更名的通知》，将水文分站、勘测大队更名为河南省××水文水资源勘测局，机构规格、人员编制不变。

26日，省水利厅以豫水劳人字〔1993〕045号文通知，撤销省水文总站监测室，成立河南省水环境监测中心。

7月27日，省水利厅以豫水政字〔1993〕014号文发布《河南省水文管理暂行办法实施细则》。

9月6日，省水利厅党组以豫水组字〔1993〕26号文通知，邹敬涵任省水文总站党委副书记；省水利厅以豫水劳人字〔1993〕80号文通知，邹敬涵任省水文总站站长，王有振任副站长。

12月7日，省水文总站苏玉璋、史和平等完成的调研报告《我省水文系统当前重要困难和问题》荣获河南省人民政府实用社会科学三等奖。

是年，陈宝轩、张殿识经批准为享受"国务院政府特殊津贴"专家。

◆ 1994 年

1月，根据部水文司通知要求，"洛阳市城市水资源精测评价"工作正式实施。在洛阳城市研究区共布设各种不同类型的水文观测站点68处，1日8时正式开始观测。

4月28日，省政府授予蒋集水文站站长范厚克"河南省劳动模范"称号。

7月，VAX3100计算机投入使用，并与邮电部门的分组数据交换网联网。

8月12日至9月6日，省委省政府领导李长春、马忠臣、宋照肃、李成玉和李志斌分别就新华通讯社编发的《国内动态清样》第2025期刊登史和平撰写的《河南省水文测报设施破坏严重》一文作出重要批示。

10月，《河南省水文水资源监测系统达标工程可行性研究报告》（水文基建"九五"计划）编制完成，分别报送江、淮、黄、海四大流域机构和省水利厅。

11月5日，《黄河下游河南省引黄灌区资料汇编和水资源量分析研究》《地下水资源评价方法及动态研究》分获1994年度省科学技术进步奖二等奖、三等奖。

11月11日，省政府办公厅出台《关于加强水文测报设施保护工作的通知》，发至各县、市人民政府、各地区行政公署及省直各有关单位。

12月6日，杨大勇下派范县锻炼，任职科技副县长。

◆ **1995 年**

4月，《灾害预报试验研究淮干实时洪水预报决策支持系统》获1995年度省科学技术进步奖二等奖。

5月11日，经省水利厅直属机关党委批准，省水文总站党委以豫水文党〔1995〕007号文通知，补选潘涛、王有振为党委委员。

7月，王有振下派太康县锻炼，任副县长。

9月2日，省水环境监测中心（网点）通过由水利部会同河南省质量技术监督局评审组的国家计量认证。

9月，水利部、人事部授予闫寿松"全国水利系统先进工作者"称号。

10月17日至11月3日，由部水文司主办、省水文总站承办的全国水文宣传通讯员培训班在郑州举行，来自全国水文单位的25名水文通讯员参加培训。

10月，省水文局对漯河、班台、沙口水文站进行重点站达标试点验收。

12月28日，省编委以豫编〔1995〕51号文通知，南阳、信阳、许昌、驻马店、商丘、周口、洛阳、郑州、新乡、安阳、平顶山、开封、漯河和濮阳14个水文局机构规格调整为副处级，领导职数各2名。

12月，全国总工会授予苏玉璋"优秀民主管理工作者"称号。

是年，部水文司授予省水环境监测中心"全国先进水环境监测单位"称号。

◆ **1996 年**

1 月 10 日，省水文总站转发省水利厅《关于取水许可水质管理规定的通知》。通知规定：颁发取水许可证须进行水质监测。

1 月 21 日，部水文司授予史和平"全国水文宣传先进工作者"称号。

1 月 26 日，国家防办授予省水文总站 1995 年度"全国防汛计算机网络建设先进单位"称号。

4 月 2 日，国家技术监督局向省中心颁发计量认证合格证书。

4 月，省直单位首次执行零基财政预算，省水文总站落实经费 2040 万元。

4 月，河南省防汛计算机网络开通。水利部授予省水文总站"国家水文数据库建设优秀单位"称号。

5 月 8 日，省测绘局向省水文总站颁发乙级测绘资格证书。

6 月，部水文司、劳人司授予省水文总站国家水文数据库建设一等奖。授予王继新、王景新和王鸿杰"国家水文数据库建设先进个人"称号。

6 月 26 日，卫河发生近 20 年一遇的大水，部分水文站出现历史最高水位。

7 月 20 日，省水利厅以豫水人劳字〔1996〕069 号文通知，张树清、韩瑞武、冯克兆分别任商丘、驻马店、周口水文局助理调研员。

10 月 29 日—11 月 14 日，淮河干流、洪汝河和唐白河发生中华人民共和国成立后罕见冬汛。1996 年霜降后 6 天至立冬后 8 天，淮河发生历史上罕见的长达 17 天连续阴雨天气。10 月 29 日至 11 月 7 日的 10 天中，淮河上游、沙颍河中游、洪河中下游降雨量达 200 毫米左右，沿淮河各控制站和上游支流各主要控制站的水位均超过警戒水位，洪汝河班台站出现年内最高洪峰水位。11 月 10 日淮滨站洪峰水位超过警戒水位 1.05 米，流量 3850 立方米每秒。

11 月，杨正富、郑晖、翟公敏被评为"河南省水利优秀专家"。

11 月，《淮河干流洪水预报综合分析系统》荣获 1996 年度水利部科技进步二等奖。

11 月，崔新华荣获"河南省跨世纪学术技术带头人"称号。

12 月 3 日，省委宣传部、省总工会、省经贸委授予闫寿松"河南省优秀职工"称号。

12 月 28 日，水利部授予艾昌术 1996 年度"全国水利系统优秀干部"称号；授予郭有明、梁德来和李继成 1996 年度"全国水利系统模范工人"

称号。

12 月 29 日，省水利厅党组以豫水组字〔1996〕054 号文通知，白学立、田建设、王长普、张仲学、丁绍军、张连富、岳利军、艾昌术和赵海清分别任商丘、新乡、安阳、濮阳、郑州、周口、驻马店、信阳和南阳水文局党支部书记；省水利厅以豫水人劳字〔1996〕151 号文通知，白学立、田建设、张开森、丁绍军、张连富、李进才和岳利军分别任商丘、新乡、安阳、郑州、周口、漯河和驻马店水文局局长。

12 月，人和水文站下迁 10.25 千米，更名为新郑（二）站。

是年，省水文总站完成 1995 年、1996 年汛期南水北调总干渠沙河至漳河段 8 条交叉河流的水位、流量观测。

◆ **1997 年**

1 月 31 日，省编委以豫编〔1997〕8 号文通知，同意河南省水文水资源总站更名为河南省水文水资源局，机构规格仍为处级，保留河南省水质监测中心的牌子。

1 月，《河南省水文志》第一轮编修工作起步。

3 月 10 日，省劳动竞赛委员会、省经贸委、省劳动厅、省总工会授予郭有明、梁德来、李继成"河南省技术能手"称号。

3 月，河南省水文站网调整和水文基地建设工程通过竣工验收。"八五"计划时期水文基本建设投资 1519 万元，完成征地 64 亩，建成站房 4580 平方米，生活用房 15570 平方米，配置 17 套巡测、化验设备等。

4 月 7 日，省政府授予省水文局 1996 年"河南省抗洪抢险先进集体"称号；授予岳利军、何俊霞等 14 人 1996 年"河南省抗洪抢险模范"称号。

4 月 12—13 日，省水利厅主持召开全省水文工作会议，省水利厅领导及各省辖市水利局、省水利厅有关处室负责人出席会议。

4 月，省水文局对淮河流域 69 个城镇、178 个排污口开展调查登记，对 143 个排污口开展连续监测。

5 月，省计委以豫计农经〔1997〕944 号文批复《河南省水文水资源监测系统工程建设可行性研究报告》，计划投资 2575 万元用于国家级省重点站达标建设等项目。

8 月，根据 6—8 月统计，全省平均降雨量仅 221 毫米，相当于多年同期均值的 54%，豫北旱情更为严重。

9 月 4 日，省水利厅以豫水人劳字〔1997〕88 号文明确省水文局机构设置方案，局机关设置党委办公室、办公室、人事劳动科、财务审计科、测验科、水资源科、水情科、综合经营科、离退休职工管理科、工会、监察室、计算信息室和水质监测室等13个内设机构，规格相当于科级。明确14个驻省辖市水文局内设机构，规格相当于科级。

9月，省水文局与《河南水利》杂志社联合举办为期1年的"水文杯"有奖征文活动。1998年9月评选活动揭晓，评选出荣誉奖、特别奖、一等奖、二等奖、三等奖和优秀奖19个。

10月，省水文局机关局域网建成，将省水文局机关计算机全部连网，标志着河南省水文系统计算机应用进入网络应用阶段。

11月16日，全国水文勘测工技能竞赛在南京举行，郭有明、梁德来和李继成参赛。

12月15日，全国水文预报技术竞赛在武汉举行，王有振、赵彦增和何俊霞等参赛，获作业预报优秀奖。

12月30日，省水利厅以豫水人劳字〔1997〕155号文通知，范泽栋任南阳水文局局长。

是年，峪河口水文站上迁3.5千米至宝泉水库，更名为宝泉水文站；睢县水文站下迁1.0千米；赵李庄水文站更名为济源水文站。

◆ **1998年**

1月7—13日，省水文局完成淮委和省水利厅安排的省辖淮河流域368个城镇、157个排污口的工业污染源达标排放监测工作，获得925个测次监测资料。

2月10—11日，水利部在北京举行全国水利行业技能人才表彰大会，李继成被水利部授予"全国水利技术能手"称号，梁德来被劳动部评定为高级水文勘测技师。

4月，水利部授予王鸿杰、李继成"全国水文系统先进个人"称号。

5月，省总工会授予李继成"河南省五一劳动奖章"。

7月，王有振、赵桂良被评为省水利系统优秀专家。

9月3日，省水利厅党组以豫水组字〔1998〕038号文通知，江海涛、魏传润分别任许昌、周口水文局党支部书记。省水利厅以豫水人劳字〔1998〕067号文通知，魏传润任周口水文局局长。

9月，全省水文职工向因长江大水受灾的灾区人民捐款52312元。

12月，河南省水利系统DDN广域网开通，该网络将在河南省水利系统防汛指挥系统建设、INTERNET 建设中发挥重要作用。

是年，郑晖经批准为享受国务院政府特殊津贴专家。

是年，河南省发生秋冬连旱，从 8 月下旬开始，9—12 月降雨稀少，大部地区雨量不足 10 毫米，其中 11 月，除信阳地区外，其他地区滴雨未下。

是年，省水文局完成淮委和省水利厅安排的省辖淮河流域重点城镇入河排污监测工作。

◆ **1999 年**

1 月 29 日，省总工会授予田海洋"河南省五一劳动奖章"，授予殷世芳、田海洋、王玉娟"河南省技术能手"称号。

2 月 13 日，水利部授予阎寿松"全国水利系统文明职工"称号。

4 月 20 日，省政府授予李继成"河南省劳动模范"称号。

6 月 20 日，河南省国家水文数据库通过水利部验收，正式投入使用。

7 月，省水文局历时近 4 个月，对全省水利工程内排污口进行调查登记及监测，共调查水利工程排污口 1000 多处，水质水量监测 407 处。

12 月 22 日，按照省水文局干部培训计划，全省水文系统测站站长将分批进行培训，首批培训班在郑州举办。

12 月 30 日，由省水文局负责技术设计的河南省水利网正式在互联网发布，1998 年度《河南省水资源公报》在河南水利信息网上首次对外发布。

是年，省水文局对漯滩、黄桥 2 处国家重点水文站，大坡岭、竹竿铺、秦厂、周庄、尖岗和泌阳等 6 处省级重点水文站建设，周口、新乡分中心进行竣工验收。

是年，省委省政府授予岳利军"河南省优秀专家"称号。

◆ **2000 年**

3 月 7 日，省水文局在郑州举办测站站长培训班，40 名测站站长参加培训。

3 月 8 日，省委组织部及省水利厅人事处检查省水文局干部选拔任用工作暂行条例及相关规定执行情况。

4 月 19 日，省总工会授予新乡水文局职工吕成全"河南省五一劳动奖章"。

4 月 28—29 日，2000 年全省水文工作会议在郑州召开。省水利厅厅长韩天经、副厅长李福中出席会议并讲话。

5月，省水文局完成河南省水资源保护规划编制工作实施方案，全省水资源保护规划编制工作全面启动。

6月8—10日，省水文局在郑州举办全省水资源保护规划研讨班。

6月10日，国务院副总理温家宝、水利部部长汪恕诚、省委书记马忠臣、省长李克强、副省长王明义等领导视察淮滨水文站。站长余金洲详细汇报防汛测报准备工作。

7月7—8日，副省长王明义分别到周口、漯河水文站检查防汛测报工作并慰问防汛测报一线水文职工。

7月，省水文局根据水利部《水质监测规划编制大纲》及流域机构要求，在全省范围分流域开展水质监测规划编制工作。

8月9—11日，省辖黄河、淮河流域水功能二级区划工作会议在郑州举行。

9月9日，全省分7个赛区8个赛点10个赛场，对343名水文勘测工进行理论知识和实际操作两个项目的竞赛，选拔成绩优秀者参加第二届全省水文勘测工技能竞赛决赛。

9月28日，省委省政府在郑州举行抗洪抢险表彰大会。省水文局、何口水文站被授予"河南省抗洪抢险先进集体"称号；刘冠华、赵彦增等10人被授予"河南省抗洪抢险先进个人"称号。

10月11—14日，省中心（网点）通过水利部和河南省质量技术监督局的国家计量认证复核。

10月17—20日，由省劳动竞赛委员会、省总工会、省人事厅、省劳动厅和省水利厅联合举行的第二届河南省水文勘测工技能竞赛决赛在周口市举行，42名选手参赛。经过理论内业操作、外业技能竞赛，梁静杰、王继民、陈丰仓分获综合成绩第一、第二、第三名。

10月22—28日，省水文局举办全省水文系统学习贯彻新《会计法》及基建财务培训班。省水文局领导班子成员、14个驻省辖市水文局负责人和全省水文系统财务人员参加培训。

10月，省委组织部第二次检查省水文局对干部选拔任用工作暂行条例及相关规定执行情况，检查组对省水文局严格执行有关条例和相关规定给予充分肯定。

是月，由赵彦增、何俊霞等7名职工共同完成的《豫北卫河防汛综合分析系统》荣获省科学技术进步奖三等奖。

12月18—24日，省水文局在郑州举办第六期测站站长培训班，近40名测站站长参加学习。

12月27日，省水利厅党组以豫水组字〔2000〕050号文通知，潘涛任中共河南省水文局党委书记，杨大勇任副书记；省水利厅以豫水人劳字〔2000〕092号文通知，杨大勇任省水文局局长，王有振、江海涛和王靖华任副局长。

是年，汛期大水。6月24—28日，黄河以南大部分地区普降大到暴雨，暴雨中心位于漯河、驻马店、平顶山西南部和南阳东北部，平均降雨量200～400毫米。澧河何口站洪峰流量2400立方米每秒，泥河洼滞洪区分洪0.24亿立方米。7月2—4日，南阳东北部和平顶山南部降大到暴雨，平均降雨量300毫米。何口站洪峰流量2220立方米每秒，罗湾闸分洪量0.52亿立方米。漯河站洪峰流量3200立方米每秒，水位62.20米（超保证水位0.50米）。7月14—15日，澧河上游又降特大暴雨，澧河出现1949年以后仅次于"75·8"的大洪水，何口站以上堤防多处漫溢决口。官寨站洪峰流量7230立方米每秒，达50年一遇。何口站洪峰流量3020立方米每秒，水位72.37米，为该站1949年后最高水位和最大流量。6—9月，全省平均降水量767毫米，是多年同期平均降水量（488毫米）的1.57倍，居1949年以后同期首位。淮河流域沙颍河、洪汝河，长江流域唐白河连续发生大洪水。沙颍河干流出现1982年以来最大洪水，唐白河流域鸭河口水库出现建库后的最高水位，泥河洼滞洪区相继滞洪4次，杨庄、老王坡滞洪区2次蓄洪。豫北黄河、海河流域发生长时间的严重内涝。

◆ **2001年**

1月5日，省水利厅以豫水人劳〔2001〕82号文通知，杨大勇兼任省中心主任，王靖华兼任省中心副主任。

1月，省中心取得国家质量技术监督局颁发的计量认证合格证书。

2月8日，省委宣传部、省总工会、省经贸委授予省水文局河南省职业道德建设先进单位。

3月7日，省总工会授予梁静杰"河南省五一劳动奖章"；省劳社厅、省总工会授予梁静杰、陈丰仓和王继民"河南省技术能手"称号。

3月16日，省劳竞委、省总工会授予省水文局"河南省劳动竞赛先进单位"称号。

4月10日，省水利厅党组以豫水组字〔2001〕16号文通知，赵凤霞任省水文局纪委书记，张治淮、王继新和赵建分别任驻马店、安阳和新乡水文局党支部书记。省水利厅以豫水人劳〔2001〕35号文通知，岳利军任省水文局助理调研员、总工程师，徐冰鑫、王长普、朱玉祥、朱富军、王卫民、王鸿杰和孙供良分别任漯河、安阳、新乡、洛阳、平顶山、许昌和商丘水文局局长。

4月16—22日，在西安举行的全国水情工作会议上，国家防办、部水文局授予省水文局水情科"全国水情工作先进单位"称号，授予何口水文站"全国先进报汛站"称号。

5月8日，省水利厅以豫水人劳〔2001〕63号文通知，宋铁岭任开封水文局局长。

5月31日，副省长张以祥检查漯河水文站汛前准备工作。

6月19日，副省长贾连朝等领导到鸭河口水文站检查汛期测报准备工作。

6月27日，人事部以人发字〔2001〕63号文通知，批准王有振为享受"国务院政府特殊津贴"专家。

7月8日，国家防汛指挥系统工程驻马店水情分中心示范区项目工程通过由水利部、国家防办组织的预验收，并投入试运行。该工程于2000年开工建设。

10月18日，部水文局与省水文局签订"中国水质年报信息管理系统"软件开发合作协议。由省水文局监测室和许昌水文局共同完成"中国水质年报信息管理系统"软件开发工作。

10月21—30日，省水文局与南京水利水文自动化研究所在郑州联合举办全国水文缆道测验新技术应用培训班。

10月30日，省水文局代表队在郑州水利学校举行的全省水利系统职工计算机知识竞赛中荣获团体一等奖。

11月6日，省水利厅以豫水人劳〔2001〕125号文通知，魏传润任漯河水文局助理调研员，不再担任周口水文局局长职务。

11月7—8日，"河南省海河流域2市5库防汛水情应急改造项目"通过海委项目办验收，正式投入使用。

11月8日，省水利厅党组以豫水组〔2001〕63号文通知，彭作勇任周口水文局党支部书记。

11月29日，省计委以豫计农经〔2011〕623号文批复河南省水文水资源监测系统基础设施建设可行性研究报告，河南省"十五"水文建设计划通过审批立项。该计划投资3800万元，其中省基建投资3000万元，申请水利部补助投资800万元。

11月30日，省水文局完成《短历时暴雨统计参数等值线图技术细则和技术总结》。

◆ **2002 年**

1月9日，人事部、水利部以人发〔2002〕5 号文通知，授予范泽栋"全国水利系统先进工作者"的称号。

1月，由部水文局布置，省水文局完成的《河南水文"九五"基建评价》在全国水文系统印发交流。

2月19日，省政府出台《关于加强水文工作的通知》（豫政〔2002〕5 号），要求加强水文行业管理，加大投入力度，加快水文现代化建设步伐，加强对水文测报设施的管理和保护，关心支持水文事业的发展。

2月，经省水利厅批复，河南省水文水资源监测系统基础设施建设开始实施。建设资金 3800 万元，工期 5 年。

2月，省水文局组织 4 名优秀水文勘测工，在息县水文站进行为期 1 个月的强化培训后，参加全国水文勘测工技能竞赛，取得一个单项第二，一个总分第二十五的较好成绩。

3月，水利部授予艾昌术、张福聚、张永亮"全国水文系统先进个人"称号。

3月28—30日，淮河流域水质资料整编会议在郑州举行，淮委及安徽、江苏、山东和河南四省代表参加会议。

5月11日，河海大学在郑州举办河南省水文站基础设施建设及技术装备达标计算机评估远程录入信息培训班，由河海大学教授胡风彬主讲。

6月21日，河南省出现入汛首场大洪水。由于副热带高压北抬西伸和冷空气的共同影响，淮河上游普降大到暴雨，暴雨主要集中在伏牛山区澧河、洪汝河和唐河上游，淮干长台关以上。其中，信阳市平均降雨量近 200 毫米，局部降雨量超过 300 毫米。淮滨水文站出现 1991 年后的最高洪水位 31.92 米，流量 5060 立方米每秒。

6月22—23日，信阳水文局首次利用手机短信息向有关领导快速传递雨水情信息，并在全省水文部门推广。

7月5日，省水文局在省水利厅厅长办公会上专题汇报《河南省水功能区划报告（送审稿）》和《河南省水资源保护规划报告（送审稿）》。

8月7日，在部水文局主持召开的由七大流域和 4 省（直辖市）参加的《水资源质量年报编制工作座谈会》上，省水文局监测室和许昌水文局联合开发的《水质年报信息管理系统》，由主要完成人王鸿杰进行了汇报演示和现场讲解，项目技术报告通过部水文局水质处审查。2003 年 1 月 2—3 日该项目顺利通过部水文局组织的验收，并在全国水文系统推广应用。

8 月 13 日，合河水文站"7·21"水文设施被破坏案件发生后，新乡市公安机关采取有力措施，案发 23 天后成功告破，擒获犯罪嫌疑人 3 名，缴获大量赃物。

8 月 31 日至 9 月 2 日，淮河流域 2002 年度城镇入河排污口监测工作会议在洛阳市召开。

9 月 15 日，淮委、长江委、黄委和海委联合在蚌埠市举行《河南省水功能区划报告》审查会。专家评审组对河南省水功能区划工作给予充分肯定，并建议修改后尽快报省政府批准。

9 月 18—20 日，省水文局安排"十五"第一年度建设资金 375 万元。用于沙口、杨庄、李青店、内乡和濮阳等水文站及周口水文局化验楼建设。

9 月 22 日，省水文局在郑州水利学校举行的全省水利系统职工计算机知识竞赛，荣获团体一等奖，这是省水文局连续 3 年获此殊荣。

9 月 22—24 日，省水文局墒情观测培训暨测站任务书修订工作会议在郑州召开。正在河南省调研水文工作的部水文局副局长孙继昌、淮委水文局局长罗泽旺等领导到会祝贺。

9 月，河南省一期水文墒情监测站网初步建成投入使用。首期共建设水文墒情监测站 78 处，覆盖豫北、豫东以及南阳等 14 个省辖市。《河南省墒情测报办法》开始实施。

11 月 11 日，淮委、长江委、黄委和海委联合以淮委水资保〔2002〕546 号文下达《关于河南省水功能区划报告审查意见的函》。

11 月 20 日，省水利厅党组以豫水组〔2002〕36 号文通知，王林任南阳水文局党支部书记。省水利厅以豫水人劳〔2002〕62 号文通知，王立军任南阳水文局局长。

12 月 2—5 日，由省总工会、省水利厅联合举办的第二届全省水质监测工技能竞赛在郑州举行。经过推荐选拔，20 位参赛选手参加决赛。许凯荣获综合成绩第一名，张利亚、张颖分获第二、第三名。

◆ 2003 年

1 月 10 日，省水利厅以豫水人劳〔2003〕4 号文批复，同意省水文局关于将济源水文站更名为济源水文水资源勘测局的请示，决定设置济源水文局（正科级）。

2月20日，省水文局完成的《洛阳首阳山电厂三期扩建工程水资源论证报告》《新乡豫新发电有限责任公司技改工程水资源论证报告》《三门峡火电厂二期扩建工程水资源论证报告》通过水利部委托黄委、省水利厅评审。其中《洛阳首阳山电厂三期扩建工程水资源论证报告》被水利部列为水资源论证范例，并在全国推广。

2月25—26日，淮河流域水文工作座谈会在驻马店市召开。这是淮委2002年成立水文局后的第一次流域水文行业聚会。河南、安徽、江苏、山东四省水文（水资源）（勘测）局及沂沭泗水情通信中心的主要负责人参加会议。会议就流域水文和区域水文工作协调、拓宽水文业务领域及做好水文防汛工作达成共识。

3月24日，省总工会授予省水文局水情科"河南省五一劳动奖状"，授予许凯"河南省五一劳动奖章"。

3月28日，省劳社厅、省总工会授予许凯、张利亚、张颖"河南省技术能手"称号。

3月，潘涛参加省委组织的三个代表驻村工作队并任驻村工作队队长，为期1年。

4月22日，省委宣传部、省总工会、省经贸委授予余金洲"河南省优秀职工"称号。

4月29日，全国总工会授予省水文局水情科"全国五一劳动奖状"。

4月，水利部授予省水文局人事劳动科"全国水利系统人事劳动教育先进集体"称号。

6月4日，副省长贾连朝到社旗水文站检查防汛测报工作。

6月，省委组织部、省人事厅、省科协授予王继新"河南省优秀青年科技专家"称号。

7月1日，省水文局荣获"全国重点流域重点卷册水文年鉴汇刊先进单位"称号和王景新、王增海荣获"全国重点流域重点卷册水文年鉴汇刊先进个人"称号，受到水利部表彰。

7月初，淮河流域普降大到暴雨，暴雨中心光山陈河雨量站降雨量166毫米，泼河145毫米，降雨造成各支流出现一次较大洪水，淮河干流段出现自1991年后最大一次洪水。3日淮滨水文站出现洪峰水位31.53米，洪峰流量4640立方米每秒；3日1时，王家坝分洪闸向蒙河洼滞洪区分洪，最大分洪流量1670立方米每秒，王家坝3日4时出现洪峰水位29.42米，洪峰流量6800立方米每秒。

7月8—11日，淮南山区再降大到暴雨，累计最大点雨量为枫香树雨量站292毫米，长竹园307毫米，鲇鱼山水库以上平均降雨量200毫米。降雨造成史灌河将集站11日出现洪峰水位33.39米，超过实测历史最高洪水位（33.36米），洪峰流量3880立方米每秒，鲇鱼山水库出现历史最高洪水位109.31米。王家坝洪峰水位28.84米，洪峰流量4560立方米每秒，第二次向蒙河洼滞洪区分洪，最大分洪流量1370立方米每秒。

8月17—19日，部水文局局长刘雅鸣、黄委水文局局长牛玉国到省水文局机关、驻马店和信阳水文局调研水文工作。

8月29日，济源水文水资源勘测局挂牌。

9月5日，省水文局获得水利部颁发的甲级《建设项目水资源论证资质证书》。其业务范围为：依据江河流域或者区域综合规划以及水资源专项规划，对新建、改建、扩建的建设项目的取水、用水、退水的合理性以及对水环境和他人合法权益的影响进行综合分析论证。

10月6—10日，河南省纳入国家防汛抗旱指挥系统一期工程首批建设计划，其中建设水情分中心13个（驻马店已建）。工程建设目标是：用三年左右的时间，建成覆盖河南省四大流域重点防洪地区、高效可靠、先进实用的，以雨水情、工情和旱情信息采集为基础，可靠的通信系统为保障，计算机网络系统为依托，决策支持系统为核心的河南省防汛抗旱指挥系统。

11月，省第十届人大常委会农工委组成《河南省水文条例》调研起草小组并开始工作。

11月，省水文局创作的短剧《淮河第一情》荣获由国家安监局、全国总工会为庆祝《中华人民共和国安全生产法》实施一周年共同主办的全国安全生产文艺汇演铜奖。该剧是此次汇演中唯一的以水文为题材的作品。同时，该剧参加了水利部安全生产办公室和部水利文协组织开展的2004年夏季"安全生产月"活动，到全国水利建设工地和水利工作第一线巡回演出。

12月7日，全省水利系统职工水利信息化基础知识竞赛在郑州水利学校举行。省水文局荣获团体一等奖，实现四连冠。

是年，省水文局组织实施的水文测站职工饮水一期工程，共解决19个测站80多名职工及驻站职工家属的吃水困难，其中15个测站打井，3个测站接装自来水，1个测站安装净水器。

2003—2004年，省水文局根据水文数据库使用中发现的问题，对河南省淮河流域地表水数据库中的数据进行校对，并对水文站测站编码和测站沿革进行考证。

◆ **2004 年**

2 月 23 日，省水利厅以豫水人劳〔2004〕10 号文通知，赵彦增任平顶山水文局局长。

2 月，省总工会向省水文工会主席史和平颁发工会法人资格证书。

2 月，部人劳司、部水资源司、国家防办授予省水环境监测中心"全国水资源调度先进集体"称号，授予沈兴厚"全国水资源调度先进个人"称号。

3 月 20 日，《河南省主要防洪河道控制站防汛特征值研究》通过专家审查，成果被省政府批准运用于 2004 年汛期河道防洪任务中。

4 月 28 日，全国总工会授予赵彦增"全国五一劳动奖章"。

4 月，省水文局在漯河市举办首届建设项目水资源论证上岗培训班。

4 月，省水文局完成海委组织编写的《海河流域防汛水情手册》河南省部分的工作任务。

5 月 5 日，省水文局开始对 30 万元以上的水文重大基建项目签订廉政责任书。

5 月 7 日，省水文局党委确定在南阳、平顶山 2 个水文局开展人事制度改革试点，对 6 个正科级和 6 个副科级职位进行竞聘上岗，开辟了水文系统有史以来中层干部竞聘上岗的先河。

5 月，省水文局办公室荣获"全国水利系统办公室工作先进集体"称号。

6 月 5 日，省水文局完成部水文局、淮委水文局下达的《2003 年淮河暴雨洪水分析》一书河南省部分的调查、分析、计算、审查及编写任务。该书于 2004 年 12 月 24 日在淮委通过各省及特邀专家的审查。

6 月 10 日，省水文局完成《河南省水文测站编码（送审稿）》，包括水文站、水位站、雨量站、地下水观测井、水质监测站和墒情站编码。

6 月 18 日，省政府以豫政文〔2004〕136 号文批准《河南省水功能区划报告》。

7 月 12 日，省总工会授予潘涛"河南省五一劳动奖章"。

7 月 16—18 日，澧河上游发生特大暴雨，一天累计最大点雨量方城独树雨量站 441 毫米，官寨水文站 440 毫米。官寨水文站以上流域平均降雨量 365 毫米，何口站 361 毫米。何口站以上流域日平均降雨量仅次于"75·8"。暴雨造成干江河、澧河发生近 30 年一遇的超标准洪水（为 1949 年后第三位大洪水），干江河官寨水文站洪峰流量 5680 立方米每秒、澧河何口水文站洪峰流量 3020 立方米每秒，澧河以上 30 千米河道堤防出现多处漫溢和决口。相邻的小洪河、唐河也相继出现较大洪水，泥河洼、老王坡滞洪区先后开闸蓄洪。

7月20日，省水利厅下拨245万元水毁经费，及时修复官寨、何口等水文站水毁测报设施，保证安全度汛。

8月2日，省水利厅以豫水人劳〔2004〕45号文通知，王鸿杰任信阳水文局局长，禹万清任濮阳水文局局长。省水利厅以豫水人任〔2004〕10号函通知，王鸿杰任信阳水文局党支部副书记。

是日，省水利厅以豫水人劳〔2004〕49号文批复，将47个水文站规格定为科级，明确相应科级职数84个，其中正科级职数44个。省水利厅以豫水人劳〔2004〕50号文对省水文局调整理顺省水文局及14个驻市水文局机关内设机构请示予以批复。

8月13—14日，史灌河上游出现特大暴雨，2天累计最大点雨量鲇鱼山水库站349毫米，上石桥雨量站307毫米，鲇鱼山水库最大24小时降雨量为有记录资料后的第二位，最大3天降雨量353毫米，为有记录资料后的第一位，非报汛站二道河雨量站最大2天降雨量达573毫米，史河蒋集水文站出现较大洪水过程，15日23时洪峰水位32.70米，流量3160立方米每秒（保证水位33.24米，保证流量3580立方米每秒）。史灌河上游支流石槽河河道漫溢决口，并发泥石流，局部乡镇受灾严重。

9月8日，省水利厅以豫水人劳〔2004〕64号文通知，艾昌术任省水文局调研员。

9月19日，省水文局购进4套ADCP声学多普勒流速剖面仪器和两艘专用快艇等设施用于周口、漯河重要水文站防汛测报。

10月9—11日，由省总工会、省人事厅、省水利厅联合举办的河南省职工技术运动会水文勘测工项目决赛在潢川水文站举行。这是河南省举办的第3届水文勘测工竞赛。省水文局姚国峰、郑仕强和徐新龙获得前3名。

10月，省水文局在其负责的《中国水文年鉴》2003年5卷1册中率先增加水文要素摘录表和降水量摘录表，并成为2000年《中国水文年鉴》复刊后的完整卷册。

11月22日，《河南省水文条例（草案）》正式提请省第十届人大常委会第十二次会议初审。

11月23日至12月4日，省水利厅对"十五"前两年濮阳、南阳和驻马店等8个水文局的12处水文站进行单位工程完工验收。

11月28日，省水文局完成144个水文站任务书修订和考证簿审定，800多个雨量站考证审定。

12 月 6 日，省水文局机关举行中层干部竞争上岗演讲大会，19 人参加 15 个科级岗位的竞争。

12 月，省水文局落实 2004 年度基建资金 500 万元，完成中汤、宋家场等水文站及信阳水文局基地、洛阳、开封、商丘和南阳等水文局监测设施配置。

是年，省水文局完成《淮河源和颍河源水土流失趋势分析及水土保持工程蓄水拦沙效益评价》及河南省水资源调查评价各项成果的流域和全国汇总任务。

是年，省水文局完成的《用水文资料评价水土保持效益的技术研究》《河南省水利综合业务异地会商系统》获省科学技术进步奖三等奖。

◆ 2005 年

1 月 20 日，2004 年全国水文行业十件大事评选揭晓。赵彦增被全国总工会授予"全国五一劳动奖章"，入选 2004 年全国水文行业十件大事。

1 月 31 日，省劳社厅授予田华、姚国锋、郑仕强、徐新龙"河南省技术能手"称号。

1 月，省水文局历时 3 年完成全省水资源调查评价中的水量、水质调查评价和报告编制。

2 月 16 日，省总工会授予姚国锋"河南省五一劳动奖章"。

2 月 24 日，部水文局、部文明办授予潢川、班台、鸭河口和槐店水文站"全国文明水文站"称号。

2 月 28 日，部水文局授予赵彦增"全国水文标兵"称号。

是日，省水文局部署历史水质资料录入工作。4 月 7 日出台河南省历年《水质资料录入工作方案》。6 月 23 日至 7 月 5 日基本完成全省历年所有水质资料录入工作，水质资料基本实现电子化管理。

4 月 10 日，国家防办、部水文局授予省水文局水情科"全国水情工作先进单位"称号，授予官寨水文站、蒋集水文站"全国先进报汛站"称号。

4 月 14 日，省总工会授予许昌水文局"河南省五一劳动奖状"。省总工会、省发展改革委授予崔新华、赵新强"河南省技术创新能手"称号。

4 月，省水文局完成全省水文系统全员聘用制度改革，全系统有 247 名职工竞争到科级岗位，749 名职工参加双向选择，996 名职工全部与单位签订聘用合同书。

4 月，省水文局为落实省政府 2004 年第 80 次常务会议精神开展的全省污染严重地区农村饮水现状水质普查和全省农村饮水现状复核评估工作全部完成。该工作从 2004 年 12 月开始,历时 4 个月,调查村庄 1100 余个,监测井点 1300 余个,监测水质项目 20 多项,分别采用国家和行业两个标准进行水质评价和统计分析,绘制电子地图,为解决农村安全饮水提供了第一手资料。

5 月 20 日,水利部授予郭有明"全国水利技术能手"称号。

5 月 26 日,省十届人大常委会第十六次会议通过《河南省水文条例》,自 2005 年 10 月 1 日正式实施。

6 月 14 日,省水文局召开会议,部署河南省水文站网普查与功能评价工作。

6 月 30 日,南阳市北部山区突降暴雨或大暴雨。暴雨中心位于鸭河口水库上游。白土岗站出现历史罕见的特大暴雨,强降雨从 7 月 1 日零时开始,其中最大 1 小时降雨量 151 毫米、6 小时降雨量 518 毫米,强度超过 500 年一遇;最大 24 小时降雨量 648 毫米,约千年一遇。均创下南阳市设立雨量站后的历史纪录。

7 月 9—11 日,信阳、驻马店、南阳普降大到暴雨,局部特大暴雨,淮干、洪汝河相继出现大的洪水过程;息县站出现 1949 年后第四位的大洪水,洪峰流量 6340 立方米每秒;长台关水文站洪峰流量 5060 立方米每秒,是建站后第三位大水;班台站出现建站以来第三位大流量,洪峰流量 5060 立方米每秒,是建站后第三位大水。淮河北部支流清水河、闰河洪水满溢决口。7 月下旬郑州荥阳、濮阳县柳屯一带也发生大暴雨,暴雨中心点日降雨量频率超过百年一遇;信阳、驻马店、郑州和濮阳等市的部分县发生严重内涝。

7 月 18—26 日,全省水文勘测工技术培训在郑州举行。

7 月 28 日,经省水利厅批复,河南省水文水资源局水政监察支队成立。

9 月 10 日,省水文局完成《河南省水文站网评价》报告。

9 月 23 日,省人大常委会农工委、省水利厅在省人民大会堂举行宣传贯彻《河南省水文条例》新闻发布会。省人大常委会副主任张以祥作重要讲话,省人大农工委主任杨金亮主持新闻发布会。

10 月 18 日,由省水文局承办的海河流域水文工作会议在新乡市召开。

10 月 25 日,省编办以豫编办〔2005〕103 号文通知,省水质监测中心增加副处级职数 1 名。

11 月初,省水文局根据淮委水资保〔2005〕475 号文精神,开展省辖淮河流域 68 个县(市、区)的入河排污口普查登记工作。9 日,省水文局在信阳承办淮河流域四省入河排污口普查成果汇总会,并分别于 11 月中旬和 12 月上旬完成 337 个入河水功能区排污口的两次水质、水量同步监测。

11月11—12日，全国水文法规暨体制建设工作座谈会在郑州召开。来自全国7个流域机构和20个省（自治区、直辖市）水文单位以及部法规司、人事劳动教育司的代表70多人参加会议。

11月15—25日，省水文局参加黄淮流域水文水资源工程（二期）初步设计和淮河流域重点平原洼地治理工程洪涝灾情巡测基地审查会，涉及河南省水文工程建设资金1200万元。

12月6—7日，由淮委水保局主持召开的2006年淮河流域重点水功能区监测工作会议在驻马店市举行。

12月12日，人事部、水利部授予省水文局全国水利系统先进集体。

12月17日，水利部项目办正式批复河南省国家防汛指挥系统建设项目，总经费3258万元。至此，河南省10个水情分中心项目建设拉开序幕。

12月19日，省水文局完成的《河南省主要河段防洪安全特征值研究》获省科学技术进步奖三等奖。

12月21—25日，国家计量认证水利评审组对省中心进行计量认证复查。

12月23日，王鸿杰随河南省农业技术干部专家培训团赴澳大利亚进行21天的培训、考察。

12月26—28日，韩潮书法作品荣获纪念中国电影百年书画大展最佳作品奖，在国家博物馆展出，这是全国水利系统唯一的一幅参展和获奖作品。

是年，各水文局完成水功能区确界立碑工作。全省96个一级水功能区和40个饮用水源区设立界碑。

◆ 2006 年

1月9日，省水文局人事档案工作经省委组织部档案验收组验收达到二级标准。

3月23日，省总工会、省发展改革委授予游巍亭"河南省技术创新能手"称号。

4月5日，省总工会授予游巍亭"河南省五一劳动奖章"。

4月10日，省水文局实施《水情信息编码标准》，全省范围内全部启用新编码报汛，实现新旧编码的平稳过渡。

4月13日，中国水利职工思想政治工作研究会授予省水文局2003—2005年度全国水文系统优秀政研会（单位）。

4月20日，省水利厅以豫水人劳〔2006〕24号文通知，田以亮任周口水文局局长。

4月25日，省总工会授予王继新"河南省五一劳动奖章"。

4月26日，全国总工会授予潘涛"全国五一劳动奖章"。

5月8日，省水文局机关乔迁新落成的省防汛调度中心大楼第四、第五层，办公环境及办公设施得到改善。

5月16日，部水文局局长邓坚到长台关、南湾、潢川和淮滨水文站检查防汛测报准备工作。

5月17日，根据国家发展改革委、水利部等四部委办公厅发改办〔2006〕744号文精神和部水文局的安排，省中心完成全省9个城市和5个取水口的挥发性和半挥发性有机物的采送样工作。

5月26日，省水利厅与省气象局在省水利厅省防汛会商室举行《水文与气象资料共享合作协议》签字仪式。

6月29日，《河南省水资源研究》通过由省科技厅组织、王浩院士参加的成果鉴定。会议一致认为，该成果为河南省水资源利用、配置奠定了基础，在水资源研究领域有多项创新和突破。

7月31日，省水文局完成水文气象信息共享软件的开发和信息互传工作。

8月10日，省水文局为贯彻和落实水利部新标准数据库的建设，购置并安装新设备、操作系统和客户端软件，新标准数据库建设正式启动。

8月31日，省水文局编制的《河南省暴雨参数图集》投入应用。

9月15日，河南省国家防汛抗旱指挥系统工程项目建设办公室在平顶山市召开河南省水情分中心建设现场会暨平顶山水情分中心预验收会，水利部项目办有关领导参加会议。平顶山水情分中心通过预验收并投入试运行。

10月10—12日，省水文局根据水文年鉴内容组织人员逐站对河南省水文站、雨量站沿革进行考证。

11月2日，省水文局编制的《水利部补助投资2006—2007年初步设计》，通过黄委审查。项目计划投资经费447万元，建设4个水文站和省数据中心。

11月17日，河南省中小河流洪水易发区水文监测建设（一期）项目建议书编制工作会议在郑州举行，洛阳等8个相关水文局参加会议。

12月21日，由省总工会、省人事厅等联合举办的全省水利行业第三届水质监测工技能竞赛决赛在省水环境监测中心隆重举行。经过层层选拔，15位参赛选手参加理论知识和实际操作两个项目的决赛。韩枫、陈莉、苗利芳获得前3名。

12月26日，姚国锋获水利部的"全国水利技能大奖"；水利部授予石政华"全国水利技术能手"称号。

是年，根据淮委水资保〔2006〕521号文要求，省水文局以豫水文〔2006〕115号文组织开展了2006年度省辖淮河流域入河排污口调查工作。全省11个勘测局对360个入河排污口调查登记、定位、制图，11月15日参加淮委水保局组织的汇总。11月上旬和12月下旬分别进行352个排污口的水量水质同步监测，12月21—23日在郑州召开了淮河排污口监测成果汇总审查会，全部成果资料于12月26日前上报淮委水保局。

是年，省水文局完成《地下水数据库建设》课题的建库和软件开发，研制报告通过评审，达国内领先水平。《河南省水利信息化关键技术与系统集成应用研究》《河南省主要河段防洪安全特征值研究》分获省科学技术进步奖二、三等奖。

是年，省水文局完成各项水文基建投资2200余万元，编制完成11项重要水文基建计划。

◆ **2007年**

2月27日，省水利厅以豫水人劳〔2007〕8号文批复，30个水文站规格定为科级，明确相应科级职数32个，其中正科级职数8个。

3月16日，省政府授予沈兴厚"河南省环境保护工作先进个人"称号。省总工会、省发展改革委授予王骏"河南省技术创新能手"称号。

3月19日，省劳社厅授予韩枫、陈莉、苗利芳"河南省技术能手"称号。

3月30日，由信阳水文局编制完成的《淮河流域及山东半岛入河排污口信息管理系统》顺利通过淮委组织的验收。

4月23日，省总工会授予韩枫"河南省五一劳动奖章"。

4月，省水文局《岭南高速公路跨河工程防洪影响研究》《河南省地下水资源信息数据库管理应用系统》《国家防汛抗旱指挥系统周口水情分中心设计研究》等3项科技成果获省科学技术进步奖三等奖。

5月24—25日，"淮干一期"河南省水文站建设工程通过验收。

5月，河南省国家防汛抗旱指挥系统一期工程14个水情分中心（含驻马店示范区和开封简易分中心）和460处遥测站全部建成。加上其他项目建设的31处遥测站共491个遥测站，实现雨量信息10分钟自动采集传输，250余处遥测站水位信息自动采集传输。

6月6日，省政府在省人民会堂召开高层次人才表彰大会，杨大勇被批准为享受"国务院政府特殊津贴"专家、沈兴厚荣获"河南省学术技术带头人"称号。

6月6日，省人大农工委和省水利厅联合举办的"学习宣传贯彻《中华人民共和国水文条例》和《河南省水文条例》座谈会"在郑州举行。会议由省人大农工委主任杨金亮主持。省人大常委会副主任李柏拴、农工委副主任韩天经，部水文局、省政府法制办、发展改革委、财政厅、省水利厅和人事厅等部门代表参加座谈会。

6月14日，省水文局在完成83个水文测站的饮水水质分析监测评价和统计工作的基础上，根据基层水文测站饮用水水源水质普查现状，制订了涉及14个水文局43个水文站饮水安全实施方案。

6月，省水文局首次通过政审、理论考试和面试公开招聘大学毕业生，最终录用15名应届大专以上毕业生。

7月6日，副省长张大卫到桂李水文站检查防汛测报工作，并现场指挥分洪闸开闸泄洪。

7月11日，省委副书记陈全国到淮滨水文站询问测洪情况，并对辛勤工作在抗洪一线的水文职工表示慰问。

7月20日，中国农林水利工会、省水利工会分别发来慰问电，向战斗在淮河防汛测报第一线的河南水文职工和工会干部表示亲切的慰问，并致以崇高的敬意。

7月25日，省人大常委会副主任李柏拴在《河南日报》显著位置发表题为《依法管理水文推动水文法制化建设》的署名文章。

8月3日，省水利厅以豫水人劳〔2007〕42号文通知，任命沈兴厚为省水质监测中心专职副主任。

9月17日，省中心实验室顺利通过国家认监委实验室专项监督检查。

9月21—23日，西北地区及黄河流域水文协作会议在洛阳召开。

10月28日至11月1日，由水利部、劳社部、全国总工会联合举办的第四届全国水文勘测工大赛在江西省弋阳水文站举行，全国水文系统的72名选手参加比赛。徐新龙获得二等奖（综合成绩第七名）。

11月30日，国家防总、人事部、总政治部授予杨大勇"全国防汛抗旱模范"称号。

12月3—20日，省水文局在郑州组织完成重点中小河流35个站的预报方案编制汇总工作。

12月21日，徐新龙荣获"全国水利技能大奖"。

12月24日，省水文局安排专项资金10余万元，购置全自动洗衣机72台，配置到地处偏远、单身职工较多的水文测站。

12 月 25—26 日，国家防办常务副主任张志彤、部水文局副局长梁家志、淮委副主任汪斌、淮委防办主任徐英三、淮委水文局局长罗泽旺等领导先后到淮滨、息县和竹竿铺水文站，考察淮河流域防洪情况。

是年汛期，淮河流域发生仅次于 1954 年的流域性大洪水，全省共出现 7 次较大的暴雨及洪水过程，中小河流、局部地区和一些城市暴雨灾害频发，淮干、洪汝河 7 月上中旬 20 天内连续出现 4 次大的暴雨洪水，致使淮滨站出现 1991 年以后最高水位，王家坝出现 1968 年以后的最高水位，洪汝河出现了近 20 年一遇的洪水，老王坡滞洪区先后两次运用，班台站出现历史第三大流量，超保证水位行洪达 24 小时；7 月 6 日桂李水文站测得 1956 年以后最大流量 445 立方米每秒。南湾水库出现历史最高水位，宿鸭湖、石漫滩、板桥和薄山水库长时间超汛限高水位运行。受强降雨影响，洛阳、南阳的部分山区发生严重的山洪和泥石流灾害，7 月 29 日卢氏县境内最大 6 小时、24 小时降雨量频率均达 1000 年一遇。

是年，省水文局组织省辖海河、淮河流域各水文局完成海河流域 66 个、淮河流域 360 个入河排污口调查、监测及成果上报工作。

是年，水文基础设施建设，完成省发展改革委下达的 2007 年度 600 万元基础设施建设。

是年，完成 119 个水文站测验断面保护区界桩设置。

◆ **2008 年**

2 月 26 日，首批河南省工人先锋号命名表彰大会在河南工会大厦举行。信阳水文局获此殊荣，这是河南省水文系统首个荣获此项殊荣的单位。

3 月 31 日，在北京举行的全国水利科技大会上，省水文局被授予"全国水利科技工作先进集体"称号，赵彦增被授予"全国水利科技工作先进个人"称号。省水文局与省防办等单位合作完成的《基于分布式水文模型的山洪灾害预警预报系统研究》荣获 2007 年度大禹水利科学技术奖三等奖。

4 月 18—19 日，国家防办副主任邱瑞田带领由水利部、武警总队、淮委等组成的检查组，检查河南省淮河流域水文防汛抗旱准备情况。

4 月 18—20 日，受较强西南暖湿气流影响，全省出现一次强降雨过程，累计最大点雨量信阳县王堂雨量站 177 毫米、信阳浉河区顺河店雨量站 159 毫米、新蔡县新蔡水文站 159 毫米、确山县薄山水库站 156 毫米。驻马店市平均降雨量 100 毫米，信阳市 96 毫米，周口市 66 毫米，淮河、洪汝河出现自 1964 年以后最大一次春汛。班台站 20 日 20 时洪峰水位 32.33 米，洪峰流量

1200 立方米每秒；淮干长台关站 20 日 8 时洪峰流量 1590 立方米每秒；息县站 21 日 2 时洪峰水位 40.03 米、流量 2960 立方米每秒；淮滨站 21 日 14 时水位 28.72 米、流量 2120 立方米每秒。

4 月 28 日，副省长刘满仓到淮滨站检查指导防汛测报工作。

4 月，省水文局对河南省国家基本水文站统一悬挂标牌，新乡和驻马店两个新建实验室的室内环境改造、仪器设备的安装调试全面完成，进入试运行阶段。

5 月 5 日，副省长刘满仓到桂李水文站检查指导工作。

5 月 27 日，盘石头水文站揭牌。省水文局下达关于盘石头水文站开展水文业务工作的批复，盘石头水文站正式启用。

5 月 28 日，"5·12"汶川大地震后，全省水文系统共产党员踊跃缴纳"特殊党费"，水文职工群众纷纷奉献爱心，共计 2403 人次捐款总额达 506990 元。

5 月，省水文局下拨委托费 20 万元，解决委托经费偏低状况。

是月，省水文局完成淮河正阳关以上流域短时段预报共 155 套方案的初审补充修改，卫星云图接收处理系统进行升级改造。

6 月 1 日，省水文局开展《中华人民共和国水文条例》实施暨颁布一周年宣传活动。

6 月 3 日，中国-欧盟流域管理项目技术援助组外籍专家和国内专家一行到省水环境监测中心，就水污染事故预警和应急监测系统工作开展情况进行调研，并参观省水环境监测中心实验室。

6 月 19 日，经省工商行政管理局批准，省水文工会郑州职工技协服务部更名为河南水文水资源科技开发中心。

6 月 30 日至 7 月 2 日，省人大农工委主任杨春雨、副主任张同立、杨汝北等一行先后赴洛阳、安阳两市就《河南省水文条例》贯彻落实情况开展专题调研。

6 月，"十五"计划项目郑州水文局办公楼，新乡、驻马店、洛阳水文局和省水环境监测中心实验室通过验收。

7 月 8 日，信阳市民兵预备役淮河抗洪抢险演习在淮滨举行。这次淮滨水文站的仿真情景实战演习，充分显示水文测报在防汛中的重要作用。省委书记徐光春、副书记陈全国、副省长刘满仓等领导现场观摩演习。

7 月 13—14 日，河南省部分地区遭遇暴雨袭击，受低槽东移影响，郑州、许昌、平顶山、南阳和信阳等地区降中到大雨，局部大暴雨和特大暴雨，暴雨中心集中郑州中南部、许昌西部，累计最大点雨量新密曲梁雨量站 274 毫米、新郑后胡水库 203 毫米、郑州尖岗水库 185 毫米、禹州雨量站 179 毫米，省气象局长葛市坡胡遥测站 436.5 毫米、后河遥测站 414.7 毫米。

7 月 18 日，水利部安全生产百日督察专项督查组一行到长台关水文站检查指导安全生产工作情况。

7 月，省政府从省长预备费中安排经费 1000 万元用于水文测报设施的改造项目。

8 月 23 日，四川省水文局派员专程到郑州，感谢河南水文职工在"5·12"汶川大地震中给予他们抗震救灾工作的支持，为河南省水文局送来"鼎力相助显震难 无私奉献赠爱心"的蜀绣条幅。

10 月 8—10 日，由省人事厅、省总工会、省水利厅联合举办的第四届河南省水文勘测工技能竞赛决赛在潢川水文站举行。决赛分为理论考试、内业操作和外业操作 3 个方面，李家煜等 10 人获奖。

10 月，省水文局下拨建设资金 460 余万元，用于 18 个水文站危旧站房改造的同时落实省水文数据中心改造经费 106 万元。

11 月 10 日，2006 级河海大学水文专业本科函授班毕业典礼在省水文局举行，河海大学有关负责人以及 87 名学员出席毕业典礼。

11 月 24 日，省水文局王增海在上海全国水文年鉴终审会议上，被部水文局聘为第一批《中华人民共和国水文年鉴》审查专家。

12 月 1—3 日，淮河流域水质监测工作经验交流会在南阳召开。淮河流域水环境监测中心，河南、安徽、江苏和山东等省水环境监测中心及有关分中心的代表们参加会议。

12 月 17 日，水利部国家防汛抗旱指挥系统工程项目建设办公室倪伟新总工一行在省防办负责同志陪同下，视察洛阳水情分中心系统建设工程，并深入紫罗山水文站、娄子沟水位站和新安县段家沟水库检查防汛抗旱指挥系统建设运行情况。

12 月 22—23 日，省水文局对新的水文测站任务书进行审定，2009 年 1 月 1 日在全省正式实施。

12 月 26 日，河南省水文系统首家省水利厅与驻省辖市双重管理单位洛阳市水文水资源局揭牌仪式在洛阳隆重举行。水利部党组副书记、副部长鄂竟平与省委常委、洛阳市委书记连维良共同揭牌。河南省省长助理何东成等领导出席仪式，省水文局、14 个驻省辖市水文局、洛阳市直相关单位及各县区水利局负责人 150 余人参加揭牌仪式。

12月29日，省水文局投入专项资金对资料室进行为期两年的改造完成，整理各种水文资料95727本，全部目录资料索引装订59本，并建立水文资料目录计算机数据库查询平台，进行数据备份，确保电子档案目录安全。

◆ 2009 年

2月1日，省中心第四版《质量手册》和《程序文件》颁布实施。

2月6日，省编办以豫编办〔2009〕6号文批复，将河南省水质监测中心更名为河南省水资源监测中心，增加水资源保护、管理及地下水监测职能。

2月9日，省水利厅颁布《河南省水文工程建设管理暂行办法》。

2月14日，部水文局授予省水文局"中华人民共和国水文年鉴整汇编工作先进单位"称号。

2月20日，省总工会授予李家煜"河南省五一劳动奖章"。

2月24日，省水文局荣获2007年水文资料年鉴刊印工作全国质量评比第三名。

3月12—13日，河南省防汛抗旱指挥系统水情分中心建设项目一期工程通过由省水利厅组织的竣工验收。该项目共投入各项资金4600余万元，建成14个水情分中心（包括驻马店示范区改造工程和开封简易分中心），460个国家和省级基本报汛站。

3月20日，国家防办、部水文局授予鲇鱼山水文站"全国先进报汛站"称号。

3月25日，省总工会授予省水文局"河南省五一劳动奖状"。

4月9日，省水利厅以豫水人劳〔2009〕36号文批准成立河南省水文工程建设管理局。省水文局局长杨大勇任省水文建管局局长，作为水文工程建设的项目法人，履行项目法人职责。

4月15日，平顶山市、南阳市水文水资源局成立挂牌。之后驻马店（4月16日）、新乡（5月15日）、商丘（5月25日）、周口（5月25日）、漯河（5月26日）、许昌（5月26日）、开封（6月1日）、濮阳（6月2日）、安阳（6月2日）和郑州（6月3日）等市水文局先后挂牌。

4月，省防办将全省880处遥测雨量站正式移交省水文局管理。

5月16日，省水文局出台《河南省防汛抗旱雨水情遥测系统管理维护办法》。

6月4日，信阳市水文水资源局揭牌仪式在信阳水文水资源勘测局举行。水利部党组副书记、副部长鄂竟平，国家防办副主任田以堂，部水文局局长邓坚，水利部灌排中心主任李仰斌，淮委主任钱敏、副主任汪斌，淮委水文局局长罗泽旺，信阳市市长郭瑞民，市委常委、组织部长乔新江、副市长张继敬等领导出席揭牌仪式。至此，河南省 14 个驻省辖市水文局率先在全国全部实现省水利厅和省辖市政府双重管理体制。

6 月 10 日，省水利厅党组以豫水组〔2009〕28 号文通知，张明贵、吴新建、王保昌、于吉红、宋铁岭分别任周口、驻马店、商丘、濮阳、开封水文局党支部书记。省水利厅以豫水人劳〔2009〕45 号文通知，范留明、袁瑞新、张广林、朱文生、郑连科分别任驻马店、许昌、开封、平顶山、周口水文局局长；张治淮任信阳水文局副调研员，赵建、田以亮任省水文局副调研员。

6 月 10—12 日，由部水文局主办、省水文局承办的国家地下水监测工程可行性研究报告编制培训班在郑州举行。

6 月 15 日，省防办会同省水文局在全省 18 个省辖市增设 79 处城市雨量遥测站，并将这些城市雨量观测信息纳入到全省水文信息监测网中，加之原有的城市雨量站，初步掌握了 18 个城市的雨量分布情况，为全省防汛抗旱统一调度提供完整水文信息。

6 月 26—28 日，长江委水保局派出工作组对南阳境内的长江省界断面进行实地勘查，对南水北调中线工程周边支流水环境状况监督检查；工作组还到南阳分中心考察、座谈和业务指导。

7 月 13 日，省长郭庚茂，副省长刘满仓，省长助理、省政府秘书长安惠元，省长助理何东成一行视察省水文局水情科。

8 月 8 日，经省水利厅批准，14 个驻省辖市水文局成立水政监察大队。

8 月 28 日，水利部发出《关于进一步加强水文工作的通知》（水文〔2009〕379 号）。12 月 18 日，省水利厅以豫水办〔2009〕68 号文转发该通知。

8 月 31 日，省水利厅组织专家对燕山水文站管理设施进行专项验收。同日，燕山水文站挂牌。

9 月，通过笔试、面试、综合审查与考核等招聘程序，录用大专以上应届毕业生 13 人，其中水文系统引进首位具有博士学位人员。

10 月，省水文局落实中小河流（洪水易发区）水文监测一期建设中央资金 403 万元。

11 月 10 日，省水文局对《河南省水文事业发展规划（2010—2030 年）》初步成果进行审查。

11 月，《建设项目水资源论证甲级资质证书》由河南省水文水资源局变更为河南水文科技开发中心。

12 月 26—30 日，省中心通过国家计量认证水利评审组会同省质量技术监督局的复查评审。

是年，省水文局《商丘市水资源对农村饮水安全项目的影响研究》《人水和谐量化理论及其在郑州市水资源规划中的应用研究》获省科学技术进步奖三等奖。

是年，恢复刊印 1997—2000 年河南省水文资料年鉴。

◆ **2010 年**

3 月 14—16 日，在上海召开的全国水利政研会工作会议上，省水文局政研会被评为"全国水利系统优秀政研会"，潘涛被评为"全国水利系统优秀政研工作者"。

3 月 27 日，全国水文工作会议在郑州召开。水利部副部长刘宁出席会议并作重要讲话，副省长刘满仓、黄委主任李国英出席会议并致辞。

3 月，全省实行 3 月 15 日至 11 月 1 日由遥测雨量代替人工报汛。省中心第四次取得国家认证认可监督管理委员会颁发的计量认证合格证书。

4 月，省编办以豫编办〔2010〕124 号文批复三门峡、焦作、济源和鹤壁四个省辖市成立水文局。

4 月，省水文局雨水情拍报任务书首次改版为报汛、报旱任务书。

5 月，省水文局对全系统 166 名科级干部（其中正科 95 人、副科 71 人）进行试用期满考核。

是月，省水文局承担第一次全国水利普查河南省河湖普查任务。

6 月 10 日，省水文局组织召开《河南省水文事业发展规划（初稿）》初审会议。

6 月上旬，由省水文局主持的河南省土壤墒情及地下水自动监测一期工程建设项目正式实施。

7 月 9 日，副省长刘满仓到淮滨水文站检查防汛测报工作。

7 月 19 日，受东移低槽和副热带高压北抬的共同影响，南召县李青店水文站及上游从 7 月 15—18 日连续降雨，18 日 22 时开始普降大暴雨。19 日，李青店水文站抢测到超历史水位 198.10 米和百年一遇洪峰流量 5130 立方米每秒。

7 月 20 日，省委副书记、省长郭庚茂在全省防汛工作汇报会上，对入汛以后水文防汛测报工作给予充分肯定，强调水文测报工作的重要性。郭庚茂指出，加强监测和预报预测，信息灵通、判断准确是防汛打胜仗的前提；水文部门能提供准确的水情信息，就为引导决策赢得了预警时间、准备时间，就能够减少损失或者避免损失。

7月21日，副省长刘满仓到省水文局水情科检查防汛测报工作。

7月23—24日，豫西、豫西南地区普降暴雨，尤其是西峡、淅川、卢氏、栾川、灵宝和洛宁等县市山区地带降雨集中，局部特大暴雨。受降雨影响，丹江、老灌河、淇河及伊洛河上游发生特大洪水。

7月25日，省委书记、省人大常委会主任卢展工，省委副书记、省长郭庚茂，副省长刘满仓，省军区司令员刘孟合，省武警总队总队长陈进平等领导到省水文局水情科视察，听取汇报。

7月29日，省水文局组织技术人员组成3个调查组分赴南阳、三门峡和洛阳3市开展"7·24"暴雨洪水调查工作。

8月22日，省委书记、省人大常委会主任卢展工，副省长刘满仓，省长助理何东成，省政府副秘书长何平等领导来到省水文局水情中心视察。

9月5—8日，受低涡与切变线影响，全省除信阳东部基本无降雨外普降中到大雨，局部大暴雨。受降雨影响，沙颍河出现1949年后9月同期最大的一次洪水过程，漯河水文站8日7时洪峰水位61.25米、洪峰流量2850立方米每秒；周口水文站8日23时出现洪峰水位49.62米，洪峰流量2700立方米每秒。

9月12日，水利部项目办主任邱瑞田、总工倪伟新、中国国际工程咨询有限公司农水部副主任何军等一行，到洛阳水文局调研国家防汛抗旱指挥系统一期工程建设成果。

9月16日，中国农林水利工会授予信阳水文局工会"全国水利系统模范职工小家"称号。

9月26日，河南省土壤墒情地下水自动监测系统一期工程现场会在许昌召开。

9月27—28日，省人社厅、省总工会、省水利厅在洛阳分中心联合举办第四届全省水利行业水质监测工技能竞赛决赛，36位选手参赛。陈莉等10人获奖。

10月18—19日，淮委防办、淮委水文局等有关领导到周口市进行调研，就沙颍河周口段当年洪水位偏高等问题现场勘察。

11月19日，全国总工会、科技部、工信部、人社部联合授予王鸿杰等6名水文职工完成的《山洪预警信息终端开发与应用》第三届"全国职工优秀技术创新成果优秀奖"。这是河南省水利系统首次在全国职工优秀技术创新成果评选中获得奖项。

11月29日，省水文局与省水利厅共创省级文明单位获得成功。

11月，省水文局完成中小河流暴雨监测工程初步设计概算和湖涝洼地治理报告，落实资金1308万元。

12月6日，省水文局完成的《洪汝河流域洪涝灾害预警预报系统研究》获省科学技术进步奖二等奖。

12月7日，荆紫关水文站站长黄志泉作为全国水文系统代表，在甘肃省兰州市举行的全国防汛抗旱暨舟曲抢险救灾总结表彰大会上，被授予"全国防汛抗旱先进个人"称号。

12月20—22日，受省水利普查办委托，省水文局对南阳、平顶山和许昌3市的省级水利普查指导员和县级技术骨干进行培训。

12月23日，省编委以豫编〔2010〕65号文通知，省水文局机构规格由正处级调整为副厅级。

12月29日，省总工会、省科技厅等在河南工会大厦联合举行第三届河南省职工技术运动会暨全省职工技术创新成果总结表彰大会，信阳水文局王鸿杰等6名职工合作完成的《山洪预警信息终端》荣获河南省职工优秀技术创新成果一等奖，副省长史济春向王鸿杰颁发荣誉证书。

12月，省水文局完成荆紫关、西峡水文站2010年7月24日最大洪水调查、论证工作。

是年，汛期豫西南出现百年一遇的大洪水，其中长江流域丹江、灌河、白河及黄河流域伊洛河等6处水文站洪峰流量（水位）超建站以后最大纪录，荆紫关水文站7月24日15时出现洪峰流量8790立方米每秒，超百年一遇。

是年，省水文局完成全省中小河流水文监测一期建设工程项目。

是年，为配合《河南省水环境生态补偿暂行办法》实施，省水文局设立76个水生态（水量）监测站。

是年，省水文局对河南省地表水功能区21世纪前10年水资源质量变化进行调查评价，完成数据收集评价、图表绘制填报、分流域报告和全省报告初稿编写。

◆ 2011 年

1月18日，中国水利体育协会授予省水文局2006—2010年度"全国水利行业群众体育先进单位"称号。

1月19日，省人社厅授予汪立东、黄志泉"河南省技术能手"称号。

1月24日，省政府授予王鸿杰2010年度"河南省学术技术带头人"称号。

2月15日，省委书记卢展工、省长郭庚茂等领导到省水文局水情中心视察，听取雨水墒情汇报，对雨水情测报预报工作给予充分肯定。

2月15日，央视《新闻调查》栏目编导王晓清等3名记者到郑州水文局采访地下水动态状况。2月19日，以《干旱·城市的反思》为题在央视《新闻调查》栏目中播出。

2010年9月27日至2011年2月22日，河南省150天无有效降水，平均降水量19.3毫米，较多年同期均值偏少近九成，较大旱的2009年同期偏少八成多，为1951年有统计资料后最少的年份，降水量偏少频率超过百年一遇。省水文局启动三级水文抗旱应急响应，发挥抗旱参谋作用。

3月15日，省水文局党委书记潘涛当选中国水利体育协会第八届理事会理事。

3月22日，国家防办授予李青店水文站"全国先进报汛站"称号。

4月20日，黄委水文局局长杨含峡、淮委水文局副局长徐慧一行到长台关水文站调研。

4月25日，省总工会授予王鸿杰、陈莉"河南省五一劳动奖章"。

5月11日，省总工会、省人社厅授予陈莉、魏磊和许静正"河南省技术能手"称号。

5月22日，省水利厅在郑州召开《河南省水文基础设施建设可研报告》评审会议，部水文局、黄委水文局、黄委水保局、淮委水文局、省发展改革委、省水利勘测设计研究有限公司的领导和专家出席会议。

5月24日，淮委、黄委、长江委水保局有关负责人到告成水文站检查指导水土保持监测工作。

6月30日，省委常委、纪委书记尹晋华到省水文局水情处视察。

7月22日，《河南省中小河流水文监测系统建设2011年实施方案》通过省发展改革委委托省工程咨询公司组织的评估。

8月30日，省水文局召开局机关中层以上干部及各水文局主要负责人会议，宣布省委组织部豫组干〔2011〕274号文通知，潘涛任中共河南省水文水资源局党委书记、副局长，原喜琴任河南省水文水资源局局长、副书记，杨大勇调任省防办主任，三人均为副厅级。

9月13—14日，省水文局召开全省中小河流水文监测系统工程建设管理及实施动员会。14 日，经过两轮随机有效抽取，确定北京江河润泽工程管理咨询有限公司为该系统建设工程 2011 年招标代理机构。18 日，该系统工程建设签字仪式在郑州举行，省水文工程建设管理局分别与 14 个建管处法人代表签订《工程委托协议书》和《廉政责任承诺书》。

10 月 11—14 日，由中国水利体育协会主办、省水利厅协办、省水文局承办的"河南水文杯"第十届全国水利系统桥牌比赛在新郑举行。

11 月 10 日，省水文局在中牟水文站举行中小河流水文监测系统仪器设备选购对比试验。

11 月 11 日，河南省水文水资源局升格副厅级挂牌仪式在省水利厅办公大楼门前举行。

12 月 23 日，国家体育总局授予省水文局 2011 年"全国全民健身活动先进单位"称号。

◆ **2012 年**

1 月 10 日，省政府豫政任〔2012〕4 号文、2011 年 12 月 24 日省委组织部豫组干〔2011〕451 号文通知，王有振、江海涛和岳利军任中共河南省水文水资源局党委委员、河南省水文水资源局副局长，王鸿杰任省水文局党委委员、总工程师。

3 月 22 日，"十一五"河南省水文水资源工程建设项目签订仪式在郑州举行。

4 月 6 日，省水利厅在郑州召开全省水文工作会议。省水利厅党组书记、厅长王树山出席会议并作重要讲话，部水文局副局长蔡建元致辞。省编委、省发展改革委、省财政厅、省气象局、省防办等有关单位负责人应邀出席会议。厅机关各处室、厅属有关单位负责人，各省辖市水利（水务）局、省直管试点县（市）水利（水务）局分管防汛抗旱和水文工作的主要负责人，省局机关中层以上干部和省主流媒体记者共 150 余人参加会议。省水利厅副厅长王国栋主持会议。

4 月 7 日，省水文局特邀水利部水规总院赵学民博士、山东省青岛水文局局长于万春在郑州分别作了题为《水文基础设施前期工作的宏观技术要求》《积极践行大水文发展理念》的专题讲座。

4 月 24 日，省总工会授予王立军"河南省五一劳动奖章"。

5 月 2 日，省水利厅党组以豫水组〔2012〕31 号文通知，李智喻、赵新智分别任郑州、新乡水文局党支部书记。省水利厅以豫水人劳〔2012〕33 号文通知，沈兴厚任省水资源监测中心主任（正处级）；赵彦增任省水文局站网监测处处长，禹万清任省水文局信息管理处（省水文数据中心）处长；郑立军、李中原、郭德勇、何俊霞、崔新华和付明韬分别任省水文局办公室主任、组织人事处处长、计划财务处处长、水情处处长、水资源处处长和水质处处长；汪孝斌、王冬至、张广林和吴庆申分别任鹤壁、焦作、三门峡和济源水文局局长。

5月3日，水利部办公厅授予郭德勇"全国水利财务工作先进个人"称号。

6月1日，省水文局召开全省2012年防汛测报视频动员会，标志着河南省水文视频会议系统初步建成并正式启用。

6月5—6日，省水文局在中牟水文站举办微型ADCP培训班。

6月14—16日，省人社厅、省总工会、省水利厅在唐河水文站联合举办第五届全省水利行业水文勘测工技能竞赛决赛。

6月22日，受省发展改革委委托，河南省工程咨询中心组织有关专家在郑州对《全国中小河流水文监测系统建设河南省2012、2013年工程建设项目实施方案》进行评估。专家组认为，该实施方案编制依据充分，采用的设计标准符合有关规范要求，设备选型基本合理，编制深度基本达到本阶段要求。

6月29日至7月5日，省水文局协同山东潍坊水文科技公司分别到驻马店、信阳、南阳、洛阳、新乡和濮阳等6个水文局进行桥测车现场技术培训工作。

7月13—15日，黄委副主任廖义伟、黄委水保局副局长李群等到洛阳水文局，考察水环境监测实验室共建共管工作。15日，到省中心调查了解全省水环境监测工作情况。

7月23日，省委常委、省政法委书记毛超峰到信阳水文局水情科视察工作。

7月25日，省委副书记、省长郭庚茂，黄委主任陈小江，副省长刘满仓等到省水文局水情中心视察，听取汇报。

7月30日，省水文局在郑州召开2012年度中小河流水文监测系统工程建设会议。局长原喜琴分别与18个水文局建管处签订《河南省中小河流水文监测系统水文巡测断面土建设施工程委托协议书》。鹤壁、焦作、济源和三门峡等4个新建水文局建管处递交《项目廉政责任承诺书》。

9月23日，《河南省淮河流域入河排污口布设规划》通过淮委水保局验收。

9月24—28日，在新疆乌鲁木齐召开的全国水文援疆第六组工作会议确定，省水文局对口援助新疆哈密水文局。

9月25日，省水文局编制的"河南水文财务管理信息系统"软件通过验收，正式投入运行。

是日，中国农林水利工会授予平顶山水文局工会"全国水利系统模范职工小家"称号。

11月12日，省水利厅党组以豫水组〔2012〕63号文通知，于吉红任洛阳水文局党支部书记，张明贵任信阳水文局党支部书记；王晓东、罗荣、史和平分别任鹤壁、焦作、济源水文局党支部书记；袁建文任省水文局机关党委专职副书记，李行星、王伟、张少伟、张铁印、王振奇分别任平顶山、安阳、濮阳、商丘、周口水文局党支部书记。同日，省水利厅以豫水人劳〔2012〕85号文通知，赵自建、李向鹏、陈顺胜、李振安分别任开封、濮阳、商丘、信阳水文局局长。

12月2日，部水文局局长邓坚率中小河流项目专项检查组到省水文局检查指导工作，出席在郑州召开的河南省中小河流项目专项检查汇报会并讲话。下午，邓坚局长到修武水文站和新乡水文局预购办公楼房新址进行实地检查指导。

12月13—14日，省防办在郑州举办的河南省旱限水位确定工作研讨会，对旱限水位确定工作做出部署。

是年，根据河南省人力资源和社会保障厅有关文件，提高水文测站职工野外津贴标准：一类为山区（偏远）站每人每天20～25元，二类为非城镇站每人每天15元，三类为县城及其以上城市站每人每天5～10元。所需经费由省财政厅编入年度预算。

是年，省水文局全面完成第一次全国水利普查河南省河湖普查任务。

是年，省水文局完成的《城市饮用水水源地安全保护技术研究》获省科学技术进步奖；《河南省沿黄地区水资源优化配置与经济社会可持续发展研究》作为省奖项目参加第七届中国河南国际投资贸易洽谈会的成果发布。

◆ **2013 年**

1月25日，省水利厅党组以豫水组〔2013〕3号文通知，郭宇、张俊英分别任三门峡、漯河水文局党支部书记。

2月20日，中国水利体协授予郑州水文局2011—2012年度"全国水利行业群众体育先进单位"称号。

2月25日，省水文局编制的《河南省重要河流湖泊水功能区纳污能力核定和分阶段限排总量控制方案》通过省水利厅验收，为纳污红线的管理提供技术支撑。

2月28日，省水文局编制的《2012年河南省海河流域入河排污口监督性监测报告》通过海委水保局在郑州主持的专家评审。

3月19日，由河南日报报业集团、省委农办、省农业厅、省水利厅、省林业厅、省畜牧局、省教育厅、省农科院、团省委、省妇联联合主办，《河南日报（农村版）》承办的"雏鹰杯"首届河南十大三农科技领军人物、河南十大农业科技推广人物评选揭晓，省水文局总工程师王鸿杰当选"雏鹰杯"首届河南十大三农科技领军人物。

3月26日，水利部召开全国水文工作视频会议。在河南分会场，副厅长王国栋、潘涛、原喜琴参加会议，各市水文局副科以上副干部在各市分会场参加会议。

3月，由水利部水文局局长邓坚主编、中国水利水电出版社出版的中华人民共和国成立后第一部全国性的水文文学作品集《倾听水文——全国水文文学作品集》在全国发行。河南省12位水文职工创作的11件文学作品入选该文学作品集。

4月19日，潢川县水文局授牌仪式在潢川县举行。部水文局局长邓坚向潢川县水文局负责人授牌。

4月26日，省总工会授予郑仕强"河南省五一劳动奖章"。

5月6—8日，省中心通过水利部水质监测质量管理监督检查。

7月1日，《河南省水文志》第二轮编修工作正式启动。

8日，省委副书记、省长、省防指指挥长谢伏瞻，副省长王铁，省军区司令员卢长健和黄委主任陈小江等在省防指第一次成员会议召开前来到省水文局水情处，听取该处负责人对今年入汛以来全省雨情、大中型水库蓄水等情况的汇报。

8月27—30日，为贯彻落实水文援疆第六工作组会议精神，进一步推进哈密地区水文援疆工作的深入开展，党委书记潘涛率队对受援单位哈密水文水资源勘测局进行现场调研。

11月12日，部水文局授予信阳、商丘、周口分中心全国水利系统水质监测质量与安全管理优秀实验室；授予省中心、安阳、许昌、南阳、新乡、驻马店和洛阳分中心全国水利系统水质监测质量与安全管理优良实验室。

12月12日，省委副书记邓凯到省水文局水情处视察，听取水情工作职责及全省雨水情、墒情介绍，充分肯定水情工作在全省防汛抗旱中的重要作用。

是日，全国总工会、科技部、工信部、人社部联合授予马勇等 12 名水文职工完成的《水文缆道测流信号发生器》第四届全国职工优秀技术创新成果优秀奖。

12 月，全省中小河流水文监测系统建设已累计完成形象工程 3.6 亿元，改造水文站 59 处，新建 240 处巡测站、72 处水位站基本完成，2158 处雨量监测站全部建成，基本实现河南省中小河流水文站的全覆盖。

是年，为配合实施最严格的水资源管理制度，在省界设立 15 个水资源监测站。

◆ 2014 年

1 月 9 日，部水文局副局长刘学峰一行 8 人到河南调研黄河流域水文监测工作。省水文局在座谈会上简要介绍了河南省水文基本概况及近年来水文重点建设成就、水文机构、站网布设、中小河流水文监测工程建设等情况，对水文重点工程建设运行与管理、水文监测资料整编、水文改革与发展等问题进行深入探讨。

3 月 15—16 日，省水文工程建管局组成 6 人专家组对 2011 年全国中小河流水文监测系统建设河南省工程建设项目内黄、刘庄、新村、盘石头四个单位工程进行验收。

3 月 26 日至 4 月 1 日，河南省水文系统第一期水文业务技术骨干培训班在鹤壁市举行。南阳、三门峡、安阳、濮阳、济源、新乡、焦作及鹤壁水文局 110 人参加培训。省水文局有关处室负责人及专家就水情报汛管理、水量调查基本概念与方法、水质采样、水文测验、ADCP 测流设备的使用方法、水文资料整编等进行授课。

4 月 3 日，省水文局制定的《河南省水文测报工作质量评定办法》实施。

6 月 3 日，新改版后的河南水文信息网正式上线运行。

6 日，《河南省水情预警发布管理办法（试行）》经省防办批准正式发布。办法首批制定全省 20 个重要河道断面控制站的洪水预警标准、5 个大型水库站的枯水预警标准。

6 月 26—27 日，省水文局举行全省水文应急监测指挥演练。26 日开展水文预报演练，根据给定雨情、水情，依照给定的河流及流域特性，进行模拟分析预报和发布。27 日开展野外演练，实施水量水质同时应急现场监测。这是应用新仪器最多、技术含量最高的一次演练，新配置的应急监测车第一次在水文应急监测中应用。

6—8月，省水文局开展水文行业委托观测员队伍情况调研。

7月1日，省水文局印发《河南省水文安全生产管理手册》。

7月15日，省水文局编制的《河南省水文基础设施建设总体方案（2014—2020年）（送审稿）》通过由省水利厅主持的专家评审。专家组认为，该方案目标明确，重点突出，建设内容全面，站网布局与服务体系构架合理，相应建设项目必要可行，保障措施和计划安排及经费估算基本合理，建议作进一步修改后，报送上级相关部门批准后实施。

7月，省水文局完成河南水文信息网网站群建设，包括省水文局机关主站和18个水文局子站。

9月26日，省水文局编制的《河南省水资源保护规划》报告通过由省水利厅主持的审查验收。该成果纳入全国和流域水资源保护规划。

10月15—19日，省水文局局长原喜琴带领相关技术人员到新疆哈密水文局就水文援疆工作进行技术交流与对接。通过交流，深化河南省与新疆两地水文工作的了解，掌握哈密水文局对援助工作的新需求，明确下一步援助重点，为今后更好地开展水文援疆工作打下良好基础。

10月16日，水利部党组成员、总规划师周学文视察省水文局水情中心。

11月18—20日，省水文局首次组织河南省水情预警发布培训班，邀请部水文局专家对水情预警发布工作、水情服务能力等内容进行系统培训。

11月26日，省水文局委托河南黄河水文勘测设计院编制的《全国水文基础设施建设河南省大江大河水文监测系统建设工程实施方案》《河南省水资源监测能力与饮用水安全应急监测建设工程实施方案》顺利通过省水利厅审查。12月29日，省发展改革委以豫发改农经〔2014〕1820号文批复，建设总投资5087.78万元。

是年，河南省持续高温少雨，黄河、淮河、沙河、洪汝河、唐河和伊洛河7月主要河道控制站月平均流量与多年同期相比，偏少7～9成。全省21座大型水库蓄水总量较多年同期少蓄11.69亿立方米，有2座大型水库和12座中型水库已低于死水位。对全省122处墒情监测站土壤相对湿度资料进行分析，结果显示2处为特大干旱、3处为严重干旱、11处为中度干旱、34处为轻度干旱，全省受旱面积2706万亩，其中重旱712万亩，为1951年以后63年不遇的最严重夏旱。省水文局适时准确测报旱情，先后8次发布旱情预警，为省政府抗旱决策提供科学的技术支撑。

是年，根据《人力资源和社会保障部、财政部关于调整地质勘探职工野外工作津贴标准的有关问题的通知》，再次调整水文测站外业津贴标准：五类地区水文站每人每天60元，六类地区水文站每人每天40元。依据该通知中的地区分类标准，河南省五类地区测站81个，六类地区测站47个。

是年，完成《河南省地下水超采区评价报告》《南水北调受水区地下水压采实施方案》《河南省地表水过度开发和地下水超采治理规划》《河南省水资源保护规划》等多个规划报告，以及省辖汉江流域内各地市级行政区"三条红线"指标制定，为建立河南省最严格水资源管理制度提供基础支撑。

◆ **2015 年**

1月，省水文局购置的三维激光移动测量系统安装调试完成，正式投入使用。4月16日，省水文局携相关设备参加部水文局在重庆举行的全国水文应急监测演练，圆满完成任务，受到部水文局高度赞赏。

3月18—20日，省水文局开展应急监测通信系统演练，在省防指200千米外的驻马店板桥水文站阴雨天气条件下，利用通信卫星传输数据，与省防汛抗旱指挥中心进行视频会商演练。

4月3日，省委、省政府以豫文〔2015〕82号文授予省水文局机关"省级文明单位"称号。

4月27日，豫鲁苏皖四省五市协作区水文业务工作交流会在商丘召开。河南商丘水文局、山东菏泽水文局、安徽宿州水文局、江苏徐州水文局、淮安水文局参加会议。会议分别从区域水文发展现状、新形势下水文现代化建设、水文测区整合、人才队伍建设、水资源管理、中小河流水文监测系统建设等方面进行广泛交流，并就本区域水文发展思路进行研讨。

5月13—14日，国家发展改革委农经司副司长严伯贵一行到南阳荆紫关、西峡水文站和洛阳在建的栾川水文中心站，对河南设立水文试验站的必要性、水文遥测的运行维护管理情况等进行调研，并为河南水文长远发展规划提出指导性意见。

5月27日，水利部重要江河湖泊水功能区检查组到开封对重点水功能区进行全面检查。现场察看惠济河开封农业用水区孙李唐水质采样监测断面和功能区界碑情况。

6月2日，副省长王铁冒雨到淮滨水文站检查防汛测报工作。淮滨水文站站长余金洲对防汛测报准备工作作详细汇报。

7月22日，省发展改革委、省水利厅下发《关于印发河南省水文基础设施建设总体方案（2014—2020年）的通知》（豫发改农经〔2015〕802号），明确河南省未来 7 年水文基础设施建设的指导思想、原则和目标、主要建设任务。总体方案规划新建和改造水文、雨量、地下水、水生态、城市水文、墒情等各类监测站网 6710 余处，改造、新建水文监测中心 119 处，改造新建水文业务支撑系统等，概算投资 8.23 亿元。

8 月 20 日，省水文局作出批复，同意将 18 个驻市水文局上报的中小河流 240 个水文巡测站、136 个水位站纳入河南省专用水文站网，要求 2015 年 10 月底前完成各站任务书编制工作，2016 年 1 月 1 日开始执行。

8 月 26 日，水利部水文情报预报中心主任刘志雨一行调研河南省水情工作。

9 月 2 日，省水文局党委书记潘涛、局长原喜琴到省水文局机关离休干部、抗战老兵王立道、刘克勤家中慰问，并向他们颁发中国人民抗日战争胜利 70 周年纪念章，发放慰问金。

9 月 16 日，省水文工程建管局在郑州举行河南省大江大河水文监测系统建设工程、河南省水资源监测能力与饮用水安全应急监测建设工程、河南省中小河流水文监测系统工程信阳水文中心站等项目合同签订仪式。省水文工程建管局局长原喜琴分别与河南中科建筑安装有限公司、中元方工程咨询有限公司等 8 家中标单位法人代表签订协议书和廉政责任书。

9 月 21 日，省水文局在郑州举办土壤田间持水量测定培训班。18 个驻市水文局业务骨干、省水文局有关处室和省水科院相关人员参加培训。培训详细讲解《田间持水量测定技术规程》，介绍环刀法、围框淹灌法和天然降水法等测定方式的原理、仪器设备、操作步骤和技术要求等内容。

10 月 27 日，省水利厅党组宣布省水文局主要领导干部任免的决定：根据省委组织部文件精神，任命李斌成为河南省水文水资源局党委书记、副局长，并明确省水文局实行局长负责制的新管理体制。

第一章

水 文 环 境

河南省地处中原，位于东经 110°21′～116°39′、北纬 31°23′～36°22′之间，承东启西，通南达北，地理位置十分重要。河南省地势西高东低，55.7％的面积为平原区。全省光照充足，河流众多，物种丰富。气候位于暖温带和北亚热带地区，具有明显的过渡性特征，形成雨量、水资源量、径流量分布不均，南多北少，年际变化大，且水旱灾害频繁的水文特征。随着人类活动的加剧，水资源的过度开发利用，一定程度上影响、改变区域水文特征，而水文特征值是开发利用水资源，治理保护水环境的基本依据。

第一节 自 然 地 理

河南省位于中国中东部，东接安徽、山东，北接河北、山西，西接陕西，南临湖北，呈通南达北、承东启西之势。因古时为豫州，故简称"豫"。地势西高东低，地形分为黄淮海平原、豫北山地、豫西山地、豫南山地和南阳盆地五个区。河南省地处暖温带和亚热带过渡区，过渡带气候特征明显，具有四季分明、雨热同期、复杂多样、气象灾害频繁等基本特点。由于气候条件和地形、地貌的不同，土壤性质存在较大差异，天然植被和植物种类繁多。

一、地理位置

河南省地理位置优越，古时即为驿道、漕运必经之地，商贸云集之所，处于沿海开放地区与中西部地区的结合部，是全国经济由东向西推进梯次发展的中间地带。河南是全国重要的铁路、公路大通道和通信枢纽。京广、京九、焦柳与陇海、宁西、新菏、漯阜在境内交汇，形成"三纵四横"的铁路网；107、310 等国道和京深、连霍等高速在境内形成"五纵五横"公路网；

全国光缆干线有"三纵三横"经过河南形成光纤通信网；扩建的郑州航空港、郑欧班列和河南自贸试验区，将成为连接世界各地的重要纽带。

二、地形地貌

河南省地势西高东低。太行山、伏牛山、桐柏山和大别山分别在北、西、南三面沿省界呈半环形分布；中、东部为黄淮海冲积平原；西南部为南阳盆地。平原区面积 9.30 万平方千米，占全省总面积的 55.7%；山地面积 4.44 万平方千米，占总面积的 26.6%；丘陵区面积 2.96 万平方千米，占总面积的 17.7%。全省地形可分黄淮海平原、豫北山地、豫西山地、豫南山地和南阳盆地 5 个区。灵宝市境内的老鸦岔垴海拔 2413.8 米为全省最高峰；固始县境内淮河干流豫皖交界处海拔 23.2 米，为全省最低点。

三、气候特征

河南省位于暖温带和北亚热带地区，在气候、土壤、水文、植被和农作物等方面，具有明显的过渡性特征。以伏牛山—淮河干流为界，北为暖温带，南为北亚热带。全省属大陆型季风气候，年平均气温 12~16℃，无霜期 190~230 天，全省温度适宜，光照充足，适宜于农、林、牧、渔各业的全面发展。淮南和南阳盆地西南部的气候条件更为优越，适宜多种亚热带作物生长。全年四季分明，具有"冬长寒冷少雨雪、春短干旱多风沙、夏季炎热多雨水、秋季晴和日照长"的特点。

全省多年平均年降水量 771.1 毫米。在地区分布上，南部地区年平均 1103 毫米，由南向北递减，濮阳市年平均仅 561.7 毫米。全省汛期（6—9 月）平均降水量约 494 毫米，占全年平均降水量的 63%，主要集中在 7、8 两月。

四、土壤植被

河南省由于自然条件复杂，土壤性质存在较大差异。由于气候条件和地形、地貌的不同，天然植被和植物种类繁多。

全省土壤可分为 7 个土类、15 个亚类，其分布情况大致是：东北部黄淮海平原主要是沙土、黏土、两合土及盐碱土；沙颍河以南的淮北平原是砂礓黑土、黄刚土；豫西、豫北的浅山丘陵、阶地及豫中平原西部缓岗台地区，主要是立黄土、油黄土、红黏土和白面土；淮南山地是黄棕壤土，丘陵是黄泥土；豫西南山地及南阳盆地、山地是黄棕壤土，盆地边缘分布着黄刚土，盆地内主要是砂礓土。多数土壤的土层较厚，土质疏松，酸碱度适中，耕作性能良好，有潜在肥力，利于农作物生长。

全省植物有 160 科 700 多属 1700 多种，其中乔灌木树种有 800 多种。伏牛山至淮河干流一线以南属亚热带，多以常绿、落叶、阔叶林地带为主。桐柏、大别山区为松栎树植被片；伏牛山南侧低山丘陵为萌生栎林植被片；南阳盆地、淮南山岗平地大多为人工植被带。伏牛山至淮河干流以北属暖温带，多以落叶、阔叶林地带为主。东部平原除沙丘、河滩、洼地有少数自然树林带外，大部分为人工植被带。豫西伏牛山和太行山南端尚有较大面积的天然次生林，崤山、熊耳山、外方山和嵩山山地为落叶栎林，东侧低山丘陵地区多为栽培作物带。

第二节 河　　流

河南省地跨淮河、长江、黄河、海河四大流域，河流众多。流域面积 50 平方千米以上河流共有 1030 条，其中 100 平方千米以上的河流 560 条，100～1000 平方千米的有 496 条，1000～5000 平方千米的有 45 条，5000～10000 平方千米的有 8 条，10000 平方千米以上的有 11 条。其流向除位于南阳的唐白河由北向南流外，其余河流流向基本都是自西向东，南北以黄河干流为界，以北流向东北方向，以南流向东南方向；东西以京广铁路为界，以西河流坡陡流急，以东坡平流缓。河道径流水量主要由降水补给，汛期易发生洪涝灾害。河南省境内有湖泊有 8 个，常年水面面积均小于 10 平方千米。

一、四大流域

（一）淮河流域

淮河流域位于河南省的南部，河南境内面积 8.83 万平方千米。淮河流域主要分布在河南省中部及中南部，跨信阳、驻马店、周口、许昌、郑州、平顶山、漯河、开封、商丘、洛阳和南阳等 11 个省辖市。流域的主要河流有淮河干流及淮南支流、洪河、颍河和豫东平原河道。淮河干流及淮南支流均发源于大别山北麓，占省内淮河流域总面积的 17.5%；左岸支流主要发源于西部的伏牛山系及北部、东北部的黄河、废黄河南堤，沿途汇集众多的二级支流，占省内淮河流域总面积的 82.5%。左右两岸支流呈不对称型分布。河道在山丘区源短流急，进入平原后，水流缓慢，易成洪涝灾害。

（二）长江流域

长江流域位于河南省西南部，在河南境内面积 2.72 万平方千米，主要分布在南阳市以及驻马店、洛阳、信阳三市局部地区。流域面积超过 1000 平方千米的河流有 10 条，主要有丹江、白河、唐河。各河发源于山丘地区，源短流急，汛期洪水骤至，河道宣泄不及，常在唐河、白河下游造成灾害。

（三）黄河流域

黄河流域位于河南省西、中部，干流横穿河南中部，在河南境内面积3.62 万平方千米，主要分布在洛阳、三门峡、焦作、济源、新乡、郑州、安阳和濮阳 8 市。黄河干流在灵宝市进入河南省境，至濮阳市台前县张庄附近出省，横贯全省长达 711 千米。在河南省境内的主要支流有伊河、洛河、沁河、弘农涧、蟒河、金堤河和天然文岩渠等。伊河、洛河、沁河是黄河三门峡以下洪水的主要发源地。

（四）海河流域

海河流域位于河南省最北部，在河南境内面积 1.53 万平方千米。其跨焦作、鹤壁、新乡、安阳和濮阳 5 市。超过 1000 平方千米的河流有 6 条，主要有卫河、漳河、马颊河和徒骇河。

二、河流

河南省境内流域面积 10000 平方千米以上的河流有淮河干流、洪汝河、沙颍河、涡河、丹江、白河、黄河、洛河、沁河、卫河和漳河等 11 条。

（一）淮河干流

淮河干流古称淮水，被列为中国七大江河之一。河流总长度为 1018 千米，流域面积为 16.72 万平方千米。其中洪泽湖出口以上河长 860 千米，流域面积 15.99 万平方千米。淮河在河南省境内流域面积为 8.49 万平方千米。河源在河南省桐柏县淮源镇陈庄林场，流经河南桐柏县，湖北随州曾都区，河南信阳浉河区、平桥区，确山县、正阳县、罗山县、息县、潢川县、淮滨县和固始县，在三河尖以东的陈村流入安徽省，经洪泽湖入长江，整条河流平均比降 0.069‰。全流域多年平均年降水量 895.1 毫米，多年平均年径流深236.9 毫米。河南省境内沿河有大坡岭、长台关、息县、淮滨等水文站和埝孜集、三河尖水位站。在省界以上汇入的主要支流有浉河、竹竿河、寨河、潢河、白露河、史河、间河和洪河等。河南境内有南湾、鲇鱼山、泼河、石山口和五岳等 5 座大型水库。

（二）洪汝河

洪汝河为淮河左岸一级支流，河长 315 千米，流域面积 1.23 万平方千米，河南省境内流域面积为 1.22 万平方千米。其发源于河南省泌阳县象河乡，流经泌阳县、驻马店驿城区、遂平县、上蔡县、汝南县、平舆县、正阳县、新蔡县和淮滨县。河流平均比降 0.069‰，流域多年平均年降水量 921.2 毫米，多年平均年径流深 246.8 毫米。河南省境内沿洪汝河有板桥、遂平（二）、桂庄（坝上）、夏屯（闸上）、沙口（二）和班台水文站，河上有石漫滩、板桥、薄山、宿鸭湖 4 座大型水库，有杨庄、老王坡、蛟停湖 3 个滞洪区和河坞大型水闸。主要支流有汝河。

（三）沙颍河

沙颍河为淮河中游左岸最大一级支流，河长 613 千米，流域面积 3.667 万平方千米，河南省境内流域面积为 3.28 万平方千米。河源在河南省鲁山县尧山镇西竹园，流经鲁山县、平顶山湛河区、叶县、襄城县、舞阳县、漯河郾城区、源汇区、召陵区、西华县、商水县、周口川汇区、淮阳县、项城市，在沈丘县入安徽界首市。河流平均比降 0.19‰，流域多年平均年降水量 765.8 毫米，多年平均年径流深 157.6 毫米。河南省境内沿河有中汤、昭平台、白龟山、马湾、漯河、周口和槐店等水文站。河流上有昭平台、白龟山、孤石滩、燕山水库和槐店闸、颍河周口闸、漯河市沙河节制闸、沙河郑埠口大闸、舞阳县马湾拦河闸、马湾分洪闸、泥河洼滞洪区等水利工程。较大支流有北汝河、甘澧河、颍河、贾鲁河、新运河、新蔡河、泉河和茨河等 8 条。

（四）涡河

涡河为淮河左岸一级支流，河长 411 千米，流域面积 1.59 万平方千米，河南省境内流域面积为 1.17 万平方千米。河源在河南省开封金明区杏花营农场马寨村，流经开封金明区、开封县、尉氏县、通许县、扶沟县、杞县、太康县和柘城县，在鹿邑县入安徽。河流平均比降 0.10‰，流域多年平均年降水量 715.2 毫米，多年平均年径流深 82.3 毫米。河南省境内沿河有邸阁、玄武和时口水文站，付桥闸和玄武节制闸。较大支流有惠济河。

（五）丹江

丹江为河南境内长江流域主要河流，汉江左岸一级支流，河长 391 千米，流域面积 1.61 万平方千米，河南省境内流域面积为 7248.4 平方千米。河源在陕西省商洛商州区腰市镇南马角村，流经商洛商州区、河南淅川县。河流平均比降 1.39‰，流域多年平均年降水量 788.3 毫米，多年平均年径流深 225.3 毫米。河南省境内有荆紫关（二）水文站。主要支流有淇河、老灌河等。

（六）白河

白河为河南境内长江流域主要河流，汉江左岸一级支流，河长 363 千米，流域面积 2.40 万平方千米，河南境内流域面积 1.94 万平方千米。河源在嵩县白河乡上庄坪村，流经嵩县、南召县、方城县，南阳市卧龙区、宛城区、湖北襄阳襄州区。河流平均比降 0.81‰，流域多年平均年降水量 827.5 毫米，多年平均年径流深 244.7 毫米。河南省境内沿河有白土岗（二）、鸭河口、南阳（四）和新店铺（长江委汉江水文局管辖）水文站，鸭河口水库、鸭河口灌区白桐干渠大占头拦河闸。主要支流有唐河、湍河。

（七）黄河

黄河为中国第二大河流。河长 5687 千米，流域面积 813122 平方千米，河南省境内河长 711 千米，流域面积 36330.9 平方千米。黄河干流在灵宝市进入河南省境，流经陕县、三门峡湖滨区、渑池县、山西夏县、垣曲县，河南新安县、济源市、孟津县、洛阳吉利区、孟州市、巩义市、温县、荥阳市、武陟县、郑州惠济区、原阳县、郑州金水区、中牟县、开封金明区、封丘县、开封龙亭区、开封县和兰考县，至范县出境。河南省多年平均年降水量 650 毫米，多年平均年径流深 77 毫米。河南省沿河有小浪底、花园口水文站（均属黄委水文局管辖），干流建有三门峡、小浪底、西霞院等水库。黄河以多泥沙、善淤、善决、善徙闻名于世。陕县站多年平均年输沙量 16 亿吨，河南省境内黄河平均每年淤积泥沙 2 亿～4 亿吨，使下游河道滩地高出地面 3～7 米，最高达 10 米以上，是世界上著名的"地上悬河"，成为黄、淮、海大平原的脊轴，以北属海河流域，以南为淮河流域。河南省境内主要支流有洛河、伊河、沁河和金堤河。

黄河在历史上多次发生大的洪水。根据中华人民共和国成立前 2000 多年的历史文献记载，黄河下游决溢 400 余年，其中大的改道均在河南省境内。洪水波及范围，北及津沽，南犯江淮，可达 25 万平方千米。

（八）洛河

洛河为河南省境内黄河右岸一级支流，河长 445 千米，流域面积 1.89 万平方千米，其中河南省境内河长 366 千米，流域面积 1.58 万平方千米。河源在陕西省华县东阳乡林场，流经陕西华县、洛南县，河南卢氏县、洛宁县、宜阳县、洛阳涧西区、洛龙区、西工区、老城区、瀍河区，偃师市和巩义市。河流平均比降 1.79‰，流域多年平均年降水量 699.5 毫米，多年平均年径流深 176.7 毫米。河南省境内有卢氏、长水、宜阳、白马寺和黑石关水文站，均属黄委水文局管辖。流域内在洛河和伊河上分别建有故县和陆浑两座大型水库。

（九）沁河

沁河为黄河左岸一级支流，河长 495 千米，流域面积 1.31 万平方千米，河南省境内流域面积 737.2 平方千米。河源在山西省沁源县王陶乡土岭上，流经山西沁源县向南切穿太行山，进入河南济源市，经沁阳市、博爱县、温县和武陟县注入黄河。河流平均比降 2.03‰，流域多年平均年降水量 611.0 毫米，多年平均年径流深 84.3 毫米。河南省境内沿河有五龙口水文站，属黄委水文局管辖。

（十）卫河

卫河为河南省北部海河流域主要河流，河长 411 千米，流域面积 1.48 万平方千米，河南省境内面积 1.28 万平方千米。河源在山西省陵川县夺火乡夺火村，流经陵川县，河南博爱县、焦作中站区、武陟县、焦作山阳区、修武县、辉县市、获嘉县、新乡县，新乡卫滨区、红旗区、牧野区、凤泉区、卫辉市、滑县、浚县、汤阴县、内黄县和清丰县，河北魏县，在河南南乐县入河北大名县。河流平均比降 0.506‰，流域多年平均年降水量 633.3 毫米，多年平均年径流深 107.0 毫米。河南省境内沿河有修武、合河（卫）、汲县（二）、淇门、五陵、元村集水文站和西元村（二）水位站。共产主义渠断面以上称大沙河。主要支流有淇河、汤永河、安阳河。

（十一）漳河

漳河为河南省和河北省跨界河流。河长 440 千米，流域面积 1.99 万平方千米，河南省境内流域面积 639.6 平方千米。河源在山西省长子县石哲镇良坪村，流经山西长子县、长治县、平顺县，河北涉县及河南林州市，在安阳县入河北磁县。河流平均比降 1.92‰，流域多年平均年降水量 563.3 毫米，多年平均年径流深 65.7 毫米。河南境内有天桥断（二）水文站。区域内有 20 世纪 60 年代建成的红旗渠，自山西省平顺县石城镇侯壁断下引浊漳河水入林县（今林州市），干渠长 70.6 千米，被誉为"人造天河"。

三、湖泊

河南省境内有湖泊 8 个，常年水面面积均小于 10 平方千米，所有湖泊都集中在淮河流域。

龙湖位于黄淮平原淮阳县，东西宽 4.4 千米，南北长 2.5 千米，围堤 14 千米，面积 11 平方千米，水域面积 8000 多亩。湖水环抱古城，古城屹立水中，湖中有城，城中有湖，被誉为内陆奇观、中原名珠。

柳池位于开封市正北，黄河大堤南岸，系黄河决口所冲成的坑塘加以围堤形成，水域面积 4069 亩，分为南、中、北三部分。

城湖位于睢县县城，原是明代睢州旧城遗址，水域面积 4000 多亩。湖水清澈、水鸟翔集、锦鳞游泳、岸柳成行、景色如画，已成为水产养殖、旅游观光、体育运动、休闲娱乐为一体的平原湖泊。

南湖位于商丘古城，当地称为商丘南湖，水域面积 3000 亩。商丘古城保存有基本完整的八卦城，明清时期归德府城。

其他湖泊还有毛大湖、包公湖、龙亭湖、黑池等。

四、水利工程

河南省共有水库 2650 座，总库容 420.18 亿立方米。其中大型 25 座，库容 363.99 亿立方米；中型 123 座，库容 35.30 亿立方米；小型 2502 座，库容 20.89 亿立方米。河南省共有灌区 371584 处，总灌溉面积 6095.16 万亩，其中大型灌区 38 处，总灌溉面积 2714.22 万亩。河南省共有水电站 526 座，装机容量 418.26 万千瓦。河南省共有水闸 8894 座，橡胶坝 153 座。堤防总长 23581 千米。河南省共有泵站 4943 座。农村供水工程 811.08 万处。河南省共有塘坝 14.64 万处，窖池 31.49 万处。河南省共有地下水取水井 1355.46 万眼，地下水水源地 160 处。

南水北调中线工程总干渠全长 1267 千米，河南段全长 731 千米。渠首位于河南省淅川县丹江口水库左岸陶岔，设计输水能力 500 立方米每秒，设计近期年可调水量 95 亿立方米，远期 130 亿立方米，分配给河南省的年用水量 37.69 亿立方米。干渠从河南省淅川县陶岔取水，经南阳、平顶山、许昌、郑州、焦作、新乡、鹤壁和安阳 8 个省辖市、21 个县（市），于安阳县施家河村处入河北省。2014 年 12 月 12 日，南水北调中线总干渠正式通水。

第三节　水　文　特　征

水文主要研究自然界水的时空分布和变化规律，水文要素包括降水、蒸发和径流等，一般可用水文特征值来反映。河南省降水量随地域分布差异较大，时空分布不均；降水量年季变化大，丰水年和干旱年降水量相差达 2.5～3.5 倍。夏季受大陆性季风及台风影响强烈，降水多主要集中在 7—8 月，极易产生大暴雨，引发洪涝灾害。暴雨具有南部大于北部、山区大于平原、年际变化大等特点。受地势影响形成南部大别山，西部桐柏山、伏牛山，北部太行山三大暴雨中心。河南省洪水主要是由暴雨造成的，一般有流域性大洪水和局部洪水两种。洪水具有明显的季节行性，多集中在 7—8 月，时空分布不均匀，年际变化大。水面蒸发量自南往北、自西向东递增，即北部与东部蒸发量大于南部和西部。干旱指数自南向北，自西到东递增，同纬度山区小于平原。河南省自古以来，水旱灾害频繁，旱灾发生频率大于水灾，空间上具有较大的区域差异。

一、降水

（一）降水量区域分布

河南省多年（1956—2000 年）平均年降水量 771.1 毫米，全省降水量区域分布具有南部大、北部小，西部山丘区大、东部平原区小的分布规律。自北向南多年平均降水量的变幅为 600～1400 毫米，800 毫米等值线西起卢氏县，经伏牛山北部和叶县向东略偏南方向延伸到漯河市和沈丘县。此线以南属湿润带，降水相对丰沛，以北属半湿润半干旱带，降水相对偏少。豫南大别山山区多年平均降水量为 1400 毫米；伏牛山东麓鲁山的鸡冢一带，约 1200 毫米；太行山东麓辉县市的官山一带，超过 800 毫米；黄河河谷、豫北东部平原低值区年降水量不足 600 毫米。

（二）降水量年内分配及年际变化

降水量年内分配具有季节不均匀，汛期集中，最大、最小相差悬殊等特点。汛期（6—9 月）多年平均降水量 350～700 毫米，占全年的 50%～75%，降水集中程度自南向北递增，且常常集中于几次较大降水过程。降水量春季（3—5 月）85～370 毫米，秋季（9—11 月）100～250 毫米。冬季（12 月至次年 2 月）降水最少，淮南山丘区 100～120 毫米，其他地区仅为 15～75 毫米。

降水量年际变化大，各年之间很不稳定。单站年降水量最大与最小的极值比一般为 2～4，个别站大于 5。同一地区丰水年与枯水年的汛期雨量亦相差 5 倍以上。信阳地区 1956 年 6—9 月雨量 1093 毫米，而 2001 年仅有 185 毫米。丰水年与枯水年既有交替出现，又有连续发生。河南省 20 世纪 50 年代初期到 60 年代中期，多丰水年，其中 1954 年、1956 年、1962—1964 年，全省平均降水量为 980～1100 毫米；而 60 年代中期以后，为偏枯水段，其中 1966 年、1978 年、1981 年、1986 年、1997 年等约 1/3 的年份，全省年平均降水量尚不足 600 毫米。

二、暴雨

河南省地处北亚热带与暖温带过渡带，季风影响强烈。每到盛夏，冷暖气流常在河南省上空交绥摆动，多出现低压槽、切变线、低涡和台风，是形成暴雨的主要天气系统。再加上河南省西部、南部为连绵起伏的山地，东部为广阔坦荡的平原，进入省内的暖湿气流主要来自东南方向，受西部山地阻挠气流急剧上升，极易产生大暴雨。

（一）暴雨特性

在暴雨天气系统的作用下，受西高东低，山地与平原交界处形成的向东开口的马蹄形地貌的影响，河南省暴雨具有较为明显的特点：①偶然因素对产生暴雨起重要作用，某年能否产生大的暴雨存在很强的随机性；②南部暴雨次数明显多于北部；③暴雨区集中在迎风坡及山前丘陵和平原区；④大暴雨集中发生在 7 月下旬至 8 月上旬；⑤暴雨量年际变化大，太行山暴雨中心和沙颍河上游暴雨中心区域，年最大 3 日降雨量变差系数高达 1.3（计算值），一些站点的实测极大值是次大值的 4 倍；⑥西部山区，即伊河、洛河、沁河及以上黄河流域，虽然干旱少雨，但偶然也会降暴雨。如有实测资料的1982 年伊河、洛河、沁河同时暴雨，暴雨中心区在伊洛河下游的嵩县伊川一带。

（二）暴雨地区分布

河南省短历时暴雨在地域上呈不规则分布，各处都有发生暴雨的记载。但从暴雨发生的频度和暴雨强度上看，因受地理和气候条件影响的不同，河南省各地存在较大差异。年最大 10 分钟、60 分钟雨量分布比较均匀。年最大6 小时、24 小时和 3 天雨量却存在有 3 个明显的暴雨中心。

（1）沙颍河上游鲁山-南召-林庄暴雨中心。处于南北走向的伏牛山东缘，东南方向进入河南省的水汽，受到地形影响急剧上升，特别是东面有缺口地带，气流上升运动更加剧烈，极易产生暴雨。多年平均 24 小时暴雨量在 150毫米以上，"75·8"暴雨是其典型代表。

（2）淮南大别山新县暴雨中心。地处大别山北坡，东南暖湿气流在翻越大别山后，遭遇北方冷气团，受到大别山的抬升作用，往往在此形成暴雨。多年平均 24 小时暴雨量为 130～140 毫米。1980 年 7 月 17 日，位于暴雨中心的新县白马山站实测最大 24 小时暴雨量 522.4 毫米。

（3）豫北太行山口上-南寨暴雨中心。由于太行山形成了屏障，每年的 7月下旬 8 月上旬在太平洋副热带高压影响下，携带大量水汽的东南气流受到太行山的阻挡抬升，在此产生暴雨。该区多年平均 24 小时暴雨量为 140 毫米左右。"82·8"暴雨林州市口上站实测最大 24 小时点雨量达 771.5 毫米。"2000·7"暴雨延津县胙城站实测最大 24 小时点雨量 530.0 毫米。

根据暴雨的形成路径，处于水汽入境通道上的豫东平原地区的永城、沈丘一带，暴雨出现次数也较多。多年平均 24 小时降雨量 110.0 毫米，1978 年

8 月 14 日，位于暴雨中心的黄河故道田庙站实测最大 24 小时点暴雨量 343.0 毫米。

（三）极致暴雨

1954 年 7 月淮河流域出现 5 次大范围降雨过程，且暴雨集中。史灌河流域 7 月平均降雨量 850 毫米，淮滨水文站以上平均降雨量 664.2 毫米，洪汝河平均降雨量 530 毫米，项城雨量站月雨量 934.1 毫米，泥河李五庄 981.1 毫米为 1931 年同期雨量的两倍多。汾河以上月平均降雨量 539.3 毫米，为历史罕见。

1963 年 8 月上旬，海河流域的南运河、子牙河、大清河等水系发生有历史记载以来的特大暴雨洪水（"63·8" 暴雨洪水）。大暴雨从 8 月 1 日开始到 10 日雨停，一般地区降雨 400～600 毫米，暴雨中心地区降雨量达 800～1600 毫米。卫河流域 8 月 1—9 日总雨量平均达 433 毫米，暴雨中心小南海水库最大 1 日降雨量 368 毫米，累计降雨量 759 毫米，雨量较小的地区亦达 300 毫米左右。

1975 年 8 月 4—7 日，发生在豫南驻马店等地区的特大暴雨（"75·8" 暴雨洪水），是河南省的最大一次大暴雨，其暴雨区影响范围 4 万平方千米，其中 3 天雨量大于 600 毫米和 400 毫米的暴雨区，分别达到 8200 平方千米和 1.69 万平方千米。3 天雨量相当于当地多年平均值的两倍。其暴雨中心林庄雨量站 6 小时实测暴雨量达 830.1 毫米，超过当时世界最高纪录（782.0 毫米，美国宾夕法尼亚州密士港）；实测最大 3 小时降雨量 494.6 毫米、24 小时降雨量 1060.3 毫米、3 日降雨量 1605.3 毫米，均居中国大陆暴雨记录最大值。

1982 年，伊河、洛河、沁河流域同时暴雨，暴雨中心区位于嵩县排路、宜阳赵堡至新安曹村一带，排路雨量站最大 1 日降雨量 630.0 毫米，最大 3 日降雨量 812.2 毫米；宜阳赵堡站最大 1 日降雨量 327.8 毫米，最大 3 日降雨量 592.8 毫米；新安曹村最大 24 小时调查雨量达 600 毫米。林州市口上站实测最大 24 小时点雨量达 771.5 毫米。

1996 年 8 月 3 日，受 8 号台风登陆后形成的低气压影响，豫北山区出现特大暴雨。最大点辉县的关山、石门、林州的土圈、横水、安阳的小南海等站降雨量均在 300 毫米以上，林州的土圈站日雨量 462 毫米、3 日累计降雨量 633 毫米。

2000 年 6 月 24—28 日，黄河以南大部地区普降大到暴雨，暴雨中心位于漯河、驻马店、平顶山西南部和南阳东北部，平均降雨量 200～400 毫米。

7月2—4日，南阳东北部和平顶山南部大到暴雨，平均降雨量300毫米。7月2—7日受副热带高压、切变线影响和华北底涡的共同影响，豫北延津、原阳和封丘出现罕见的特大暴雨，6天累计降雨量延津县朱付村水文站604毫米、淇县朝歌雨量站563毫米、郏县530毫米。延津县胙城雨量站、朱付村水文站最大24小时点雨量分别为540毫米、486毫米，达千年一遇。

2004年7月16—18日，澧河上游发生特大暴雨，1日累计最大点雨量方城独树雨量站441毫米、官寨水文站440毫米。官寨水文站以上流域平均降雨量365毫米，何口站361毫米。何口站以上流域日平均降雨量仅次于"75•8"大暴雨。

2005年6月30日，南阳市北部山区突降暴雨或大暴雨。暴雨中心位于鸭河口水库上游。白土岗站出现历史罕见的特大暴雨，强降雨从7月1日零时开始，其中最大1小时降雨151毫米、6小时518毫米，强度超过500年一遇；最大24小时降雨量648毫米，约千年一遇。

2005年7月下旬，郑州荥阳、濮阳县柳屯一带也发生大暴雨，荥阳雨量站24小时降雨量327毫米；柳屯雨量站384毫米，近500年一遇。

三、蒸发

河南省水面蒸发量自南往北、自西向东递增，即北部与东部蒸发量大于南部和西部。南部大别山、桐柏山区蒸发量为800毫米左右，洪汝河水系900毫米左右，沙颍河以北地区900～1000毫米，北部太行山区1000毫米左右，沿黄河一带及豫北东部平原超过1000毫米，是全省高值区。年内分配一般是南部变化小，北部变化大，山区变化小，平原变化大。年内最大蒸发量发生在5—8月，占年总量的50%左右。

河南省干旱指数自南向北，自西到东递增，同纬度山区小于平原，全省变化幅度0.50～2.0。干旱指数1.0等值线，西起桐柏山西侧，西北走向，经南阳的新野、镇平和南召后，折向东南，进入平顶山的叶县、舞阳和驻马店的遂平、汝南、新蔡，等值线中部在淮河以北基本沿洪汝河走向。

干旱指数小于1.0的湿润区主要分布在淮河以南大别山区、淮河干流丘陵区，以及西部伏牛山区。1.0～2.0的半湿润区，主要分布在黄淮之间的大部分地区。其中，中部沿黄一带为1.5，北部海河流域为1.6～2.0，漳河水系大于2.0。

河南省无霜期为190～230天。豫西山地和太行山区无霜期较短，最短地区为184～196天；南阳盆地和沙河以南无霜期较长，平均在220天以上；淮河两岸、南阳盆地西部和南部，在 230 天左右；其他各地无霜期为 200～220 天。

四、径流

（一）年径流深区域分布

河南省多年平均河川径流深分布与降水量分布趋势相一致，同样具有自南向北、自西向东递减，山区大于平原，河流上游大于下游的分布规律。其高值区在豫南大别山、桐柏山、豫西伏牛山和豫北太行山一带，低值区在豫西南南阳盆地和豫北东部金堤河、徒骇马颊河一带。

大别山桐柏山河川径流深 300～600 毫米，为全省河川径流最丰富地区，其中淮河干流的潢河支流上游、史河的灌河支流上游，径流深超过 600 毫米。地处淮河、长江和黄河流域分水岭的伏牛山一带，径流深 300～500 毫米，其中沙颍河水系的太山庙一带径流深超过 500 毫米。豫北太行山东坡径流深 100～200 毫米，其中淇河上游径流深超过 250 毫米。

南阳盆地唐河、白河下游的径流深不足 200 毫米，为豫西南河川径流的相对低值区。豫北东部平原的金堤河、徒骇马颊河、卫河下游区的径流深不足 50 毫米，其中徒骇马颊河水系、卫河下游区径流深不足 30 毫米，属全省地表产流最少地区。

（二）年径流量年内分配及年际变化

河川径流量受降水量年内分配影响，同样呈现汛期集中，季节变化大，最大、最小月相差悬殊等特点。河南省河川径流量主要集中在汛期的 6—9 月，多年平均汛期 4 个月径流量占全年的 45%～85%，而且呈现年内集中程度平原河流大于山区河流、下游大于上游的分布趋势。

淮河干流、史河水系连续最大 4 个月径流量多出现在 5—8 月；海河、黄河和淮河流域的涡河、沱河、浍河支流则多出现在 7—10 月。多年平均最小月径流量普遍发生在 1—2 月，淮河、长江流域发生在 1 月的居多，海河、黄河流域则多发生在 2 月。

河南省河川径流量年际变化很大，最大与最小年径流量倍比悬殊。据 1956—2000 年系列资料显示，最大与最小年径流量倍比普遍为 10～30 倍，呈现其北部大于南部，平原大于山区的分布趋势。豫南及豫西山区一般在 10 倍左右，而豫东和豫北平原多在 20 倍以上。

河南省河川径流还存在年际丰枯交替变化频繁的特点。据统计分析，50年代、60 年代和 70 年代中期，分别发生了 3 次较大范围的洪水；在 60 年代、

80 年代中期和 90 年代末期，也出现过 3 次较大范围的特枯水期。

五、洪水

受河南省特殊的地理位置及地形的影响，自古以来，洪灾频繁。特别是伏牛山地区，是全国洪水高发区之一。1949 年后，河南省就出现过 1954 年、1956 年、1958 年、1963 年、1968 年、1975 年、1980 年、1982 年、2003 年、2005 年、2010 年多次大洪水。其中 1963 年、1975 年发生特大洪水，水量大，来势猛，大大超过水库、河道设计洪水标准，给人民造成严重灾害。据省水文局 1950—2015 年整编资料统计，主要水文站实测最大流量见表 1-3-1。

表 1-3-1　　　　　1950—2015 年河南省主要水文站实测最大流量

流域	水系	河名	站名	控制面积 /km²	最大流量 /(m³/s)	发生日期 （年-月）
淮河	淮河	淮河	淮滨	16005	16600	1968-07
	淮河	史灌河	蒋集	5820	4550	1969-07
	洪汝河	汝河	遂平	1760	7720	1975-08
	沙颍河	干江河	官寨	1124	12100	1975-08
	沙颍河	北汝河	紫罗山	1800	7050	1982-07
长江	唐白河	唐河	唐河	4771	13100	1975-08
	丹江	丹江	荆紫关	7086	8790	2010-07
	丹江	老灌河	西峡	3216	8100	2010-07
黄河	伊洛河	伊洛河	黑石关	18563	9450	1958-07
海河	南运河	淇河	新村	2059	5590	1963-08

（一）洪水成因

河南省洪水主要是暴雨造成。暴雨强度、量级大小、笼罩面积、时程分配、中心位置和移动走向，决定着洪峰高低、洪量大小、过程变化、波及范围和危害程度。河南省的洪水一般有流域性大洪水和局部洪水两种。如 1975 年 8 月上旬，受 3 号台风影响，暴雨中心 3 日降雨量 1605 毫米，干江河官寨站发生 12100 立方米每秒洪峰。

（二）洪水特征

河南省处的地理位置、自然条件差异和暴雨成因不同，而出现不同类型的洪水特征。洪水发生的时间与西太平洋副热带高压向北推进的时间及位置有关，一般自 6 月中旬前后，副高脊线移到北纬 20°以北，淮河流域汛雨开始，并逐渐自南向北出现暴雨。6 月下旬副高继续北上，洪汝河、沙颍河进入主汛期。豫北卫河大水往往集中在"七下八上"的 20 多天内。全省主汛期集中在 7—8 月。其后，副高开始南撤，至 9 月底汛期基本结束，凸显洪水的季节性。洪水时空分布不均匀，年际变化大。洪水的年际差异可达几十倍甚至上百倍。如淮滨水文站最大洪峰流量 16600 立方米每秒，最小为 276 立方米每秒；沙颍河流域官寨水文站最大洪峰流量 12100 立方米每秒，最小仅为 91 立方米每秒。河南省不同时期发生洪水的频次不同，从历史资料分析具有相对的集中时期和一定的准周期性。

六、泥沙

河南省河流泥沙含量总的情况是：西部山区大，东部平原小。灵宝至郑州沿黄河一带多属黄土台地丘陵区，河流含沙量较大。从实测资料看，沿太行山东南麓及伏牛山区的卫河水系及伊洛河水系、沙颍河水系等河道平均含沙量在 1～5 千克每立方米；京广铁路以东、淮北平原 0.5～1.0 千克每立方米；伏牛山主脉南侧的汉江水系由于土薄石厚，耕地少，森林植被较好，加之土壤质地黏重，虽属山区，含沙量亦只有 0.5～1.0 千克每立方米；淮南山区各支流植被覆盖率高，耕地多为水田，因此河流含沙量最小，仅有 0.1～0.5 千克每立方米。输沙模数山区大于平原，多年呈减少趋势。

七、水旱灾害

河南水旱灾害频繁，据统计及旱涝史料记载，公元前 1697—2015 年，全省大水 104 年，特大水 8 年，大旱 161 年，特大旱 15 年。

（一）灾害特点

（1）水旱灾害频繁，灾害严重，波及范围广。据史料统计，1450—1949 年的 500 年中有水旱灾害的年份达 493 年，其中水灾 397 年、旱灾 391 年（内含水旱兼有 295 年）。发生全省性水旱灾害有 346 年，2～3 年一遇。据《河南省情》一书记载："1937—1947 年，全省死于水旱灾害的达 620 万人，45% 的耕地荒芜。"20 世纪 60 年代前 5 年和 80 年代，水旱灾害年平均受灾面积约占耕地的 50%，年平均成灾面积约占耕地的 30%～40%。

（2）长旱骤涝，旱涝交替，连续旱涝。受季风气候的影响，河南境内年内降雨分布不均，一年之中干旱的天气多，降雨时间少。又由于河南的幅员较大，各地自然条件的差异，往往呈现南涝北旱、先旱后涝、涝后又旱、旱涝交错的情况。不仅水旱频繁发生，而且多连续旱涝。据 1850—1949 年统计资料，在近百年中发生连涝 11 次，共 42 灾年，其中最长的连涝达 9 年之久；发生连旱也是 11 次，共 44 灾年，其中最长的连旱 7 年。

（3）地域性差异明显。据中华人民共和国成立后的资料分析，省辖淮河、黄河、海河三流域因水旱灾害受灾面积占耕地面积的比值为 34.5%～35.6%，成灾面积与耕地的比值为 22.8%～25.4%，均大于全省的平均值；只有长江流域水旱灾害的受灾面积与成灾面积占耕地面积的比值小于全省的平均值。从各流域水灾与旱灾的比重看，淮河流域水灾大于旱灾，水灾的成灾面积为旱灾的 1.26 倍；黄河、海河、长江三流域的旱灾大于水灾；按成灾面积计黄河、海河流域的旱灾为水灾的 1.58 倍，长江流域的旱灾为水灾的 1.17 倍。

（二）水灾特点

（1）频率高，面积大。据资料统计 1950—1990 年的 41 年中，水灾年年都有，即使在大旱年，也有局部水灾。

（2）地域性明显，季节性强。以多年平均水灾受灾面积与耕地面积之比来反映，总的趋势是越往东受灾比重越大，灾情越重。河南省水灾主要发生在年内两个时期：一是春末夏初，以涝灾为主，洪灾极少，泛称春涝；二是夏季初期和中期，七八月间的洪灾暴发期，水灾类型往往是洪涝兼有，泛称夏涝。

（3）年际变化大，起伏变化规律明显。呈现多灾期与少灾期，或重灾期与轻灾期交替产生的特征。

（三）旱灾特点

（1）发生频率高，受灾面积大。据 1450—1949 年的资料统计，500 年间发生全省性的旱年共 199 年，其中大旱年 37 年，特大旱年 6 年。一般旱灾 2～3 年出现一次，大旱灾 10～20 年出现一次，特大旱灾 50～100 年出现一次。

（2）具有持续性。据 1450—1949 年 500 年的统计，在全省 199 年旱灾年中，出现连年旱 38 次，共 145 年，占全部干旱年的 73%。1959—1961 年与1986—1988 年是河南最大的两次大旱灾，受灾面积分别占全国的 7.4% 和14.8%。1997—2001 年河南连续 5 年发生严重旱灾，其中 1997 年和 2001 年遭受了春夏秋连旱的特大旱灾。

（3）地域性明显。全省分为豫西、豫北、豫南、豫东和唐白丹 5 个区，南北气候差异较大，年降水量南北相差达 1 倍多。不论是一般旱灾或是大旱灾、特大旱灾，出现的概率都是豫北，豫西最大，豫东次之，豫南和唐白丹区域最小。河南地跨淮河、黄河、海河、长江四大流域，从统计资料看，全省多年平均受灾率为 18.5%，而海河流域为 23.1%，黄河流域为 22.0%，分别高出全省均值的 25%～19%；淮河流域为 17.9%，长江流域为 13.6%，都低于全省均值。

第二章

水 文 站 网

河南省境内最早建立水文测站始于民国初期，由江淮水利测量局、顺直水利委员会于1919年分别在淮河流域、黄河流域设立。之后，河南水利处等机构也相继在省境河流上设立一批水文站，但由于没有统一的站网规划，加之时局动荡，大都未能保留下来。至1949年全省仅有水位站2处、流量站3处、雨量站2处。

中华人民共和国成立后，水文站网开始得到有计划地恢复和发展。1955年，全省水文站已达136处、雨量站332处、水位站38处、蒸发站132处。1955年年底，进行一次"测验鉴定"，明确设站的目的、任务及要求，开始有了"站网"的概念。1956年，全省首次进行水文站网统一规划和建设。1965年，又进行了补充规划。1966—1971年，增加一批小河水文站及其配套的雨量站。1979年，按照水电部水利司要求，实施小河站站网分级分类建设和雨洪配套。1986年，制定站网发展规划和站队结合规划。

随着水文"八五""九五""十五""十一五"计划的落实和2010—2015年中小河流水文监测系统建设项目的实施，水文基础设施建设得到较快发展的同时，全省又新建、改建一批水文站，适时调整了水文站网。截至2015年，全省共有水文站126处、水位站32处、基本雨量站751处、水面蒸发站52处、墒情站122处、遥测雨量站4028处、中小河流水文巡测站240处、中小河流水位站114处，水文站网得到进一步充实和完善，逐步形成"形式多样、布局基本合理、功能较为齐全"的水文监测体系。

第一节 站 网 规 划

站网规划主要是根据需要和可能，着眼于依靠站网的结构，发挥站网的整体功能，提高站网产出的社会效益和经济效益。河南省真正意义上的站网规划始于 1956 年，1966 年进行调整充实。1979 年针对小河站、雨量站不足及受工程影响而导致水账不清等问题，再次进行了水文站网调整规划。为适应国民经济发展，1986 年编制了水文站网发展规划，但因种种原因，此次规划大部分未实施。2010 年针对有防汛任务、流域面积 200～3000 平方千米的中小河流进行了水文监测系统工程建设规划。

一、1949 年前的设站计划

在民国时期，水文站网没有统一的管理部门，基本上是依附于相关水利机构和部门的，据现有掌握的资料，较早的有关设站的计划如下：

（1）1918 年 3 月 20 日，北洋政府在天津成立顺直水利委员会，明确负责海河、黄河流域的水利行政，内设流量测验处，负责相关水文技术工作，并计划次年在黄河设立陕县、泺口等水文站。极可能是河南省境内最早的设站计划。

（2）顺直水利委员会认为水利"均有赖于悠久之水文记录，一切乃有依据"，并拟定在"华北各大河沿河段设立水尺，逐日记载水位之涨落，谓之水标站（即水位站）……于平汉铁路各大桥梁处增设临时水文站，施测水位和流量"。

1919 年 4 月，顺直水利委员会在河南省境内黄河上设立陕县水文站，是黄河上最早设立的水文站之一，也是河南省境内最早的水文站。11 月江淮水利测量局在淮河上设立洪河口水文站及三河尖水位站。1921 年，又在安阳河彰德（今安阳）、淇河淇县、规划设立汛期水文站，卫河新乡设立汛期水位站。

（3）1933 年，李仪祉出任黄河水利委会委员长兼总工程师。1934 年 1 月，他在《治理黄河工作纲要·水文测量》中明确提出：水文测量包括流速、流量、水位、含沙量、雨量、蒸发量和风向及其他关于气候之记载事项。应设立水文站之地点如在河南省的有"孟津、巩县、开封及洛水之巩县、沁水之武陟""其应设水标站地点如在河南的有陕县、郑县和洛水之洛宁。并令各河务局于沿途各段设立水文站"。但该计划没有完全实施。

二、1949 年后的水文站网规划

中华人民共和国成立后，随着水利工程规划与建设，水文站网规划建设也被随即提上了议事日程。

（一）1956 年全省第一次站网规划

1956 年 1 月 23 日，中共中央政治局研究通过的《全国农业发展纲要（草案）》中，要求"从 1956 年开始，按照各地情况，在七年或十二年内基本建成水文和气象站台网"。1956 年 2 月，水利部在北京召开全国水文工作会议，布置各流域、各省（自治区、直辖市）全面开展水文基本站网规划工作，并制定出"水文基本站网布设原则"。河南省 1956 年开始水文站网规划，由淮委、黄委及河南省水利局分工协作进行，这是河南省首次进行的水文站网规划（含伊河、洛河、沁河水系及黄河干流）。

1. 基本流量站网

1956 年，部水文局颁发的《水文测站组织简则（草案）》中，将 1956 年前涉及流量测验的水文站，统一改名为流量站；1964 年 6 月，部水文局又将它正式更名为水文站。但后来在站网规划中，这两种名称仍均采用。

基本流量站的主要目的之一是满足内插邻近未设站地区各种径流特征值的需要。其规划原则是：按照河流流域面积的大小，分别采用直线原则、区域原则和站群原则。

流域面积等于或大于 5000 平方千米的河流设控制站，按直线原则布站，以满足沿河长任何地点的各种径流特征值的内插，并能满足水文情报预报需要。一般要求上、下两站区间年径流、洪峰流量及洪水总量不小于上游站的 10%～15%；或上、下游两站区间面积不小于上游站流域面积的 10%～15%。流域面积超过 5000 平方千米大支流汇入口的下游应布设控制站，1956 年全省规划控制站 14 处。

流域面积为 200～5000 平方千米的河流设区域代表站，采用区域原则布站。区域代表站的目的是控制流量特征值的空间分布，通过径流资料的移用，提供分区内其他河流流量特征值或流量过程。水文分区是区域代表站规划的基础。由于当时测站资料系列较短，对水文规划未作系统的分析研究，仅按自然地理的类似性、气候的相似性和水系的完整性等划分水文分区。1956 年全省规划区域代表站 73 处。

流域面积在 200 平方千米以下的河流设小河站，采用站群原则。小河站的主要任务是收集暴雨洪水资料，探求径流的产、汇流参数在地区上和不同下垫面下的变化规律。因小流域内的特征较单一，采用按气候、地形分区，按面积分级。各类分级范围一般分为（10 平方千米、10～20 平方千米、20～50 平方千米、50～100 平方千米、100～200 平方千米）5 级，同时要考虑流域形状和河流坡度等因素。1956 年全省规划小河站共计 14 处。

1956 年全省共规划基本流量站 101 处，专用流量站 29 处，合计 130 处，为 1956 年实有流量站数的 1.1 倍。

2. 基本水位站

基本水位站按下列需要进行规划：为水文情报预报，掌握河道洪峰沿程传播及演进变化；掌握蓄水体的蓄水量变化；为水工程规划、设计和航运管理运用；研究洪水在水库（湖泊）中演进变化以及水库回水变化等提供水位资料。本次基本水位站网规划，除同流量站网结合，并考虑各大型水库及重要中型水库的坝前均设立基本水位站外，又为防汛等服务，规划了朱阳关、三河尖 2 处基本水位站，同时规划专用水位站 28 处。

3. 基本泥沙站

基本泥沙站规划原则是要观测到不同侵蚀区，不同含沙量河流的泥沙变化规律及其挟带数量，能达到内插出相近地区侵蚀状况的目的。其布站原则为：年平均含沙量在 0.05～0.1 千克每立方米以上的河流，流量站要考虑测沙；侵蚀严重地区，流量站均应为基本泥沙站，在地区分布上要大致均匀；在无含沙量资料地区，视具体情况，每个水文区内要布设 1～3 个泥沙站；植被条件差而暴雨多发区泥沙站要加密；基本泥沙站要和流量站结合。1956 年，当时因设备条件限制，仅规划泥沙站 37 处。

4. 基本雨量站

基本雨量站规划原则是能满足绘制各种降水（暴雨）等值线图和内插任何地点的不同历时降水量，满足水文情报和预报的要求。此次规划采用抽站法，控制误差 0.1。全省规划基本雨量站 260 处（占当年实有雨量站数的 87%），平均密度达 642 平方千米每站。

5. 水面蒸发站

水面蒸发站布站原则是以能掌握年和季蒸发量在面上的变化规律，尽量与流量站、水位站和雨量站结合。此次规划用抽站法，控制年蒸发量最大误差不超过 20%。相对高程变化较大地区可适当加密，平原地区可稍稀些，布站时尽量避免局部地形影响。全省共规划水面蒸发站 34 处（占当年实有 91 站的 37%）。

6. 基本水化学站

基本水化学站的规划原则是能掌握河渠水质变化动态。在河源上游未受人为污染的天然水域设立水质本底值站，反映各河系自然水质状况。大、中城市附近、工矿企业密集区、已建或将兴建大型水利设施河段、不同地质区、盐碱地区、地方病发源区和自然资源保护区等均应设立水质站。1956 年全省规划水化学站 32 处。

1956 年河南省水文站网规划，详见表 2－1－1。

表 2－1－1　　　　　　　　　1956 年河南省水文站网规划　　　　　　单位：处

站　类			站　数				
			长江	淮河	黄河	海河	小计
基本流量站	直线原则（5000km² 以上）		0	11	0	3	14
	区域原则	200～500km²	5	7	0	2	14
		500～1000km²	3	8	2	3	16
		1000～3000km²	4	19	4	4	31
		3000～5000km²	4	5	1	2	12
	站群原则（200km² 以下）		0	9	1	4	14
专用流量站			4	23	0	2	29
水位站	基本		1	1	0	0	2
	专用		4	21	0	3	28
基本泥沙站	单沙		6	20	2	9	37
	输沙率		0	0	0	0	0
基本雨量站			52	148	14	46	260
基本水面蒸发站			9	15	4	6	34
基本水化学站			4	21	3	4	32

（二）1965 年站网规划（第二次站网规划）

1964 年，水电部下发《关于调整充实水文站网的意见》。河南省从 1964 年 7 月开始站网分析验证试点工作，10 月组织总站、分站技术骨干 17 人，进行水文基本站网的验证分析。

1．基本流量站网

这次验证分析了洪量、洪水过程两个主要项目。

（1）内插一次洪水总量的验证，主要通过次降雨径流关系。选山丘地区 45 站，共 282 站年总计 1941 峰次，进行单站分析，地区综合。单站的合格率绝大多数都在 80％以上。根据分析 45 个站的降雨径流关系成果，结合各流域内的自然地理条件，采用综合曲线合格的累积频率达 70％以上为分区指标，把分析区划分为 5 个分区，即淮河干流淮南区、洪汝河区、沙颍河区、唐白河区和豫北地区。各分区内又划分小区共计 11 个。

（2）内插洪峰及洪水过程的验证。原计划以多种方法进行综合对比，后因"文化大革命"干扰，验证分析工作中断，仅完成淮上法综合单位线验证。

淮上法综合单位线参数的地区综合，根据实测资料分析，内插洪水过程分区减少。因此，全省以暴雨洪水为主的次暴雨径流关系，决定分区的多少和站网布设密度。通过分析验证，流量站网需基本站 88 处、专用站 22 处，合计 110 处，占 1965 年实有 117 处流量站的 94％。

2. 基本雨量站网

基本雨量站网布设，按自然地理条件、气候特性和降雨分布梯度变化规律等情况，将全省划分为 8 个区，即淮河干流淮南区、洪汝河区、沙颍河山丘区、沙颍河平原区、（唐）白河山丘区、（唐）白河平原区、豫北山丘区和豫北平原区。雨量站网分析采用积差法、锥体法和暴雨中心控制法等。根据河南情况，取用布站密度较高的积差法。为避免选用暴雨的随机误差，在每个区内选择暴雨中心雨量大于 100 毫米以上的次暴雨资料不少于 10 次，转换成流域面积—雨量站数关系，以能控制 80％以上的次暴雨作为典型密度曲线。共选次暴雨 115 次进行分析验证，规划站数按流量站控制面积大小查雨量密度曲线而得。对于没有设流量站的地区或虽有流量站，而其流域面积超过 5000 平方千米，均按相当于 5000 平方千米面积的密度指标规划站数，小面积站不少于 3 个雨量站为原则。河南省境内汛期暴雨集中、次数多、变化复杂，而非汛期降雨均匀、雨量少、绝对值变化不大，故又将雨量站分设为常年和汛期雨量站，其数量比约为 2∶1。通过实测暴雨资料的分析，规划雨量站 720 处（其中汛期站 223 处），为 1965 年实有站数的 1.8 倍。

对水位站、泥沙站、水面蒸发站网等亦作粗略分析规划。

第二次站网规划调整意见为：基本流量站 88 处，专用流量站 22 处，基本水位站 5 处，专用水位站 12 处，基本雨量站 720 处（汛期站 223 处），蒸发站 44 处，基本泥沙站 50 处（其中输沙率站 13 处），水化学站 27 处。规划成果见表 2-1-2。

表 2-1-2　　　　　1965 年河南省水文站站网规划一览表　　　单位：处

站　类		站　数				
		长江	淮河	黄河	海河	小计
基本流量站	直线原则（5000km² 以上）	0	9	0	3	12
	区域原则 200～500km²	3	7	1	0	11
	区域原则 500～1000km²	4	11	2	2	19
	区域原则 1000～3000km²	4	16	1	3	24
	区域原则 3000～5000km²	4	5	2	3	14
	站群原则（200km² 以下）	1	6	1	0	8

站　　类		站　　数				
		长江	淮河	黄河	海河	小计
专用流量站		2	15	0	5	22
水位站	基本	1	3	0	1	5
	专用	0	9	0	3	12
基本泥沙站	单沙	9	22	3	3	37
	输沙率	3	7	0	3	13
基本雨量站	常年站 原有站	73	240	26	57	396
	常年站 新增站	15	68	7	11	101
	汛期站 原有站	2	6	0	3	11
	汛期站 新增站	34	139	14	25	212
	小计 原有站	75	246	26	60	407
	小计 新增站	49	207	21	36	313
基本水面蒸发站		9	27	3	5	44
基本水化学站		3	21	1	2	27

（三）1979 年站网调整规划（第三次站网规划）

1977 年 9 月，省水文总站派员参加部水文司举办的水文站网研习班，研讨水文站网调整充实原则等问题。11 月，组织技术人员开展本次站网调整规划工作。12 月，水电部在湖南长沙召开"全国水文战线学大庆学大寨会议"指出：调整充实水文站网，是刻不容缓的任务。部水文司在《关于调整充实水文站网的意见》（〔1977〕水文字第 43 号）指出，水文站中存在的主要问题是西部地区站网过稀，小河站、雨量站不足，测站受水利工程影响而导致水账不清等，河南省亦存在类似情况。

1. 小河站

小河站的规划，通过资料分析采用分区分类分级的原则，即按气候、地形等分区，按土壤地质、植被程度等下垫面因素分类，按面积分级，并考虑坡度、流域形状等。依此，河南省规划流量站 17 处，其中小河站 7 处。

2. 雨量站

流量站必须有足够的雨量站与之相配套，才能充分发挥水文站网的整体功能，特别是小河站更为重要。这次用暴雨资料分析，重新修正了雨量站密度曲线，综合不同面积的配套雨量站指标，见表 2-1-3 及表 2-1-4。在具体规划时则按区间面积布站。如果区间面积小于上游站面积时，则按上游站密度布站。据此，本次规划充实雨量站 260 处。

表 2 - 1 - 3　　　　　　　　　　小河站配套雨量站指标一览表

流域面积/km²	10 以下	10~30	30~50	50~100	100~200
雨量站数/处	2	2~3	3~4	4~5	5~8

表 2 - 1 - 4　　　　　　　　　　区域代表站配套雨量站指标一览表

流域面积/km²		200~500	500~1000	1000~2000	2000~3000	3000~5000
雨量站数/处	山区	4~8	8~14	14~27	27~39	39~62
	平原	3~4	4~7	7~13	13~18	18~30

3. 受水利工程影响测站的调整

随着工农业生产的发展，水工程设施的不断建立，测站水账不清愈来愈严重。1977 年年底，省水文总站对各流量站的水文调查资料进行整理分析，逐站审定，分类整顿，补充规划。调整充实站网的规划原则是：

（1）受下游水工建筑物的回水影响或受上游建筑物放水影响的测站，可迁设到水工建筑物处率定测流，测站性质不变。

（2）上游水库控制面积占测站控制面积 15% 以下的测站，原站不动，加强水量调查，测站性质不变；水库面积占测站控制面积为 15%~50% 的继续保留，但要配合有关单位设立辅助水文观测点，能控制测站面积的 85% 以上；若水库面积占测站面积为 50%~80%，无法发挥测站作用的可撤销；水库面积占测站面积 80% 以上时，迁设水库观测，测站性质不变；若上游水库已建站，而原站无特殊需要，即可撤销。

（3）测站区间，由于各种水利工程的综合作用，径流显著变化，若测站上游引出或引入水量大于测站同时期径流量的 15%，应增设辅助水文观测点。

依此规划调整的水文站成果见表 2 - 1 - 5。1979 年，省水利局以《近期水文站网调整充实规划》（豫革水文字〔1979〕004 号）报水电部备案。

（四）1985 年站网发展规划（第四次站网规划）

1985 年 10 月 20—28 日，部水文局在北京召开水文站网规划工作座谈会，要求编制水文站网发展规划，并于同年 11 月 19 日颁发《关于编制水文站网发展规划的几点意见》。规划的内容为国家基本水文站网，分近期（1990 年以前）和远期（2000 年以前）两部分，以近期规划为主，规划项目包括水位、流量、降水、蒸发、泥沙和实验站；以水位、流量和降水量为重点，地下水观测井网和水质站网另做安排。

表 2-1-5　　　　　　　　1979 年水文站网调整充实规划一览表　　　　　　单位：处

项　目		长江	淮河	黄河	海河	数量小计
增建站网规划	控制站	陶岔	临汝、野猪岗		四号跌水	4
	区域代表站	宋凹	土门、后竹园		南谷洞水库	4
	小河站		朱冲、林场、浍河、袁庄、丁桥口	大峪	店集	7
	径流试验站		四棵树河			1
	水库试验站	鸭河口	昭平台			2
	专用流量站					16
	雨量站　基本站					260
	雨量站　群众站					150
	水文辅助观测点	64	319	22	193	598
调整站规划	撤销站		包信、贺道桥			2
	迁设站		襄城、颍桥、砖桥		楚旺、老观咀	5
	改级站		刘武店、许昌、姜楼、李集			4

1986 年年初，河南省按《关于编制水文站网发展规划的几点意见》开展工作，重点放在站网过稀与空白地区、水利水电资源急待开发地区、已建大中型水利水电工程地区等。经过调查分析研究，近期规划新增流量站 15 处、雨量站 94 处，远期规划新增流量站 21 处、雨量站 80 处。因财力、人员等原因，此次规划大部分未实施。

1986 年春，省水文总站按照水电部颁发的《水文勘测站队结合试行办法》，在商丘水文分站开展站队结合工作试点工作，同时制订近期和远期的站队结合发展规划。8 月将商丘水文分站更名为商丘水文勘测队。

自 1980 年开始，在站网规划的同时，水电部组成 6 个站网专题研究协作组，对一些突出的站网技术问题进行了协作攻关。河南参加其中两个专题研究：①干旱区中小河流布站原则（包括雨量站）；②水库水文站观测部署及有关水文规律探讨。至 1988 年完成相关工作，其研究成果纳入部颁《水文站网规划技术导则》。

（五）2011—2015 年中小河流水文监测系统工程建设规划

为完善中小河流水文监测站网和预测预警预报体系，提高中小河流防灾减灾能力，2010 年 10 月 10 日，国务院出台《国务院关于切实加强中小河流治理和山洪地质灾害防治的若干意见》（国发〔2010〕31 号），要求力争用 5 年时间，完善防洪非工程措施，加强水文测站站网及基础设施建设，提高水文监测能力和预报精度，使防洪减灾体系薄弱环节的突出问题得到基本解决。要求到 2015 年，基本完成有防洪任务流域面积为 200～3000 平方千米的中小河流水文测站的加密布设，水文站控制率达到 100%。中小河流水文监测系统工程建设主要包括：改造、新建一批水文站、水位站、雨量站、水文信息中心站、应急监测队和水文巡测基地等。河南省有防洪任务流域面积为 200～3000 平方千米的中小河流 236 条，为此，规划新建水文巡测站 244 处、巡测基地 4 处、水位站 101 处、遥测雨量站 2158 处、水文信息中心站 18 处、省应急监测队 1 处，改造水文站 57 处、水位站 35 处和水文巡测基地 3 处。

本次规划设计总投资 9.16 亿元，其投资金额和建设规模均为有史以来最多和最大的。

建设目标为：以先进测报技术和网络技术为支撑，通过系统建设达到提高水文测报自动化水平，改善测验人员的工作条件，减轻劳动强度的目的；确保设施设备先进可靠，测验精度满足规范要求，水雨情信息采集及时准确；新建或经过改建后的水文站雨量、水位监测实现自动测报，流量监测优先采用自动化测流；测站数据传输以公网为主，另加卫星双保险传输模式，数据接收处理建立统一的水文测验管理公共数据平台。

建设原则为：中小河流水文监测系统建设遵循实用可靠、技术先进、经济合理、统筹兼顾的原则。

第二节　站网建设和管理

1919 年以前，河南省虽有水文观测站点，但没有完整的观测资料记录。民国初期设站观测水位，1931 年淮河特大洪水过后，水文站网有所发展，到 1937 年抗日战争爆发前，全省境内各类水文、水位站最多达到 45 处，雨量站 70 多个。但到 1949 年，仅存水文站 3 处、水位站 2 处、雨量站 2 处，且资料也不完整。中华人民共和国成立后，水文站网迅速发展。1955 年全省水文、水位、雨量、蒸发站增至 549 处。1956—1979 年由于水文管理体制和机构频繁变动，站网建设反复变化。1980 年全省水文测站上收省统一管理后，水文站稳步发展。至 2015 年，河南省已有水文站 126 处，水位站 32 处，中小河流巡测水文站 240 处、水位站 114 处，基本雨量站 751 处，遥测雨量站 4028 处，水面蒸发站 52 处，泥沙站 59 处。

中华人民共和国成立前，河南水文站设撤调整、管理制度由设站部门自行规定。1951 年，执行水利部颁发《各级水文测站之名称及业务》规定，测站管理逐步走向集中统一管理和分类分级并举的水文管理模式。1961 年发布《河南省水文测站管理暂行办法（草案）》，明确水文站分级管理办法。1990 年按水利部要求，将站网分为三类分级管理。1993 年省水利厅发布《河南省〈水文管理暂行办法〉实施细则》，规范了站网三级管理的审批原则，使站网管理进一步科学化、制度化。

一、水位站

河南省历史上的水文观测站点在历代州府县志有所记载，一般是根据当地、当时的引水灌溉或防洪筑堤而设立。清代设立水志，观测水位即水尺，并向下游驰报水情。乾隆元年（1736 年）在杨桥、黑岗口、开封、祥符十九堡、铜瓦厢和兰阳等险工段设立临时水志，由专人负责观测、传报，直接为防洪报汛服务。河南省清代黄河流域水志设立情况见表 2-2-1。

表 2-2-1　　　　　　　河南省清代黄河流域水志设立情况表

河名	站名	地点	观测起讫年份	收集资料年数
沁河	木栾店	武陟小南门及龙王庙处	乾隆元年至宣统二年（1736—1910 年）	16
黄河	万金滩	陕县水文站基本断面上游 800 米处	乾隆三十年至宣统三年（1765—1911 年）	132
洛河	巩县	巩县	乾隆三十一年至咸丰五年（1766—1855 年）	37

清乾隆二十二年（1757 年），江南河道总督设淮水报，在河南省信阳州之长台关，罗山县之周家渡口，息县之大埠口、乌龙集，固始县之往流集、三河尖等处，插立水志。水涨五寸，填单飞报，由正阳关通判逐程转报江南河道总督院察核。

河南省境内用近代科学技术设站观测水位始于民国 8 年（1919 年），北洋国民政府顺直水利委员会在汲县汲河设立水位站。11 月，由江淮水利测量局在淮河干流设立三河尖水位站，后改水文站。1933 年，河南省建设厅在白河的白滩和洛河杨村（伊洛河交汇处），分别设立白滩和杨村水位站，后不久停测。民国 23 年（1934 年），南京国民政府黄河水利委员会在黄河干流上设立石头庄、东坝头水位站，在沁河设立仲贤村水位站。1935—1936 年，国民政府导淮委员会在淮河上游河南境内恢复或增设周家口、徐家嘴、漯河、杜曲、三岔口和长葛等 13 处水位站。1936 年，国民政府河南建设厅水利处分别设立洪河西平水位站，安阳河西高平水位站，惠济河砖桥水位站，洛河洛宁、杨村水位站和伊河的嵩山水位站。1940 年，黄委在双洎河设立南席水位站。1941 年，河南省水文总站在洛河上重新设立杨村水位站。1941—1942 年，导淮委员会和淮河工程事务所在淮河上游河南境内增建或恢复西平、汝南、息县、扶沟、漯河和潢川等 11 处水位站。由于时局动荡，到 1949 年全省仅剩 3 处水位站。

1949 年以前水位站观测资料年限短，不连续。到 1949 年，仅有淮河三河尖水位站观测员杨子俊坚持观测，1919—1923 年、1932—1949 年的水位资料完整，并刻记了许多年份的洪水痕迹，取得长期宝贵的水位资料。1951 年杨子俊得到华东水利部的嘉奖。

中华人民共和国成立后，为适应国民经济建设的需要，一方面陆续恢复一些老站，另一方面积极设立新站。1950 年省农林厅水利局设立遂平、颍桥和新郑水位站；华北水利部恢复三河尖水文站，7 月改为水位站。以后逐年发展，至 1955 年全省有水位站 38 处。其中长江流域 3 处、淮河流域 27 处、黄河流域 6 处、海河流域 2 处。1956 年后，根据有关规划水位站逐年减少，至 1965 年只余 6 处。1965 年站网规划实施后，水位站逐步增加。1980 年水文站上收省管时，常规水位站 22 处，1986 年增至 39 处，到 1990 年又减至 31 处。1992 年撤销信阳顺河店、周口水寨、郑州丁店 3 处水位站，段胡同水文站改为水位站。至 1995 年年底，全省有水位站 27 处。2003 年魏湾水文站降为水位站，2004 年白雀园水文站降为水位站。

2006—2010 年，根据防洪减灾需要，由省防办负责新建遥测水位站 322 处，后交付省水文局管理。

2011—2015 年，根据中小河流水文监测系统工程建设计划，省水文局在流域面积 200～3000 平方千米的河流上，以及有关小（1）型、小（2）型水库建设一批水位站共 114 处。

截至 2015 年年底，全省（不含黄委管理站）共有常水位站 32 处（其

中基本水位站 19 处，临时水位站 13 处），中小河流水文监测系统水位站
114 处，防汛遥测水位站 322 处。1919—2015 年河南省水位站统计情况
见表 2-2-2。

表 2-2-2　　　　　1919—2015 年河南省水位站统计情况表　　　　单位：处

年　份	各流域水位站				
	长　江	淮　河	黄　河	海　河	合　计
1919		1		1	2
1920		1			1
1921—1923		1		1	2
1924—1926				1	1
1927					
1928					
1929			1		1
1930					
1931					
1932		1			1
1933		1	1		2
1934		1	2		3
1935		6	1		7
1936		8	1	1	10
1937		7	1		8
1938		5			5
1939		3			3
1940		4			4
1941—1943		5	1		6
1944		5			5
1945		3			3
1946		3	1		4
1947		3	1		4
1948		1	2		3
1949		1	1		2
1950		7			7
1951	2	7	4	4	17
1952	3	11	6	3	23
1953	7	22	5	2	36
1954	4	22	4	2	32
1955	3	27	6	2	38
1956	2	15	4	2	23

续表

年 份	各流域水位站				
	长 江	淮 河	黄 河	海 河	合 计
1957	2	20	4	1	27
1958	2	7	3	3	15
1959	2	5	2	3	12
1960	2	4		1	7
1961	2	4	1	1	8
1962	4	4	1	2	11
1963	4	2	1	1	8
1964	4	2	1	1	8
1965	3	1	1	1	6
1966	1	2	1	1	5
1967	3	3		1	7
1968	3	2		1	6
1969	3	3		1	7
1970	3	3		1	7
1971	3	4	5	3	15
1972	3	4	6	3	16
1973	3	5	8	3	19
1974	3	6	8	3	20
1975	3	6	7	3	19
1976	3	8	6	3	20
1977	3	9	5	3	20
1978	3	10	6	3	22
1979	3	10	5	3	21
1980	3	11	5	3	22
1981	4	18	6	3	31
1982	4	21	6	4	35
1983	4	18	6	4	32
1984	4	18	7	4	33
1985	4	22	7	5	38
1986	5	22	7	5	39
1987	6	20	7	5	38
1988	6	20	7	5	38
1989	5	20	7	5	37
1990	5	14	7	5	31

年　份	各流域水位站				
	长　江	淮　河	黄　河	海　河	合　计
1991	4	15	6	5	30
1992	4	15	5	6	30
1993	4	15	6	6	31
1994	4	10	6	6	26
1995	4	10	6	7	27
1996—1999	4	13	2	5	24
2000	4	14	2	5	25
2001	5	20	7	5	37
2002	5	20	7	5	37
2003	5	14	7	5	31
2004	4	15	6	5	30
2005	4	15	5	6	30
2006	4	15	6	6	31
2007	4	10	6	6	26
2008	4	10	6	7	27
2009—2015	3	17	1	11	32

注 1. 1996 年起不含黄委管理站。

2. 不含中小河流水文监测系统水位站及防汛遥测水位站。

二、水文站

河南省境内最早用近代科学技术建立正规水文站施测流量，始于 1919 年。是年 4 月，顺直水利委员会聘请南京河海工程专门学校教师戈福海为站长，在黄河设立陕县水文站，于 4 月 4 日正式观测水位，同年又增加测验项目流量、雨量、含沙量，是河南省境内设立最早的水文站。11 月，江淮水利测量局在淮河上流设立洪河口、三河尖水文站，是河南省境内淮河流域最早的水文站。1921 年，顺直水利委员会又在安阳河彰德（今安阳）、淇河淇县、卫河新乡 3 处设立汛期水文站，利用京汉铁路桥施测水位、流量和含沙量。1925 年，由于军阀混战，部分水文站停止观测。

1928 年，国民政府华北水利委员会（由顺直水利委员会改组），在开封县黄河干流设立柳园口水文站，1929 年又在武陟县姚旗营、兰考的东坝头以及支流洛河巩县设立水文站。1931 年，江淮大水后，水文站有所发展，导淮委员会在淮河干流设立息县水文站。1933 年，省建设厅先后在全省各大河上设立双洎河长葛，沙河郾城、周口，贾鲁河扶沟，淮河干流长台关，白河南阳、新野，洛河洛阳、洛宁，伊河嵩县，伊洛河偃师，卫河合河镇、新乡，淇河淇门，洹河安阳，漳河渔洋，沁河木栾店等 17 个水文站。其中，卫河合河镇、新乡北关和淇河淇门三站系 1933 年 11 月至次年 7 月先后设立，有水位、流量资料外，其他多数站时间虽早，但资料多缺，或开始仅有雨量资料，而水位、流量记载多在 1936 年以后才有资料。1933 年 9 月，黄河水利委员会在南京成立，11 月 8 日迁至开封办公，接管了华北水利委员会管理的黄河水文事务，并在黄河干流武陟县设立秦厂水文站，在沁河武陟县木栾店（今武陟）设木栾店水文站。1934 年，黄委又在黄河干流设立孟津、高村水文站；在支流伊河、洛河、沁河上设立杨村、黑石关、嵩阳水文站。是年，河南省第四水利局在卫河设立新乡水文站。1935 年，黄委在洛河洛阳及伊河龙门镇设立水文站，导淮委员会设立漯河（沙河）、周口（颍河）和扶沟（原名陆桥）3 处水文站。省建设厅在史河设立固始（原名徐家嘴）水文站。1936 年，河南省水利处设立浉河信阳、潢河潢川、淮河长台关和唐河唐河等水文站。

这期间，黄委和省建设厅之间在设站时，有交叉、重复和此撤彼设的情况发生。至 1936 年年底全省共有水文站 23 处，是民国时期站数最多的年份。1936 年河南省水文站情况见表 2-2-3。

表 2-2-3　　　　　　　　1936 年河南省水文站情况表

流域	水　文　站　名	站数/处
黄河	陕县　孟津　秦厂　黑石关　嵩县　龙门镇　洛阳　小董　武陟	9
淮河	长台关　息县　信阳　潢川　固始　周口　漯河　扶沟	8
长江	南阳　新野　唐河	3
海河	合河　新乡　淇门	3

1937 年抗日战争爆发，水文站网建设受到很大影响。从 1937 年下半年到 1938 年，由于战争影响全省被迫撤销或停测的水文站合计 17 处。

1938 年 6 月，南京政府为阻止日本侵略军的进攻，派军队扒开花园口大堤，使黄河改道。7 月，黄委设花园口水文站观测黄河改道后的水文情况。为观测黄河资料，又增设周家口、界首（安徽省境）和双洎河南席等水文站。1942 年水文站又得到了发展，到当年年底，达到 18 站。

1946 年，国内战争爆发，水文测站再次受到战争影响，水文观测时断时续，管理机构名存实亡。至 1949 年中华人民共和国成立前夕，全省水文站几近停测和撤销，基本维持观测的仅有陕县、花园口和柳园口 3 站。

中华人民共和国成立初期，水文站网建设基本按照恢复、调整、归并的方针实施。1950 年，在华东水利部统一部署下，淮河水利工程总局在淮河流域干支流恢复和增设长台关、息县、洪河口、西平、洪河新蔡、固始、漯河、周家口（以后称周口）和扶沟 9 个水文站，湖北省水利局在丹江水系设立李官桥水文站；黄委在黄河流域恢复设立孟津、秦厂和黑石关 3 处水文站，华北水利工程局在卫河设立楚旺水文站，到年底全省共有水文站 18 处。

1950 年和 1954 年江淮流域遭受洪水灾害后，全省大兴水利，特别是淮河流域大规模河道治理以及防汛、除涝、流域规划等对水文资料的迫切要求，各流域机构与省水利部门在全省主要干、支流陆续增设了一批水文站。1951年，淮委工程部在淮河上游设立漯河一等水文站及 22 个二等、三等水文站。省农林厅水利局在黄河流域伊洛河水系恢复设立潭头、嵩县、龙门、卢氏、长水、宜阳和洛阳等水文站，在汉江水系恢复设立西坪、西峡、黑山头、南阳、新野、内乡、淅滩、刁河店、唐河和社旗等水文站。平原省水利局设立后进村、五龙口、山路平和五爷庙等水文站。黄委测验处水文科设立三门峡、宝山（渑池县）和八里胡同等水文站。1952 年，省治淮指挥部工程部在拟建水库的孤石滩、紫罗山、下汤、曹楼、官寨、白沙和石漫滩等处设立水文站。华北水工局设立新村、汤河高城水文站及安阳汛期水文站，建成后相继移交平原省水利局。是年 11 月 30 日，平原省建制撤销，所属水文站划归省农林厅水利局。1953 年，水利部勘测设计院设立安阳河冯宿、运粮河马厂、土圈和峪河口等 8 处水文站。是年 10 月，移交河南省水利局。1954 年，省水利局和黄委测验处商定，将嵩县、龙门镇、长水、宜阳、洛阳、五龙口、山路平 7处水文站和潭头、卢氏、新安 3 处水位站移交黄委领导。1955 年 6 月，在商水县白寺乡穆庄村设立省内最早的首个汾河径流实验站。到 1955 年年底全省水文站达 136 处（长江流域 12 处、淮河流域 90 处、黄河流域 20 处、海河流域 14 处）。这时期建站多因陋就简，租用公房、民房、庙宇、祠堂和民船，雇用民工，边查勘，边设站。因条件限制，测验设施简陋，也给职工生活带来很多困难。

1958 年，设立蟒河径流试验站，东花木、祁仪（由长办管理）等径流站。到 1959 年基本完成首次站网规划的建站任务。1960 年全省共有水文站 157处，较 1956 年站网规划的 130 个站多 21%，详见表 2-2-4。

表 2 - 2 - 4　　　　　　　　　1960 年河南省水文站统计表

流域	小河站	区域原则				直线原则	专用水文站	小计	密度
	<200km²	200～500km²	500～1000km²	1000～3000km²	3000～5000km²	>5000km²			
长江	2	4	7	5	5	2		25	1088
淮河	4	7	11	21	6	11	11	71	1244
黄河	4	5	3	6	6	17		41	883
海河	2	3	5	3	3	4		20	765
全省	12	19	26	35	20	34	11	157	1064

注　单位：密度为 km²/处，其余为处。

1961 年后，水文站又有所减少，至 1969 年，每年保持在 146 处左右。1970 年后，为适应小型农田水利和山区小水电工程的需要，以"大站带小站，委托群众办"的方式，增设了徐湾、徐畈、陈庄、下陈、罗围孜、三岔口、立新、新建坳、水捞、李集、崔菜园和谭家河等一批小河站。随着大中型水利工程的相继投产，为适应工程管理的需要，陆续增建了石山口、五岳、香山、野猪岗、堰北头、常庄、豆庄、周庄和大陈等水库、堰闸站。"75·8"大洪水后，增设临汝、李青店和朱阳等河道水文站。至 1980 年年底，全省有水文站 155 处。

为使水文站网更趋经济合理，1985 年对水文站进行普查鉴定，对已失去原设站目的和水位流量关系不稳定的水文站进行了调整，经过分析研究撤销香山水库、新建坳、刘武店、徐村铺、姜楼、坝窝、杨寨和大宾 8 处水文站；将平桥、黎集、常庄、娄子沟、丁店、朱阳、孔村和石门 8 处水文站改为水位站；将沙口基本水文站改为专用水文站。1985 年后，水文站网相对稳定，站网调整的重点放在了"站队结合"的试点上。

1992 年撤销邢老家水文站，周堂桥水文站恢复测流。1994 年撤销王村（渠首闸）水文站。1995 年恢复钱店水文站，撤销魏湾水文站。到 1995 年河南省有水文站 155 处，见表 2 - 2 - 5。

1997 年撤销滚河李水位站改设石漫滩水库水文站。

2009 年，省水利厅颁布《河南省水文工程建设管理暂行办法》，系统明确水文工程项目、适用投资主体及建管一体的原则，强调"工程带水文"项目中的水文基础设施工程由有关部门或项目法人委托省级水文机构统一建设管理。据此，河南省在一批新建水库上设立水文站，北庙集水位站升为水文站。

表 2－2－5　　　　　　　　　　1995 年河南省水文站统计表

流域名称	流域面积/km²	不同控制面积的水文站数							密度
		<200km²	200～500km²	500～1000km²	1000～3000km²	3000～5000km²	>5000km²	合计	
长江	27200	3	5	5	4	6	2	25	1088
淮河	88300	11	13	11	25	8	12	80	1104
黄河	36200	1	5	4	5	4	14	33	1097
海河	15300	1		4	4	2	6	17	900
全省	167000	16	23	24	38	20	34	155	1077

注　单位：密度为 km²/处，其余为处。

2008 年新建燕山、龙山水文站，2011 年设立赵湾、盘石头水文站。

2009 年撤销小朱冲水文站，固始、西黄庄、常庄、蔡埠口、平桥、郏县和黎集水位站升为水文站。2010 年，为配合《河南省水环境生态补偿暂行办法》实施，省水文局设立 76 处水生态（水量）监测站。2011 年，改造滠滩、板桥水文站，新建永城、新蔡水文巡测基地。2013 年，为配合实施最严格的水资源管理制度，在省界设立 15 处水资源监测站。

2011—2015 年，为落实 2010 年国务院出台的《国务院关于切实加强中小河流治理和山洪地质灾害防治的若干意见》的文件精神，在有防汛任务、流域面积 200～3000 平方千米的中小河流上新建水文中心站 51 处、水文巡测站 240 处、水文巡测基地 4 处，改造水文站 59 处。

截至 2014 年年底，河南省共有水文站 126 处。中小河流水文中心站 51 处、水文巡测站 240 处。1919—2015 年河南省水文站统计见表 2－2－6。

表 2－2－6　　　　　　1919—2015 年河南省水文站统计表　　　　　　单位：处

年份	长江	淮河	黄河	海河	合计
1919			1		1
1920—1924		1	1	1	3
1925			1	1	2
1926			1		1
1927			1		1
1928			2		2
1929			2	1	3
1930			1		1
1931		1	1		2

续表

年份	长江	淮河	黄河	海河	合计
1932		1	1		2
1933		2	4	3	9
1934		2	6	4	12
1935	1	5	8	3	17
1936	3	8	9	3	23
1937	3	9	9		21
1938		2	4		6
1939		1	5		6
1940		4	5	1	10
1941	4	4	6	1	15
1942	4	9	5	1	19
1943	4	9	5		18
1944	4	8	1		13
1945	5	7			12
1946	4	7	3		14
1947	4	5	10		19
1948		3	4		7
1949			3		3
1950	1	9	7	1	18
1951	7	35	13	1	56
1952	9	51	15	4	79
1953	9	64	17	6	96
1954	12	86	21	15	134
1955	12	90	20	14	136
1956	18	71	25	17	131
1957	19	68	33	18	138
1958	23	68	35	18	144
1959	23	70	36	19	148
1960	25	71	41	20	157
1961	23	71	34	22	150
1962	22	68	32	25	147

续表

年份	长江	淮河	黄河	海河	合计
1963	22	70	32	22	146
1964	22	71	32	21	146
1965	23	71	32	20	146
1966	23	73	33	18	147
1967	23	72	33	18	146
1968	19	72	26	16	133
1969	18	71	26	16	131
1970	18	76	26	16	136
1971	19	70	34	15	138
1972	21	75	31	16	143
1973	21	84	34	16	155
1974	21	85	31	16	153
1975	21	85	32	17	155
1976	22	83	31	17	153
1977	23	85	32	17	157
1978	23	87	32	17	159
1979	23	93	31	17	164
1980	23	87	28	17	155
1981	23	87	28	18	155
1982	22	87	28	19	156
1983	22	88	28	19	157
1984	22	85	30	19	156
1985	21	83	28	18	150
1986	20	84	29	18	151
1987	20	83	28	18	149
1988	20	81	28	18	147
1989	20	81	28	18	147
1990	20	83	28	18	149
1991	23	81	33	18	155
1992	23	81	33	17	154
1993	25	81	33	17	156

年份	长江	淮河	黄河	海河	合计
1994	25	80	33	17	155
1995	25	80	33	17	155
1996	20	73	7	19	119
1997	22	73	6	22	123
1998	22	73	6	22	123
1999—2007	22	75	8	18	123
2008	22	75	8	19	124
2009—2011	22	76	8	19	125
2012—2015	22	76	9	19	126

注　1. 1996 年起不含黄委管理站。

　　2. 不含中小河流水文监测系统水文站。

三、泥沙站

中华人民共和国成立前，省内泥沙站很少，仅黄河流域布设泥沙站。1919 年陕县水文站首先施测黄河悬移质含沙量。1933 年秦厂、黑石关、孟津、龙门镇和洛阳站水文站相继开展含沙量测验。抗日战争时期，除陕县站维持测沙外，其余全部停测。1946 年增设花园口站，到 1949 年仅有陕县、花园口 2 处泥沙站。

1950 年恢复增设一些泥沙站。到当年底有泥沙站 11 处，其中黄河流域有陕县、孟津、秦厂、花园口、下坞堆头、黑石关和小董 7 处，海河流域有楚旺 1 处，淮河流域有周口、漯河和扶沟 3 处。1955 年，全省有泥沙站 36 处。

1956 年站网规划后，泥沙站网有所增加，至 1960 年河南省有泥沙站 71 处。其后，泥沙站网基本稳定，至 1965 年全省有泥沙站 72 处。

1967—1970 年，部分站停测含沙量，至 1970 年河南省有 54 处泥沙站。此后，略有调整，至 1995 年河南省有泥沙站 58 处。2009 年，鸡冢、棠梨树、立新水文站增加单沙观测项目。2013 年取消鸭河口、新郑、扶沟和鸡冢 4 站的输沙率测验。

截至 2015 年河南省有泥沙观测项目站 59 处，全部设在水文站上，其中河南省管 37 处、长江委管 2 处、黄委管 20 处，见表 2-2-7。河南省泥沙站网密度 3151 平方千米每站，达到内陆地区泥沙站占水文站网比例最稀容许 30% 的规定。开展泥沙颗粒分析项目的观测站有 11 处，其中黄委管理的 10 处、长江委管理的 1 处。河南省管泥沙站未开展泥沙颗粒分析。

表 2 - 2 - 7 2015 年河南省泥沙站统计表

流　域	泥沙站数 /处	流域面积 /km²	站网密度 /(km²/站)	备　注
黄河	23	36200	1574	黄委管 20 处
淮河	18	88300	4906	
长江	9	27200	3022	长江委管 2 处
海河	9	15300	1700	

河南省虽然泥沙站网总体上已经达到《水文站网规划技术导则》中规定的站网密度，但监测大中型水利工程的泥沙站密度较稀，至 2014 年还没有一座水利工程设有泥沙观测项目。此外，河南省辖淮河流域泥沙站网密度也远未达到导则规定的要求，无法详尽掌握淮河流域的泥沙变化规律。

1919—2015 年河南省泥沙站数统计见表 2 - 2 - 8。

表 2 - 2 - 8 1919—2015 年河南省泥沙站数统计表 单位：处

年份	长江	淮河	黄河	海河	全省
1919—1932			1		1
1933			2		2
1934			3		3
1935			6		6
1936			5		5
1937			4		4
1938			2		2
1939			2		2
1940			2		2
1941			2		2
1942			1		1
1943			1		1
1944			1		1
1945			1		1
1946			3		3
1947			3		3
1948			2		2
1949			2		2
1950		3	7	1	11

续表

年份	长江	淮河	黄河	海河	全省
1951	1	7	8	1	17
1952	3	5	9	1	18
1953	3	12	10	5	30
1954	3	12	17	1	33
1955	3	14	18	1	36
1956	7	16	19	7	49
1957	12	18	24	9	63
1958	13	17	23	10	63
1959	14	20	29	9	72
1960	12	22	28	9	71
1961	14	22	29	7	72
1962	10	22	28	9	69
1963	13	24	26	6	69
1964	14	26	25	7	72
1965	14	27	24	7	72
1966	15	23	24	8	70
1967	17	23	23	8	71
1968	15	20	18	7	60
1969	15	20	16	7	58
1970	12	19	16	7	54
1971	14	17	17	8	56
1972	10	17	20	9	56
1973	10	18	23	10	61
1974	10	18	23	10	61
1975	10	18	22	10	60
1976—1980	10	19	22	10	61
1981	8	18	23	10	59
1982	9	19	22	10	60
1983	10	20	22	9	61
1984	9	20	21	10	60
1985	9	20	21	10	60
1986	9	19	20	10	58
1987	9	16	20	11	56
1988	8	15	20	11	54
1989	9	15	20	12	56
1990	9	17	20	12	58

续表

年份	长江	淮河	黄河	海河	全省
1991	9	17	23	10	59
1992	9	17	23	10	59
1993—1997	8	16	23	11	58
1998—2000	8	16	23	10	57
2001—2015	9	18	23	9	59

四、雨量站

河南省雨量观测最早始于民国初期。1919 年设立陕县、汲县和安阳 3 个雨量站。1922 年，江淮水利测量局设立桐柏、商城、驻马店、新蔡、叶县、周口、长葛和杞县等 8 处雨量站。1931 年江淮发生大洪水后，当年淮河流域内增设淮河镇、息县、潢川和永城等一批雨量站。长江流域内设立南阳、镇平、邓县、新野、泌阳和唐河等雨量站，黄河流域内设立木栾店雨量站。到 1934 年，全省雨量站达 104 处，是民国时期雨量站最多的年份。抗日战争期间，雨量站逐年减少。由于时局动荡，到 1949 年，雨量站几近撤销和停测，仅有陕县站和花园口站 2 站维持降水观测。

中华人民共和国成立后，随着水利事业和国民经济建设发展需要，雨量站得到迅速恢复和发展。1950—1969 年，雨量站网建设经过 4 个阶段：

（1）1950—1952 年为恢复发展阶段：经过 3 年的恢复和新建，雨量站共达 199 处。

（2）1953—1957 年为发展、巩固阶段：随着水工程建设和防汛、排涝的需要，1953 年新设雨量站 56 处，至 1955 年，全省雨量站达 332 处。经过 1956 年站网调整至 1957 年实有雨量站 371 处。

（3）1958—1960 年为"大跃进"阶段：在"大跃进"的年代，基本达到县县有水文（位）站，社社有雨量观测点。由于当时一哄而起，缺乏统一管理，资料质量差，至 1962 年群众站全部撤销。之后在"巩固与发展并重，加强实验研究，更好地为水利建设和国民经济建设服务"的水文工作方针指导下，正规雨量站又逐步增加，至 1960 年全省雨量站有 393 处。

（4）1961—1968 年为"调整、巩固、充实、提高"阶段：1963 年水文体制上受水电部统一管理，经过 1965 年站网分析验证调整规划，1968 年全省雨量站实有 776 处。

1969 年水文测站再次下放地（市）管理，各地区水利局将部分中小型水库管理单位自设自用的雨量站划归水文部门统一管理，列入国家站网，参加资料整编，至 1975 年全省雨量站达 917 处。1975 年 11 月郑州全国防汛和水库安全会议，要求第五个五年计划期间，对水文站网布局调整充实，特别要充实雨量站网。因此，在 1976—1979 年，随着小河站和水库水文站的迅速发展，相应增设一批与流量站配套的雨量站，至 1979 年年底，全省实有雨量站达 1217 处。

1980 年 1 月 1 日起，水文分站（包括辖区内各水文站）收归省水利厅水文总站统一管理。上收后对雨量站网进行普查调整，至 1983 年全省实有雨量站 1229 处。

1984 年对雨量站网进行了全面的普查鉴定和调整。按《河南省 1985 年雨量站调整配套意见》（豫水文字〔1985〕17 号），增设常年站 1 处、汛期站 20 处；撤销常年站 86 处、汛期站 118 处，合计撤销 204 处。至 1995 年全省雨量站达 1054 处（其中由黄委管理的 172 处），见表 2-2-9。此后，常规雨量站相对稳定。

表 2-2-9　　　　　　　1995 年河南省雨量站统计表

流域名称	流域面积/万 km²	雨量站				
		站数	汛期站	常年站	密度/(万 km²/站)	
					汛期	非汛期
长江	2.72	159	69	90	171	302
淮河	8.83	574	185	389	154	227
黄河	3.62	215	11	204	168	177
海河	1.53	106	27	79	144	194
全省	16.70	1054	292	762	158	219

2006—2010 年，随着河南省国家防汛抗旱指挥系统一期工程、河南省中小河流（洪水易发区）水文监测一期建设工程等项目完工并投入应用，及燕山、河口村、窄口等大型水库自建的遥测雨量站、山洪灾害防御试点县建设的遥测雨量站、洛阳伊洛河洪水预警系统的自动雨量站并入河南省雨水情遥测系统，由省水文局统一管理。全省共建成自动雨量监测站 1100 处。

2011 年，河南省中小河流水文监测系统工程建设项目开始实施。2012 年一期项目，建成 1048 处自动雨量站；2014 年二期项目，建成 1120 处自动雨量站（均属防汛专用站，其资料未参加统一整编刊印）。截至 2015 年，全省新增 2158 处遥测雨量站，除去重复建设站点，全省雨量站总数达 4028 处，其中基本雨量站 751 处，中小河流雨量站 2158 处，山洪灾害防治、城市防洪、墒情地下水、大型水库专用雨量站 983 处。

1919—2015 年河南省基本雨量站统计见表 2-2-10。

表 2-2-10 　　　　1919—2015 年河南省基本雨量站统计表 　　　　单位：处

年份	长江	淮河	黄河	海河	全省
1919—1921			1	2	3
1922		10	2	3	15
1923		10	1	4	15
1924		1	1	5	7
1925		1	1	6	8
1926		4	1	6	11
1927		1	1		2
1928		1	1		2
1929		1	2		3
1930		1	3		4
1931	6	29	8	2	45
1932	5	32	8	2	47
1933	5	60	8	3	76
1934	7	61	27	9	104
1935	7	31	22	9	69
1936	6	31	22	6	65
1937	7	34	21	5	67
1938	4	16	4		24
1939	3	8	4		15
1940	3	6	3	1	13
1941	3	6	2	1	12
1942	2	7	4	1	14
1943	1	8	4	1	14
1944	2	6	2	1	11
1945	3	4		1	8
1946	3	9	4		16
1947	6	10	7		23
1948	6	2	5		13
1949			2		2
1950	1	10	8	10	29

续表

年份	长江	淮河	黄河	海河	全省
1951	18	83	25	16	142
1952	17	115	39	28	199
1953	30	142	46	28	246
1954	33	182	47	36	298
1955	38	199	58	37	332
1956	50	196	62	45	353
1957	50	194	82	45	371
1958	53	177	82	49	361
1959	55	196	79	49	379
1960	58	183	99	53	393
1961	63	190	94	53	400
1962	64	206	108	57	435
1963	80	233	122	59	494
1964	80	251	128	59	518
1965	83	266	123	62	534
1966	105	347	145	74	671
1967	124	427	148	87	786
1968	122	424	145	85	776
1969	121	424	144	84	773
1970	121	426	140	85	772
1971	122	424	144	93	783
1972	133	448	146	93	820
1973	133	447	148	93	821
1974	170	459	151	93	873
1975	175	492	155	95	917
1976	174	611	173	113	1071
1977	175	684	198	118	1175
1978	175	712	204	118	1209
1979	175	710	213	119	1217
1980	175	721	210	119	1225
1981	176	734	210	118	1238
1982	167	714	215	118	1214
1983	170	728	214	117	1229
1984	170	726	214	115	1225

续表

年份	长江	淮河	黄河	海河	全省
1985	162	617	210	105	1094
1986	159	612	210	106	1087
1987	159	579	200	106	1044
1988	159	548	215	106	1028
1989	159	550	215	106	1030
1990	159	574	215	106	1054
1991	159	578	214	106	1057
1992	159	584	217	106	1066
1993	161	573	215	107	1056
1994	165	574	215	106	1060
1995	159	574	215	106	1054
1996	159	573	43	113	888
1997—1999	159	573	42	113	887
2000—2013	159	574	43	113	889
2014	135	498	33	89	755
2015	135	490	35	91	751

注　1996 年起不含黄委属站。

五、蒸发站

1929 年，陕县、柳园口两水文站最先开始观测水面蒸发量。1934 年增设合河、新乡和浚县 3 站。1935 年设孟津、洛阳 2 站。1937 年设杨村、木栾店、嵩县和南阳站。1944 年设淅川、邓县站。1946 年设花园口站。1947 年设夹河滩、唐河站。到 1947 年年底，全省有水面蒸发站 16 处，是民国时期站数最多的年份。这些站在 1949 年前几近停测或撤销，维持观测的仅有陕县、花园口和柳园口 3 站。

中华人民共和国成立后，蒸发站点得到快速发展。1950 年淮河流域布设了长台关、西平、新蔡、漯河、扶沟和周口 6 处。黄河流域布设了黑石关、小董和孟津 3 处。此后逐年增设，至 1955 年全省达 132 处，是中华人民共和国成立后站数最多的年份。经 1956 年第一次规划至 1960 年，全省水面蒸发站减少到 62 处。1965 年水面蒸发站网规划调整后，站网仍有少量变化，至 1995 年全省有 55 处。2008 年海河流域增设盘石头蒸发站 1 处。2009 年调整增加淮河流域燕山、常庄、周口蒸发站 3 处，长江流域赵湾蒸发站 1 处。

1955 年建设薄山水库水面蒸发试验站，到 1966 年由于诸多原因，试验项目停止，按一般蒸发站的要求观测水面蒸发量。

截至 2014 年河南省水文水资源局管理蒸发站共 52 处，其中，长江流域 9 处、淮河流域 32 处、黄河流域 4 处、海河流域 7 处。1929—2015 年河南省水面蒸发站统计见表 2-2-11。

表 2-2-11　　　1929—2015 年河南省水面蒸发站统计表

年份	长江	淮河	黄河	海河	全省
1929			2		2
1934			1	4	5
1935			3	4	7
1936			3		3
1937	2		6		8
1938—1941			2		2
1942			3		3
1943			3		3
1945	1				1
1946	4		4		8
1947	4		8	4	16
1948	4		4		8
1949			3		3
1950	1	6	6		13
1951	9	29	16	4	58
1952	9	46	24	8	87
1953	17	52	27	9	105
1954	17	66	25	16	124
1955	17	72	26	17	132
1956	12	63	26	5	106
1957	12	36	17	5	70
1958	12	23	17	5	57
1959	13	32	12	6	63
1960	13	32	12	6	63
1961	14	34	12	10	70

续表

年份	长江	淮河	黄河	海河	全省
1962	12	26	11	4	53
1963	9	24	13	3	49
1964	9	24	13	4	50
1965	9	22	13	4	48
1966	10	24	13	4	51
1967	10	23	13	4	50
1968	8	23	4	3	38
1969	7	24	3	3	37
1970	7	24	3	3	37
1971	8	21	3	3	35
1972	8	22	3	3	36
1973	8	29	2	3	42
1974	8	27	3	3	41
1975	8	28	5	3	44
1976	9	29	5	3	46
1978	10	27	5	5	47
1979	9	26	5	5	45
1980	8	27	6	5	46
1981	8	28	7	5	48
1982	8	25	10	3	46
1983	9	38	10	5	62
1984	9	38	10	5	62
1985	9	41	10	5	65
1986	8	38	11	5	62
1987	8	35	11	5	62
1988	9	37	11	5	62
1989	9	36	11	5	61
1990	9	33	11	5	58
1991	9	31	11	5	56
1992	9	34	11	5	59
1993	9	32	11	5	57

年份	长江	淮河	黄河	海河	全省
1994	9	31	11	5	56
1995	9	30	11	5	55
1996	8	29	4	6	47
1997	8	28	4	6	46
1998—2008	8	29	4	6	47
2009	9	32	4	6	51
2010—2014	9	32	4	7	52
2015	9	32	4	7	52

注 1996 年起不含黄委管理站。

六、站网管理

中华人民共和国成立前，河南省境内水文站的建设和管理各部门根据需要自行设站，分别管理。各水利机构本着自身职能需要，自设、自管一批水文站，其设撤调整、任务项目、资料报表、技术规程和管理制度，均各自为政。1941 年（民国 30 年）经济部中央水工试验所编著《水文测验规范》，1947 年行政水利委员会颁发水文测站组织规程，1948 年中央气象局颁发了《雨量站委托办法》，始有统一的技术标准和组织管理规定。

1951 年 1 月 2 日，水利部颁发《各级水文测站之名称及业务》，规定各省水文总站，各大流域可分段设立水文总站。总站下设实验站、一等、二等、三等水文站以及水位站、雨量站等，并规定各级水文站的业务范围。淮委在河南省开封成立淮河上游一等水文站，管理河南省淮河流域水文测站。省农林厅水利局在其他地区建立一等水文站，管辖其他有关二等、三等水文站，黄委管理河南省境内黄河流域的水文测站，形成河南省集中统一管理和分类分级并举的水文管理模式。河南省水文总站成立后，对全省水文站实行统一规划、建设和管理。但黄河干流及伊河、洛河、沁河流域水文站仍由黄委直接管理，汉江支流唐白河 2 处控制站由长江委管理。

1961 年 9 月 19 日，省人委《关于改进水文测报站管理工作的通知》（豫水字〔1961〕44 号）明确水文站分级管理办法。凡省直管的大型水库、灌区设立的水文站（包括水库上下游属站、渠首、灌区重要控制站），担负国家重大科研任务的试验站由省水利厅管理。凡国家基本站和省、市为防汛、工程管理、规划设计需要设立的专用站和试验站，由各市水利局管理。凡为县水利建设需要设立的专用站等由县管理。群众自行设立的水文站，则本着自设、自管、自测、自用的原则，由社、队管理。10月1日，全省实施。

1961年12月18日，省人委《关于南湾等13座大型水库收归省直接管理的通知》（豫水字〔1961〕63号），明确水库水文站（包括上下游属站）从1962年1月1日起同时收归省水利厅管理。

1962年10月1日，中共中央和国务院以中发〔1962〕503号文指示，将国家基本水文站网的规划设置、调整、撤销的审批权限收归水利电力部掌控。12月7日，省委、省人委批转省水利厅党分组《关于贯彻中共中央、国务院批示，加强水文测站管理工作的报告》（豫发〔1962〕714号）。报告中的主要意见是："（一）将现有各专（市）水利局领导的国家基本站，省统一规划的专用站，径流试验站，收归我厅直接领导，属水文部门建制。（二）建立全省统一的水文测站管理体制，原省水利设计院所属测验室改为水文总站，负责全省水文测站的管理工作，该总站由厅直接领导。为了便于管理，将各专水利局原水文管理机构改为信阳、许昌、南阳、开封、商丘、洛阳、新乡、安阳8个水文分站，作为总站的派出单位，担负所属测站的行政、财务、技术管理工作和所在专区的水情工作。专水利局负责督促分站完成上级所布置的工作任务，办理水文职工的奖惩、评级、评薪等工作，并报我厅批准。（三）水文测站的政治思想工作，党团组织关系仍由所在县社党委领导。（四）水文测站职工列为勘测工种。"

1963年，省水利厅转发水电部《水文测站管理条例草案》，并制定《河南省水文测站管理工作条例补充规定草案》，要求各级水文站对照检查、落实措施、贯彻执行。是年，根据水电部水文局布置的测站鉴定的中心任务，总站统一布置各分站根据各地区的情况进行逐站鉴定，提出鉴定意见报总站统一审定。

1964年，水电部颁布《水文测站管理草案》20条，其基本要点是：实行分级管理，各司其责，健全工作、学习、生活制度；遵守党政干部"三大纪律，八项注意"，保证完成各项任务。省水文总站按上述精神，组织各水文站建立学习、岗位责任、质量检查、请示报告等制度，以及劳动保护用品管理办法等，保证测站工作顺利进行。

1970年水文管理体制下放，1980年再次上收省统一管理都重申大体相似原则。

1984年，对现有水文站网进行逐站审查，审查内容包括：设站目的、站址位置、观测项目和水账分析等，并将受水利工程影响的水文站观测项目进行了调整，使站网布局更趋合理，设站目的更加明确，其代表性和资料价值提高。全部整顿工作于 1984 年年底结束。

1990 年，为贯彻分级管理，按水利部要求将站网分为三类分级管理。一类站由水行政主管部门提出，报水利部审批；二类站由省水文机构提出，省水行政主管部门审批，报水利部备案；三类站基本观测项目的调整、变更由市（地）水文机构提出，报省水文机构批准。按水利部划分标准，河南将省所属 120 处水文站划分一类水文站 21 处，占 17.5％；二类水文站 78 处，占 65.0％；三类水文站 21 处，占 17.5％。后又按水利部《关于基本水文站划分重点意见》的精神，经总站研究河南省重点水文站分两次上报，共批复 33 处，占水文站总数的 21％。河南省重点水文站一览表见表 2－2－12。

表 2－2－12 河南省重点水文站一览表

所属水文局	1992 年批复	1996 年批复
信阳	长台关、息县、淮滨、南湾、潢川、蒋家集	鲇鱼山
驻马店	板桥、桂庄、新蔡、班台、沙口	夏屯
许昌	漯河、马湾、大陈	昭平台、白龟山
周口	黄桥、扶沟、周口、槐店	
新乡	合河	汲县
安阳	淇门、五陵、元村集、天桥断	
南阳	鸭河口、西峡、急滩、荆紫关	唐河

1993 年，省水利厅发布的《河南省〈水文管理暂行办法〉实施细则》，重申对国家基本水文站的迁移、改级、裁撤，专用水文站的增撤及观测项目的增减，实行三级管理的审批原则。

2002 年，省政府《关于加强水文工作的通知》指出，因工程建设需搬迁水文站或水文设施以及因其他建设影响水文站测报功能的，应事先征得水文部门同意，按规定报上级主管部门批准后方可实施，并由建设单位承担重建水文站及其设施的全部费用。

2005 年，省水文局根据水利部《关于开展全国水文站网普查与功能评价工作的通知》，在完成普查的基础上，开展了站网功能评价工作。评价内容主要包括站网目标评价、各类站网密度评价、站网布局评价、站网基本情况分析评价、水文站受水利工程影响评价、站网功能评价、测站年限检查、水文分区和区域代表站分析等，提交《河南省水文分区图》和站网评价报告。

2012 年，水利部《关于公布国家重要水文站名录的公告》（2012 年第 67

号）重新批复的河南省国家重要水文站有 49 个：窄口、濮阳、范县、汲县、淇门、五陵、元村集、合河、天桥断、盘石头、小南海、南乐、长台关、息县、淮宾、南湾、石山口、潢川、北庙集、新蔡、班台、板桥、桂庄、夏屯、沙口、薄山、蒋家集、鲇鱼山、黄桥、周口、槐店、昭平台、白龟山、马湾、漯河、汝州、大陈、燕山、扶沟、沈丘、玄武、黄口集、永城、荆紫关、西峡、鸭河口、南阳、泛滩和唐河水文站。

省水文局站网监测处负责全省水文站网功能分析、增设、迁移、撤销的审查、审批和报批工作。

第三节　水文基础设施建设

1980 年以前，河南水文历经"三上三下"的变化，加之水文基础设施建设投入较少和统计工作的不规范性，据不完全统计资料显示，1964—1990 年全省水文基础设施建设投入仅为 826.6 万元，主要用于水文测验设备的更新改造，用于生产用房建设资金极为有限。1990 年河南省水文系统基建工程正式纳入"八五"省级水利基建计划，这是中华人民共和国成立后水文基础设施建设项目首次纳入国民经济发展计划之中。自此，河南水文基础设施建设步入快速发展轨道。通过"八五""九五""十五""十一五"水文基础设施建设和改造，提高或改善了基层单位的技术装备、测洪能力、报汛手段、信息数据处理储存检测功能、办公条件、居住条件等，增强了水文行业的整体实力，使国家级重要水文站测洪能力提高到 50 年一遇、省级重要水文站能达到 30 年一遇的标准。1991—2010 年，以"工程带水文"的水文基础设施和设备建设先后投入资金共计 4500 万元。2010—2015 年，河南省中小河流水文监测系统建设工程投资 9.16 亿元，加密流域面积 200～3000 平方千米有防洪任务的重点中小河流水文测站的布设，水文站控制率达到 100%；大大提高了水文监测能力和预报精度，使防洪减灾体系薄弱环节的突出问题得到基本解决。

一、"八五"（1991—1995 年）基建工程

1987 年，省水文总站编制《河南省水文站网调整和基地建设（水文"八五"计划）可行性研究报告》经省水利厅转报河南省计经委，于 1990 年 1 月批复立项并实施。落实资金 1519 万元，其中省投资 1266 万元、中央投资 253 万元，建设年限为 1991—1996 年。

水文"八五"基建工程主要完成水文勘测基地建设 17 处，其中驻省辖市

水文局 14 处，潢川、鸭河口两个勘测队，以及省水质中心；新建水文站 5 处；迁建水文站 11 处。完成工程项目：土地征用 46 亩，建生产、生活用房 29647 平方米。配置 16 套巡测交通工具及测验设施，分别用于水文局和基层测站。购置 45 万元水质化验仪器和附属设施，解决省水质中心的常规设备。征地、建房等土建工程投资 1212 万元，购置生产设备设施投资 307 万元。

水文"八五"基本建设任务的完成，使河南省 14 处驻市水文局基地建设初具规模，办公、生活条件得到改善，站网优化布设得到加强。省水质中心具备开展工作条件，填补河南水文系统无省级水质监测机构的空白。

二、"九五"（1996—2000 年）基建工程

1997 年年初，省水文局根据水利部《关于部署开展全国水利发展"九五"计划和 2010 年水利发展规划纲要编制工作的通知》精神和水利部下达的重点水文测站建设达标要求，提出河南省水文"九五"基建工程的建设原则：在充分利用现有设施设备的条件下，着重提高和改善水文基层单位的技术装备、监测能力、报汛手段、信息数据处理存储检索速度、办公条件、居住条件和水文职工素质等，以增强水文行业的整体实力，将水文水资源监测工作提高到一个新的水平。计划主要建设内容为：完成 25 处国家级、23 处省级重要水文站达标建设，16 个驻市水文局（队）监测设施建设，14 个驻市水文局化验室建设，水情信息无线传输网络建设，水文水资源信息数据库建设等。并据此开展《河南省水文水资源监测系统工程（水文"九五"计划）可行性研究报告》和初步设计的编制工作。1997 年 9 月，省计委批复《河南省水文水资源监测系统工程（水文"九五"计划）》（豫计农经〔1997〕944 号）立项，建设时间为 1997—2000 年，工程投资 2575 万元（河南省投资 2065 万元，水利部补助 510 万元）。按计划建设工程内容测算投资：土建工程约 1400 万元，设备设施约 1200 万元。

工程实施完成重要水文站改造建设工程 48 处，其中国家级水文站 23 处、省级水文站 25 处。48 处重要水文站建设工程资金用于少量征地、建房等土建基础设施 900 万元，购置生产设备设施 300 万元。新建和扩建水质化验室各 7 处，主要完成土建工程。16 个驻市水文局（队）更新配置水文测验监测设备，商丘、洛阳、郑州 3 个驻市水文局进行基地调整建设。水文信息数据库省水文局二级节点库和新乡、平顶山、南阳、信阳 4 个驻市水文局三级结点库部分项目，水情信息无线传输网络省中心及南阳、信阳、驻马店等分中心和 25 处报汛站建设。省水文局测验仪器配置按计划完成。

据统计,"九五"期间完成重要水文站站房建筑面积 11500 平方米,更新改造测船 6 只,缆道 15 处,观测场 46 处,自记井 18 处,配置巡(桥)测车 14 辆、微机 12 台,新建水质化验室建筑面积 3000 平方米并进行 1400 平方米的旧房及水电等设施改造。3 个驻市水文局基地调整完成办公房建筑面积 2206 平方米,监测设施配置水准仪、经纬仪、微机合计约 45 台,更新巡测车 16 辆。水情传输网络分别改造机房 150 平方米,配置微机、路由器、报汛电台通信设备。信息数据库改造机房 260 平方米,配置多台服务器、投影机、扫描仪、路由器、微机等专用设备。省水文局配置全站仪、测距仪各 1 台及常规测验仪器。

此外,根据国家防汛指挥系统总体部署,省水文局组织编报《水情信息采集系统河南省驻马店示范区工程设计报告》,在测验设施改造设计、报汛通信网设计、水情分中心建设设计等方面,经过方案论证,投资效益分析,确定最佳建设计划,获得国家项目办好评。共落实资金 673 万元,如期完成 55 处报汛站网建设。

水文"九五"计划的实施,是继水文"八五"计划以建设水文局(队)基地为重点转向以建设基层水文站为重点的大转折。

三、"十五"(2001—2005 年)基建工程

省水文局在总结前两个五年建设经验的基础上,2001 年 5 月编制《河南省水文水资源监测系统基础设施建设可行性研究报告》(水文"十五"计划)。该报告对 1991—2000 年"八五""九五"水文基本建设取得的成绩、存在问题进行全面分析,明确提出经济社会快速发展对水文工作提出的新任务、新要求和存在的差距。

该报告经过充分论证,对水文测验、情报预报、水质监测等水文基础建设项目进行合理完善和系统规划。相应提高各类设施标准,完善生产、办公、生活条件,以增强水文水资源和水环境的监测能力,有利于水文基础事业向正规化、标准化、现代化方向发展,并确保规划实施的连续性。

该报告于 2001 年 6 月以豫水文〔2001〕58 号文报省水利厅,其主要建设任务及投资规模为:6 处国家级、23 处省级重要水文站建设;3 处新建、迁建水文站建设;10 处省级重要水文站一般建设;14 个驻市水文局监测设施及基地调整建设;水质监测设施建设;水情报汛设施建设;省水情信息处理中心设施建设;省水文系统防汛应急巡测增援设备配置。总投资 4227 万元,申请河南省投资 3805 万元,水利部补助 422 万元。

省水利厅于 2001 年 8 月以豫水计〔2001〕94 号文报省计委，2001 年 11 月省计委以豫计农经〔2001〕1623 号文批复，同意在"十五"期间，继续进行水文水资源监测系统基础设施建设。主要建设内容：6 个国家级水文站改造；完善、改造、新建、迁建省级重要水文站 36 处；信阳、安阳水文局基地建设，14 个驻市水文局设备配置及更新；已建水质监测中心设备配置等。同时，缓建省水情信息处理中心等项目。总投资控制在 3800 万元以内，其中申请水利部补助投资 800 万元，河南省基建投资 3000 万元。工期分 5 年完成。

2001 年 12 月，省水利厅以豫水计便〔2001〕69 号函告省水文局，编报省水文水资源监测系统基础设施建设初步设计。

重要水文站站房建筑面积 11230 平方米，更新改造测船 6 只，缆道 35 处，观测场 42 处，自记井 16 处，配置巡（桥）测车 13 辆、微机 42 台。重要水文站建设工程资金用于土建基础设施 1550 万元，配置生产设备设施 810 万元。信阳、安阳水文局基地调整完成办公房建筑面积 3000 平方米。14 个水文局监测设施配置电波流速仪、测距仪合计 28 台，更新巡测车 14 辆。水情传输网络分别改造机房 240 平方米，配置微机、路由器、报汛电台通信设备，以及更新线杆、电线 62.5 千米。10 处市级和 1 处省级水质化验室配置 COD 测定仪、离子色谱仪、微波消解仪等水环境监测设备，设立 78 处监测站点。省水情信息处理中心改造扩建房屋 1310 平方米。省水文系统防汛应急巡测增援设备，配置水文抢险指挥车、GPS、电波流速仪及照明救生器材。

水文"十五"计划较全面地提高和改善基层单位的技术装备，测洪能力、报汛手段、信息数据处理储存检测功能、办公条件、居住条件等，增强水文行业的整体实力，有利于水文基础设施向正规化、标准化、现代化方向发展，使国家级重要水文站测洪能力提高到 50 年一遇、省级重要水文站测洪能力达到 30 年一遇的标准。汛期水情信息测报的精度和传输的速度更加可靠、快捷，河南省淮河干流、洪汝河、沙颖河、唐白河、卫河等水系重要防汛河道沿线的水文测站整体测报工作实力有较大提高，为防洪减灾提供技术保障。水质监测的基础设施得到加强，系统功能明显提高。

四、"十一五"基建工程

2008 年，省水文局按照《河南省水利"十一五"发展规划》总体思路，依据水利部《全国水利"十一五"水文发展规划》，编制《河南省水文水资源监测系统基础设施建设工程可行性研究报告（2006—2010 年）》。

基础设施建设工程由五部分组成：水文站网及监测能力建设；水情信息

服务体系建设；水质监测及应急能力建设；地下水自动监测工程建设；水文信息化建设。

2010年10月，国务院出台《国务院关于切实加强中小河流治理和山洪地质灾害防治的若干意见》，其中"基础设施建设工程（2006—2010年）"与"河南中小河流水文监测系统工程建设项目"有重复部分。因此，2010年国家发展改革委审核时，仅批复"基础设施建设工程"的水文站网及监测能力建设部分。即改造南阳、驻马店等6处水文站，潢川、郑州等4处水文基地，总计投资1073万元，建设年限2010—2012年。

2012年3月22日，省水文局局长原喜琴在郑州与有关水文局负责人签订"十一五"水文水资源工程建设协议。至2013年，新建缆道房2处，生产业务用房2900平方米，雨量蒸发观测场4座及部分测站进站道路硬化，围墙改建新建；架设缆道3座，改建缆道3座，架设供电线路2.8千米，定制水文吊船1艘；购置巡测车3台，无线走航式ADCP 3套，10千瓦发电机组1台（套），便携式计算机8台，台式计算机25台，以及部分测验设备、测绘仪器。

五、"工程带水文"项目

由于经费长期投入不足，水文设施得不到有效改善和发展。1998年后，随着水利基础设施建设投入不断增加，河南省在水利工程建设项目中，相应安排一些水文基础设施的新建和改造工程项目，使水文基础设施、测站的办公生产条件及站容站貌得到逐步改善。

1998—2000年，包浍河、汾泉河治理改造工程，白龟山水库、孤石滩水库、白沙水库等除险加固工程中列入水文设施建设资金约900万元，落实资金约250万元。

2000年8月，水利部下发《关于加强水文工作的若干意见》，明确规定"在编制水利工程建设计划时，必须包含水文项目。新建、改建水利工程时必须包含水文站、水文设施、信息网络等建设和改造（即工程带水文），其前期工作要同步进行"。

2002年7月，为更加系统、规范地开展"工程带水文"工作，省水文局组织编制《河南省重点水利工程水文配套设施建设规划（"工程带水文"建设规划）》。规划改造水文测站97处（其中水文站89处、水位站8处），计划投资8700万元，并上报省水利厅审批，作为项目储备。

2004年，淮河干流上中游河道整治及堤防加固工程的水文遥测及信息系统工程中，长台关、淮滨、竹竿铺水文站分别投入75.08万元、81.80万元、

84.53万元，用于测流缆道、自计水位井、雨量观测场建设，测船、ADCP、水文巡测车购置，供水、供电改造等基础设施建设。

2005年，信阳石山口水库除险加固工程水文测报设施投资109万元，建设溢洪道测流缆道、电站测流缆道各1座，北干渠测流工作桥1座，降水量、蒸发量观测场1处，建设生产用房280平方米及附属工程和供水供电设施。

2006年，南湾水库除险加固工程安排水文测报设施建设管理资金186.01万元，改造建设水库控制站南湾水文站、入库控制站谭家河水文站；鲇鱼山水库除险加固工程安排水文站建设管理资金145万元，改造建设水库控制站鲇鱼山水文站；泼河水库除险加固工程安排水文站建设管理资金160万元，改造建设水库控制站泼河水文站。

2008年，信阳市五岳水库除险加固工程安排水文设施建设管理资金131万元，改造建设水库控制站五岳水文站。

2009年2月9日，为规范水文基本建设和"工程带水文"工程项目建设和管理工作，使"以工程带水文"项目在河南省水利工程建设中得到有效落实和切实加强，进一步提高水文工程建设管理水平，确保水文工程建设质量，及时发挥为水利工程服务作用，省水利厅连续出台《河南省水利厅关于加强"以工程带水文"项目建设管理工作的通知》（豫水建〔2009〕12号）和《河南省水利厅关于印发〈河南省水文工程建设管理暂行办法〉的通知》（豫水建〔2009〕13号），分别就"工程带水文"工程项目建设"建管一体"原则作出具体规定。至此，"工程带水文"成为河南省水利建设的一个基本政策。

2009年，南阳市鸭河口水库除险加固工程安排水文测报项目建设，管理资金286.48万元。改造建设水库控制站鸭河口水文站、入库控制站白土岗、李青店、口子河水文站，所辖的老蒋庄、南河店、留山水文巡测站和库区17处雨量站。驻马店宿鸭湖水库除险加固工程，安排水文测报项目建设，管理资金282万元，改造建设水库控制站桂庄水文站、夏屯水文站，库区水位雨量站10处，雨量站9处。

2010年后，随着水文基础建设投入机制的完善，"工程带水文"逐步取消。

六、2011—2015年中小河流水文监测系统工程建设

为完善中小河流水文监测站网和预测预警预报体系，提高中小河流防灾减灾能力，2010年10月10日国务院出台《国务院关于切实加强中小河流治理和山洪地质灾害防治的若干意见》（国发〔2010〕31号），要求力争用5年

时间使防洪减灾体系薄弱环节的突出问题得到基本解决，到 2015 年基本完成流域面积 200～3000 平方千米、有防洪任务的重点中小河流水文测站的加密布设，水文站控制率达到 100％。

河南省有防洪任务、流域面积 200～3000 平方千米的中小河流有 236 条，按河南省中小河流水文监测系统建设工程规划批复方案，主要建设内容为：改造水文站 61 处，新建改建水位站 136 处，新建雨量站 2158 处、水文信息分中心 18 处、省应急监测能力建设 1 处，新建改建水文巡测基地 7 处，新建水文中心站 59 处、水文巡测站 240 处、236 条河流洪水预警预报系统和水文信息化系统。批复工程概算 9.16 亿元。

2010 年，为保证工程建设任务落实，省水利厅成立河南省中小河流水文监测系统建设工程领导小组，同时，经省水利厅党组同意，对省水文工程建设管理局进行调整充实，省水文局局长原喜琴任建管局局长、项目法人代表。内设综合处、工程技术处、质量安全处、财务处。18 个驻省辖市水文局成立建管处作为省水文工程建管局的现场机构，负责项目的具体实施工作。省水文工程建管局按照"统一管理，分级负责建设"的管理模式，主要设备采购、巡测基地建设由省水文工程建管局集中打捆招标，巡测中心站和巡测站土建及零星设备的采购由各建管处负责，并以项目委托建设协议的形式明确两级建管处的责任。为确保工程质量和资金安全，建立健全规章制度，河南省水文工程建管局先后出台《质量管理办法》《验收管理办法》《质量安全管理制度》《工程建设财务管理制度》《非招标仪器设备采购工作管理制度》等建设管理规章制度。完善内控程序和内部牵制制度，改善现有的管理体系和操作模式，增强制度的适应性和灵活性。

依据部水文局《中小河流水文监测系统建设技术指导意见》《水文基础设施建设及技术装备标准》（SL 276—2002）等标准要求，省水文工程建管局于 2011 年 12 月至 2012 年 1 月组织编制《2012 年全国中小河流水文监测系统建设河南省工程建设项目实施方案》《2013 年全国中小河流水文监测系统建设河南省工程建设项目实施方案》，实施方案分为仪器设备和土建工程两大部分编制。2012 年 6 月 22 日，上述两个实施方案通过由省发展改革委委托河南省工程咨询中心组织有关专家的评审。

2012 年 9 月，《2012 年全国中小河流水文监测系统建设河南省工程建设项目实施方案》（仪器设备、水文断面设施、预警预报及水文信息化项目）、《2013 年全国中小河流水文监测系统建设河南省工程建设项目实施方案》（仪器设备、水文断面设施、预警预报及水文信息化项目）上报省发展改革委。

2012 年 12 月，省发展改革委以豫发改农经〔2012〕2095 号文批复同意实施，总投资 35032 万元，其中 2012 年 16552 万元、2013 年 18480 万元。

2013 年 1 月，省水文工程建管局上报《2012 年、2013 年全国中小河流水文监测系统建设河南省工程建设项目实施方案》（土地、房屋、附属设施）。2013 年 4 月，省发展改革委以豫发改农经〔2013〕465 号文批复同意实施，总投资 27362 万元。

2013 年 7 月，按照省发展改革委批复精神，组织落实 59 处水文中心站、市级水文巡测基地工程设施建设的同时，省水文工程建管局对其余 27 处水文中心站及 1 处安阳市级水文巡测基地工程内容进行调整，控制总投资规模，编制并上报 2012 年、2013 年工程实施方案修订本。2013 年 8 月，省发展改革委以豫发改农经〔2013〕1177 号文批复同意此 28 处项目建设调整实施方案。

2014 年年底，完成工程投资 6.6 亿元；完成 61 处改造水文站的 59 处；计划新改建水位站 136 处，一期 72 处已完工，二期 64 处中的 42 处在建；新建遥测雨量站 2158 处、水文信息中心站 18 处、省应急监测能力 1 处、水文巡测站 240 处，完成 236 条河流洪水预警预报系统及水文信息化工程建设；59 处新建水文中心站，完成 51 处；7 处水文巡测基地完成 4 处。

2015 年，组织完成剩余 10 处水文中心站及 64 处小型水库水位站建设工作，完成工作验收及工程资料整理汇编等扫尾工作。

2015 年，省水文水资源局以豫水文测〔2015〕7 号文下达中小河流水文巡测站、水位站等站点任务，全省中小河流水文站点全面正式投入使用。

工程新征地 145.71 亩，新建站房 11920 平方米，购置站房 34090 平方米，改造站房 8100 平方米；改建缆道 21 处，气象观测场 37 处，水位自计平台 373 处。购置水文巡测车辆 48 辆，桥测车 49 辆，抢险指挥车 11 辆，应急测验车通信指挥系统 1 套，冲锋舟 32 只；走航式 ADCP 55 套，手持式 ADCP 30 套，便携式 ADCP 5 套，缆道操作系统 15 套；遥测雨量设备 2591 套，遥测浮子式水位计 400 套，遥测雷达式水位计 43 套。

第三章

水 文 测 验

　　河南省水文测验始于民国初期。当时水文站数少，测验项目不全，设备简陋，技术落后，加之时局动荡，机构变动频繁，测站时建时废，测验时断时续，成果质量不高。中华人民共和国成立后，水文测验逐步得到发展，仪器设备不断更新和完善，测验方法和技术不断改进和提高。流量测验 20 世纪 60 年代以水面浮标法和测船流速仪法为主，后采用水文缆道逐步替代测船和吊船过河索测流，缆道操作由手动到电动和自动控制。水位观测设备由普通直立水尺发展到各种自记水位计和配套的水位测井，雨量观测仪器由普通雨量器发展到各种自记雨量计。1990 年以后，河南省水文测验先后引进了 ADCP 法、超声波多普勒侧视法等测流方法，购置了引进浮子式遥测水位计、压力式水位计、雷达式水位计、遥测水位计等新仪器设备，极大地提高了测洪能力。90 年代开始组建雨量遥测网，2010 年后，全省雨量实现自动遥测。进入 21 世纪，水文基础建设投入加大，设备更新步伐加快，特别是中小河流水文监测系统工程建设，以先进测报技术和网络技术为支撑，使河南省水文测报自动化水平上一个新的台阶。

第一节　测验项目和时制

　　水文测站基本测验项目有水位、流量、降雨，一部分站还有比降、蒸发、泥沙、水质等项目；水位站基本测验项目有水位、降雨；雨量站基本测验项目为降雨。冰情、水温、土壤墒情等观测项目，在站网功能分析的基础上，按设站目的和实际需要确定。水文观测时制包括时区标准和日分界时间的规定。1949 年以前，时区一般采用地方标准时，降雨日分界多变。1956 年后，观测时制统一改为北京时，1963 年除降雨、蒸发以 8 时为日分界外，其余以 0

时为日分界。

一、测验项目

1949 年以前，河南省境内水文站开展的测验项目较少，一般观测降雨量、水位、流量等水文要素；中华人民共和国成立后测验项目逐步增加，各水文站均观测降水、水位和流量，少数站观测水面蒸发、泥沙等。1956 年开始执行水利部《水文测站暂行规范》，测验项目除水位、流量、降雨量为基本项目外，蒸发、比降、单位水样含沙量、悬移质输沙率、悬移质泥沙颗粒级配、地下水水位和水质分析等为补充测验项目，少数站开展气象观测，在《测站任务书》中，对各站测验项目都有明确规定。2000 年恢复土壤墒情测验。2014 年全省水文测验项目有降水量、水位、流量、冰情、水质、蒸发量、比降、水温、含沙量、输沙率、地下水和土壤墒情等。

二、观测时制

1949 年以前，水文测站一般采用地方标准时区，测验项目日分界时间多不一致，海河流域属华北水利委员会领导，以东经 120°为标准时间（北京时），降雨、蒸发以 9 时为日分界，其余以 0 时为日分界。1938—1945 年，日伪建设总署管辖的淇县站，以东经 135°为标准时（东京时），降雨、蒸发以 10 时为日分界（东京 10 时相当于北京 9 时）；黄河流域一般使用地方标准时（汛期水文站用北京时），降雨、蒸发以 9 时为日分界；淮河流域，1929 年以前，测验项目均以 0 时为日分界，1930 年后，降雨、蒸发以 9 时或 8 时为日分界。三河尖站多年来有以 6 时、8 时、9 时三个时制为日分界；长江流域以东经 120°为标准时，降雨、蒸发大多数以 9 时为日分界，其余以 0 时为日分界。一次最大、最急量的发生日期，均以日分界日期为准。

中华人民共和国成立初期，海河、黄河流域使用地方时，河南省农林厅水利局和治淮委员会管辖的测站，使用北京时，降雨、蒸发以 9 时为日分界，其余以 0 时为日分界。1954 年，水文站用北京时（也有少数站仅 6—9 月用北京时），雨量站用地方时。1955 年用地方时，以 9 时为日分界。1956 年后观测时制统一改为北京时，以 8 时为日分界。1961 年 3 月中央防汛指挥部通知，为了满足防汛需要，规定每年 4—9 月全国水情测报一律改为北京时，以 6 时为日分界。部分地区观测有困难，为此，1962 年 10 月，中央防汛指挥部以〔1962〕水电文字第 338 号文通知，汛期测报时间，自 1963 年恢复原规定，以北京时 8 时为日分界一直沿用未变。

第二节 测 验 技 术

中华人民共和国成立前，河南水文测验项目少，设备差，技术标准不统一。中华人民共和国成立后，随着社会发展监测项目除常规水位、流量、降水量、蒸发量外，增加地下水、水质、墒情等项目。水位、雨量观测设备逐步向自动化发展。流量测验由船测发展到过河吊船索设备、水文缆道，操作实现半自动化和自动化。20 世纪 80 年代后水文遥测技术发展，相继建成一批水文测报遥测，引进 ADCP 法、超声波多普勒侧视法等测流方法，极大地提高了测洪能力。高程控制、平面控制配置红外线测距仪、全站仪、扫描仪和绘图仪等新型数字式大地测量仪器，使高程、平面控制测量，地形测量及绘图精度大大提高。

一、普通测量

为了统一水文站的基面高程和随时校对水尺零点需要，水文站都要设立自己的基本水准点和校核水准点，其高程一般从就近的国家二等或三等水准点网引测确定。

（一）水准测量

1. 水准点高程测量

民国期间，水准点的设置和测量除利用国家水准网所设水准标点作为测站永久水准点外，一般利用涵闸、桥梁、屋角等建筑物，亦有以碑石、树根、铁钉作临时水准点。永久水准点由有关水利机构复测，临时水准点由水文系统组织测量。中华人民共和国成立后，一般在设站时设置 2 处以上水准点，其中基本水准点 1～2 处，校核水准点根据测站需要设置。1951 年淮河流域凡未设置基本水准点的测站，均以"51 型"新型雨量器混凝土基座内所设水准点作为测站基本水准点。测站基本水准点高程除淮河流域外，其他流域测站由省级领导机关组织力量接测。测站附近无三等水准点，暂用假定测站基面。

20 世纪 50 年代省水文系统应用基面：长江流域用吴淞基面，淮河流域用废黄河口基面，少数站用假定基面；黄河、海河流域用大沽基面，个别站用假定基面。水准点高程一般由水文站每年复测 1 次，测程超过 10 千米的，每 5 年由专业测量队复测。1955—1956 年，曾组织力量进行一次全面复测。为统一应用黄海基面，1976 年，对全省水文站的水准点，用三等水准再次全面复测，除豫北沿卫河各站及孔村、天桥断和南阳地区的唐河、半店、荆紫关和后会站等测程较远，由省水利厅测量队复测外，其他站由各水文分站组织力量复测。全省140余处水文站，除尖岗水文站外，均引测为黄海基面沿用未变。1993年，根据颁布的《水文普通测量规范》（SL 58—93）要求，国家重要水文站的基本水准点逢"0"和"5"年份，用不低于三等水准各校测一次。

2. 水尺零点高程测量

水尺作为观测水位的主要设施，在设站时，都要测定每根水尺零点高程。民国时期规定洪水前后各校测1次，中华人民共和国成立后规定每年汛前复测1次，大水过后或发现有变动迹象时，随时校测。50年代初按四等水准 $20\sqrt{K}$（K为单程千米数）作为允许误差标准，要求过高，不易达到。1955年后，规范明确规定为五等水准。1991年国家水位观测标准规定，测量要按四等水准要求进行，条件受到限制时，可按五等水准误差控制标准执行。实际历年水尺零点高程测量结果，不超过已用高程1~2厘米，即不进行改正。

3. 大断面测量

水文站河道大断面，在民国时期测次很少，有的数年测1次。中华人民共和国成立后新设站的基本水尺断面、流速仪测流断面、浮标中断面和比降水尺断面，均进行大断面测量。河床稳定的断面每年在汛前施测1次。有冲淤变化的断面，每年汛前汛后复测，每次大洪水后加测。

断面方向的确定，中华人民共和国成立前后均系目测，1955年以后设站初期或流向有明显变化时，在低、中、高水位施测测流断面上的流速、流向或水流平面图以确定或检测断面方向。

（二）测站地形测量

中华人民共和国成立前后，水文站的河段地形是草图。1951年恢复和新建的水文站，测绘简易地形图。1956—1957年，河南省水文系统组织几个测量组，有计划地分片对全省所有水文站的河段地形进行复测。平面控制用导线或五等三角网，高程控制用三等水准，碎部地形点用视距高差法。尽量使用大比例尺测绘地物地貌，测至河段上、下游影响水流的范围内，最高洪水位以上0.5~1.0米，绘出各断面标志、水尺、浮标投掷器、过河索、水准点、导线点和三角点位置。以后测验河段发生变化，由各水文分站组织力量及时复测。公历逢"0"和"5"年份刊布测站位置图。

（三）测绘仪器

测绘仪器主要是经纬仪和水准仪。1993年，开始配置红外线测距仪和全站仪等新型数字式大地测量仪器。2000年后，又陆续新增测量仪器中海达

151

V30 GPS、南方 NTS-372R 全站仪和 ZTS-120R 全站仪，南方 DL-2007 数字水准仪，南方 SDE28S 测深仪及电子水准仪、扫描仪、绘图仪等，使高程、平面控制测量，地形测量及绘图精度大大提高。

二、水位和比降观测

(一) 水位

河南省最早的水位记述始于黄河流域，郦道元所著《水经注》叙述：三国时，魏文帝黄初四年（223 年）六月二十四日，黄河支流伊河龙门镇河岸石壁上刻，"辛巳，大出水，高举四丈五尺，齐此已下"。这是有历史记载以来，河南伊河的最早洪水位记载。1919 年开始按现代的技术要求进行正规的水位观测，始有统一的时制和测次以及测验方法。1920 年后水位观测点逐渐增多，但观测断断续续，资料系列 1～2 年的较多，连续数年的站很少。到 1949 年年底，仅有黄河干流的陕县、柳园口和花园口及淮河流域的三河尖站坚持观测，其他各河水位均已停测。

中华人民共和国成立后，为适应国民经济建设的需要，水位观测站逐步增加，截至 2015 年年底，全省共有水位站 32 处，防汛遥测水位站 322 处，中小河流水位站 114 处。水位观测方式由人工观测大量转向自记观测和遥测，实现水位信息远距离数传。

1. 仪器设备

民国时期（1949 年以前）是用刻画出厘米分划的直立木板尺进行水位测量，1952 年改用 1 米长的搪瓷水尺固定在木桩上。潭头水文站在河岸基岩上，刻画倾斜式水尺，也有个别站用水泥护岸刻画倾斜式水尺。1955 年曾用钢管代替木桩，有的设立矮桩式水尺，给观测带来方便。

1960 年后，木质水尺桩屡遭破坏，测站改用钢筋混凝土、角钢等做水尺桩。1958 年南湾电站尾水渠、1959 年平桥冲沙闸先后兴建了自记水位计，1963 年薄山水文站使用重庆厂生产的"SY-2 型"电传水位计。1966 年淮滨站兴建岸式自记水位计。1977 年南湾水库电站尾水渠改为远传自记水位计。

随后，由于经费所限，自记水位计发展缓慢。到 20 世纪 70 年代，在"水位、雨量自记化，测流缆道化"的号召下，形成自记井建设高潮，全省共建自记水位井 80 余处，其中有岛式、岸式、岛岸结合式、虹吸式和分级式。自记水位井的进水管，大部分为平卧式管，唯有白桥站使用虹吸式进水管。南湾、石山口和五岳等大型水库的自记水位井，又分别建立低水、高水自记井台。80 年代中期，淮委引进遥测水位计，在河南试点。1988 年淮委再次在河南淮河流域重建 21 处遥测水位兼雨量站。为减少测井淤积问题，在淮滨、班台等站改建为虹吸式进水管，对解决测井淤积有明显效果。

2000 年以来，仪器设备现代化水平飞速提高，浮子式遥测水位计、压力式水位计、雷达式水位计，相继投入使用，极大地提高了水位测验精度。2014 年中小河流水文监测系统项目所建成水位站 114 处，全部采用遥测。

2. 水位测次

中华人民共和国建立初期沿用民国时期的规定和水文测验设施及观测方法，每日 7 时、12 时、17 时观测 3 次，汛期加测，洪水时 24 小时观测。1951 年水利部颁发报表填写格式后，水位观测仍为 7 时、12 时、17 时观测 3 次，汛期定为 6 时、9 时、12 时、15 时、18 时观测 5 次，水位变化急剧时，增加测次。1955 年颁发《水文测站暂行规范》，同年 6 月水位定时观测时间改为每日 8 时、14 时、20 时。1958 年水文管理体制下放，缺乏统一管理。1963 年水文体制上收后加强了管理，水位观测逐步规范。1975 年水电部再次制定颁发《水文测验试行规范》，除每日 8 时、20 时进行定时观测外，其他测次，原则上以掌握水位变化过程进行适时安排，全省各水文站《测站任务书》中都有明确规定。采用水位自记技术的测站，每天人工观测 2 次，分别为 8 时和 20 时，主要用以校测自记水位值。1991 年后，执行 1990 年水利部颁发国家《水位观测标准》的相关规定，2010 年由新的《水位观测标准》（GB/T 50138—2010）替代，水位观测更加规范化。

（二）水面比降观测

民国时期，水面比降是为推算流量而观测，只在流量计算表上有比降观测的记录，并没有把它列为一个独立的观测项目。中华人民共和国成立初期，曾作为专门的比降水位观测项目，在水位观测的同时，进行比降观测，并有专用的比降观测记载表。1955 年《水文测站暂行规范》又重申上述规定，作为推算洪水流量的比降观测，只在一年的局部时期中进行。全省各水文站基本都布设有比降断面，比降断面间距，依据河道落差、比降观测的允许误差等因素综合确定，各站不尽相同。1960 年《水文测验暂行规范》把比降观测列为流速仪测流的辅助观测项目。20 世纪 70 年代曾对比降—面积法测流进行专题研究，并在河南郑州召开"比降—面积法"专题研讨会。1985 年水利部颁布的《比降—面积法测流规范》，对比降断面布设和测量、水位观测设备的设置和测量，提出规范性要求。在实施过程中，各站的比降观测项目，只限于汛期，当水位超过某一个标准（各测站不一样）时，在测流的同时观测比降。2011 年河南省中小河流水文监测系统建设工程中部分测站比降断面设立自记水位计。

三、流量测验

河南省于 1919 年在黄河干流的陕县站，淮河的洪河口站进行流量测验。20 世纪 20 年代，在卫河及其主要支流上设立新乡、上七垣、安阳、大赉店、思德和刘全庄汛期站，除新乡站应用浮标法测流外，其他站使用比降法、桥孔收缩断面法用水位推算流量，亦用少量浮标法或流速仪法。30 年代，河南各大中型河道先后设立水文站，使用流速仪，同时兼用浮标法测流。40 年代后期几乎全用浮标法测流。长江、淮河流域使用双断面法，黄河、海河流域使用单断面法。1949 年以前水文站点不稳定，设、停频繁，流量测次少而不匀，资料断断续续系列短。到 1949 年，只有黄河流域的陕县、花园口、柳园口水文站使用流速仪法和单断面浮标法继续测流，其他站都已停测。

中华人民共和国成立后，由于江河治理的需要，许多河道设站进行流量测验，按照水利部下发的《水文测验施测方法》进行。由于受测验设备、人力和技术条件限制，难以测得大洪水变化过程。1952 年后，设备不断得到充实，特别是 1955 年贯彻《水文测站暂行规范》，流量测验有了明确规范标准，对测流垂线布设、测点分布、计算方法都有了具体规定和要求。但过河方式一直沿用测船、涉水形式，以流速仪测验为主，高水采用浮标法为主。1980 年后，为了提高测流安全性，避免人员涉水风险，在全国兴起测流缆道化和缆道自动化的建设高潮。河南有近 70% 的测站都建起了水文测流缆道。大部分测站配有流速记录仪，代替人工记录和流速计算，是测速的一大进步。20 世纪 80 年代初期，河南省开展利用桥梁建筑物测流的试验研究，分别在元村集、范县、遂平、白土岗和临汝等站进行，取得桥上测流研究的初步成果。同时水位流量单值化的分析研究，亦获得一定的成果，先后有 11 处流量测验，实现了校测和间测。80 年代后，主张流量测验少而精（准），不单纯追求多测，这是测验观念上的一个转变。90 年代，流量测验先后引进了超声波多普勒测视法和 ADCP 等测流方法，极大地提高了测洪能力。

（一）流速仪法测流

1. 流速仪

流速仪施测流量精度较高。民国时期主要使用英国的旋杯式流速仪和日本广井式流速仪。中华人民共和国成立后，除继续使用这种仪器外，还使用南京水工试验处生产的旋杯式流速仪及英国产的瓦司（WAITS）自记流速仪（实际只能自记流速转数）。1952 年后，各站均使用国产流速仪，当时各测站都配备 1～2 部旋杯式流速仪。1955 年使用"55 型"旋杯式流速仪。1958 年后，使用 20 转一个信号的旋桨式流速仪，适用流速在 0.3～5.0 米每秒范围内的河道。1968 年后，使用"68 型"防水防沙流速仪。70 年代国产流速仪逐步向测高速和自记直读方向发展。90 年代使用自动测速记录仪及"04 型"低速流速仪、LS25－1 型、10 型、管道流速仪等。2000 年以后引进 ADCP（声学多普勒流速剖面仪）、电波流速仪。

2. 测船

民国时期和中华人民共和国成立的初期，测流使用的船只多是租用当地民用木船。1952 年，二等以上水文站开始购买民用船，但船型结构不太适用测流要求。为此，水文站开始自己设计加工，在船上增加测流装备和起锚机械等，测船有了改进。1956 年，白河万庄等站把船上的起锚绞车改为水轮收锚，以节省人力提高工效。但由于木质水轮笨重，应用不便，未能坚持使用。1957 年，淮河干流长台关、息县二站建造木质机动船，平时河道水浅，洪水时航速不够，利用率不高。1963 年，省水文总站为安阳、新乡平原河道购置一批造价低、便于养护、经济耐用的水泥船。是年，新乡水文分站试制单、双舟钢板船，紫罗山水文站亦自制钢板双舟船。双舟船的稳定性好，遇浪大流急不易倾翻，适用于山区测流。1995—2005 年，随着"九五""十五"计划落实，全省水文系统所有测船全部更新为钢板船。2005 年后，随着 ADCP 推广，逐步配置玻璃钢船和冲锋舟，至 2015 年全省共配置冲锋舟 32 艘。

3. 测船定位

中华人民共和国成立前后，在较大河流上，最初测船定位大部分采用抛一次锚测一条垂线。1953 年息县站改用长缆一锚多线法定位，缩短了测流时间。相继长台关、淮滨站亦采用一锚多线法定位。对中、小河流，测船定位一般会因地制宜，多种方法并用，有架设临时麻绳过河索吊船定位，船上竖立 1～2 米高的桩绊船定位，手拉过河索及锚链攀索滑动定位，竹篙插入船篙孔定位等。1953 年后陆续改用钢丝绳过河索，木质绞关收放定位。20 世纪 50 年代中期用过河索牵引测船的方式发展很快。60 年代兴起高架过河索吊船法，成为后来被长期使用的固定测船的主要设备。1965 年 6 月，长台关站第一座大跨度（单跨超 500 米，钢架高 17.0 米）过河索建成使用，随后周口站高架过河索相继建成使用。1967 年在息县建成又一大跨度双跨钢支架吊船过河索。1975 年全省共有过河索吊船 75 处，占当时测流站的 63%。70—80 年代，过河索吊船测流逐渐被缆道流速仪测流取代。据 1980 年统计，用过河索吊船测流的测站 54 处，占测站总数的 45%。90 年代，除蒋集少数站仍以过河索吊船作为主要测流设备外，其他站以缆道测流为主，过河索吊船退为备用设备。

4. 流速仪提放

船上提放流速仪最初大多用手工操作。1953 年漯河站安装三轮测流绞关，减轻由人工提放流速仪的劳动强度。有的站自制小滑轮提放，到 1955 年使用木质绞关提放。1958 年后改用铁制绞关提放流速仪。随着流速仪提放绞车的出现，60 年代后期南京水工厂研制出 50 千克、75 千克的流速仪提放绞车，适应较大河流。70 年代兴起水文缆道，流速仪的提放在缆道操作室内控制。

5. 起点距测量

民国时期一般在过河索上直接测读。亦有测角交会法和视距法测算。

直接量距法——50 年代初用皮尺、钢尺、距离索量距。1952 年后在断面索上绑标志牌定距，初用铅丝索，后改进为钢丝索。

测角交会法——用经纬仪、平板仪、六分仪等测角。50 年代初期息县等站曾用六分仪测角。

视距法——用经纬仪视距。在平坦的河道，偶有用水准仪视距。60 年代后，架设过河索吊船的站，增加断面索测读起点距。缆道测流站用计数器读起点距。

6. 水深测量

中华人民共和国成立前后，一般用测深锤和测深杆测深。50 年代中期自制木质测深杆，测站普遍使用。1956 年 8 月，西元村水文站使用测深杆测得最大水深 11.2 米，是河南省用测深杆测得的最大水深。1982 年省水文总站测验室研制的缆道压敏测深仪，在漯河、潢川站投产使用。后因有线电路易被磨损，经常出现故障，未得到推广使用。80 年代后，铅鱼测深普遍推广应用，缆道测流站，由测深计数器记读水深。2007 年息县水文站引进超声波测深仪提高了测流精度，缩短了测流历时。

7. 测速垂线和测速点分布及测速历时

民国时期，测速垂线布设，一般 4 条，多则 6 条。除黄河流域用一线一点、二点、三点法外，其他流域多用一线一点法。1951 年起测线测点逐渐增多。1955 年按《水文测站暂行规范》规定，采用多线多点布设。到 1957 年有少数站积累多线多点精测资料，进行精简分析后，测速垂线不少于原设垂线的一半，测点大部为二点法。1958 年测站下放专、县管理期间，不认真执行《水文测站暂行规范》，任意简化测速垂线和测点，资料质量下降。1963 年测站上收管理后，全面贯彻《水文测验暂行规范》，大部测站按精测法布设测速垂线和测点，通过精简分析转入常测法，资料质量显著提高。"文化大革命"

期间，不少测站又任意减少测线和测点，资料质量再度下降，1975 年贯彻《水文测验试行规范》后，逐步恢复正常，以精测法资料分析转化为常测法和简测法。

测速历时：民国时期为 10～20 秒，1949 年前后为 20 秒，1952 年用 60 秒，1955 年延长到 120 秒，并分组记录。1975 年后，执行 100 秒，暴涨暴落时可缩短至 60 秒。

8. 岸上测流设备

1953 年，石漫滩水库水文站，为克服溢洪道无法测流的困难，首创流速仪输送器，在岸上用循环索输送流速仪测流，以后类似这种输送形式在小河流测站应用发展。1966 年 3 月，省水文总站成立水文测验设施基本建设领导小组，组成 30 人的专业基建队伍，先后架设漯河、周口 2 处电动水文缆道，下孤山手摇水文缆道，周口、漯河、何口和马湾 4 处水位自记井及鸡冢站测流吊箱。70 年代大量兴建测流缆道，测流操作由测船测流转入室内，缩短了测流时间，提高了测洪能力，减轻了劳动强度，保证了人身安全。缆道操作亦由半自动化向自动化发展，是水文测验技术的重大进步。据 1980 年统计，河南兴建各种缆道共 108 处（其中手摇缆道 36 处，电动缆道 72 处），见表 3 - 2 - 1。至 2000 年有电动缆道 69 处，手摇缆道 4 处。

表 3 - 2 - 1　　　　　　　　1980 年河南省水文缆道统计表　　　　　单位：处

分站名称	信阳	驻马店	许昌	周口	商丘	郑州	新乡	安阳	洛阳	南阳	合计
手摇缆道	6	12	5	1	1	1	5	1	1	3	36
电动缆道	15	13	10	8	3	3	4	2	1	12	72

1995—2005 年，水文基础设施建设过程中，先后更新缆道 40 处。2002 年开始，陆续引进 EKL - 3 型全自动缆道控制台、EKL - 1 型半自动缆道控制台，提高了缆道测流的精度和技术含量。

（二）浮标法测流

河南山丘区河流较多，汛期洪水暴涨暴落，水草和漂浮物较多，用流速仪测流水草易缠绕从而延误时机。用浮标法测流，是抢测洪峰流量的有效方法，大部分山丘区水文站都作为测流方案，一直沿用。

1. 浮标类型

浮标一般用麦秸、高粱秆、稻草、木和竹等材料扎成。形状有一字形、十字形、三角形作底盘，上插彩旗作目标。为使浮标保持平稳，在浮标下系砖石等重物。50 年代，在特殊情况下，浮标无法投放时，尽量施测天然漂浮物。夜间测流，用干电池、灯泡做夜明浮标，灯泡上罩上绿色比较醒目。叶县水文站于1958年用白磷做夜明浮标获得成功，解决了该站夜间测流困难。随后浮标测流站按当地情况制作不同类型的夜明浮标。

2. 浮标的投放

中华人民共和国成立前后，由船或在岸上用人力于断面上游投放浮标，河面宽投不到中泓和对岸，浮标通过断面无法达到分布均匀的位置，影响测验精度。1952年嵩县水文站李芳青首创刀割式浮标投放器，经河南省治淮水文科帮助改进定型为单循环刀割式浮标投放器，在省内外推广应用。1953年5月，叶县孤石滩水文站首次安装浮标投掷器，这是河南省淮河流域最早的浮标投放器。以后各站陆续创建了抽拉式、击拍式等不同类型的浮标投放器。由于投放器投放浮标均匀，提高了浮标测流精度。省内山溪性河流广泛架设投放器，60年代多达36处（不包括小面积站）。随着70年代水文缆道的兴建和流速仪测流能力的提高，浮标投放器有所减少，但山溪流速大，漂浮物多，流速仪测流困难的站仍继续使用。

3. 浮标的定位及断面面积的确定

50年代浮标的定位主要是经纬仪测角法，50年代后期曾加小平板仪定位。两种定位方法目前在山区性河流测流中依然备用。

断面面积的确定，民国时期到50年代初，黄河、海河流域采用浮标中断面法；长江、淮河流域采用上、下浮标断面部分面积的平均值，作为计算面积。1956年贯彻《水文测站暂行规范》后，用浮标中断面的面积作为计算面积。在发生较大洪水时无法实测断面，常借用邻近测次的断面面积。

4. 浮标系数

中华人民共和国成立前后，一般采用经验系数0.85计算断面流量。由于浮标型式、入水深度、风向、风力等因素的影响，不同情况，浮标系数各异。50年代末，有的站开始进行浮标系数试验，以顺、逆风力为参变数，点绘流速—风力—系数相关图，查用实测的系数，并提供邻近站试用。60年代浮标测流站大都进行了浮标系数试验，确定本站的浮标系数。

（三）量水建筑物和水工建筑物法测流

1. 量水建筑物法测流

50年代末，蟒河径流试验站应用巴歇尔量水槽及三角堰测流，小河子水文站应用梯形量水堰，开展山区小流域径流观测。70年代初，莲溪寺沟径流站应用巴歇尔量水槽，新县径流站用梯形量水堰进行小面积暴雨径流观测。平原小河站徐村铺等用量水槽及量水堰观测枯期径流。各大、中型水库的渗漏观测及渠道灌、排水量多使用三角量水堰。2011 年，小裴河站建成河南省第一个三角形剖面堰，用于非洪水期间流量监测。

2. 水工建筑物法测流

50 年代堰闸测验都按天然河道要求施测流量，同时测记闸门启闭情况。60 年代学习江苏省水文总站编写的《堰闸水文测验及整编》方法和规定，布设闸上、下游水尺及测流断面，观测水工建筑物出流的水力因素（上下游水位差、闸门开启高度和宽度、流态等）的堰闸流量率定测验。无条件率定流量系数的测站，按天然河道要求测流。1966 年全省有 10 个堰闸断面流量率定测验。80 年代开始，利用水工建筑物出流因素与实测流量建立关系，率定流量系数用以推流。1992 年水利部颁发《水工建筑物测流规范》，推进了堰闸测验工作，至 2000 年全省有堰闸流量测验站 38 处（其中水库 16 处，堰闸 22 处）。

（四）桥上测流法

50 年代利用桥梁建筑物测流的不多，只有薄山水库站在两跨的渠道桥上进行流量测量。也有在小型渠道上放两根长杆作为临时测流桥。60 年代利用桥梁建筑物测流的有大车集、元村集和临汝等少数站，70 年代逐渐增多。70 年代末为配合水利部组织桥测试验，河南省先后安排元村集、范县、新县和遂平站进行试验。配备有机动三轮、小拖拉机改装的桥测车及辽宁四平汽车改装的专用桥测车。通过试验，肯定了利用桥梁建筑物测流的优越性和施测方法，桥上测流站稍有增加，1988 年全省有 17 处，2000 年增至 20 处。

（五）比降—面积法

中华人民共和国建立初期，比降规定为独立观测项目，使用曼宁公式推算洪水流量。1960 年后比降观测作为流量测验的附属项目，用于推算河床糙率，相关规范中没有把它列为一种测流方法。1981 年水电部水文局指定湖南省水文总站牵头，黄委水文局、辽宁、河南等省水文总站参加协作，对比降—面积法进行研究。河南指定官寨、大坡岭和社旗站作为比降—面积法试验站。通过各省协作试验资料分析成果说明，比降—面积法测流具有一定的精度。1985 年水电部颁发《比降—面积法测流规范》，补充了用衡定非均匀流和非衡定流推算流量的新方法。

（六）走航式 ADCP 测流

2003 年，省水文局引进美国 RDI 公司生产有线式"瑞江"1200 千赫兹型走航式 ADCP 投放淮滨、班台水文站。2004 年，购进 4 套 ADCP 声学多普勒流速剖面仪和两艘专用快艇等设施用于周口、漯河重要水文站防汛测报。随后又引进无线走航式 ADCP、微型 ADCP、便携式 ADCP 等。

2013 年 4 月，省水文局举办新仪器使用培训班，对走航式 ADCP（M9）、便携式 ADCP、手持 ADCP、电波流速仪等新测流设备的使用方法及软件操作技能进行培训和实际操作演练，就各仪器设备性能、优缺点、使用条件、使用方法和实际操作易出现的问题、解决办法等进行了交流。至 2014 年全省国家级和省级重点水文站均已配备 ADCP、电波流速仪。

（七）垂线平均流速分布模型

2010 年，王鸿杰创立了垂线平均流速分布模型。只用一条流速垂线，根据水位及大断面形状，可推算任一条垂线平均流速而推算断面流速，可把测流历时缩短到原来的 1/10 或 1/5。该模型可适用流速仪、浮标、电波流速仪、座底式 ADCP 等仪器。是年在龙山、南湾、鲇鱼山、波河、五岳、石山口、潢川、北庙集、淮店等站应用，并结合电波流速仪在龙山南干渠建立了河南省第一个实时在线流量自动监测系统。

四、泥沙测验

1919 年陕县水文站施测含沙量，至 1949 年河南省的含沙量测验站数不足水文站的 1/3，测验 1～2 年即停测，有几年以上资料的站数不多。测次一般月测 1～3 次，有的测次还集中在月末或月初 3 天，不能控制沙量变化过程。卫河及其支流安阳河的有些测站，只测汛期一两个月的沙量，其他时期沙量按零处理。采取沙样使用瓶式采样器。用一线三点法取样，或三线、四线三点法的比较多，少数用一线两点法，或一线一点法，洪水时，在靠近岸边处，用一线三点法取样。水样处理用过滤法。但有分层或全断面混合过滤的。

中华人民共和国成立初期，沿用民国时期的测算方法。一般含沙测站，不考虑输沙，只有一等水文站进行输沙率测验，均用过滤法处理水样。1951—1952 年，随着测站的迅速增加，取沙、称重、烘干设备的逐步改进，测验要求和测验方法在不断提高。1955 年，《水文测站暂行规范》颁发后，一般测沙站的含沙量测验用单位水样代替。输沙率测验，由一等、二等水文站进行。60 年代大部分泥沙站施测输沙率。

1992 年颁布的国家标准《河流悬移质泥沙测验规范》，提出泥沙测验精度控制指标、泥沙站按精度分类的规定和泥沙测验不确定度的估算，使泥沙测验技术和国际标准接轨。河南省从 1993 年执行。

（一）仪器设备

50 年代初，使用横式和瓶式采样器（无进水排气管）。当时称重使用 1‰

天平。1955 年，瓶式采样器增加进水排气装置，烘干采用蒸汽烘箱。安阳一等站试制了自动滤沙架。60 年代曾用打气筒式抽气采样器，煤油灯烘箱，有刻度的水样瓶，既可量水样容积，又可代替采样瓶，并从四川省引进转盘式缆道连续取沙器。1973 年河南省水文总站测验室组织人员，同信阳水文分站在息县站研究试制出调压式缆道连续取沙器，90 年代以后采用，并逐步配置 1/1000 电子天平，更换烘干箱等设备。

（二）测验

（1）含沙量。中华人民共和国成立初期，测次不严格，一般每月 3～5 次。洪水时在测流量的间隙采取水样，一次洪水过程测 1～3 次。1953—1954 年，测次逐渐增多。1955 年《水文测站暂行规范》颁发后，一次洪峰过程，一般测 3～5 次。1955 年前，垂线一般 3～5 条，采用两点法或三点法测验。1955 年后，含沙量测验用单沙代替，单沙的取样只在有代表性的固定位置，一或两根垂线上取样，大多数站使用测船。70 年代后，少数站利用缆道取样。洪水取样有困难的，个别站在岸边取样。

（2）输沙率。50 年代初，一等、二等水文站施测输沙率，平时月测 1～2 次，一次洪水过程，测 1～3 次。60 年代后虽测流缆道增加，但不少站仍用船取沙，测次的掌握，同规范的要求还有距离，沙峰变化过程测得不完整。50 年代初一般 4～5 条垂线，每条垂线用两点法或三点法取样。50 年代中期以后，测线布置根据水面宽度、断面内含沙量分布，一般布设 5～7 条或更多的垂线，根据水深的大小，用三至五点法施测，测次以控制沙量的变化过程为标准。

（3）单位水样。1955 年后采用的测验方法，目的是寻求并建立单位水样与断面含沙量的相关关系，以推求断面平均含沙量。

（三）水样处理

河南省的水样处理，采用过滤法。主要步骤是量积、过滤、烘干（50 年代初用煤火烘干）、称重、计算。50 年代初使用的滤纸多从市场购买，质量差，不符合要求。50 年代中期，由省水文总站统一购买专用滤纸，配发测站使用。进入 70 年代，测站有了专用滤沙室，对沙样处理受外部干扰减少，精度又有提高。

（四）推移质泥沙测验

1952 年、1953 年，一等水文站配有荷兰式推移质采样器进行推移质泥沙采样试验，但成果不符合要求，被停测。

（五）泥沙颗粒分析

河南省未开展泥沙颗粒分析，只有楚旺站（由河北省移交河南）采集沙样，河北省邯郸水文分站代作颗粒分析。1979 年后，受经费限制而停测。

五、降雨和蒸发观测

（一）降雨

1. 仪器设备

中华人民共和国成立前后，雨量观测多采用国产承雨漏斗直径为 20.32 厘米的雨量筒，用公制量雨尺观读至毫米，亦有少数站使用承雨口径 20 厘米的雨量器。1951 年，淮委在淮河流域配发"51 型"雨量器，器口直径为 17.85 厘米，设置在 0.6 米高的锥形混凝土座上，内有承雨筒，用特制秤称量雨量（25 克为 1 毫米）。1952 年，一等、二等水文站开始使用上海仪器厂生产的日记型虹吸式自记雨量计。1955 年，对自记雨量计进行改进，增加储水瓶，使自记雨量记录可以校测，此后所生产的雨量器口径统一为 20 厘米，用特制玻璃量杯测记雨量，其他原有雨量观测仪器停止使用。1955 年 5 月，河南省水利厅按水利部水文局意见，向各测站配发雨量器防风圈。1956 年全省统一改用防风圈雨量器，器口距地面 2 米。1958 年停止使用防风圈，器口恢复距地面以上 0.7 米。1962 年后，为适应群众观测的需要，河南有一些公社购置使用上海、南京等地生产的口径为 10 厘米的雨量器。1966 年，省水文总站组织力量仿制一批浙江型横式记录筒，60 毫米虹吸一次的自记雨量计，由于存在质量问题，使用两年即停用。

1988 年，淮委水情处与河南省水文总站在淮河正阳关以上共建一批水位、雨量自动测报系统，分为驻马店、信阳、潢川和淮滨四个分中心，共计 21 处水位兼雨量遥测站，22 处雨量遥测站，共建大小微波塔 47 处。1989 年建成，1992 年投入使用。90 年代，先后在鲇鱼山、南湾、板桥和石漫滩水库兴建雨量遥测 24 处，进入遥测系统运行。鸭河口、昭平台、白龟山、小南海和彰武水库又建雨量遥测 51 处，但未进入遥测系统。

至 1999 年，省内使用 20 厘米普通雨量器近千处，20 厘米口径日记型虹吸自记雨量计 600 余部，自报式遥测雨量计 134 处。凡使用遥测雨量计的站，同时使用自记雨量计和普通雨量器，作为校测和正式记录。

1998 年 9 月，固态存储雨量器开始试用。2000 年，河南省水文水资源局开始在各站配发翻斗式固态存储自记雨量计，可以连续存储 1 年的资料。

2010 年以后，全省先后建设多处自动遥测雨量站，形成水情自动报汛系统。系统每 10 分钟采集雨量信息并传输到省水情中心，超过 50 毫米降雨自动报警，通过遥测信息监视系统，对全省发生降雨的地区进行实时监视。

2. 观测规定

1949 年以前按设站机关规定的方法为准，各地不统一，大部是日测 1~2 次，很少有暴雨加测。中华人民共和国成立初期，按照水文测验施测方法观测雨量。1956 年规定山区一般为 12 段或 24 段制，平原区为 8 段或 12 段制观测。1958 年部水文局颁发《降水量观测暂行规范》，雨量观测逐步正规。1958 年后有的雨量站观测场受环境树木及其他障碍物影响，把雨量器设置在屋顶上，用细管引入室内观测。1970—1980 年，为验证不同高度雨量观测精度，省水文总站布置遂平、驻马店、搬口、李集、睢县、紫罗山、息县、大坡岭、南李店和平桥 10 处水文站进行不同位置和高度的雨量对比试验。

1964 年省水文总站规定：凡有自记雨量计的测站，以自记雨量记录为准，人工观测为辅。1976—1979 年，自记雨量观测逐渐增多，安阳水文分站自记站达 90％以上。1991 年水利部颁发水利水电行业标准《降水量观测规范》，取消六段制观测，避免在房顶上设置雨量计。2000 年后，自动雨量计逐步作为雨量观测的主要设备。

（二）蒸发

1933 年，省建设厅设立 16 处水文站，其中 1949 年以前有 8 处断续观测蒸发。观测资料一般 1~2 年的较多，2 年以上的只有个别站。1951 年后，一等、二等水文站设有蒸发观测项目。1952 年后，观测站逐渐增多，1956 年站网规划后，站点布设渐趋合理。1984 年，共有蒸发站 62 处，其中使用 E－601 型蒸发器观测的 39 处；E－601 型和直径 80 厘米对比观测的 11 处；E－601 型和直径 20 厘米同时观测的 6 处；E－601 型和直径 80 厘米、20 厘米同时观测的 2 处，兼有气象辅助观测的 6 处。

1. 水面蒸发

（1）仪器设备。1949 年以前，冬季（结冰期）使用直径 20 厘米的小型蒸发器，其他时间用直径 80 厘米的蒸发器。中华人民共和国成立初期，仍沿用直径 80 厘米的蒸发器。直径 80 厘米蒸发器口上加有防鸟兽网和外直径 100 厘米的套盆。口径 20 厘米的蒸发器放置在木桩上，大、小蒸发器器口距地面均为 70 厘米。1960 年，水电部水文局研制出 E－601 型蒸发器，作为全国统一观测的蒸发器。1962 年，水电部颁发《水文测验暂行规范》第三卷第二册，水面蒸发观测，明确规定全国统一使用 E－601 型蒸发器。由于桶身涂漆的牢固性不高、冰期不能观测等原因，河南省多数站采用 20 厘米、80 厘米套盆和 E－601 型蒸发器并用的方式。1978 年，河南省各蒸发观测站改用改进后的 E－601 型蒸发器观测水面蒸发。1980 年后，南京水利水文自动化研究所的玻璃钢 E-601 型蒸发器投产，1988 年起推广应用。河南省从 1990 年以后全部改用玻璃钢 E-601 型蒸发器观测。

（2）观测。中华人民共和国成立前后，随同降水量观测，执行测候需知、水文测验方法和水利部水文局颁发的报表填写格式等规定。1955 年颁发《水文测站暂行规范》，对蒸发观测有了统一规定。1988 年水利部颁发《水面蒸发规范》，执行每日 8 时观测 1 次，辅助气象项目于每日 8 时、14 时、20 时观测 3 次。

（3）观测方法。口径 80 厘米套盆式蒸发量观测是用特制量杯量读。口径 20 厘米蒸发量，用雨量杯量读或用称重法，1956 年配发专用台秤。E-601 型蒸发器蒸发量的观测，按 E-601 型蒸发器水面蒸发观测规定程序进行。

为探求不同蒸发器蒸发量的折算系数，1957—1967 年，薄山水文站使用口径 80 厘米套盆式、口径 20 厘米小型蒸发器、ГГИ-3000 型、E-601 型及库内漂浮蒸发等多种蒸发器做对比观测试验研究，并于 1988 年写有试验分析成果报告。还有南湾水库 1957—1960 年，小河子水库 1959—1964 年亦进行漂浮蒸发观测，但因种种原因，未获满意成果。

2．土壤蒸发

土壤蒸发器直径 35.68 厘米，由黑铁皮制成无底无盖的圆筒（便于取原状土），筒下设相同直径、高 20 厘米、上为漏斗形、带有小孔眼的渗漏承接筒。整个筒外留 1～2 毫米的间隙，设器外铁套筒，筒外与土壤相接，以便于蒸发器称重、换土。量渗漏量时，自由地把蒸发器从套筒内提出。蒸发器口高出地面 7 厘米，器内土面与地面同高。土壤蒸发换土，每季 1～2 次，要求取有代表性的原状土。

观测用特制的单杆秤或双杆双铊秤（大秤上加一小秤）。每日 8 时观测一次，观测时需两人抬秤，吊起蒸发器，读取秤上蒸发量。当用双铊秤时，可读至 0.1 毫米，由前一天的读数减去称重时的读数即得前一日的蒸发量。

六、气象、水温、岸温

50 年代初，河南省一等、二等水文站和水库水文站兼气象观测，配备风向标、风压板、干湿球温度表、毛发湿度表、曲管地温表（距地面 5 厘米、10 厘米、20 厘米、40 厘米）、最高最低温度表、空盒气压表、自记温度计、自记湿度计和自记气压计。1953 年后改用福丁式水银气压表，乔唐式日照计，康培司脱克日照计，电传九灯风速仪等。每日 8 时、14 时、19 时观测 3 次。一等水文站的观测项目有：风向、风力（速）、温度、湿度、气压、能见度、云量、云状、日照、地温和天气现象。按照国家气象局颁发的气象常用表，进行观测记载。二等、三等水文站观测简易气象观测项目：风向、风力、气压、气温和湿度。1958 年后，随着地方气象站的不断建立，水文站的气象观测项目逐渐停测，仅保留风向、风力（速）、气温、湿度和气压等。

中华人民共和国成立前后，河南省没有水温、岸上气温观测。1955 年，按照《水文测站暂行规范》开展水温、岸上气温的观测，每日 8 时、20 时与水位同时观测。全断面的水温观测，按一到两年进行一次，很多站未执行。水温观测只在指定的测站实施。1958 年后水温、岸上气温均停报月报表，保留测验原始记载表。观测设备有框式水温表和岸上手摇温度表。

第三节 测 验 方 式

河南省水文测验以驻测为主，兼有雨量、水位委托观测。1978 年推广站队结合后，将一部分基础水文站职工集中起来，组建水文勘测队，逐步实施驻测与巡测相结合的测验方式。1997 年水利部《水文巡测规范》颁布实施，水文巡测有了统一的技术标准。对历年水位流量关系稳定的测站可实行间测与检测。

一、驻站测验

河南省自实施水文测验，测验方式基本上以驻测为住，以获取长期、连续、准确、即时、完整的定点水文资料。也有以巡回流动的方式定期或不定期对测区内各监测站点的流量等水文要素进行监测。中华人民共和国成立初期，一等、二等水文站驻测，但要承担三等水文站的巡测和指导工作。后学习苏联水文测验的经验，一律改为驻测。1955 年的《水文测站暂行规范》和 1962 年的《水文测站管理条例（草案）》颁布实施，这种驻站定点测验组织形式得以固定下来。《水文测验规范》基本上以常驻测验为准制定。截至 2015 年全省 126 处水文站、32 处水位站水文测验多用驻测方式。

50 年代水文站对所属雨量站实行委托当地有文化的人员兼职进行观测的作业方式。1963 年雨量观测首次实行"委托合同制"，2013 年全省 747 处雨量站和少数水位站仍采用委托观测方式。

常年驻测方式有利于保证测报成果质量，能够获得长期的水文资料。驻测除必需的测报设施、办公、生产、生活用房，对人力资源配置要求较高。加之大部分水文测站地处偏远，条件艰苦，职工的各种实际困难难以解决。

为改革这种单一驻测的测验方式，1972 年水利部提出水文基层管理体制和测验方式改革意见，开始探索试行站队结合组织形式。

二、站队结合

1972 年 4 月，全国水文工作座谈会首次提出对站队结合的组织形式开展试验。1978 年 8 月，部水文局在北京召开水文测验方法研究座谈会，将"站队结合试点"列入研究项目。商定由吉林省水文总站牵头，云南、湖南、安徽参加组成站队结合试验协作组，开展工作。1985 年 5 月，部水文局在长沙召开水文勘测站队结合经验交流会，会上讨论了《水文勘测站队结合试行办法》，后经水电部审定，于 1985 年 10 月颁发。

河南省水文站队结合始于 1983 年，是年省水文总站在史灌河流域 4 个水文站，鸭河口水库库区 5 个水文站开展站队结合试点工作，探索站队结合组织、管理模式。试点中开展了精简流量测次对资料精度的影响和水位、流量关系单值化分析，逐年编制测区水资源勘测报告，对巡测人员配置、组织形式与工作方式进行了探索和总结。1985 年 6 月，扩大站队结合范围，将开封水文分站更名为开封水文勘测队，辖区水文测站实行站队结合管理模式。1986 年 3 月，省水文总站根据《水文勘测站队结合试行办法》，结合各站水文特性，对站队结合的区域规模、基地位置进行技术论证，在总结试点工作的基础上，召开了全省水文勘测站队结合工作会，对全省水文勘测站队结合做出统一规划和部署。8 月，将商丘水文分站更名为商丘水文水资源勘测大队，实行站队结合管理模式。同时，出台《河南省水文水资源站队结合规划》，规划全省组建 6 个水文勘测局，20 个水文勘测队。10 月，成立平顶山水文水资源勘测队，隶属许昌水文分站。1987 年，成立贾鲁河勘测队。至 1990 年，勘测队测区面积达 18140 平方千米，占全省面积的 10.9%。水文站 14 处，占全省站数的 9%；还有水位站 4 处，辅助观测点 122 个。1990 年后，经批准又组建潢川、漯河、濮阳和鸭河口水文勘测队，均为副科级规格。1993 年 1 月，成立信阳、南阳、郑州、驻马店、周口、安阳、新乡、唐河、许昌和洛阳建立水文勘测队，为副科级建制。至 1995 年，全省勘测队测区范围达 34530 平方千米，占全省面积 20.7%。涵盖水文站 27 处，占全省水文站数的 22.7%。先后有 8 个勘测基地分批分期进行新建或改建。

三、水文巡测

长期以来，河南水文测验普遍采用传统的常驻观测。1933 年河南省建设厅先后在全省大河上设立 17 个水文站，大部分站仅有观测员 1 人，逐日记载水位、雨量、蒸发量等，流量系由技术员每月巡回用流速仪或浮标法实测，是河南有记载的水文巡测雏形。但直到 1978 年水利部提出推行"站队结合"，开展水文巡测试点后，水文巡测才逐步成为常规的测验方式。

站队结合测验方式总的要求是驻测与巡测、调查相结合，专业队伍与委托观测相结合，以及水文勘测与资料使用相结合。流量测验上，逐步扩大巡测范围开展巡测是站队结合测验方式改革的重点。为有效地开展巡测和扩大巡测范围，1988 年 9 月，省水文总站召开水文勘测站队结合工作经验交流会，测验方式改革方面，特别强调测站水位流量单值化分析研究，加强流量测验精简的误差分析，为制定科学、合理的巡测、间测、校测提供技术支持。同时要求水文勘测站队及时提交年度测区勘测报告。1997 年，水利部颁发行业标准《水文巡测规范》（SL 195—97），统一全国水文巡测的技术要求、测验允许误差。当分析计算成果符合规范规定的允许范围时，可实行巡测或间测。至 90 年代末，先后有 26 处中小河流水文站，水位流量单值化分析计算成果符合规范规定的允许范围，经省水文总站审批后，实行巡测、间测或校测。

2011—2015 年，河南省中小河流水文监测系统工程建设，其中建设水文巡测站 240 处，改建新建水文巡测基地 7 处，水位、降雨资料已实现自计及固态存贮。

四、水文遥测

水文遥测系统是远距离采集和传输水文信息的自动化技术，适用于对水文参数进行实时监测，监测内容包括：水位、流量、降雨量、地下水、墒情、水质等。1979 年，省水文总站与省水利厅工管处、电子工业部 4057 厂等 4 单位联合进行 YC－79 型无线雨量遥测设备研制。1980 年，汛期在昭平台水库上游二郎庙、平沟、熊背等雨量站进行应用试验，可以说河南水文遥测的雏形。1988 年，河南省自动遥测站网在淮河流域开始建设，1992 年，42 个遥测站投入使用。2001 年，国家防汛抗旱指挥系统工程驻马店示范区建成并投入使用，55 个雨量站实施雨量遥测。但这个时期的自动测报系统主要为水文情报服务，未考虑基本水文资料收集需求。随着计算机与通信技术的快速发展，水文遥测系统数据分级管理功能、采集功能、存储功能、通信功能、告警功能等不断充实完善。进入 21 世纪后，河南水文系统组建的流量、水位、雨量、地下水、墒情自动监测系统均具备上述功能。2011 年，全省实施遥测雨量代替人工报汛，同时自动编报 1 小时雨量入水情实时雨量库和向流域机构、外省转发。2012 年，水情信息实现实时采集、数据库表交换。

2015 年年底，全省有各类遥测雨量站点达 4028 处、遥测水位站点 114 处、防汛遥测水位站点 322 处、地下水自动监测站点 150 处、墒情自动监测站点 88 处。

第四节　质　量　管　理

水文测验规范是水文测验工作必须遵循的技术准则。省水文局全面贯彻执行各个时期部颁的水文测验规范，并以规范为技术标准，结合河南实际和流域机构水文主管部门作出相关规定，制定河南省的补充规定和措施。为严格执行各项技术标准，适时修订水文测站任务书，建立测验工作岗位责任制等一系列管理制度，逐步形成完善的水文测验质量管理体系。

一、技术标准

中华人民共和国成立前，河南水文测验执行的主要技术标准有 1928 年扬子江水利委员会制定的《水文测量规范》，1941 年中央水工试验所陆续制定《水位测候规范》《水位测读及记载细规》等分项测读细规，1948 年黄委水文总站制定的《测候手册》等。

1950 年，水利部颁发《水文测验报表格式和填写说明》。1954 年颁发《浮标测量》《流速仪测量》等技术文件，暂时成为全国统一技术标准。

1956 年，水利部颁布《水文测站暂行规范》，并随之印发《关于执行〈水文测站暂行规范〉的意见》，是中华人民共和国成立后水利部颁布的第一部水文测验技术标准。省水文总站组织职工学习并贯彻执行，并首次制定《测站任务书》。1958 年，水利部颁布《降水量观测暂行规范》。

1960—1965 年，水利部陆续颁布修订后的水文测验规范，共 7 卷，内容涵盖水位、流量、降水量、泥沙和冰凌测验，以及水面蒸发、土壤蒸发、泥沙颗粒分析和水化学成分测验等。省水文总站贯彻执行中，以修订后的《水文测验暂行规范》为标准，重新修订《测站任务书》。1966 年，水电部在郑州召开规范修订会议，宣布一些急需修改的事项，但在执行中因"文化大革命"开始而中断。

1975 年，水利部颁发再次修订后的《水文测验试行规范》共一册，河南省 1976 年 1 月 1 日起贯彻执行。与规范配套，1976 年部水文司编印了一套三册《水文测验手册》。1979—1980 年又先后编印《水库水文泥沙观测试行办法》《小河站水文测验补充规定》，河南省一并贯彻执行。

1982 年后，部水文局开始对 1975—1980 年颁发的《水文测验试行规范》及有关试行办法、补充规定进行全面修订。部分编为强制性国家标准，大部列为水利电力技术行业标准。

由于河南省地跨 4 个流域，省水文局在贯彻执行各个不同时期的部颁水文测验规范、试行办法、补充规定过程中，结合河南实际情况和各流域的要求，先后举办不同类型的贯彻新规范研习和培训班，并制定一些补充规定、实施说明等。

二、规章制度

（一）测站任务书

1956 年，河南省首次颁发测站任务书。明确规定各站的基本任务，对枯季、汛期和洪水期测次安排、报表填制、水情拍报等提出具体要求。1957 年要求各站填制《测站考证簿》。

1963 年以修订后的《水文测验暂行规范》为标准，重新颁发各测站任务书。对委托水位站、雨量站等首次实行委托合同制。以水文分站为单位，分别与委托观测员签订合同。

1964 年上收水电部管理，又进行《测站任务书》补充修订。1980 年进行再次修订。

2004 年根据一系列的国家规定和新技术标准，对 144 个水文站测站任务书和考证簿进行审定修订，对 800 多个雨量站考证进行审定。

2008 年，为适应水文科技的发展，提高测验和水文资料整编质量，根据全省水文测验工作实际情况，重新修订了各水文站任务书。新的水文测站任务书于 2009 年 1 月 1 日起在全省实施。

2013 年对鸭河口、新郑、扶沟、鸡冢 4 处水文站《测站任务书》进行重新修订。

（二）"四随"制度

60 年代初，省水文总站将 50 年代后执行的外业"四随"（随测算、随发报、随整理、随分析）作为保证测验质量的技术手段，列入岗位责任制，把"四随"制度的落实作为年度考评的条件之一。历次修订的河南省水文测站管理制度，都以测报质量责任制为中心内容。同时，对较大洪水实行"测洪小结"上报制度，对洪水测验质量进行适时监督。

（三）分级检查制度

为保证测验质量，50 年代以来，各级水文机构每年汛前对水文测站开展汛前检查作为一种制度严格执行。省水文局侧重于全省主要河段重点水文站，分站对下属水文测站逐一检查，各测站在做好测洪演练、设备调试、预案制定和组织落实的同时，对所属雨量站进行检查，特别是承担报汛的站点。

水文站管理逐步规范，除按时记录水文站站志，信阳局一些水文测站还建立了流速仪使用、ADCP、水文缆道、桥测车和遥测设备运行养护日志，确保水文仪器及设备运行良好。

（四）制定评定办法

制定《河南省水文测验工作质量评定办法（试行）》，对水文测报工作进行量化管理，提高测报质量。

第五节　测　洪　纪　实

由于特殊的地理位置和气候条件，河南省极易产生暴雨洪水，在历年的暴雨洪水测报中，全省水文职工坚守岗位，英勇拼搏，较好地完成水文测报任务，特别是特大暴雨洪水的流量测验，其实测的资料对防汛减灾和水文分析计算十分宝贵，此仅记述暴雨洪水测验数例。

一、1975 年 8 月河南南部特大暴雨洪水

1975 年 8 月 4—8 日，因受 3 号台风影响，河南南部的洪汝河、沙颍河、唐白河等水系发生历史罕见的特大暴雨洪水。在这场特大暴雨中，水文职工坚守岗位，英勇拼搏，较好地完成水文测报任务。

（一）"75·8" 降雨观测

1975 年 8 月 7 日，处于"75·8"暴雨中心的林庄雨量站委托观测员陈家三不顾家中房屋倒塌，连续奋战 2 天 2 夜观测雨量。在降雨强度最大时自记雨量计来不及虹吸而失灵，陈家三立即采用标准雨量筒站在暴雨中观测，来不及倒换储水瓶，就直接采用换筒不换帽的方法，用两个雨量筒体交替接收雨水，并将换下来的雨量筒用盖罩住，捧到屋里，准确地量记雨量。深夜，他爱人看到他忘我工作，也深受感动，帮助测记雨量。7 日实测到 24 小时雨量 1005.4 毫米，3 日降雨量 1605.3 毫米，均超过中国大陆地区以往历次暴雨最高值。最大 6 小时降雨量 830.1 毫米，接近世界最大观测纪录。

（二）泌阳县邓庄雨量站准确及时报送雨情弃炸副坝

邓庄雨量站担负着向下游宋家场大型水库报汛任务。8 月 5 日日降雨 183.3 毫米，16 岁从事雨量观测干了 15 年的委托雨量观测员张清兰，在住房

进水一尺多深的情况下，没有考虑个人安危，仍冒雨坚持测报。7 日傍晚，洪水第二次冲进邓庄，张清兰的住房被冲击垮塌，家里中财物被洪水冲走，她仍全然不顾，带病连续奋战两个昼夜。她把原始资料背在身上，把电话机抱在怀里，站立在暴雨洪水中坚持测报，水涨到齐腰深，生命受到严重威胁，仍坚持工作。7 日 20 时，宋家场水库上游平均降雨达 700 多毫米，水库水位由 181.0 米暴涨到 188.7 米，大坝受到严重威胁，防汛指挥部已做好炸开副坝的准备。但在不断接到张清兰降雨逐渐减小的情报后，放弃炸开副坝的决定，避免了宋家场水库及下游群众不必要的经济损失。

（三）板桥水库水文站测到溃坝前后的完整水位过程

板桥水库集水面积 762 平方千米，当年设计最大库容 4.9 亿立方米，最大泄洪能力 1720 立方米每秒，处在"75·8"暴雨区。板桥水文站有 5 位职工，站长李岐山、老职工程树林、新学员颜凤结及二位女职工赵玉华和温莲芝，在暴雨发生时，始终坚守在水文测报的岗位上。8 月 5 日 22 时位于大坝右端坝脚下水文站院内的观测场被水淹没，蒸发器漂起，自记雨量计进水，雨量筒随时可能被洪水冲走。站长李岐山立即搬出铁炉子，准备把雨量筒放在铁炉子上，但很快炉子被洪水淹没，他便抱起雨量筒举过头顶，站在齐腰深水中测记雨量。23 时，颜凤结把雨量筒转移到解放牌汽车的驾驶台顶上继续观测。温莲芝、赵玉华二人站在办公室半米深的水中，接收量记雨量。当时赵玉华已有 8 个多月身孕仍坚持观测。在洪水冲到水文站院内，房倒屋塌、财物漂走的情况下，全站职工不顾自身和财物安危，迅疾携带水文资料转到安全地域。7 日下午，暴雨更猛，库水位迅速上涨，16 时 47 分达到设计水位，20 时 41 分达到校核水位，此时雨量每小时达 100 余毫米，水位继续猛涨，9 根（每根长 3 米）坝前水尺一支一支的被洪水吞没，按预案随即设立临时水尺，洪水涨到那里，临时水尺就设到那里。临时水尺无法设时，程树林、颜凤结就拿斧头在一排树上砍一个水痕，记录一个时间。8 日 1 时 30 分，防浪墙被洪水推倒，大坝溃决失事，水位迅速下落，就在另一排树上砍痕迹、记时间，树没有了，他们就利用溢洪道水尺测记水位，最初 6 分钟观测一次。当水位落到溢洪道底时，随时打短桩，做标志标记。在漆黑深夜，他们踩着水库的淤泥，继续冒着生命危险，持续跟进快速退去的水面线，至 5 时 40 分，测到输水洞底的拦污栅，真实地记录了垮坝前后的洪水水位全过程。在这短短的 10 多小时内，水库管理局及水文站院内的住房及个人财物全部被一扫而光，掘地数尺。但只有水文测验仪器，水文资料及发报电话（尽管线路早已不通）等测报必需品跟随着水文职工被保存下来。

（四）颍河李湾水文站洪水

1975 年 8 月 8 日，当上游沙澧河溃堤，大量洪水涌入颍河，颍河李湾水文站全站职工不顾已连续与洪水奋战 3 天的疲劳，又立即抢测洪峰。因洪水上涨很快，过河钢索需不时升高，每升高一次只能测一次流量。过河索升到最高处时，洪水还在涨，钢丝绳被水淹没，大量的水草和麦秸垛挂在钢丝绳上，拉倒了 3 立方米的混凝土基座和 1.5 吨重的铁绞关。为了抢测洪峰，他们又冒着生命危险，以直径 6 毫米的距离索挂船测流，艰难地用测船测完流量。

9 日夜，基本水尺和比降水尺全部被洪水淹没，测站人员踏着泥泞，扛着铁锤分别设置基本水尺及比降水尺。当水位涨到 53.50 米，站房进水，办公室被淹。10 日 9 时院内水深 1 米多，大家赶忙把资料、仪器运到高岗上，苏忠秀把电话机挂在胸前，站着把一份份水情报发往各级防汛部门。

当测站被洪水淹没的时候，缆道测流并没有停止。由于突然停电，100 公斤重的铅鱼停在河中，起重索、拉偏索上水草越挂越多，两岸支柱因受力过重，出现裂纹、倾斜，威胁着机房安全。苏静宇、陈书芳和黄泛区农场船工金四海，驾船至铅鱼钢丝绳旁，死死抓住铅鱼爬到铅鱼背上，割除水草，保住了缆道。随后卸掉铅鱼用测船继续测流，用流速仪实测到建站以后最大流量 1 140 立方米每秒。

二、1991 年 6 月 16 日淮滨水文站洪水

1991 年 6 月 12 日，受副热带季风影响，淮河上游普降大暴雨，淮滨水文站连续两天降雨达 297.0 毫米。6 月 14 日当水位涨到 28.50 米以上时，洪水漫滩。站长将人员分成两组测流，左岸主槽 630 米采用缆道测量，右岸滩地 600 米采用机船测流。由于水位上涨速猛，流速也越来越大，当时沿淮河滩地内有许多刚收割的麦子堆放在滩地内，还没有及时的抢运上岸，大量的麦子垛及水草被洪水冲了下来，像浮桥一样布满了整个河面，给测流工作增加了困难和危险，测一次完整的流量需要 3～4 小时，特别是夜晚测流更加危险。经过 5 天 4 夜的苦战，6 月 16 日 8 时终于测得了最高洪水位 31.92 米，最大流量 5060 立方米每秒。这次洪水测得的最高洪水位位居该站历史上第八位，1991—2014 年第一位。

三、1996 年 7 月 17 日竹竿铺水文站洪水

1996 年 6 月下旬，淮河流域竹竿河频繁出现洪峰，至 7 月 16 日发生洪水

6次，其中二级加报水位（44.50米）以上的洪水5次，抢测洪水流量58次。竹竿铺水文站全体职工连续二十多天未睡上一个囫囵觉，个个双眼红肿，布满血丝，身体疲惫不堪。

7月17日夜2时许，暴雨如注，狂风交加，河道水位急剧上涨。站长李继成和全体职工按照各自的分工，密切监视水情，不断增加观测次数，在狂风暴雨中抢测流量。由于漂浮物越来越多，流速仪不时地被缠住。他们只能一次次地将流速仪从桥下十几米的水面提上来，然后抱住桥栏，摘除缠在流速仪上的水草。一次流量测下来，个个双手布满了血泡。

17日8时，流域平均雨量已达179毫米，最大站点雨量204毫米。根据上游雨情以及前期影响雨量等因素，该站提前15个小时做出水文站将出现洪峰水位48.30米，洪峰流量2800立方米每秒的洪水预报（实测洪峰水位48.31米，流量3010立方米每秒），并将"312国道两侧村庄将要漫水被淹"预报信息及时通知竹竿镇人民政府。由于水文预报准确及时，被洪水围困的15300多名群众安全转移，无一伤亡，减少直接经济损失300多万元。洪水过后，当地政府出具防汛减灾证明为水文站请功，站长李继成被省政府授予1996年度河南省抗洪抢险模范。

四、2007年7月10日蒋集水文站洪水

2007年7月9日，史灌河上游普降暴雨，4小时平均降雨量110毫米，截至10时，流域平均面雨量152.6米，预报蒋集水文站洪峰流量3150立方米每秒，将于10日8时到达。23时水位31.64米，流量2100立方米每秒，仍急剧上涨，上游漂浮物和采沙船顺流而下，外面伸手不见五指，即便打开探照灯，河道水面仍是灰蒙蒙一片。为了提供准确及时的水情信息，站长范厚克带杨光、杨培祥两位职工，毅然开动测船抢测洪流。船在河心正测流时，突然从左岸漂下一只高架采沙船，挂断了循环索。此时，正在测流的三位职工还没有来得及摇起铅鱼，测船绞关架就被挂断的循环索缠着，在强大的拉力作用下，被拉倒的绞关架将范厚克顺势轧倒在船尾舱板上，并从他后背碾压掉入水中。就在这瞬间杨培祥牢牢拉住了他的后腿，范厚克才没被绞关架带入洪流中。其实另外两名职工也同时被打翻在船板上，受了轻伤，只是杨培祥眼疾手快拉住了站长。待大家回到岸上都感到不由得后怕。范厚克在安抚大家的同时，顾不上包扎伤口，迅速组织观测水位、比降。深夜1时，信阳水文局局长王鸿杰带着突击队及时赶到，立即带职工上船用ADCP抢测，实测最大洪峰流量3110立方米每秒。

五、2010 年 7 月 24 日荆紫关水文站洪水

2010 年 7 月 23 日下午到晚上，陕西南部突降特大暴雨。24 日凌晨，荆紫关水文站水位开始起涨；6 时水位 211.84 米，流量 306 立方米每秒。面对迅速到来的洪水，荆紫关水文站立即启动特大洪水测洪应急方案，抢测洪峰。随着流速的加大和漂浮物的增加，流速仪不能使用，随即采用中泓浮标法进行流量测验。

24 日 10 时，水位开始更大幅度的上涨。11 时 30 分，水位已涨到 215.71 米，实测流量 5300 立方米每秒。这时河水裹挟着大树、油罐等大量的漂浮物，由于水位过高，漂浮物不时碰撞已接近水面的缆道副索，导致铅鱼和副索钢塔大幅度摆动，为避免流速仪和铅鱼受损，决定拆除铅鱼拉偏索及信号悬挂索。站长黄志泉、职工杨明武毫不犹豫跳入奔腾的河水，在洪流中游向缆道主索钢塔，拆除拉偏索并固定好铅鱼。杨明武攀登上 11 米高的钢塔顶端，冒着极大危险拆下信号索。13 时，右岸主索钢塔在漂浮物的缠绕下，顺流倒下，主索在急流中剧烈摆动，危及左岸钢塔和缆道房安全。情急之下，果断截断循环索和起重索。在砍断起重索的瞬间，重达数百公斤的左岸绞关被主索从水中拨起，腾空 10 余米撞上钢塔顶部后，坠落激流中。14 时 24 分，水位达 217.50 米，实测流量 8790 立方米每秒（流量超百年一遇）。14 时 48 分，水位到达最高 217.59 米，超过警戒水位 4.09 米，保证水位 3.09 米。

24 日 5—6 时，在通信中断的情况下，测站职工想方设法把雨水情信息通知到县、乡防汛部门，为当地政府及时组织群众转移提供可靠情报。据不完全统计，仅荆紫关镇就及时转移群众 12000 余人，淅川县城及时转移群众 40000 余人，最大限度地减少人民群众生命财产损失。

第四章

水文情报与预报

水文情报预报是在水文观测的基础上，为防汛、抗旱等特定任务传递水文信息，经科学分析，预报未来一定时间内的水文情势。据安阳殷墟出土的甲骨文卜辞中记载，早在公元前 16 世纪的商代，就有众多记事问卜河水、降雨情况的记录。可以说就是一种最原始的水文情报活动。明代，据《治水筌蹄》记述，在黄河就已开展了水文情报工作。每当"黄河盛发"，就会有塘马"一日夜驰五百里"，向下游飞报水汛，"让总督者必先知之"，以便沿河总督们及早安排调度防汛事宜。清乾隆二十二年（1757 年），河南抚院就在长台关、罗山周家渡口、息县大埠口、固始三河尖等处设立水位站，令地保乡约轮日看管，如果遇到有水事发生，就要挨次填单飞报下游。同样说明当时沿河各地如果遇到有水事发生，都必须挨次向下游报汛。民国时期，水情报讯已属常态，只因军阀割据，战事纷繁，社会动荡，没能形成完善统一的水情测报体系。

1950 年河南省防汛抗旱指挥部办公室成立，水情测报工作逐步纳入常规化。1954 年控制主要河流的水文站网迅速建立起来，逐步形成了能够采集全省水文信息的测报体系。1955 年省防汛指挥部成立报汛组、预报组，以后改称为水情组，专司水文情报预报工作。自 50 年代后期，各地（市）水文分站也相继成立水情组，负责本地（市）的水情工作。地（市）未设水文机构的，汛期由有关水文分站临时派出水情人员参加防汛。1977 年后全省水情测报站网体系已逐步趋于相对稳定和完善。进入 21 世纪后，国家加大山洪灾害治理，以此建立起来的防汛遥测站网，迅速得以壮大，至 2015 年全省共有各类报汛站 4028 处。

报汛手段初期主要依靠邮电部门的通信系统传递水情，70 年代中期开始筹建水利系统的无线通信网和遥测传输系统，水情传递明显改进。水情资料处理也由 80 年代以前的手工编码译码操作，到后来的计算机自动接收、译电、处理、输出打印，并自动形成有关实用图表等。2000 年后，随着新一代水情信息处理系统的应用和预报软件的不断完善，使水文情报预报工作取得了突破性的进展。

第一节　水　文　情　报

水文情报指为防洪、抗旱等任务需要而收集、发送的水文信息。河南省历朝历代都设有治河机构，并以各种方式向下游传递水情。清乾隆二十二年（1757 年），乾隆皇帝亲自提出，淮河建立报汛制度。民国期间由于战事纷繁，政局不稳，以政府主导的水文情报工作没有真正开展起来。直到中华人民共和国成立后，逐步建立各级防汛机构，配置专业技术人员，完善各项管理制度，水情站网得以全面系统的发展。1951 年全省报汛站点 32 处，1997 后基本报汛站稳定在 420 处左右。20 世纪 80 年代末开始组建雨量自动遥测站网，到 2015 年各类遥测站达 4028 处。水情信息拍报内容、方法和标准，除执行国家相关规范外，亦有省局的补充规定。信息传输经历有线传输、无线传输、自动测报系统和公用数据网传输几个阶段。信息处理则经历手工和计算机自动化处理 2 个阶段。

一、水情站网

（一）设站原则

水情站网是水情工作的基础，以最经济合理的站，达到能够采集各主要山川河流的暴雨洪水信息，满足水文情报预报为防汛调度服务的目的。水情站多依存于水文站网，其布站原则：①在山区布设较密的雨量站，以掌握山洪暴雨，并满足水库调度需要。平原雨量站较稀，要有面上的代表性。②在大型水库、重要防汛河段的城镇及大型蓄滞洪工程设立水文站，掌握水情讯息。③在临时分洪口、滞洪区坡心与需要加强防守的重要河段，设立水位站。河南省长江、淮河、黄河、海河四大流域的报汛站，都是按照上述原则并考虑通信、交通条件而设立起来的。即在大别山区、桐柏山区、伏牛山区、太行山区等布设了较密的雨量网点，每站控制面积 100～300 平方千米；设立南湾等 18 座大型水库水文站；在大中型河道的山、丘交界地带，设立长台关、潢川、遂平、杨庄、官寨、何口、紫罗山、泌阳、白土岗、合河和新村等十几处防洪预报前哨站，以测报山洪出现情况。进入丘陵平原后的防汛重要河段城镇，设有固定的国家水文站为防汛报汛服务，如息县、淮滨、班台、漯河、周口、唐河和淇门等主要国家报汛站网，在 1957 年前就基本建立。随着水利建设的发展，大中型水库及闸坝报汛站逐年增加，形成了较完整的报汛网络系统，基本上控制了全省雨情、水情，满足防汛需求。

（二）站网建设

河南水情站网建设始于 50 年代初。1950 年 6 月河南省农林厅水利局成立，10 月成立淮委河南省治淮总指挥部，开始治理淮河与其他河流，为此设立了大量水文、雨量站。1951 年全省共布设报汛站 32 处。1952 年由淮委设立的淮河流域报汛站网交由河南省管理，共设报汛站 48 处。1953 年平原省撤销，卫河水系报汛站网移交河南省，全省共有 62 处报汛站。1954 年河南省将伊河、洛河、沁河的主要站网移交黄委管理，但为河南省报汛的职能并未改变。至此已形成河南省水情站网的初期阶段，全省设报汛站 96 处。1954 年淮河大水后，报汛站网得到迅速发展，并按不同要求将报汛站分为常年站、汛期基本站、辅助站三类，站数也逐年增加，到 1965 年全省已发展各类报汛站 295 处。1966 年"文化大革命"开始，水情工作基本上处于停滞不前阶段，给防汛工作带来一定影响。1980 年随着水文体制的上收，全省水情工作逐渐进入了一个新的历史时期。是年，全省报汛站 447 处，之后站网趋于稳定。1983 年 12 月 1 日起，全国水情电报费用上涨。1985 年 5 月 1 日，全国开始实行水情电报收费。根据各单位各自需要可进一步审订报汛站数的规定，河南省根据需要重新审订报汛站网，经综合调整，全省水情站数稳定在 420 处左右，基本上满足防汛、抗旱需要。至 1990 年，全省报汛站 419 处，其中流量站 80 处、水位站 26 处、雨量站 183 处、闸坝站 19 处、大中型水库 111 处；按流域划分，淮河流域 250 处、长江流域 74 处、黄河流域 34 处、海河流域 61 处。委托黄委、气象部门等外单位报汛站 123 处，其中淮河 42 处、长江 14 处、黄河 58 处、海河 9 处。全省总计报汛站 542 处。

1988 年，河南省自动遥测站网在淮河流域开始建设，1992 年 42 个遥测雨量站建成并投入使用。2000 年开始建设防汛指挥系统示范区，驻马店全市 62 个报汛站，用超短波组网，全部实现雨水情遥测报汛。2005 年 12 月，水利部项目办正式批复河南省的国家防汛指挥系统建设项目，2007 年项目完工，共建成 460 个雨水情遥测报汛站。

2008 年，大型水库（燕山、河口村、窄口等）自建 64 处雨量自动监测站，并入河南省雨水情遥测系统；山洪灾害防御试点县项目在全省 5 个试点县建设 51 处雨量自动监测站，后并入河南省雨水情遥测系统。7 月，利用省长基金完成防汛应急工程雨水情监测系统建设项目 289 处自动监测站的建设，其中包括 228 处自动雨量站、61 处小型水库自动水位站。2009 年 3 月，省水文局在 18 个省辖市建设 80 处城市雨量自动监测站。2009 年年底省财政拨付 1200 万元用于河南省土壤墒情及地下水自动监测一期工程建设项目，其中建有 68 处自动雨量站。2010 年 4 月，中小河流（洪水易发区）一期工程建设项目，共完成 135 处自动监测站的建设，其中包括 120 处自动雨量站、15 处自动水位站；洛阳市伊洛河洪水预警系统建设 51 处自动雨量站，并入河南省雨水情遥测系统。

2011 年河南省山洪灾害防治非工程措施自动监测站项目一期，在河南省 45 处山洪灾害防治县共建设了 926 处自动监测站，其中包含 721 处自动雨量站、135 处多要素自动雨量监测站以及 70 处自动水位站。2012 年中小河流水文监测项目雨量监测站一期项目在全省共建设 1048 处自动雨量站；河南省山洪灾害防治非工程措施自动监测站项目二期，在全省 34 个山洪灾害防治县共建设 440 处自动监测站，其中包括 364 处自动雨量站、76 处多要素自动雨量监测站。2013 年中小河流水文水位巡测站在全省共建设 312 处自动监测站，其中包括 240 处水文巡测站、72 处自动水位站；2014 年中小河流水文监测项目雨量监测站二期项目在河南省建设 1110 处自动雨量站、64 处水位站。

以上各类工程项目建设的雨量报汛站，扣除重复建设站后，截至 2015 年，河南省有各类遥测站 4028 处，平均 41 平方千米一个站（表 4-1-1），极大地提升全省水文测报自动化水平，为河南省防汛抗旱减灾提供优质服务奠定坚实基础。

表 4-1-1　　　　　　　　1950—2015 年河南省水情站数统计表　　　　　　单位：处

统计年份	水 情 站				
	流量	雨量	水位	合计	委托外单位
1950			8	8	
1952	29	19		48	
1954	55	34	7	96	
1955	71	82	21	174	
1957	92	95	24	211	44
1959	93	103	29	225	
1963	96	117	11	224	75
1965	168	113	14	295	70

统计年份	水　情　站				
	流量	雨量	水位	合计	委托外单位
1970	149	152	7	308	69
1975	178	174	37	389	103
1977	184	204	41	429	125
1980	198	206	43	447	133
1983	220	174	32	426	156
1986	209	182	27	418	129
1990	210	183	26	419	123
1995	216	176	24	416	103
1997	216	179	24	419	103
2000	216	180	24	420	103
2007	108	195	139	442	101
2010	108	802	139	1049	101
2011	108	913	139	1160	101
2012	108	3453	139	3700	101
2013	108	3574	139	3821	82
2014	108	3537	383	4028	82
2015	108	3537	383	4028	82

注　1. 表中流量站包括闸坝、大型水库站。

　　2. 2007 年开始把中型水库的流量站计入水位站中。

　　3. 2010 年后，水位站包括不报流量的中型水库站。

　　4. 总站数不包括委托外单位站数。

二、水情信息传输与处理

（一）水情拍报

1. 拍报内容

1950 年报汛站以拍报水位、雨量为主，以后拍报内容逐步增加。1954 年水库站开始拍报蓄水量、闸门启闭情况。1960 年 3 月水电部颁发《水文情报预报拍报办法》，1964 年又进行了修订，全国统一规定了报汛内容。河南省根据地理位置和气候特征，选择雨量、蒸发、水位、流量、蓄水量、闸门启闭、泥沙、雹、雪、风、浪高以及水文特征、特殊水情（决口、扒坝、漫滩）等项目作为拍报内容。1960—1965 年，主要水文站曾测报墒情，为当时抗旱服务，以后停测，利用气象部门墒情资料。2003 年根据防汛抗旱部门需要，部分水文站又恢复了土壤墒情测报内容。

2. 拍报办法

50 年代河南省执行的拍报办法是 1950 年 6 月 13 日中央水利部颁发《报汛办法》。该办法共计 21 条，对水情拍报的有关问题作出规定，具体列出直接向中央报汛的测站名称。1951 年 4 月 30 日，水利部颁发《报汛办法》。该办法共 19 条，对报汛时制，拍报办法及报汛站有关考证资料内容及汛期水情，旬、月报表，作了具体规定。河南省开始用水利部规定的水情密码报汛，报汛要求由省自定。1952 年，水利部颁发《修订报汛办法》及检发《报汛电台通信网及传递报汛电报办法》，统一规定水情雨情电报形式，电文由明码改为密码。1954 年，部水文局修订报汛办法并重新颁布执行，对报汛站进行了统一编号，从此所有报汛站均用站号代码。1958 年 2 月，部水文局《水情电报拍报办法》初稿中除水情、雨情和冰情外，还包含水文预报电报拍报办法，并规定各流域、地区和河系报汛站站号组的控制号码。1960 年 6 月 1 日起开始执行水利电力部颁发的《水文情报预报拍报办法》（水电文字〔1960〕第 247 号），同时为及时掌握旱情，在平原地区开展了墒情测报。1964 年水电部再次进行水情拍报办法修订，河南省派员参加该次修订工作，并提出根据洪峰大小与涨落快慢分别定出不同的水情拍报段次，以及雨量拍报按 4 段 4 次 10 毫米累计制标准，被 1964 年 12 月部颁《水文情报预报拍报办法》和《降水量水位拍报办法》所采用。新修订的两个拍报办法，河南省 1965 年 6 月 1 日开始执行，并一直沿用至 2005 年。

1985 年 3 月水电部颁发《水文情报预报规范》，增加了水情工作管理内容，水文情报预报拍报办法仍沿用 1964 年颁发的《水文情报预报拍报办法》和《降水量水位拍报办法》。2000 年水利部颁发修订后的《水文情报预报规范》（SL 250—2000），新规范中有关水情拍报规定保持了 1964 年的两个拍报方法的相关内容。2005 年水利部水文局重新修订《水文情报预报拍报办法》和《降水量水位拍报办法》，将其合二为一，彻底改变原办法的编报思路，推出更加适合计算机和现代通信技术的编码方法。颁布符合中华人民共和国水利行业标准的《水情信息编码标准》（SL 330—2005）。2006 年 1 月，按部水文局要求，省水文局完成省水情中心新数据库的安装、数据转换、新的译电、转报程序的安装。3 月完成所有报汛站发报技术培训和报汛设备安装，14 个地市水情分中心传输接收存储设备的更新，数据库、接收、转发、信息查询服务等软件的开发、安装。4 月 10 日全省范围内全部启用新编码进行报汛，实现新旧编码的平稳过渡。

为掌握旱情、涝情，探索旱涝规律。1963 年 2 月水电部水文局制定了《旱涝水情电报电码型式及拍报规定（试行稿）》，后经两年试行与修订，1966 年 1 月又颁发了《旱涝测报须知（初稿）》，统一了全国旱涝测报规定。河南省在 1963—1966 年短期执行。

3. 拍报标准

（1）水情拍报。河南省 50 年代规定汛期为 6—9 月。60 年代以后，规定淮河、长江流域报汛起止日期为 5 月 15 日至 10 月 1 日；海河、黄河流域 6 月 1 日至 10 月 1 日，并视汛前汛后水情，提前或延长汛期时限。

（2）水情定时发报时间。1953 年前规定日分界为上午 9 时，即 9 时拍报雨情、水情一次。自 1954 年始，改为每日上午 8 时（北京时）。1961 年报汛时间，按中央防总通知，改为上午 6 时。实行两年后 1963 年起又恢复 8 时。其他时段，以上述时间为日分界，按规定标准顺延拍发。如以 8 时为日分界的"四段制"拍发时间分别为：8 时、14 时、20 时和 2 时。

（3）水情拍报标准。汛期基本站除每日 8 时定时发报一次外，洪水期间按时段和标准加报。20 世纪 60 年代初，河南省根据河段地面高程、堤防情况并参考警戒、保证水位，将各站水位加报标准分为三级：河道洪水达到一定水位时定为一级起报水位，达到警戒水位上下时，定为二级加报水位，接近保证水位时，定为三级加报水位。按照各级标准要求，增加拍报段次，洪峰随时发报。总的原则：高水多报，小水少报，涨水多报，落水少报，紧急水情即时报。水文站报水位均报相应流量，实测流量酌情报，高水实测流量随测随报。汛期辅助站水情达到拍报标准时，立即按规定要求发报水情，直报到洪水落平为止。大型水库遇大中洪水入库时，均要按要求拍报入库流量过程。

（4）雨量拍报标准。2000 年以前，执行"4 段 4 次制"加报暴雨的标准。规定日、旬、月雨量必报，其他有雨日按每日 4 段 4 次累计降雨量够 10 毫米报时段雨量；对暴雨只要降雨量 2 小时达 20 毫米及以上时必须加报暴雨量。即逢 8 时、14 时、20 时、2 时，其前 6 小时（一个时段）雨量达到和超过 10 毫米（或两个时段累计雨量超过 10 毫米）时，即发报时段雨量；遇连续两小时雨量超过 20 毫米时，即加报两小时内的暴雨量。这样既掌握了降雨过程，又能及时了解到山区致洪暴雨的强度，基本上满足河南省洪水预报和防汛需要。2000 年以后，随着自动遥测站的建设逐年增多，雨量拍报标准也开始发生新的变化，即在布设遥测站的地区，报汛时段逐渐加密，4 段 4 次 10 毫米和 2 小时暴雨加报被取消。

2005 年省水文局下发《关于防御山洪灾害加强雨水情监测和报送工作的通知》（豫水文〔2005〕69 号），按照该通知的具体措施要求，全省山洪（包括泥石流、滑坡）灾害易发地的雨量站、水文站进一步加强雨水情监测和监视，实行省水文局、地市水文局、水文站和雨量站三级信息报送预警、预报机制，按照雨情、水情报送级别，及时向当地政府部门和各级防汛部门报送预警信息。2005 年后，在山洪灾害防御预警方面，严格按照该通知要求，每天 24 小时监控全省报汛站点雨水情信息，凡监控站点 1 小时降雨量超过 50 毫米或降雨量大于 100 毫米；河道、水库出现涨水过程；城市降雨量 1 小时超过 30 毫米或 2 小时以上累计超过 50 毫米；都要及时向省、市防汛部门报送预警信息。同时采用短信息向省委省政府领导、所有防指成员等有关领导发送雨水情短信息服务。

2010 年省水文局规定，2011 年 3 月 15 日起，全省所有雨量站停止人工拍报雨量，每年 11 月至次年 3 月由水文站和一些工程报汛单位继续拍报日雨量，其余时间采用遥测站雨量信息作为报汛雨情信息，同时遥测站自动编报 1 小时雨量入水情实时雨量库并向流域机构、外省转发。自动报汛间隔达到累计雨量超过 0.5 毫米即报，未达到 0.5 毫米时，每 10 分钟一报，并要求遥测站 1 小时雨量达到或超过 50 毫米时，及时通知各级防办和省水文局水情科。

（二）信息传输

河南省雨水情信息传输随着电信技术的发展而逐步得到改善，主要有有线传输、无线传输、自动测报系统和国标数据库信息交换几个发展过程。

1. 有线传输

80 年代前，全省报汛主要靠邮电部门的有线电话网，报汛站将编好的水情报文通过电话报到（或由人直接送到）附近邮电局（所），或通过电报形式逐级传报至收报部门。从邮电所至报汛站，如果没有电话，就由水文部门自架专用电话，交邮电部门代管。80 年代初全省逐年累计架设报汛线路 2000 余千米，用电话传报水情电文成为各站报汛的主要手段。

50 年代各级防汛办公室，接收水情电报都是由邮电局投递员随时送递。50 年代末，邮电部门在省防办配装电传机并派报务员值班，专门收发水情电报，直到 80 年代末被其他方式所取代。

自 1963 年起，水电部和邮电部联合通知，规定汛期水情电报列为"R"类报（全程最大时限不得超过 90 分钟），非汛期列为"C"类报，以保证水情电报及时拍发和传递。

2. 无线传输

50 年代大水年份较多，在出现紧张汛情时，根据需要给重要地点水文站派驻临时电台，承担报汛传输任务。如淮河上游山区控制站大坡岭、下汤、官寨、紫罗山、郏县和昭平台等都曾驻守过专用电台。"63·8"海河大水后，省防办自 1964 年开始，每年汛前即向省邮电局租设防（报）汛电台 8～10 部。1975 年汛初，租电台 8 部。"75·8"大水期间，有 101 个报汛站信息传输中断，又临时增设 23 部派往防汛紧要地点，班台水文站报汛电台是调用直升机送达。

为吸取"75·8"教训，1975 年 11 月，水电部在郑州召开全国防汛及水库安全会议，提出建立防汛无线通信设施。1976 年在大型水库、重点防汛河段及铁路附近的中型水库，增设无线电台 45 部，省邮电局在全省分片设基层网中心台，转水情电报至省防办水情组。1976—1979 年每年租用 42～45 部电台，与此同时省防办开始筹建超短波通信设施。1977 年以沙颍河水系为重点建成一个流域性的无线通讯网。随着水利系统自设超短波电台的逐年增加，向邮电部门租月的短波电台逐年减少，1980—1981 年租用电台数量减少到 24 部，1985 年、1986 年又减少到 15 部，1992 年以后只剩几部短波电台且租台时间减少 1 个月。

1982 年，水电部的京汉微波干线，经过河南省郑州、许昌、漯河、驻马店、信阳、新乡、安阳和平顶山等地，14 条超短波通信话路接上微波干线，沟通 239 个网点，使京广沿线的水利通信联络，基本畅通无阻。在 1982 年沙颍河大水时，及时沟通水文情报信息，在指挥防洪调度中发挥了重要作用。1986 年 10 月，经过黄委的微波干线又沟通三门峡、洛阳、濮阳和开封等地的通信联络，使省内防汛通信条件大大改善，保证了大型水库、滞洪区及主要河道控制站的汛情畅通。

3. 自动测报系统

在淮委的主持下，河南省 1988 年开始在淮河正阳关以上建设自动遥测站网。1990 年试运行，1992 年通过鉴定并投入应用，涵盖河南省 42 个遥测站，信阳、驻马店、潢川 3 个水情分中心。其工作方式是测站采集水情动态数据后，通过自动发报经微波干线传至分中心，再传至淮委中心，经处理后传至国家防办和豫、皖两省。1996 年通过改造，建起计算机广域网。从 1997 年起遥测信号传至分中心，由分中心通过广域网分发到淮委、郑州、信阳和驻马店，覆盖河南省的淮河干流、淮南支流、洪汝河和部分沙颍河流域。

1993 年开始采用邮电部门"公用数据交换网"，报汛站不再向淮委发报。

1994 年已发展到 300 多站，不仅加快了报汛速度，而且节省经费约 1/4。

1994 年，在部信息中心和省防办的支持下，河南省进行重点报汛站通信设施的改造工程，水文系统新增无线电台 26 部，全省水文系统短波和超短波电台已达 68 处。竹竿铺、告城、天桥断等 15 个站改有线电话为直拨，并在周口、漯河和南阳等市组建了水文系统无线报汛网，与部信息中心及安徽、江苏和山东等省开通公用数据交换网。

随着计算机与通信技术的快速发展，以及多个非工程防汛项目的建设，报汛的设施及手段也得到大幅提高。

2000 年 8 月至 2001 年 5 月，国家防汛抗旱指挥系统工程驻马店示范区建成并投入使用。共建成 1 个中心站、6 个卫星小站、6 个集合转发站、2 个中继站、55 个超短波终端站。

2006—2007 年通过国家防汛抗旱指挥系统一期工程建设，全省建成 14 处水情分中心、460 处基本报汛站的遥测系统，使用中国移动短信组网，采用 GSM 信道传输数据，PSTN 作为备用信道，极大地提升了全省水文测报自动化水平。同时对驻马店全市的报汛站进行了短信组网改造。全国只有河南采用省水情中心一家短信接收，用水利通信网向各个市地和对外有关单位分发雨水情报的通信组网模式，使雨水情信息标准统一，情报使用和分转不用重新整合。水情网进一步发展时，只需新增站点，不考虑组网、增设中心、情报组合等工作。

至 2015 年各类遥测雨量站点累计达 4028 处，使河南省雨水情遥测系统更加完善，实现自动测报，拍报方式为数传，与国家防办数据交换实现光纤传输。各类雨水情信息能在 15 分钟内传输至中央及省防办。

4. 国标数据库信息交换

2011 年，根据水利部《关于做好水情信息交换有关工作的通知》（办汛〔2011〕119 号）要求，地市水情分中心全部执行《实时雨水情数据库表结构与标识符标准》（SL 323—2011）新版标准，原有水情信息编码传输系统全部改用国标数据库进行水情信息交换。为确保新水情信息交换系统的顺利安装和实施，2011 年 10 月，省局水情科对全省 14 个驻市水文局水情科长及水情业务骨干，进行实时雨水情数据库表结构与标识符标准等水情信息交换系统的理论培训、国标数据库升级上机操作训练。2012 年，水情信息全部执行国标数据库交换。

（三）情报处理

情报的处理随着新技术的发展和应用，大致可分两个阶段。

1. 手工操作阶段

50 年代到 80 年代初，河南省水情信息的资料处理主要依靠手工进行。这一时期作为省级的防汛水情部门，收到水情电报后，首先按站号编码分类排队，然后进行翻译登记。汛期每日平均水情报量 200～300 份，多者上千份，工作量大而繁重，若遇大面积暴雨，报量猛增，1975 年 8 月 5—10 日，6 天内省防办就收电报 6760 份，平均每天 1127 份。1982 年 8 月 1 日收报 1760 份，创日收报量最高纪录，8 月全月收报 21769 份，6—9 月共收报 48651 份，是历年汛期接收水情电报最多的一年。水情电报翻译登记后，即制成日、旬、月雨量统计表和水库、闸坝、河道水情登记表，而后为做好雨情、水情监视和服务进行以下资料处理和分析工作。

（1）绘制雨、水情图表。河南省水情信息的输出也是依靠手工进行。水情电报翻译登记后，要绘制雨、水情图表。一般每日晨，手工复写绘制雨量分布图及紧急加报水情表，8 时上报。10 时左右，水情电报基本收齐，正式编制日雨量图、水情简报，大型水库蓄水情况及主要河道水情，提供省防汛办公室掌握水情动向，商讨防汛对策，同时报送省政府等有关防汛指挥部领导成员。根据降雨情况，水情人员要密切注视水库、河道水情动态，必要时点绘出水位、流量过程，这些原始资料的及时处理，是监视汛情发展的主要手段。

（2）进行水文要素的统计和分析。水文要素的特征统计，是认识水文现象的重要依据，它标志着不同洪水现象的特点和差异。特征统计的内容：主要控制站不同时段的点面雨量、洪水量以及暴雨、洪水的重现期计算，次降雨径流系数的统计分析等，以进一步估算全流域或部分流域的产水量，其成果可作为洪水预报、防洪调度的参考。

2. 自动化阶段

80 年代中期，情报处理手段开始逐步实现自动化。1986 年省总站水情科与郑州大学计算机技术开发公司合作研制，开始试用 IBM – PC/XT 计算机，进行水情电报的译电处理。该系统性能稳定可靠，操作方法易于掌握，能够做到实时水情电报的自动接收、译电、处理和储存，形成一个自动处理系统，结束了省总站水情科手工处理水情电报的历史。是年 9 月 8 日、14 日在河南人民广播电台两次作了报道，11 日《河南日报》头版发了消息。90 年代初的 IBM/XT 计算机水情电报译电信息处理系统，先后在河南省地市级水情科得以推广应用，同时山西省、山东省和淮委等防汛水情部门也先后引用了此系统。

1990 年春，省水情组购置绘图仪，1991 年 4 月增加传真机，可以书面形式将资料信息与部信息中心、流域机构及省内外防汛部门相互直接传输。1992 年 8 月底开通卫星云图，进一步掌握气象水情发展趋势，大大提高防汛工作的主动性。

2000 年以后，随着自动遥测雨量站的逐年增加、国家防汛指挥系统的建设和《水情信息编码标准》的使用，各种信息数据库的开发，计算机技术的应用更加广泛和深入，省局及各地市水情科全部实现水情信息计算机自动处理。信息及成果输出的形式更加丰富，内容更加广泛，精度更加细化，速度更加快捷，成果更加美观。

三、水情管理

（一）机构设置

1949—1953 年，全省未设水情专门机构，仅汛期派 1～3 人承担报汛工作。1954 年预报工作正式开展，淮委水文科成立洪水预报组，有 7 名技术干部负责预报业务，1 名负责报汛工作。1955 年汛期，在省防汛指挥部的统一领导下，成立报汛组及预报组。1956 年，省水利厅水文分站开始成立水情组，汛期在省防汛指挥部领导下分设淮河流域与非淮河流域两个水情组分别承担全省水情工作。1957 年 4 月，省治淮总部撤销，合并于省水利厅，全省统一成立水文科，下设水情组，负责全省水文情报预报业务。"文化大革命"期间，水情人员变动较大，1969—1970 年已无专职水情人员，1971 年配备 3 名技术干部。1979 年省水文总站成立水情科，配有技术干部 6 名。2010 年，省水情科调整为水情处，人员达 11 名，2013 年内设预报科，遥测科。

全省各地（市）自 50 年代后期，逐步配有专职水情人员 1～3 名，防汛任务重的信阳、驻马店、南阳、许昌、新乡和安阳水文分站先后成立水情组，人员 3～5 名，汛期参加当地防汛办公室工作，负责本地区水情工作。地（市）未设水文机构的，汛期由有关水文分站临时派出水情人员参加防汛。全省只有焦作未派水情人员，开封 1991 年以后停止派员，报汛工作由地（市）防办工管科承担。1997 年信阳、驻马店、南阳、平顶山、周口、郑州、新乡和安阳水文局设立水情科，负责本地区水文情报预报工作。漯河、许昌、商丘、洛阳和濮阳等地（市）的水情工作由水文局技术科（后称站网水情科）负责。2012 年，随着三门峡、济源、焦作和濮阳水文局成立，全省 18 个地（市）均有专业技术人员从事该地（市）的水文情报预报工作。

（二）业务管理

每年汛期省水文局水情处与省防汛办公室合署办公，成为省防办的组成部分。各地市情况也大体相同。自 80 年代末，省水文总站为省防汛指挥部的成员单位，主要负责人为省防办领导成员。各地（市）水文水资源勘测局为当地防汛领导成员单位，负责人参加当地防汛办公室领导工作，水情组承担地市一级水文情报预报业务。部分重点水文站站长亦为县级防汛领导成员，增强了水情信息的时效性、决策的联动性。

省水文水资源局水情处，要制订全省报汛计划，贯彻全国统一制订的《水文情报预报规范》和《水情拍报办法》，以及上级布置的报汛任务、拍报要求等，组织开展全省水情工作，落实任务，检查督促，做好全省情报预报，为省防汛指挥部当好耳目和参谋。

中央、流域机构和邻省防汛部门对各站的报汛要求，以及委托外省、流域机构向河南省的拍报要求，均由省水文水资源局统一纳入全省报汛计划协调解决。省内各报汛站之间或者地（市）防汛部门之间的相互拍报要求由省统一安排，也可自行联系由地（市）水文勘测局布置。每年，全省《水情拍报任务书》由省水文水资源局统一编制下达。

2010 年 4 月，省水文水资源局雨水情拍报任务书首次改版为河南省防汛抗旱拍报任务书，增加了非汛期部分雨量站、主要水文站、水库站的拍报任务。同时，将土壤墒情、地下水情正式列入拍报任务，部分重要水文站、水库站增加了 7 时和 20 时报汛任务。

为提高报汛质量，汛期每月进行一次电报差错统计，不定时进行抽查，开展不错报、不缺报、不漏报、不迟报的"四不"质量检查通报评比活动。制定《水文情报预报质量评定标准》，多年来情报质量比较稳定，全省电报差错率低于省规定的 1%，大部分水文站达到全年汛期无差错。

随水情信息采集、传输自动化程度的不断提高，省水文水资源局相继制定遥测站和中控站运行管理方法等管理措施。

每年汛期结束后一个月内，省水文水资源局、地（市）水文勘测局作好汛期水情工作总结，统计各地（市）月雨量及河道、水库水情特征，系统分析汛期雨、水情概况和水旱程度，总结情报预报服务效果、经验教训和存在的问题，提出下一年工作改进意见。

第二节　水　文　预　报

水文预报，主要是对洪水径流的预报。中华人民共和国成立后，河南省的水文预报工作得到了快速发展与壮大。开展项目有洪水预报、枯水预报、中长期预报和超长期预报。预报范围由控制河段和控制站，扩大到区域和水系。开展预报作业的单位由省级水文机构发展到各地市水文机构和重点水文测站。预报方法和手段有经验相关法、图表查算法等，提高到应用较先进的预报理论、水文模型及联机实时预报。

一、预报方案

编制预报方案是开展预报的首要工作。1951 年，在淮委的指导下，开始试做淮河流域的洪水预报方案。1953 年，开始编制洪水预报方案，并正式对沙颍河进行试报。1954 年，江淮流域发生特大暴雨洪水，预报范围扩大到淮河干流和洪汝河。1955 年，河南省治淮总指挥部计划处，组织水文科与规划科的水文分析人员，共同分析制定了淮河上游的《防汛控制运用计划》与《洪水预报图表》两本技术文件，省水利局水文分站简编了卫河、唐白河主要站的洪水预报图表。这是河南省最早编制的正式水文预报方案。1957 年省水文总站又陆续组织分析编制各大型水库及主要河道的洪水预报图表，从此有了全省统一的第一本洪水预报方案。到 20 世纪 50 年代末期，可以进行洪水预报的范围约占全省主要河段及大型水库的 50％以上。1963 年，抽调各大型水库工管调度人员，配合水情科进行大型水库及河道预报图表修订。1964 年春，河南省派水情人员参加漳卫南运河管理局主持的漳卫河洪水预报图表编制。1972 年 2 月，水电部第 13 工程局组织河南、河北、山东水文总站等单位在山东德州第 2 次修订南运河水系洪水预报图表。1973 年，参与治淮规划小组办公室主持的淮河干流洪水预报图表的修订工作，与此同时河南省也修订了沙颍河、洪汝河的预报方案。1985 年，全面修订补充完成的"淮河流域洪水预报图表"装订成册。次年将这一成果纳入淮委组织汇编的《淮河水系实用水文预报方案》（1986 年）。1989 年，修订卫河流域预报图表，并纳入 1992 年海委组织汇编的《海河流域实用水文预报方案》。1993 年南阳水文分站修订补充唐白河洪水预报图表。2002 年，参与淮委水文局主持的《淮河流域实用水文预报方案》编制。2007 年，参与《淮河流域实用水文预报补充方案》和《海河流域实用水文预报方案》的编制。2008 年 5 月，省水文局完成对淮河正阳关以上流域短时段预报方案共 155 套方案的初审补充修改。2010 年 5 月，省水文局开展河南省洪水预报系统的扩充。随着遥测雨量推向前台，雨量信息大大增加，以前的 6 小时时段预报方案明显滞后，因此增加短历时（2 小时时段、1 小时时段）预报方案的模型率定及补充，同时实现部分重点中小河流预报方案的软件化。2012 年由省水文局水情处组织全省水情工作人员编制

《河南省重点中小河道及唐白河实用水文预报方案》。

至 2015 年，河南省开展洪水预报的水文站共有 93 个，预报范围除黄委直接管辖的黄河干流及伊河、洛河、沁河外，基本上覆盖全省主要河流。详见表 4 - 2 - 1 和表 4 - 2 - 2。

表 4 - 2 - 1　　　　　　　　**2015 年河南省洪水预报站数统计表**

河 系	河道预报站数	水库预报站数	合 计
淮河干流	12	5	17
洪汝河	8	4	12
沙颍河	22	5	27
海 河	9	7	16
长 江	13	3	16
黄 河	3	2	5
全 省	67	26	93

表 4 - 2 - 2　　　　　　**1949—2015 年部分年份洪水预报站数统计表**

年 份	1949	1957	1965	1975	1985	2015
淮 河	0	32	37	43	46	56
长 江	0	5	8	10	10	16
黄 河			（由黄委水文局负责）			5
海 河	0	5	10	13	13	16
全省合计	0	42	55	66	69	93

二、预报内容

在开展预报作业初期，河南省对河道主要是预报各控制水文站的洪峰水位、洪峰流量及出现时间。随着预报方法的改进和提高，预报内容增加了洪水过程。对大型水库及滞蓄洪工程，在 1950 年前后主要是预报最高库水位、出现时间、相应蓄水量和下泄流量等。之后，预报的内容增加了入库最大流量，并进行调洪演算预报出流过程、分洪水位及分洪流量等。此外，对某些工程复杂的地区，还要进行河、库、滞洪区联合运用的洪水调度，提出调度演算后的河道及蓄洪区最高水位、最大泄量，以提供工程管理单位和防汛领导部门进行决策。70 年代开始做长期预报。

三、预报方法

50 年代的洪水预报方法，产流计算淮河流域采用初损、稳渗扣除法，继而用下渗曲线法单站计算。下渗曲线法理论上比较合理，但使用起来较为烦琐。非淮河流域采用四变数即流域平均雨量（P）、前期影响雨量（Pa）、降雨历时（T）、月份（M），合轴相关图推求净雨（R），即 $R = f(Pa，M，T，P)$ 降雨径流相关图，查算比较简便。在汇流计算方面，多采用谢尔曼单位线、淮上法综合单位线，辅之等流时线、标准径流分配曲线，以及河段的马斯京根法洪流演算。在作业预报时，分为简算和细算两种，往往简算法快速有效。简算法就是用粗算的流域平均雨量，查算流域平均径流深，再查峰量关系，而得上游站的洪峰流量，与实时上涨趋势对照检验后，用上下游洪峰相关（加参数）逐河段向下游作预报。这些方案的具体方法及应用，均收录在 50 年代中国第一本《洪水预报方法》中。

60 年代以后，产流计算普遍采用降雨径流相关图，有的根据资料分析，增加了降雨历时、暴雨位置和久旱情况等参数。显然，这些方案的建立，多属经验性的，但预报的实践证明，这种方法比较简便快速，能够反映暴雨洪水规律的主要影响因素，故有较好的预报精度，在淮河干流一般可以达到 85％左右，沙颍河、洪汝河在 80％上下，唐白河、卫河水系的预报精度为 70％～80％。当然，预报精度还随着预报人员的经验而异。一定时期内降雨径流相关图法，仍是河南省洪水作业预报的主要手段。

70 年代后期，随着全国水文预报技术的发展，在产、汇流计算方面均开始应用一些新的方法，如应用"单元汇流单位线"，编制淮河息县水文站的流域汇流方案，预报效果较好，精度可达 85％以上，说明在大流域内分单元、分阶段（坡面、河槽）进行汇流计算，解决了降雨分布不均和流域汇流非线性的问题，显示了这种计算方法的优越性。

80 年代以后，产、汇流模型兴起，在一些站应用日本的"坦克（TANK）模型"、华东水利学院的"新安江模型"等。用淮河上游资料进行验证，成果不尽理想，没有深入进行研究。

在作业预报的计算手段方面，70 年代以前，都用手算和图表方式，计算工作量大，费时费事，完成一次作业预报一般至少需要 1～2 个小时。80 年代初，引入电子计算机后，先是应用 PC－1500 机，解决复杂的预报计算，如河道、水库的单元汇流计算、推求入库流量过程以及长期预报等，大大提高了工效。1986 年购置 IBM－PC/XT 计算机，一次作业预报只需几分钟就完成复杂的预报计算，并可根据不断传来的新的雨情水情信息，而随时进行修正预报，大大提高了预报时效。

2003 年，引进中国洪水预报系统，该系统提供一个洪水预报的操作平台，可以同时满足防洪调度和实时洪水作业预报的需要。系统建有实时水情数据库、预报专用数据库和客户/服务器环境，采用规范、标准和先进的软硬件环境及模块化、开放性结构，建立常用预报模型和方法库，能方便地加入新的预报模型，快速地构造多种类的预报方案。包括有人工试错和自动优选相耦合的模型率定系统，可用图形和表格方式干预任何过程的实时交互预报系统；通用的数据预处理模块和常用的实用模块及完整的预报系统管理功能。通用性强，功能全面，操作简便。

2014 年 6 月，省防办批准发布《河南省水情预警发布管理办法（试行）》。该办法对水情预警信息发布权限、发布方式和相关责任等内容做出明确规定，对水情预警等级进行详细划分。根据洪水量级、枯水严重程度及发展趋势，将水情预警等级由低到高分为蓝色预警、黄色预警、橙色预警、红色预警四级，并以相应的信号图标表示。首批制定全省 20 个重要河道断面控制站的洪水预警标准、5 个大型水库站的枯水预警标准。该办法进一步规范和促进了河南省的水情预警发布工作，为有关单位做好防御准备，社会公众防范避险提供依据。2014 年 7—8 月，河南省遭遇 1951 年后 63 年不遇的最严重夏旱，省水文水资源局依据《河南省水情预警信息发布管理办法（试行）》，先后 8 次适时发布河道、水库枯水预警，为省政府抗旱决策提供科学的技术支撑。

河南省洪水作业预报，在淮河流域开展得比较普遍，各级水文部门和很多水文测站都总结了一些较简便实用的预报方法和经验。如淮河干流主要站的洪峰出现时间一般可概括为"2 个 24"，即一场暴雨后，从雨止到息县出现洪峰，约需 24 小时；息县洪峰传播到淮滨又约需 24 小时（慢者 30 小时）。淮滨站的雨、洪关系，在流域内不旱、不涝的一般情况下，大体是"雨量 1、2、3，洪峰 3、6、9"，就是说流域内一次平均降雨 100 毫米，将会产生 3000 立方米每秒的洪峰；降雨 200 毫米，产生 6000 立方米每秒的洪峰；降雨 300 毫米，产生 9000（或 10000）立方米每秒的洪峰。息县水文站总结出下游关店乡粮库的预报经验："水位 42.5，淹到关店乡政府（流量 5000 立方米每秒）；水位涨到 43，下游粮库要搬迁（流量 6000 立方米每秒）。"又如运用机会较多的老王坡、泥河洼滞洪区，总结出当上游（杨庄、何口以上）平均降雨 150 毫米以上，滞洪区将开闸分洪等。以上这些简易预报经验，在防汛抗洪斗争中得到广泛应用，尤其为当地防汛服务较为实用。

衡量洪水预报方案的精度，2008 年前按照《水文情报预报规范》进行评定，划分为 3 等：甲等合格率不小于 85%；乙等合格率为 70%～85%；丙等合格率为 60%～70%。甲乙两等可用于作业预报，丙等只用于参考性预报。

洪水预报方案编制所用的水文资料应具有足够代表性，且一般不少于 10 年系列，并需包括大水年、平水年和小水年。要求所用点次湿润地区不少于 50 个、干旱地区不少于 25 个，达不到上述标准所编方案应降一级使用。2008 年 11 月新的《水文情报预报规范》（GB/T 22482—2008）颁布实施后，对预报方案和作业预报的精度评定，均采用该规范规定。

四、长期预报

河南省自 1973 年开始做长期预报，每年汛前与流域机构和气象部门交流会商后，在内部发布，供防汛指挥部参考。长期预报的方法，一般多采用数理统计和方差分析周期叠加、经验相关及副高指数法等，也曾应用太阳黑子资料及天气谚语、农业谚语等，各种方法互相印证。从 1980—1983 年预报结果看，尚接近实际。1985 年以后，连续出现旱年，长期预报结果不甚理想。除此以外，河南省从 80 年代初期开始，利用中原地区历史文献十分丰富的有利条件，大量查阅历代宫廷档案，进行整理分析，还原出 3000 年来的降雨系列，探求其旱涝规律，可对未来 3 年、5 年、10 年进行趋势估报。

第三节 水文情报预报纪实

中华人民共和国成立初期，水文情报预报工作以防汛为主，以后逐渐扩大到为全省防汛抗旱、工农业生产、水电建设等服务。省水文局在历次特大暴雨洪水，及时准确的洪水预报为全省防洪减灾提供了重要决策依据，取得显著的社会效益和经济效益。在此，仅就预报纪实择述数例。

一、1968 年淮河干流暴雨洪水预报

1968 年 7 月中旬，淮河干流上游降了一场特大暴雨，该次暴雨从开始到雨止历时 96 小时，全流域平均降雨 490 毫米。信阳分站 7 月 14 日发布洪水预报，预计 16 日淮滨水文站最大流量将超过 10000 立方米每秒，超出预报图表范围，沿淮堤防将要漫决，各圩区要全部行洪。信阳分站提前两天，将淮滨站洪水预报和将出现特大洪水及城关圩堤无法确保的情况，向信阳地区防汛指挥部作了汇报，地、县防指采取积极措施，动员沿淮村镇迅速搬迁，淮滨县广播站 14 日全天广播水情和洪水预报。县城圩堤于 7 月 15 日凌晨决口，城内水深一般 2 米左右，沿淮堤防大部分决口漫溢。实际淮滨出现最高水位 33.29 米，最大流量 16600 立方米每秒，这是一次不可抗拒的特大洪水。由于

提前发布洪水预报，各级防汛部门采取了有力措施，大大减小洪灾损失，人畜伤亡很少，水文预报的社会效益和经济效益显著。

二、1975 年洪汝河暴雨洪水预报

1975 年 8 月，洪汝河发生特大暴雨洪水，位于暴雨中心的薄山水库，水情处于非常紧急情况。8 月 7 日 2 时，水库水文站技术员王功顺根据气象、水情分析，预测水库将出现历史上最高水位，提前 16 小时预报水库将要溢洪。7 日 17 时后，上游通信全部中断，雨情和水情无法得知，这时库水位迅猛上涨，王功顺根据薄山已降雨量与上游前段报来雨量对比分析，预估上游面雨量要达 500 毫米左右，原洪水预报图表已难以应用，即根据水量平衡原理反推入库流量，并绘库水位上涨累计曲线，根据趋势法来预报水库水情发展，并加强水位观测，提前 5 个小时预报库水位将要超过坝顶，形势万分危急。当地政府根据这个预报，立即要求在水库野营的解放军和当地民兵加固坝顶及防浪墙，军民日夜奋战，终于在库水位超过坝顶 0.66 米，距防浪墙顶仅 0.34 米的危险情况下，保住了大坝安全，避免一场巨大的灾难。如果薄山水库失事，就会与板桥垮坝洪水叠加，殃及下游宿鸭湖水库，其后果不堪设想。

三、1982 年北汝河大水预报

1982 年 7 月底，北汝河发生大水，上游紫罗山水文站出现 7050 立方米每秒的洪峰流量，是 1949 年后最大洪水。根据水文预报襄城站将出现 4000 立方米每秒的最大洪峰流量，最高水位将达到 84.50 米，大大超过保证水位（82.50 米），洪水位接近堤顶。当时面临两种抉择：一是在西河沿扒口分洪，二是加高堤防坚守大堤。水文部门根据天气形势及暴雨分布和当时河槽蓄水情况，认为只要加强防守，洪水可以防御。据此，当地政府调集 5 万民工，加高子埝 0.5 米以上，固守堤防。结果实际洪峰流量 3900 立方米每秒、最高水位 84.34 米，仅低于抢修的子埝堤顶 0.2～0.3 米。一场特大险情，就此化险为夷。同时，根据沙河上游水情和昭平台、白龟山水库蓄水情况，决定两水库关闸错峰，为北汝河洪水让路，使其安全下泄。这次准确的洪水预报和果断的防汛指挥调度，避免了北汝河扒口分洪经济损失约 7000 万元及沙河泥河洼分洪淹地损失，是一次成功的预报和调度，经济效益十分显著。

四、1991 年淮河流域大水预报

1991 年 6 月 12—14 日在洪汝河中下游及淮滨、王家坝一带出现大暴雨，

造成淮河干流王家坝洪水陡涨。省水文总站及信阳分站根据降雨，提前一天预报王家坝水位将超过分洪水位，使濛洼蓄洪区适时主动开闸蓄洪。在该次暴雨中，洪汝河宿鸭湖水库最大入库流量3280立方米每秒，根据洪水预报，经水库调蓄后最大下泄566立方米每秒，削减洪峰83%，保证了汝河堤防安全，如果没有宿鸭湖水库拦洪，其下游班台站将出现3950立方米每秒的洪峰，大大超过保证流量（1800立方米每秒），势必酿成洪汝河大堤漫决。7月上旬史灌河流域出现第二次大暴雨，根据洪水预报鲇鱼山水库于3日和9日两次控泄拦洪，分别削减洪峰60%和73%。7月10日安徽省梅山水库泄洪3020立方米每秒，为减轻固始县的堤防压力，根据雨、水情预报分析，鲇鱼山水库在超汛期限制水位2.98米的情况下，再次果断关闸停泄33个小时，有效地减轻了下游河道负担，保证了史灌河堤防安全。据有关部门评估，是年利用防洪水利工程，科学调度洪水，共减少经济损失21亿多元，其中水文情报、预报非工程防洪效益达到2亿元以上。

五、2003年史灌河暴雨洪水预报

2003年7月受低槽东移的影响，9日8时至10日8时，河南省淮河以南普降大到暴雨，局部大暴雨，蒋集区间平均降雨量达到105毫米。当时，鲇鱼山水库泄流量500立方米每秒，安徽梅山水库泄流量580立方米每秒。10日9时省水情科会商后，做出11日8时蒋集水文站将出现水位33.20米、流量3400立方米每秒的洪水预报。中午12时，再次会商时，安徽省通报，梅山水库蓄水位很高，考虑到自身防洪的需要，泄量有可能加大到2000立方米每秒，而且当时史灌河还在降雨，预报时没考虑这些后期因素（实际后期降雨增加25毫米，梅山泄量加大到980立方米每秒）。在这样的情况下，史灌河洪水无疑将比预报的更大。若硬性关闭鲇鱼山泄洪闸，势必给水位仍在上涨的鲇鱼山水库带来更大风险。此时根据上游降雨情况，预报鲇鱼山水库最高水位将达到109.20米（实际最高水位109.31米），不仅超过建库以来最高水位，还将超过汛限水位3.20米。据此，省防办果断作出决定，立刻关闭鲇鱼山泄洪闸，与下游洪水错峰，最大限度地减轻下游河道负担，同时加强鲇鱼山水库安全防守和巡查，遇到险情随时处理。随着史灌河洪水的上涨，防汛形势越来越严峻，当地急调10万多军民上堤参加史灌河抗洪抢险。位于史灌河的蒋集水文站每30分钟向省水情科报一次水情，省水情科每30分钟做一次水情分析。至11日4时30分，蒋集出现洪峰水位33.39米，超过保证水位0.15米，相应流量3890立方米每秒（保证流量3580立方米每秒）。洪峰尽管过去，

但高水运行将给河道的安全造成很大的压力。省水情科通过水情分析预报：史灌河在峰后仍然会在高水位 32.80 米以上运行 15 个小时，在 32.50 米高水位以上运行 22 个小时以上，河堤依然会长时间处于高危状态。据此，省防指严命抗洪军民严防死守，直到解除警戒为止。这次洪水史灌河出现历史最高水位，远大于 1991 年大水，但造成的损失却远远小于 1991 年。这其中水文情报与预报工作起到了无可替代的作用。

六、2004 年干江河、澧河洪水预报

2004 年 7 月 16 日 8—20 时，干江河官寨水文站以上流域平均降雨量 153 毫米，何口水文站以上流域平均降雨量 134 毫米，根据当时雨情预报官寨水文站 16 日 24 时左右将出现 2800 立方米每秒的洪峰流量。实际官寨水文站 17 日 1 时出现流量 2820 立方米每秒的第一次洪峰，然后流量稍有回落，随着降雨强度的再一次加强，洪水又开始起涨。自上而下连续预报澧河何口水文站 17 日 5 时左右将出现洪峰水位 70.70 米，流量 2000 立方米每秒，将超出下游河道保证流量（泥河洼罗湾分洪闸以下保证流量 1900 立方米每秒），省水情科及时向防办发出洪水预报结果，并建议做好向泥河洼分洪的准备。实际情况何口水文站 17 日 3 时水位 70.57 米，流量为 2200 立方米每秒。

16 日 24 时，干江河官寨水文站以上流域平均降雨量达 201 毫米，何口水文站以上流域平均降雨量达 203 毫米，根据雨情预报官寨水文站 17 日 4 时左右将出现 3500 立方米每秒洪峰流量；预报何口水文站 17 日 6 时左右洪峰流量超过 2800 立方米每秒，澧河洪水将严重超保证流量。时任省长李成玉 17 日凌晨亲临省防办，听取雨水情分析，果断下达分洪命令，罗湾闸 17 日 4 时 10 分开启，向泥河洼滞洪区分洪，同时澧河沿线已做好抗御大洪水准备工作。

17 日 2 时，根据后期降雨和降雨预估又作出官寨水文站将要出现超过 5500 立方米每秒的洪峰流量，何口水文站流量将接近 3000 立方米每秒的预报（实际官寨水文站 17 日 7 时洪峰水位 69.79 米，流量 5350 立方米每秒，何口水文站 17 日 9 时洪峰水位 72.36 米，流量 3020 立方米每秒），何口水文站上游将出现漫溢决堤。省防办根据预报及时采取防汛措施，确保了人民群众的生命安全，整个澧河大洪水，无人员伤亡。

七、2005 年淮河干流上游大洪水预报

2005 年 7 月 9—10 日，河南南部普降大到暴雨，局部大暴雨。暴雨中心在信阳市、正阳县和新县一线，降雨主要集中在 9 日 22 时至 10 日 14 时，其

中信阳市南湾水库 12 小时降雨量 261 毫米，长台关水文站 260 毫米。日降雨量南湾水库 306 毫米，正阳县 321 毫米。降雨量大于 200 毫米的笼罩面积 4580 平方千米，大于 100 毫米的笼罩面积 1.9 万平方千米。暴雨造成淮河干流爆发 1968 年后的最大洪水，洪汝河班台水文站发生 1991 年后最大洪水。淮河干流北岸支流普遍漫溢决口，驻马店市和信阳市出现严重内涝，信阳县部分村庄水深达 2 米。

淮河干流息县水文站的预报方案有 4 套，分别是单元汇流模型法、新安江模型法、暴雨径流峰量相关法、上下经验相关法。分别计算出息县的洪峰流量为：6200 立方米每秒、6800 立方米每秒、7800 立方米每秒、8400 立方米每秒，差别较大。进一步分析认为，这次暴雨洪水是淮河干流 1968 年以后 40 年来未发生的，暴雨中心在上游汇流时间长，洪峰可能偏小；暴雨中心位于淮河北岸，但北岸是平原，洪水很难很快入河，洪峰可能偏小；多年不走大水，河道植树、围垦等造成行洪糙率大，洪峰要比计算值偏小。综合分析后发布洪水预报：息县水文站 7 月 11 日 14 时，洪峰流量 6000 立方米每秒；查 1968 年同级流量水位 43.0 米，40 年来河床变化抬高 0.3 米，预报洪峰水位 43.30 米。实际息县水文站 11 月 12 时洪峰流量 6030 立方米每秒，17 时洪峰水位 43.33 米。预报的时间、水位、流量误差都很小，是一次优秀级别的预报。

八、2007 年淮河干流洪水预报

2007 年 7 月 8 日 8 时至 9 日 8 时，淮南山区普降大暴雨，暴雨主要集中在息县以上，平均降雨量 100 毫米，竹竿铺以上面雨量 124 毫米，潢川以上面雨量量 105 毫米。根据雨水情，省水情科对竹竿铺、潢川、息县、淮滨和王家坝作出一系列预报。

预报竹竿铺水文站 10 日 0 时出现洪峰流量 1400 立方米每秒左右，9 日 10 时左右发现竹竿铺洪水陡涨，经了解，因上游翻板闸开闸造成流量陡涨，据此修正预报洪峰流量可达 2000 立方米每秒，峰现时间提前；预报潢川水文站 10 日 0 时左右出现洪峰流量 1500 立方米每秒左右；预报息县水文站 10 日 8 时出现洪峰流量 4200 立方米每秒左右；预报淮滨水文站 11 日 8 时左右出现洪峰流量 5000 立方米每秒，水位 31.8 米。

9 日 8 时，省水文水情科根据上游预报情况，预报王家坝 11 日 14 时左右出现洪峰流量 7000 立方米每秒，水位将超过分洪水位 29.3 米；10 日 8 时，根据国家防总意见，水情科又对王家坝进行了滚动预报，预报王家坝将出现洪峰流量 7100 立方米每秒，水位将达到 29.6 米以上，开启王家坝闸向蒙洼分洪区分洪不可避免，并根据预报向国家防办提出运用蒙洼分洪区的意见。实测王家坝出现洪峰流量 7270 立方米每秒，水位 29.59 米。本次预报提前 48 小时准确预报了淮河干流的大洪水，为转移群众，组织堤防抢护巡查赢得了时间。

第五章

地 下 水 监 测

河南省地下水监测始于 50 年代初期，当时河南省涝灾严重，土地大面积涝碱化，影响豫东、豫北平原区的农业产量，为科学研究盐碱问题，河南省在豫东、豫北平原区开始有针对性的地下水监测。70 年代起，全省大打机井抽取地下水，以扩大农业灌溉面积，致使某些地区地下水采补失调，形成地下水漏斗区。为了及时监测和掌握平原地区的地下水动态变化情况，科学调度地下水灌溉农业，逐步在全省建立地下水动态观测井网。80 年代中期，对全省地下水观测井网进行统一规划调整，扩展完善了监测项目，开展多项地下水动态转换方面的试验研究。随着水资源问题的日益突出，地下水监测工作的功能得到进一步扩展并备受重视。2000 年后，为适应国民经济建设高速发展，开展了城市地下水专项监测项目，监测技术也逐步向自动化转变，2002 年恢复墒情监测。形成了监测手段先进，井网科学合理的地下水监测网络。

进入 21 世纪，水资源管理得到进一步加强，陆续开展地下水动态研究，探索地下水的自然规律，预测地下水动态发展趋势，发布预报，对水资源环境、现状进行评价，为地下水的合理开发利用和管理提供科学依据。

第一节 地 下 水 观 测

地下水观测由建立平原区地下水观测井网，到城市观测井网、专用观测井网。观测项目有：地下水埋深、单井出水量、水温、地下水质量。观测手段由人工观测逐步向地下水自动观测发展。服务面由单一为农业服务，发展到为水资源规划建设服务。随着地下水供需矛盾的日益突出，开展了大量的井灌田面入渗补给、平原河道侧渗等试验研究及全省地下水资源评价。

由于历史原因，地下水监测形成县级水行政主管部门负责观测管理，省水文局负责井网的规划调整、资料整编刊印和业务技术指导的管理形式。

一、观测井网建设

中华人民共和国成立前，河南省没有地下水观测井网。1953年，人民胜利渠（引黄灌区）管理部门开始在灌区内布设部分地下水观测井，观测引黄灌溉引起的地下水位变化。

1955年，省农林厅水利局在马颊河南乐水文站、金堤河五爷庙水文站的左右两岸各设3眼基线井，研究河水与地下水的补排关系。1957—1959年，省水文总站先后在海河流域的合河、汲县、淇门、道口、西元村和安阳等水文站，黄河流域的大车集水文站，长江流域的黑山头、南阳、内乡、淯滩、半店、泌阳和唐河等水文站，淮河流域的太康、玄武、唐砦、砖桥、永城、黎集、固始和鲇鱼山等水文站附近，各设立一眼地下水观测井，其目的仍在于探索河水与地下水的补排关系。1963年起，在太行山前横跨黄河布设3条地下水基线观测井，涉及海河、黄河和淮河3个流域，探索太行山山前平原及河流两岸的地下水分布情况。

70年代后半期及80年代初，河南省平原地区机井灌溉有了很大的发展，配套机井由1965年的13192眼发展到1979年的50630眼，井灌面积占有效灌溉面积的比例从1965年的36.7%发展到1979年的52.3%。随着机井灌溉的迅速发展，地下水开采量1979年达到80.7亿立方米。在此形势下，各有关部门迫切要求能加强地下水观测工作，及时掌握平原地区的地下水动态变化情况，调度灌溉，并为机井建设规划提供资料。1971年省水利厅和省地矿局共同筹建全省平原区地下水观测井网，每县布设3～5眼，由各县水利局领导，委托气象站、水文站观测，或委托当地人员观测，以便及时掌握平原区地下水动态。1972年地下水观测资料经整编刊印的有405眼井。1979年，贯彻执行部水文局颁发的《地下水观测试行规定》，使河南省地下水观测和资料整编刊印等工作逐步走向正规。在省水文总站统一领导下，全省各地、县增设一大批地下水观测井，至1980年年底，全省地下水观测井已发展到1831眼，实有观测资料1812眼。观测项目从单一的地下水水位、埋深，扩展到地下水水位、埋深、开采量、水质和水温等项目。

《地下水观测试行规定》颁布执行后，河南省按照技术规范核查全省地下水观测井网，发现存在以下几个方面的问题：①观测井过多，观测员委托费增长过快，各级财政很难承受；②委托观测员业务素质参差不齐，致使一些地下水观测数据达不到规范要求；③大量的原始观测资料使省、地、县三级资料整编汇编任务繁重，年鉴刊印校版费时费力费钱；④一些观测井设置点不具代表性，达不到地下水观测目标要求。针对上述情况，省水文总站从1982年开始对地下水观测井进行新的规划和调整。观测井的设置采用金光炎教授提出的相邻站相关分析的方法，经分区精简分析和整理、规划，确定河南省地下水观测井网调整方案，1983年全省地下水观测井调整为1385眼，实际刊印1378眼资料。

1987年6月，水电部水文局在鞍山召开地下水观测井网规划研讨会，是年9月，水电部《关于开展北方地下水观测井网规划工作的函》（水电水文字〔1987〕第8号）及其附件《地下水观测井网规划要点》要求，北方各省（自治区、直辖市）在对现有地下水观测井网进行全面调查的基础上，进行地下水观测井网的规划。根据河南省自然地理条件、区域水文地质条件和水利建设情况，以及生产要求，经综合考虑，将河南省地下水观测井网分为山丘岗台区和平原区。山丘岗台区又分为岩溶山丘岗台区、一般山丘区和一般岗台区；平原区分为一般平原区和河谷平原区。一般平原区又分为黄淮海平原区和南阳盆地平原区。黄淮海平原区包括豫北亚区、豫东亚区和豫南亚区；河谷平原区包括伊洛河平原及灵宝、三门峡盆地平原区。除以上分区外，另有灌区、地下水下降漏斗区和地方病区等。规划的原则为：①以原有观测井网为基础，根据存在问题逐井排查，尽量保留代表性强、观测质量好和资料系列长的观测井；②对其他的观测井分别调整、撤销和改级以符合井网规划要求，并以平原为主，山丘岗台区为辅适量布设；③国家统一规划的基本井与各地市保留井相结合，根据需要再增设一定数量的辅助井，如城市深层地下水观测井等；④基本井（包括区域基本井、主副观测线基线井）与专用井（河道水库侧渗基线井，山前侧向基线井、地下水下降漏斗区井）、试验井及辅助井相结合；⑤地下水观测井网应以掌握浅层地下水动态为主，适当兼顾深层承压水动态。

1987年，经调整规划后全省有地下水基本观测井1469眼（其中逐日观测井133眼）。在地下水基本井中有部分被列为重点井，同时兼测其他项目，包括水温观测井192眼，常规水质观测井213眼，污染水质观测井78眼，地方病水质观测井12眼，开采量观测井188眼。除基本井外，规划设立专用观测井（包括河道、水库、山前侧渗基线井和下降漏斗观测井）118眼、试验井50眼、辅助观测井162眼。

1987年年底全省地下水井网规划调整实施后，实际上经资料整编刊印的地下水观测井为 1415 眼（逐日观测井 141 眼，五日观测井为 1274 眼），其中有 81 眼井兼测开采量，118 眼井兼测水温，279 眼井兼测常规水化学，55 眼井兼测水污染。自 1987 年调整到 1993 年，全省地下水观测井网基本保持稳定。

随着经济建设高速发展，地下水开采量逐年增加，使部分地下水观测井出现井干无法观测，再加上农村宅基地建设、城镇商品房开发及全省各级道路建设，部分观测井被填报废。从 1994 年起，全省地下水观测井数量呈现逐年减少的趋势，到 2014 年全省实有地下水基本观测井 1270 眼。

为了解城市地下水的动态变化情况，2005 年全省设立 512 眼城市（含县城）地下水控制井。2010 年，在郑州、许昌、开封、周口、漯河、商丘等市设立 150 眼地下水自动观测井。2015 年全省实有地下水城市控制井 468 眼，自动观测井 150 眼。

二、管理与观测

（一）井网管理

1963 年太行山前横跨黄河的 3 条基线观测井，统一由省水文总站管理。70 年代初，随着全省机井建设发展而设置的地下水观测井，由各县水利局农水部门管理，经费亦由各县开支。1975 年起经省水利局与省地矿部门协商，全省地下水监测工作划归省水利局水文总站统一管理，省水文总站负责全省的地下水观测井网的规划调整、业务技术指导、监测资料整编、地下水资料年鉴刊印和技术咨询服务。地市一级则由省水文总站下属水文分站管理，每个分站设 1~3 名专职或兼职人员，省水文总站则由有关科室（监测室，后为水资源室）设 3~4 名专职人员。省水利局每年拨一定数量的地下水经费给省水文总站，作为指导全省地下水观测工作以及购置必要仪器设备、资料整编刊印等费用，其中适量下拨给各水文分站作管理经费。

在管理方法上，一般每年初由省水文总站召开一次各水文分站参加的地下水工作会议，总结上年成绩、经验，研究存在的问题，部署本年工作，并表彰先进。各地市水利局与水文分站一般在年度观测资料整编时召开会议，部署相应的工作。日常观测管理工作由地方各级管理部门做定期或不定期检查，以便及时发现和解决问题。

为了加强对全省地下水观测和管理工作人员的业务技术指导，提高业务技术水平和工作能力，省水利厅和省水文总站先后编印颁发了《怎样开展地下水观测和调查试验工作》《地下水动态的观测和普查》《地下水基本井高程测量及基面换算规定》《三角量水堰的设置与观测》以及多项有关地下水资源评价方面的技术文件。

1975 年春，省水文总站在新乡举办全省地市县地下水观测管理人员共 140 余人参加的培训班，历时 40 余天，学习内容为地下水观测和普查的基本知识。

1978 年冬组织各地市及重点县地下水观测管理人员近 30 人，在夏邑县进行地下水资源评价业务学习培训。

1982 年在全省水文站长学习班上进行浅层地下水资源评价工作的业务学习。通过以上一系列的技术指导与学习培训，全省地下水观测管理人员的业务水平有了很大的提高。

（二）观测项目及方法

1. 埋深和水位观测

埋深观测是地下水动态最基本的观测项目。埋深观测分为五日观测和逐日观测两种。五日观测规定为每月 1 日、6 日、11 日、16 日、21 日和 26 日 8 时观测一次，逐日观测井每日 8 时观测，如观测时间正值抽水，则应推迟到水位稳定后再进行观测。

埋深的观测方法为：将测绳放入观测井内，待测钟或探头接触水面时，记录测绳处在固定点的数值，减去固定点距地面的距离即为埋深数据。

观测井的水位由该井地面高程减去埋深得出。观测井的高程引测，一般是在距观测井较近的国家水准点以四等水准测量标准，将高程引测至观测井附近的校核水准点，再从校核水准点将高程引测至观测井井口地面和井口固定点，并将高程统一换算为黄海基面。

埋深的测量工具一般是用带悬重测钟的测绳或用带探头的电测水位计。

随着科学技术的进步，2010 年后开始设立地下水自动观测井，地下水埋深和水位实现遥测。自动观测站主要设备有：自收缆浮子水位计、远程终端控制系统、服务器、PC 终端机。一般观测井都是借用当地的农用井和村民生活井，其水位常受取水干扰，同时也受到废弃破坏，为此，有些观测井不得不多次就近更换。2010 年后设立的地下水自动观测井，均为新打的专用观测井，减少了其他干扰。

地下水埋深观测（包括单井出水量观测、水温观测、常规地下水质监测）的技术标准，在 1997 年以前执行部水文司制定颁发的《地下水观测试行规定》；1997—2006 年执行《地下水监测规范》（SL/T 183—1996）；2007 年后执行《地下水监测规范》（SL/T 183—2005）。

2. 单井出水量观测

河南省 1979 年开始观测单井出水量，主要是了解地下水开采时空分布情况进而分析地下水量开采规律，一般结合机井抽水灌溉进行。基本观测设备为安装三角量水堰，也可在水泵出口处安装专用流量计。

3. 水温观测

始于 1976 年，与地下水埋深观测同时进行，一般采用特制带有外壳的水温表，放在水面以下 1.0 米处，停留时间不少于 10 分钟，待水温表提出井口以后迅速读取水温读数即可。2011 年起全省取消地下水水温观测。

4. 地下水质及污染监测

1981 年开始进行地下水水化学质量监测，年取样 2 次，在 5 月、11 月进行。用洗净的、带有刻度的玻璃瓶或塑料瓶，用井水洗刷 2～3 次后，在井水水面以下 0.5 米处取 1.5 千克水样，3～5 日内送达指定化验室进行化验分析。

1987 年同时开展地下水污染监测和地下水水质监测。污染监测每年 2 次，监测项目包含嗅、味、可见物、pH 值、总硬度、溶解性总固体、硫酸根、氯离子、铁离子、酚、高锰酸盐指数、硝酸根、亚硝酸根、铵离子、氟离子、氮离子、汞离子、砷离子、六价铬、大肠菌群和细菌总数共 21 项。

2009 年后，取消常规水化学及污染水质的监测，统一按照规范要求，改为地下水水质监测，执行《地下水质量标准》（GB/T 14848—93）。

三、试验研究

机井灌溉的发展及地下水资源评价，迫切要求开展开采量观测和评价参数等多个试验成果作根据，因此结合地下水观测进行了多项试验研究，并取得了相应科学成果和数据。21 世纪初加强了地下水规划和保护，开展地下水利用和保护规划研究，制定河南省地下水禁采区和限采区范围。

1974—1989 年，由周口水文分站联合西华县、周口市、商水县、鹿邑县和淮阳县共同进行河道建闸蓄水对地下水补给的研究，历时 15 年，完成的《河道建闸蓄水补源及水资源合理调控研究》成果获 1992 年河南省科学技术进步奖三等奖。

1979 年 10 月至 1980 年 9 月，进行开采量统计的试验研究。新乡水文分站在修武县小文案 364 平方千米试验区，一年内实测 80 眼井的开采量，分析得出单井开采量与全区平均单井开采量的比值范围为 0.07～3.17。试验结果表明，在 80 眼机井中能找到若干个具有代表性的机井（其所灌溉的作物为小麦、玉米两种作物，且极其稳定，机井密度中等）共 15 眼，其比值为 0.9～1.10，任选一眼或两眼此种井，计算全区年总开采量与全区实际总开采量的误差不超过 10%。证明用典型井估算一个乡或一个县的农灌开采地下水量是可行的。

1982 年由水电部南京水文研究所提议，淮委设计院资助，省水文总站主持，商丘水文分站负责具体实施，在毛河流域设立试验区，在面积 176 平方千米范围内，设有水文站 2 个，雨量站 9 个，地下水观测井 10 处，基线井 3 排，土壤含水量观测点 3 处，进行降水、地表水、地下水和土壤水之间的转化关系的研究。直到 1989 年年初结束，历时 7 年多，完成《毛河流域"四水"转化及地下水开发利用试验研究》报告。

1982—1985 年，全省地下水资源评价工作期间，为提供评价计算依据，共选用全省 117 眼观测井 818 站年资料，分析土壤给水度及降雨入渗补给系数和潜水蒸发系数，并选择河南省各流域 25 个有代表性的山区水文站，1956—1979 年系列的流量过程线资料进行基流分割，分析山区地下径流量，先后编写《平原区降雨入渗补给系数的初步探讨》《用年地下水埋深计算潜水蒸发量的初步探讨》《山区地下径流的初步分析》《求算平原区无地下水资料年份的降雨补给量的初步探讨》《地下水位升幅与降水量、地下水埋深关系的分析》《山丘区地下径流分析中的一些问题的探讨》和《关于降水量和地下水埋深长期预报的探讨》等一批科研成果。

1983 年在淮阳县搬口试验站、兰考县张宜王村进行井灌田面入渗补给试验，试验成果见表 5－1－1，可供水资源评价时应用。

表 5－1－1　　　　　　1983 年井灌田面入渗补给试验成果表

试验地点	面积 /m²	土壤岩性	平均埋深 /m	灌水定额 /（m³/亩）	井灌田面入渗补给系数 β/%
淮阳县搬口试验站	2000	亚沙亚黏互层	3.00	40	13.98
				60	12.80
兰考县张宜王村	6000	粉细沙	2.40	60	19.61
				70	24.06

1983 年由淮委提议并资助，省水文总站主持，许昌水文分站负责实施，郏县、宝丰两水利局参加的北汝河河谷平原地表水与地下水转化试验研究项目，主要探索北汝河山前河谷平原河水与地下水相互补排关系，求得定性定量数据，供水资源评价及水利规划设计参考应用。1983 年对试验区进行勘测，

设置了两排基线井（包括河水位），在基线间 6.15 平方千米范围内，设置了 26 眼辅助观测井，1 处雨量站。1984 年 4 月正式观测，1988 年 8 月结束，经对观测资料分析研究，编制完成《北汝河河谷平原地表水与地下水转化试验研究》报告。

1988 年至 1993 年 1 月，由省水文总站、漯河市水利局、许昌水文分站、郾城县水利局共同开展的"平原地区河道侧渗试验研究"项目，于 1988 年开始建立试验区，在漯河市附近沙河上下游 35 平方千米范围内设立 4 个观测断面，设置 56 眼基线井（包括相应的 4 处河道水位），观测历时 5 年，编制《平原地区河道侧渗试验研究报告》。

1988—1990 年，进行惠济河流域引黄补源区地下水采补平衡分析的研究；1990—1992 年进行豫东平原东五县市水资源开发利用研究，编制完成《惠济河流域引黄补源区地下水采补平衡分析》及《豫东平原东五县市水资源供需展望与对策研究》报告。

1992 年，开展豫北五市地下水、地表水及水资源总量系列研究，编制完成《河南省豫北地区水资源系列分析与研究》报告。

1995—1996 年，省水文水资源局与省水利厅农水处联合开展农业增产重点项目"平原井灌规划"研究，编制完成《河南省利用银行贷款发展平原井灌规划》报告。

1997—1998 年，省水文局按照水利部《关于开展"全国地下水资源开发利用规划工作"的通知》（水政资字〔1996〕32 号）和省水利厅的工作部署要求，编制《河南省地下水资源开发利用规划》。规划根据前十年全省地下水实际开采量与可开采量，分析确定 2000 年、2010 年全省地下水限采目标。规划 2000 年全省压采浅层地下水 3.89 亿立方米，重点城市中深层地下水 0.341 亿立方米；2010 年压采浅层地下水 2.33 亿立方米，重点城市中深层地下水 0.343 亿立方米。进行全省地下水资源开发利用调查与研究，编制完成《河南省地下水资源开发利用规划报告》。

2004—2007 年，开展第一次地下水超采区划定工作，评价时段为 1980—2002 年。根据地下水水位下降速率，同时考虑地下水埋深变化情况，全省平原区共划定 10 个浅层地下水超采区，总面积 11688 平方千米；全省 16 个主要城市共划定 26 个地下水超采区，总面积 3230 平方千米。

2005—2009 年，根据水利部《关于开展全国地下水功能区划定工作的通知》（水资源〔2005〕386 号）和《关于做好全国地下水利用与保护规划编制工作的通知》（办规计函〔2007〕409 号）要求，省水文水资源局组织开展全省地下水功能区划定工作，并进行地下水利用和保护规划研究，编制完成《河南省地下水开发利用规划》报告。

2005—2014 年，根据水利部《关于开展南水北调（东、中线）受水区地下水压采方案编制工作的通知》（水资源〔2005〕78 号）、《国务院关于南水北调东中线一期工程受水区地下水压采总体方案的批复》（国函〔2013〕49 号）的要求，省水文水资源局组织开展全省受水区地下水压采研究工作，前后历经 10 年，编制完成《河南省南水北调受水区地下水压采实施方案》。方案确定 2015—2020 年，河南省南水北调受水区城区地下水压采总量 2.70 亿立方米，受水区农村地下水压采 3.10 亿立方米。该研究成果由省水利厅、省发展改革委、省财政厅、省住建厅、省南调办等五厅局联合以《关于印发〈河南省南水北调受水区地下水压采实施方案（城区 2015—2020 年）〉的通知》（豫水政资〔2014〕74 号）下发。

2012—2015 年，根据水利部《关于开展全国地下水超采区评价工作的通知》（办资源〔2012〕285 号）精神，省水文水资源局组织开展新一轮全省地下水超采区评价研究工作，划定河南省地下水超采区与地下水禁采区、限采区，编制完成《河南省地下水超采区评价报告》。全省划定地下水超采区总面积 44393 平方千米，其中浅层地下水超采区 14 个，面积 14195 平方千米；深层承压水超采区 7 个，面积 27996 平方千米；岩溶水超采区 4 个，面积 5471 平方千米；重叠区面积 3269 平方千米。划定郑州、开封、商丘、永城等 4 个市主城区深层承压水禁采区面积 279 平方千米，限采区面积 929 平方千米。按地貌分类，平原地区超采面积 38254 平方千米，山丘地区超采面积 6139 平方千米；按超采程度分类，全省一般超采区面积 38649 平方千米，严重超采区面积 5744 平方千米。省政府以《河南省人民政府关于公布全省地下水禁采区和限采区范围的通知》（豫政〔2015〕1 号）、省水利厅以《河南省水利厅关于公布河南省地下水超采区范围的通知》（豫水政资〔2014〕76 号）公布全省地下水超采区评价成果。该研究成果为河南省实行最严格水资源管理制度提供重要基础支撑。

第二节 地下水通报

1972 年，按水电部水利司规定，逐年编制全省地下水动态简报。一年发布 3 次，第一次为 6 月初地下水位为低水期简报，第二次为 10 月初高水期简报，第三次为年度总结简报。内容包括雨情、地下水埋深、地下水位变幅、地下水下降漏斗区面积及中心埋深和地下水开采量等，重点为平原区。1981年开始由河南省水文总站与河南省地质局水文地质管理处联合发布《河南省1981年度地下水动态简报》第一期，1982—1995年由河南省水文总站发布《河南省地下水动态简报》（以下简称《简报》），每年三期分别对汛前（以5月26日数据为准）、汛末（以9月26日数据为准）和年末（以12月26日数据为准）三个时段发布《简报》，遇特别旱期增出地下水简报。1985年起按水电部水文局要求，每五年出一次地下水简报汇总报告，并分流域编写。1996年对《简报》加强管理，内容进行了详细规范。对降雨除详细描述全省降雨分布情况，还要分析与上年同期的比较，与平水年的比较，评判丰、平、枯情况。地下水埋深选择有代表的井，运用连贯的观测数据，制表绘图。地下水动态变化要求做出与上年同期比较、与上阶段末比较，做出年内最大最小埋深变幅差区域。地下水漏斗情况要划定超采区，监管其变化。灾害情况，对受旱灾、受涝灾面积进行统计，与上年同期比较增减，分析造成原因。地下水开发利用要计算地下水浅层和深层开采量、农业灌溉用水量、城市工业及乡镇企业用水量、生活用水量，与上年同期比较和分析。豫北平原超采严重，对地下水动态变化要做趋势预测，加强管理。

2000年，为及时掌握地下水动态变化情况，对地下水开发利用前景进行预测分析，加强水资源的统一管理、统一调配，实现水资源优化配置，省水利厅决定编发《河南省地下水通报》（以下简称《通报》），由水利厅水政水资源处负责组织协调工作，省水文局承担技术指导和汇总编制，《简报》停办。《通报》是反映地下水情势的综合性简报，分定期和不定期两种。定期《通报》每年发布三期，内容包括降水量、地下水动态、地下水蓄变量和开发利用前景预测。为及时反映地下水重大问题，还要不定期发布《通报》。

2011年水利部水资源司开始组织《全国地下水通报》编制工作，并委托南京水利科学研究院培训地下水通报信息系统及软件系统使用指导，要求各省（自治区、直辖市）人民政府水行政主管部门按照各自职责权限发布地下水通报。据此，河南省加大地下水开发利用监管力度，增加了《通报》内容，并按照季报和年报两种形式刊布。"年报"主要反映降水量、地下水资源量、地下水位动态、地下水蓄变量、地下水开发利用、地下水水质、地下水超采、地下水管理、重要水事等。"季报"每季度发布一期，主要反映重点区域和平原区的地下水动态，采用环比与同比方法进行分析，计算环比与同比情况下的蓄变量，监测地下水超采区水位动态变化，绘制变幅图。至2015年年底，河南发布定期和不定期《河南省地下水通报》49期。

第三节　墒　情　监　测

50 年代后期河南省主要水文站开展土壤含水量监测，60 年代后停测。当时测验设施简陋，方法简单。2002 年恢复墒情监测后，逐步加大站网密度，测报手段向自动监测发展。

一、墒情站网

50 年代后期，为服务农业生产，部分测站开展土壤含水量测验，60 年代后，测站自行停测墒情。2002 年河南省水文系统恢复墒情监测，首次布设人工观测墒情站 78 处，2003 年增加布设墒情站 43 处。2010 年新建墒情自动监测站 88 处，新建旱情综合实验站 1 处。

截至 2015 年河南省共有墒情监测站 207 处，其中人工观测墒情站 121 处，自动监测墒情站 86 处。黄河流域人工观测站 27 处，自动监测站 11 处；海河流域人工观测站 18 处，自动站 17 处；淮河流域人工观测站 64 处，自动站 58 处；长江流域人工观测站 12 处。

二、监测与设备

50 年代后期使用的测具有：取土钻，分麻花形、洛阳铲形（圆筒有斜截刀刃面）钻头，直径 3～4 厘米，钻杆长 0.8 米（可镶接长至 3 米）；盛土盒，为直径 4～5 厘米圆形带盖铝盒；还有烘土箱、天平等。开始土样用煤火烤干，后来改用蒸汽烘箱、电烘箱烘干。

测验方法：选定有代表性的农田，采样点间的距离应不小于 1 米，距地块边缘、路边 10 米以上，距沟、塘和渠道 20 米以上。用取土钻按 0.05 米、0.1 米、0.2 米、0.3 米、0.5 米深度采取土样，放入有编号的盛土盒中，带回室内，称出湿土重，经过烘干，再称出干土重，用湿土重减干土重，除以干土重，得不同深度的土壤含水量，加以平均即为土壤平均含水量，一般每 5～10 天测验一次，雨后加测，为当时当地农业生产服务起到一定的作用。

2008 年开始，要求各墒情测站每月 1 日、11 日、21 日测定代表性农田 10 厘米、20 厘米、40 厘米不同深度土壤含水量，并根据旱情随时加测。

2010 年建设墒情自动监测站，土壤含水量实现适时监测。

第六章

水 质 监 测

　　水质监测是从水化学的常规监测逐步发展起来的。河南省水质常规监测，始于1954年。1978年，开始增加水质污染监测。1985年，对站网进行了统一规划，把常规分析与污染监测两套站网合并，成立水质监测站网，并不定期发布《水质简报》。1994年，开展入河排污口取、退水口及供水水源地等水质监测工作，并建立专用监测站网。1995年，河南省水环境监测中心首次通过国家计量认证评审，获得国家计量认证合格证书，具备向社会提供具有法律效力的水质监测数据。2004年，省水文局编制的《河南省水功能区划报告》经省政府批准实施后，逐步加强了水功能区水质监测工作。

　　截至2015年，全省共有1个省中心实验室、9个分中心实验室，其设立地表水功能区监测站点228个、重点入河排污口监测断面400个、地下水监测井220个，具备涵盖7类72项参数的检测能力。每年编制水资源质量年报、水质评价报告、水功能区水资源质量通报，不定期发布水质简报，为合理开发利用水资源、保护水生态提供全面服务，成为全省各级水行政主管部门水资源管理和保护的重要技术支撑。

第一节 管 理 机 构

　　1975年前后，豫南有4个地市成立水质监测室，1978年省水文总站内设监测室，主管水质与地下水的监测工作。1980年管理体制上收省管后，才真正理顺河南水文系统水质监测、管理体制。1993年省水利厅在省水文总站监测室的基础上，成立河南省水环境监测中心。1995年首次通过国家计量认证评审。2010年省水文局内设水质处。截至2015年，共有省水文水资源局和9个水文水资源勘测局设水质监测科，形成全省水文系统水质监测管理网络。

一、省级机构

1978 年省水文总站内设主管水质与地下水的监测室，规格相当于科级。1992 年 7 月，省水利厅《关于水质监测工作归口管理的通知》（豫水政字〔1992〕018 号）明确，"各级水文机构是同级水行政主管部门实施水资源保护的监测机构""各级水行政主管部门对今后凡涉及取水、排水、向河道、水库、引黄渠系排污的排污口的设置和扩大以及有关的水事纠纷案件裁决等所需水量水质资料，一律以水文部门提供的数据为依据。关于水质监测方法、资料整编方法等工作，由省水文总站归口管理"。是年，省水文总站化验室投入使用，加强了全省水质监测工作的指导作用。1993 年 6 月，经省水利厅批准（豫水劳人字〔1993〕045 号），撤销省水文总站监测室，成立河南省水环境监测中心，规格仍为科级，主要承担水资源水环境监测评价，委托检测及验证等业务工作，中心设监测业务室、质量保证室和检测室三个职能科室。1997 年 9 月，省水利厅明确（豫水人劳字〔1997〕88 号）省水文局内设水质监测室，规格相当于科级。2010 年 12 月，《河南省机构编制委员会关于印发河南省水文水资源局机构编制方案的通知》（豫编〔2010〕65 号）确定，省水文局内设水质处，规格相当于副处级。2013 年 3 月，省水利厅批复确定省水文局机构编制方案（豫水人劳字〔2013〕22 号），省水文局水质处内设监测科和质量科。

1995 年 9 月，河南省水环境监测中心（网点）首次以非独立法人机构通过国家计量认证评审。2000 年 12 月、2005 年 12 月、2009 年 12 月、2013 年 4 月省中心（网点）作为被评审认证机构通过国家计量认证复查换证评审。许昌、周口、洛阳、信阳、南阳、安阳、商丘、新乡和驻马店等 9 个水文水资源勘测局化验室作为计量认证的网点，沿用省水环境监测中心××分中心的称谓。省中心（实验室）和 9 个分中心（实验室）不作为省水文局及 9 水文水资源勘测局的内设机构，只在计量认证时使用的称谓。

二、市级机构

1980 年，市级水文机构上收省级管理前，周口（1974 年）、许昌（1975 年）、南阳（1975 年）、信阳（1975 年）、洛阳（1978 年）等地市水文机构先后设立化验室。1980 年年底，随着水文机构上收，一并收归省水文总站领导。1988 年、1991 年分别建立安阳、商丘水文分站化验室，水质监测工作的布局趋于合理。2004 年 8 月，省水利厅以豫水人劳字〔2004〕50 号文批准信阳、南阳、驻马店、郑州、周口、安阳、新乡、平顶山、商丘、洛阳和许昌等 11 个驻市水文局增设水质监测室。2008 年，新乡、驻马店水文局化验室完成组建，扩大了全省水质监测工作的覆盖面。2013 年 3 月，省水利厅批准信阳、南阳、驻马店、郑州、周口、安阳、新乡、平顶山、商丘等 9 个驻市水文局内设水质监测科（豫水人劳字〔2013〕22 号），加强未设化验室的郑州、平顶山水文局所辖区域的水质监测工作，基本形成科学合理的全省水文系统水质监测管理网络。

第二节 水 质 站 网

中华人民共和国成立前，河南省没有完善的水质站网。1954 年开始在淮河流域进行水质常规监测，以后逐步推广到省辖其他 3 个流域。1978 年，河南省首次布设全省水质污染监测站网。1982 年，针对一部分污染监测项目与常规项目位置重复的状况，于 1985 年 1 月把常规分析与污染监测两套站网合并，建立"水质监测站网"。1985 年 6 月，省水文总站完成《河南省水质监测站网规划初步方案》编制。1989 年年底，对站网进行了较大调整。1994 年，对水质监测站网断面设置、监测频率、监测项目进行综合分析与评价，结合实际情况对站网再次进行优化调整。同时，增设入河排污口，取、退水口及供水水源地等专用站，使监测站网更加完善，为水行政主管部门依法行政、保护水资源打下良好基础。2011 年，省水文局为配合实行最严格的水资源管理制度实施，大力推进以水功能区为单元的水质站网优化建设，对全省水质监测站网进行全面调整和完善，与水质站网相配套的水质化验室建设，也随着水质监测服务面的拓宽，而不断发展。

一、站网建设

（一）地表水站网

河南省的水化学测验始于 1954 年，主要对淮河流域颍河上的白沙水库进行水化学监测，后逐步推广到省辖其他 3 个流域。当时站网设置主要是根据现有水文测站的分布，同时对已建立化验室的水文分站所辖具备取样、送样、交通方便的测站进行监测。至 1965 年全省共计 36 个监测站点，由河南省设立 25 个，长办、黄委设立 11 个。其中淮河流域 17 个、长江流域 6 个、海河流域 2 个、黄河流域 11 个。1966 年"文化大革命"期间，部分水文站陆续停测水化学项目，1969 年仅剩 1 个。"文化大革命"后期，逐步恢复水化学检验，

1975 年恢复到 33 个（不包括长办、黄委所属测站），其中淮河流域为 24 个、海河流域 3 个、黄河流域为 2 个、长江流域 4 个。

随着工业的发展，污废水排放量逐年增加，水污染事故多次发生。1974 年水电部要求水文部门监测水质，1977 年河南省开展水污染状况调查。1978 年形成了水质污染监测站网。至 1980 年共设水质监测站 82 处，监测 13 个水系 68 条主要河流的水质。

1982 年对针对污染监测项目与常规项目位置重复的状况对两类站网的资料进行分析，于 1985 年 1 月对站网进行统一规划，把水化学常规分析与污染监测两套站网合并，建立水质监测站网。是年 6 月，根据水电部水文局〔1984〕水文质字第 52 号文要求，省水文总站编制完成河南省水质监测站网规划初步方案，经省水利厅审查后上报。根据规划，在全省四大流域、13 个水系、66 条河共设站 142 个，其中基本站 54 个，辅助站 86 个，专用站 2 个。1989 年 12 月，省水文总站对河南省地表水水质监测站网进行调整，调整后共有水质站 125 个，在此基础上进一步布设水质调查点 12 个，到 1990 年全省地表水水质监测站为 141 个，2000 年降为 127 个。

2003 年，根据淮河流域水资源保护局工作安排，河南省开始对淮河流域部分水功能区实施监测。2003—2006 年，监测水功能区数 28～58 个。2007 年，河南省根据《河南省水功能区划》和《水功能区管理办法》，组织对 159 个水功能区进行了监测。2009 年河南省对水质监测站网进行了调整，逐步向水功能区监测靠拢。2011 年首次实现区划河流和水功能区的全覆盖监测，布设监测站点 487 个。至 2014 年，根据实行最严格水资源管理考核工作的需要，进一步调整水功能区监测范围为河南省列入《全国重要江河湖泊水功能区划登记表》中的地表水功能区 207 个（不含流域细则中监测主体为流域的水功能区），对应水功能区监测断面 222 个，2015 年断面增加到 228 个。

1954—2015 年河南省地表水水质监测站数统计详见表 6-2-1。

（二）地下水站网

1980 年，地下水观测项目扩展地下水水质监测。1987 年，全省布设常规地下水水质井 279 眼，污染监测井 55 眼。此项工作持续到 2008 年，每年监测地下水水质井和污染井数略有变动。

2009 年，根据《关于重新布设河南省地下水水质监测井的通知》（豫水文〔2009〕5 号），河南省逐步推进地下水水质井的监测工作，重新布设了地下水水质监测井共 222 眼，各年度实际监测时由于封井替代等原因，监测井总数会略有变动。2015 年年底，全省共设地下水水质监测井 222 眼。

表 6 - 2 - 1　　　1954—2015 年河南省地表水水质监测站数统计表　　　单位：个

年份	站数	年份	站数	年份	站数	年份	站数	年份	站数
1954	0	1967	24	1980	82	1993	136	2006	120
1955	1	1968	2	1981	92	1994	129	2007	120
1956	1	1969	1	1982	136	1995	132	2008	120
1957	0	1970	1	1983	141	1996	132	2009	120
1958	1	1971	3	1984	156	1997	129	2010	333
1959	12	1972	5	1985	142	1998	129	2011	487
1960	7	1973	33	1986	142	1999	128	2012	486
1961	8	1974	32	1987	147	2000	127	2013	485
1962	17	1975	33	1988	148	2001	119	2014	222
1963	22	1976	39	1989	149	2002	121	2015	228
1964	23	1977	42	1990	141	2003	121		
1965	25	1978	45	1991	140	2004	120		
1966	24	1979	55	1992	136	2005	120		

（三）入河排污口监测站网

1997 年 12 月 9 日，水利部向淮委及流域四级水利厅下发《关于做好淮河流域工业污染源达标排放监测工作的通知》，要求对全流域 593 个主要排污口和重点河流进行全面监测，其中河南省布设 150 个入河排污口。

2000 年开始，淮河流域入河排污口核查工作步入常态化，每年都对省辖淮河流域重要入河排污口上半年和下半年各进行一次核查和入河排污总量监测。监测由最初的 150 个入河排污口增加到 400 多个，监测项目增加总磷和总氮两项。淮河流域入河排污口核查工作一直持续到 2015 年。河南省辖海河流域入河排污口调查监测工作于 2003 年第一次开展，以后又于 2005 年、2007年、2011 年和 2012 年进行了入河排污口的调查和监测；河南省辖黄河流域入河排污口调查监测工作也是 2003 年第一次开展，2005 年、2007 年和 2011 年又进行了调查监测。

河南省从 2013 年开始至 2015 年，在全省入河排污口核查成果的基础上，选取 400 个重点入河排污口（主要为污水处理厂排污口、污染重的工业企业排污口等）进行监测。

（四）动态监测站网

1990 年，根据《淮河水污染联防工作方案》要求，为实现联合防污即时服务，结合全省实际情况，设立贾鲁河闸（上）等 10 个水质动态监测断面，

2007 年又设立永城张桥闸等 2 个动态监测断面，2010 年设立息县淮河大桥等 4 个动态监测断面。截至 2015 年，河南省共监测 15 个污染联防断面，分别由周口、商丘、驻马店、信阳水文水资源勘测局承担相关断面的水情监测，河南省水环境监测中心周口分中心、商丘分中心、驻马店分中心和信阳分中心承担水质监测。全省 2015 年度污染联防各监测断面共实施监测 520 次，取得水质、水量数据 3752 个。

二、化验室建设

（一）化验室发展

1974—1975 年，河南省水文系统先后设立周口、许昌、信阳、南阳化验室 4 处，1978—1993 年设立洛阳、安阳、商丘、省中心化验室 4 处，2009 年设立新乡、驻马店 2 处。至 2015 年，全省共设立化验室 10 处，中心检测室总面积共计 3370 平方米，其中温控面积 2823 平方米。监测能力覆盖地表水、地下水、饮用水、污水及再生水、大气降水、底质、土壤及水文要素等共 7 类 72 项参数。

（二）仪器设备

常规水质化验，用容量分析法或目视比色法，仪器设备简陋，主要有万分之一分析天平、滴定管等。后来逐步增添智能荧光测汞仪、冷原子荧光测汞仪、电导率仪、BOD_5 生化培养箱、超净工作台和鼓风干燥箱等设备。省中心实验室除上述大部分设备外，还配置有 WFX－ID 型原子吸收分光光度计、751－G－W 型紫外分光光度计、SYG－Ⅰ型智能冷原子荧光测汞仪和 LRH－150B 型生化培养箱等设备。经过河南省水文"九五""十五"规划等多个水文基础建设工程对化验室建设的投入，省中心又相继配备气相色谱仪、离子色谱仪、连续流动分析仪、进口原子吸收分光光度计、原子荧光光度计、红外测油仪、生化需氧量测定仪等。分中心配置离子色谱仪、连续流动分析仪、原子吸收分光光度计、原子荧光光度计、生化需氧量测定仪等。

截至 2015 年，全省 10 个化验室配备有气相色谱仪、离子色谱仪、原子吸收分光光度仪、原子荧光光度计、测油仪、紫外分光光度仪、电子天平及其他常规分析仪器设备总计 524 台（套），总资产 1379.556 万元。

（三）人员结构

天然水化学分析时期，全省水文化验人员仅有 7～8 人；1999 年达 60 人，2010 年 89 人，2014 年 88 人。2015 年全省技术人员 90 人，其中高级技术人员 27 人、中级技术人员 38 人，专业涉及分析化学、环境监测、水文水资源、环境工程、计算机等。具有承担水资源水环境监测评价、国内外委托检测及验证等业务能力。

（四）监测能力

截至 2015 年，全省 10 个化验室的监测能力已覆盖到地表水、地下水、饮用水、污水及再生水、大气降水、底质与土壤及水文要素等共 7 类 72 项参数。各地市化验室监测能力不尽相同，许昌化验室监测项目为 46 项、周口 39 项、洛阳 41 项、信阳 39 项、南阳 40 项、安阳 46 项、商丘 39 项、新乡 36 项、驻马店 38 项。

第三节 监 测 与 评 价

50 年代，河南省水质监测工作主要是天然水化学监测。其后，相继开展水化学监测、水污染监测、水功能区监测、动态监测、水生态监测、地下水水质监测等工作。监测项目由 50 年代的溶解气体、耗氧量及生物原生质、总碱度、总硬度及主要离子，逐步增加，截至 2015 年，覆盖地表水、地下水等 7 类 72 项参数。

河南省水质评价主要是现状水质评价，自 1980 年开始对上年水质进行分析，编写出年度水质评价报告。1983 年对全省水体进行第一次水质评价。1998 年对全省 13 个水系 68 条河流 129 个河段、19 座大中型水库、257 眼地下水监测井开展水质监测，进行水质综合评价。2011 年首次对区划河流和水功能区的全覆盖监测评价，对省重点河流、地下水和 487 个水功能区水质监测断面的水资源质量状况进行评价，其结果刊布于《河南省水资源公报》。2014 年和 2015 年，对列入《全国重要江河湖泊水功能区划登记表》中的地表水功能区进行评价，2014 年对应水功能区监测断面 222 个，2015 年断面增加到 228 个。对其中 164 个列入国家近期考核范围的水功能区，需要逐月上报各相关流域和水利部，年底计算河南省水功能区达标率。

一、监测项目与技术标准

50 年代刚开始进行水化学监测时，现场测定的物理性质项目仅为水温、气味、透明度等。室内分析项目分为：①溶解气体（游离二氧化碳、侵蚀性二氧化碳、硫化氢、溶解氧）；②耗氧量及生物原生质（耗氧量、铵离子、亚硝酸根、硝酸根、铁离子、磷、硅）；③总碱度、总硬度及主要离子（总碱度、碳酸根、重碳酸根、总硬度、钙离子、镁离子、氯离子、硫酸根、钾和钠、矿化度）。

1976 年水电部颁布《水文测验手册》第二册《泥沙颗粒分析和水化学分析》，1979 年水电部《水质监测暂行办法》列出基本项目 26 项，选作项目 21 项（主要是一些重金属及有机化合物）。由于受当时设备简陋限制，对必测项目中的生化需氧量、细菌总数、大肠菌群数、DDT（666）等项目均不能监测。1985 年水电部颁布《水质监测规范》，其中必测项目定为 36 项，选测项目 11 项，因化验设备未配备到位，尚有部分项目仍未能开展。至 1999 年必测、选测项目全部开展。经"九五""十五"水文建设项目的落实，大型、智能、先进的监测仪器设备的引进，2010 年后省中心监测能力有很大提高，全省 10 个化验室的监测能力已覆盖到地表水、地下水、饮用水、污水及再生水、大气降水、底质与土壤及水文要素等共 7 类 72 项参数。基本覆盖《地表水环境质量标准》（GB 3838—2002）中 29 项基本项目和部分特定项目。

测次原则上基本站年测 12 次，辅助站年测 6 次，调查站年测 3 次。2011—2013 年水功能区年度监测频次为 4～12 次，2014 年和 2015 年所有水功能区站点监测频次均提高为每年 12 次。

河南省在水质监测中执行全国统一的监测技术标准。1961 年执行《水化学分析规范》标准，1962 年执行水利部《水文测验暂行规范》第四卷第五册《水化学成分测验》标准，1976 年执行《水文测验手册》第二册《泥沙颗粒分析和水化学分析》标准。1979 年又同时执行水电部颁发的《水质监测暂行办法》。1984 年 12 月，水利部颁发《水质监测规范》（SD 127—84）。该规范规定了水质站网设置、采样方法和水样处理、保存方法，对分析项目、分析方法、质量控制、污染源调查、水质资料整编和刊印提出了统一标准，是水质监测工作较为全面系统的第一部规范，河南 1985 年执行。1986 年，部水文局根据各类水质分析方法的国家标准，编写了《水质分析方法》在全国试行，1989 年执行《水质分析方法》修订版，1997 年执行水利部水文司、部水质试验研究中心下发的《水质分析方法（国家）标准汇编》。1998 年 7 月，水利部颁布《水环境监测规范》（SL 219—98），该规范将原水质监测改为地表水监测，增加了地下水、大气降水、生物监测及水污染监测等部分，河南省当年贯彻实施。2014 年和 2015 年，执行水利部 2013 年颁布的《水环境监测规范》（SL 219—2013）行业标准。

二、监测类别

（一）地表水水质监测

1954 年，省辖淮河流域白沙水文站开展天然水化学监测，以后逐步扩大到其他 3 个流域，至 1965 年河南省全省监测 36 个站点。1978 年河南省开展了水质污染监测。1980 年共监测水质断面 82 个，涉及 13 个水系 68 条主要河流的水质。1982 年合并水化学常规分析和污染监测站点共监测 136 个水质断面，监测次数为 2～5 次每年，监测指标为 11 种。至 1990 年，基本每年监测 140 个地表水水质断面，涉及 13 个水系 74 条河流，监测指标达到 17 项，到 2000 年下降到每年监测 127 的地表水水质断面，监测指标基本不变。

2000 年以后，随着水功能区区划工作的推进，河南省结合流域要求，逐步实施了水功能区监测。根据淮委水资保〔2003〕27 号文，省水利厅于 2003 年下发《关于开展省辖淮河流域水功能区水质监测的通知》，依此省中心开展 58 个重点水功能区的水质监测工作，监测频次为一季度一次。

2004—2005 年，重点水功能区水质监测站点个数调整为 28 个。期间 2004 年《河南省水功能区划》经省政府报批，为河南省水功能区监测提供了依据。

2006 年，重点水功能区水质监测站点个数调整为 42 个。

2007 年，河南省根据《河南省水功能区划》和《水功能区管理办法》组织对 159 个水功能区进行监测。

2007—2009 年，水功能区监测个数为 159～221 个。

2010 年监测水功能区水质断面 333 个。结合水功能区管理需要，组织对全省水功能区进行了断面核查调整，并于 11 月对调整后的水功能区断面进行了一次水质监测，该次监测水功能区断面 494 个。

2011 年，河南省首次实现区划河流和水功能区的全覆盖监测，同时增加重点水功能区的监测频次。全省监测了水功能区 482 个，省辖黄河干流的 8 个功能区监测由黄河流域水资源保护局承担，省辖淮河流域 17 个省界功能区监测由淮河流域水资源保护局承担，省水文局承担其余 457 个水功能区的监测，对应水质监测断面 487 个。监测范围由 12 个水系 65 条河流扩大为 14 个水系 134 条河流，大幅度提高了河流水系水质监测覆盖率。至 2013 年年底，省中心承担着 457 个水功能区 131 条河流上的 485 个水质监测站点监测任务。

2014 年对列入《全国重要江河湖泊水功能区划登记表》中的 209 个地表水功能区实施监测（不含省界缓冲区），对应水功能区监测断面 222 个，监测按照水利部重要江河湖泊水功能区达标考核工作要求进行。

2015 年水功能区监测断面增加到 228 个。监测频次为 12 次每年，监测时间为每月上旬。测定项目：包括水温、pH、溶解氧、高锰酸盐指数、化学需氧量、五日生化需氧量、氨氮、总磷、总氮（湖库必测）、铜、锌、氟化物、硒、砷、汞、镉、六价铬、铅、氰化物、挥发酚、石油类、阴离子表面活性剂、硫化物、粪大肠菌群共 24 项，饮用水源区增加硫酸盐、氯化物、硝酸盐、铁和锰 5 项，水库断面每月上报水库蓄水量，水文站断面上报流量数据。由 18 个勘测局负责各自辖区内的水质监测断面的采送样，省中心和 9 个分中心负责化验工作。

（二）地下水水质监测

1980 年对全省主要城市郊区的浅层地下水做过监测，1981 年停止监测。由于需要进一步了解城郊浅层井水质变化，1982 年，为了解城镇工业污染对浅层地下水影响，对部分城郊地下水水质进行监测，全省监测井数在 32 眼至 56 眼间变动。1982—1984 年，大部分井每年监测一次，个别井一年监测四次；1985—2008 年，所有监测井每年监测两次。

1987 年同时开展地下水污染监测和地下水水质监测，监测项目包含总硬度、溶解性总固体、硫酸根、氯离子、铁离子、酚、高锰酸盐指数、硝酸根、亚硝酸根、铵离子、氟离子、氮离子、汞离子、砷离子、六价铬、大肠菌群、细菌总数等共 21 项。

2009 年开始，取消常规水化学及污染水质的监测，统一按照规范要求，改为地下水水质监测，执行《地下水质量标准》（GB/T 14848—93）。

2015 年，按照水利部和各相关流域机构对地下水水质监测工作的要求，结合省水利厅工作需要，河南省监测了 219 眼地下水。

（三）入河排污口核查和监测

1997 年，省水利厅部署开展全省水利工程内排污口调查登记及监测工作。省水文局从 4 月中旬至 7 月中旬，组织开展省辖水利工程内排污口的调查登记，共调查水利工程排污口 1000 多处，完成水质水量监测 407 处，绘制排污口位置图 108 张，于 8 月初向省水利厅上报全部监测成果，提供排污口调查及水质水量成果数据 3456 组。

1998 年，在淮河流域水资源保护局统一组织下，省水文局在省辖淮河流域各地市，同时开展首次入河排污口调查监测"零点行动"。监测取样时间为一天，当日的 0 时、8 时和 17 时取 3 次样，同时监测污水量和登记入河排污口基本信息，并采集图像资料和地理信息数据。水质监测项目为 pH、溶解氧、五日生化需氧量、化学需氧量、氨氮、挥发酚共 6 项。此次行动共调查入河排污口 150 个，涉及郑州、洛阳、开封、许昌、平顶山、漯河、信阳、驻马店、南阳、商丘和周口等省辖市。基本上摸清省辖淮河流域入河排污口分布状况。通过污水排放量监测和入河排污量分析计算，初步掌握了省辖淮河流域水体污染来源、种类以及对水体的污染程度。

2011 年 4 月，在前期调查摸底工作基础上，黄河流域入河排污口全面核查工作启动。省水文局负责对省辖黄河流域各省辖市的入河排污口进行核查。按照黄委水保局下发的《黄河流域入河排污口核查实施方案》要求，省水文局制定《河南省黄河流域入河排污口核查实施方案》，并向郑州、洛阳、安阳、新乡和濮阳水文局下发《河南省水文水资源局关于开展省辖黄河流域入河排污口核查的通知》（豫水文〔2011〕80 号），要求各水文局按照工作方案开展辖区内的入河排污口调查。主要调查省境内黄河流域的地表水集中式污染源（城镇点源），包括现状工矿企业废水、城镇生活污水、混合污水和污水处理厂等，共调查各种类型入河排污口 115 个，分布在黄河干流、伊河、洛河、金堤河等 21 条河流上，大部分入河排污口排放方式为连续排放，少量为间歇排放。实施水质水量同步监测 2 次。入河排污口、支流口监测时间为 8 月和 9 月。单一性农灌退水沟根据退水时间掌握，总体两次监测。有排污汇入的农灌退水沟，分灌溉期和非灌溉期开展监测。入河排污口监测项目为：流量、pH、化学需氧量、氨氮、氰化物、挥发酚、砷、镉、六价铬、汞、铅和总磷等 12 项。支流口、农灌退水沟等的监测项目增加五日生化需氧量和总氮共 14 项。该次调查监测结果表明各种类型入河排污口污水入河量达 8.10 亿吨每年，污染物入河量为化学需氧量 5.48 万吨每年，氨氮 0.86 万吨每年。

海河流域入河排污口调查始于 2003 年，2007 年全面核查工作正式开展，主要由安阳水文局承担，共调查和监测新乡、焦作、鹤壁、安阳和濮阳 5 个省辖市 58 个入河排污口。2011 年，省辖海河流域入河排污口监测核查由安阳、新乡和濮阳 3 个水文局共同完成，其中水质监测由安阳和新乡水文局承担。纳入核查范围的入河排污口达 138 个，全部为规模以上（入河污废水量 300 吨每天及以上或 10 万吨每年及以上）的重点入河排污口。水质监测于 2011 年 5 月完成。调查监测结果表明海河流域水系污废水入河量 4.88 亿吨每年，污染物入河量化学需氧量为 4.66 万吨每年、氨氮 0.67 万吨每年。

省水利厅从 2013 年开始至 2015 年，按照《入河排污口监督管理办法》《入河排污口管理技术导则》，每年组织对全省 400 个重点入河排污口实施监督性监测。在全省入河排污口核查成果的基础上，选取 400 个重点入河排污口（主要为污水处理厂排污口、污染重的工业企业排污口等）进行监测。监测时间为每年的 5 月、7 月、10 月，共 3 次。监测项目为水温、流量、pH、化学需氧量、五日生化需氧量、氨氮、挥发酚、总磷、总氮共 9 项。

2015 年，根据相关流域和省水利厅工作安排，全省共计监测 607 个入河排污口，入河废污水量 30.50 亿吨每年，化学需氧量 22.60 万吨每年，氨氮

2.20万吨每年，总氮5.09万吨每年，总磷0.37万吨每年。

（四）动态监测

1990年11月，周口分中心开始参加淮河水系污染联防动态监测工作。按照《淮河水污染联防工作方案》的要求，周口共设扶沟闸（上）、贾鲁河闸（上）、黄桥闸（上）、周口闸（上）、周口二、槐店闸（上）和李坟闸（上）7个水质动态监测断面，后撤销了扶沟闸（上），增加付桥闸（上）、东孙营闸（上）、郑埠口闸（上）、班台断面，监测项目为：水位、流量、pH、水温、色度、溶解氧、高锰酸盐指数和氨氮8项。

2007年，商丘分中心加入到淮河水系污染联防动态监测工作中，设商丘市大沙河包公庙闸和沱河永城张桥闸断面两个动态监测断面，正常情况每周监测一次。

2008年8月26日，水利部淮委通报：大沙河包公庙断面砷浓度超标899倍。淮委水保局沿着大沙河向上游追查，最终污染源是河南省民权县成城化工有限公司的排污，大沙河受污染水体已约1000万吨。省水文局启动应急预案，组成水文突击队连续多日对水量水质进行动态监测，积极配合当地政府和环保部门，为防控淮河污染提供及时准确的科学依据。历时4个月，1000多万吨的砷污染水得到了处理。大沙河沿岸未发生一例人畜中毒事件，沿岸两侧1000米内的地下水、土壤及植被均未受污染。

2009年6月，省中心在水功能区监测工作中，发现郑州市索须河下游氟化物严重超标后，对水质进行动态监测，并及时将监测分析信息报送有关部门，配合地方政府和职能部门做好应急处置。由于发现及时、协调有方，避免了重大水污染事故的发生。

2010年，增设桂李闸（上）、夏屯闸（上）两个水质动态监测断面由驻马店分中心负责监测，并将原周口分中心负责监测的班台断面也划归驻马店分中心监测。增设息县淮河大桥、312国道大桥两个水质动态监测断面由信阳分中心负责监测。

2015年省水文局组织各相关水文局化验室对布设在省辖淮河干、支流上的16个污染联防监测断面，进行水情水质动态监测。共实施监测520次，取得水质、水量数据3752个，按照《地表水环境质量标准》（GB 3838—2002）评价。结果表明：符合Ⅱ类水标准的测次占总测次的5.0%，符合Ⅲ类水占41.1%，符合Ⅳ类水占40.0%，符合Ⅴ类水占10.8%，劣Ⅴ类水占3.1%，与2014年相比，优于Ⅲ类水标准的测次明显增多，劣Ⅴ类水标准的测次明显减少，水质污染程度有所减轻。

（五）水生态监测

2012 年开始，省水文局选取尖岗水库作为生态（藻类）监测试点。监测情况：①水生态监测指标体系：通过指标筛选原则，建立河南省水生态监测备选模拟指标，为后续工作打好基础。暂定水生态监测四大指标为景观指标、营养盐状况指标、理化环境状况指标、生物指标，其中每个大指标又包括各部分小指标。②指标筛选：利用主成分分析法，借助 SPSS 软件确定主要水生态监测指标为总磷、高锰酸盐指数、五日生化需氧量、pH、氨氮、总氮、叶绿素 a、透明度、藻密度和藻种属等。③监测频次：试点水库每年 5—11 月进行监测，非试点水库每年丰水期、枯水期各进行一次监测。

2015 年 5—11 月省水文局对郑州市饮用水源地尖岗水库实施了藻类监测，监测参数：种属鉴定、藻密度、叶绿素、透明度 4 项。

三、水质评价

河南省水质评价依据：地表水 1985 年以前采用水质等级评定，1985 年开始使用《地面水环境质量标准》（GB 3838—83），1989 年使用《地表水环境质量标准》（GB 3838—88），2003 年以后依据《地表水环境质量标准》（GB 3838—2002）。地下水 1982 年以前采用地表水评价标准，但只选取了酚、氰、砷、汞、六价铬项目。1983—2010 年，采用生活饮用水标准，2011—2015 年采用《地下水质量标准》（GB/T 14848—93）。

河南省水质评价主要是现状水质评价。自 1980 年开始对上年水质进行分析，编写出年度水质评价报告。1983 年改为编写《河南省水质概况》，主要内容：水质监测情况、地表水水质状况、城郊地下水水质状况，在此基础上又逐步增加水库水质评价、水污染事故、降水情况等方面的概述。2003 年又更名为《河南省水资源质量概况》，包括全省地表水资源质量、地下水资源质量、省辖四流域地表水资源质量、与上一年度地表水资源质量比较成果。2011—2015 年更名为《河南省水资源质量年报》，主要内容包括地表水资源质量评价、水功能区水质达标评价、水库水资源质量评价、地下水资源质量评价。

1983 年对全省水体进行第一次水质评价，统计省内各河流的污水接纳量，对 141 个监测断面进行评价。其中，符合地面水标准的断面 44 个，占监测断面的 31.2%；河长 466 千米，占监测河长的 35.5%。不符合地面水标准的断面 97 个，占监测断面的 68.8%；河长 2668 千米，占监测河长的 64.5%。对全省 16 个城市郊区的地下水（浅井）进行水质评价，共监测 51 眼井，一级水占 5.8%，二级水占 35.3%，三级水占 17.6%，四级水占 23.5%，五级水占 17.8%。上述地表水、地下水评价成果均编入 1984 年《河南省水资源调查评价研究》成果中。

1983 年 7 月，省水文总站根据 1982 年全省水质监测情况，编制第一期《河南省水质概况》。对影响水质的主要因素概况、1982 年水质监测情况、地表水水质状况、城郊地下水水质状况进行统计和分析。

1998 年，对全省 13 个水系 68 条河流 129 个河段（湖、库）、19 座水库进行水质监测评价。控制河流总长 5204 千米，其中对 127 个河段进行评价：Ⅰ类水质河段有 2 个，占监测河段的 1.6%；Ⅱ类水质河段有 15 个，占监测河段的 11.8%；Ⅲ类水质河段有 13 个，占监测河段的 10.2%；Ⅳ类水质河段有 16 个，占监测河段的 12.6%；Ⅴ类水质河段有 11 个，占监测河段的 8.7%；大于Ⅴ类水质的河段有 70 个，占监测河段的 55.1%，这些河段一般位于城镇及工矿企业集中区域，已受到严重污染，水体已不能满足各种用水需求。

监测的 19 座水库中，大型水库 15 座（未监测及非河南省监测的为石漫滩、故县、陆浑水库），有相对比较重要、受城市排污比较严重的中型水库 4 座。监测评价显示：Ⅰ类水质的有 1 座（鲇鱼山水库），Ⅱ类水质的有 8 座，占总数的 42.1%，Ⅲ类水质的有 5 座，Ⅳ类水质的有 3 座（郑州市的尖岗水库及安阳市的漳武水库、汤河水库），Ⅴ类水质的有 1 座（宝泉水库），大于Ⅴ类水质的有 1 座（驻马店的宿鸭湖水库）。对 19 座水库进行富营养化评价，评价项目为总磷和高锰酸盐指数。评价结果表明：19 座水库中，有 5 座为贫营养化，1 座为富营养化，13 座为中营养化。

2010 年，水利部组织开展 21 世纪前 10 年全国地表水功能区水资源质量变化调查评价工作，以期达到两方面的目的：①客观评估十年来政府制定一系列水资源保护政策对改善地表水水质的影响；②为水利部提出的最严格的水资源管理制度全面落实提供基础数据。河南省依据《21 世纪前 10 年全国地表水功能区水资源质量变化调查评价技术细则》的技术要求及水利部和各相关流域机构工作进度安排，由省水文局组织专门工作小组，收集分析整理大量水质监测资料，以河南省水功能区为主体，全面评价 2009 年现状年的水质情况和 21 世纪前 10 年全省水资源质量总体状况，系统分析 10 年的水质类别、达标情况、水质变化特征与变化趋势，绘制大量专题图表。同时，指出水资源保护中存在的问题，提出相应的水资源保护措施，为科学制定水资源保护策略、实行最严格水资源保护制度提供基础资料。

2011 年开始实施全部水功能区监测评价。是年，河南省共监测评价 457

个水功能区，除 5 个水功能区全年断流和 93 个排污控制区没有水质目标而不参与评价，对 359 个水功能区进行了水质达标评价，评价河长 9994.9 千米。水功能区达标 74 个，达标率为 20.6%；达标河长 2131.3 千米，达标率 21.3%。

2011 年后，逐年对省重点河流和水功能区水污染状况进行监测和评价，其结果刊布于《河南省水资源公报》。主要内容包括河道水质、水库水质、地下水水质评价及水功能区达标评价等。

2015 年根据水利部实行最严格水资源管理制度的要求，按照省辖四流域和水利厅的工作要求，对 207 个地表水功能区（不含监测主体为流域的水功能区）进行了评价，对应 36 条河流，4838.8 千米河长。采用《地表水环境质量标准》（GB 3838—2002）分全年期、汛期、非汛期进行水质评价分析。

全年期评价结果：水质达到和优于Ⅲ类标准的河长 2146.6 千米，占总河长的 44.4%；水质为Ⅳ类的河长 609.2 千米，占总河长的 12.6%；水质为Ⅴ类的河长 418.3 千米，占总河长的 8.6%；水质为劣Ⅴ类的河长为 1597.2 千米，占总河长的 33.0%，断流河长 67.5 千米，占总河长的 1.4%。

海河流域：对 16 个河流型水质站进行评价，总河长 371.2 千米，涉及 3 条河流，分别是卫河、共产主义渠、马颊河。所监测河段的水体污染非常严重，按全年期、汛期和非汛期评价，水质全部为劣Ⅴ类，占该流域评价总河长的 100.0%，主要污染项目为氨氮、化学需氧量、总磷。

黄河流域：对其 49 个河流型水质站进行评价，总河长 871.1 千米，全年期水质为Ⅱ～Ⅲ类的河长为 620.1 千米，占该流域评价总河长的 71.2%；水质为Ⅳ类的河长 29.0 千米，占该流域评价总河长的 3.3%；水质为劣Ⅴ类的河长 222.0 千米，占该流域评价总河长的 25.5%。

淮河流域：对其 121 个河流型水质站进行监测，总河长 2968.9 千米，参与评价河流 21 条。按全年期评价，水质为Ⅱ～Ⅲ类的河长为 1062.2 千米，占该流域评价总河长的 35.8%；水质为Ⅳ类的河长 505.6 千米，占该流域评价总河长的 17.0%；水质为Ⅴ类的河长 418.3 千米，占该流域评价总河长的 14.1%；水质为劣Ⅴ类的河长 915.3 千米，占该流域评价总河长的 30.8%；断流河长 67.5 千米，占该流域评价总河长的 2.3%。

长江流域：对其 25 个河流型水质站进行监测，总评价河长 627.6 千米，参与评价河流 4 条。按全年期评价，水质为Ⅰ～Ⅲ类的河长 464.3 千米，占该流域评价总河长的 74.0%；水质为Ⅳ类的河长 74.6 千米，占该流域评价总河长的 11.9%；水质为劣Ⅴ类的河长 88.7 千米，占该流域评价总河长的 14.1%。

对 164 个列入《全国重要江河湖泊水功能区近期达标评价名录》的水功能区。进行了达标评价，水质评价分析项目按照评价方法，采用近期限制纳污红线主要控制项目氨氮、高锰酸盐指数（或 COD）。

评价结果表明：在上述 164 个水功能区中，7 个水功能区连续断流 6 个月及以上，不参与达标评价统计，3 个排污控制区没有水质目标，不参与达标评价统计，其余 154 个水功能区中，有 98 个功能区达标，2015 年全省水功能区达标率为 63.6%。具体水功能区达标情况如下。

评价保护区 16 个，达标率为 93.8%；评价保留区 8 个，达标率为 87.5%；23 个省界缓冲区中，2 个水功能区连续断流 6 个月及以上不参与达标评价统计，评价水功能区 21 个，达标率为 33.3%；评价饮用水源区 23 个，达标率为 91.3%；评价工业用水区 2 个，达标率为 50.0%；52 个农业用水区中，4 个水功能区连续断流 6 个月及以上，不参与达标评价统计，评价水功能区 48 个，达标率为 45.8%；评价渔业用水区 5 个，达标率为 100.0%；14 个景观娱乐用水区中，1 个水功能区连续断流 6 个月及以上，不参与达标评价统计，评价 13 个水功能区，达标率为 61.5%；评价过渡区 18 个，达标率为 66.7%。

2015 年评价大中型水库水质 10 座，其中黄河流域 1 座，淮河流域 8 座，长江流域 1 座。依据《地表水环境质量标准》（GB 3838—2002）进行评价。无水库水质达到Ⅰ类标准；水质达到Ⅱ类标准的水库 3 个，占评价总数的 30.0%；达到Ⅲ类标准的 4 个，占评价总数的 40.0%；水质为Ⅳ类的 2 个，占评价总数的 20.0%；水质为劣Ⅴ类的 1 个，占评价总数的 10.0%。

2015 年评价地下水井 222 眼。依据《地下水质量标准》（GB/T 14848—93），采用"地下水单组分评价"方法进行水质评价。评价结果显示：17 眼井水质达到地下水Ⅲ类标准，占总监测井数的 7.7%；106 眼井达到地下水Ⅳ类标准，占 47.7%；99 眼井达到地下水Ⅴ类标准，占 44.6%。

第四节 水功能区划

为实现水资源合理开发利用和有效保护，根据区域水资源现状，结合经济社会发展对水量水质的需求，对地表水划定具有特定使用功能的水体区域，称为水功能区划。不同的水功能区执行相应质量标准和保护目标。

根据水利部《关于在全国开展水资源保护规划编制工作的通知》（水资源

〔2000〕58 号）要求，2000 年省水利厅委托省水文局开展河南省水功能区划工作。河南省水功能按照依据《全国水功能区划技术大纲》及海河、黄河、淮河、长江 4 个流域片水功能区划技术细则和河南省实际编制，历时 3 年。2002 年 8 月形成报告送审稿，经四个流域机构和周边省份水行政主管部门专家审查后，2003 年 7 月形成报批稿。2004 年 6 月 18 日，省政府批准实施《河南省水功能区划报告》。

一、区划范围

河南省水功能区划范围为省辖四大流域的河流、湖泊、水库，包括干流、一级支流和流经城市、乡镇及水资源开发利用程度较高，污染较严重的二级以下支流。按照《全国水功能区划技术大纲》要求和河南省实际情况，对 135 条河流进行水功能区的划分。

二、区划原则

水功能区划首先坚持可持续发展原则，水功能区与区域水资源开发利用及社会经济发展规划相结合，根据水资源的可再生能力和自然环境的可承载能力，科学合理开发利用水资源，并留有余地，保护当代和后代赖以生存的水环境。同时要充分考虑近远期社会发展需求，统筹兼顾，达到水资源开发利用与保护并重。又要突出重点，以城镇集中饮用水水源地为优先保护对象。体现社会发展的超前意识，为将来引进高科技技术和社会发展需求留有余地。

水功能的分区界限尽可能与行政区一致，尽可能设在便于监测的地方，便于管理。区划方案的确定既要反映实际需求，又要考虑技术经济发展，切实可行。兼顾开发利用对水量、水质的要求，对水质水量要求不明确或仅对水量有要求的，不予单独区划。要综合工农业用水需求，生态环境保护要求，达到改善生态环境的目的。其功能和水质保护标准，不得低于功能现状和现状水质。

三、区划的分级分类

此次水功能区划分采用二级体系。一级功能区划是在宏观上解决水资源开发利用和保护问题，主要协调地区间用水关系，考虑长远的经济社会可持续发展的需求。其中，国家确定的重要江河湖泊水功能一级区划分别由 4 个流域机构会同河南省划分；跨省河流省界河段水功能区划经流域机构协调，同周边相邻省水行政主管部门商定后划分。一级功能区划分为保护区、保留区、开发利用区、缓冲区4类。二级功能区划是对一级功能区中开发利用区进行细分，主要协调用水部门之间的关系，由河南省在一级区划的基础上统一划定，共分七类，即饮用水源区、工业用水区、农业用水区、渔业用水区、景观娱乐用水区、过渡区、排放控制区。

四、区划成果

全省共对136条河流进行了区划，涉及海河、黄河、淮河、长江四大流域，区划河长13154.1千米。共划定一级水功能区208个。其中淮河流域96个一级水功能区，区划河长6608.4千米，包括14个保护区、9个保留区、56个开发利用区、17个缓冲区，长江流域28个一级水功能区，区划河长1532.6千米，包括10个保护区、11个保留区、4个开发利用区、3个缓冲区，黄河流域54个一级水功能区，区划河长3445.6千米，包括14个保护区、6个保留区、28个开发利用区、6个缓冲区；海河流域30个一级水功能区，区划河长1567.5千米，包括2个保护区、24个开发利用区。按功能区统计，全省共划分40个保护区，区划河长1806.2千米，占全省区划河长的13.7%；26个保留区，区划河长1905.8千米，占全省区划河长的14.5%；112个开发利用区，区划河长8794.2千米，占全省区划河长的66.9%；30个缓冲区，区划河长647.9千米，占全省区划河长的4.9%。河南省各流域一级水功能区划统计详见表6-4-1。

表6-4-1　　　　　　　河南省各流域一级水功能区划统计表

流域		淮河流域	长江流域	黄河流域	海河流域	全省总计
区划河流数		62	10	40	24	136
保护区	数量	14	10	14	2	40
	河长/km	565.8	675.2	462.2	103	1806.2
保留区	数量	9	11	6	0	26
	河长/km	903.9	702.4	299.5	0	1905.8
开发利用区	数量	56	4	28	24	112
	河长/km	4812.4	105.4	2476.1	1400	8794.2
缓冲区	数量	17	3	6	4	30
	河长/km	326.3	49.6	207.8	64.2	647.9
分区总数		96	28	54	30	208
河流总长/km		6608.4	1532.6	3445.6	1567.5	13154.1
占全省河流总长/%		50.2	11.7	26.2	11.9	100

　　全省共划定二级水功能区 386 个，其中饮用水源区 40 个，工业用水区 8 个，农业用水区 132 个，渔业用水区 10 个，景观娱乐用水区 30 个，过渡区 51 个，排污控制区 115 个。所占河长共计 8794.2 千米，其中农业用水区所占河长最长，为 4649.4 千米，占全部河长的 52.9%；其次是排污控制区 1349.4 千米，占全部河长的 15.3%。按流域分，淮河流域有 219 个功能区，占全部功能区的 56.7%；长江流域有 15 个功能区，占 3.9%；黄河流域有 95 个，占 24.6%；海河流域有 57 个，占 14.8%。河南省各流域二级水功能区划统计详见表 6-4-2。

表 6-4-2　　　　　　河南省各流域二级水功能区划统计表

流　　域		淮河流域	长江流域	黄河流域	海河流域	全省总计
饮用水源区	数量	18	4	11	7	40
	河长/km	227.7	30	651.7	197.7	1107.1
工业用水区	数量	2	1	4	1	8
	河长/km	21.6	4.6	150.7	14	190.9
农业用水区	数量	83	0	28	21	132
	河长/km	3133.4	0	850.7	655.3	4649.4
渔业用水区	数量	7	0	2	1	10
	河长/km	258.7	0	111.1	36	405.8
景观娱乐用水区	数量	17	2	7	4	30
	河长/km	149.8	9.3	67.3	37.5	263.9
过渡区	数量	24	4	21	2	51
	河长/km	393.9	31.2	374.1	28.5	827.7
排污控制区	数量	68	4	22	21	115
	河长/km	627.3	30.3	260.5	431.3	1349.4
分区总数		219	15	95	57	386
河流长度/km		4812.4	105.4	2476.1	1400.3	8794.2
占全省河流总长/%		54.7	1.2	28.2	15.9	100

第五节　质　量　管　理

　　河南省水文系统水质监测较为系统的质量体系建设从 1985 年起开始建立，以省水文总站化验室为主，制定各项水质分析质量控制体系，编制《质量管理手册》并先后经历五次修订，建立健全各项管理制度、岗位责任制，强化技术培训和水质参数质控考核，严格执行持证上岗和"七项制度"。1995年省中心首次通过国家计量认证评审，获得国家计量认证合格证书。2013年，部水文局发布水质监测质量管理监督检查考核评定结果，河南省3个实验室被评为优秀分析室，7个实验室被评为优良分析室。

一、管理体系

1985年起，河南省质量管理体系建立，设立质量保证负责人制，依据《水质监测规范》及《流域和省级水质中心实验室内部水质分析质量控制的技术规定》中的规范执行。

1989年，省水文总站结合河南省实际情况，制定《关于实验室水质分析质量控制的几项要求》，1993年起按《全国水利系统水环境监测质量控制工作实施方案》执行。

1995年，省水文总站编制《质量管理手册》第一版，2000年修改编制第二版，2005年补充编制第三版，手册明确质量方针、目标及管理措施，要求各化验室遵照执行。2009年，依据《实验室资质认定评审准则》两大部分19个要素和《水利质量检测机构计量认证评审准则》（SL 309—2007）的要求，省中心全面修订了管理体系，规定科学、公正、准确的质量方针及全面的质量目标，制定省中心《质量管理手册》第四版、《程序文件》第四版及《作业指导书》，建立详尽的文件化管理体系。

2011年，为了贯彻落实水利部《关于加强水质监测质量管理工作的通知》（水文〔2010〕169号）精神和部水文局《水质监测质量管理监督检查考核评定办法》等七项制度（以下简称"七项制度"），省中心修订一系列制度及细则，印发了《河南省水环境监测中心管理制度汇编》。

1985年系统建立质量管理体系以后，按照国家认监委及水利部计量办要求进行五次修改，使管理体系文件更加完善、组织结构、领导职责、部门职能、人员分工合理协调，有效地提高检测工作质量。

二、质控措施

（一）质控制度

为满足规定的质量方针和目标要求，确保检测质量，加强对各分中心监测结果的监控、验证和评价，保证质量管理体系的有效运行，省中心制定全面、系统的质量控制制度。每年制订全省质控计划、年度质量管理工作计划、岗位技术培训与考核计划，全面安排各化验室各项质控任务，各化验室根据中心下达的年度质量管理工作计划制定本中心实施细则。在监测任务下达的同时下达每批水样的质量控制任务，并按照全省年度计划进度要求完成各项质控指标并对质控情况进行分析评价。同时还制定《水质监测人员岗位技术培训和考核实施细则》《河南省水环境监测中心实验室质量控制实施细则》等质控制度。各化验室在每批水样监测前均下达现场采样质量控制和化验室质量控制要求。每批水样采集时，都要同时采集不低于样品总数10%的现场平行样品，并选取50%的检测项目进行同时检测，还要采集不低于样品总数10%的全程序空白样品；实验室内空白值至少测定两次，选取50%的检测项目进行不低于样品采集总数10%的室内平行测定和加标回收测定，每批水样选取不低于20%的检测项目进行标准样品控制。省中心每年执行年度内审制度，各实验室间开展一次全要素和单要素内审，每位内审员都通过国家认监委及水利部举办的计量认证培训班学习及考核并取得内审员证书。每年开展年度管理评审，针对全省的管理工作召开管理评审工作会议，以解决管理体系存在的重大问题。同时，采用人员比对、仪器比对、方法比对、盲样考核等多种形式开展实验室常规检测质量控制，组织参加部水文局、国家认监委的实验室能力验证，以保证检测质量。

（二）培训考核

省中心积极组织人员参加部水文局针对管理岗位和评价岗位的各类技术培训共17个批次84人次。积极组织参加流域机构举办的技术培训，2010—2012年参加淮河流域水环境监测中心和黄河流域水环境监测中心组织的技术培训，累计人数达80人次。其中2012年2月29日至3月7日，10人参加淮河流域水环境监测中心组织的岗位技术培训（溶解氧等88项次的实验技能），全体人员顺利通过考核，取得相应的检测岗位资质。截至2014年年底，省中心和各分中心经过各级培训和岗位考核，获得检测岗位资质72人，管理岗位资质31人，评价岗位资质20人，采样岗位资质99人，做到全员持证上岗，持证上岗率百分之百。

（三）"七项制度"落实

2010—2013年，为全面落实"七项制度"，全省10个化验室分别接受部水文局和淮委专家组的质量管理监督检查。2013年9月，部水文局公示并于11月发布水质监测质量管理监督检查考核评定结果，河南省取得优异成绩，信阳、商丘、周口3个实验室被评为优秀分析室，7个实验室被评为优良分析室。

三、计量认证

1995 年 9 月 2 日，省中心首次通过国家计量认证评审，获得国家计量认证合格证书。2000 年、2005 年、2009 年、2013 年分别通过国家计量认证复查换证评审。1998 年、2004 年、2011 年，分别通过国家计量认证监督评审。省中心具有进行地表水、地下水、生活饮用水、污水及再生水、大气降水、地质与土壤共 7 类 69 项参数的法定检测资质，具备向社会提供监测评价数据的法律效力。

通过计量认证工作，省中心不断地改进和完善管理体系和基础设施建设，检测能力和管理水平明显提高，保证了检测工作的科学性、公正性和先进性。在河南省水资源保护与管理、水资源论证、水功能区划和饮水安全等与水有关的国民经济建设和科学研究中发挥积极作用，为最严格的水资源管理制度提供坚实的技术支撑。

第七章

水 文 调 查

　　水文调查是为弥补基本水文站网定位观测不足或其他的专门用途，采用调查、考证、勘测等多种手段采集水文信息及有关资料。内容有流域、水系查勘，水利工程、暴雨洪水调查等。

　　1949 年以前，当发生特大暴雨洪水时，多为事后调查了解，而对雨情、水情和灾情只限于定性的文字描述。全面的水文调查始于 50 年代初，由于水利、水电、铁路和交通等工程设计及编制《水文手册》方面的需要，各水文及勘测设计部门对河南省的大、中、小型河流普遍进行历史洪水调查工作，开启了河南省开展全面水文调查工作之门，调查内容也不断增加。

　　1955 年《水文测站暂行规范》规定的洪水调查主要内容有：流域界限、引水、蓄水、分水工程、洪水位、枯水位、河床组成、冲淤变化以及控制条件等。1957 年 2 月《洪水调查和计算》出版后，洪水调查计算才有了统一的方法和技术标准。1963 年 9 月水电部水文局编印下发的《水文调查资料审编刊印暂行规定（讨论稿）》及 1975 年 2 月水电部颁发的《水文测验试行规范》都正式将水文调查作为水文测验的一项任务列入规范。1976 年水电部颁发《洪水调查资料审编刊印试行办法》。1997 年水利部颁布行业标准《水文调查规范》（SL 196—97）。

　　河南省组织开展的调查主要有：流域调查、暴雨调查、干旱、洪水等调查及河湖普查、历代水文气候史料分析整理等，既补充水文观测之不足，又为流域规划、水利建设、水资源保护和利用补充分析数据。

第一节　流　域　调　查

　　流域调查的目的是查明流域、水系的全部情况。中华人民共和国成立后，有关流域、省、地水利及勘测设计部门对河南流域水系进行了大量的河道、工情调查与查勘。省水文总站围绕水文站网的规划和布设，组织进行一系列的河流水系调查。2010年对河南河流湖泊基本情况进行了全面系统普查。

一、工程规划调查

为工程服务的专门流域查勘的洪水调查，由工程设计部门陆续开展，水文部门特别是水文测站给予密切配合，并适时参与此项工作。

1950年3月25日，淮河水利工程总局组织勘查队查勘河南省黄泛区和淮河中上游各支流（沙颍河、贾鲁河、洪汝河干流），历时半年，进行自然地理、河流、水文、灾情等调查和土壤渗漏产流等测试，队长何家濂。9月在开封总结并提出查勘报告。

1951年9月，淮委工程部规划处处长肖开瀛、测验处副处长王祖烈率河南省（3人）和皖北行署三方代表共同查勘淮河干流及洪河下游豫、皖两省交界附近的河道、洼地、水文、灾情，研究制导之策。此次查勘的目的有三：①解决洪河口水位问题；②勘定濛河洼地蓄洪、分洪问题；③研讨洪河分洪道问题。这是一次由淮委工程部技术负责人带队的规划实施性查勘，在查勘中做了规划和水文计算等工作。9月24日至10月底，查勘历时约40天。

1952年4月，省治淮总指挥部陈耀曾等完成南湾水库工区调查、历史洪水调查及水文规划等。

1953年3月7日，潘人龙、耿继昌、申屠善等11人，对沙颍河中游干支流自颍河颍桥、沙河北舞渡至沙颍河省界进行查勘。主要查勘贾鲁河以西沙河以北清流河、吴公渠及沙颍河之间地区干支流的水灾原因，研究治导意见。

1953年10月30日，为编制汾泉河治理规划，淮委组织河南、安徽省人员开展汾泉河流域查勘。河南省治淮总指挥部派工程计划处副处长周凌等28人参加，由淮委工程师张伦官负责协调工作。经漯河、商水、项城、沈丘、临泉、阜阳等地，于11月13日结束，12月提出《汾泉河流域查勘报告》。

1954年2月21日至3月3日，河南省水利局组织豫北三专区行政、技术人员进行卫河滞洪、分洪工程（白寺坡、小滩坡等）为期10天的实地查勘。

1954年12月3日，省治淮总指挥部组队对沙颍河水系进行第一期流域性查勘。以总工程师原素欣和计划处处长刘建民为首组成69人的查勘队。对京汉铁路以西沙河、北汝河、澧河12600平方千米的范围，以第一个五年计划内能达到的目标来选择水库坝址和洼地蓄洪区，至1955年3月中旬结束，共查勘沙河干流630千米及全部33条支流，选定大、中、小型水库库址44处，洼地蓄洪区 3 处。

1956 年 12 月 10 日至 1957 年 1 月 28 日，省水利厅组成 25 人卫河流域查勘队，由主任工程师申屠善带队，对卫河干支流 1956 年洪水及灾情作了全面调查与简易勘测，最后提出《卫河流域查勘报告》。

1958 年 9 月 28 日至 10 月 29 日，黄委会同水利部、交通部、长办、河南省水利厅、河南省交通厅和许昌、南阳、开封专署共 20 余人，对引汉济黄郑州至丹江口段的引水路线进行查勘，先后经过 5 次座谈讨论和与地方交换意见，确定引水枢纽选在陈岗，经方城缺口至燕山水库调节后，由鲁山、宝丰、郏县、禹县、新郑、郑州，在桃花峪或岗李入黄。黄委会王化云、水利部肖秉钧、交通部刘远增、省水利厅郭培銮、省交通厅彭祖玲等参加了查勘。郑州至北京段引水路线黄委于 1959 年派第五勘测设计工作队进行了查勘。

1960 年 4 月，省水科所与开封师范学院地理系师生 20 余人会同鸡冢水文站人员对该站以上地区进行水文地理及社会调查。历时 1 个月，就该地区的气象、区域水文、洪水、自然地理和社会经济等写出了调查报告。

1965 年 3 月 10 日至 4 月 20 日，河南省水利厅抽调 85 人，对沙、颍、汝、卫、淇等 10 条大中型河道进行普查。

1981 年 3 月，由水利部有关司局和淮委会同豫、皖、苏、鲁四省水利厅共 105 人，组成 5 个查勘队，对淮河流域治淮工程进行查勘。在河南省查勘淮河干流、洪汝河、沙颍河、涡河及涡河以东地区，于 5 月下旬集中在蚌埠进行总结，提交报告。

二、站网水系调查

1958 年后，河南省大规模兴修水利，治水工程不断增加，人类活动对径流的影响日益加剧，水文测站不能全面控制上游自然径流的来水量变化。在测好断面资料的同时，开展测站上游的水文水量调查。

从 60 年代开始，省水文总站布置全省各水文测站，要走出断面，在各自控制的集水区域内进行水文调查。查勘测站控制区的工情、水情及河道变化情况，并作为测站任务之一适时开展。许多水文分站在调查的基础上采取巡测、委托等办法，收集水量引入、引出、分洪和决口等水文资料，弥补定位观测的不足。1976 年，根据水电部《近期水文站网调整充实规划参考提纲》的精神，河南省各测站结合具体情况，收集整理的水文调查资料有以下几种类型。

（1）受山丘区建水库、平原区建闸等上下游水工建筑物影响，使测验、整编资料困难的测站有 19 个站。

（2）受平原河道梯级开发，河渠成网，引黄淤灌影响，致使主客水混合，水账不清的测站有 21 处。受农业灌溉大量引水，测站径流量显著减少的测站有 76 个。

（3）受人类活动影响（蓄、引、提水等工程）较大的站。

（4）为中小型水利工程，桥涵等规划设计服务的小面积站。

（5）为满足水库防汛、控制运用等需要的进库站。

通过各测站的水文调查资料，进一步调整充实水文站网，为使用部门提供较完整的水文资料。1977 年，省水文总站编制了《各水文站区间水利工程灌溉面积统计表》。

三、河南省第一次河湖普查

2010 年 1 月，国务院下发《关于开展第一次全国水利普查的通知》。决定于 2010—2012 年开展第一次全国水利普查工作。普查工作共包括河湖基本情况、水利工程基本情况、经济社会用水情况、河湖开发治理保护情况、水土保持情况和水利行业能力建设情况 6 项普查基本任务，以及灌区和地下水取水井 2 个专项普查任务。

河流湖泊基本情况普查（以下简称"河湖普查"）是第一次全国水利普查的主要任务之一，也是其他水利专项普查的基础。河南省河湖普查工作由省水文局负责实施，河湖组办公机构设在省水文局站网监测处。全省组织 80 名技术人员历时 3 年，完成河湖普查各项工作任务。

普查工作严格执行《全国河流湖泊基本情况普查实施方案》的技术路线和工作流程，统一标准、统一手段、统一要求和统一方法。充分利用最新调查观测资料、3S 高新技术、历年实测洪水资料和洪水调查资料，通过内业多源数据综合分析和外业勘查相结合、自上而下和自下而上相结合等多种途径和手段开展工作。对河流的名称（包括河名备注）、河流编码、河流级别、上级河流名称及编码、河流长度、流域面积、岸别、跨界类型、河流类型、流经行政区域、河源河口地理坐标、河源河口地点、河流平均比降、流域多年平均年降水深、多年平均年径流深等自然特征和水文特征进行了普查和分析计算。

根据普查技术要求，共完成全省 1030 条河流、8 个湖泊（包括两个特殊湖泊），128 处水文站、17 处水位站，共 257 处辅助断面基本情况、383 个断面次实测和调查最大洪水情况的普查，确定河流、湖泊的水系走势和位置，正本清源。

2013 年 6 月提交《第一次全国水利普查河南省河湖基本情况普查成果》，简要成果如下。

（1）河流。流经河南省流域面积 50 平方千米及以上河流 1030 条，100 平方千米及以上 560 条，500 平方千米及以上 113 条，1000 平方千米及以上 64 条，2000 平方千米及以上河流 38 条，5000 平方千米及以上 19 条，10000 平方千米及以上河流 11 条，20000 平方千米及以上河流 4 条。

按流域统计，海河流域、黄河流域、淮河流域、长江流域河流分别为 108 条、213 条、527 条、182 条。

河长在 10 千米以下河流为 13 条，10 千米及以上河流 1017 条，河长 20 千米及以上河流 765 条，河长 50 千米及以上河流 168 条，河长 100 千米及以上河流 66 条，河长 200 千米及以上河流 27 条，河长 500 千米及以上河流 4 条，河长 1000 千米及以上河流 2 条（黄河、淮河）。

跨界河流：海河流域 31 条、黄河流域 17 条、长江流域 33 条、淮河流域 68 条。

（2）湖泊。河南省常年水面面积 1 平方千米以上湖泊共有 6 个，水面面积 1 平方千米以下特殊湖泊 2 个，均在河南境内且常年水面面积小于 10 平方千米，所有湖泊都集中在淮河流域。

第二节 洪 水 调 查

洪水调查是对历史上出现过的和近期发生的大洪水进行调查和估算。目的是弥补实测水文资料的不足，以便合理可靠地确定水利水电工程的设计洪水数据。可分为现场调查、历史文献考证、洪峰流量和各时段洪量的估算。省水文局对河南省历史洪水做过统计分析，编有《河南省历代大水大旱年表》。参与了中华人民共和国建立后的河南大部分洪水调查工作，编制出版有《河南省洪水调查资料》。

一、历史洪水调查

在古代，对发生的特大暴雨洪水，多为定性描述，尤对灾情的描述，多见于各州、府、县志上报诸朝廷的奏折中，仅有极少数用标记及岩刻等形式将最高水位及发生时间作出实际标识。

明清以后，记载渐详。明崇祯五年（1632 年），据《襄城县志》（康熙版本）载，"六月十九日大水，先是淫雨十数日，后大雨如注者一昼夜，至十九日夜黄昏水出平地深两丈余，漂没人口牲畜、庐舍无算，又水自东、西、北三门涌入，西门更甚。十字街东西水相隔仅四十步，城内木筏往来，较万历四十年壬子大水更甚"。《商水县志》（民国版本）载，"五月淫雨至八月止，河水泛滥，遍地舟航，庐舍倾颓，压死男女无数，民始饥"。

清宣统二年（1910年），据河南省西汉以来历史灾情史料载，"开封、彰德、卫辉、怀庆、河南等属，夏秋雨泽过多，山水暴发，各河同时并涨，低洼村庄多被淹没"。据《项城县志》（宣统版本）载，"……七月、八月，暴雨倾盆，沟河泛涨，汾、泥两岸，晚禾尽被淹没"。

据史料记载，1300—1949年的600余年间，河南省曾出现大水年133年。自16世纪以来出现的几次特大洪水年是明嘉靖三十二年（1553年）、明万历二十一年（1593年）、明崇祯五年（1632年）、清乾隆二十六年（1761年）、清道光二十三年（1843年）、清宣统三年（1911年）、民国20年（1931年），其中1931年的暴雨洪水最为严重。1931年，"自交夏令淫雨不霁，时而细雨缤纷，时而大雨倾盆"，水灾遍及省内江、淮、黄、海四大流域，河道普遍漫溢，数十县一片汪洋，低洼之地尽成泽国，灾情极为惨重。由于长历时的淫雨，加上多次高强度集中暴雨，造成特大洪水。

以上记载，可视为早期洪水调查，对水情发生的地点和淹没程度作了定性的描述。

中华人民共和国成立后，由于大规模的水利、水电、交通等工程设计需要，各水文及勘测设计部门对河南省的大、中、小型河流普遍进行历史洪水调查工作。随着全省水文观测站点的逐步完善，暴雨洪水有较全面的观测资料，但对特大暴雨洪水由于客观及测验条件限制有缺测情况发生时，及时进行洪水调查，弥补水文特征值。

（一）淮河流域

1953—1954年，淮委组织各级水文部门进行洪水调查，调查内容有各站历史洪水，历年最高、最低水位等。根据调查和历史文献分析研究，1597年淮河流域连降暴雨达半年之久，淮河干流、洪汝河、史河、沙颍河、涡河等都发生极严重的洪水灾害。1932年北汝河襄城、1943年沙河都发生稀遇洪水。

1954年汛期，淮河流域普降大暴雨，各个河流都发生较大的洪水。事后在淮委的主持下，开展了当年暴雨洪水调查，淮委工程部编写了《1954年淮河流域洪水初步分析》。1955年10月由淮委组织力量对淮河上游山丘区各水文站的河段，进行进一步洪水调查，测有洪痕高程及纵断面图，但未测平面及横断面图。到了 60 年代和 70 年代，省水利设计院和水文系统又对全省水系作补充调查，施测纵横断面图并做了推流计算。

1968 年 7 月 12—17 日淮河干流上游连降暴雨，暴雨区集中在淮河上游干流及淮南山区，息县以上最大 7 天降雨量超过 500 毫米的笼罩面积为 707 平方千米，信阳尚河日雨量 377 毫米，7 天累计雨量 799 毫米。这次降雨，历时较长，雨区自西向东移动，与淮河流向一致，洪峰接踵而来，形成高低水洪峰叠加的复式洪峰。7 月 15 日息县洪峰流量 15000 立方米每秒。7 月 16 日淮滨站实测最高水位 33.29 米（历史最高水位），洪峰流量 16600 立方米每秒（历史最大流量），其中主槽流量 11500 立方米每秒，断面上游 4000 米处右岸朱湾决口流量 2230 立方米每秒，北岗分洪流量 4800 立方米每秒，经过错峰叠加计算，最后确定最大流量为 16600 立方米每秒。

洪水过后，淮滨水文站由张殿识主持，省水文总站由於积主持，分别组织调查组进行洪水调查。

淮滨水文站采用比降面积法和高水流量趋势延长求得主槽流量 11500 立方米每秒，采用堰流公式求得朱湾决口流量 2230 立方米每秒，采用比降面积法求得北岗分流流量 4800 立方米每秒，最后经过错峰叠加分析，计算出淮滨站 7 月 16 日最大流量为 16600 立方米每秒，相当于 50 年一遇。

省水文总站调查组对此次洪水进行洪水调查历时 7 天，与淮滨站调查结果一致。

1975 年 8 月 4—8 日，河南省洪汝河上游出现了一次历史罕见的特大暴雨洪水，造成了震惊全国的特大洪灾。特大洪水发生后，1975 年 8 月 24 日根据水电部指示，由水电部、治淮规划小组办公室（简称淮办）、水电部第十一工程局、山东省、江苏省、安徽省、河南省水利局及黄委共 52 人组成水库、河道两个调查组，进行实地查勘。河南省水文总站於积、余炯扬分别参加水库、河道组。自 8 月 30 日至 9 月 26 日，历时 28 天，分别写出水库及河道调查报告。8 月 26 日，根据水电部急电指示，由淮办主办，组成水电部暴雨洪水调查组，由水电部系统、气象部门、河南省水利局、安徽省水利局和大专院校 20 个单位共 61 人组成。河南省水文总站徐荣波任调查组副组长。省水文总站赵守章、张国琪、倪龙富和逯德八等分别参加了暴雨、洪汝河上游、洪汝河下游及沙颍河 4 个调查小组的野外调查和资料的初步整理分析。张国琪、颜世德（许昌水文分站）参加内业分析计算和报告汇编工作。

1. "75·8" 暴雨

暴雨调查重点放在次降雨 600 毫米以上的地区，特别是 1000 毫米以上的暴雨中心地区。调查范围包括驻马店、舞阳、南阳 3 个地区，遂平、泌阳、确山、汝南、平舆、方城和叶县 7 个县，分板桥水库区、汝南平舆区、石漫滩水库区和干江河上游区 4 个重点片进行调查。除对 39 个雨量站作调查访问及资料的核实工作外，还收集驻马店、舞阳、南阳、信阳和周口等地（工）区所属有关国家雨量站和气象站的观测记录及整编资料，并对林庄雨量站的雨量进行重点的分析和订正。

这次暴雨的特点是：强度大、面积广、雨型恶劣。降雨主要集中在 5 日、6 日、7 日 3 天，而且 50%～80% 的雨量又集中在最后 6 小时。暴雨中心 3 天最大点雨量，林庄站雨量站 1605.3 毫米，郭林站 1517.0 毫米，相当于当地平均年降水量的两倍。林庄站 24 小时最大雨量 1060.3 毫米，其中 6 小时最大雨量 830.1 毫米，达到世界纪录，详见表 7－2－1 和表 7－2－2。"75·8"暴雨洪水林庄雨量站自记雨量复制图见图 7－2－1。

表 7－2－1　　　　1975 年 8 月 4—8 日暴雨中心区雨量表　　　　单位：mm

时　间		4 日	5 日	6 日	7 日	8 日	5—7 日	4—8 日
板桥库区	林庄	23.3	379.6	220.3	1005.4	2.5	1605.3	1631.1
	下陈	24.5	473.4	198.7	819.8		1491.9	1516.4
	板桥	26.0	448.1	190.1	784.0	3.0	1422.2	1451.2
	老河	12.6	306.0	165.7	812.5	4.1	1284.2	1300.9
石漫滩库区	油房沟	23.0	531.6	181.7	698.1		1411.4	1434.4
	尚店	36.6	599.3	158.6	547.1	4.5	1305.0	1346.1
	石漫滩	30.0	163.8	168.0	486.4		818.2	848.2
澧河	郭林		363.0	155.0	999.0		1517.0	1517.0
	杨楼		477.2	82.7	809.7		1369.6	1369.6
唐河	杨集	8.0	159.4	93.1	796.8		1049.3	1057.3

表 7－2－2　　　　"75·8"暴雨中心区代表站时段最大雨量表　　　　单位：mm

站　名	各时段最大雨量						
	1h	3h	6h	12h	24h	48h	72h
林庄	173.0	494.6	830.1	954.4	1060.3	1337.5	1606.1
下陈	172.9	407.7	639.7	762.3	858.2	1019.9	1493.7
板桥	142.0	375.9	643.0	732.0	842.1	979.9	1422.4
老河	189.5	464.5	685.4	775.7	861.0	988.7	1284.8
油房山	172.0	283.0	511.7	639.4	799.7	881.3	1411.4

续表

站 名	各时段最大雨量						
	1h	3h	6h	12h	24h	48h	72h
尚店	179.1	328.6	441.7	552.5	587.3	790.7	1305.0
石漫滩	98.7	228.7	272.4	383.3	577.7	672.2	818.2
郭林	130.0	390.1	720.0	780.0	1050.0	1154.0	1517.0

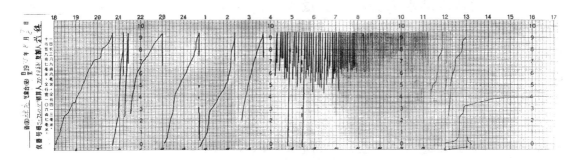

图 7-2-1 "75.8"暴雨洪水林庄雨量站自记雨量复制图

注：1. 时间以记录纸下方时间为准。

2. 8日2时刚虹吸了，怕继续暴雨，倒拨时间1小时。

这次暴雨影响范围达4万余平方千米，3天雨量大于600毫米和400毫米的笼罩面积分别为8200平方千米和16890平方千米，均超过海河流域的"63·8"大暴雨。1975年8月5—7日暴雨中心雨量与笼罩面积见表7-2-3。

表 7-2-3 **1975年8月5—7日暴雨中心区雨量与笼罩面积表**

中心地点	5—7日雨量/mm 与笼罩面积/km²							
	>1600	>1400	>1200	>1000	>800	>600	>400	>200
林庄	21.6	135.8	389.8	863.7				
油房山		62.8	259.2	496.4				
郭林		1.2	6.4	67.6				
合计	21.6	199.8	655.4	1427.7	4146.5	8200	16890	41420

2. "75·8"洪水

"75·8"洪水调查内容有：板桥、石漫滩和宿鸭湖水库入库洪水与出流过程。复测板桥、石漫滩水库最高水位洪痕及垮坝后下游河道洪痕水位、比降和断面，推算垮坝最大流量。

调查洪河杨庄段决口情况和老王坡滞洪区蓄洪大堤漫溢决口情况；石河

祖师庙、练江河驻马店、汝河遂平水文站洪水情况；洪洼上、下扒口情况及钐岗等站测流控制情况；洪汝河水系最大淹没范围、淹没深度、淹没时间及水系窜流等情况；以班台、方集为控制布设断面，调查破堤、决口情况；干江河、澧河漫溢决口情况，沙颍河、汾泉河淹没情况；了解沙河左堤漫溢决口情况，并做典型口门调查；收集主要控制站（河道、水库站）水文资料，补测干江河官寨站高水部分资料。

特大暴雨造成洪水来势猛、洪量大，使水库、河道大大超过设计标准。处于暴雨范围内的 10 座大型水库，其中板桥、石漫滩、薄山水库水位超过坝顶，宿鸭湖、孤石滩水库超过校核水位，宋家场、昭平台、白龟山水库超过设计水位。位于暴雨中心的板桥、石漫滩水库于 8 月 8 日凌晨 1 时前后溃坝失事，另有竹沟、田岗两座中型水库及 58 座小型水库先后溃坝。

板桥溃坝时入库最大流量 13000 立方米每秒，最大出库流量 78800 立方米每秒，其中垮坝流量 78100 立方米每秒；从 8 日 1 时，溃坝失事，水位急剧下落，至早晨 7 时已基本泄空，6 小时内向下游倾泻 7.01 亿立方米洪水。板桥水库垮坝后，洪水沿汝河及两岸坡地滚滚而下，水头高 3～7 米，平均以 6 米每秒的流速冲向下游，洪水所过村庄、树木一扫而光。洪峰到达遂平，扩散漫流宽度约 10 千米，遂平县被淹，据遂平县调查，洪峰流量达 53400 立方米每秒，京广铁路被冲毁，大股洪水进入宿鸭湖水库。

石漫滩水库入库最大流量 6280 立方米每秒，垮坝流量 30000 立方米每秒；从 8 日 0 时 30 分开始溃坝，至 6 时水库基本泄空，5.5 小时向下游倾泻 1.67 亿立方米洪水，使下游遭到毁灭性灾害。石漫滩水库垮坝后，田岗水库接着垮坝，其前峰约于 8 日 7 时达杨庄水库（已废弃），将杨庄大坝原有缺口由 60 米冲宽至 130 米。上蔡县境内一般水深 3 米左右，低洼地带水深 5～6 米。总计进入老王坡蓄洪区的洪水量为 15.7 亿立方米。老王坡蓄洪区的堤防，包括干河南堤、陈坡寨至五沟营之间的洪河左堤自 8 日下午至 9 日凌晨相继漫决。9 日 14 时，老王坡坡心最高水位达到 59.21 米，相应蓄水量 4.54 亿立方米，为设计蓄水量的 2.3 倍。

宿鸭湖上游来水，包括板桥水库垮坝的洪水、薄山水库下泄的洪水，大量进入宿鸭湖库内，总计入库洪水总量为 19.65 亿立方米。8 日 9 时 30 分，最大入库流量 24500 立方米每秒，10 时，水库出现最高水位 57.66 米，距坝顶仅 0.34 米，夏屯新老泄洪闸最大下泄流量 5330 立方米每秒。为了保大坝安全，8 日 13 时在大坝南端野猪岗附近陈小庄南炸口分洪，至 9 日最大分洪流量为 1020 立方米每秒。宿鸭湖水库最大下泄流量 6100 立方米每秒。水库下游的汝河左右堤防先后在 7 日晚至 8 日晨全线漫决，两岸一片汪洋，洪河、汝河大量洪水下泄，在上蔡、平舆、汝南、新蔡县境内窜流连成一片，水面宽数十千米，平地水深 3～4 米，低洼地水深 5～6 米。洪水所到之处，村庄、农田尽被淹没，城镇普遍进水，上蔡、汝南、平舆、新蔡等县皆成泽国，大量村庄和上百万群众被洪水包围或泡在洪水之中。

干江河是澧河的主要支流，处于郭林、油房山暴雨中心范围内。8 月 6 日干江河官寨站第一次洪峰 6840 立方米每秒，7 日第二次洪峰 5410 立方米每秒，8 日晨第三次洪峰特大，为 12100 立方米每秒。自官寨以下到干江河入澧河口，两岸全线漫溢。澧河上游的孤石滩水库 8 日晨最大入库流量 6690 立方米每秒，最大下泄流量 2780 立方米每秒，下泄洪水与干江河来水相汇，澧河堤防全线漫决，左岸漫决的洪水全部入泥河洼滞洪区。沙河上游昭平台、白龟山水库，8 日最大下泄流量分别为 3110 立方米每秒、3300 立方米每秒。北汝河襄城站 7 日 11 时洪峰流量 3000 立方米每秒，9 日 0 时洪峰流量 2870 立方米每秒。沙河、北汝河来水在马湾闸上相汇，沙河堤防全线紧张，叶县和舞阳县境内沙河左右堤决口 30 多处，8 日，大量洪水涌进泥河洼，造成泥河洼东部大堤漫溢溃决。沙河漯河水文站，9 日 3 时最高水位为 62.9 米，相应最大流量为 3950 立方米每秒。周口水文站 9 日 4 时最高水位为 49.92 米，最大流量 3450 立方米每秒，两站的洪峰流量均为 1950 年后最大值。老王坡东大堤漫决的洪水约 10 亿立方米，以及小洪河左堤漫决的洪水进入汾泉河水系，使汾河以南一片汪洋。

"75·8"洪水共产生径流 157.4 亿立方米，其中洪汝河 57.3 亿立方米，沙颍河 55.5 亿立方米，汾泉河 5.8 亿立方米，唐白河 38.8 亿立方米。

另外，南阳水文分站黄其钧同长办水文局、丹江水文总站组成"75·8"暴雨洪水调查队，深入唐河水系作调查分析工作。

1975 年冬至 1976 年春，由淮委组织河南等省水利、水文人员参加的调查组，对"75·8"洪水进行大规模的现场调查和复核，历时 4 个月。并对调查资料详细整理分析，1978 年 3 月，淮委汇编刊印了《淮河流域洪汝河、沙颍河水系 1975 年 8 月暴雨洪水调查报告》。

1981 年 4 月，河南省水利勘测设计院组织人员对"75·8"暴雨林庄中心区进行调查，1984 年 11 月刊印《"75·8"暴雨中心区小流域暴雨洪水极值分析》，板桥水库上游石河祖师庙水文站，流域面积 71.2 平方千米，1975 年 8 月 5 日 22 时，实测洪峰流量达 1560 立方米每秒。

3. 2004 年澧河洪水

2004 年 7 月 16 日，澧河流域出现特大暴雨，造成支流干江河官寨站出现建站以后的第三次大洪水（流量 5350 立方米每秒、水位 69.50 米），导致澧河上澧河店以下大面积堤防漫溢及九处决口。漯河水文局组织人员于 7 月 23—27 日对澧河各决口进行实地测量，并对漫溢处进行调查。

　　形成澧河洪水的降水量比较均匀，降水时间各站大都集中在 16 日 8 时至 17 日 6 时，何口站以上 12 个报汛站 24 小时降水量，最大的官寨站为 431 毫米，最小的拐河站为 271 毫米。官寨站以上面平均降水量为 358.8 毫米，何口站以上面平均降水量为 353.4 毫米。2 小时最大降水量达 105 毫米（孤石滩），6 小时最大降水量达 200 毫米（独树），12 小时最大降水量达 342 毫米（官寨），降雨强度仅次于形成"75·8"洪水的降水强度。

　　受降雨影响，干江河官寨站出现一次复式洪水过程。17 日 1 时官寨站出现第一次洪峰，水位 67.85 米，流量 2820 立方米每秒；17 日 6 时出现最高水位 69.80 米，最大流量 5350 立方米每秒。澧河何口站 17 日 7 时出现最大流量 3100 立方米每秒，8 时出现最高水位 72.40 米，洪峰水位持续 3 个小时。随着何口站以上决口逐渐加大，10 时以后洪水开始消退。

　　由于洪水大大超过澧河店以下的河道过水能力，河堤几乎全线漫溢，再加上高水位持续时间较长，进而造成九处漫溢堤段坍塌决口。

　　漫溢决口水量计算借用"75·8"洪水漫决水量的计算方法，均采用堰流公式推算洪峰流量，用近似三角形法推算水量。同时用暴雨径流法推算径流量，结合官寨、孤石滩和何口三控制站的实测值，用水量平衡法推算漫决总水量。利用两种方法进行验证漫决水量。

　　澧河洪水，调查漫决水量共计 2.36 亿立方米，扣除回归何口站断面以上水量 0.58 亿立方米，漫决水量共计 1.78 亿立方米。按 $P—R$ 推算何口站以上漫溢决口水量为 1.70 亿立方米，比调查量稍小，两者绝对误差为 0.08 亿立方米，相对误差为 4.5%，说明调查成果比较合理，故何口站以上漫决水量采用 1.78 亿立方米。

　　（二）海河流域

　　1963 年 8 月上旬，海河流域的南运河、子牙河、大清河等水系发生有历史记载以后的特大暴雨洪水（简称"63·8"暴雨洪水），部分中、小型水库垮坝，不少河流在进入丘陵平原以后相继漫堤决口，泛滥于豫北、冀南与冀中广大平原，京广铁路沿线桥涵路基受到很大破坏。

　　1963 年 9 月，部水文局组织河北、河南、山东有关单位及部属北京勘测设计院、水利水电科学研究院和漳卫南运河管理局等单位，由部水文局华士乾负责，组成有 39 人参加的野外调查工作队，下设南运河、子牙河和大清河

3 个洪水调查组。南运河洪水调查组由省水利厅、省水文总站及新乡、安阳，河北省邯郸专署水利局，漳卫南运河管理局，北京勘测设计院，部水文局等单位抽调的 17 人组成。9 月下旬开始到 11 月中旬结束。在这期间，除了到重点水文测站核实测到的洪水资料或补测最大洪水资料外，在部分无水文测站的河流上调查了洪峰水位及流量；对重要决口和分洪口门，进行测量并调查计算其过水流量；了解水库（琵琶寺水库、小河子水库、塔岗水库）的蓄水、泄流情况；调查主要河段的洪水发生、发展过程和当地受灾的情况。

"63·8"暴雨洪水从 8 月 1 日开始到 10 日雨停，一般地区降雨 400～600 毫米，暴雨中心地区降雨达 800～1600 毫米。河北省内丘县獐獏村 7 天累计降雨量达 2050 毫米，雨量之大，为全国大陆 7 天累计雨量最大记录。卫河流域 8 月 1—9 日总雨量平均达 433 毫米，暴雨中心小南海水库最大 1 日降雨量 368 毫米，累计降雨量 759 毫米，雨量较小的地区亦达 300 毫米左右。这次暴雨的特点是雨量大、范围广、强度集中、历时长，且大暴雨出现在降雨过程的中后期。

暴雨使卫河、金堤河和马颊河等出现特大洪水，天然文岩渠等出现较大洪水。卫河合河水文站 8 月 8 日洪峰流量为 1350 立方米每秒，淇河新村站 8 日最大洪峰流量 5590 立方米每秒，为有记录以后的最大值。卫河合河以上，淇河汤河区间，淇河新村及安阳河以上合计总水量为 24.58 亿立方米。安阳河安阳站 8 月 8 日最大洪峰流量为 1150 立方米每秒。淇门以上总径流量 22.49 亿立方米，淇河汤河区间，汤河丘陵、平原区，柳卫坡、长虹渠、北干河、道口、道口—北善村，卫南、安阳河安阳以下平原径流总量 13.93 亿立方米，共计 36.42 亿立方米。因上游洪水来量大而集中，先后向良相坡、白寺坡、柳卫坡、长虹渠、小滩坡和二道防线内分洪。彰武、小南海以及绝大部分中型水库的蓄洪水位均为历年最高值。

1963 年 11 月下旬，水电部水文局邀请各有关单位集中在北京，对调查资料进行整理和分析，历时 4 个月，先后有 21 人参加资料分析工作。1964 年 4 月完成调查报告讨论稿，经审查修改后，于 1964 年 12 月刊印《海河流域南运河、子牙河、大清河水系 1963 年 8 月洪水调查报告》。

（三）黄河流域

黄河流域水文调查，最早是 1933 年 8 月，国民政府黄河水利委员会派挪威人安立森去泾河、渭河、北洛河、汾河及陕、晋黄河干流实地调查 1933 年 8 月 8 日的洪水实况。调查到陕县站洪峰水位为 298.23 米（大沽基面），洪峰流量为 23000 立方米每秒。

1952 年 10 月，部水文局谢家泽率领有黄委人员参加的调查组对陕县以下河段进行洪水调查，落实陕县站实测资料中 1933 年和 1942 年的洪水，1933 年洪水位高于 1942 年。调查发现清道光二十三年（1843 年）历史最大洪水，推算三门峡河段洪峰流量为 34200～36200 立方米每秒，据考证，是唐代以后最大的一次洪水。

1953 年 9 月周聿超、程致道、帖光册等对洛河黑石关、洛阳、洛宁及伊河龙门镇、嵩县等河段的历史洪水进行调查，在黑石关调查出 1935 年洪水，估算洪峰流量为 6660～7300 立方米每秒。1937 年洪水洪峰流量为 7710 立方米每秒。龙门镇 1931 年洪水洪峰流量为 8200 立方米每秒。

1955 年为编制《洛河技术经济调查报告》，黄委组织洛河查勘队，下设河道、地质、灌溉、社会经济和水文调查等组。工作历时约半年，基本上搞清洛河历史上的大洪水年份及洪水量级，更为重要的是通过调查了解了洛河的洪水特性以及洪水的主要来源地区。

1955 年 3—6 月，黄委组织对上、中游干流主要控制河段、潼关—三门峡河段进行调查，进一步复核落实 1952 年以后对 1843 年、1942 年等年份进行几次洪水调查的成果，并发现 1896 年洪水。同时调查到陕县 1944 年、1945 年、1947 年及 1948 等年缺测的洪水资料。

60 年代初，在伊河发现北魏时期郦道元（466—527 年）所著《水经注·伊水》载有，"伊阙（今伊河龙门）左壁有石铭云黄初四年（223 年）六月二十四日辛巳大出水，举高四丈五尺（经换算合 10.9 米）齐此已下盖记水之涨减也"。经调查推算，洪峰流量为 2 万立方米每秒。

1975 年 8 月，黄委规划办公室为了对黄河下游可能发生的大洪水进行估算，先后对三门峡至花园口区间来水为主的清乾隆二十六年（1761 年）特大洪水的雨、水、灾情资料作了广泛的收集整理，并到现场进行调查。

1977 年 5 月，为窄口水库加固设计洪水的计算及可能最大降水等值线的制作，由省水文总站王郫、黄委董仲媛、洛阳地区及灵宝县水利局窄口水库等 12 人组成调查组，到宏农涧河流域进行历史洪水调查与历史文献的考证分析，写有《灵宝宏农涧河历史洪水（1898 年）调查与分析报告》。

1979—1981 年韩曼华等经过 3 年时间数次赴三门峡、八里胡同、小浪底等地调查，在任家堆以下的东柳窝发现了两块记载清道光二十三年（1843 年）涨水情况的碑记：一块在地边，碑文为"道光二十三年河涨至此"；另一块镶在该村泉神庙墙壁上，记为"道光二十三年又七月十四日河涨高数丈，水与庙檐平"。两块碑既指出了涨水年、月、日，又指出了涨水高程。

1982 年 7 月 28 日至 8 月 4 日。黄河三门峡至花园口区间和洛河、沁河普降暴雨（简称"82·8"暴雨），黄委郑州水文总站先后组织黄河干流小浪底至花园口区间、洛河长水至宜阳、伊河陆浑至龙门镇、沁河王必至五龙口 4 个暴雨调查组进行暴雨和洪水调查。收集大量的降水及部分洪水资料。

（四）长江流域

1953 年长江委开始对长江流域唐河、白河、丹江水系进行洪水调查。调查的河段主要是较大的支流，并都作了计算与推流。1971 年长办在上述调查的基础上，又对唐河、白河、丹江水系进行补充调查，并测有纵、横断面图，同时进行了推流计算。

二、洪水调查资料汇编

1976 年 9 月，水电部《关于组织进行历史洪水调查研究工作的通知》，要求对已有历史洪水资料进行汇集、分析整编。1979 年水利部、电力部联合发出《全国洪水调查资料审编经验交流会纪要》，"要求各地组织有关单位对分散的洪水调查资料进行汇集、审编，并按统一的工作原则和技术标准进行汇编，尽快刊印成册"，再次强调洪水调查资料汇编工作。

按照水电部 1976 年 10 月颁发的《洪水调查资料审编刊印试行办法》中的规定，洪水调查资料原则上按省（自治区、直辖市）进行汇编刊印。河南省于 1978 年开始对全省范围内洪水调查资料进行收集，按该试行办法规定的 3 图 3 表（调查河段平面图、纵断面图、横断面图；洪水调查整编情况说明表、洪水痕迹及洪水情况调查表、洪峰流量计算成果表）的要求进行整编。省水利厅、省水文总站、省水利勘测设计院和黄委水利勘测设计院主持并组织了此项工作。到 1981 年共收集到 238 个河段的洪水调查资料。其中省属水文系统调查的有 109 个河段，黄委所属系统的有 43 个河段，铁道部第四设计院调查的有 60 个河段，河南省水利勘测设计院调查的有 24 个河段，其他的有 2 个河段。经过整编、汇编审查，作为正式汇编刊印的原始调查资料共 163 个河段的洪水调查资料成果。分属：淮河流域各水系 63 个河段；长江流域各水系 29 个河段；黄河流域各水系 50 个河段；海河流域各水系 21 个河段。河南省水文总站负责整编的河段 112 处（含从铁道部第四设计院收集的调查资料），省水利设计院负责整编的河段 13 处，黄委设计院负责整编的河段 38 处，作为附录附表刊印的 49 处。

（一）汇编方法

（1）洪痕可靠程度的判断。可靠的洪痕应是不受风浪影响和水土侵蚀的洪痕。如屋内的水印，庙基、院墙上第几块砖上等，对各洪痕的可靠程度作认真订正。

（2）糙率 n 值的选定。依据调查河段的河床情况参照相关资料选用 n 值。为了提高整编成果的精度，汇编时根据全省各水文测站实测的比降、糙率、水位等资料，选定平均水深（H）—糙率（n）关系较好，制定出全省各水系的不同平均水深的糙率表。

（3）断面冲淤变化的考虑。利用绘制逐年的水位—面积关系曲线的对比方法，来考虑断面的冲淤影响，对一次大水涨落过程的冲淤影响，根据有无实测资料进行考虑。

（4）计算方法的选定。根据调查河段河床因素的不同情况来选定计算方法。共采用有：水面曲线法、比降法、水位—流量关系曲线延长法、$Q—A\sqrt{D}$（Q 为流量，A 为断面面积，D 为平均水深）关系曲线延长法以及用暴雨径流关系求出径流深再用原型单位线法求出最大洪峰流量等。对每一计算河段的流量计算，至少采用两种以上的方法算出成果，从中论定一种作为最后成果。

（二）汇编中洪调成果的综合分析及合理性检查

（1）在同一水系内的干支流或上下游各河段，调查到的各次较大洪水的发生年份和大小顺序，应具有一致性。如调查成果淮河上游各河段 1898 年为大水年，南湾水库为 1896 年，在发生年份上与邻近水文站缺乏一致性，经考证地方志记载，亦为 1898 年，故将 1896 年改为 1898 年。在排位的大小顺序上，淮河上游各河段排位为 1848 年、1898 年、1931 年、1950 年等。对各站的排位顺序均作了合理性检查与考证。

（2）在相同水系内由各次暴雨所产生的洪水，其上下游不同面积量级的洪峰模数一般都有一定的规律。在双对数纸上点绘洪峰流量—流域面积的关系曲线，对偏离关系线较大的点次，进行详细的合理性检查。

通过对调查到的近百年来的历史洪水调查资料的整汇编和对调查与实测洪水资料的综合分析，基本上摸清了河南省近百年来各流域水系特大暴雨洪水发生的年代、次数及其排位的大小顺序。1987 年 7 月，河南省水文水资源总站刊印出版了《河南省洪水调查资料》。

第三节 旱 涝 史 料

河南省有众多地方志、文物、历史文献，都有关于洪涝、干旱等灾害性天气的详细文字记述。为更好地发掘整理河南省的历史灾害资料，使之古为今用，省水文总站从 1980 年开始组织人员，对历史水、旱资料进行收集、整理、考证与分析。历经两年多的时间，共查阅近 200 种全国性的史书，收集到有记载以来的水、旱、蝗、雹、霜、大雪和严寒等长系列的约 100 万字的水文、气候历史资料。省水文总站王邨、吕声美、王松梅等对资料进行整理审查、考证与汇编。于 1982 年编纂刊印《河南省历代旱涝等水文气候史料》（包括旱、涝、蝗、风、霜、大雪、寒、暑），并根据历史水旱资料灾情描述范围尺度，给予区分，评定出水旱严重程度指标，以此汇总出全省（或全流域）的历代大旱（包括特大旱）、大水（包括特大洪水）年表，具有较高的实用性和史料价值。

一、资料收集与考证

（一）历史旱涝史料收集

收集资料的起讫时间自公元前 24 世纪（夏朝）到中华人民共和国成立前，收集范围主要是河南省及有关邻省的部分大水、大旱资料。资料主要来自史书（二十六史、竹书纪年、史记及历代各朝的帝纪、五行志、会要等）、地方志、宫廷档案、实录，水利、河渠专著、碑文、历史水文气象记录和 1949 年后的洪水调查资料、实测降水量资料及其他资料。

（二）历史旱涝史料考证

（1）根据整理出的历代大水、大旱年表资料与水系干流调查洪水发生的年、月、日相对照，考证了调查洪水发生的年、月、日是否有误。

（2）通过文献考证，解决调查洪水的排位问题。如通过对淮南（信阳地区）沿河几个县的县志记载，证明 1931 年的洪水大于 1930 年。

（3）整理出的历代旱涝史料成果表，并根据逐年的水旱灾情轻重程度而划定出水旱级别，虽不能定量的得出洪峰、洪量的大小，但定性的确定各次较大洪水的峰、量大小。如 1975 年 8 月大水，经文献考证在洪汝河水系为 1593 年以后的最大洪水，其重现期为近 400 年一遇的大洪水。伊河、洛河、沁河 1761 年的大水为 1553 年以后的最大洪水。北汝河 1632 年大水为 1612 年以后的最大洪水等。

二、统计分析

（1）丰、枯期交替循环出现的统计分析。根据历史水旱资料汇总表，按年代先后顺序将出现水旱年占优势的时期年代加以分别排列，经统计分析，河南省历史时期的水文现象明显地存在着丰水期与枯水期长期交替地循环出现的周期规律。

（2）特大洪水发生日期的统计分析。根据历史年代所发生的大洪水的年月的干支数，可将历史大洪水发生的相当公历的年、月、日一一查出。可统计出某一纬度地区其特大洪水总是在年内某一时期内出现。如黄河、伊河、洛河、沁河水系的特大洪水总是在公历的 7 月 10 日至 8 月 20 日之间发生。

（3）雨型与产生特大洪水之暴雨天数的统计分析。对于重要的历史特大洪水，除了对它的洪峰量级、发生的概率以及洪水过程等作必要的分析考证外，对发生特大洪水的暴雨地区组合（或雨型）、雨区范围、暴雨中心位置和暴雨天数等也进行了分析。产生某一次特大洪水的暴雨地区组合情况，一般可用暴雨分布范围和暴雨的中心位置来表示。根据历史资料中关于雨情的描述，结合水情、灾情的记载进行对比分析，可判断出该次大洪水的雨型、暴雨中心位置和暴雨天数。

（4）各流域水系历代发生之特大洪水顺位的排列。分析历史洪水大小的标准，主要靠洪水淹没高度的高低来确定。重点是对最大一次历史洪水最高洪水位的考证，然后再划分各次洪水定性方面的大小。

（5）大水、特大水与大旱、特大旱出现周期的统计分析。通过分级和综合整理的长系列连续的历史大水、大旱资料，为周期的统计分析提供了条件。

（6）利用各流域水系已发生的历史特大洪水对可能最大暴雨的验证。估算出各流域水系历史考证期内的头号特大洪水流量，利用历史特大洪水反求推算出可能最大暴雨，来验证已作的可能最大暴雨等值线图。

（7）历史考证期内大水、大旱与太阳活动的关系分析。大旱、大水取决于大气环流的变化影响，而大气环流的变化与太阳活动的周期强弱变化有关，所以特大的水旱与太阳活动的周期有关。如豫西地区的大水、大旱年多出现在太阳黑子数的最高、最低年附近。

（8）考证期内的大水、大旱与大气环流指数关系的分析。将具有长期降水资料或连续的旱涝资料，作相对应的距平图，与环流型的变化趋势相比较，发现河南省降水量的多年变化和经向环流有较好的正相关关系。

三、历史旱涝史料整编

由各种历史文献、文物摘录的有关旱涝资料，经审查、考证后，分地区或流域按历史编年顺序进行综合整理。为使资料能系统地显示出历史上所发生的大暴雨洪水、干旱在地域上的分布情况及雨区或受旱灾范围的大小，采取从上游至下游、先支后干的顺序进行汇总，以便于从先后时间上、空间上显示出雨情、水情或旱情发展的趋势。

在旱涝史料整编的过程中，对水旱资料记载发生的年代及地点进行考证、校勘工作，为查阅、应用和整编、叙述上的方便，对水旱灾情还进行了级别划分及其分类的整编工作。

（一）旱涝史料分区

根据历史时期所发生的大水、大旱在时间上的相同性和地区上的一致性，并考虑近期实际观测的水文、气象要素的相似性，结合考虑流域水系地形、地貌等划分5个分区。

（1）豫西区，包括黄河流域的伊河、洛河、沁河水系和京广线以西淮河流域的沙颍河水系部分。

（2）豫北区，包括海河流域的漳卫河水系，马颊河水系和黄河流域的金堤河水系。

（3）豫东区，包括京广线以东淮河流域的开封、商丘、许昌、周口地区所属县（市）。

（4）豫南区，包括淮河干流、淮南及洪汝河水系的县（市）。

（5）唐白丹区，包括长江流域的唐白河、丹江水系及南阳地区的所属县（市）。

（二）划分旱涝灾情等级

根据历史文献中有关旱涝灾情记载、旱涝范围大小、持续时间长短、对农业生产的影响程度及其对人民的生活、生命、财产造成损失的大小，将旱涝划分为七个等级。七个等级分别为：一级为特大洪水年，二级为大水年，三级为水年，四级为一般正常年，五级为旱年，六级为大旱年，七级为特大旱年。

不同旱涝灾情等级所包括之旱涝史料类别情况，见1982年省水文总站编印《河南省历代旱涝等水文气候史料》。

根据省水文总站1982年编印的《河南省历代大水大旱年表》，河南省自公元前2697—1978年，所发生全省范围的大水、大旱年出现次数统计情况见表7-3-1。

表7-3-1　公元前2697—1978年河南省大水、大旱年出现次数一览表

水旱情况	出现次数	水旱情况	出现次数
大　水　年	94	大　旱　年	142
特大水年	8	特大旱年	15

第八章

水 文 资 料 整 编

　　水文资料整编，是对水文观测、测验、监测资料的系统整理与再加工，形成实用的水文图表数据，以满足刊印、存储的工作过程。中华人民共和国成立前，河南省没有进行过系统的水文资料整编刊印工作。自 1949 年 10 月开始，水利等部门按统一布置和要求对历史积存的水文资料进行整编刊印，20世纪 50 年代水文年鉴陆续出版。

　　1950—1957 年的水文资料，由省水利部门、长江、淮河、黄河、海河流域机构，整编所属测站的水文资料，按流域汇刊。1958 年起改由省水利部门统一整编，仍按流域刊布，当年资料次年刊印。

　　河南省的水文资料整编方法，在 1964 年前按照水利部颁发的有关临时规定执行，1964 年后执行水电部颁发的《水文年鉴审编刊印暂行规范》，河南省和各流域机构也制定有相关补充规定。

　　水文资料整编手段由 80 年代前的手工整理计算，演变到计算机整编。刊印方式由 90 年代前的纸质年鉴，到纸质年鉴与电子年鉴并存，2008 年实现当年水文资料的数据库管理，存储、使用更加快捷、方便。

　　水文资料整编内容主要有降水量，蒸发量，河道水位，流量，含沙量、输沙率、冰情、水温，地下水水位、埋深、水温，地表水水质，地下水水质等。

　　到 2015 年累计刊布河道水文资料 7.68 万站年，其中中华人民共和国成立后的资料成果占了 98%。此外还分别对各类径流站、实验站、小河站及中型水库水文资料按有关规定进行整编，汇刊于相应的水文年鉴或水文资料专册之中。

第一节　历史水文资料整编

　　中华人民共和国成立前，水文资料仅限于校核，或做一些统计整理，未进行系统整编和刊印。中华人民共和国成立后，淮河流域在全国最先开展水文资料整编工作。1949 年 10 月，华东水利部决定由南京水利实验处、淮河水工总局、长江下游工程局共同组织成立以谢家泽、施成熙为正、副主任委员的水文资料整编委员会，集中上述单位 90 余人开展长江、淮河流域 1949 年以前历史水文资料的整编工作。针对水文资料残缺不全、表式不一等问题，经反复考证与分析，选用可靠成果予以整理。资料编刊内容包括考证资料、水位、流量、泥沙、降水和蒸发等。资料按一站历年顺序排列，编有测站说明表及位置图、逐日平均水位表、历年水位统计表、逐日降水量表、降水量摘录表、月蒸发量表、逐日平均流量表、流量和含沙量实测成果表，及水位、流量、含沙量过程线。1950 年 10 月完成 1949 年以前长江、淮河流域的历史水文资料整编，1951 年刊印成册。刊布河南省水文资料 780 站年，其中省辖长江流域 205 站年，淮河流域 575 站年。

1951 年，中央人民政府水利部在《当前水文建设的方针和任务的通知》中要求"各水系以往的水文资料，必须根据水利建设需要的缓急，在 1～3 年的时间内，按统一的标准，整编刊布"。黄委根据水利部指示和治黄工作的迫切需要，1952 年在华东水利部和燃料工业部等部门的指导下，成立黄河流域历年水文资料整编组，由黄委组织 70 多名技术人员，用两年多时间，完成 1953 年以前的历年水位、流量、泥沙等水文资料的整编工作，并与中央气象局合作，整理出黄河流域的降水量、蒸发量等资料，其中河南省黄河流域 1949 年以前的水文资料 470 站年、马颊河资料 11 站年。

海河流域历史水文资料整编，在中华人民共和国成立初期，由部水文局主持成立华北水文资料整编室负责，将 1949 年以前的历史资料和 1950 年资料进行整编。其中刊印河南省 1949 年前海河流域主要水文资料累计 481 站年。

据上述统计，河南省经整编刊印的 1949 年以前的水位、流量、含沙量、降水量、蒸发量等历史水文资料为 1468 站年，详见表 8-1-1。

表 8-1-1　　　1919—1949 年河南省水文资料站年数统计表　　　单位：站年

项目	水 文 资 料					小计
	水位	流量	含沙量	降水量	蒸发量	
淮河	119	42	24	390	0	575
长江	53	32	23	79	18	205
海河	52	53	22	72	8	207
黄河	115	75	58	173	49	470
马颊河	0	0	0	11	0	11
全省	339	202	127	725	75	1468

注　长江流域资料为 1931—1949 年。

第二节 逐年水文资料整编

河南省内河流分属长江、淮河、黄河、海河四大流域，水文资料整编汇刊单位较多。1950年，淮河流域的水文资料实行当年整编，次年刊印，1955年起，全省水文资料全部实行逐年整编和汇编。

一、整编工作组织和程序

1. 整编组织

1950—1956年，淮河流域的水文资料，由淮委组织每年11月集中测站技术骨干人员，在蚌埠整编当年的资料，次年3月送厂刊印。1957年，淮河流域各测站采取逐月整编、逐月对照的办法，提高了资料质量、缩短了汇编时间。1958年淮委撤销，省辖淮河流域水文资料由河南省水文总站组织实施。

长江、海河流域河南省属站的水文资料，由河南省农林厅水利局组织逐年整编，分送长江委、河北省水利厅汇编刊印。黄河流域河南省属站的水文资料，由河南省农林厅水利局组织整编送黄委汇编刊印。

根据1958年4月水电部颁发的《全国水文资料卷册名称和整编刊印分工表》，河南省汇编刊印淮河上游区（洪河口以上）及颍河水系年鉴一册，安徽省内的颍河、洪河资料经安徽省水电厅整编后，一并由河南省水利厅汇刊在5卷一册上。河南省内史河、涡河、洪泽湖水系资料，由河南省水利厅整编后送安徽省水电厅汇刊。省属长江、海河、黄河流域及马颊河水系的水文资料，由河南省水利厅统一组织分区片整编，经审查后，分送长江委、河北省、黄委、山东省汇刊。

2. 整编程序

50年代水文资料整编，基本程序为整理、整编、审查、复审、汇编、刊印6个阶段。测站按要求进行"在站整理"，分站负责整编，总站组织审查，汇刊单位组织汇编与刊印。1964年8月，按照水电部颁发《水文年鉴审编刊印暂行规范》规定，实行"测站整理""分站整编""总站汇编刊印"的三级整编制度，进一步明确水文分站、省水文总站之间、整编机关和汇刊机关之间的分工。规定从原始测验资料到水文资料成果必须经过单站资料整理、数据加工、整编、省水文总站复审等工序。在实行三级整编的同时，又制定随测算、随发报、随整理、随分析的"四随"工作制度，严格规定各整编阶段的时限要求，建立岗位责任制，明确分工，任务落实到人，逐级检查整编成果，相邻站之间或分站之间互检资料，进行上、下游合理性检查，制定相应的整编制度，把大量的工作做在基层，以缩短汇编时间，提高整编质量。"文化大革命"期间（1966—1976 年），行之有效的规章制度受到影响，但大部分水文职工仍坚守岗位，坚持当年资料次年刊印。"文化大革命"后，恢复各项规章制度，继续贯彻执行三级整编制度。1990 年，为贯彻部水文司《水文资料存贮方式改革的初步方案（征求意见稿）》，河南省暂停刊印水文年鉴，但各测站水文资料整编工作仍严格按照规范进行，成果存储水文数据库，重点卷册恢复刊印。2007 年部水文局下发《关于全面恢复水文年鉴汇编刊印的通知》，决定在全国范围内全面恢复 2006 年后的水文年鉴汇编刊印工作，并制定《水文资料整、汇编管理办法》，将各省水文部门自行组织水文年鉴汇编刊印工作，调整为各省汇编成果，须提交流域机构审查和验收再由部水文局终审、刊印。

二、整编技术标准

1949 年以前，全国没有统一的整编、汇编技术标准，多为实测记录或特征值统计。中华人民共和国成立后，从整编历史资料开始，逐步制定了水文资料刊印的技术规定。

1950 年，部水文局拟定《水文管理成果格式和填写说明》；1951 年 10 月，水利部颁发《水文资料整编方法》，统一整编技术标准；1953 年 12 月，水利部颁发《水文资料整编成果表式和填写说明》；1954 年 11 月，水利部颁发《水文资料整编方法》；1956 年，水利部颁发《水文资料审编刊印须知》，规定整编、审查、汇编、刊印程序和表格的内容形式。1958 年 4 月，水电部颁发《全国水文资料卷册名称和整编刊印分工表》及《全国水文资料刊印封面、书脊和索引图格式样本》，使资料内容、形式更趋一致，水文年鉴统一命名为《中华人民共和国水文年鉴》。

1964 年 8 月，水电部以部标准颁发《水文年鉴审编刊印暂行规范》，对水文年鉴的内容格式，进行全面审查和调整，实行"测站整理""分站整编""总站汇编刊印"的三级整编制度。经过复审后，整编成果的质量标准达到：项目完整、图表齐全、考证清楚、方法正确、规格统一、数字无误、资料合理、说明完备、表面整洁和字迹清晰。首次提出错误率的标准与计算方法，要求成果数字抽查 30％后达到：平均大错误率不超过 1/20000（对资料使用发生比较明显影响的错误）。规定特征值和一般数字的大小范围：平均小错误率不超过 1/2000（指大错范围以下的数字错误）；微错（指对资料使用不致发生影响的错误，如尾数错"1"以及规格符号的错误）。

1972年，部水利司将资料刊印部分内容编入《水文测验试行规范》中，1975年水电部又颁发《水文测验手册》，第三册为资料整编的规范要求，水文年鉴的图表格式仍基本不变，图表填制说明则删繁就简，列为手册附录。

1981年，部水文局颁发《降水量资料刊印表式及填制说明》以后，降水量资料表式维持不变，对各时段最大降水量表改为表（1）、表（2）。1986年6月，水电部颁发《水质资料整编补充规定》。1988年水电部颁发《水文年鉴编印规范》（SD 244—87），增加整编方法、电算整编方法等内容，要求根据资料来源、成果质量及使用价值的不同，分为"正文资料"和"附录资料"两部分。

1999年12月，水利部颁发《水文资料整编规范》（SL 247—1999）。规范删除《水文年鉴编刊规范》中有关资料刊印的内容，增加了水文资料整编内容和方法、数据格式和标准，引进了国际标准中有关整编精度的检查技术（随机不确定度和系统误差），补充采用计算机替代人工整编的技术内容，考虑了资料整编与数据库衔接、数据存储等内容，修改补充了整编表式、观测物和整编符号。2009年，颁发《水文年鉴汇编刊印规范》（SL 460—2009），对恢复刊印水文年鉴内容、汇编、图表编制及刊印等作出具体规定，并编入水文年鉴数据排版格式。

2012年10月，修订后的中华人民共和国行业标准《水文资料整编规范》（SL 247—2012）发布，2013年1月实施。

在资料整编中，除执行上述规范和规定及各流域审、汇编时的补充规定外，省水文局结合河南省实际情况，多次编印河南省水文资料整编技术补充规定和整编质量标准。

三、整编项目与方法

整编项目主要有测站考证、水位、流量、降水、蒸发、含沙量、输沙率、水库水文资料、地下水、水质等。而每项都有相对独立的整编方法。1949年前水文资料不多，无统一的整编方法，以月、季、年报的形式编印实测值。中华人民共和国成立后，贯彻执行水文测验和整编规范，使水文资料整编方法和图表格式逐渐趋向统一和完善。1979年前人工整编，以后逐步过渡到电子计算机整编。

（一）测站考证和基本数据

测站考证是整编各项水文资料的第一步，是了解测站特性和测验基本情况的重要步骤，与水位资料整编有着更密切的关系。

1. 水准基面

河南省水文资料中涉及的基面有：绝对基面（包括废黄河口基面、吴淞基面、黄海基面、大沽基面）、假定基面、测站基面（即冻结基面）和 85 基面等。

淮河流域：1949 年前，各站所用基准点水准基面，为废黄河口、假定基面，均系江淮水利测量局设立。1934 年，导淮委员会复测。在整理 1950 年前水位资料时，均以 1934 年复测成果为准。将各种水准点高程予以改正，并在各站水位表内注明改正数。1953 年前，有洪汝河统一假定、颍河统一假定、测站假定及 1952 年改正的导淮等水准系统。1953 年淮委精密水准测量大队，对水文站原用水准点进行精密水准测量，经过订正后的基面，为"废黄河口基面（精高）"，其水准点订正数刊布在水文年鉴内。

1955 年水利部规定，将 1954 年各测站所引用的基面，一律冻结作为测站专用的固定基面，称为测站基面。1960 年根据《水文测验暂行规范》规定，原用的测站基面改称"冻结基面"，其后枢第一次采用的测站基面固定为冻结基面，作为水位资料刊布高程的依据。1959 年，国家规定黄海基面为全国统一的高程基准。1962 年，河南省水利厅测量队，进行了全省水文站水准点与"56 黄海水准基点"联测，技术指标按三等及四等水准网，其成果测站陆续启用。从 1975 年起，将废黄河口基面改为黄海基面。河南省刊印的安徽省洪、颍河水系资料，自 1956 年采用的测站基面，分别于 1965 年和 1966 年开始改用"黄海基面"。河南省史河、涡河水系在安徽省刊印的水文资料，自 1959 年起，将原由"废黄河口基面（精高）"基面的水准引测，统一改为由"黄海基面"引测。

长江流域：1950 年前资料的水准点考证，是根据江汉工程局《汉江河道测量水准成果及位置图》，主要是吴淞基面。在整理 1950—1954 年资料时，水准网已经统一接测，但整体平差尚未完成，各站虽同用吴淞基面，但仍存在一定误差。1960 年各测站改称"冻结基面"。

黄河流域：测站基面有"假定基面"和"大沽基面"两种。1962 年各测站改为"冻结基面"。

海河流域：由前河南省建设厅所设的测站用"假定基面"，其他单位所设站都用"大沽基面"。顺直水利委员会对华北 1920—1925 年的水准点进行复测，于 1935 年正式刊布《华北水准网之校正》一书。1950 年后整编资料时，以此书作为整编水位资料的依据。1962 年用"冻结基面"。

测站基面虽历经变化最后统一到"黄海基面",但水文年鉴中刊印的水位资料仍以"冻结基面"表示高程。按规范规定,逐日平均水位表左上角注明用"测站基面"(或"冻结基面")与"绝对基面"表示的高程间换算关系。

"85 基准"使用情况:2000 年以后,原有引据水准点破坏,或附近有测绘部门设立的"1985 国家高程基准"水准点,且引测较便利的情况下,部分水文站陆续使用"1985 国家高程基准",取代原有基面。

2. 测站位置

测站位置是指基本水尺所在地名。经纬度是基本水尺所在的东经、北纬数值。

淮河流域水文站经纬度,1950 年前经考证,用的是省水文总站 1944 年成果,1950 年后依据的是淮委工程部 1951 年绘制的百万分之一淮河流域全图。1957 年以后设站,采用河南省水利厅绘制五十万分之一的河南省全图量得。水系形势图,1956 年以后,用百万分之一淮河流域全图描绘复制。

整编长江干支流 1922—1955 年水文资料时,系以万分之一至五万分之一局部地区实测图量算。1956 年以后设站时用五万分之一陆军图量得。水系形势图,以长江委 1954 年百万分之一汉江流域图绘制。

黄河流域的测站,一般根据原始记录填写,缺的测站用解放军东北军区司令部,百万分之一航测图量得,或前黄委下游区十万分之一地形图量得。

海河流域的测站,以原始资料内的附图或二十万分之一地形图,量得经纬度和绘制水系形势图。个别站用华北水利委员会绘制的测站平面图,和解放军东北军区 1949 年复制百万分之一航测图,量得经纬度和绘制水系形势图。

1975 年对全省各测站(含雨量站),根据五万分之一军用地形图进行复查,全部采用新经纬度数值。

水位站、水文站测验河段的具体位置,1957 年以前逐年刊有水系形势图及测验河段平面图。自 1958 年起,只在公历逢"0"逢"5"年份刊布。

3. 集水面积

测站集水面积是指基本水尺断面所控制的流域面积。淮河流域测站的集水面积,50 年代初期采用淮委勘测设计院旧五万分之一军用图量算的成果。1957 年根据淮委勘测设计院测量队所测五万分之一地形图量算。1957 年以后,由河南省设立站或调整的测站,则是根据省水利厅绘制的五十万分之一《河南省全图》量算。长江流域的测站,在整编 1922—1955 年水文资料时,由长江委根据集水面积小于一万平方千米的测站,用五万分之一陆军图量得。

1956 年以后，河南省所设测站用五万分之一新航测图量得。黄河、海河流域测站的集水面积，一般以原始记载填制，缺的站用解放军东北军区司令部百万分之一航测图量得。黄委于 1973 年以前，根据国家五万分之一新航测图重新核对采用。

1975 年河南省对测站集水面积进行重新核对：山区站根据五万分之一军用地形图量得，其余站用河南省城市建设局复制的二十万分之一地形图量得。

4. 至河口距离

测站距河口距离，一般都用五万分之一地形图量算。而黄河测站，用河南省第三水利局 1933 年伊河、洛河万分之一地形图量得。海河干流站，按华北水利委员会五万分之一地形图量算，支流用中国科学院地理研究所二十万分之一地形图量得。

（二）降水、蒸发

降水量包括雨、雪、雹、雾、露、霜量，根据实测值统计逐日降水量。自记雨量按订正后的记录统计。

1950 年前整编各月降水量，1950 年后整编逐日降水量。1950—1958 年，统计降水起讫时间和历时及一日降水量。1954—1980 年统计初霜和终霜、初雪和终雪日期。1955—1957 年统计月、年降水量、最大降水量、年降水日数、一次最大、最急及 10 分钟最大降水量。1956—1964 年改为汛期降水量分段记录。1958 年以后，统计月总降水量、降水日数、一日最大、年总量、年降水日数、年最大降水量。1960 年后，统计长历时及短历时暴雨。

从 1964 年开始统计各时段最大降水量表（一）、表（二）、表（三）、表（四）。1979 年，按水利部通知，将各时段最大降水量表（四）指标改为 10 分钟、20 分钟、30 分钟、40 分钟、60 分钟、90 分钟、120 分钟 7 个指标。1981 年起，按水利部水文局 1981 年 4 月颁发《降水量资料刊印表式及填制说明（试行稿）》执行，改为编印各时段最大降水量表（1）、表（2）。

蒸发量观测的日分界与降水量相同。1950 年前整编月蒸发量。1950—1954 年、1960 年及 1965 年整编日蒸发量。1955—1959 年、1961—1964 年整编月蒸发量及蒸发量辅助项目。1965—1978 年，按月统计相应的气温、绝对湿度、水气压力差及风向、风速等。1965—1999 年编制沈丘、薄山水库（陆上）站蒸发量辅助项目月、年平均统计表。1966—1975 年编有薄山（漂浮）蒸发辅助项目，1964—1975 年编有薄山站（漂浮 E-601）蒸发量逐日表。

（三）水位、流量

日平均水位计算值，一日内水位变化平缓，观测时距相等，用算术平均法；一日内水位变化大，观测时距不等，用面积包围法计算；电算全部用面积包围法。

1949 年前，整编逐日水位表、水位过程线图等。1950 年后，计算日、月、年平均水位，逐年挑选最高最低水位及相应日期。1959 年开始摘录较大洪水的水位和比降过程，1960 年起停摘比降。1961 年前编有 30 天、90 天、180 天、270 天及年最高、最低六种水位频率。1962 年后在水库站及通航河道增加各种保证率的水位。

流量资料整编的关键是水位流量关系的确定。1950 年前一般采用对数图解法、方格坐标法。1950 年后，整编技术有了发展，对受冲淤影响的，使用临时曲线法和改正水位法。对受变动回水影响的，使用正常落差法、落差平方根法、落差指数法等。受洪水涨落影响的，使用校正因素法。受结冰、水草影响的，使用改正系数法。对流量测次较多，能控制流量变化的转折点，采用连时序法和实测流量过程线法。水位流量关系较稳定时，采用单一曲线法。堰闸、水库站，采用率定系数曲线，用水力学公式推求流量，或按水力因素法进行流量整编。电站和电力抽水站，按实测资料代入能量转换公式，换得效率曲线推求流量。

日平均流量，1950 年前直接用日平均水位推求。1950 年后，一日内流量变化平稳时用算术平均法，流量变化大时，用面积包围法。1950—1962 年整编流量综合过程线图，1970 年增加年最大洪量，1976 年计算年径流深、年径流模数。

1989 年起，按照《水文年鉴编印规范》规定，执行对流量定线精度要求与检验方法的规定。不同站类，按其测验方式、方法、测验精度和使用需要的不同，分别规定流量定线的精度指标。站队结合的站，定线精度要求按《水文勘测站队结合试行办法》执行。

为提高绘制水位流量关系曲线的质量，80 年代末，按国际标准 ISO 1100/2 中要求，进行符号检查、适线检查、偏离系数检查及 t 检验。

水位流量关系 t 检验：适用于流量间测站的校测资料的检验，以判断原用（或历年综合）水位流量关系曲线是否需要重新确定；也适用于相邻年份的水位流量关系曲线，或相邻时段的临时曲线是否分开或合并定线的判断。

（四）含沙量

1949 年前，不计算日平均含沙量。1950—1955 年，日测一次断面平均含沙量的即作为当日日平均值，日测两次以上的则取其算术平均值。1956 年起，采用单位含沙量与断面平均含沙量的关系，推求逐日平均含沙量。1963 年前，统计月平均流量、输沙率、含沙量。1964 年后改为统计月平均、月最大、最小含沙量，年平均输沙率、含沙量、年最大含沙量、最小含沙量及年侵蚀模数等。

悬移质输沙率以日平均含沙量与日平均流量的乘积，作为日平均输沙率。1950—1957 年，统计月平均、月最大输沙率，年平均、年最大输沙率及年输沙量。1958 年起停止用逐日平均输沙率表，改用悬移质输沙率月年统计表。

按《水文年鉴编印规范》规定，从 1988 年起，要对单断沙关系曲线进行检验和标准误差计算，其检验及计算方法与流量资料方法相同。

（五）地下水

地下水整编项目 50 年代有考证、水位、埋深。1976 年增加水温，1979 年增加开采量，1980 年增加水质，1987 年增加水污染项目。地下水资料整编每年年末由各县水利局初步整理各观测井资料，计算检查月年值，1954—1971 年，编制地下水观测井一览表，和地下水位、5 日埋深成果表，并对测井位置、固定点高程、地面高程进行考证并形成考证表。之后整编刊印内容又有所增加：1972 年增加逐日埋深，1976 年增加地下水温，1979 年增地下水开采量，1981 年增地下水水化学分析、1987 年增水污染成果表。1989 年前人工整编，用算盘计算月年总数及均值、挑选极值，绘制埋深及变幅图。1989 年河南省组织开发地下水资料整编照排系统，用电子计算机整编、计算、排版、照相、制版、印刷，各水文分站将地下水原始观测数据输入电子计算机，打印出成果图表。

（六）水质

水质整编项目，1958—1984 年有水质断面、采样、送样、样品保存和分析化验质量等考证，水温、溶解气体（游离二氧化碳、侵蚀性二氧化碳、硫化氢、溶解氧）、耗氧量及生物原生质（铵离子、亚硝酸根、硝酸根、铁离子、磷、硅）、总碱度、总硬度及主要离子（碳酸根、钙、镁、氯、钾、钠、矿化度）。1979 年增加水污染等 26 项，1985 年达 36 项，及水质测站及断面一览表、水质测站分布图、测站断面说明表及位置图、水质监测成果表（一）、表（二）和水质特征值年统计表等。1999 年后达 72 项，涵盖了地表水、地下水、排污口、污染联防、水源地、农村饮用水、水功能区等。

水质资料整编由各分析室在日清月结、严格核查的基础上，年末进行整编。第一对采样站位置、代表性、水样固定、运送，化验分析质量等进行考证。第二抽查数字，确保数字质量。通过年度资料整编严格把好监测分析、数据计算质量关，凡发现有差错定追踪到底，保证数据的公正性、正确性和可靠性。第三填制成果表和绘制综合图，并做合理性分析检查。第四水质评价，对照《地表水环境质量标准》（GB 3838—88）进行评价，2002 年 6 月后，以《地表水环境质量标准》（GB 3838—2002）以及《地下水质量标准》（GB 14848—93）进行水质评价。水质评价采用单指标评价方法。对省界水质、河流水质、水库水质、供水水源地水质、农村饮用水水质、水功能区水质作出评价。

通过原始资料审核、监测数据合理性审查、数据评价三部分工作得到全省上一年度水质的大体情况。整编后的水质监测数据和评价结果，一般用于编制河南省年度水资源质量概况和参加省属四流域资料汇编。

（七）计算机整编

1978 年以前主要采用人工整编水文资料，随着科学技术进步，逐步应用计算机整编取代人工整编。

1977 年，省水文总站多次参加水电部水利司委托长办水文处举办的电子计算机整编水文资料短训班，及长办举办的 DJS‑16 机水流沙通用程序和黄委水文局举办的 TQ‑16 机降水量通用程序学习班。随后多次培训各水文分站数据穿孔人员。

1978 年开始应用电子计算机整编水文资料，采用纸带穿孔输入数据（简称电算整编）。

1979 年 4 月，电算整编 120 个雨量站和 20 多个河道站的水位、流量、泥沙资料，与人工整编资料进行核对，基本符合规范要求。许昌水文分站自 1981 年开展堰闸、水库站资料电算试算工作。随着计算机应用技术的发展，1985 年 6 月，水电部水文局编制出《关于水文部门应用电子计算机的规划纲要（草案）》。在调查论证后，选择美国 VAX‑11 计算机。1986 年，省水文总站投资 100 万元，购置 VAX‑11/730 计算机和 11 个终端，由终端输入数据，当年即投入水文资料整编工作。成果西文打印，电子、纸质同时保存。1986 年 7 月，部水文局颁发《全国水文测站编码试行办法》。河南按规定的流域范围提前完成编码任务，参加流域的编码会议，并把编码即时应用电算整编上。1989 年河南省属测站各水文项目，全部电算整编成果直接照排印刷。1991 年后各卷册陆续暂停刊印《水文年鉴》，整编成果资料直接储存在计算机内，并用计算机打印出成果提供使用。

1996 年，微型计算机已经发展成熟，省水文总站购买微型计算机用于水文资料整编。VAX‑11/730 计算机被淘汰。

2003 年，水利部组织开发出南方片、北方片整编软件，主要适应新的整编规范的要求和新的数据库平台和数据库结构变化的需求。2008 年，开始使用部水文局委托长江委水文局编写的南方片水文资料整编软件。

第三节 资 料 刊 印

1950—1957 年，全国未划分统一水文资料卷册。资料多按项目合刊，1955 年起开始逐年刊布。1958 年起，水文资料统一命名为《中华人民共和国水文年鉴》。按规范规定刊印项目 12 种，刊印图表 50 种左右，根据不同时期观测项目与实际需要而有所调整。1990 年停刊，2007 年恢复水文资料刊印，并逐步对停刊期间的资料进行补刊。

一、水文年鉴

水文年鉴是逐年水文资料整编后，以统一的图表形式刊印的成果。其内容包括：资料说明、水位、流量、泥沙、水温、冰凌、降水、蒸发、水化学、地下水资料等；已刊布资料的更正和补充。在编排顺序上，50 年代采用"一站多项"的方式；1956 年以后改为"一项多站"。刊印内容各年有所变化，有增也有减，如 50 年代有水位、流量、含沙量历时过程线，以后取消。1964 年起增加各种历时暴雨统计，说明表及位置图改在逢"0"逢"5"的年份刊布。

1988 年颁发的《水文年鉴编印规范》规定，根据资料来源、成果质量及使用价值，分为"正文资料"和"附录资料"两部分刊印。

二、刊布籍册

1950 年前，河南省内的测站资料，未经统一整编。1950 年后，为满足国民经济建设需要，组织有关单位，按统一方法，进行整编刊布。1955 年前水文年鉴刊布一览表见表 8-3-1，1950—2015 年水文年鉴按流域水系分册刊布一览表见表 8-3-2。

表 8-3-1 　　　　　　　　　1955 年前水文年鉴刊布一览表

资料名称	册号	项 目	资料年份	刊印单位	刊印日期
华北降水量				建设总署	1940 年 2 月
中国降水资料			1950 年以前	中央气象局、中国科学院地球物理研究所	1954 年 5 月

续表

资料名称	册号	项　目	资料年份	刊印单位	刊印日期
华北区水文资料（海河流域南运河水系）	第八册	水位、流量、沙量	1915—1949	部水文局	1957 年 3 月
华北区水文资料	第九册	降水、蒸发	1841—1949		1957 年
黄河流域水文资料	第一册	降水、蒸发	1919—1935	黄委	1957 年 8 月
	第二册	降水、蒸发	1936—1940		1957 年 9 月
	第三册	降水、蒸发	1941—1950		1957 年 10 月
黄河流域水文资料（泾、洛、渭部分）	共三册	水位、流量、含沙量、输沙率	1931—1953		1956 年 5 月
淮河流域水文资料第一辑（淮河中、上游区）	第一、二、三册	水位		水利部南京水利实验处	1951 年 1 月
	第四册	降水量			
	第五册	流量、含沙量			
长江流域水文资料（汉江区）	第一册	水位（重刊）	1950 年前	长办	1956 年 3 月
长江流域水文资料		水　位	1934—1955		1957 年 12 月（补刊部分）
长江流域水文资料（汉江区）		降水量	1928—1949		1957 年 10 月
长江流域水文资料		蒸发量	1877—1955		1957 年 12 月
长江流域水文资料（汉江区）		流量、含沙量	1933—1955		1957 年 12 月

表 8 - 3 - 2　1950—2015 年水文年鉴按流域水系分册刊布一览表

流域	水　系	卷册	资　料　年　份
海河	南运河水系	3 卷 6 册	1964—1991、2006—2015
	徒骇、马颊河流域	3 卷 7 册	2006—2015
黄河	黄河中游区下段（龙门至三门峡水库，不包括泾洛渭区）	4 卷 4 册	1919—1970（分为两分册）、1959—1989、2001—2015
	黄河下游区（三门峡水库以下，不包括伊洛沁河）	4 卷 5 册	1964—1967、1971—1985、1987—1989、2006—2015
		5 册、6 册合并	1958—1960、1962—1963、1966、1968—1970
	黄河下游区（伊洛河、沁河水系）	4 卷 6 册	1961、1964—1967、1971—1989、2001—2015

续表

流域	水 系	卷册	资 料 年 份
淮河	淮河上游区（洪河口以上）及颍河水系	5卷1册	1964—1990、2001—2015
			1957、1958、1960—1963、1990（5卷1、2册合并刊印）
	淮河中游区（洪河口至洪泽湖，干流及史河、淠河水系）	5卷2册	1950—1957
			1964—1989、2001—2015
	淮河中游区（涡河、洪泽湖水系）	5卷3册	1964—1989、2006—2015
	运河、泗河水系及南四湖区	5卷6册	2006—2015（之前刊印在5卷3册）
长江	汉江区（汉江中游水系，丹江、唐白河水系）	6卷15册	1977—1988、2006—2015
河南	河南省水文年鉴	上册	1997、1998
		中册	1997、1998、2000、2001
		下册	1997、1998、2000、2001

1950—1957年，淮河流域水文资料改"辑"为"册"，河南省淮河干、支流水文资料刊入淮河中上游区，分项目编册，"一项多站"排版，均由淮委逐年汇刊。

1958年起，按《全国水文资料卷册名称和整编刊印分工表》及《全国水文资料刊印封面、书脊和索引图表格式样本》规定，水文资料统一命名为《中华人民共和国水文年鉴》。

1958—1963年全国分为10卷90册。河南省境的史灌河、涡河、洪泽湖水系的水文资料，编入淮河中游区5卷第3、第4册，由安徽省水电厅汇刊。安徽省内洪河、颍河水系资料，划入淮河上游区，编为5卷第1、第2册，由河南省水利厅汇刊。

南运河水系水文资料，1950年后由河北省水利厅汇刊，其中由于体制下放，1956年、1960年、1961年3年的资料，由河北省邯郸专员公署水利局，刊印在《海河流域水文资料》第3卷第9、第10分册内。

马颊河水系的资料，由山东省水利厅刊印。1954—1957年刊入《鲁北胶东地区水文资料》。1958年后列入《黄河流域水文资料》第4卷第9、第10册内。

黄河流域水文资料，刊入《黄河流域水文资料》第4卷第5、第6册内，由黄委所属水文总站刊印。

丹江、唐白河水系资料，由长江委列入《长江流域水文资料（汉江区）》

第 6 卷第 17、第 18 册内。

1964 年以后全国水文资料调整为 10 卷 74 册。各册依表 8 - 3 - 2 范围刊印。根据《水文年鉴审编刊印暂行规范》中年鉴卷册划分与汇刊分工一览表规定：2006 年以前河南省负责刊印 5 卷 1 册的汇刊工作，安徽省负责第 5 卷第 2 册、第 5 卷第 3 册的汇刊工作。

丹江、唐白河水系资料，编为《长江流域水文资料》第 6 卷第 15 册，由长江委汇刊。

宏农涧河资料，编为《黄河流域水文资料》第 4 卷第 4 册，由山西省水文总站汇刊。

徒骇、马颊河水文资料，编为《黄河流域水文资料》第 4 卷第 9 册，由山东省水文总站汇刊。蟒河、天然文岩渠、文岩渠及坞罗河、天波河的水文资料，分别编为《黄河流域水文资料》第 4 卷第 5 册及第 4 卷第 6 册，均由黄委郑州水文总站汇刊。

南运河水系资料，编为《海河流域水文资料》第 3 卷第 6 册，由河北省水文总站汇刊。

2007 年以后，河南省负责第 5 卷第 1 册、第 3 卷第 6 册的汇刊工作，徒骇、马颊河调整到 3 卷 7 册，运河水系调整到第 5 卷第 6 册，第 4 卷第 9 册不再存在。本次调整以后，河南省水文资料分布在 10 册 11 本内，其中海河为第 3 卷第 6 册、第 3 卷第 7 册，黄河为第 4 卷第 4 册、第 4 卷第 5 册、第 4 卷第 6 册，淮河为第 5 卷第 1 册（上、下册）、第 5 卷第 2 册、第 5 卷第 3 册、第 5 卷第 6 册，长江为第 6 卷第 15 册。

1990 年后，河南省辖各流域水文资料，电算整编后存储到水文数据库，不再按全国统一卷册刊印水文年鉴。1994 年 9 月，水利部正式通知全国停止刊印水文年鉴。在水文年鉴停刊期间，河南省出于水文资料应用和对历史资料保存的需要，对部分水文资料仍进行刊印。刊印了 1997—2001 年水文资料，名为《河南省水文年鉴》，涵盖黄河、淮河、海河三大流域，分为上、中、下三册。1997 年，恢复水文资料刊印，逐步补刊 1990 年到 1996 年停刊的部分资料。

2001—2005 年，部水文局组织恢复重点流域重点水系水文资料刊印。但该阶段刊印的水文年鉴只限于逐日类和实测类成果表，不包括各类水文要素摘录表。2004 年 10 月，省水文局负责的中国水文年鉴 2003 年第 5 卷第 1 册中，率先增加水文要素摘录表和降水量摘录表。2007 年水利部下发《关于全面恢复水文年鉴汇编刊印的通知》，要求 2007 年起全面恢复水文资料（自 2006 年度起）

年鉴汇编刊印。水文资料整编刊印又逐步达到停刊前的各项标准。

2010年起，河南省补刊了1997年、1998年、2000年、2001年停刊的部分资料。

2012年1月，省水文局负责汇编的第3卷第6册、第5卷第1册（上、下册）和参编的8卷册水文年鉴资料在2010年全国终审中为零差错，受到部水文局表扬。

水库水文资料：1974年省水文总站组织有关人员，将已收集到的各水库管理部门观测的历年水文资料，整编刊印《河南省中型水库历年水文资料》。1979年7月，整编刊印《河南省1974年、1975年中型水库水文资料》。1982年5月，整编刊印《河南省1976—1980年中型水库水文资料》。

地下水资料：1954—1971年地下水观测资料比较零星，由省水文总站整编，分别刊印在各流域水文年鉴内。1972年后，全省各县市的地下水观测资料，由省水文总站统一整编，逐年刊印出版《河南省地下水资料》。

水质资料整编资料，除参加省属四流域资料汇编外，1982年开始，由省水文总站利用整编资料对全省污染源总体情况、主要城市污染情况、水质监测情况、水质评价情况等方面做出概述，编印《河南省地表水水质概况》，2002年，《河南省地表水水质概况》更名为《河南省水质概况》，增加城郊地下水水质状况，水库水质评价、水污染事故等内容。2010年，《河南省水质概况》更名为《河南省水资源质量概况》。主要内容为，地表水资源质量状况；地下水资源质量；建议与措施。其中"地表水资源质量状况"部分的内容包含了全省地表水资源质量、省辖四流域地表水资源质量、与上一年度地表水资源质量比较三部分内容。2011年，《河南省水资源质量概况》更名《河南省水资源质量年报》。内容是在水质资料整编的基础上，对全省水质做出评价。主要有地表水资源质量评价、水功能区水质达标评价、水库水资源质量评价、地下水资源质量评价、附表、附图等。

三、刊布内容

按规范规定刊布项目12种，刊布图表50种左右，根据不同时期观测项目与实际需要而有所调整。如1990年刊布44种图表。

（一）水位

1950年前，刊布水位整编说明表，测站位置图，逐日平均水位表，水位过程线图，历年水位统计表。1950年以后除以上图表外，增刊洪水位摘录表，水位频率表。部分山区水文站，只刊布水位月、年统计表，不刊布逐日平均水位表。公历逢"5"年份刊布测站说明表及位置图，各站月、年平均水位对照表。1955 年前刊印水位过程线，1956—1963 年改刊逐日平均水位过程线。1958—1962 年刊布水位频率表，逐年挑选年最高、30 天、90 天、180 天、270 天及最低六种水位的频率。

（二）流量

1950 年前资料，刊布流量实测成果表，流量过程线，逐日平均流量表。1950 年以后刊布各站月、年平均流量对照表，实测流量成果表，逐日平均流量表。1950—1962 年刊布流量综合过程线图。1956—1960 年刊布流量频率表。1959—1990 年刊布各站降雨径流对照表。1961—1964 年刊布水工建筑物率定成果表（一）、表（二）、表（三）。1965—2000 年改为堰闸流量率定成果表、水电站流量率定成果表、洪水水文要素摘录表、堰闸洪水水文要素摘录表、水库水文要素摘录表。从 1965 年起，水文站逐年编制实测大断面成果表。1970—1988 年刊布各站枯水流量统计表。1970—1990 年刊布各站最大洪水量统计表。1976—1988 年刊布各区间年径流深、年径流模数计算表。1980—1983 年刊布水库站旬、月入库水量计算表和入库流量过程线。1980—1987 年刊布山区站月、年基流量统计表。1980—1988 年刊布月、年灌水量对照表。

（三）含沙量

1950 年前资料，与流量合并刊印流量、含沙量实测成果表。1950 年以后刊布月、年平均输沙率对照表、逐日平均含沙量表。1956—1988 年刊布悬移质输沙率月年统计表，1989 年后改为逐日平均输沙率表。1950—1955 年刊布逐日平均输沙率表及输沙率过程线。1950—1958 年刊布含沙量过程线。1956 年以后刊布实测悬移质输沙率成果表。1965—1966 年刊布洪水含沙量摘录表。1957—1960 年刊布淮河上游区径流模数点据图。

（四）降水量

1950 年前资料，刊布逐日降水量表、各月降水量统计表、降水量摘录表。1950 年后增刊月年降水量、降水日数对照表、年降水量等值线图。1950—1958 年刊布汛期降水量记录表。1957—1963 年刊布每月降水量等值线图。1957—1965 年刊布汛期降水量分段记录表。1960—1963 年刊布长历时和短历时暴雨量统计表。1964—1980 年刊布各时段最大降水量表（一）、表（二）、表（三）和表（四），1981 年后改刊各时段最大降水量表（1）和表（2）。1965—1995 年刊布降水量摘录表。

（五）蒸发量

1950 年前资料，刊布月、年蒸发量表。1950 年后刊布年蒸发量等值线图。1950—1963 年刊布月、年蒸发量统计表，1964 年改刊逐日蒸发量表。1965—2000 年刊布沈丘、薄山水库（陆上）站，蒸发量辅助项目月、年平均统计表。1966—1975 年刊布薄山（漂浮）蒸发辅助项目。1964—1975 年刊布薄山（漂浮 E-601 型蒸发器）蒸发逐日表。1990 年起全省刊布蒸发场说明表及平面图。

（六）地下水

地下水刊布内容为地下水观测井一览表，地下水埋深成果表，1974—1982 年曾刊布平原区浅层地下水埋深及变幅分布图，1976 年以后增加刊布地下水温成果表，1979 年以后增加刊布地下水开采量统计表（包括 1978 年、1979 年开采量资料），1981 年后增加地下水化学分析成果表，1987 年后增加地下水污染成果表，2009 年取消常规水化学及污染水质成果表，统一为地下水水质监测成果表，2011 年起取消水温成果表。2013 年起暂停地下水水质监测成果表，其成果并入水质监测资料。

（七）水化学

1958—1984 年刊布水化学成果表。从 1985 年起与水质资料合并后，参加长江、淮河、黄河、海河四流域汇编。刊布成果：水质测站及断面一览表，水质测站分布图，测站断面说明表及位置图，水质监测成果表（一）和表（二），水质特征值年统计表。

四、刊布数量

（一）年鉴资料

河南省水文资料最早刊入年鉴是 1919 年，全省只有陕县 1 个水文站 2 处水位站和 3 处雨量站，各项资料刊布 8 个站年；民国前期军阀混战，水文资料少；30 年代刊布最多，1934 年刊布 151 站年，为民国时期资料最多的年份。1935 年、1936 年、1937 年分别刊布 134 站年、137 站年、137 站年。1938 年下降到 40 站年。抗日战争时期，测站大部分停测和撤销。1945 年共刊布 26 站年。1949 年仅刊布 13 站年。

1950 年后，刊印资料逐年增加。1950 年刊布 61 站年，1954 年增至 539 站年。1975 年"75·8"大水后，雨量站发展迅速，1977 年刊布 1496 站年。1978—1984 年稳定在 1500 站年。1983 年刊布 1564 站年。1990—1996 年停刊，2001 年恢复刊印，并对停刊的部分年份进行补刊。1919—2015 年河南省水文资料刊布站年一览表见表 8-3-3。

（二）中型水库水文资料

河南省水文总站组织收集 1959—1980 年共 237 座中型水库的水文资料，

表 8－3－3　　1919—2015 年河南省水文资料刊布站年统计表

单位：站年

项目 年份	水位						流量						含沙量						降水量						蒸发量					
	淮河	长江	海河	黄河	马颊河	小计	淮河	长江	海河	黄河	马颊河	小计	淮河	长江	海河	黄河	马颊河	小计	淮河	长江	海河	黄河	马颊河	小计	淮河	长江	海河	黄河	马颊河	小计
1919	1		1	1		3			1			1				1		1	1		2			3						0
1923	1	2	3	1		7	1	2	4			7				1		1	10		4	1		15						0
1927				1		1				1		1				1		1	1		1			2						0
1930				1		1				1		1				1		1	1		1	3		5						0
1934			7	8		15		2	7	5		14			7	4		11	61	7	9	27	2	106			4	1		5
1936	14	4	6	10		34	1	4	7	6		18		4	7	5		16	31	6	6	22	1	66				3		3
1940	4		1	5		10			1	3		4				2		2	6	3	1	3		13				2		2
1942	19		1	6		26	4	2	1	3		10	2			1		3	7	2	1	4		14				3		3
1945	5	2		1		8	2	2		1		5	1	2		1		4	4	3	1			8		1				1
1948	9		1	5		15	2	1		1		4	2	3		1		6	2	6		5		13		4		4		8
1949	1			4		5				2		2				2		2				2		2				3		3
1950	16		1			17	9	1	1			11	3		1			4	10	1	10		1	22	6	1				7
1951	26	5	3	6		40	18	5	3	1		27	7	1		1	0	9	83	18	16		1	118	29	9	4	1		43
1954	48	18	18	1	1	86	35	11	14	5	1	66	12	3		1	0	16	182	36	36	11	2	267	66	17	16	4	1	104
1957	87	23	25	5	2	142	70	18	25	3	2	118	18	12	9	1	0	40	194	50	45	18	2	309	36	12	5	6	1	60
1960	113	25	31	3	2	174	77	25	27	5	2	136	22	12	10		0	44	183	58	53	22	2	318	28	13	9	1	1	52
1965	109	22	26	8	2	167	80	25	29	7	2	143	27	14	7		0	48	266	83	62	30	4	445	22	9	4	3	1	39
1970	89	22	22	7	1	141	91	22	21	8	1	143	15	14	10	2	0	41	426	121	85	43	7	682	24	7	3	2	1	37
1975	104	26	20	9	1	160	141	26	21	11	1	200	18	10	10	2	0	40	492	175	95	47	7	816	28	8	3	3	1	43
1977	127	26	21	10	1	185	125	26	25	11	1	188	18	10	10	2	0	40	684	175	118	55	7	1039	29	8	3	3	1	44
1980	135	26	21	10	1	193	129	26	24	11	1	191	18	10	10	3	0	41	721	175	119	59	7	1081	27	8	6	4	1	46

续表

项目\年份	水位 淮河	长江	海河	黄河	马颍河	小计	流量 淮河	长江	海河	黄河	马颍河	小计	含沙量 淮河	长江	海河	黄河	马颍河	小计	降水量 淮河	长江	海河	黄河	马颍河	小计	蒸发量 淮河	长江	海河	黄河	马颍河	小计
1985	115	23	18	10	1	167	113	23	20	10	1	167	20	9	10	3	0	42	617	162	105	44	7	935	41	9	5	3	1	59
1988	102	24	17	8	2	153	110	22	23	7	2	164	15	8	11	3	0	37	548	159	106	42	7	862	37	9	5	3	1	55
1990	119	29	23	8	2	181	114	21	23	7	2	167	17	9	12	3	0	41	574	159	106	43	7	889	33	9	5	3	1	51
1995	99	32	29	8	2	170	110	31	21	6	2	170	16	8	11	3	0	38	574	159	106	43	7	889	30	9	5	4	1	49
1999	98	33	30	7	2	170	125	34	23	7	2	191	16	8	10	3	0	37	573	159	106	41	7	886	28	9	5	4	1	47
2000	106	31	30	7	2	176	137	31	23	7	2	200	17	8	10	3	0	38	572	159	106	41	7	885	28	9	5	4	1	47
2001	109	32	31	7	2	181	138	35	25	7	2	207	18	8	11	3	0	40	604	159	106	43	7	917	30	10	5	4	1	50
2002	99	29	30	7	2	167	121	33	25	7	2	188	18	8	10	3	0	39	579	159	106	41	7	894	28	10	5	4	1	48
2003	97	33	26	7	2	165	129	34	24	9	2	198	17	8	10	3	0	38	573	159	106	41	7	886	28	10	5	4	1	48
2004	105	35	26	7	2	175	127	31	25	7	2	192	17	8	11	3	0	38	572	152	106	37	7	874	28	10	5	4	1	48
2005	97	32	25	7	2	160	126	32	25	7	2	192	16	8	9	3	0	38	573	159	106	41	7	886	28	10	5	4	1	48
2006	102	27	28	7	2	166	120	34	25	7	2	188	16	7	10	3	0	36	567	159	106	39	7	878	28	10	5	4	1	48
2007	107	29	29	9	2	176	126	36	27	8	2	199	16	8	10	3	0	36	573	159	106	41	7	886	28	10	5	4	1	48
2008	100	25	27	8	2	162	121	29	27	7	2	186	16	7	11	3	0	37	573	159	105	41	7	886	30	10	5	4	1	50
2009	99	24	26	7	2	158	122	27	27	9	2	186	17	8	11	3	0	39	574	159	105	41	7	886	27	10	6	4	1	48
2010	98	25	28	7	2	160	122	32	28	7	2	193	17	9	11	3	0	40	574	159	105	41	7	886	32	10	6	4	1	53
2011	95	27	27	7	2	158	119	29	27	7	2	184	16	9	11	3	0	39	574	160	105	41	7	887	31	10	6	4	1	52
2012	96	26	30	7	2	161	117	29	28	7	2	182	15	5	11	3	0	34	574	160	105	41	7	887	31	10	6	4	1	52
2013	98	23	27	7	2	157	117	27	28	9	2	183	15	5	11	3	0	34	574	160	105	41	7	887	31	10	6	4	1	52
2014	98	24	27	7	2	158	121	28	29	9	2	189	15	6	10	3	0	34	574	160	105	41	7	887	31	11	6	4	1	53
2015	98	24	27	7	2	158	128	33	27	9	2	199	15	6	10	3	0	34	574	160	105	41	7	887	31	11	6	4	1	53

进行三次整编刊印，累计刊印 2283 站年，见表 8－3－4。

表 8－3－4 河南省中型水库水文资料刊布站年统计表 单位：站年

年 份	水库站数/个	水位	出库流量	入库流量	降水量	蒸发量	站说明表及位置图	小计	刊印日期
1959—1973	52	228	96	93	252		41	762	1975 年 1 月
1974—1975	89	112	69	62	133		15	480	1979 年 7 月
1976—1980	96	262	175	157	290	48	13	1041	1982 年 5 月
合计	237	602	340	312	675	48	69	2283	

（三）地下水资料

河南省从 1972 年开始逐年进行地下水资料整编、刊印。1972 年年鉴共刊印 405 站年地下水观测资料，1980 年刊印 1812 站年，1987 年刊印 1415 站年，2000 年刊印 1325 站年，2014 年刊印 1270 站年，2015 年刊印 1258 站年，详见表 8－3－5。

表 8－3－5 1972—2015 河南省年地下水资料刊印站数一览表

年份	刊印站年	年份	刊印站年	年份	刊印站年	年份	刊印站年	年份	刊印站年
1972	405	1981	1802	1990	1419	1999	1331	2008	1294
1973	651	1982	1725	1991	1418	2000	1325	2009	1293
1974	766	1983	1378	1992	1409	2001	1306	2010	1288
1975	850	1984	1382	1993	1400	2002	1290	2011	1291
1976	1057	1985	1407	1994	1386	2003	1302	2012	1277
1977	1449	1986	1404	1995	1375	2004	1284	2013	1270
1978	1644	1987	1415	1996	1349	2005	1332	2014	1270
1979	1794	1988	1412	1997	1347	2006	1290	2015	1258
1980	1812	1989	1413	1998	1355	2007	1305		

第四节 水 文 数 据 库

水文数据库是用计算机储存、编目和检索水文资料的系统工程。水文数据库的建设使水文资料管理和数据库密切结合，为各单位和部门检索、使用水文资料提供适应时代发展需求的新途径，也为水文广泛服务经济建设提供方便。包括地表水数据库和地下水数据库。

一、地表水数据库

1986 年，在水利部的统一组织下，依照《全国水文数据库表结构方案 3.0 版》初稿，河南省启动水文数据库的建设。省水文局组织相关技术人员对于有记录的水文基础数据进行人工录入、校验、整理和建库，称之国家水文数据库河南省水文数据库。1990 年 12 月，水利部水文司和水文水利调度中心，在北京召开全国水文数据库工作会议，下发《全国水文数据库建库规划纲要》《全国分布式水文数据库系统表结构方案》等技术标准和要求，要求全国水文数据库于 1995 年初步建成。为贯彻会议精神，省水文总站成立水文数据库领导小组，加强建库工作。1994 年，《全国水文数据库表结构方案 3.0 版》发行，其中包括测站信息、日值、过程、统计、实测、时段降水和注释等 60 个表结构，表结构基本上是以年鉴结构形式定义，便于查询和阅读。1995 年，在 macri VAX Ⅱ 上建立了 ORACLE 支持系统的水文数据库表。录入计算机进行水文资料整编形成 1986—1995 年水文资料电子数据。1996 年，在全国水文数据库的技术基础工作基本完成的基础上，省水文局开展国家数据库建设工作。是年，省水文局投资 30 万元，以新乡水文局为主，开展历史水文年鉴数据的录入，并对录入数据进行校核和整理，1998 年，完成 1990 年以前的地表水年鉴数据录入，共录入河道水文资料 527 站年、降水资料 1303 站年，对以往年鉴出现的错误和遗漏进行了更改和勘误。

1998 年，经过近 10 年的努力，河南省水文数据库建设基本达到水利部建成标准，提请水利部验收。1999 年 6 月 20 日，河南省国家水文数据库通过水利部验收，正式投入使用。河南省国家水文数据库共收录全省境内淮河、黄河、海河、长江四大流域自 1931 年有记录以后的水位、流量、含沙量、降水量和蒸发量等项目的水文信息量 1000 多万条，涉及 41 个库表，水文数据库量达到 420 兆，并以每年约 10 兆的数据量递增。

2005 年 5 月，中华人民共和国水利行业标准《基础水文数据库表结构及标识符标准》（SL 324—2005）正式发布。标准与《全国水文数据库表结构方案 3.0 版》比较有了较大的变化，共设计 107 个表结构，基本表结构也有大的变化，项目更加细化，省水文局及时进行了新老数据库转储。2007 年水文年鉴恢复刊印后，以经会审后的水文资料整编数据电子文档为入库数据源。

二、地下水数据库

河南省现有地下水观测井 1356 眼，有 30 多年的观测资料。地下水观测项目包括地下水埋深，地下水开采量，地下水水温及地下水化学分析成果等。

地下水资料 1989 年开始采用照排方法进行刊印，电子数据从 1997 年以后有保存。

2006 年建立地下水资料数据库，录入 6 年的数据。此后逐年或隔年录入。1997—2015 年地下水主要数据录入数见表 8-4-1。

表 8-4-1　　　　　1997—2015 年地下水主要数据录入数一览表

年份	埋深测量次数	水温测量次数	开采量站数	埋深站数
1997	114822	7428	2418	1347
1998	132671	6840	2652	1355
1999	131257	7110	2457	1331
2000	129072	6906	3042	1325
2001	128842	6691	3159	1306
2002	126352	6184	3042	1290
2003	119970	7104	1989	1302
2004	123721	5184	1794	1284
2005	128031	5341	2106	1332
2006	125945	5184	2145	1290
2007	126423	3960	2067	1305
2008	125651	4896	1716	1294
2009	126153	4836	1404	1293
2010	126280	1524	1248	1288
2011	125541		1716	1291
2012	122051		1521	1277
2013	124698		1287	1270
2014	124256		1482	1270
2015	156393		1209	1253

第九章

水文分析计算和水资源评价

水文分析计算是为水资源的开发利用、水电工程规划设计、管理运用，提供符合规定设计标准的水文数据的技术。基本任务是对所研究的水文变量或过程，作出尽可能正确的概率描述。水文分析计算包括设计洪水过程、设计暴雨的分析计算、设计洪水的计算、可能最大暴雨与洪水的估算、年径流及其分配的计算等。

中华人民共和国成立后，河南开展大规模水利工程建设，为解决实测水文资料断缺地区的水文计算，省水文局与省水利勘测设计院等单位联和开展水文参数及区域水文特征计算，编印《小型水库规划计算方法》《水文手册》《水文图集》《河南省暴雨参数图集》《河南省水情手册》等一系列分析计算成果。随着水文资料的积累，水文科技的发展，计算方法不断改进，水文分析计算成果质量不断提高。

河南省先后于1980年、2003年开展两次全省水资源调查评价，为全省水资源开发利用提供可靠的技术支撑。

第一节　降雨量、径流量分析计算

降雨量分析计算涵盖多年平均降雨量、年降雨量变差系数、设计年降雨量的计算及点绘多年平均降雨量等值线图、变差系数等值线图。径流量分析计算主要有多年平均径流深等值线图，河流的多年平均径流量、径流深，径流系数计算等。

一、降雨量

1959—1960年，省水文总站为编制《河南省水文图集》，选用1958年以前年降雨量 129 站 1282 站年的资料进行分析计算，绘制了多年平均降雨量等值线图，平均年最大 24 小时雨量图及相应变差系数图，初步反映了河南省降雨量的分布规律。

1970—1973 年，省水文总站会同省水利勘测设计院编制《河南省水利工程水文计算常用图集》，选用降雨量 932 站资料，重新编绘了多年平均降雨量等值线图、河南省平均年最大 24 小时雨量图及相应的变差系数图。

1975—1984 年，以省水利勘测设计院为主，省水文总站参与编制的河南省中小流域设计暴雨图集，依据实测降雨资料，补充了 1 小时、6 小时暴雨特征及设计参数等值线图。

1980—1983 年，省水文总站在进行第一次水资源调查评价时，选取 558 个雨量站，1956—1979 年的系列资料，对年降雨量的地区分布、年内分配及年际变化进行了系统的分析计算。

2003—2005 年，全省第二次水资源调查评价采用 1956—2000 年系列降水资料，选用雨量站 560 个，其中，长系列雨量站 14 个。降水量参数计算，多年平均降水量、变差系数和偏态系数分别采用算数平均值、矩法计算，变差系数为偏态系数的 2 倍。

河南省一般变差系数值为 0.2～0.4。变差系数值的变化趋势为自南向北增加，南部大别山区变差系数值在 0.2 左右，为全省最小。豫北的海河流域变差系数值在 0.35 左右，为全省最大。

河南省多年平均降水量等值线呈东西走向，平原地区大体呈东北—西南走向，大别山、伏牛山等山区主峰周围有明显的降水量高值区闭合等值线。

二、径流量

1959 年省水利厅编印的《小型水库规划计算方法》，首次绘制河南省多年平均径流深等值线图。

1960 年 8 月编印出版的《河南省水文图集》中绘制的河南省多年平均径流深等值线图，选用了山丘区 32 个水文站，219 站年的资料，其代表性明显不足。

1973 年出版《河南省水利工程水文计算常用图表》，首次增加次降雨径流关系分析，综合编制河南省分区降水径流关系图。对年径流深等值线图进行修正，绘制年径流深变差系数等值线图。

1982 年完成的全省第一次水资源调查评价，采用 1956—1979 年同步系列资料。选用 96 个水文站、2246 个站年资料进行年径流量的还原计算，推求年径流量均值和不同频率的年径流量。

2003 年开展的全省第二次水资源调查评价，采用 1956—2000 年同步系列资料。河川径流还原计算选用 85 个代表站，实测径流资料系列 45 年以上的 57 个，主要代表站进行逐月还原计算，分流域计算各主要河流多年平均径流量、径流深、径流系数。分析了年径流量时空分布特征，绘制河南省 1956—2000 年平均径流深等值线图。

第二节　暴雨与洪水分析计算

河南省大多数河流的洪水是由暴雨形成的，通过暴雨分析求得设计暴雨，再通过产汇计算推求设计洪水，解决流量资料缺乏地区或中小流域设计洪水的计算问题，是河南水利设计常用方法之一。河南省 50 年代初就开展此项工作，积累多项分析研究成果。

一、设计暴雨

利用设计暴雨推求设计洪水，是水文资料短缺地区或中小流域常用的方法之一。根据流域特性和工程要求，选择所需要的时段长度，进行设计暴雨计算，包括设计时段点雨量、面雨量、暴雨递减指数和雨型等。50 年代由于资料系列短，各组特征值在数量上参差不齐，到七八十年代，随着资料系列的增加，又参照地理、地形及气候因素，在较大范围进行区域综合，利用各种等值线图提高了设计精度。1960 年的水文图集中，对短历时暴雨的设计，采用经验公式。

1973 年出版的水文计算常用图，重新编绘《河南省平均年最大 24 小时雨量图》及相应的变差系数图，可以设计任意频率的 24 小时降雨量，同时也编绘了河南省短历时暴雨公式参数图。据此可以设计 1 小时暴雨量，应用于中小面积洪水计算。

随着自记雨量计使用数量的增加和水文资料的积累，可以摘取到历时 10 分钟、1 小时、6 小时、24 小时年最大暴雨量。1984 年出版的《河南省设计暴雨洪水图集》，编绘了上述短历时暴雨量均值图及相应变差系数图，同时又编了暴雨递减指数和暴雨时面深关系图，可以比较方便地进行点暴雨量设计和面雨量计算。另外，可根据图集中给出的 24 小时暴雨时程分配表，进行雨量分配。

1986 年省水文水资源总站补充编制了河南省 3 天暴雨特征值等值线图。

二、可能最大降水

"75·8"特大暴雨的出现，推动可能最大暴雨洪水研究工作。1976年水电部成立暴雨洪水办公室，领导编制可能最大暴雨图集，省水利设计院、省水文总站参加试点工作，主要是暴雨移置和改正，并于1977年刊印《河南省24小时可能最大暴雨图集》。与用频率方法计算成果可以相互印证，避免由于资料系列短推求稀遇频率暴雨洪水的抽样误差。

三、设计洪水

设计洪水是为防洪等工程设计而拟定的、符合指定防洪设计标准的、当地可能出现的洪水。即防洪规划和防洪工程预计设防的最大洪水。设计洪水的内容包括设计洪峰、不同时段的设计洪量、设计洪水过程线、设计洪水的地区组成和分期设计洪水等，是流域规划、工程设计、工程施工管理的重要依据。河南省水文计算是从治淮开始的。50年代，由淮委、黄委、长办和北京水利勘测设计院分别编制淮河、黄河、长江、海河流域规划，河南省以流域规划采用的方法和指标为依据，进行洪水设计。流域规划强调用实测流量资料统计分析，而河南省工程所在位置，流量资料短缺，所以采用由雨量资料推求设计洪水的途径。即暴雨、产流、汇流分析。

（一）产流计算

50年代，治淮工程部对部分水文站进行次降雨径流关系分析，对最大初损 I_{max} 及稳渗 f_c 定量做了分析工作。1960年省水利厅出版的水文图集中，绘出全省暴雨均值、变差系数等值线图，据此可进行设计暴雨及相应的产流计算。

1973年出版的《水文计算常用图》，通过对代表站的次降水径流关系分析，进行综合分区，确定某区在特定下垫面条件下，次降雨量、前期影响雨量与次径流深的关系曲线。把全省分为山丘区和平原区，分别综合了8条线型，给出各条线型定量选用的最大初损及土壤消退系数，同时说明各条线的适用范围或代表类型，可根据规划设计所在地区的具体情况对照选用。

1984年出版的《暴雨洪水图集》中，对原山丘区降雨径流关系曲线分区及适用范围进行部分修正，为了工程设计的需要，对前期影响雨量进行分区定量。

（二）汇流分析计算

通过暴雨计算设计洪水，洪水过程多是通过单位线法或概化等腰三角形叠加法实现的。

1. 淮上法综合单位线

50 年代，治淮工程部对综合单位线方面进行研究。1956 年省水利厅郭展鹏等又研究总结多方面的经验，提出单位线的峰值、洪峰滞时与其径流深呈 0.33 次方的非线性关系，当洪峰流量达到漫滩时，非线性指数即行减小。

60 年代后，省水利勘测设计院，对综合单位线公式结构中的要素进行改进，把影响单位线洪峰（q_p）的流域面积改为洪峰有效面积（A_v），把影响洪峰滞时（t_p）的流域重心到测站断面的河道长度，改为洪峰有效面积中心到测站断面的河道长度 L_x。

1980—1983 年，设计院对综合单位线作了进一步验证。首先，统一采用新的 1/50000 航测地形图量算流域几何特征，另外取消 t_r 为 6 小时的规定，重新确定公式中的系数及指数，进一步提高了计算精度。

2. 小汇水面积设计洪水

为了水资源的开发利用，在众多的小河流上修建蓄水工程，还有铁路、公路需要修大量的桥梁和涵洞，这些都需要考虑小河流的洪水特性。通过对部分小面积代表站的洪水分析、地区综合，同时考虑非分区因素的影响，通过地形内插，解决无资料地区的设计洪水问题。

1958 年省水利厅印发《小型水库设计参考资料附图》，包括设计洪水、水库库容、最大流量计算等内容。

60 年代初，中国科学院、水利电力部水电科学研究院提出了以推理公式为基础的小汇水面积雨洪计算方法。1973 年以省水文总站为主，编印的《水文计算常用图》中，就采用推理公式，结合河南省实际，选出 1.45～300 平方千米的水文站 26 处，共 125 次实测暴雨洪水进行综合分析，拟定了适合河南的计算参数。汇流参数经综合为 $m=1.39/CJ^{1/2}$，C 为地区参数，J 为河道平均坡度。同时绘制了诺模图，便于查算设计洪峰流量。

1984 年，省水利设计院在"75·8"暴雨洪水调查与实测资料的基础上，对推理公式的适用条件作了进一步探讨，对有关参数，按分区地貌特征提出采用值范围。对洪水过程采用概化等腰三角形叠加的方法。

3. 河南省工程水文计算的几个阶段

水库设计洪水计算，经历了从没有资料到逐步有一定系列长度的实测资料。不少水库的设计洪水一般都经过 3～5 次的复核，计算方法由较早的历史最大洪水、历史洪水加成而发展到洪水频率分析，以及由气象因子计算最大降水，推求设计洪水等多种方法。随着水文资料的增多，设计洪水计算精度也随之逐步得到提高。

第一阶段：1950—1954 年，采用实际年法，以某次发生的洪水作为依据。因为调查到的洪水，年限不会很长，所以有很大的局限性。例如板桥水库，原设计洪水采用 1921 年洪水，最大流量 1428 立方米每秒，经后来计算只相当于现行设计洪水的 2 年一遇。

第二阶段：1955—1975 年，由于水文资料系列的逐渐增长，设计洪水采用频率分析方法。1964 年水电部颁发《水工建筑物设计洪水计算规范草案（修正稿）》，因流量资料仍然不足，同时采用流量资料和雨量资料两种方法推求设计洪水：一是设计标准得到统一；二是能够结合气象、水文变化地域规律，做到互相参照、平衡，但由于资料系列仍然较短，出现大幅度外延，精度受影响。

1973 年，省水利设计院曾对河南部分已建水库洪水计算进行复核，并对石漫滩、板桥水库提出过加固扩建方案。

第三阶段：1976 年以后，由于"75·8"的出现，人们的认识有所提高，对设计洪水采用气象成因法。从气象成因分析可能最大暴雨，再由可能最大暴雨推算可能最大洪水，实际就是用典型暴雨加水汽放大和高程改正。1983年省水利设计院编印《河南省大型水库可能最大洪水计算综合分析》。设计洪水一般要采取多种途径、综合分析、合理确定的原则。

四、除涝水文计算

河南省 1/2 的面积为平原，交通便利，经济比较发达，是全省经济、政治、文化中心。但在历史上是黄河泛滥区，河道排洪能力很低，每遇暴雨，便形成洪涝灾害。

50 年代，在治理骨干河道的同时，就着手面上除涝沟洫的开挖和疏浚。当时由于水文观测资料少，同时又受到河道决口、漫溢及排水不畅大面积积水的影响，实测成果也不能真实反映径流过程，排涝模数常用一些理论公式计算或假定，如流域面积在 400～2000 平方千米时，模数为 0.05～0.03 立方米每秒平方千米。

1954 年，淮委印发《淮河流域除涝工程排水量标准暂行规定（草案）》，要求一天净雨量二天排走。1956 年省人委提出《河南省除涝试行方案》，贯彻中央"以蓄为主，以排为辅，蓄泄兼筹，上下游兼顾"的治水方针，指导1957 年开展除涝工作。1957 年淮委印发《淮北坡水区设计洪水计算方法》，用分区雨量频率和降雨径流关系计算径流量。经 18 个站的单站分析和综合，

得出 $Q=kf^{\alpha}$，k 取 0.021，α 取 0.75。

1958 年 7 月，水利部在郑州召开的全国北方地区农田水利工作会议上，提出了一次降雨 100～800 毫米不成灾等水利化标准。由于平原区片面贯彻执行"以蓄为主"的方针，同时大搞引黄自流灌溉，只蓄不排，有灌无排，结果地下水位上升，盐碱地猛增。全省盐碱化面积由 1957 年的 565.5 万亩增加到 1961 年的 1200 万亩。1961 年，水电部召开 5 省 1 市（黄、淮、海）平原除涝工作会议，提出边界地区水利规划中对口的意见。明确用 $Q=kRF^{0.75}$ 经验公式计算除涝流量。综合系数 $k=0.018\sim0.024$。

1964 年、1966 年，分别编印《河南省豫东平原地区除涝规划排水模数计算报告》《河南省豫北平原地区排涝水文计算报告》作为河南省除涝水文计算的依据。在总结过去经验教训的基础上，提出"以排为主，排灌滞兼施"的平原治水方针。

1973 年出版的《水文计算常用图》中，对平原排涝进行了分析，由于平原河道治理汇流条件的改变，原来用汇流条件很差的水文资料综合的公式中的系数已很不适应，建议综合系数 k 值采用 0.035～0.040。

1997 年省水文局编印《豫东平原排涝模数初步分析研究》，选用 1970 年以后，豫东 11 处水文站的洪水流量资料，以及相应区内的降水量进行分析。结果表明，人类活动对排涝的影响有两种情况：一是河道经开挖治理后，汇流加快，综合系数 k 值有增大的趋势；二是平原区发展井灌和城镇居民生活及工业用水量的增加，加大对地下水的开采量，地下水位下降，次降水损失增加，影响径流深，对排涝模数有间接影响。对于平原河道建闸、引黄灌溉退水等，也影响洪水总量分析计算的准确性。

第三节　水文手册与图集

1937 年由省建设厅水利处编制的《水文统计图表汇编（1937 年版）》出版，这是河南省首册水文手册。

中华人民共和国成立后，随着水文站网的逐步完善和水文资料的积累，为适应水利工程建设和其他国民经济建设的需要，先后几次编辑出版过水文手册和水文图集。

一、地区水文手册

1958 年在群众性水利建设高潮中，为满足群众性小型水利工程规划设计的需要，许昌、新乡、信阳和洛阳等地区的水利、水文部门，编制了各自地区的水文手册或水文特征资料，提供本地区降雨、暴雨、径流、洪水、泥沙和蒸发等水文数据。如新乡地区水文手册，不仅提供水文数据，还提供水利计算的几种简单计算方法，对当地兴建小型水利工程、算水账发挥了很大作用。是年，部水文局，中国科学院、水利电力部水利水电科学研究院水文所和河南许昌专署水利局联合编写的《河南许昌专区小型水利工程简易算水账方法》小册子，由部水文局向全国推广。

1977 年 4 月，信阳水文分站编制《信阳地区实用水情手册》，1989 年 9 月重新编印《信阳地区防汛水情资料汇编》。驻马店分站于 1979 年 5 月编印《驻马店地区防汛水情手册》，1984 年 7 月重新编《驻马店地区防汛手册》。南阳、安阳等水文分站也编写了地区防汛水情手册，为当地防汛抗旱服务。

二、河南省防汛水情手册

为满足防汛抗旱工作需要，扩大水情服务范围，1973 年 10 月省水文总站首次编印《河南省防汛水情手册》，这既是一本防汛抗旱工具书，也是各级防汛部门指挥决策的参考资料。1982 年又进一步充实完善内容，重新续编《河南省防汛水情资料汇编》。1994 年与水利厅工管处合作编写了《河南省防汛简明手册》。1997 年 6 月再次续编《河南省防汛水情资料汇编》。2009 年在 1997 年编印的《河南省防汛水情资料汇编》的基础上，对其进行资料补充、修正、完善，各章节内容进行了调整，重新编写《河南省水情手册》，所采用的资料系列由 1951—1994 年延长至 2006 年。

三、水文特征手册

1971 年，省水文总站组织各水文分站技术力量，对 1970 年以前刊布的淮河、黄河、海河流域的水文年鉴资料，进行统计、分析、审查，同时参考各地区编制的多年水文特征统计资料，于 1973 年编刊《河南省历年水文特征资料统计（上、下册）》。上册有降水量 932 站、蒸发量 191 站，下册有水位 539 站、流量 399 站、泥沙 144 站、水化学 64 站、水温 133 站、地下水 137 站。

1982 年，省水文总站再次组织各水文分站人员，对省辖各流域 1971—1980 年水文年鉴资料进行统计、审查、分析后，编制《河南省水文特征资料》一、二册（1971—1980 年）。汇编资料系河南省所属测站 1971—1980 年的各项水文特征资料，不包括黄委的河南省黄河干流测站及伊、洛、沁水系测站的资料。第一册为降水量 1137 站、蒸发量 49 站，第二册为水位 203 站、流量

232 站、泥沙 48 站、水化学 46 站、水温 30 站。

2013 年省水文局韩潮主编的《河南省河流水文特征手册》出版。该手册以 2010—2012 年间国务院在全国范围内开展的河湖普查工作为背景，充分利用最新调查观测资料、3S 高新技术、历年实测洪水资料、洪水调查资料，通过内业多源数据综合分析和外业勘查相结合的技术手段，全面查清河南省流域面积 50 平方千米以上（含 50 平方千米）的河流的基本特征、流域水系的自然特征和水文特征。手册对相关成果进行了整理、编辑，内容丰富，便于查阅。

四、河南省水文图集

1959 年 3 月，水电部布置《中国水文图集》的编制工作，在中国科学院、水利电力部水利水电科学研究院的指导下，省水利厅组织水文工作者进行编制，并与华北邻省进行有关水文特征值等值线的拼图，于 1960 年 8 月编印出版《河南省水文图集》。

此次图集资料截至 1958 年，资料系列都比较短，大部分在 5～9 年。选用 129 个雨量站，年降水量资料 1282 站年，暴雨资料 178 站年。洪水选山丘区 32 个水文站 219 站年资料。整个图集共有图 68 幅，包括年降水量、暴雨、蒸发、年径流和洪水。

由于泥沙、水化学等资料观测系列太短，虽然图集已编进去，但这些资料代表性较差。

五、河南省水利工程水文计算常用图

1970 年，省水文总站会同省水利勘测设计院及洛阳、许昌等地区水利局，编制《河南省水利工程水文计算常用图集》，简称水文图集。省革命委员会水利局 1973 年正式刊印。

图集共收集雨量资料 932 处、水位 357 处、流量 255 处、泥沙 123 处、水化学 63 处和水面蒸发站 191 处。除水化学项目观测系列较短外，其他项目均有 15～18 年资料系列，有 33 处水文站进行了历史洪水调查，对特大洪水也作了补充。

图集除编制降水、蒸发、年径流、水蚀模数和水化学等水文特征值的等值线（或分区）图外，还在暴雨洪水方面增加了新的内容。

1. 长历时暴雨图

新作 3 日、7 日、15 日、30 日雨量均值及设计暴雨参数等值线图。

2. 设计洪水计算途径

（1）次降雨径流关系分析。选用山丘区 40 处、平原区 15 处水文站，进行次降水径流关系分析，综合编制河南省分区降水径流关系图，给定不同分区的前期影响雨量折减系数及最大初损。

（2）推理公式参数分析。采用推荐的小汇水面积设计洪峰方法，对河南省的小面积测站洪水进行分析综合，优选不同分区的汇流参数及稳渗量值，同时编绘设计洪峰流量诺模图，方便查算设计流量。

（3）经验公式。根据河南省发生洪水的实际情况，选用 40～1000 平方千米的测站 22 处，进行洪峰形成、有关流域几何特征及作用量化，最后推荐出较适用的经验公式。

（4）平原排涝模数分析。公式仍采用原治淮规划的模式，对平原区 27 个站进行分析和综合，峰量关系系数为 0.035～0.040，对省界对口工程，仍按协商结果，保持原计算参数不变。

3. 水化学分析

增加了河水 pH、碳酸根最小值分区图和镁、氯、硫酸根三种离子最大值分布图。图集除编制说明外，有图 50 幅。

六、中小流域设计暴雨洪水图集

1975 年 8 月，河南省洪汝河、沙颍河和唐白河上游发生特大暴雨洪水，造成两座大型水库及多座中小型水库垮坝失事。1975 年 11 月，经国务院批准召开全国防汛和水库安全会议，重点讨论水库设计标准和洪水计算方法。原来的水文图集已经不能适应变化情况，1978 年水电部（水电规字）138 号通知，编制暴雨洪水图集，河南省以水利勘测设计院为主，承担此项任务，省水文总站为主要参与单位。

《河南省中小流域设计暴雨洪水图集》，主要是为山丘区中小型水利水电工程设计洪水计算编制的，适用于山丘区汇水面积在 200 平方千米以下的中小型工程，也可作为大型水利工程、交通、工矿防洪等建筑设计洪水的参考。

图集采用 1951—1980 年系列资料，有关暴雨等值线与洪水计算参数经与邻省拼接和平衡调整，经全国暴雨洪水图集编制办公室验收后，1984 年出版。

图集主要内容是短历时设计暴雨，补充了 1 小时、6 小时暴雨特征值及设计参数等值线图，对暴雨递减指数进行详细分析综合，对设计洪峰流量及洪水过程线，根据汇水面积大小推荐有推理公式法或淮上法综合单位线。对公式中的参数根据洪水资料分析，进行分区定量，本图集除有详细的使用说明外，附图 28 幅，是河南省中小流域设计洪水计算的依据。

七、河南省暴雨参数图集

河南省 1984 年出版的《河南省中小流域设计暴雨洪水图集》，在水利电力工程规划、设计、审查、复核等方面发挥了重要作用。1980 年后，河南省许多地区发生历史最大或较大暴雨，新增加大量暴雨资料。随着暴雨资料的增多，人们对暴雨特点和规律的认识又有很大提高。由于当时资料系列较短和计算手段的限制，1984 年出版的暴雨图表在实际应用中显现出一些不足之处。1997 年部水文司《关于开展短历时暴雨参数等值线图修编工作的通知》（文环〔1997〕61 号），要求重新修编暴雨统计参数等值线图集。《河南省暴雨参数图集》由省水文局编制，经过原始资料收集、合理性检查、暴雨数据库的建立、参数计算和目估适线调整、等值线勾绘、全国拼图、评审验收等阶段，2005 年刊印。

河南省暴雨统计参数等值线图的修编，采用《水利水电工程设计洪水计算规范》中的有关规定，参照《水利水电工程洪水计算手册》的相关内容，借鉴以往参数等值线图编制的思路，按照全国暴雨统计参数等值线图修编技术组编制的《全国暴雨统计参数等值线图地区成果技术细则》的要求实施。

暴雨参数图集所有资料来源于以下 6 个方面：①河南省历年水文特征资料统计；②河南省水文特征资料（1971—1980 年）；③长江、海河、淮河、黄河流域历年水文资料年鉴（1981—1989 年）；④1990—2000 年河南省水文资料整编成果；⑤黄委水文局提供的 1990 年以后（河南省黄河流域）水文资料整编成果；⑥河南省国家水文数据库。

暴雨统计参数所用资料系列的选样采用年最大值法。收集河南省年最大10 分钟、60 分钟、6 小时、24 小时、3 天共 5 种历时的暴雨资料。不考虑雨量站资料系列的长短，把收集到的资料全部收入河南省暴雨数据库。各历时暴雨统计参数采用资料情况见表 9-3-1。

修编的主要内容如下：

（1）充分利用河南省国家水文数据库中的资料，收集尚未录入国家水文数据库的暴雨资料，经过合理性分析检查后，建立河南省短历时暴雨资料数据库，增加了河南省国家水文数据库的资料内容。

（2）根据暴雨数据库的 5 种历时系列资料，分别用定 R（$R=C_s/C_v=3.5$）准则适线，变 R（$R=C_s/C_v$）准则适线，定 R（$R=C_s/C_v=3.5$）目估适线三种方法计算确定五种历时暴雨的统计参数（均值、C_v、C_s/C_v）。

（3）在地理信息系统平台上，根据资料年限、计算结果、地形地貌等影响

表 9 - 3 - 1　　　　各历时暴雨统计参数采用资料情况一览表

历 时		10min	60min	6h	24h	3d	备 注
资料终止年份		2000					黄委属站资料截至1999年
用于参数计算	站 数	267	267	931	933	958	
	$N \geqslant 20$	203	210	868	871	891	
	$N \geqslant 30$	87	95	621	624	606	
	$N \geqslant 40$	14	16	289	290	271	
	站年数	6761	6991	32202	32364	33336	
最大点雨量分布	站数	459	437	1267	1269	1013	
	站年数	7556	7732	34472	34634	36191	

因素，结合专家经验，合理勾绘五种历时暴雨均值和变差系数 C_v 等值线图。

（4）统计检索全省所有站实测各历时最大点雨量及其发生日期，绘制实测各历时最大点雨量分布图。

第四节　水资源调查评价

随着经济社会快速发展和人们生活水平不断提高，对水的需求量日益增加，水资源问题也日益突出。河南省属于干旱和半干旱地区，水资源比较贫乏。为了全面摸清河南省水资源状况和时空分布特点，保证水资源可持续利用，支撑经济社会可持续发展，根据国家农委、科委和水利部的统一部署，省水文局分别于1980年和2002年承担了两次河南省水资源调查评价。此外还参与《河南省水资源综合利用规划》《河南省水中长期供求计划（1996—2010年）》《河南省利用银行贷款发展平原井灌规划》《国家粮食安全生产工程河南省粮食核心区建设规划》、《河南省水中长期供求规划（2010—2030年）》等水资源评价、研究与规划。

一、第一次水资源调查评价

1980年，水利部根据"全国农业自然资源调查和农业区划会议"精神，及国家农委、科委部署，向全国水利系统布置了开展水资源调查评价任务。河南省水资源调查评价工作，是在河南省农业区划委员会领导下，由省水文总站具体承担并组织协调完成。

（一）初步成果阶段

1980 年 4 月，在禹县召开河南省水资源调查和水利化区划第一次工作会议，对工作内容、技术要求和工农业用水等调查工作进行布置，以市（地）水文分站为主，水利局配合开展工作。在广泛调查收集地表水、地下水及水质监测资料基础上，经过大量的统计、分析计算，绘制成果图表。1981 年 3 月进行全省汇总、审查，经与各流域、邻省拼图协调后，编制水资源评价初步成果图表，提供各级水利化区划应用，并列入《河南省水利化区划简明报告》。

（二）正式成果统计分析阶段

1981—1982 年部水文局先后组织编写《地表水资源调查和统计分析技术细则》《地下水资源评价技术细则》及《水质资料评价细则》，进一步明确调查评价的具体方法、要求和技术标准。由于水质方面缺乏全省的系统资料，1980 年与省环保局、省地理研究所协作，共同对全省各主要河道、水库及城市地下水进行监测评价。1981 年 5 月，在新乡召开河南省水资源调查和水利化区划第二次工作会议，总结前段工作成绩与经验，明确评价工作在广度、深度和精度上有所提高的具体要求。1983 年年初，按照技术细则的要求，检查对照，平衡分析，完成细账的图表编制工作。

（三）正式成果的会审刊印

1983 年 4 月，省水文总站先后参加河南省所辖 4 个流域片的会审和拼图，经过多次修改、完善，于 1984 年完成评价报告的编写及出版成果图表的刊印工作。《河南省地表水资源评价》报告共 6 章，附表 29 种，附图 24 张，另有附件 4 个；《河南省地下水资源评价》报告共分 7 个部分，附表 11 种、附图 10 张。

第一次水资源调查评价采用 1956—1979 年 24 年水文观测资料系列进行分析计算，其评价结果是：全省多年平均降水量 784.8 毫米，地表水资源量 312.8 亿立方米，地下水资源量 204.7 亿立方米，扣除地表与地下水资源重复量 102.8 亿立方米，全省水资源总量为 414.7 亿立方米。

二、第二次水资源调查评价

为贯彻落实国家新时期治水方针，以水资源的可持续利用支持经济社会的可持续发展，2002 年 3 月国家计委、水利部联合下发《关于开展全国水资源综合规划编制工作的通知》。

按照任务分工要求，省水文局负责全省水资源调查评价工作。自 2002 年 6 月，省水文局先后选派技术骨干百余人次参加全国、各流域举办的培训班。

2003 年 4 月，举办全省各驻市水文局技术骨干参加的水资源综合规划培训班，明确工作任务，提出技术和时间要求。

2003 年 3 月，组织全省水文技术人员 300 余人进行资料搜集、水量调查和补充监测工作。搜集包括省气象局、黄委掌握的降水量、蒸发量、径流量和泥沙基本观测资料，完成降水、蒸发观测站，泥沙、径流选用站，地下水观测井、河流水系及大中型水库等基本情况资料的填报及计算机录入工作。调查搜集历年的各类水利工程供水、各用水部门用水，城市废污水排放、人口、产值和灌溉面积等经济社会发展统计资料；还补充开展地表水功能区及地下水水质监测，取得水质资料成果。

2003 年 5 月，全面开展水资源分析计算、调查评价工作。河南省第二次水资源调查评价采用 1956—2000 年 45 年水文观测资料系列，对降水量、蒸发量、河流泥沙、径流量、水资源数量和质量、水资源时空分布特征及可利用量进行全面分析评价。其主要内容有：降水量、蒸发量、干旱指数、河流含沙量与输沙模数分析，天然径流量还原，系列一致性分析修正，各流域水系出入境水量分析，流域分区、行政分区地表水资源量分析计算，计算区各类补给量、排泄量和地下水资源量，流域分区、行政分区水资源总量等分析计算；地表水、地下水、水库蓄水和供水水源地等水质评价；各种成果合理性审查、图表编制及流域汇总协调。同时还有水资源评价指标的初步分析，主要区域地表水可利用量、开发利用潜力及水资源承载能力分析等。

2005 年完成《河南省水资源评价报告》的编制，最终形成的《河南省水资源》共 13 章，各种成果表 154 种，成果图 32 张。主要成果如下。

(一) 地表水资源量及分布特征

1. 水资源分区

水资源分区是此次评价的基本计算单元。根据《全国水资源综合规划技术大纲》和《全国水资源综合规划技术细则》分区要求，结合河南省河川径流特点、水文地质条件和水资源开发利用情况，将全省划分为 10 个流域水资源二级分区，20 个三级分区（含 4 个四级区），三级分区套行政区的 60 个，及 21 个水文地质分区。

2. 地表水资源量计算方法

河南省的地表水资源量，三级分区采用主要控制站或代表站年径流量进行缩放，各亚区采用面积比缩放和降水量加权的面积比缩放方法计算。

当控制站或代表站的面积与计算分区面积比较接近时（一般小于 15%），直接采用面积比缩放计算。

当控制站或代表站的面积与计算分区面积差别较大时（一般大于 15％），或者当计算分区内无计算代表站时，采用水文比拟方法计算（借用临近地区的计算成果），或采用降水量加权的面积比缩放。

3. 地表水资源量

河南省 1956—2000 年平均地表水资源量 303.99 亿立方米，折合径流深 183.6 毫米。其中省辖海河流域多年平均地表水资源量为 16.35 亿立方米；黄河流域 44.97 亿立方米，淮河流域 178.29 亿立方米，长江流域为 64.38 亿立方米。从单位面积产水量多少评估，海河流域地表水资源量相对贫乏，长江流域相对丰富。

4. 地表水资源量时空分布特点

河南省地表水资源量呈现南部多于北部，西部山区多于东部平原的区域分布特点。全省自南向北可划分为，地表水资源富水区（年径流深大于 250 毫米）、过渡区（年径流深 100～250 毫米）和贫水区（年径流深小于 100 毫米）。

淮河流域的洪汝河及南部河流（淮河干流水系、史河水系）的河川径流较充沛，属于地表水资源相对的富水区。沙颍河水系及京广铁路线以西的广大山丘地带，为过渡区。沙颍河以北及京广铁路线以东的平原地区，为贫水区。

全省地表水资源量主要产生在汛期，多年平均连续最大四个月占全年的 62.5％；月最大值出现在 7 月，月最小值出现在 1 月，月最大值是月最小值的 9.5 倍。

河南省地表水资源量年际变化大，丰枯非常悬殊。据多年系列分析，1964 年最多，为 737.8 亿立方米；1966 年最少，仅为 101.4 亿立方米，丰枯倍比为 7.3 倍。倍比值呈现北部干旱地区大于南部湿润地区，东部平原地区大于西部山区的分布规律。南部和西部山区均小于 10 倍，东部、北部平原区普遍超过 20 倍。

河南省南部的淮河干流水系、长江流域，一般 5 月开始进入梅雨季节，而北部的黄河、海河流域一般 7 月、8 月才进入主汛期。因此，常常发生南涝北旱或北涝南旱的情况。如 1975 年洪汝河发生特大洪水，豫南和豫西山区普遍出现较大洪水，地表水资源量比多年平均增加 30％以上，但是，豫东、豫北平原却出现严重旱灾，比多年平均减少 60％以上。

（二）地下水资源量及分布特征

1. 计算方法

地下水资源量评价采用水均衡法，根据实测资料分析各种计算参数后，分别对平原区、山丘岗台区、山间盆地及岩溶山岗区，分别求得各自的多年平均各项补给量或排泄量，建立水均衡方程式进行计算。

2. 地下水资源

（1）地下水资源量。河南省多年平均地下水资源量：平原区 124.54 亿立方米，其中，降水入渗 101.00 亿立方米，地表水体补给量 19.69 亿立方米，山前侧渗 3.85 亿立方米。山丘区 83.11 亿立方米，其中，河川基流量 65.21 亿立方米，开采净耗量 14.05 亿立方米，山前侧渗量 3.85 亿立方米。扣除山丘区与平原区之间的重复计算量 11.62 亿立方米，全省地下水资源量 196.03 亿立方米。

（2）地下水资源量分布特征。河南省地下水资源量模数总体呈现南部大、北部小的分布趋势。全省一般山丘区地下水资源量模数为 10 万～15 万立方米每平方千米；豫北太行山的鹤壁、新乡和焦作一带由于岩溶发育程度高，为 20 万～25 万立方米每平方千米；郑州以西的荥阳、新密—汝州一带岩溶区 15 万～20 万立方米每平方千米；其他岩溶山区 10 万～15 万立方米每平方千米。

淮河干流以南平原区，地下水资源量模数一般为 20 万～25 万立方米每平方千米，局部达 25 万～30 万立方米每平方千米；北汝河、沙颍河以南至淮河干流之间平原区，一般为 15 万～20 万立方米每平方千米；洪汝河两岸模数达 20 万～25 万立方米每平方千米；周口市的商水、项城一带及豫东平原中部的许昌—商丘一带，10 万～15 万立方米每平方千米。

南阳盆地地下水资源量模数为 15 万～20 万立方米每平方千米；南阳市区北部及社旗以东的山前平原模数分别达 25 万～30 万立方米每平方千米、20 万～25 万立方米每平方千米；盆地西部及唐河下游段为 10 万～15 万立方米每平方千米。

黄河两岸地带，受引黄灌溉和黄河侧渗影响，地下水资源量模数多为 15 万～20 万立方米每平方千米，其中郑州与开封之间因表层土以粉细砂居多，模数达 20 万～25 万立方米每平方千米；洛阳市区以东的伊洛河河谷及沁河沁阳以上两岸，因河道渗漏补给量大，高达 30 万～50 万立方米每平方千米。

豫北徒骇马颊河区、豫东南四湖东部及豫西三门峡河谷地区，地下水埋深大，地下水资源模数 5 万～10 万立方米每平方千米。

（三）水资源总量及可利用量

1. 水资源总量

河南省多年平均地表水资源量 303.99 亿立方米，降水入渗补给量 185.60 亿立方米，扣除降水入渗形成的河道基流排泄量 84.79 亿立方米，全省水资源总量 404.80 亿立方米，产水模数 24.5 万立方米每平方千米，产水系数 0.32。

2. 水资源可利用量

（1）地表水可利用量。河南省多年平均地表水资源可利用量 121.96 亿立方米，可利用率 40.3%。分布仍然呈现山区大于平原，南部大于北部的趋势。其中，海河流域 9.99 亿立方米，可利用率 61.1%；黄河流域 21.50 亿立方米，可利用率 49.3%；淮河流域 72.32 亿立方米，可利用率 40.6%；长江流域 18.15 亿立方米，可利用率 28.2%。

（2）地下水可开采量。河南省平原区地下水可开采量 99.34 亿立方米，平均可开采模数 13.2 万立方米每平方千米每年。其中海河流域 11.45 亿立方米，可开采模数 13.7 万立方米每平方千米每年；黄河流域 16.98 亿立方米，可开采模数 15.1 万立方米每平方千米每年；淮河流域 63.30 亿立方米，可开采模数 12.7 万立方米每平方千米每年；长江流域 7.61 亿立方米，可开采模数 12.6 万立方米每平方千米每年。

（3）水资源可利用总量。河南省水资源可利用总量 195.19 亿立方米，可利用率 48.2%。其中海河流域 18.19 亿立方米，可利用率 65.9%；黄河流域 32.06 亿立方米，可利用率 53.6%；淮河流域 121.20 亿立方米，可利用率 49.3%；长江流域 23.74 亿立方米，可利用率 33.3%。

（四）水资源质量

1. 河流水质

地表水水质现状评价基准年为 2000 年。

经对全省 133 条河流 60% 河段的 6 项主要污染指标（化学需氧量、高锰酸盐指数、氨氮、溶解氧、挥发酚、砷）进行全年、汛期和非汛期监测，结果显示：劣于 V 类河长分别占 44.7%、38.4%、47.1%。

全省 133 条河流中，受严重污染（同一河流所有断面水质类别均为劣 V 类的河流）的有 38 条，占评价河流总数的 28.6%。污染较严重（50% 以上水质劣于 V 类）的有 20 条，占评价总数的 15.0%。主要污染项目为化学需氧量、高锰酸盐指数和氨氮。

2. 水库水质

对全省 31 座大、中型水库水质及营养状态监测评价表明：汛期评价水体 33.87 亿立方米，其中 I～III 类水质占 90.8%；非汛期评价水体 30.16 亿立方米，其中 I～III 类水质占 87.1%；全年评价水体 31.54 亿立方米；87.8% 符合地表水饮用水水质要求。

3. 水功能区水质

全省 507 个水功能区中，167 个达标，达标率为 32.9%；评价河长 1.27 万千米，达标河长 4846 千米，约占 38%。31 座大、中型水库中，达标水体 90% 左右。

4. 地下水质量

对全省平原区 275 眼地下水水质监测评价，Ⅱ类占 2.2%；Ⅲ类占 38.9%；Ⅳ类占 25.5%；Ⅴ类占 33.1%。平原区 84668 平方千米中，地下水 Ⅱ类水面积占 2.1%，Ⅲ类占 43.5%，Ⅳ类占 29.7%，Ⅴ类占 24.7%。

（五）水资源演变情势

水资源量主要是由当地降水量形成。因此水资源情势演变也主要受降水、气温和蒸发的影响，同时人类活动和下垫面情况也是影响水资源数量和可利用量的主要因素。

对比两次的水资源评价结果，全省第一次评价的多年平均水资源总量（1956—1979 年系列）略大于第二次（1956—2000 年系列）。

50 年代末至 60 年代初河南省水资源量呈减少态势；60 年代中期为大幅度增加态势；60 年代中后期至 80 年代初，总体处于减少期，其中 70 年代中后期，呈现增减交替变化；80 年代初至 80 年代中期，呈现持续增加趋势；80 年代中后期至 90 年代初，呈现增减交替变化；至 1995 年之前呈现持续减少趋势；1995 年以后，再次呈现增减交替变化。

三、水资源开发利用规划

1. 河南省发展平原井灌规划

1995 年，省水文总站承担并完成《河南省利用世界银行贷款发展平原井灌规划》8 章中 1～3 章的编制工作。规划区范围涉及全省 9 个省辖市的 64 个县级行政区，耕地 5448 万亩。规划新增机电井 41 万眼，发展灌溉面积 2150 万亩，年增粮食产量 15.05 亿千克、棉花 6450 万千克，年净增效益 33.86 亿元。

2. 河南省水中长期供求规划

1996 年，省水文总站承担《河南省水中长期供求计划（1996—2010 年）》全省水资源量的细化评价编制工作，对 1956—1979 年系列全省各水资源分区及建成市区的降水量、地表资源量进行逐月细化计算，对地表水、地下水水质和水污染进行全面评价，编制河南省水中长期供求计划水资源评价成果报告。

2012 年，省水文局承担《河南省水中长期供求规划（2010—2030 年）》编制工作，具体负责 2001—2010 年全省 18 个市水资源分区的水资源量、供水量、用水量计算汇总、分析审核和流域协调汇总，以及重点区域水资源调配方案、水生态修复保障措施制订等。省辖四大流域水资源情势、开发利用程度分析、重点区域水源调配方案和水生态修复保障措施等有关报告的编制。

3. 国家粮食安全生产工程建设规划

2008 年，省水文局参与《国家粮食安全生产工程河南省粮食核心区建设规划（2008—2020 年）》编制。具体承担粮食核心区 2005—2007 年各类工程供水量、各行业用水量的统计计算，粮食核心区水资源评价计算，以及规划报告中有关水资源评价、水资源开发利用等相关内容编制工作。核心区涉及河南省 15 个省辖市，耕地 9926 万亩，占全省耕地面积的 83.5%。规划实施可提高全省粮食生产能力 150 亿千克，对保证全省粮食继续稳产、高产，促进区域经济持续发展产生重要作用。该规划通过国务院批准实施。

第十章

水 文 科 技

　　水文科技是促进水文事业发展的重要技术支撑。河南水文科技大体经历了自主研发和技术引进两个重要层次和阶段。在 80 年代以前，主要是以水文实验自主研发为主，90 年代后基本是以科技引进消化应用为主。河南省水文实验研究主要分为四类：①50—60 年代单纯性的测验方法、仪器设备的研制改进和为水利工程规划、管理进行的水文分析计算分析；②综合性的研究不同水文分区条件下的降雨径流关系，平原、山区的径流特征，水土保持工程对径流、泥沙变化的影响，平原地区的"三水"转化关系等；③水文预报方法及暴雨、洪水研究；④为水资源合理开发利用、保护，开展的水资源调查评价和水环境监测研究。

　　90 年代以后，随着科学技术的快速发展，河南水文逐步引进了计算机技术和信息网络技术、大量先进仪器、现代通信设备，使水文信息采集、传输的实效性和可靠性得到极大提高，水文科技综合实力已成为河南水文工作的坚强基石。

第一节　基 础 实 验 研 究

　　50—70 年代，河南水文基础试验研究主要包括降雨、蒸发、径流等项目，先后开展雨量站网布设密度、水库蒸发试验和综合性的径流试验。探索不同水文分区条件下的降雨径流关系，库面与陆地蒸发的关系、平原、山丘区的径流特征等水文要素变化规律。其后又开展水库水文观测试验和区域水文水资源研究。

一、降水量、蒸发量实验

（一）雨量站网布设密度试验分析

1978 年，在新乡市石门水文站进行雨量站网布设密度试验分析研究。试验区包括深山、丘陵、平原，集水面积 2660 平方千米，设立人工雨量站 55 处，自记雨量计 11 处，平均每站控制面积约 40 平方千米。雨量观测历时 5 年，至 1982 年共搜集降雨量资料 300 次，选择其中降雨量 20 毫米以上的 17 次，分别采用等雨深线法、泰森多边形法、算术平均法计算面平均降雨量。根据站数、面积、误差等因素，拟合出模型公式 $n = KA^{\alpha}E^{\beta}$，应用最小二乘法原理，求得 $n = 1.82A^{0.54}E^{-0.82}$，其中 n 为雨量站数，A 为集水面积，E 为面平均雨量的相对误差。依此对河南省每个水文站控制面积内雨量站数进行复核，基本满足测验与分析计算要求。该研究成果刊于 1988 年河南科技出版社出版的《干旱地区水文站网规划论文选集》中。

（二）降水量器口不同高度对比试验

70 年代，河南省降水量观测一般采用器口距地面以上 0.7 米标准式和 1.2 米自记式雨量计。随着城乡建设的发展，许多观测场地受到周围房屋、树木等障碍物不同程度的影响，迫使许多雨量器迁移至房顶。由于条件的变化使新观测的资料与原资料有一定的误差，为了对新观测的资料进行修正，进行了实地比测试验。

1978—1989 年，分别在遂平、驻马店、搬口、紫罗山、息县、大坡岭、南李店、平桥等 10 个站开展对比观测试验。但观测时间参差不齐，一般观测时间 2～3 年，最长的 5 年，共计得到 81 站年的资料，其中地面（坑式）2 站年、器高 0.7 米 30 站年、1.2 米 2 站年、1.5 米 2 站年、2.8 米 2 站年、杆式 19 站年、房顶观测 20 站年（平顶 8 站年，斜顶 12 站年）。以 0.7 米器口高为标准，对不同高度的雨量器进行降水量偏差、改正系数综合分析，得出降水量随器口的高度增高而递减，其中屋顶观测资料不论日、月、年总量偏差较大，资料使用时应进行修正。1989 年完成《降水量对比观测试验》报告。

（三）薄山水库蒸发实验研究

为探索大型水库水沙运行规律，提供可靠的水文数据，1954 年冬，淮委组织河南、安徽两省技术人员去北京官厅水库考察水库的试验研究。1955 年，河南省选定在薄山水库开展水库水文试验，首先进行的是库面蒸发试验，自制一个边长为 10 米左右的等腰三角形木筏，底部捆绑 4 个大汽油筒，以增加浮力。木筏上安装二个 ГГИ－3000 型苏式蒸发器和简易气象观测仪器，测定风速、温度，每日 8 时和 20 时观测。1955 年汛期开始观测水库垂直梯度水温，在近坝址周围开阔的水面布设 6～8 条垂线，以水面及相对水面 0.1 米、0.3 米、0.5 米、0.6 米、0.7 米、0.8 米、0.9 米的水深处测定水温。另外勘查水库上游入口处三角洲变化情况，分段采取泥沙样品进行颗粒分析。

为了探索库面及陆地水面蒸发关系，在水库大坝下游建立陆地蒸发场，设置 3.0 平方米、1.5 平方米、0.67 平方米、直径 80 分米、直径 20 分米不同埋深、不同安装要求的 ГГИ－3000 型蒸发器（器口高度不同，皿内颜色不同、埋深不同、器口护网不同）及 80 分米直径暴露式、20 分米直径百叶箱式蒸发器，共 10 余种，进行蒸发量对比观测，并配合不同深度地温，不同高度风向、风速、气温和气压等气象观测项目，每日观测 4 次。1958 年后改为每日 8时、20 时 2 次观测。水库水温及泥沙试验 1957 年汛后停测，库面蒸发试验 1975 年年底停测。大型陆面蒸发场的观测试验，由于经费、人力及试验要求等，也陆续减少和停止，到 1966 年，仅维持一般蒸发站的观测要求。

试验成果在开始阶段，每年均有年度试验总结报告，1958 年后停止。"文化大革命"期间曾做过一次分析。70 年代末，省水文总站测验室又做过一次分析。其分析得出不同蒸发器之间及 E－601 型蒸发器与水面蒸发之间的对比换算系数，均被广泛应用，并习惯称其为"薄山系数"。

二、径流试验

（一）平原区降雨径流试验

1953 年，在治淮工作中为制定淮北平原的排涝标准，需摸清降雨后地表水汇流的情况及平原区地表水与地下水之间的转化关系。1955 年 6 月，河南省治淮总指挥部在沙颍河水系汾河流域设立汾河径流试验站，地址在商水县白寺乡穆庄村。当时有职工 33 人（其中行政人员 4 人，技术干部 14 人，技术工人 15 人），培训当地观测员 12 人。下设控制面积 200～3510 平方千米不等的水文站 19 处，其中沈丘（老城）为二等站，王营、金庄、崔庄、王演庄为三等站，其余 14 处为汛期站。观测项目多数站是雨量、水位、流量，少数站有含沙量、气象、地下水等项目，为保证流量资料的准确性，部分站观测水面比降。

为研究小流域的水量平衡，1955 年 8 月，在清水沟的王演庄断面以上，郭庄、贾庄、大许家、胡林庄、蔡庄、魏三庄、小祝庄、魏木营、扶头寺、胡集、大李庄和边界李村，打了地下水专用观测井，进行降水量及地下水埋深变化观测，地下水埋深每日 8 时观测一次。

在汾河试验站所在地穆庄村，建立气象观测场一处进行地面气象项目观测，每日按 7 时、14 时、19 时观测。土壤含水量观测，一般降水一日以后每隔 5 日测一次，每次按地表下 5 厘米、10 厘米，以后每隔 20 厘米测一点，直测至地下水位。除此外还进行人工降雨观测土壤入渗试验，人工降雨面积为 2 平方米，当自然降雨后每隔 5 天，以人工降雨测入渗一次，以了解自然降雨后土壤入渗变化。

以上各类测站及各项观测至 1956 年汛后，根据淮委水文测验室的要求，省水文总站钟之纲、於积携带建站以后的观测资料赴淮委进行资料分析。其中影响因素比较单纯的相关关系有了明确的分析结果，但是对综合性的关系，效果不很理想。如清水河小流域的水量平衡试验，尽管观测地下水变化及有穆庄的土壤含水量资料，但仍不能模拟径流出流过程，说明观测的资料不足，如缺少蒸发、植物蒸腾的数据，土壤含水量代表性差等。原计划拟对平原区各级支流汇流建立模拟过程，由于河道径流受地形、植被、耕作方法、地下水变化等各种因素的严重影响，尤其是小流域采用径流叠加，未能符合下游实际出流过程。同时汾河的各支流、站点分布也不尽理想，作为长期研究平原区的排涝模数不具有代表性，经淮委水文测验室研究后，决定撤销专项试验研究项目及小流域实验项目，保留部分水文站，并写出《汾河实验站实验分析报告》。

（二）小面积径流试验研究

1957 年，全省大办水利，平原区疏浚河道，建立条田、台田。山丘区大搞水土保持工程，挖鱼鳞坑植树，修水平沟建造水平梯田，修谷坊闸沟淤地，建水窖、坑塘、小水库等一系列蓄水截流措施。各地相继建立一批小面积径流观测站，开展群众性的水文观测工作。为探索这一系列措施的水利水保效应，在山丘区的禹县、济源、嵩县、宜阳、唐河及平原区的永城、项城等 22 个县的 16 条河流上，设置面积在几百平方米到 100 多平方千米的单项治理及综合治理的观测场、站 55 个，除少部分属国家站网外，大部分属于群众性的水文观测站，大部站自 1958 年汛前开始水文观测。

1958 年 9 月，省水利厅召开各径流站负责人会议，交流观测工作经验，汛后对观测资料进行分析。1959 年对观测场站作出调整，增加观测站点，对单项治理项目或综合治理进行对比观测。

资料整编及分析由所在县水利部门进行。1960 年，省水科所刊印 1958 年、1959 年《河南省重点径流试验站汛期径流资料》，并附各站的降雨径流关系数据、洪水径流过程要素表、汛期逐日降水量表、汛期降水量分段记录表、日平均水位表、日平均流量表、逐日蒸发量表与逐日地下水位表，部分站的土壤含水量及土壤入渗量表。各站的分析资料未进行汇总刊印。

（三）山区水土保持对径流影响的研究

1957年，济源县对黄河支流的蟒河流域山丘区进行工程措施、生物措施等综合治理工作，受到中央主管水利领导同志的肯定，并指示中国科学院、水利电力部水利水电科学研究院，应以科学的方法进行总结，用数据说明治理的效果。1957年汛期，由部水科院派员与新乡地区水利局共同组织，招收一批学员经短期培训后，进行水文水保观测（汛后停测）。当年冬季，省水利厅水保处组织技术人员对蟒河流域的水保工程情况进行调查，向省水利厅提交《济源县蟒河流域水土保持工程查勘报告》。

1958年汛前，省水利厅决定在济源县建立长期的山区径流观测站。5月由省水文总站抽调技术干部11人，行政干部2人，技术工人9人成立蟒河综合实验站，针对径流观测及水土保持工程措施分别设置各级站网及观测项目，布置设立雨量站67处（水文站7处，委托站10处，群众自行观测站50处），其中重点观测的雨量站17处。对小面积的径流区观测站则按照小河观测要求布设。在封山育林区的虎岭观测区，根据山区的不同高程，分别在内官亭站的山下、山腰、山顶设立日记及周记雨量计3处。建立简易气象观测场，主要观测气温、湿度、气压、地温、水面蒸发、风向风力、云量等。此外采用苏制 ГГИ－500 型土壤蒸发器每日以称重法观测土壤蒸发量一次。对林区的栎树的树冠截留（指降雨量）、树干径流、树叶蒸发（称重法）等进行观测。在南姚丘陵区对水窖、梯田的蓄水作用等方面也进行研究。

1958年5月，水文机构下放，蟒河综合实验站改由济源县水土保持局管理。

1958年7月16日，蟒河流域降大暴雨，其中瑞村站最大日雨量306.5毫米，最大1小时降雨137.4毫米。已建的测流设施除少部分能进行测量外，大部分被洪水冲毁。洪水过后，蟒河综合实验站抽调技术骨干、部分水科院下放干部及经过培训的农民技术员41人，分为5个小组对蟒河流域的各支流进行水文调查，包括7月的大洪水调查。调查39个洪水断面，其中较可靠的24个断面。分析计算各断面的最大洪峰流量及洪峰模数，其中塔七河洪峰模数达42.5立方米每秒每平方千米，小北沟达37.6立方米每秒每平方千米，森林支沟洪峰模数一般在10.0～15.0立方米每秒每平方千米。对流域内工程情况也进行调查，完成《蟒河流域查勘报告》报省水文总站。蟒河流域径流站见表10－1－1。

表 10 - 1 - 1   蟒河流域径流站一览表

河名	站名	控制面积/km²	观 测 对 象
蟒河	瑞村	650	大面积山丘综合治理区
	赵礼庄	500	大面积山丘综合治理区
北蟒河	城关	168	中面积山综合治理区
南蟒河	东官桥	162	中面积山综合治理区
石河	亚桥	91	小面积浅山丘陵综合治理区
塔七河	张村	45	小面积山综合治理区
荒山河	杜村	4.04	小水库群丘陵区
内官亭沟	内官亭	0.92	封山育林区（栎树），郁闭度 95%
南沟	南沟	0.27	封山育林区（栎树），郁闭度 80%，鱼鳞坑 3600 个
小北沟	小北沟	0.13	荒山沟、鱼鳞坑 2700 个
核桃树沟	核桃树沟	0.04	荒山沟、鱼鳞坑 2700 个
东沟	东沟	0.03	荒山沟未治理区

1959 年，蟒河综合实验站对两年来的观测资料进行分析，完成《济源县蟒河综合试验资料分析报告》报送省水利厅有关部门。

1960 年，全国发生自然灾害，单位裁员，以致土壤蒸发、土壤入渗、潜水蒸发、径流场试验、山区气象以及一些小面积径流观测试验项目中断，杜村、内官亭、亚桥、张村、东官桥等站 1961—1963 年相继停测。

1962 年 5 月，蟒河综合实验站上收至省水文总站直接领导。1963 年在赵沟修建巴歇尔槽一处，观测效果较好。是年，省水文总站对建站以来 6 年的观测资料进行分析总结，主要分析内容包括单项因素的降雨径流关系、综合影响的降雨径流关系、固体径流变化和对径流观测的认识。

通过分析得出，林区与非林区在年降水量上，前者比后者增加雨量 50% 以上，暴雨削峰也在 60%～90%，林区与非林区的枯季径流相差较大。从蟒河的总控制站瑞村断面的资料证明，1958 年 7 月至 1959 年 6 月底，全年总径流 2 亿立方米，其中枯季径流占 1.1 亿立方米，为年径流的 55%，比其他无工程、生物措施的枯季径流高，尤其是林区的虎岭大队，未封山育林前，全队有 72 条干沟，封山育林后，有 64 条沟长流水。蟒河综合实验站观测区的内官亭沟森林密度达 90%，枯季径流比非林区的荒沟大 7 倍左右。

工程措施与生物措施，在暴雨量对泥沙冲刷的削减量上，也具有较明显的作用，但核桃树沟的鱼鳞坑，在削减泥沙方面效果不是很大。山区的水平梯田，在拦截泥沙方面具有显著作用，当梯田溢流时含沙量在 5 千克每立方米左右，最大不超过 10 千克每立方米。在封山育林区，大暴雨时有少量泥沙下泄外，中、小雨量基本上为清流，泥沙削减量在 50%～90%。

此外，还对其他一些试验项目，如树冠截留、树干径流、栎树蒸腾、土壤蒸发和自流泉对地下水位影响等进行观测与分析，编写了《蟒河综合实验站 1958—1963 年试验研究工作总结》。省水文总站向中国科学院、水利电力部水利水电科学研究院，部水文局汇报分析成果后，认为已满足设站需要，经研究只保留总控制断面，赵礼庄水文站改为常规水文观测，1964 年撤销蟒河综合实验站。

三、区域水文水资源研究

（一）水质调查评价

1. 河南省辖淮河、海河流域入河排污口调查与水质评价

1990 年，省水文总站首次开展省辖淮河、海河的排污口调查与评价的课题研究。

课题始于 1990 年 12 月，历时 1 年零 6 个月，参加人数 88 人，对 92 个市、县的入河排污口进行全面调查，掌握入河排污口分布状况及数量；对 275 个主要入河排污口（控制城镇排污量 80% 以上）进行水质、水量同步监测，掌握入河污废水量和主要污染物数量。采用等标污染负荷法，对入河排污现状进行评价、分析，确定主要入河排污口、主要污染物、主要城镇污染源和主要污染企业与污水量实测值。同时，在河段上布设控制断面，对实测结果进行水量平衡分析，确保测验的准确性。

在实地查勘、水质水量同步监测的基础上，对大量监测资料进行综合分析与评价，提交《河南省辖淮河、海河流域入河排污口调查与评价》研究成果。

2. 沙颍河水系水质动态监测及水资源保护措施的研究

1990 年 12 月，根据部水文局《请承担水质动态监测系统研究任务的函》（水文质字〔1990〕14 号）的精神；省水利厅《关于防止我省沙颍河水系突发性污染事故的实施方案》的要求，省水文总站开展沙颍河水系水质动态监测及水资源保护措施的研究。

1990 年 12 月至次年 3 月完成水质水量同步监测、信息传递、闸坝调度任务。

动态监测站点共布设 11 个，包括颍河的黄桥、周口（一）、槐店，沙河的马湾、周口，贾鲁河的中牟、周口；以上三河汇合后设周口（二）。清潩河

的许昌、澧河的何口、泉河的沈丘。其中周口（二）、槐店、沈丘定为一类站，其余 8 站定为二类站。

监测频率：一类站每月监测 6 次；二类站每月监测 3 次。采样时间统一为早上 8 时。当遇特殊情况，如水质明显恶化，或闸坝长期关闭后开闸泄水之前后，随时进行水质监测。

监测项目为水位、流量、pH、水温、色度、溶解氧、高锰酸盐指数和氨氮共 8 项。

分析方法：采用《水质分析方法》中的相关方法。

水质动态监测期间，除利用沙颍河水系原有周口、许昌化验室外，又在槐店、黄桥、中牟、马湾、沈丘和何口等水文站建立简易化验室，培训技术人员，进行水质、水量同步监测工作。各动态监测站水质分析结果立即报至淮河水保局和省水资办，省水资办根据水质污染情况，及时通知用水地市政府职能部门，对闸坝进行调度，以改善水体污染状况。

四个月中共采样监测 189 次，测得数据 1419 个，发布《水质动态监测公报》9 期，向省人大、省政府报告 1 次，向市地政府通报 3 次。

在动态监测期间，颍河的黄桥、周口、槐店河段，贾鲁河中牟河段多次出现水体严重污染现象，由于进行监测和信息传递，及时组织有关部门采取措施，有效地防止了枯水季节水污染事故的发生。

1991 年 4—9 月，省水文总站对动态监测有关资料进行综合分析，以国家 GB 3838—88《地面水环境质量标准》为依据进行评价，编写了《沙颍河水系水质动态监测及水资源保护措施的研究》报告。

（二）洛阳市城市水资源精测与评价

为探求全国中等城市水资源及水环境状况及内在规律，根据部水文司下发的《关于开展佳木斯、洛阳、昆明、厦门、苏州五个中等城市水资源精测评价工作的通知》，开展洛阳城市水资源精测与评价工作。该工作由省水文总站牵头，洛阳水文分站具体组织实施。精测研究工作经历 4 个阶段。

1993 年年底，完成研究区的勘察、选定、规划、站网布设工作。以洛阳城市中心规划区为研究区，总面积 89.37 平方千米。研究区及周边区域共布设径流站 9 个，雨量站 4 个，蒸发站 2 个，地下水观测井点 35 眼，土壤含水量监测站 4 个，水质监测站点 14 处。

1994—1996 年主要完成水文测验、下垫面勘查及社会经济用水调查及年度精测报告。1994 年 1 月 1 日开始水文观测，至 1997 年 1 月 1 日结束，历时 3 年。水文测验内容有降水量、蒸发量、地表径流、城市排污、地下水、土壤含水量、水质及下垫面勘测等。社会经济及用水调查，主要包括人口、土地面积、工农业产值、交通运输、市政工程、城市绿化以及不同部门不同行业的用水量、排水量、耗水量等。三年内共实施测流 750 余份次，观测水位 6000 余组，地下水数据 4300 余组，土壤水取样 1000 余个、水质监测取样 468 个。调查各种用水居民（单位）6 万余户 23 万余人，调查各类大中型工商企业、单位 200 余家。提交降雨量资料 12 站年、蒸发量 5 站年、地表径流（含城市排污）27 站年、地下水资料 105 站年、土壤含水量 12 站年、水质化验报告 140 余份，以及各类社会经济资料和用水资料等。

1996—1997 年对当年的资料进行系统性整理计算分析，完成年度报告及有关单项专题报告等。期间参加部水文司分别在昆明、厦门、苏州和河海大学举办的四次专题研讨会，对年度成果报告进行广泛交流研讨，对所遇问题提出一系列改进性指导意见。

1997—1999 年对精测及调查资料进行系统性分析研究，提交课题最终成果报告《洛阳城市水资源精测评价与系统分析》及《洛阳城市水资源精测评价附表及资料汇编》。

此外，还完成《洛阳市城区下垫面勘查》《洛阳研究区土壤含水量探测分析》《洛阳城市降雨、蒸发观测分析》《洛阳城市工业用水量调查分析》《洛阳城市生活用水量调查分析》《洛阳城市污水排放规律勘测分析》等专题成果报告等。

四、水库水文观测试验

（一）水库动库容试验研究

水库动库容的变化规律不仅是验证水库站能否作为基本水文站的重要因素，同时是水利规划设计调洪演算中的基本依据。

水库动库容试验研究自 1981 年开始试验，在全国收集了集水面积 142～3270 平方千米，总库容 0.0395 亿～12.2 亿立方米的 10 个水库资料，其中有河南省的昭平台、鸭河口 2 座。水位观测时距除个别站有自记水位计外，大部分为人工观测，一般为 0.3～0.5 小时 1 次。

通过实测资料的对比分析，认为均匀流法计算动库容简单易行，且能保证一定精度。从洪水资料分析，水库站资料能满足基本水文站的需要。入库洪水造成的动库容变量，对峡谷型单干河道及湖泊型水库影响较小，对多支流及岸形系数较大的水库影响较大，不可忽视。对有些因素如库型特征对入库洪水的影响，库区水面有下凹影响等问题尚待今后进一步的深入分析。

1989 年编写《水库动库容试验研究》报告。

（二）水库热污染观测研究

河南省姚孟火电厂取用沙河白龟山水库水作为循环冷却水，4 台机组排入库内热水为 50 立方米每秒，电厂出口水温 38.2～38.9 摄氏度，利用水库水面进行大气扩散，自然降温。

为探讨排热对水体的影响，省水文总站于 1973 年在白龟山水库开展水库热污染研究。在大堤泄洪闸附近布设水温观测点。1984 年 4 月，又在赵庄（库区南岸距电厂排水口约 14 千米）、电厂进水口、出水口三处增加观测点，采用半导体点温计或深水温度计，除每日 8 时观测外，每季度进行一次全日逐时垂线 5 点法水温观测，同时观测岸上气温。1987 年对库区的浮游植物、浮游动物及底栖动物的门类及数量取样分类。

1988 年对十余年来观测的资料进行分析，主要分析内容：库区水面水温变化；垂直水温的变化；水库水位变差对水温的影响；发电量与水库水温的关系。

经分析，1987 年电厂总排热量 12.3×10^{12} 千卡，水库月平均水温比同期岸水温高 4.7 摄氏度，同时改变垂直的水温变化，水温超过 35 摄氏度以上的天数不断增加，全年达 44 天，最高水温为 38.9 摄氏度，达到有害鱼类生存的水温，同时水库中浮游植物中蓝藻所占比重达 50％以上，电厂排放热水对水库的水生物已产生不利影响。

第二节 应用技术研究

河南水文应用实验研究由单纯性的测验方法、仪器设备的研制、改进，到应用现代信息技术进行数字化水资源监测站点研发。水文预报由传统的相关图表法，到对水文模拟预报体系、预警体系、群测群防体系进行综合研究，形成山洪灾害预报预警技术工程。研发的"缆道连续取沙器"获得 1978 年全国科学大会奖，"山洪灾害预报预警系统工程"获 2010 年省科学技术进步奖二等奖。

一、测验仪器

（一）缆道连续取沙器的试验研究

1972 年，在部水利司的倡导下，省水文总站及九省（自治区、直辖市）组成技术协作区，共同承担缆道取沙器的试验研究任务。省水文总站成立缆道连续取沙器试验研究课题组，赴息县水文站现场开展专项实验研究，1973年获得成功，9月由部水利司主持，在河南确山县召开的缆道取沙经验交流会上，通过现场鉴定。长办、黄委及山东等九个省（自治区、直辖市）水文部门参加，同意推广应用。

1978年"河南省缆道连续取沙器"获得全国科学大会奖。是年，水电部出版的水文测验手册，推广缆道连续取取沙器。

（二）压力传感器水文缆道测深仪研究

压力传感器水文缆道测深仪，于1981年开始研制制作样机，并在漯河、潢川、小浪底、南湾等水文站进行试验。通过现场比测，符合《水文缆道测验试行技术规定》测深要求，且精度较高。

仪器利用传感器把水深（水压力）转换成电压信号，通过电压的测量，直接精确的直读水深，适用于水深为0～15米、流速不大于4米每秒、含沙量不大于40千克每立方米、环境温度0～40摄氏度、河宽不大于200米的河道。

1984年6月，由省水利厅组织专家进行技术鉴定。

（三）LEG大屏幕数字式远传水位计

大屏幕数字式无线远传水位计是省水利厅1999年下达的科研项目，省水文局承担开发研制。2000年开始，2001年12月通过验收。

大屏幕数字式无线远传水位计，由水位轮、浮子、平衡锤、机械编码器组成水位检测部分，将水位的变化转换为格雷码，然后经过编码、键控调制及调频发射进行远距离传输。无线电接收机接收到水位数字信号后，进行解码并还原成水位数字，一路送往微机进行存储，另一路送往LEG大屏幕进行实时显示。

二、测验方法

（一）流速仪测流质量评价研究

为做好流速仪测流质量评价，1967年省水文总站布置测站开展精测法试验，至1985年共收集52站年的精测试验资料进行分析，得出脉动影响随测速历时的增长而渐趋稳定或消失，当历时在100秒以上时，误差小于3%，否则，误差较大；从垂线上看，水面紊流影响小，误差也小，接近河底紊动强度大，误差也大。根据各种误差分析，定出满足精度的测验条件，或依据现有测验条件评定相应的误差程度。1989年编制《流速仪测流质量评价估算方法研究》报告。

（二）桥上测流方法的研究

1979—1986年，省水文总站选择山区性河流的新县水文站、山区过渡至平原的遂平水文站及平原区的元村集、范县水文站进行桥上测流试验研究。4个实验站的桥型都是双管柱，混凝土板梁公路桥，单孔跨度22米，桥长150～400米，实际洪水水面宽80～150米。

试验的内容包括流量对比测验、桥墩影响水流试验、桥孔流速分布和水深变化的试验、桥位上下水面线的观测。

经过比测和分析，利用管柱板梁公路桥进行测流，只要注意避开桥墩的影响布设测线，测点所测流量系统误差可控制在1%～2%，频率75%的偶然误差在5%左右。

1987年省水文总站刊印了《河南省桥上测流试验》。

（三）数字化水资源监测站模式研究

数字化水资源监测站模式研究课题，由省水文局和信阳水文局联合在2005年开始实施，历时3年。

该课题运用水文测验、雨水情报汛、通信、计算机网络、现代信息监测等多学科技术，在国内首次将水位、流量、气象多参数、视频监视、中心控制、信息发布、信息查询、洪水预警等8个子系统组合用于水文站，以传感器微电子、通信网络、数学模拟、数据库、系统集成等数字化技术为手段，能够自动、快速、准确地实现信息采集、传输、存储、分析、处理、发布和远程监控等水文主要业务功能。将常规的水资源要素监测预报方式转变为信息采集分析运用整体数字化的实施过程，形成雨水情测报工作有机结合，完善水文站在分析预测水文水资源情势变化规律方面的功能。

由于采用数字化技术和手段，自动、快速地处理水文测站所需完成的主要业务内容，雨量、水位、流量、气象多参数信息数据采集的准确性和传输的时效性得以大幅度提高，增加了防汛信息量，洪水预报调度的预见期大为延长。视频监视、信息发布、查询系统和洪水预警系统的实际应用，实现水情信息采集系统数据的联网和共享，直观的展现汛情形势，为防汛指挥调度提供有效的决策支持。

2006年4月，进行系统安装调试，投入应用。2007年7月上旬淮河大洪水期间，发挥重要作用，淮滨水文站提前48小时成功预报洪峰流量，并对下游王家坝站进行精准预报，为国家防总启用蒙洼滞洪区提供依据，为抗洪减灾赢得时间，经估算其间接经济效益达1.5亿元。

三、水文预报

（一）河南省防汛雨水情信息传输服务系统

河南省防汛雨水情信息传输服务系统由省水文局与省水质监测中心、省文源科技有限公司等 6 个单位合作完成。

该系统应用计算机、网络、通信等高新技术和设备，建成全省范围内雨水信息电话数传报汛、广域网传输、信息接收处理查询服务为一体的智能化雨水情信息传输服务系统。实现全省防汛雨水情信息传输服务的自动化。系统基于 Windows 98 或 Windows NT 操作系统，采用 Visual Basic、Visual C++、Visual Foxpro 等高级语言编程和系统集成，研制开发安全可靠的通信、服务软件。采用语音电话数传、公用数据交换网作为主要信道传输数据，并与国家防汛广域网互联，建立全省重要水文站和市、省或流域机构、中央三级互联计算机网和信息共享。同时建立完善市、省防汛雨水情各类信息数据库。

1999 年汛期，该系统在驻马店地区试运行，并对系统软硬件进行改进和完善，继而推广应用到信阳、南阳两防汛重点地区，2000 年该系统在全省全面推广应用。

（二） 防汛雨水情会商系统

河南省防汛雨水情会商系统为省水利厅 2001 年下达由省防办、省水文局等单位合作完成的项目，是防洪减灾非工程措施研究的重要课题。

该系统以地理信息为平台，以防汛实时水情数据库为基础支撑，将基本信息、主要河道水库防洪任务、历史洪水、防洪工程图、洪水预报模型和实时水情信息有机地结合在一起，建立一套技术含量高、功能齐全的防汛雨水情会商系统。系统可以用图形方式任意查询某一流域、河道、水库的工情等各种基本信息、实时水情及模拟对比分析结果，能够快速完成上下游联机洪水预报和工程调度水情分析，并为会商提出多方案的调度决策建议，实现全省防汛会商全过程的自动化。系统以 GIS 为平台创造性地实现雨量等值线和等值面图、三维雨量立体图形的自动生成，解决长期困扰雨量空间分析的技术难题。并将 GIS 技术与洪水预报技术相结合，动态生成泰森多边形等参数，将洪水预报应用技术水平向前推进一大步，实现水情预报技术的新突破。

2002 年汛期系统投入使用，系统重点突出、先进快捷、形象直观、实用性强等特点得到充分发挥，为各级政府提供准确及时的水文情报预报和调度分析成果，在防汛中发挥十分重要的作用。

（三） 河南省主要防洪河道控制站防汛特征值研究

按照防汛工作标准化、规范化的要求，国家防办于 2002 年 10 月印发《关于征求调整江河防汛特征水位设置意见的通知》，要求各地结合防汛工作实际，对防汛特征水位的设置，警戒水位、保证水位的定义和确定原则提出修改意见。据此，省防办委托省水文局对河南省主要河道 40 个重要水文控制站的防汛特征水位、流量进行查勘和分析论证，研究制定适合实际情况的防汛特征值。

研究过程中，充分考虑了河南省主要防洪河道的工情、行洪能力、人类活动影响等实际情况，以防汛信息、水文信息、水利规划设计信息为支撑，通过经验分析论证、统计分析法、平均水面比降法、水力学河道演进法、频率分析法等多种方法的研究、探讨、整合，得出适合河南实际的防汛特征水位、流量的技术方法和程序，为制定科学防汛调度预案，最大限度地减少洪涝灾害，保护人民群众的生命财产安全，提供可靠的防洪、调度决策根据。

2004 年，省政府批准主要防洪河道控制站防汛特征值在主要河道防洪任务书中使用。2005 年，被评为省科学技术进步奖三等奖。

（四）基于分布式水文模型的山洪灾害预警预报系统研究

该项目研究是河南省防汛抗旱指挥系统工程决策支持系统的重要内容之一，项目从 2002 年开始进行可行性研究，先后采用 TopModel 模型、HBV 模型、新安江模型进行了燕山水库以上流域洪水模拟研究。2003 年把全省 1：50000 DEM 和 DRG 用于防汛抗旱指挥系统建设和项目研究，2004 年进行 HEC 系列模型方法研究，认为 HEC - HNC 模型系统比较适合山丘区洪水的模拟，2005 年调整明确课题组任务，加快了研究进度。

项目研究的主要内容是从河南省山洪灾害防御工作的实际需要出发，以河南省 1：50000 数字高程模型（DEM）为基础，科学划分小流域，采用新方法进行无资料小流域单位线分析计算和河道演算，用分布式水文模型进行洪水模拟，用总出口断面流量资料做检验；从底层开发模型方法库模块，采用分布式仿真技术设计山洪灾害预警预报系统软件，从而获得集实时信息处理、主要河道断面洪水过程预报以及山丘区小流域和中小型水库洪水过程预报、成果查询和发布、山洪预警为一体的山洪灾害预警预报系统，2007 年通过验收。

（五）山洪灾害预报预警系统工程

山洪灾害预报预警系统工程由省水文局、中国矿业大学、省防办和北京天智祥信息科技有限公司联合研发。项目从 2002 年开始对山洪灾害防御监测体系、水文模拟预报体系、预警体系、群测群防体系进行研究，重点对水文模拟预报体系进行深入探索。经过对国内外先进水文模型技术如 TopModel 模型、HBV 模型、新安江模型及 HEC - HMS 系统的研究和实验性运用，分析其特点和适用性，发现其无法开展山丘区小流域洪水预报，必须开发全新的模拟系统和预报预警系统。在经过数年研究后，完成河南水文模拟系统（HN－HMS）和河南省山洪灾害预报预警系统。其共构建 72 个模拟工程、5025 个小流域，覆盖全省 9.25 万平方千米，建立 1049 个自动雨量站，307 个自动水位站，10 个县群测群防体系，形成一套完善的基于 HN－HMS 的山洪灾害预报预警技术体系。

项目通过对降雨、地形地貌、人类活动这三大山洪灾害形成因素的研究，结合河南省"两小一山"防御工作实际需要，以河南省 1∶50000 数字高程模型（DEM）为基础，合理划分小流域，采用新方法分析计算小流域分布式单位线、进行河道演算，用分布式水文模型进行洪水模拟，用总出口断面流量资料做检验，并根据下垫面相似性移用于无水文资料流域；开发分布式洪水预报模拟系统（HN－HMS）和山洪灾害预警系统软件，从而获得了集实时信息处理、主要河道断面洪水过程预报以及山丘区小流域和中小型水库洪水过程预报、成果查询和发布、山洪预警为一体的山洪灾害预报预警系统，为流域防洪和山洪灾害防御提供重要决策依据。同时，项目研究了监测站点的优化布局方案和报汛通信机制，群测群防体系建设模式，各项新技术、新方法应用于山洪灾害防御的方法集成。为中小流域山洪灾害防御、规划，小流域水土保持设计规划以及其他水利工程设计规划提供重要依据。

第三节 水文信息化建设

河南水文信息化建设始于 70 年代，从引进 PC－1500 袖珍计算器到目前的水文站监测断面远程视频监控系统、全省水文视频会议系统、水文应急通信指挥系统、水文信息网网站群、水文基础信息库、历史数据信息库、水情遥测系统、墒情和部分地下水自动检测系统的运行，彻底改变水文信息数据的管理和应用方式，极大地提高河南水文科技应用和创新能力，提升了水文信息服务质量和时效性。

一、计算机技术广泛推广应用

1975 年，省水文总站使用省水科所的 TQ16 计算机，通过纸带穿孔输入程序和数据，完成全省地表水资料整编工作。

80 年代中期，省水文总站水情科采用 PC－1500 袖珍计算器进行洪水预报。1985 年，省水文总站与郑州大学合作开发在 IBM 微型计算机上接收和处理水情电报信息系统，以 DBASE 数据库保存。1986 年，省水文总站引进美国 VAX 小型计算机，采用部水文局开发的水文资料整编软件进行地表水资料整编。1989 年，自主开发地下水整编软件，采用计算机进行地下水资料整编。

90 年代中期，微型计算机在全省水文系统普遍应用，在水情防汛方面建成集信息采集、传输、处理与洪水预报于一体的第三代水情信息系统。地表水、地下水和水质资料均采用微机整编。1995 年，以省水文局为依托的河南水利首家水利网站开通。1998 年，国家水文数据库河南省水文数据库建设基本完成，1999 年通过部水文局验收并投入应用，历史水文年鉴数据全部入库，数据库采用 Sybase 系统。

2000 年 8 月，国家防汛指挥系统工程河南驻马店水情分中心示范区工程开工建设。降水量采用翻斗式采集器进行采集并保存，部分站传输采用卫星到区域中心站，广域网采用 X.25 协议路由器通信。2001 年 7 月 9 日，该工程通过由水利部、国家防办组织的预验收。整个示范区工程由信息采集、报汛通信、计算机网络、流量测验设施建设与改造四个部分组成。2002 年 7 月，河南水文信息网站开通。2006 年，省水文局资料室引进清华紫光档案管理系统，资料目录管理实现信息化。是年，建立地下水资料数据库。2010 年，建成河南省墒情和部分地下水自动监测系统。

二、网络技术拓展发展空间

2011 年后，国家对水文投资加大，河南省水文信息化建设得到快速发展，先进的网络技术在各项水文业务工作中得到广泛应用。

（一）水文站监测断面远程视频监控系统

2012 年 6 月，建成息县、淮滨、潢川、蒋家集、长台关、新县、大坡岭、北庙集、班台、杨庄、桂李、遂平、夏屯、泌阳、沙口、五沟营、化行、大陈、马湾、何口、槐店、中牟、新郑、告成、永城、荆紫关、西峡、澄滩、唐河、南阳、李青店、五陵、安阳和紫罗山 34 个重点水文站监测断面远程视频监控系统。系统前端配置海康威视 DS－7804HF－SN 网络硬盘录像机、海康威视 DS－2AF1－513 智能高速球采集断面水情水势视频信息，通过联通 2M MPLS VPN 电路将视频流传输到末端省水文局视频监控服务器，授权用户通过浏览器或视频监控客户端访问服务器，实现对前端视频巡逻、浏览、缩放、切换、截图、录像和远程控制功能。

（二）全省水文视频会议系统

2012 年 6 月，建成省水文局及郑州、许昌、驻马店、信阳、周口、南阳、平顶山、漯河、商丘、开封、洛阳、新乡、濮阳、安阳等 14 个水情分中心和

34 个重点水文站全省视频会议系统。省水文局和 14 个水情分中心之间通过联通 2M SDH 电路连接，水情分中心和所属水文站之间通过联通 2M MPLS VPN 电路连接，实现省水文局、14 个水情分中心和 34 个重点水文站之间异地视频会商、双流功能。

省水文局视频会商系统采用 15 块液晶拼接屏作为会议显示单元，配置视频会议终端、会议控制软件、会议摄像机、会议控制计算机等设备。

每个水情分中心配备有视频会议终端、科达 KDV - MCS 会议控制软件、会议摄像机、会议显示单元及会议控制计算机等设备。其中郑州、洛阳、安阳、许昌、漯河、驻马店、南阳和信阳 8 个省辖市配备多点控制器，实现与下属各水文站的视频会商。每个水文站配置视频会议终端、会议摄像机、会议显示单元等设备。

（三）河南水文应急通信指挥系统

2013 年 9 月，河南水文应急通信指挥系统建成。该系统由中型机动应急指挥系统、小型机动应急指挥系统和地面指挥中心三部分组成。采用短波通信、超短波通信、宽带无线、VSTA 卫星通信、卫星导航定位、3G 图像传输等多种通信手段，具有指挥调度、音视频和气象信息发送、接收与处理、通信保障、定位导航和视频会议功能。

中型机动应急指挥系统采用奔驰凌特 515 轻型客车进行改装、装饰，配置德国熊猫柴油发电机、UPS 电源系统、海事卫星手持电话、计算机、服务器、办公一体机、显示器、AV 矩阵、VGA 矩阵、数字调音台、车顶摄像机、硬盘录像机、网络交换机、KVM 切换器、短波天线、电台、超短波车载电台设备、车载 VSTA 卫星天线、卫星调制解调器、IP 语音网关和指挥调度机等设备，具有车内外音频、视频信息采集、处理、发送和视频会议功能。

小型机动应急指挥系统采用丰田 RAV4 越野车进行改装，配置计算机、超短波车载电台及天线、无线宽带视频车载发射机、接收机、GPS 导航、音视频矩阵、数码照相机、摄像机和硬盘录像机等设备，具有卫星导航、超短波语音通话以及视频信息采集、处理和发送功能。

地面指挥中心配置卫星调制解调器、4.5 米地面站天线、卫星功放、LNB、3G 视频中心、短波电台、短波天线等设备，具有短波语音通信、通过 VSTA 通信卫星收发音视频信息功能，实现与省、水利部应急通信平台的无缝连接。

（四）河南水文信息网网站群

河南水文信息网网站群包括省水文局主站和 18 个驻市水文局子站。

2014 年 6 月 1 日，主站上线运行，采用 2 台虚拟服务器、Red Hat Enterprise Linux Server 操作系统、ORACLE 11G 中文标准版数据库系统、Weblogic 11G 标准版 WEB 服务器。功能包括文字、图片、音视频信息在线编辑、审核、发布、检索、留言板、RSS 订阅和超级链接。设置的栏目有水文新闻、水文风采、组织机构、水文业务、水文科技、水文文化和政策法规。主站安全措施包括网络防火墙、应用防火墙、入侵检测和漏洞扫描系统。

2014 年 12 月 30 日，18 个驻市水文局子站上线运行，每个子站采用一台 HP DL380p Gen8 服务器，Windows Server 2012 标准版操作系统，Web 服务器采用 TomCat 6.0，18 个驻市水文局子站数据集中部署在省水文局主站数据库服务器。功能包括文字、图片、音视频信息在线编辑、审核、发布、检索、超级链接。栏目包括水文新闻、水文风采、组织机构、水文业务、水文服务、规章制度和学习园地。

第四节　专著与成果

河南水文系统广大职工在长期的水文实践中，为探索河南水文规律，开展大量试验研究，获得丰硕成果。50 年代以来，出版水文技术专著 11 部，获得省部级科技进步奖 32 项，获全国、省级技术创新成果奖 19 项。1980 年后，获得市级科技进步一等奖的成果 100 余项，在国家级学术刊物以上发表学术论文 218 篇。获得国家发明专利及国家实用新型专利 23 项。内容涵盖水文测验、水旱灾害、水文情报预报、水资源开发利用及保护等方面。

一、技术专著

河南省水文系统水文著作出版一览表见表 10－4－1。

表 10－4－1　　　河南省水文系统水文著作出版一览表

序号	著作名称	作　者	出版单位	年份
1	中原地区历史旱涝气候研究和预报	王 邨	气象出版社	1992
2	水文测验学	赵志贡　岳利军　赵彦增	黄河水利出版社	2005
3	河南省水资源	河南省水资源编纂委员会	黄河水利出版社	2007
4	水文缆道工程设计	赵新智	中国科技教育出版社	2008
5	水文计算实务	彭新瑞　崔新华　江海涛　朱文升	黄河水利出版社	2008

续表

序号	著作名称	作 者	出版单位	年份
6	水文测站站长基础业务培训教程	郑革	中国科技教育出版社	2011
7	河南省重点中小河道及唐白河实用水文预报方案	王有振 何俊霞 黄 岩 刘冠华	湖南地图出版社	2012
8	河南省河流水文特征手册	韩 潮	黄河水利出版社	2014
9	河南省水文站基本资料汇编	岳利军 赵彦增 韩 潮	黄河水利出版社	2014
10	河南省流域面积30～50平方千米河流资料汇编	韩 潮 余玉敏	西安地图出版社	2014
11	河南省水文观测站及资料系列研究	王增海 原喜琴 杨 新 王择明 朱文生	黄河水利出版社	2014

二、科研成果

（一）1978—2015 年河南水文系统获得省部级科技成果奖项

1978—2015 年河南水文系统获得省部级科技成果奖项详见表 10-4-2。

表 10-4-2　　　　　1978—2015 年河南水文系统获得省部级
科技成果奖项一览表

序号	获奖科技成果名称	获奖名称	获奖年份	完成单位	颁奖单位	主要完成人
1	水文缆道自动测流、取沙技术	全国科学大会奖 省科学大会奖	1978	省水文总站 信阳水文分站	全国科学大会 省科学大会	钟之纲 李芳青 马骠骑 王志芳 刘文俊 吴志良
2	河南省水利工程水文计算常用图	省科学大会奖	1978	省水文总站	省科学大会	郭展鹏 於 稹 陈宝轩 钟之纲 郑均植 周玉清
3	河南省历代旱涝等水文气候史料	省科学技术进步奖三等奖	1983	省水文总站	省科委	王 邨 王松梅
4	压力传感器水文缆道测深仪	省科学技术进步奖三等奖	1985	省水文总站	省科委	钟之纲 吴国泉 逯德八 赵桂良 郭学星
5	近五千年来我国中原地区气候在年降水量方面的变迁规律	省科学技术进步奖三等奖	1985	省水文总站	省科委	王 邨 王松梅

序号	获奖科技成果名称	获 奖 名 称	获奖年份	完成单位	颁奖单位	主要完成人
6	豫北国土资源调查遥感技术应用研究	省科学技术进步奖三等奖	1985	省水文总站	省科委	钟之纲　郭周亭 吕百超
7	河南省水资源调查评价研究	省科学技术进步奖二等奖	1985	省水文总站	省政府	倪太庚　杨正富 陈宝轩　周玉醴 於　积　郑　晖
8	驻马店地区水资源调查和水利区划报告	省科学技术进步奖三等奖	1986	驻马店水文分站	省政府	陈良卿　沈锡江 王功顺
9	计算机水情电报接收处理系统	省科学技术进步奖三等奖	1988	省水文总站	省政府	肖玉东　蒋　立 王有振　岳利军
10	河南省洪水调查资料	省科学技术进步奖二等奖	1988	省水文总站	省政府	王　邺　张开森 石中纲　陈宝轩
11	河南省水质分析研究与对策	省科学技术进步奖三等奖	1993	省水文总站	省政府	於　积　赵凤霞 李玉兰　肖寿元 沈兴厚　赵　莉
12	我省水文系统当前重要困难和问题	省政府实用社会科学奖三等奖	1993	省水文总站	省实用社科优秀成果评委会	苏玉璋　史和平 王靖华　方基建 韩　潮　徐得富 范少松
13	黄河下游河南省引黄灌区资料汇编及水资源分析研究	省科学技术进步奖二等奖	1994	省水文总站	省政府	郑　晖　崔新华 王守刚　杨明华 田　华　王志刚 白振兴
14	地下水资源评价方法及动态研究	省科学技术进步奖三等奖	1994	周口水文局	省政府	翟公敏　魏宪昌
15	灾害预报试验研究准干实时洪水预报决策支持系统	省科学技术进步奖二等奖	1995	省水文总站	省科技进步奖评委会	岳利军　王有振 赵彦增　何俊霞 黄　岩　郑瑞敏 田　龙
16	淮河干流洪水预报综合分析系统	水利部科技技术进步奖二等奖	1996	省水文总站	水利部	岳利军　赵彦增 何俊霞　张红卫

续表

序号	获奖科技成果名称	获 奖 名 称	获奖年份	完成单位	颁奖单位	主要完成人
17	豫北卫河防汛综合分析系统	省科学技术进步奖三等奖	2000	省水文局	省科技进步奖评委会	赵彦增　何俊霞　张红卫　黄　岩　郑瑞敏　杨　峰　陈　磊
18	河南省防汛雨水情信息传输服务系统	省科学技术进步奖三等奖	2001	省水文局	省政府	杨大勇　王有振　何俊霞　杨　峰　张红卫　彭新瑞　黄　岩
19	河南省工程规划设计暴雨统计参数等值线系统研究	省科学技术进步奖三等奖	2003	省水文局	省政府	杨大勇　王增海　王有振　王小国　王景新　杨　新　王鸿燕
20	用水文资料评价水土保持效益的技术研究	省科学技术进步奖三等奖	2004	省水文局	省政府	郭金巨　田颖超　杨大勇　王有振　郝　捷　季新菊　彭新瑞
21	河南省主要防洪河道控制站防汛特征值研究	省科学技术进步奖三等奖	2005	省水文局	省政府	岳利军　何俊霞　黄　岩　石海波　郑瑞敏　杨　峰　郑　革
22	河南省地下水资源信息数据库管理应用系统	省科学技术进步奖三等奖	2007	省水文局	省政府	王有振　彭新瑞　赵天力　张红卫　王景新　崔新华　林红雨
23	国家防汛抗旱指挥系统周口水情分中心设计研究	省科学技术进步奖三等奖	2007	周口水文局省水文局	省政府	翟公敏　王靖华　赵新智　彭作勇　王景深　和永场　翟晶晶
24	淮河流域面源污染分析研究	省科学技术进步奖二等奖	2008	周口水文局省水文局	省政府	翟公敏　王靖华　赵新智　彭作勇　陈守峰　杨沈丽　王景深　和永场　于　刚

续表

序号	获奖科技成果名称	获奖名称	获奖年份	完成单位	颁奖单位	主要完成人
25	商丘市水资源对农村饮水安全项目的影响研究	省科学技术进步奖三等奖	2009	商丘水文局	省政府	刘　琦　孙供良　吕忠烈　周　珂　王占峰　焦迎乐　王玉振
26	农村水环境现状与安全饮水问题研究	省科学技术进步奖三等奖	2010	周口水文局	省政府	韩新庆　王琳菲　张铁印　梁维富　赵轩府　陈学珍　戚高林
27	淮河流域平原河道污染对地下水质影响研究	省科学技术进步奖三等奖	2011	省水文局	省政府	张本元　臧红霞　付铭韬　赵自建　范留明　吕百超　张利亚
28	河南省沿黄地区水资源配置与经济社会可持续发展研究	省科学技术进步奖二等奖	2011	省水文局	省政府	王有振　杨明华　田　华　潘　涛　孙孝波　宋铁岭　胡凤启　王志刚　李永丽
29	城市饮用水水源地安全保护技术研究	省科学技术进步奖三等奖	2012	周口水文局省水文局	省政府	郑连科　沈兴厚　江海涛　付铭韬　张明贵　王景深　刘　华
30	安阳市城市饮用水水源地环境安全保障研究及应用	省科学技术进步奖三等奖	2012	安阳水文局	省政府	王长普　张少伟　赵嵩林　万贵生　郭双喜　曹瑞仙　刘华勇
31	黄河冲积平原区水资源质量可持续利用应用研究	省科学技术进步奖三等奖	2013	商丘水文局省水文局	省政府	臧红霞　张本元　赵自建　禹万清　吕伯超　尤　宾　白　涛
32	水文年鉴数据综合分析系统	省科学技术进步奖三等奖	2013	省水文局	省政府	王增海　杨　新　贺旭东　王择明　王少平　张志松　马松根

（二）河南水文系统获全国、省级技术创新成果奖

河南水文系统荣获全国、省级技术创新成果奖详见表10-4-3。

313

表 10-4-3　　河南水文系统荣获全国、省级技术创新成果奖一览表

奖　项	获奖项目	主要完成人	颁奖单位	颁奖日期
河南省职工经济技术创新成果二等奖	河南省防汛指挥信息支持系统	王继新　王　骏　张旭阳	省总工会 省科技厅省劳社厅	2005 年 11 月
河南省职工经济技术创新成果优秀奖	流量智能测控系统	王鸿杰　潘　涛　杨大勇　王靖华　游巍亭　赵新智　郑　革　江海涛		
第三届全国职工优秀技术创新成果优秀奖	山洪预警信息终端	王鸿杰　李　军　陈宏立　刘寇华　杨　州　贺旭东	全国总工会 科技部　工信部 人社部	2010 年 11 月
第二届河南省职工优秀技术创新成果一等奖			省总工会 省科技厅 省工信厅 省人社厅	2010 年 12 月
第二届河南省职工优秀技术创新成果优秀奖	浮子式数字雨情信息采集器研究	朱文升　连明涛　刘红广　王俊伟　陈丰仓		
第四届全国职工优秀技术创新成果优秀奖	水文缆道测流信号发生器	马　勇　王　福　赵恩来　杨　新　胡成年　郭　舸　王　博　黄　青　王　晶　余亚男　赵海东　刘新志	全国总工会 科技部 工信部 人社部	2013 年 12 月

三、河南水文系统国家级学术刊物发表科技论文

1957—2015 年河南水文系统国家级学术刊物发表科技论文详见表 10-4-4。

表 10-4-4　　　1957—2015 年河南水文系统国家级学术刊物

发表科技论文一览表

序号	论文题目	作者姓名	发表期刊	发表时间
1	天气局里的同位素（译文）	曹俊士	水文工作通讯	1957 年 4 月
2	信阳水文分站雨量站整顿工作介绍	王志芳	水利水电技术（水文副刊）	1963 年 4 月
3	使用自制仿苏无桨流速仪的情况和体会	曹俊士	水利水电技术（水文副刊）	1964 年 1 月
4	无雨天雨量自记线为什么会升降	李国金	水文	1983 年 5 月

序号	论 文 题 目	作者姓名	发表期刊	发表时间
5	近五千年来我国中原地区气候在年降雨量方面的变迁	王 邨　王松梅	中国科学（B辑）	1987 年 1 月
6	河南省未来十年旱涝趋势的预测与评估	王 邨	治淮	1990 年 3 月
7	河南省水资源及其特征分析	杨正富	水资源研究	1990 年 12 月
8	自动测流架及其应用	高传章　范留明	水文	1990 年 12 月
9	中原地区晚全新世以来的环境变化	施少华　杨怀仁　王 邨	地理学报	1992 年 2 月
10	HY 系列缆道水文绞车使用经验介绍	姚 鼎	水利水文自动化	1993 年 12 月
11	许昌市工矿企业排放的"三废"引起的氟污染及其对策	完恩发	水资源保护	1994 年 12 月
12	地下水资源评价方法研究	翟公敏　魏宪昌	水文	1995 年 12 月
13	无量纲产汇流法在洪水预报中的应用	郭清雅	水文	1996 年 10 月
14	颖河水系水文特性简析	马子丰　王线朋	水文	1996 年 10 月
15	河南省 1950—1990 年水旱灾害分析	蒋金才　季新菊　刘 良　王庆礼	灾害学	1996 年 12 月
16	淮河流域沙河中汤站"9·25"暴雨洪水分析	张世旺　赵国宣	水文	1996 年 12 月
17	保护地下水资源的对策	杨正富　杨 霞	地下水	1997 年 5 月
18	郑州市供水规划简介	杨正富　连国俊　杨 霞	人民长江	1997 年 6 月
19	水文监测预报在防洪减灾中的地位和作用——"75·8"洪水灾害反思	田 龙	水文	1997 年 10 月
20	鸭河口库区水量不平衡问题试验研究	谢纪德　张福聚　王 林	人民长江	1998 年 3 月
21	贾鲁河污染趋势分析	肖寿元　杨正富　沈兴厚	治淮	1999 年 1 月
22	唐白河水质污染及防治对策	黄其钧　黄 青	人民长江	1999 年 4 月
23	南阳市水资源开发利用中存在的问题与对策	王 林　郭 阿	水资源保护	1999 年 9 月
24	沙颖河上游区降水特性分析	王线朋	水文	2000 年 2 月

序号	论文题目	作者姓名	发表期刊	发表时间
25	分析沙澧河天然水量 合理利用水资源	徐冰鑫 孔笑峰	治淮	2000 年 5 月
26	洛阳城市水资源优化调度规划模型	杨明华	地下水	2000 年 9 月
27	固态存储数据格式转换和整编应用软件的研制	王靖华 王丙申 徐志刚 田建设	水文	2000 年 12 月
28	对受洪水涨落影响的水位流量关系单值化的探讨	孙孝波	水文	2001 年 4 月
29	水资源可利用量估算初步分析	郭周亭	水文	2001 年 10 月
30	水资源保护存在的问题及对策	付铭韬	中国水利	2001 年 11 月
31	开封市地下水资源供求预测研究	魏 鸿	地下水	2001 年 12 月
32	水文缆道全自动测流系统原理及应用	韩新庆 李东俊 王琳菲	治淮	2002 年 2 月
33	驻马店防汛信息采集示范区	詹继峰 周广华	治淮	2002 年 2 月
34	LEG 大屏幕数字式无线远传水位计的研制与应用	杨大勇 胡成年 赵新智	气象水文海洋仪器	2002 年 5 月
35	沙颍河水系山丘区暴雨分析	连明涛 朱文升	水文	2002 年 6 月
36	信阳市南湾水库饮用水水源地现状评价及保护对策研究	尤 宾	水文	2002 年 6 月
37	河南省水资源利用现状及对策分析	王鸿燕	中国水利	2002 年 7 月
38	河南省 2000 年汛期暴雨洪水特性分析	杨大勇 何俊霞	水文	2002 年 10 月
39	河南省水环境监测站网及能力建设初探	殷世芳	中国水利	2002 年 11 月
40	沙河流域漯河以上洪水预报调度有关问题的分析	王有振 王鸿燕	治淮	2002 年 12 月
41	用稀释法测量排污口流量试验研究	尤 宾	水文	2002 年 12 月
42	沙颍河水系水污染现状及改善措施	孔笑峰 刘爱姣	治淮	2002 年 12 月
43	用突然注入稀释法测量排污口流量试验研究	尤 宾 沈兴厚	重庆环境科学	2003 年 3 月
44	浉河信阳市段水环境现况及污染总量控制	尤 宾	水资源保护	2003 年 3 月
45	商丘市水资源状况及对策分析	李国昌 吴 杰	水资源研究	2003 年 3 月
46	洛阳城市用水调查研究	范留明	水资源保护	2003 年 7 月
47	河南省城市防洪减灾对策	岳利军 杨大勇	治淮	2003 年 8 月

序号	论 文 题 目	作者姓名	发表期刊	发表时间
48	探索利用洪水资源 建立生态宜居城市	刘爱姣	治淮	2003 年 9 月
49	水文缆道流速仪防水草装置简介	李渡峰	水文	2004 年 2 月
50	周口市水资源可持续发展问题研究	张永亮 张 岩	治淮	2004 年 3 月
51	商丘市水环境污染评价	吴 杰	水资源研究	2004 年 6 月
52	划分水域功能区 有效保护水资源	何祖敏 杨 霞 杨正富	水资源研究	2004 年 9 月
53	电导仪在排污口流量测量中的应用	张武云 王 林 王立军	人民长江	2004 年 10 月
54	水文测报技术在防汛抗洪中的应用	郑 革 郭德勇	气象水文海洋仪器	2004 年 11 月
55	浅谈城市防汛	韦红敏	治淮	2005 年 6 月
56	由"75·8"对水文规律的再认识	王有振	中国水利	2005 年 8 月
57	漯河市农村人畜饮水现状分析	韦红敏 杨 新	治淮	2005 年 9 月
58	关于南湾水库校核洪水标准的分析论证	孙广平 杨大勇	水文	2005 年 10 月
59	模糊数学分析方法在水环境评价中的应用	王鸿杰 尤 宾 上官宗光	水文	2005 年 12 月
60	浅议河南省水文计划管理信息化建设	赵新智	水文	2005 年 12 月
61	永城市水资源综合利用研究	郑连科 张本元 吴 杰	水资源研究	2006 年 3 月
62	ADCP 的引进及在淮河流量测验中的应用	赵新智	气象水文海洋仪器	2006 年 3 月
63	驻马店自动测报系统发展与应用	王 玲 马松根 李贺丽	水利水文自动化	2006 年 6 月
64	水文缆道计数器误差对实测流量影响的分析	王景深 陈守峰 马艳红	水利水文自动化	2006 年 6 月
65	河南省墒情监测与抗旱决策支持系统	岳利军 何俊霞	水文	2006 年 12 月
66	卢氏县黑马渠沟泥石流的形成条件及其防治	李明立 殷世芳 蔡慧慧	中国水土保持	2007 年 6 月
67	HBV 模型在淮河官寨流域的应用研究	赵彦增 张建新 章树安 许珂艳	水文	2007 年 4 月
68	区域水资源可持续利用水平评价指标体系研究	吴湘婷	人民黄河	2007 年 6 月
69	宽带 ADCP 在河流流量测验中的实用性研究	赵新智	中国农村水利水电	2007 年 6 月

续表

序号	论 文 题 目	作者姓名	发表期刊	发表时间
70	曲线数值法计算小流域径流量的探讨	王冬至　谈　兵	科技资讯	2007 年 8 月
71	河道决口过程模拟及决口流量计算	赵彦增	人民黄河	2007 年 9 月
72	水库库尾冰塞壅水计算方法研究	雷　鸣　张志红 贺顺德　何长海	人民黄河	2007 年 9 月
73	商丘市农村饮用水安全问题探究	郑连科	中国农村水利水电	2007 年 11 月
74	声学多普勒流速剖面仪在宽浅河道流量测验中的技术探讨	赵新智　席战平	治淮	2008 年 3 月
75	沙颍河周口—槐店段水质变化规律与污染分析研究	杨沈丽　杨沈生	治淮	2008 年 3 月
76	人工神经网络模型在淮滨站天然径流量计算中的应用初探	崔新华	水文	2008 年 4 月
77	水资源量评价方法浅析	郭周亭	治淮	2008 年 4 月
78	沙沟水电站引水管道调压及消能工试验研究	樊万辉　张春满 彭新瑞　杨邦柱	人民黄河	2008 年 8 月
79	周口市农村饮用水水质现状与污染分析	杨沈丽	治淮	2008 年 9 月
80	基于灰色 Verhulst 的城市生活需水量预测模型	袁瑞新　肖献国	人民黄河	2008 年 9 月
81	径流量计算成果合理性分析方法的初探	郭周亭	水文	2008 年 10 月
82	河南省主要城市地下水超采区评价	崔新华　许志荣	水资源保护	2008 年 11 月
83	浅谈基于 MapX 开发的淮河流域入河排污口信息管理系统	刘耀宾　贺旭东	治淮	2008 年 11 月
84	流体动力式垂线平均流速模型研究及思考	彭新瑞	中国科技信息	2008 年 12 月
85	受工程及人类活动影响的流量测验解决方案的探讨	赵新智　席东杰 席占平	中国农村水利水电	2008 年 12 月
86	简述 MSN 防汛机器人的设计与功能	刘耀宾　贺旭东 余金峰	治淮	2009 年 2 月
87	洪水遥感实时监测影像云阴影的消除	马　辉　许志辉 马浩录　李燕燕 张壮壮	人民黄河	2009 年 2 月
88	浅谈水文站基本水准点的复测与考证问题	刘　琦	水文	2009 年 4 月

续表

序号	论 文 题 目	作者姓名	发表期刊	发表时间
89	漯河节制闸工程的综合效益分析	王 恬 孟 丽 刘芳芳	治淮	2009 年 6 月
90	淮河上游生态需水量计算分析	蔡 涛 李琼芳 王鸿杰 李 鹏 薛运宏 白林龙 刘 轶	河海大学学报	2009 年 6 月
91	河南省地下水环境状况分析	杨明华	人民黄河	2009 年 8 月
92	淮河澧河何口水文站特大洪水洪峰流量的分析计算探讨	韦红敏	水文	2009 年 8 月
93	水资源评价中存在的问题与对策	郭周亭	水文	2009 年 10 月
94	微波消解法测定化学需氧量方法探讨	刘 华	治淮	2009 年 11 月
95	采用高锰酸钾法测定 COD 的探讨	许静正	治淮	2009 年 12 月
96	原子荧光法测定水体中汞时常见问题的分析与探讨	祝 康	治淮	2009 年 12 月
97	城市水资源供需平衡及预测分析——以开封市为例	赵军凯 赵秉栋 李九发 韩志刚 荣晓明	水文	2009 年 12 月
98	原子吸收测锌标准曲线弯曲问题的探讨	陈长茵	治淮	2009 年 12 月
99	基于 KALMAN 滤波融合算法的某坝基水平位移分析	刘佳佳 彭 鹏	郑州大学学报	2010 年 3 月
100	国冻差变化分析处理	刘 琦	水文	2010 年 8 月
101	生态技术在农村水污染防治中的应用	韩新庆	水资源研究	2010 年 9 月
102	黄河下游引水引沙对河道冲淤调整影响分析	林秀芝 刘 琦 曲少军	泥沙研究	2010 年 12 月
103	对计量认证工作的认识与实践	付铭韬	治淮	2010 年 12 月
104	测定地表水中挥发酚常见问题的探讨	许静正 孙国苗	治淮	2010 年 12 月
105	新乡市水资源开发利用状况分析	赵文举 李仁杰 王 宇	治淮	2010 年 12 月
106	经不同量氯仿纯化的 4－氨基安替比林溶液对水中挥发酚测定结果的影响	韩 军 张 佩	治淮	2010 年 12 月
107	农村生态模式应用与水环境治理	韩新庆	水资源研究	2010 年 12 月

序号	论文题目	作者姓名	发表期刊	发表时间
108	3S 技术在流域产流量预报中的应用	路松奇　周政辉　李卫卫	华北水利水电学院学报	2011 年 4 月
109	水情报汛助手的设计及实现	贺旭东	治淮	2011 年 4 月
110	准确测定高锰酸盐指数数据的研究	焦二虎	治淮	2011 年 5 月
111	颍河禹州段水质污染趋势分析及对策	谷彦彬　苗利芳	治淮	2011 年 5 月
112	原子荧光法测定水样中汞含量的保存剂的探讨	郭建军　谷彦彬	治淮	2011 年 5 月
113	河南省水文站网现状分析评价	张铁印　王景深	治淮	2011 年 6 月
114	关于淮河上中游分界问题的探讨	邹敬涵	治淮	2011 年 6 月
115	蟒河水功能区水质监测及入河排污口调查分析	付铭韬	人民黄河	2011 年 7 月
116	区域水资源可持续利用评价熵权理想物元模型	潘建波　张修宇　赵焕平	人民黄河	2011 年 7 月
117	沙颍河中上游水面蒸发量变化趋势分析	焦迎乐	治淮	2011 年 7 月
118	蟒河水功能区水质监测及入河排污口调查分析	付铭韬	人民黄河	2011 年 7 月
119	丹江口水库库区淅川县丹南项目区水土保持措施配置	付铭韬	中国水土保持	2011 年 10 月
120	浅谈影响高锰酸盐指数准确测定的几个关键步骤	许凯	治淮	2011 年 12 月
121	地表水污染对地下水质影响试验研究	付铭韬　臧红霞	治淮	2011 年 12 月
122	商丘市梁园区农村饮用水现状调查分析	臧红霞　白泓　陈来进	治淮	2011 年 12 月
123	黑泥河漯河排污控制区水污染现状分析	徐冰鑫　张春强　聂卫杰	治淮	2011 年 12 月
124	兴利调节计算自动化模型的建立与实践	苗利芳　石政华　徐琼	治淮	2011 年 12 月
125	综合水质标识指数法在南湾水库水质评价中的应用	尤宾	治淮	2011 年 12 月
126	对水环境监测分中心计量认证工作的思考	余卫华	治淮	2011 年 12 月

续表

序号	论 文 题 目	作者姓名	发表期刊	发表时间
127	洛阳市区地下水污染特征及原因分析	程卫习 梁 良 刘 迎	治淮	2011 年 12 月
128	关于 BOD$_5$ 测定过程中稀释问题的探讨	程卫习 邱 璐 史荣英	治淮	2011 年 12 月
129	浅谈水质实验室废液的处理方法	程卫习 梁 良 刘 迎	治淮	2011 年 12 月
130	挥发酚测定中 4 -氨基安替比林纯化方法探讨	王 威 韩 枫 魏 磊	治淮	2011 年 12 月
131	安阳市水环境污染现状及保护措施	苗利芳 张青艳 王国涛	治淮	2011 年 12 月
132	惠济河商丘段沿岸浅层地下水调查与防治措施	祝 康 白 涛 祝 芳	治淮	2011 年 12 月
133	尖岗水库藻类监测及富营养化调查	韩 枫 魏 磊 王 威	治淮	2011 年 12 月
134	周口市城市中水综合利用研究	杨 丹	治淮	2011 年 12 月
135	基于 GM(1，1) 的河南省需水量预测研究	邵全忠	治淮	2011 年 12 月
136	沁河流域水环境调查与评价	何长海 张凤华 范思源	治淮	2011 年 12 月
137	化学需氧量测定方法的比对实验	张凤华 何长海 马秀芳 刘艳丽	治淮	2011 年 12 月
138	流域管理中公众参与的探讨与思考	殷世芳	中国水利	2012 年 2 月
139	基于粗糙集和决策熵的水利工程监理投标风险分析	刘昆鹏 朱玉祥	华北水利水电学院学报	2012 年 2 月
140	河南省浅层地下水动态演变分析	田 华 杨明华	人民黄河	2012 年 3 月
141	河南省矿井水资源化研究	田 华	水利水电技术	2012 年 3 月
142	淅川中联水泥厂用水现状及节水减排对策研究	王 林 韩建秀	人民长江	2012 年 5 月
143	城区暴雨洪水防治技术对策探讨	朱文升	治淮	2012 年 5 月
144	水功能区达标率评价及影响因素分析	殷世芳	人民黄河	2012 年 5 月
145	地下水库拓展中原沿黄经济带水资源承载能力研究	孙孝波 朱玉祥 孙 珂 王小国	水文	2012 年 6 月
146	水文站水准基面关系分析	刘 琦 王 峰 周 珂 周宜富	水文	2012 年 6 月

序号	论 文 题 目	作者姓名	发表期刊	发表时间
147	地下水漏斗区形成机理研究	孙孝波　孙　珂　翟朋云　董向东	地下水	2012 年 7 月
148	TRIME - PICO64 水分速测仪墒情监测对比试验	吕伯超　赵自建	人民黄河	2012 年 7 月
149	洪河倒虹吸交叉工程河段二维水沙数值模拟	张晓雷　朱玉祥　孙东坡	武汉大学学报（工学版）	2012 年 8 月
150	无线射频遥控浮标投掷器的研制和应用	邢杰炜	水文	2012 年 8 月
151	河南黄河水资源可持续利用问题与对策探讨	吴湘婷　原小利　乔　钰	人民黄河	2012 年 9 月
152	水电站发电流量计算方法探讨	王增海	人民黄河	2012 年 9 月
153	复式水库防洪调节网络协调模型研究	刘德波　朱富军	人民黄河	2012 年 9 月
154	新乡市水资源承载能力分析	朱玉祥	治淮	2012 年 9 月
155	河南省城市饮用水水源地安全状况评估	蔡慧慧　宋瑞鹏	人民黄河	2012 年 10 月
156	小南沟金矿区地质灾害危险性评价及防治措施	蔡慧慧	中国水土保持	2012 年 10 月
157	浅析水利普查台账建设	彭　博　连明涛	治淮	2012 年 12 月
158	河南省河湖普查中河流干支流关系修改的探讨	韩　潮　余玉敏	治淮	2012 年 12 月
159	淮河干流信阳段水质预测模型	尤　宾　臧红霞　李永丽	水资源保护	2013 年 1 月
160	纳氏试剂对水体中氨氮测定的影响	张　颖　张　佩	治淮	2013 年 1 月
161	河南省漳卫南水系重要水功能区水质趋势分析	赵嵩林	治淮	2013 年 1 月
162	河南省漳卫南水系地表水功能区水质及入河排污量分析	张青艳　赵嵩林	治淮	2013 年 1 月
163	化学需氧量三种测定方法比对探讨	张风彩　韩　军　焦二虎	治淮	2013 年 1 月
164	安阳市城市饮用水水源地现状及保护措施	王　伟　崔花瑞　申先顺	治淮	2013 年 1 月
165	分光光度法中加标回收率计算方法的探讨	赵嵩林	治淮	2013 年 1 月

续表

序号	论 文 题 目	作者姓名	发表期刊	发表时间
166	淮干上游健康评估（试点）河岸带现状调查	尤宾 上官宗光 薛运宏	治淮	2013 年 1 月
167	论 4－氨基安替比林法测定酚的机理及萃取效率	张文龙	治淮	2013 年 1 月
168	挥发酚测定中三氯甲烷的回收与利用探讨	王威 王宇 韩枫 魏磊	治淮	2013 年 1 月
169	平顶山山丘区地下水特征及水资源论证方法探讨	彭博	治淮	2013 年 3 月
170	淮河干流河南段水质预测模型试验研究	尤宾 胡兰群 张武云	中国环境监测	2013 年 3 月
171	卫河干流污染特性及水质趋势分析	王长普	中国水利	2013 年 5 月
172	顶管技术在水位自记台建设中的应用与分析	韦红敏 徐冰鑫 杨俊鸽	水文	2013 年 6 月
173	汉江流域老灌河、淇河 2007·07·30 暴雨洪水分析	王庆礼 包文亭 陈学珍	人民长江	2013 年 6 月
174	雨水情信息传输系统的设计和实现	杨峰	计算机测量与控制	2013 年 6 月
175	中原沿黄经济带水资源优化配置效果研究	王长普 孙珂	人民黄河	2013 年 7 月
176	GIS 在流域非点源污染研究中的应用述评	宋瑞鹏 尤宾 李永丽	人民黄河	2013 年 7 月
177	水文遥测终端机的设计和实现	杨峰	自动化仪表	2013 年 7 月
178	DEM 在小流域洪水预报中的应用研究	杨峰	人民长江	2013 年 8 月
179	长葛市地下水水质变化趋势预测与分析	马艳红 丁瑞雪 谷彦彬 孙连周	治淮	2013 年 9 月
180	水利现代化评价指标体系及评价方法研究	王振宝 徐海涛 赵天力 王浩	中国水利水电科学研究院学报	2013 年 9 月
181	淮河上游地表水资源可利用量计算分析	白林龙	人民长江	2013 年 9 月
182	国家地下水监测工程水位自动监测仪器选型分析	李洋 高志	地下水	2013 年 9 月
183	GPS 空间大地控制网技术在水文行业中的应用	黄岩	水文	2013 年 10 月
184	叠加原理法在建设项目水资源论证中的运用	连明涛	治淮	2013 年 11 月

序号	论文题目	作者姓名	发表期刊	发表时间
185	原子荧光光谱测定中干扰因素的探讨	李东俊	治淮	2013 年 12 月
186	禹州市浅层地下水水质评价	曹连海　史晓杰　黄振离	华北水利水电学院学报	2013 年 12 月
187	周口市水功能区水质现状及保护对策	杨沈丽	治淮	2013 年 12 月
188	水资源可持续利用模式：需水零增长模式	魏鸿　石峰　张慧成	中国人口资源与环境	2013 年 12 月
189	海河流域大型水库饮用水水源地水环境安全评价及应用	王长普	水文	2013 年 12 月
190	水样的存放时间对氨氮的测定的影响	袁博　单彩霞	治淮	2013 年 12 月
191	浉河水生态治理对策研究	余卫华	治淮	2013 年 12 月
192	浅谈提高碘量法测定 BOD_5 准确度的方法	李申莹	治淮	2013 年 12 月
193	龙山水库饮用水源地富营养化评价及防治对策	熊太玲　李振安	治淮	2013 年 12 月
194	水利工程施工期环境保护与减缓措施探讨	李振安　熊太玲	治淮	2013 年 12 月
195	利用重量法与电导率仪法测定溶解性固体的比较	张颖	治淮	2013 年 12 月
196	预处理对污水中氨氮测定的影响分析	韩枫	治淮	2013 年 12 月
197	尖岗水库水质变化灰预测	王威	治淮	2013 年 12 月
198	漯河市农村引水安全工程水源地水质状况分析	王恬	治淮	2014 年 5 月
199	睢县水文站基面与基本水准点考证分析	刘琦　陈顺胜　江海涛　杨新	水文	2014 年 6 月
200	平顶山市水面蒸发研究	朱文升　周军亭	治淮	2014 年 6 月
201	城市湿地生态系统的恢复与评价	李永丽　殷昊源	中国水土保持	2014 年 7 月
202	伊洛河水污染现状成因分析及防治对策	张世坤　程卫习　徐晓琳　杨玉霞　陈莉	人民黄河	2014 年 7 月
203	开封市中水用于农业灌溉的成本效益分析	荣晓明　吴初昌　蔡大应	人民黄河	2014 年 8 月

序号	论 文 题 目	作者姓名	发表期刊	发表时间
204	水生态修复阈值界定指标体系构建——以开封市马家河流域为例	郭春梅　曹瑞仙　崔花瑞	中国水利	2014 年 8 月
205	人为活动和气候变化对安阳河流域年径流量的影响研究	崔华瑞　郭春梅　曹瑞仙　王　伟　张延平	中国水利	2014 年 8 月
206	GIS 技术在小流域设计洪水计算中的应用	朱文升　韩　潮　周振华　王　伟	中国农村水利水电	2014 年 9 月
207	RFID 技术在校园中的应用	张贵芳	计算机光盘软件与应用	2014 年 9 月
208	河南省主要河道径流年内分配规律探讨	李四海　刘冠华	水文	2014 年 10 月
209	浅析无线微网产品技术及应用价值	张贵芳　张卫国	计算机光盘软件与应用	2014 年 10 月
210	特大暴雨递减指数的研究分析	连明涛　朱文升	水利规划与设计	2014 年 11 月

四、河南水文系统获得专利

2000—2015 年河南水文系统专利情况一览表见表 10 - 4 - 5。

表 10 - 4 - 5　　　2000—2015 年河南水文系统专利情况一览表

序号	专利名称	专利号	发明人	年份
1	水文缆道流速仪防水草装置	ZL 2002 2 79183.3	李渡峰　王继民　岳桂平　游增欣　王晓勇　朱青杰　吕慧玲　聂卫杰　王　恬	2002
2	称重式雨量器	ZL 2002 2 78047.5	朱玉祥　孙孝波　叶炳效	2003
3	称重式自动记录蒸发器皿	ZL 2002 2 79359.3	朱玉祥　孙孝波　原玉辉　叶炳效	2003
4	河渠流量测验用标准浮标	ZL 2003 2 35216.6	李渡峰　李向鹏　韩新庆　李　鑫　王　恬	2003
5	LEG 大屏幕数字式无线远传水位计	ZL 2003 2 35308.1	胡成年　王靖华　赵新智　王　林　王立军　赵恩来　范忆先	2004
6	一种自动收放拉偏索的水文缆道	ZL 2003 2 46236.0	赵自健　李向鹏　李　鑫　李渡峰　刘爱姣　岳桂萍	2004
7	水文缆道测距仪	ZL20062 0031760X	胡成年　王靖华　赵新智　王立军　田海河　李春正　张　宇　金　生　赵恩来	2006

续表

序号	专利名称	专利号	发明人			年份
8	缆道测流信号发生器	ZL 2006 1 00177100	胡成年 赵新智 王靖华 王立军 田海河 李春正 张 宇 金 生 赵恩来			2006
9	水文缆道测量系统	ZL 2006 2 0031761.4	王鸿杰 赵新智 郑 革 周振华			2007
10	水文缆道用新型滑轮	ZL 2008 2 0070000.9	袁瑞新 王鸿杰 游巍亭 袁 诚 孔笑峰 靳永强 田海洋 黄素琴 胡丽娟			2008
11	水文缆道用绳长计数器	ZL 2008 2 0070001.8	袁瑞新 王鸿杰 游巍亭 袁 诚 孔笑峰 姚广华 张小娟 王 冰 谷彦彬			2008
12	新型水文测验铅鱼	ZL 2008 2 0068861.3	袁瑞新 游巍亭 袁 诚 姚广华 黄振离 黄素琴 焦迎乐 靳永强 田海洋			2008
13	回拉式浮标投放器	ZL 2008 2 0070787.9	孔笑峰 韦红敏 张春强 游巍亭 刘爱姣 郭艳华 王继民 王晓勇 王 恬 孟 丽 梁 志 路松奇 李莎莎			2008
14	降水量报警装置	ZL 2008 2 0148671.2	王继民 韦红敏 孔笑峰 张春强 王晓勇 聂聚闯 郭艳华 梁 志 王永哲 李莎莎 王 恬 周正辉 聂卫杰 孟 丽 李秋英			2008
15	高精度水面蒸发自记仪	ZL 2009 2 0089102X	张松吉			2009
16	减振浮子	ZL 2009 2 0089103.4	张松吉			2010
17	水波消减器	ZL 2009 2 0223873.3	张松吉			2010
18	可调滑动轴承	ZL 2009 2 0258044.9	张松吉			2010
19	便携式流量桥测车	ZL 2012 2 0057480.1	杨 新 韦红敏 徐冰鑫 孔笑峰 王继民 刘焕阳 王晓勇 梁 志 刘爱姣 岳桂萍 吕占宇 路松奇 张春强 杨俊鸽 靳永强 郭艳华 王 恬 聂卫杰 周政辉 李莎莎 熊文慧			2012

序号	专利名称	专利号	发明人			年份
20	一种无线射频遥控水文浮标投掷器的电动运送装置	ZL 2012 2 0018336.7	朱富军　薛建民　邢杰炜 水江涛　朱文升　朱晓璞 高晓冬			2012
21	无线射频遥控水浮标投掷器	ZL 2012 2 0018339.0	朱富军　薛建民　邢杰炜 水江涛　李向鹏　朱晓璞 高晓冬			2012
22	视频浮标测流系统	ZL 2013 1 0251805.9	王立军　胡成年　张　宇 马　勇　郭　舸　王　福 余亚男　李春正　陈朝阳 黄　青			2014
23	蜂鸣式地下水埋深测量仪	ZL 2014 2 0075390.4	张贵芳　荣晓明			2014

第五节　合作与交流

中华人民共和国成立初期，河南省水文系统开始和省辖流域机构、各省级行政区水文单位开展合作与技术交流。"文化大革命"期间，几近中断。1978年后，学术交流、科研合作逐步恢复和发展，多人次参加全国性的学术交流会、参与全国水利行业技术标准的制定，与科研、高校联合研发的多项科研成果获省、部级科技成果奖。自80年代起，随着水文服务面的不断拓宽，河南水文逐步加强对外联系，与多个国家开展学术交流，参加国际水文业务培训，多篇科技论文被美国工程索引（EI）收录。

一、国内合作与交流

（一）合作

1956年，省水文总站与淮委合作，以苏联点、线原则为规划站网的技术指标，共同对河南省水文站网首次进行统一规划。

1960年2月20—24日，河南省中小型水利工程算水账现场会议在禹县召开，参加会议的山西、河北、山东、河南和北京5省（直辖市）代表，商定成立华北水文工作协作区，拟定协作内容，逐年轮流担任组长单位。

1964年4月，河南省参加漳卫南运河管理局主持的漳卫河洪水预报图表编制工作。是年，参加水电部水情拍报办法修订工作，并提出根据洪峰大小与涨落快慢分别定出不同的水情拍报段次，以及雨量拍报按4段4次10毫米累计制标准，被 1964 年 12 月部颁《水文情报预报拍报办法》和《降水量水位拍报办法》所采用。

1972 年 10 月，省水文总站与黄委、华东水利学院、河南省气象局协作，引进美国使用的水文气象法，开展黄河三门峡至花园口区间可能产生的最大暴雨和最大洪水的分析计算工作，历时 3 年完成。

1973 年，省水文总站与治淮规划小组办公室合作，对淮河干流洪水预报图表进行修订。

1975 年 4 月，省水文总站参加长江流域规划办公室水文处在汉口主持召开的第一届长江流域汛期长期水文气象预报讨论会，分析预报当年汛期旱涝趋势。

1979 年，省水文总站与省革委水利局工管处、电子工业部 4057 厂、许昌地区水利局、昭平台水库管理局联合进行 YC-79 型无线雨量遥测设备研制工作。1980 年汛期在昭平台水库上游二郎庙、平沟、熊背等 6 个雨量站进行应用试验，经人工观测比对，符合规范要求。1981 年省科委组织郑州大学、电子工业部通讯局等有关专家对设备进行技术鉴定，建议推广应用。1982 年获省科学技术进步奖三等奖。

1986 年，省水文总站与郑州大学计算机技术开发公司合作研制，使用 IBM-PC/XT 计算机进行水情电报的译电处理，做到实时水情电报的自动接收、译电、处理和储存，形成水情电报自动处理系统。

1997 年 12 月，省水文局派出 3 名代表参加在武汉举办的全国水文预报技术竞赛，获得单项优秀奖杯。

2000 年，省水文局王靖华参加水利行业技术标准 SL 257—2000《水道观测规范》的编写。

2001 年 10 月 18 日，部水文局与许昌水文局签订《中国水质年报信息管理系统》软件开发合作协议，并完成软件开发工作。2003 年 1 月 2—3 日该项目顺利通过部水文局组织的验收，并在全国水文系统推广应用。该系统统一水质数据存储方式，方便在全国范围内实现水质信息的快速交换和信息共享，提高水质评价的时效性。

2003 年 3 月 25—26 日，淮河流域水文工作座谈会在河南省驻马店市召开。这次座谈会是淮委 2002 年成立水文局后的第一次流域水文行业聚会，会议就如何加强淮河流域水文工作，正确处理流域水文与区域水文之间的关系进行认真而又全面的探讨。来自河南、安徽、江苏和山东 4 省水文局及沂沭泗水情通信中心的主要负责人参加会议。会议就流域水文和区域水文工作协调、拓宽水文业务领域以及做好当年水文防汛工作达成共识。

2005年，信阳水文局王鸿杰参加水利行业标准SL 21—2006《降水量观测规范》的编写工作。

2006年，省水文局与河南岭南高速公路有限公司合作，开展岭南高速公路跨河工程防洪影响研究，该项目2007年获得省科学技术进步奖三等奖。5月26日，省水利厅与气象局签署《水文与气象资料共享合作协议》。7月31日，省水文局完成水文气象信息共享软件的开发和信息互传工作。是年，省水文局王靖华参加水利行业技术标准SL 339—2006《水库水文泥沙观测规范》的编写。许昌水文局袁瑞新、游巍亭参加SL 415—2007《水文基础设施及技术装备管理规范》的编写。

2007年3月，省水文局与中国矿业大学、省防办合作，开展基于分布式水文模型的山洪灾害预警预报系统研究。9月21—23日，西北地区及黄河流域水文协作会议在洛阳市召开。会议对进一步促进西北地区及黄河流域水文部门更好的交流与合作，加快水文现代化建设步伐，拓宽水文服务面，推进水文工作法制化、正规化建设进行深入探讨。

2008年，省水文局郭金巨参加SL 443—2009《水文缆道测验规范》的编写。信阳水文局王鸿杰参加水利行业技术标准《二线能坡法测流规程》的编写。是年，郑州水文局、郑州大学、郑州市水利局联合开展人水和谐量化理论及其在郑州市水资源规划中的应用研究，该项目获2009年省科学技术进步奖三等奖。11月6—7日，"第三届晋冀鲁豫边区水文系统座谈会"在安阳市召开，河北省邯郸水文局、山东省聊城水文局、山西省长治水文局、河南省新乡水文局、河南濮阳水文局、河南安阳水文局，共6个分局30位代表参加。12月1—3日，"淮河流域水质监测工作经验交流会"在南阳市召开。淮河流域水环境监测中心、河南省、安徽省、江苏省、山东省水环境监测中心及有关分中心的代表参加会议。会议紧紧围绕流域水质监测工作，进一步为淮河流域提供可靠的技术支撑进行交流和讨论，并提出2009年水质监测工作重点。

2009年，信阳水文局王鸿杰、省水文局杨新参加水利行业技术标准SL 710—2015《受工程影响水文测验方法导则》的编写工作。11月5—6日，第四届晋冀鲁豫边区水文座谈会在濮阳市召开，山东省聊城水文局、河北省邯郸水文局、陕西省长治水文局、河南省新乡水文局、河南省安阳水文局、河南省濮阳水文局参加座谈会。

2010年，信阳水文局王鸿杰参加水利行业技术标准《水文应急监测实施办法》的编写工作。

2010—2011 年，省水文局王增海分别参加 SL 537—2011《水工建筑物与堰槽测流规范》、SL 247—2012《水文资料整编规范》的编制。

2011 年，信阳水文局王鸿杰参加国家标准 GB/T 50159—2015《河流悬移质泥沙测验规范》的编写；省水文局崔新华参加水利行业技术标准《地下水监测规范（报批稿）》的编写。10 月 10 日，第六届晋冀鲁豫边区水文工作交流会在河南省新乡市召开。邯郸、长治、聊城、安阳和濮阳等水文局的与会代表，对新乡水文局工作进行参观考察。

2012 年 4 月 7 日，省水文局特邀水利部水规总院赵学民博士和山东省青岛水文局局长于万春在郑州分别作题为《水文基础设施前期工作的宏观技术要求》和《积极践行大水文发展理念》的专题讲座。9 月 24—28 日，全国水文援疆第六组工作会议在新疆乌鲁木齐市召开。会议确定援助单位的主要受援单位对象，省水文局主要对口援助哈密水文局。是年，省水文局与郑州大学合作完成中原城市群水资源承载能力研究，同时成为郑州大学实习基地、省气象学会常务理事单位。省水文局岳利军当选河南省水土保持学会常务理事；王鸿杰参加水利行业技术标准 SL 21—2015《降水量观测规范》和《中小河流水文监测系统建设技术指导意见》的编写；崔新华参加水利行业技术标准《土壤水分监测仪器通用技术条件》和 SL 437—2014《土壤墒情数据库表结构及标识符》的编写。南阳水文局王林参加水利行业标准《降雨量观测规范》编写工作。

2013 年 9 月 27—30 日，为贯彻落实水文援疆第六工作组会议精神，省水文局党委书记潘涛率队对受援单位哈密水文局进行调研。根据受援单位的需求，调研组一行重点调研哈密水质化验中心、哈密水文局报汛、通信、水情预报、业务办公系统及伊吾水文站等。是年，省水文局崔新华参加水利行业技术标准《土壤墒情监测规范（修订）》的编写。

2014 年 10 月 15—19 日，根据部水文局援疆工作精神，省水文局 2014 年援助的办公设备、化验仪器设备先后到位。为进一步推进人才培养与技术交流，省水文局长原喜琴带领相关技术人员前往新疆开展技术交流与培训工作。原喜琴局长一行拜访新疆水文局，考察新疆水文实验基地。走访哈密水文局机关各科室，考察白吉、伊吾两个水文站，并与中层以上干部进行座谈交流。同行的专业技术人员察看援助仪器设备的安装使用情况，并针对仪器设备的管理和使用进行详细的交流和讲解。是年，省水文局王鸿杰参加水利行业技术标准《中小河流水文监测系统测验指导意见》编写。

（二）学术交流

1998 年，省水文局岳利军参加在海南召开的全国水文预报学术交流会及在合肥召开的全国水文学术交流会。12 月 8—11 日，新乡水文局王丙申参加中国减灾协会在广西北海举办的中国减灾与新世纪发展战略研讨会，其撰写的论文《卫河上游"96·8"大洪水及预报实践》在大会上宣读，并被论文集《中国减灾与新世纪发展战略——首届"中国 21 世纪安全减灾与可持续发展战略高级研讨会"论文集》收录。

2004 年 12 月 13—15 日，全国水利信息化技术与建设成果交流会在北京召开，省水文局张贵芳、陈磊合著的论文《基于 WebGIS 的河南省防汛信息支持系统》在大会上交流，并被会议论文集收录。

2005 年 10 月 13—14 日，省水文局何俊霞撰写的论文《特殊暴雨对史河洪水预报的影响分析》在安徽蚌埠中国水利学会和淮委联合举办的青年治淮论坛大会上交流并被《青年治淮论坛论文集》收录。

2006 年 11 月 5—7 日，洛阳水文局范留明、李娟芳、程卫习撰写的论文《伊洛河纳污能力研究及对策》在安徽省合肥市召开的中国水利学会 2006 学术年会水文专业委员会承办水文分会场 2006 年水文学术研讨会上交流，并被研讨会论文集《水文水资源新技术应用》收录。

2007 年 11 月 11—12 日，信阳水文局王鸿杰、薛运宏撰写的论文《基于GSM 短消息业务的水情信息传输技术》在南京召开的第五届全国水论坛会议上作大会交流，并被《环境变化与水安全论文集》收录。

2008 年 12 月 2—4 日，信阳水文局尤宾参加在沈阳召开的中国水利学会水文专业委员会举办的水生态监测与分析学术论坛，其撰写的论文《石漫滩水库富营养化监测评价与防治对策》在论坛会议上作大会交流，并被《水生态监测与分析论文集》收录。

2012 年，由省水文局完成的《河南省沿黄地区水资源优化配置与经济社会可持续发展研究》作为省奖项目，参加 3 月 23—28 日在郑州举办的第七届中国河南国际投资贸易洽谈会的成果发布。

2013 年 12 月 23—24 日，信阳水文局尤宾参加在安徽蚌埠召开的由中国水利学会和淮委联合举办的第二届青年治淮论坛，其撰写的论文《淮河干流信阳段水质预测模型初步研究》在大会上交流，并被《第二届青年治淮论坛论文集》收录。

2014 年 3 月 18—22 日，省水文局王鸿杰撰写的论文《垂线平均流速分布模型概述》在水利部举行的全国水文监测技术应用高级研修班上交流。

2014 年 6 月 20—21 日，中国水利学会联合河海大学在南京河海大学共同举办中国（国际）水务高峰论坛——2014（第二届）中国水利信息化与数字水利技术论坛，省水文局周振华在会上宣读论文《移动应急通信平台在水利系统的应用》，其《远程视频监控在河南水文行业的应用》《DaVinci 数字视频技术应用研究》两篇论文作会议交流。

二、国际合作与交流

（一）业务培训

1995 年 10 月，省水文局邹敬涵参加部水文司组织的水文业务管理研讨班赴美国考察。

1997 年 10 月，省水文局杨正富赴美国联邦政府地调局第三总部和基层水文站考察水文遥测等先进设施，为期 15 天。

2004 年 11 月 1 日至 12 月 1 日，平顶山水文局赵彦增参加瑞典国际水文业务培训，培训内容包括水文业务课程、新仪器新设备介绍、水文业务实习、WORKSHOP 课题研究等。12 月，省水文局何俊霞赴匈牙利参加为期 30 天的洪水预测预报模拟技术培训。

2005 年 12 月，信阳水文局王鸿杰赴澳大利亚参加省政府组织的为期 20 天的农业技术专家培训班学习。

2006 年 10 月，省水文局杨大勇赴美国参加水利工程建设培训。

2009 年 11 月 4—24 日，省水文局潘涛赴俄罗斯参加水资源管理与水事纠纷处理培训，主要内容包括水权制度的建立和实施、水资源管理、调整与分配、处理用水矛盾、解决各种权益关系、水费收取办法、供水和污水处理一体化管理、水籍簿工程的建立和管理等。

2009 年 12 月 4—24 日，省水文局沈兴厚赴澳大利亚参加水利节水灌溉和地下水的综合利用培训。

2010 年 4 月，省水文局杨大勇赴加拿大参加防洪减灾应急管理培训。

2012 年 10 月 16 日至 11 月 5 日，省水文局何俊霞赴美国参加洪水预报预警技术培训。

2013 年 10 月 18—29 日，省水文局岳利军赴美国参加项目管理及水利工程质量安全与应急管理研修。

（二）学术交流

1989 年 12 月 15—19 日，省水文总站田龙、王有振参加在杭州召开的东南亚和太平洋地区非工程防洪措施的水文问题国际学术讨论会。田龙在会上宣读论文《河南省水文情报预报在非工程防洪措施中的作用》，并被收入会议论文集。

1992 年 4 月 14—18 日，省水文总站田龙参加在上海召开的第二次中美水文情报预报研讨会，撰写的论文《淮河上游洪水预报的实践》在会上交流，并收录研讨会论文集，由中美双方分别以中、英文出版。

1994 年，省水文总站杨正富撰写的论文，于 9 月 26—29 日在西安市陕西机械学院水电学院召开的干旱半干旱地区突发洪水国际学术讨论会上交流，并收入论文集出版。该学术讨论会是当年联合国教科文组织国际水文计划第四阶段的计划项目。

2004 年 6 月，平顶山水文局赵彦增撰写的论文《The Application Research of HBV – model and Xin'anjiang Model in the Middle China》《Analysis for HBV model Application in Snow and Ice Covered Basin of the Northeast China》，在南京国际水文业务研讨会上交流。

2008 年 6 月 3 日，中国-欧盟流域管理项目技术援助组外籍专家迈克、国内专家尚晓成一行到省中心，就水污染事故预警和应急监测系统工作开展情况进行调研，省中心主任杨大勇、副主任沈兴厚出席座谈会，并陪同专家参观省中心实验室。

2009 年，信阳水文局王鸿杰撰写的论文《Impact of the Three Gorges Reservoir Operation on the Downstream Ecological Water Use》在 9 月 6—12 日印度海德拉巴举行的第 8 届国际水文协会科学大会暨 37 届国际水文地质学家协会会议上交流。9 月，信阳水文局王鸿杰、薛运宏、白林龙、李鹏、尤宾撰写的论文《Computation Methods of Minimum and Optimal Instream Ecological Flow for the Upper Huaihe River，China》，在 IAHS Publication 328 ISSN 0144—7815 上发表，2011 年被美国工程索引（EI）收录。10 月，信阳水文局薛运宏、李鹏、白林龙、尤宾、余卫华撰写的论文《Spatial – temporal Variations of Evapotranspiration in the Upper Huaihe River Basin》《Application and Comparison of Different Grid – based Hydrological Models in the Laoha River Basin》发表，是年被 EI 收录。12 月 14—18 日，信阳水文局王鸿杰撰写的论文《Impact of Human Activities on the Flow Regime of the Yellow River》在美国旧金山召开的 2009 美国地球物理协会秋季会议上交流。

2012 年 5 月 18—29 日，省水文局原喜琴赴巴西、阿根廷、智利进行水资源管理及水文技术合作交流。

2013 年 5 月 12—25 日，省水文局潘涛赴南非、埃及、坦桑尼亚进行雨洪资源利用技术合作交流。

2014年，开封水文局荣晓明参与撰写的论文《Research on Ecological Compensation Route and Profit of Flood Resources Utilization From River》和《Research on Optimal Index Set Based on Consequence – Reverse – Diffusion Method of Yellow River Downstream Embankment》，在4月26—27日西安召开的2014年第三届能源与环境保护国际学术研讨会上交流，并收入会议论文集。是年被EI收录。

第十一章

水 文 管 理

　　1980 年前河南水文管理体制变动频繁，在流域、省水利、气象、设计等部门直管和地市级管理间波动，60 年代至 70 年代末，曾历经"三下三上"。1980 年上收省管，实行水利厅主管水文行业，省水文总站实施具体管理的体制。体制理顺，党的各级组织相继建立完善，水文职能逐步加强，逐步建立完善地市级 18 个水文水资源勘测局。2009 年市级水文机构全面实行省、市双重管理，2010 年省水文局机构规格调整为副厅级。

　　随着水文服务面的不断拓宽，不断引进不同专业、不同知识层面的专业技术人员，职工队伍不断发展壮大。2015 年年底，全省水文系统在职职工1043 人，专业涵盖水文、地质、环境工程、遥感、通信、人力资源和管理等。

　　水文测站点多、面广、战线长。河南水文依据行业特点，克服各种困难，总结实践经验，在行业管理、业务技术管理、人事管理和计划财务管理等方面，建立和完善了适应河南水文工作特点的规章制度，各项管理逐步进入规范化。

　　1961 年省人委发布《河南省水文测站管理暂行办法》；1993 年省水利厅发布《河南省〈水文管理暂行办法〉实施细则》；2005 年省人大公布《河南省水文条例》，使河南水文步入依法管理轨道。

第一节 管 理 机 构

　　1932 年河南省建设厅组建水文测量队，是河南省最早成立的省级水文领导机构。中华人民共和国成立初期，省水文管理机构分别由流域机构和行政区域机构管理，属于淮河流域部分由华东水利部委托淮河水工总局水文科管理。同时设立一等水文站，分别管理所属测站。1957 年成立河南省水文总站，

1962 年设立 8 个水文分站。但至 1979 年管理体制变动频繁，曾历经"三下三上"。1980 年水文管理体制再次上收省管，管理体制理顺，保持稳定。1985 年河南省水文总站更名为河南省水文水资源总站，1997 年又更名为河南省水文水资源局，2010 年机构规格由正处级调整为副厅级，下设 18 个水文水资源勘测局。

一、省级水文机构

（一）中华人民共和国成立前

民国 4 年（1915 年）成立河南水利委员会，1920 年改组为省水利分局，专司水文工作。

1918 年成立顺直水利委员会，4 月建立流量测量处，任命杨豹灵为主管处长，聘请印度原工务部长英籍人罗斯担任技术部长，负责水文观测技术工作。

1928 年秋，顺直水利委员会改组为华北水利委员会下设水文总站，由水文科办理一切水文测验事项。

1931 年后，历经抗日战争和解放战争，水文站的观测工作时断时续，测站交替，体制多变。

1932 年省建设厅组建水文测量队，这是河南省最早成立的省级水文领导机构。

1940 年，国民政府控制区，成立河南省水文总站，由经济部水工试验所和省建设厅双重领导，全允魁（省建设厅第三科科长）任主任、工程师冯龙云。

1945 年抗日战争胜利后，国民政府水利部正式组建成立，同时恢复华北水利委员会，后又改组成华北水利工程总局，下设水文总站，负责督导考核所辖水文站、水位站工作。

1947 年，国民政府水利实验处在开封设立省水文总站，仍接受省建设厅双重领导。省水文总站主任全允魁、工程师席味笙。

1949 年，华北水利工程总局更名为华北水利工程局，10 月建立平原省人民政府并组建平原省水利局，属农业厅领导。

（二）中华人民共和国成立后

中华人民共和国成立初期，省水文管理机构分别由流域机构和行政区域机构管理，属于淮河流域部分由华东水利部委托淮河水工总局水文科管理。

1951 年 1 月，河南省辖淮河流域的水文站改由淮河上游漯河一等水文站管理。非淮河流域部分由华北水工局、黄委、平原省和省农林厅水利局管理。平原省水利局测验科设新乡一等水文站，管理平原省水文工作，省农林厅水利局在黄河流域设洛阳一等水文站、长江流域设南阳一等水文站，分别管理所属测站。

1952 年 8 月，省农林厅水利局与省治淮总指挥部工程部合署办公，治淮总指挥部工程部内设水文科，漯河一等水文站划归水文科领导。同年，平原省建制撤销，水文工作划归省农林厅水利局设计科管理。

1953 年 9 月，省农林厅水利局与省治淮总指挥部分署办公，水利局下设水文分站，管辖南阳、洛阳、新乡一等水文站，省治淮总指挥部水文科，管理淮河流域水文站。

1954 年，河南省辖伊洛河、丹河、沁河的水文站移交黄委管理。省农林厅水利局下设的南阳、洛阳、新乡 3 个一等水文站，共有各类水文站 38 处，职工 155 人。

1955 年，省治淮总指挥部所属漯河一等水文站共有各类水文站 77 处，职工 278 人。

1956 年 11 月，省农林厅水利局与省治淮总指挥部合并，成立省水利厅。

1957 年 4 月，成立河南省水文总站，全省水文工作统一由新组建的省水利厅水文总站管理，站长刘也秋。

1958 年 6 月，省水文总站撤销，水文业务工作由省水利设计院水文测验室管理，而各中心站、水库站、实验站则下放到所在地、县和水库管理处，有的地、县还将水文站下放到人民公社或生产大队。7 月淮委撤销，省辖淮河流域水文站交由省水利厅负责，随同下放。

1961 年 9 月 19 日，省人民委员会《关于改进水文测站管理工作的通知》（豫水〔1961〕44 号），决定对不同类型的水文测站实行省、地分级管理。即中心水文站一律上收地（市）水利局，局下设水文科或水文组负责具体管理职责。大型水库水文站则仍随水库管理处建制，归水库管理处领导。是年 12 月，省人委又下发《关于南湾等 13 座大型水库收归省直接管理的通知》（豫水〔1961〕63 号），水库水文站也随同水库收归省水利厅直接管理。

1962 年 10 月 1 日，中共中央、国务院批转水电部党组《关于当前水文工作存在的问题和解决意见的报告》（中发〔1962〕503 号），同意将国家基本水文站一律收归省、直辖市、自治区水利厅（局）直接领导，并同意将水文职工列为勘测工种。

1962 年 12 月 7 日，省委、省人委根据中共中央、国务院的要求，下发豫发〔1962〕714 号文，批转省水利厅党组《关于贯彻中共中央、国务院指示加强水文测站管理工作的报告》，将由各地、市水利局领导的国家基本站、省统一规划的专用站、径流实验站收归省水利厅直接领导，建立全省统一的水文管理体制，下设 8 个水文分站。

1963 年 1 月，恢复成立省水利厅水文总站，张剑秋任站长。是年 12 月 9 日，国务院批转水电部《关于改变水文工作管理体制的报告》（国水电字〔1963〕828 号），同意将各省、直辖市、自治区水利（电力）厅（局）所属的水文局、水文总站收归水电部统一管理。各省水文总站委托省、直辖市、自治区水利（电力）厅（局）代管。1964 年 1 月，省水文总站更名为水利电力部河南省水文总站，站长仍为张剑秋。

"文化大革命"期间，省水文管理体制再次动荡，层层下放。1968 年 5 月成立省水文总站革委会。1969 年 4 月 30 日，水电部军事管制委员会以〔1969〕水电军生水字 125 号文通知，将水电部所属各省、直辖市、自治区水文总站及其所属的水文站下放给省、直辖市、自治区革委会领导。是年 12 月，省水文总站撤销，与气象台合并，在省水利局革委会下设水文气象台，管理全省水文气象工作。

1970 年 1 月 19 日，省革委生产指挥部以豫生字〔1970〕9 号文将全省水文站下放到各地、市领导。

1971 年 9 月，气象部门实行军管，水文、气象分开，又恢复省水利局水文总站，但基层水文站仍属地、市水利局管理，各地、市水利局内保留水文分站建制，负责具体管理工作。而个别地区，如南阳地区曾将水文测站下放到县，归县水利局领导。

1972 年，水电部召开的全国水文工作座谈会上提出，水文体制应由省、直辖市、自治区管理，不宜层层下放，下放到县的应收归地区（市）管理。是年水电部下达水电水字〔1972〕58 号文《关于当前水文工作的几点意见》。据此，省水文体制恢复到省、地两级管理，即人、财、物归地、市水利部门，水文业务工作由省水文总站统一管理。

1980 年 1 月 10 日，省委、省政府《关于把各地市水文站收归省管的报告的批复》（豫文〔1980〕4 号），同意省水利厅党组的报告，将各地、市水利局领导的水文分站及其所属水文测站，于 1980 年 1 月 1 日起收归省水文总站统一管理。

是年 4 月，省水利厅党组批准成立中共河南省水文总站委员会，徐荣波任党委书记兼站长。至此，全省水文系统的党、政、财、业务全面恢复由省统一管理。省水文总站内设党委办公室、办公室、人事科、测验室、水情室、水质监测室、水资源室和资料室8个科室及信阳、驻马店、南阳、周口、许昌、洛阳、商丘、郑州、新乡和安阳10个水文分站。

1985年7月12日，省编委豫编〔1985〕84号文批复，将河南省水文总站更名为河南省水文水资源总站，内设党委办公室、水质化验中心、水文计算中心等13个科室。

1997年1月31日，省编委豫编〔1997〕8号文批复，将省水文水资源总站更名为河南省水文水资源局，原规格不变，保留河南省水质监测中心牌子，省水文局机关内设科室不变。

2010年12月23日，省编委豫编〔2010〕65号文通知，省水文水资源局机构规格由正处级调整为副厅级，为省水利厅直属事业单位。按照精简、统一、效能原则，内设办公室、组织人事处、计划财务处、站网监测处、水情处、水资源处、水质处和信息管理处（河南省水文数据中心）8个处室，规格相当于副处级。事业编制1098名，其中省水文局机关定编113名。核定局领导职数6名，其中党委书记、局长各1名，为副厅级；副局长3名，总工程师1名，为正处级。

省水文机构历任领导任职情况一览表见表11-1-1，河南省水文管理机构演变框图见图11-1-1。

表11-1-1　　　　　　省水文机构历任领导任职情况一览表

机 构 名 称	姓 名	职 务	任 期
淮河上游一等水文站	刘启佑	站 长	1950年2月—1952年4月
	张 政	副站长	1952年1月—1952年10月
	刘也秋	站 长	1952年5月—1952年10月
河南省治淮总指挥部水文科	赵劲民	科 长	1952年8月—1952年10月
	刘也秋	科 长	1952年10月—1957年4月
河南省农林厅水利局水文分站	孟克东	站 长	1953年9月—1955年12月
	海兆林	副站长	1956年1月—1956年6月
河南省水文总站	刘也秋	站 长	1957年4月—1958年6月
	郝诚儒	副站长	1957年4月—1958年6月
河南省水利厅勘测设计院水文测验室	刘也秋	主 任	1958年6月—1963年1月
	周西乾	副主任	
	郭展鹏	副主任	

续表

机 构 名 称	姓 名	职 务	任 期
河南省水文总站	张剑秋	站 长	1963 年 1 月—1964 年 1 月
水利电力部 河南省水文总站			1964 年 1 月—1965 年 4 月
河南省水文总站	刘 彤	站 长	1966 年 4 月—1968 年 4 月
河南省水文总站 革命委员会	张连均	代主任	1968 年 5 月—1969 年 12 月
河南省水文气象台	马金印	负责人	1969 年 12 月—1971 年 9 月
河南省水文总站	刘 彤	负责人	1971 年 9 月—1980 年 1 月
	徐荣波	负责人	1972 年 7 月—1980 年 2 月
		书 记 站 长	1980 年 2 月—1983 年 10 月
	周西乾	副站长	1980 年 2 月—1983 年 10 月
	王亚岭	副站长 副书记	1980 年 2 月—1983 年 10 月
	马骠骑	副站长	1981 年 8 月—1985 年 8 月
	倪太庚	副站长	1981 年 8 月—1983 年 12 月
	王亚岭	书 记	1983 年 11 月—1985 年 8 月
	王志芳	站 长	1983 年 11 月—1985 年 8 月
	杨正富	副站长	1983 年 11 月—1985 年 8 月
	严守序	副站长	1985 年 5 月—1985 年 8 月
河南省水文水资源总站	王亚岭	书 记	1985 年 8 月—1989 年 7 月
	马骠骑	副站长	1985 年 8 月—1989 年 4 月
	严守序	副站长	1985 年 8 月—1987 年 1 月
	杨正富	副站长	1985 年 8 月—1997 年 1 月
	王志芳	总 工	1985 年 8 月—1992 年 10 月
	马骠骑	副书记	1986 年 5 月—1989 年 4 月
	杨崇效	纪委书记	1986 年 7 月—1993 年 8 月
	严守序	站 长	1987 年 2 月—1989 年 3 月
	马骠骑	书 记	1989 年 4 月—1993 年 5 月
		站 长	1989 年 4 月—1993 年 9 月
		副书记	1993 年 5 月—1993 年 12 月
	杨大勇	副站长	1989 年 4 月—1997 年 1 月
	刘春来	副书记	1989 年 8 月—1993 年 5 月
	苏玉璋	工会主席	1989 年 8 月—1996 年 6 月

机 构 名 称	姓 名	职 务	任 期
河南省水文水资源总站	田 龙	副站长	1989 年 9 月—1993 年 7 月
	赵庆淮	副书记 纪委书记	1993 年 4 月—1997 年 1 月
	潘 涛	副站长	1993 年 4 月—1997 年 1 月
	陈宝轩	总 工	1993 年 4 月—1997 年 1 月
	于新芳	书 记	1993 年 5 月—1997 年 1 月
	邹敬涵	站 长 副书记	1993 年 9 月—1997 年 1 月
	王有振	副站长	1993 年 9 月—1997 年 1 月
河南省水文水资源局	于新芳	书 记	1997 年 1 月—2000 年 12 月
	邹敬涵	局 长 副书记	1997 年 1 月—2000 年 12 月
	赵庆淮	副书记 纪委书记	1997 年 1 月—1998 年 12 月
	杨正富	副局长	1997 年 1 月—2000 年 12 月
	潘 涛	副局长	1997 年 1 月—2000 年 12 月
	杨大勇	副局长	1997 年 1 月—2000 年 12 月
	王有振	副局长	1997 年 1 月—2011 年 12 月
	陈宝轩	总 工	1997 年 1 月—1998 年 8 月
	潘 涛	书 记	2000 年 12 月—2011 年 8 月
	杨大勇	局 长	2000 年 12 月—2011 年 8 月
	江海涛	副局长	2000 年 12 月—2011 年 12 月
	王靖华	副局长	2000 年 12 月—2011 年 6 月
	赵凤霞	纪委书记	2001 年 4 月—2009 年 7 月
	岳利军	总 工	2001 年 4 月—2011 年 12 月
	沈兴厚	省水资源监测中心 专职副主任	2007 年 7 月—2012 年 5 月
河南省水文水资源局 （副厅级）	潘 涛	书 记 副局长	2011 年 8 月—2015 年 10 月
	原喜琴	局 长 副书记	2011 年 8 月—
	王有振	副局长	2012 年 1 月—2014 年 1 月
	江海涛	副局长	2012 年 1 月—
	岳利军	副局长	2012 年 1 月—
	王鸿杰	总 工	2012 年 1 月—
	沈兴厚	省水资源监测 中心主任	2012 年 5 月—
	李斌成	党委书记	2015 年 10 月—

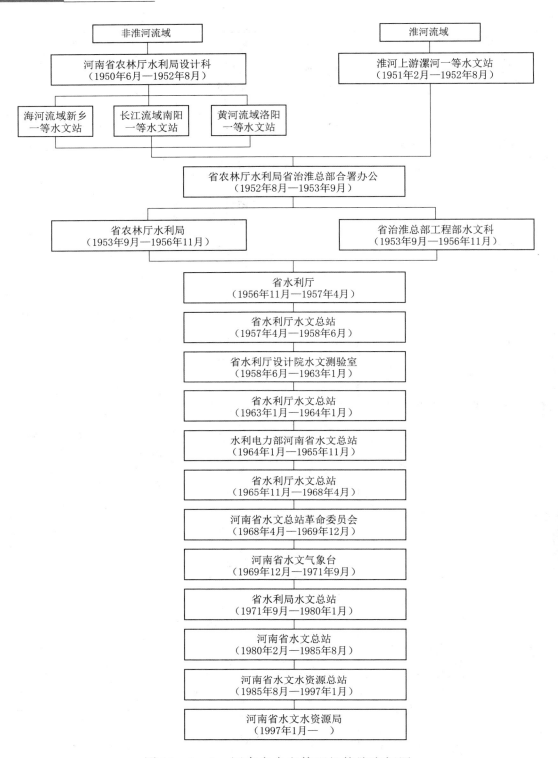

图 11-1-1　河南省水文管理机构演变框图

2013 年 3 月，《河南省水利厅关于省水文水资源局机构编制方案的批复》（豫水人劳〔2013〕22 号）明确了省水文局机关的编制定员、内设机构和领导职数。详见图 11-1-2 和表 11-1-2。

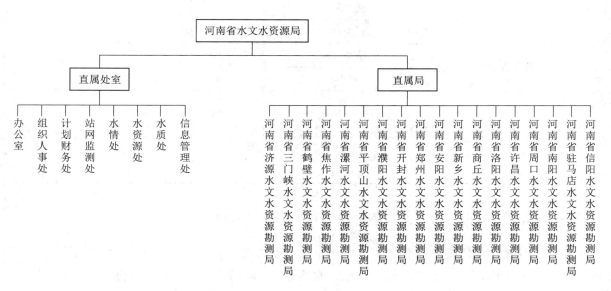

图 11-1-2　河南省水文水资源局 2014 年机构建制表

表 11-1-2　　　　省水文局机关编制定员、内设机构一览表

处　室	内设科室	编制人数		
		总数	科室	副处
办公室	综合科	16	9	1
	水政监察支队		6	
组织人事处	人事劳动科	19	6	1
	监察室		6	
	老干部科		6	
计划财务处	事业基建科	9	4	1
	资产管理科		4	
站网监测处	站网科	12	5	1
	测验科		6	
水情处	遥测科	11	6	1
	预报科		4	
水资源处	调查评价科	13	6	1
	地下水监测中心		6	

续表

处 室	内设科室	编制人数		
		总数	科室	副处
水质处	质量科	13	6	1
	监测科		6	
信息管理处	信息科	13	6	1
	数据中心		6	
党群组织	党办	7	1	1
	工会		3	
	团委		1	
	妇委会		1	

二、驻省辖市水文机构

河南省市级水文机构经历由一等水文站、二等水文站、中心水文站、水文分站（勘测大队）、勘测队到水文水资源勘测局，由股级到副科、正科、副处级的发展过程。

1950年5月，淮河水工总局恢复设立周口、漯河二等水文站，分别管辖三等站和水位站。

1951年1月，开封一等水文站成立，3月成立洛阳一等水文站，5月成立南阳一等水文站。5月开封水文站迁至漯河改称淮河上游一等水文站、并增设汝南、固始、沈丘和长台关二等水文站。

1955年2月，一等水文站撤销，下设安阳、新乡、五爷庙等中心水文站。

1956年5月，将二等水文站改为中心水文站，三等站改为流量站。

1962年12月，将各专水利局水文管理机构改为信阳、南阳、许昌、开封、商丘、洛阳、新乡和安阳8个水文分站。1964年洛阳水文分站撤销，其属测站划归许昌水文分站。

1970年增设周口、驻马店水文分站。

1978年成立郑州水文分站，恢复洛阳水文分站。

1985年后，逐步推行站队结合，以流域水系与行政区域相结合的原则组建水文勘测队，并筹措资金建立水文勘测队基地。至1995年全省共组建商丘、开封、漯河、平顶山、濮阳、潢川、西峡和鸭河口水库上游（南召）等水文勘测队，其中商丘、开封、漯河、平顶山和濮阳勘测队，与水文分站平级，直接归省水文总站管理；其他几个水文勘测队，仍由所在水文分站领导。

1993 年 6 月，各省辖市水文分站、勘测大队，开封、平顶山和濮阳勘测队更名为水文水资源勘测局，人员编制、机构规格不变。1994 年，成立漯河水文水资源勘测局。

1995 年 12 月 28 日，省编办豫编办〔1995〕51 号文通知，将 14 个驻省辖市水文局机构规格调整为副处级，副处级领导职数各 2 名。

2010 年 4 月，省编办豫编办〔2010〕124 号文通知，同意在焦作、鹤壁、三门峡和济源 4 个省辖市分别设立水文水资源勘测局，为省水文局派出机构，机构规格相当于副处级，所需编制由省水文局内部调剂解决，核定副处级领导职数各 2 名。洛阳、安阳、新乡 3 个水文局不再承担上述 4 个省辖市水文水资源勘测任务。

2013 年 3 月，《河南省水利厅关于省水文水资源局机构编制方案的批复》（豫水人劳〔2013〕22 号）明确 18 个驻省辖市水文机构的编制定员、内设机构和领导职数。详见表 11-1-3。

表 11-1-3 河南省驻省辖市水文机构编制定员、内设机构和领导职数一览表

单位名称	编制人数		内设机构	局领导职数		科室领导职数	
	总数	机关		副处	科级	科级	副科
信阳水文局	140	52	办公室	2	3	7	5
南阳水文局	110	52	人事劳动科	2	3	7	5
驻马店水文局	110	52	财务科	2	3	7	5
郑州水文局	85	51	水情科	2	3	7	5
周口水文局	80	51	测验科	2	2	7	5
			水资源科				
			水质监测科				
安阳水文局	46	31	综合科	2	2	5	
新乡水文局	50	31	财务科	2	2	5	
平顶山水文局	63	31	水情测验科	2	2	5	
商丘水文局	53	31	水资源科	2	2	5	
			水质监测科				
洛阳水文局	30	24		2	1	4	
许昌水文局	37	24	综合科	2	1	4	
漯河水文局	33	18	财务科	2	1	4	
濮阳水文局	33	18	水情测验科	2	1	4	
开封水文局	30	18	水资源科	2	1	4	
济源水文局	20	15		2	1	3	
焦作水文局	20	15	综合科	2	1	3	
鹤壁水文局	25	15	水情测验科	2	1	3	
三门峡水文局	20	15	水资源科	2	1	3	

驻市水文机构历任领导任职情况见表 11－1－4～表 11－1－21。

表 11－1－4　　郑州水文机构历任领导任职情况一览表

机 构 名 称	姓 名	职 务	任 期
郑州水文分站	武中孚	书 记 站 长	1976 年 5 月—1986 年 4 月
	邢广震	副站长	1984 年 4 月—1988 年 3 月
	杨大勇	副站长	1985 年 12 月—1987 年 5 月
	赵庆淮	副书记	1986 年 4 月—1987 年 8 月
	梁兆林	副书记	1985 年 6 月—1987 年 8 月
	杨大勇	站 长	1987 年 5 月—1988 年 3 月
		书 记	1987 年 8 月—1988 年 3 月
	吴建中	副书记 副站长	1988 年 3 月—1992 年 3 月
	张志宏	副站长	1987 年 5 月—1992 年 3 月
	张全喜	副站长	1990 年 8 月—1992 年 3 月
		站 长	1992 年 3 月—1993 年 6 月
	申庆选	书 记	1992 年 3 月—1993 年 6 月
	禹万清	副站长	1992 年 6 月—1993 年 6 月
郑州水文水资源勘测局（正科级）	申庆选	书 记	1993 年 6 月—1994 年 9 月
	张全喜	局 长	1993 年 6 月—1994 年 9 月
	禹万清	副局长	1993 年 6 月—1997 年 7 月
	丁绍军	书 记 局 长	1994 年 9 月—1996 年 12 月
郑州水文水资源勘测局（副处级）	丁绍军	书 记	1996 年 12 月—1998 年 12 月
		局 长	1996 年 12 月—2014 年 8 月
	禹万清	副局长	1997 年 7 月—2004 年 8 月
	胡保平	书 记	1998 年 12 月—2011 年 8 月
	席献军	副局长	2004 年 8 月—2015 年 12 月
	韩庚申	副局长	2004 年 8 月—2015 年 12 月
	于海霖	副书记	2011 年 8 月—2015 年 12 月
	李智喻	书 记	2012 年 5 月—2015 年 12 月
		副局长	2013 年 1 月—2015 年 12 月

表 11－1－5 　　　　　开封水文机构历任领导任职情况一览表

机 构 名 称	姓 名	职 务	任 期
开封水文分站	梁兆林	副书记	1980 年 8 月—1985 年 7 月
	赵自建	副站长	1984 年 3 月—1985 年 7 月
	赵庆淮	指导员	1985 年 7 月—1986 年 4 月
	王卫民	队 长	1991 年 2 月—1993 年 6 月
	段西山	副队长	1985 年 7 月—1990 年 8 月
	赵自建	副队长	1988 年 8 月—1993 年 6 月
开封水文水资源勘测局 （正科级）	王卫民	局 长	1993 年 6 月—1997 年 7 月
	赵自建	副局长	1993 年 6 月—1997 年 7 月
开封水文水资源勘测局 （副处级）	赵自建	副局长 副书记	1997 年 7 月—2001 年 10 月
	陈顺胜	副局长	2001 年 4 月—2012 年 11 月
	宋铁岭	局 长	2001 年 4 月—2009 年 6 月
	张广林	副局长	2004 年 8 月—2009 年 5 月
	宋铁岭	书 记	2009 年 6 月—2015 年 11 月
		副局长	2013 年 1 月—2015 年 11 月
	张广林	局 长	2009 年 6 月—2012 年 5 月
	赵自建	局 长	2012 年 11 月—2014 年 1 月
		副书记	2013 年 3 月—2014 年 1 月
	胡凤启	副局长	2013 年 1 月—2015 年 12 月

表 11－1－6 　　　　　洛阳水文机构历任领导任职情况一览表

机 构 名 称	姓 名	职 务	任 期
洛阳一等水文站	李芳青	站 长	1951 年 3 月—1954 年 5 月
紫罗山中心水文站	高传章	站 长	1957 年 4 月—1958 年 5 月
洛阳水文分站	王 邨	站 长	1962 年 12 月—1964 年 3 月
	张保辰	负责人	1977 年 1 月—1980 年 1 月
	左进福	负责人	1980 年 1 月—1980 年 10 月
	史明文	书 记	1980 年 11 月—1984 年 3 月
	赵德文	副站长	1981 年 5 月—1984 年 3 月
	马正礼	书 记	1984 年 3 月—1995 年 12 月
	王友梅	站 长	1984 年 3 月—1996 年 5 月
	陈亚民	副站长	1984 年 3 月—1985 年 12 月

续表

机 构 名 称	姓 名	职 务	任 期
洛阳水文分站	赵光龙	副书记	1987 年 5 月—1990 年 7 月
	张广林	副站长	1989 年 6 月—1993 年 6 月
	朱富军	副站长	1992 年 10 月—1993 年 6 月
洛阳水文水资源勘测局 （正科级）	朱富军	副局长	1993 年 6 月—1997 年 7 月
	张广林	副局长	1993 年 6 月—1997 年 7 月
	范留明	副局长	1995 年 12 月—1997 年 7 月
洛阳水文水资源勘测局 （副处级）	朱富军	副局长 副书记	1997 年 7 月—2001 年 3 月
	张广林	副局长	1997 年 7 月—2004 年 8 月
	范留明	副局长	1997 年 7 月—2009 年 6 月
	朱富军	局 长 副书记	2001 年 4 月—2013 年 7 月
	薛建民	副局长	2008 年 11 月—2015 年 12 月
	于吉红	书 记	2012 年 11 月—2015 年 12 月
		副局长	2013 年 1 月—2015 年 12 月
	王长普	副书记	2013 年 9 月—2015 年 11 月

表 11-1-7　　　平顶山水文机构历任领导任职情况一览表

机 构 名 称	姓 名	职 务	任 期
平顶山水文水资源勘测队 （副科级）	赵国宣	副队长	1986 年 12 月—1989 年 1 月
	王套岭	副队长	1986 年 12 月—1993 年 6 月
	王相荣	指导员	1986 年 12 月—1991 年 11 月
	赵国宣	队 长	1989 年 12 月—1993 年 6 月
	崔泉水	指导员	1991 年 11 月—1993 年 2 月
	黄振离	副队长	1989 年 12 月—1993 年 6 月
	李渡锋	副队长	1989 年 12 月—1992 年 3 月
	孔笑峰	副队长	1991 年 11 月—1993 年 6 月
	邢长有	指导员	1993 年 2 月—1993 年 6 月
平顶山水文水资源勘测局 （副科级）	赵国宣	局 长	1993 年 6 月—1994 年 9 月
	黄振离	书 记	1993 年 6 月—1997 年 7 月
	王套岭	副局长	1993 年 6 月—1995 年 1 月
	孔笑峰	副局长	1993 年 6 月—1996 年 12 月

续表

机 构 名 称	姓 名	职 务	任 期
平顶山水文水资源勘测局 （副科级）	邢长友	指导员	1993年6月—1995年4月
	王套岭	局 长	1995年1月—1997年7月
平顶山水文水资源勘测局 （副处级）	王套岭	副局长	1997年7月—1999年8月
	黄振离	副书记	1997年7月—2001年4月
	王卫民	副局长	1997年7月—2001年4月
	王卫民	局 长 副书记	2001年4月—2004年2月
	朱文升	副局长	2001年7月—2009年6月
	王振奇	副局长	2002年7月—2012年11月
	赵彦增	书 记 局 长	2004年2月—2009年6月
		书 记	2009年6月—2012年5月
	朱文升	局 长	2009年6月—2015年12月
	连明涛	副局长	2010年2月—2015年12月
	李行星	书 记	2012年11月—2015年12月
		副局长	2013年1月—2015年12月
	蔡长明	副局长	2013年1月—2015年12月

表 11-1-8 安阳水文机构历任领导任职情况一览表

机 构 名 称	姓 名	职 务	任 期
安阳专属水利局水文科 安阳中心站	孟东耀	负责人	1962年5月—1968年11月
安阳水文分站	谢长来	站 长	1968年11月—1980年1月
	谢长来	站 长	1980年1月—1982年10月
		书 记	1981年5月—1982年10月
	路三全	副书记	1981年5月—1982年10月
		书 记	1982年10月—1988年1月
	宋良璧	站 长	1982年10月—1987年11月
	张开森	站 长	1987年5月—1993年6月
	王长普	副书记	1987年5月—1991年2月
	郭博东	副站长	1987年5月—1993年6月
	李鹏德	副站长	1980年1月—1984年11月

机 构 名 称	姓 名	职 务	任 期
安阳水文分站	徐东岳	副站长	1980 年 1 月—1987 年 3 月
	王长普	副站长	1988 年 6 月—1993 年 6 月
		书 记	1991 年 2 月—1993 年 6 月
	张星枢	副站长	1992 年 3 月—1993 年 6 月
安阳水文水资源勘测局 （正科级）	张开森	局 长	1993 年 6 月—1996 年 12 月
	王长普	书 记	1993 年 6 月—1996 年 12 月
		副局长	1993 年 6 月—2001 年 4 月
	郭博东	副局长	1993 年 6 月—1997 年 7 月
	张星枢	副局长	1993 年 6 月—1995 年 7 月
安阳水文水资源勘测局 （副处级）	张开森	局 长	1996 年 12 月—2001 年 3 月
	王长普	书 记	1996 年 12 月—2001 年 3 月
	王继新	书 记	2001 年 4 月—2006 年 8 月
	郭博东	副局长	1997 年 7 月—2010 年 9 月
	王长普	局 长	2001 年 4 月—2013 年 9 月
	汪孝斌	副局长	2001 年 4 月—2012 年 1 月
	张少伟	副书记	2010 年 2 月—2012 年 11 月
	王 伟	书 记	2012 年 11 月—2015 年 12 月
		副局长	2013 年 1 月—2015 年 12 月
	白林龙	副局长	2013 年 1 月—2015 年 12 月
	李光柯	副局长	2013 年 1 月—2015 年 12 月

表 11－1－9　　新乡水文机构历任领导任职情况一览表

机 构 名 称	姓 名	职 务	任 期
新乡水文分站	蔡丰田	书 记 站 长	1980 年 1 月—1984 年 1 月
	杜 让	副站长	1980 年 1 月—1984 年 1 月
	浮传明	副站长	1982 年 3 月—1984 年 4 月
	赵海清	副站长	1982 年 3 月—1984 年 4 月
	浮传明	站 长	1984 年 4 月—1985 年 5 月
	李振亚	副书记	1984 年 4 月—1985 年 5 月
	钟海鹏	副站长	1984 年 4 月—1985 年 5 月
	李振亚	书 记	1985 年 5 月—1988 年 1 月

机 构 名 称	姓名	职务	任 期
新乡水文分站	路云程	副站长	1985 年 5 月—1988 年 1 月
	朱玉祥	副站长	1985 年 5 月—1992 年 4 月
	陈军发	副书记	1988 年 1 月—1991 年 7 月
	葛永贵	副站长	1988 年 1 月—1993 年 12 月
	陈军发	书记	1991 年 7 月—1994 年 7 月
	朱玉祥	站长	1992 年 3 月—1994 年 7 月
	张瑞夏	副站长	1992 年 6 月—1993 年 12 月
新乡水文水资源勘测局 （正科级）	田建设	书记 站长	1994 年 7 月—1996 年 12 月
	朱玉祥	副书记	1991 年 7 月—1997 年 8 月
新乡水文水资源勘测局 （副处级）	田建设	书记 局长	1996 年 12 月—2000 年 4 月
	朱玉祥	副书记 副局长	1997 年 7 月—2001 年 4 月
	赵建	书记	2001 年 4 月—2009 年 6 月
	朱玉祥	局长 副书记	2001 年 4 月—2015 年 2 月
	王小国	副局长	2001 年 7 月—2015 年 12 月
	闫寿松	副局长	2010 年 2 月—2015 年 12 月
	赵新智	书记	2012 年 5 月—2014 年 1 月

表 11－1－10　　濮阳水文机构历任领导任职情况一览表

机 构 名 称	姓名	职务	任 期
濮阳水文水资源勘测局 （正科级）	张仲学	负责人	1994 年 6 月—1995 年 11 月
		局长	1995 年 12 月—1996 年 12 月
	李向鹏	副局长	1995 年 12 月—1997 年 7 月
濮阳水文水资源勘测局 （副处级）	张仲学	书记	1996 年 12 月—2002 年 4 月
	李向鹏	副局长	1997 年 7 月—2012 年 11 月
	赵自建	副局长	2001 年 10 月—2009 年 6 月
		副书记	
	禹万清	局长	2004 年 8 月—2012 年 5 月
		副书记	
	于吉红	书记	2009 年 6 月—2012 年 11 月

351

续表

机 构 名 称	姓 名	职 务	任 期
濮阳水文水资源勘测局 （副处级）	谢恒芳	副局长	2010 年 2 月—2013 年 4 月
	张少伟	书 记	2012 年 11 月—2015 年 12 月
		副局长	2013 年 1 月—2015 年 12 月
	李向鹏	局 长	2012 年 11 月—2015 年 12 月
		副书记	2013 年 3 月—2015 年 12 月
	王少平	副局长	2013 年 1 月—2015 年 12 月

表 11－1－11　　许昌水文机构历任领导任职情况一览表

机 构 名 称	姓 名	职 务	任 期
许昌地区水利局水文科	连淑贞	副科长	1961 年 12 月—1962 年 12 月
许昌水文分站	连淑贞	副站长	1962 年 12 月—1965 年 8 月
	颜承山	副站长	1964 年 5 月—1968 年 2 月
	刘玉瑞	副站长	1966 年 1 月—1966 年 4 月
	徐绍清	副站长	1966 年 4 月—1966 年 9 月
	颜承山	革委会 主任	1968 年 2 月—1979 年 5 月
	朱昆岭	副站长	1972 年 2 月—1973 年 12 月
	朱大祥	副站长	1976 年 2 月—1978 年 9 月
	田富成	书 记 站 长	1979 年 5 月—1984 年 5 月
	崔泉水	副书记 副站长	1978 年 9 月—1984 年 5 月
		副站长	1984 年 5 月—1988 年 4 月
	郭学星	副站长	1984 年 3 月—1987 年 1 月
	李忠义	书 记	1984 年 3 月—1988 年 4 月
	朱国民	站 长	1984 年 3 月—1989 年 3 月
	田建设	副书记	1984 年 3 月—1990 年 10 月
		副站长	1986 年 3 月—1989 年 9 月
	刘晓军	副站长	1986 年 12 月—1988 年 8 月
	周留柱	副书记	1986 年 12 月—1989 年 10 月
	颜世德	副站长	1988 年 6 月—1992 年 3 月
	朱国民	书 记	1990 年 5 月—1990 年 10 月

续表

机 构 名 称	姓 名	职 务	任 期
许昌水文分站	田建设	站 长	1989 年 3 月—1992 年 3 月
		书 记	1991 年 5 月—1993 年 2 月
	丁绍军	副站长	1992 年 3 月—1993 年 6 月
	孟中兰	副站长	1992 年 3 月—1994 年 3 月
	完恩发	副站长	1992 年 3 月—1993 年 6 月
许昌水文水资源勘测局（正科级）	丁绍军	书 记	1993 年 2 月—1993 年 10 月
	孟中兰	副书记	1993 年 2 月—1995 年 9 月
	丁绍军	局 长	1993 年 6 月—1994 年 3 月
	崔泉水	副书记	1993 年 2 月—1996 年 6 月
	完恩发	副局长	1993 年 6 月—1997 年 6 月
	李渡峰	副局长	1993 年 8 月—1994 年 4 月
	王鸿杰	主持工作	1995 年 4 月—1997 年 6 月
许昌水文水资源勘测局（副处级）	王鸿杰	副书记 副局长	1997 年 7 月—2001 年 4 月
	完恩发	副局长	1997 年 6 月—2000 年 10 月
	江海涛	书 记	1998 年 9 月—2000 年 12 月
	王鸿杰	局 长 副书记	2001 年 4 月—2004 年 8 月
	黄振离	副书记	2001 年 4 月—2004 年 5 月
		副局长	2004 年 5 月—2015 年 12 月
	席献军	副局长	2001 年 4 月—2004 年 8 月
	袁瑞新	副书记	2004 年 8 月—2014 年 1 月
		副局长	2004 年 8 月—2008 年 11 月
		局 长	2008 年 11 月—2014 年 1 月
	吴庆申	副局长	2008 年 12 月—2011 年 4 月
	游巍亭	副局长	2013 年 1 月—2015 年 12 月

表 11 - 1 - 12   漯河水文机构历任领导任职情况一览表

机 构 名 称	姓 名	职 务	任 期
漯河水文水资源勘测队	聂树岗	队 长	1992 年 3 月—1996 年 12 月
	李渡峰	副队长	1992 年 3 月—1993 年 8 月

续表

机 构 名 称	姓 名	职 务	任 期
漯河水文水资源勘测局（正科级）	孟中兰	书记	1995 年 9 月—1997 年 7 月
	李渡峰	副局长	1994 年 4 月—1997 年 7 月
漯河水文水资源勘测局（副处级）	李进才	局长	1996 年 12 月—2000 年 9 月
	孟中兰	副书记	1997 年 7 月—2005 年 4 月
	李渡峰	副局长	1997 年 7 月—2014 年 11 月
	徐冰鑫	局长	2001 年 4 月—2015 年 12 月
		副书记	2001 年 4 月—2015 年 12 月
	赵恩来	副局长	2013 年 1 月—2015 年 12 月

表 11 - 1 - 13　　商丘水文机构历任领导任职情况一览表

机 构 名 称	姓 名	职 务	任 期
商丘水文分站	许绍清	站长	1962 年 10 月—1963 年 1 月
豫东水文分站	韩发山	副站长	1963 年 1 月—1970 年 3 月
商丘水文分站	苑新春	副站长	1963 年 1 月—1970 年 3 月
	许绍清	副站长	1963 年 1 月—1970 年 3 月
	张福安	副站长	1973 年 10 月—1978 年 9 月
	孔令森	副站长	1973 年 10 月—1978 年 9 月
	吕永顺	书记 站长	1978 年 9 月—1984 年 1 月
	孔令森	副站长	1978 年 9 月—1984 年 1 月
	张树清	书记	1984 年 7 月—1986 年 8 月
	王天苍	副站长	1984 年 11 月—1986 年 8 月
	白学立	站长	1985 年 5 月—1986 年 8 月
商丘水文水资源勘测大队	张树清	书记	1986 年 8 月—1993 年 6 月
	白学立	大队长	1986 年 8 月—1993 年 6 月
	王天苍	副队长	1986 年 8 月—1993 年 6 月
商丘水文水资源勘测局（正科级）	张树清	书记	1993 年 6 月—1997 年 4 月
	白学立	局长	1993 年 6 月—1996 年 12 月
	王天苍	副局长	1993 年 6 月—1996 年 12 月
	孙供良	副局长	1995 年 12 月—1997 年 7 月
	郑连科	副局长	1995 年 12 月—1997 年 7 月
商丘水文水资源勘测局（副处级）	白学立	书记 局长	1996 年 12 月—1998 年 11 月

机 构 名 称	姓 名	职 务	任 期
商丘水文水资源勘测局（副处级）	孙供良	副局长	1997 年 7 月—2001 年 4 月
	郑连科	副局长	1997 年 7 月—2009 年 4 月
	孙供良	局　长副书记	2001 年 4 月—2010 年 6 月
	王保昌	副局长	2004 年 12 月—2009 年 4 月
		书 记	2009 年 5 月—2012 年 11 月
	赵自建	局　长	2009 年 5 月—2012 年 1 月
	张铁印	书 记	2012 年 11 月—2015 年 12 月
		副局长	2013 年 1 月—2015 年 12 月
	陈顺胜	局　长	2012 年 11 月—2015 年 12 月
		副书记	2013 年 3 月—2015 年 12 月
	臧红霞	副局长	2013 年 1 月—2015 年 12 月
	何豫川	副局长	2013 年 1 月—2015 年 12 月

表 11－1－14　　周口水文机构历任领导任职情况一览表

机 构 名 称	姓 名	职 务	任 期
周口水文分站	钱跃祖	负责人	1968—1970 年
	张明铎	站　长	1971—1974 年
	黄加宣	站　长	1975—1979 年
	魏安心	书 记	1980 年 7 月—1993 年 11 月
	杨正富	副站长	1980 年 1 月—1983 年 11 月
	吴建中	副站长	1984 年 4 月—1988 年 3 月
	张连富	副站长	1987 年 4 月—1993 年 11 月
	彭作勇	副站长	1989 年 12 月—1993 年 11 月
	翟公敏	副站长	1991 年 7 月—1993 年 11 月
周口水文水资源勘测局（正科级）	魏安心	书 记	1993 年 11 月—1994 年 12 月
	张连富	局　长	1993 年 11 月—1996 年 12 月
	翟公敏	副局长	1993 年 11 月—1997 年 7 月
周口水文水资源勘测局（副处级）	张连富	局　长书　记	1996 年 12 月—1998 年 9 月
	翟公敏	副局长	1997 年 7 月—2009 年 6 月
	彭作勇	副书记副局长	1997 年 12 月—2001 年 11 月

续表

机　构　名　称	姓　名	职　务	任　　期
周口水文水资源勘测局 （副处级）	魏传润	书　记 局　长	1998 年 9 月—2001 年 11 月
	陈广成	副局长	1997 年 12 月—2009 年 11 月
	彭作勇	书　记	2001 年 11 月—2009 年 9 月
	田以亮	局　长	2006 年 4 月—2009 年 6 月
	吴庆申	副局长	2002 年 7 月—2008 年 12 月
	张明贵	书　记	2009 年 6 月—2012 年 11 月
	郑连科	局　长	2009 年 6 月—2015 年 12 月
	张铁印	副局长	2010 年 2 月—2012 年 11 月
	陈守峰	副局长	2010 年 2 月—2015 年 12 月
	王振奇	书　记	2012 年 11 月—2015 年 12 月
		副局长	2013 年 1 月—2015 年 12 月

表 11－1－15　　　驻马店水文机构历任领导任职情况一览表

机　构　名　称	姓　名	职　务	任　　期
驻马店地区水文气象站水文组	袁守业	负责人	1970 年 1 月—1971 年 4 月
驻马店地区水利水文组	邓黑珠	组　长	1971 年 4 月—1973 年 7 月
	袁守业	副组长	
驻马店地区水利局水文站	张继荣	站　长	1973 年 7 月—1978 年 12 月
	袁守业	副站长	
驻马店地区水利局水文分站	陈良卿	书　记 站　长	1978 年 12 月—1980 年 1 月
	陈国长	副书记 副站长	1978 年 12 月—1980 年 1 月
	张洪运	副站长	1978 年 12 月—1980 年 1 月
驻马店水文分站	陈良卿	站　长 书　记	1980 年 1 月—1982 年 4 月
	袁来喜	副站长	1980 年 1 月—1982 年 4 月
	邓黑珠	副站长	1980 年 1 月—1982 年 4 月
	连淑贞	书　记 站　长	1982 年 4 月—1983 年 6 月
	李进才	书　记	1983 年 6 月—1993 年 6 月
	韩瑞武	站　长	1984 年 3 月—1993 年 6 月

续表

机 构 名 称	姓 名	职 务	任 期
驻马店水文分站	丁绍军	副站长	1984 年 3 月—1987 年 5 月
	袁瑞新	副站长	1987 年 5 月—1993 年 6 月
	丁绍军	副站长	1989 年 12 月—1992 年 3 月
驻马店水文水资源勘测局 （正科级）	李进才	书 记	1993 年 6 月—1996 年 12 月
	韩瑞武	局 长	1993 年 6 月—1996 年 12 月
	袁瑞新	副局长	1993 年 6 月—1997 年 7 月
驻马店水文水资源勘测局 （副处级）	岳利军	局 长 书 记	1996 年 12 月—2001 年 4 月
	袁瑞新	副局长	1997 年 7 月—2001 年 6 月
	高国章	副局长	1997 年 7 月—2007 年 1 月
	张治淮	副书记 副局长	1999 年 4 月—2001 年 4 月
	邓新红	副局长	1999 年 4 月—2014 年 12 月
	张治淮	书 记	2001 年 4 月—2009 年 6 月
	周广华	副局长	2004 年 8 月—2015 年 12 月
	邱新安	副局长	2008 年 10 月—2015 年 12 月
	吴新建	书 记	2009 年 6 月—2015 年 12 月
		副局长	2013 年 1 月—2015 年 12 月
	范留明	局 长	2009 年 6 月—2014 年 8 月
		副书记	2010 年 9 月—2014 年 8 月

表 11-1-16 南阳水文机构历任领导任职情况一览表

机 构 名 称	姓 名	职 务	任 期
南阳一等水文站	王景溪	站 长	1951 年 5 月—1952 年 5 月
	何荣华	站 长	1952 年 5 月—1955 年 5 月
	海兆林	站 长	1955 年 5 月—1957 年 4 月
	何荣华	副站长	1955 年 5 月—1957 年 4 月
南阳地区水文分站	张协太	站 长	1957 年 4 月—1967 年 4 月
	颜永祯	副站长	1957 年 4 月—1967 年 4 月
	杨景梅	革命领导小组组长	1967 年 4 月—1968 年 4 月
南阳地区水文气象站	傅明义	革委会主任	1968 年 4 月—1971 年 9 月
	杨景梅	水文负责人	1968 年 4 月—1968 年 8 月

机 构 名 称	姓 名	职 务	任 期
南阳地区水文气象站	彭海元	水文负责人	1968 年 8 月—1971 年 1 月
	邢广辉	水文负责人	1968 年 4 月—1971 年 9 月
	李西龙	水文负责人	1971 年 1 月—1971 年 9 月
南阳地区水文分站	李西龙	站 长	1971 年 9 月—1974 年 5 月
	邢广辉	副站长	1971 年 9 月—1979 年 5 月
	李西龙	书 记 站 长	1974 年 5 月—1984 年 4 月
	沈兆璞	副站长	1979 年 2 月—1985 年 7 月
	施云鹏	副站长	1979 年 5 月—1983 年 4 月
	秦光德	副书记 副站长	1979 年 7 月—1985 年 7 月
	赵海清	书 记	1984 年 4 月—1993 年 6 月
	王承宗	副站长	1985 年 7 月—1988 年 7 月
	李 冶	副站长	1985 年 7 月—1988 年 7 月
	王承宗	站 长	1988 年 7 月—1991 年 3 月
	范泽栋	副站长	1988 年 7 月—1991 年 3 月
	王立军	副站长	1990 年 8 月—1993 年 6 月
	范泽栋	站 长	1991 年 3 月—1993 年 6 月
	王 林	副站长	1992 年 10 月—1993 年 6 月
南阳水文水资源勘测局 （正科级）	赵海清	书 记	1993 年 6 月—1996 年 12 月
	范泽栋	局 长	1993 年 6 月—1997 年 12 月
	王立军	副局长	1993 年 6 月—1997 年 7 月
	王 林	副局长	1993 年 6 月—1997 年 7 月
南阳水文水资源勘测局 （副处级）	赵海清	书 记	1996 年 12 月—1998 年 4 月
	范泽栋	局 长	1997 年 12 月—2002 年 3 月
	王立军	副局长 副书记	1997 年 7 月—2002 年 9 月
	王 林	副局长	1997 年 7 月—2002 年 9 月
	田海河	副书记	2002 年 3 月—2014 年 11 月
	王庆礼	副局长	2002 年 3 月—2014 年 11 月
	王 林	书 记	2002 年 9 月—2013 年 1 月
	王立军	局 长	2002 年 9 月—2015 年 12 月
		副书记	2002 年 9 月—2015 年 12 月
	李春正	副局长	2004 年 4 月—2015 年 12 月

表 11－1－17　　　信阳水文机构历任领导任职情况一览表

机 构 名 称	姓 名	职 务	任 期
息县中心水文站	沈昌庭	站 长	1957 年 4 月—1958 年 12 月
潢川中心水文站	张树田	指导员	1957 年 4 月—1958 年 10 月
	倪太庚	站 长	1957 年 4 月—1958 年 10 月
信阳水文组	倪太庚	组 长	1958 年 6 月—1961 年 9 月
信阳水文站	倪太庚	站 长	1961 年 9 月—1963 年 4 月
信阳水文分站	秦福宽	站 长	1964 年 4 月—1968 年 4 月
	张建民	副站长	1964 年 4 月—1968 年 4 月
	王志芳	副站长	1964 年 4 月—1968 年 4 月
信阳水文革命领导小组	罗时贵	组 长	1968 年 4 月—1970 年 1 月
	吴文斌	副组长	1968 年 4 月—1970 年 1 月
信阳地区水文气象站	刘茂盛	书 记 站 长	1970 年 1 月—1971 年 10 月
	王志芳	副站长	1970 年 1 月—1971 年 10 月
信阳地区水文分站	张俊生	书 记 站 长	1971 年 10 月—1976 年 1 月
	王志芳	副站长	1971 年 10 月—1980 年 1 月
	孙天清	书 记 站 长	1976 年 1 月—1978 年 11 月
	李绍南	书 记 站 长	1978 年 11 月—1980 年 1 月
	刘国忠	副书记	1979 年 4 月—1980 年 11 月
信阳水文分站	李绍南	书 记 站 长	1980 年 1 月—1981 年 12 月
	王志芳	副站长	1980 年 1 月—1981 年 5 月
	刘国忠	副书记	1980 年 11 月—1981 年 12 月
	王志芳	站 长	1981 年 5 月—1983 年 9 月
	刘国忠	书 记	1981 年 12 月—1987 年 5 月
		副站长	1982 年 4 月—1987 年 5 月
	刘文俊	站 长	1984 年 3 月—1987 年 5 月
	艾昌术	副站长	1985 年 4 月—1987 年 5 月
		副书记	1987 年 5 月—1987 年 10 月
	张治淮	副书记	1987 年 5 月—1993 年 6 月

续表

机 构 名 称	姓 名	职 务	任 期
信阳水文分站	丁绍军	站 长	1987 年 5 月—1989 年 12 月
	袁继森	副站长	1987 年 5 月—1993 年 5 月
	艾昌术	书 记	1987 年 10 月—1993 年 6 月
	张殿识	站 长	1989 年 12 月—1993 年 6 月
	叶耘	副站长	1991 年 5 月—1993 年 6 月
信阳水文水资源勘测局（正科级）	艾昌术	书 记	1993 年 6 月—1996 年 12 月
	张殿识	局 长	1993 年 6 月—1994 年 12 月
	张治淮	副书记	1993 年 6 月—1997 年 7 月
	叶 耘	副局长	1993 年 6 月—1997 年 7 月
	廖中楷	副局长	1993 年 6 月—1997 年 7 月
信阳水文水资源勘测局（副处级）	艾昌术	书 记	1996 年 12 月—2004 年 8 月
	张治淮	副书记	1997 年 7 月—1999 年 4 月
	叶耘	副局长	1997 年 7 月—2005 年 3 月
	吴新建	副局长	1999 年 12 月—2001 年 10 月
	袁瑞新	副书记 副局长	2001 年 7 月—2004 年 8 月
	李行星	副局长	2001 年 7 月—2012 年 11 月
	吴新建	副书记	2001 年 10 月—2009 年 6 月
	王鸿杰	局 长 副书记	2004 年 8 月—2012 年 2 月
	李振安	副局长	2008 年 10 月—2012 年 11 月
	王冬至	副局长	2008 年 10 月—2012 年 5 月
	张治淮	副调研员	2009 年 6 月—2014 年 7 月
	张明贵	书 记	2012 年 11 月—2015 年 12 月
		副局长	2013 年 1 月—2015 年 12 月
	李振安	局 长	2012 年 11 月—2015 年 12 月
		副书记	2013 年 3 月—2015 年 12 月
	薛运宏	副局长	2013 年 1 月—2015 年 12 月
	李 鹏	副局长	2013 年 1 月—2015 年 12 月
	余卫华	副局长	2013 年 1 月—2015 年 12 月

表 11－1－18　　　鹤壁水文机构历任领导任职情况一览表

机　构　名　称	姓　名	职　务	任　　　期
鹤壁水文水资源勘测局 （副处级）	汪孝斌	局　长	2012 年 5 月—2015 年 3 月
		副书记	2013 年 3 月—2015 年 3 月
	王晓东	书　记	2012 年 11 月—2014 年 1 月
	徐明立	副局长	2013 年 1 月—2015 年 12 月
	赵天力	副局长	2013 年 1 月—2015 年 12 月

表 11－1－19　　　焦作水文机构历任领导任职情况一览表

机　构　名　称	姓　名	职　务	任　　　期
焦作水文水资源勘测局 （副处级）	王冬至	局　长	2012 年 5 月—2015 年 12 月
		副书记	2013 年 3 月—2015 年 12 月
	罗　荣	书　记	2012 年 11 月—2014 年 1 月
	孙孝波	副局长	2013 年 1 月—2015 年 12 月
	唐　军	副局长	2013 年 1 月—2015 年 12 月

表 11－1－20　　　三门峡水文机构历任领导任职情况一览表

机　构　名　称	姓　名	职　务	任　　　期
三门峡水文水资源勘测局 （副处级）	张广林	局　长	2012 年 5 月—2014 年 1 月
		副书记	2013 年 3 月—2014 年 1 月
	郭　宇	书　记	2013 年 1 月—2015 年 12 月
		副局长	2013 年 1 月—2015 年 12 月
	郑仕强	副局长	2014 年 12 月—2015 年 12 月
	张长军	副局长	2014 年 12 月—2015 年 12 月

表 11－1－21　　　济源水文机构历任领导任职情况一览表

机　构　名　称	姓　名	职　务	任　　　期
济源水文水资源勘测局 （副处级）	吴庆申	局　长	2012 年 5 月—2015 年 12 月
		副书记	2013 年 3 月—2015 年 12 月
	史和平	书　记	2012 年 11 月—2013 年 4 月
	谢恒芳	副局长	2013 年 1 月—2015 年 12 月
	王丙申	副局长	2013 年 1 月—2015 年 12 月

三、水文站

50 年代至 60 年代中期，水文测站资料收集主要服务水利工程。随着国民经济的发展，水资源管理日益得到重视，水文测站资料收集范围逐步扩大，服务面逐步拓宽。测站管理的地下水、雨量和水质监测站点大幅增加，大部分水文站成为当地防汛指挥部成员单位并参与水行政主管单位的水资源管理工作。为适应形势发展，省水利厅分别于 2004 年 8 月、2007 年 2 月以豫水人劳〔2004〕49 号文、豫水人劳〔2007〕8 号文批复，先后将 77 个水文站规格定为科级，并明确相应科级职数 116 个，其中正科级职数 52 个。科级建制水文站名称及职数见表 11-1-22。

表 11-1-22　　　　　　　科级建制水文站名称及职数一览表

水文局	豫水人劳〔2004〕49 号文			豫水人劳〔2007〕8 号文		
	科级职数	正科职数	水文站名称	科级职数	正科职数	水文站名称
信阳	16	8	息县，淮滨，蒋集，新县，南湾，潢川，鲇鱼山，长台关	7	6	北庙集，竹竿铺，大坡岭，五岳，泼河，石山口
驻马店	16	8	杨庄，板桥，遂平，薄山，桂庄，班台，石漫滩，泌阳	5		新蔡，驻马店，沙口，五沟营，桂李
南阳	14	7	淹滩，西峡，内乡，南阳，鸭河口，唐河，李青店	3		荆紫关，社旗，白土岗
平顶山	8	4	昭平台，白龟山，孤石滩，大陈	2		中汤，下孤山
安阳	6	4	小南海，安阳，淇门，新村	2		五陵，天桥断
周口	5	4	周口，槐店，扶沟，郸城	2		黄桥，周庄
郑州	5	3	尖岗，新郑，中牟	1		告成
洛阳	4	2	紫罗山，汝州	1		窄口
新乡	4	2	卫辉，合河	2		黄土岗，济源
濮阳	2		濮阳，范县	1		元村集
漯河	2	1	漯河	3	2	马湾，何口
许昌	1		白沙	1		化行
商丘	1		永城	1		睢县
开封				1		大王庙
全省合计	84	43	47	32	8	30

四、双重管理体制

1980年后，全省基层水文管理体制实行的是省以下垂直管理，随着水文服务范围的不断拓宽，这种体制已不能完全满足水文事业的发展需求。将设在省辖市（县、市、区）的水文机构纳入地方管理范畴，在接受省水行政主管部门领导的同时接受省辖市（县、市、区）政府的领导，实行双重管理体制，使全省水文能够更好地围绕当地政府中心工作，直接为防汛抗旱、水资源管理提供坚实技术支撑。

2008年12月26日，河南省水文系统首家省水利厅与驻省辖市政府双重管理单位洛阳市水文水资源局揭牌仪式在洛阳隆重举行。水利部党组副书记、副部长鄂竟平与省委常委、洛阳市委书记连维良共同揭牌。省长助理何东成等领导出席仪式，省水文局、14个驻省辖市水文局、洛阳市直相关单位及各县（市、区）水利局负责人150余人参加揭牌仪式，是河南省第一个实现省水利厅和省辖市政府双重管理的市级水文机构。其后，各驻市水文水资源局陆续实现省水利厅和省辖市政府双重管理。

2009年6月4日，信阳市水文水资源局揭牌仪式在信阳举行。水利部党组副书记、副部长鄂竟平、国家防办副主任田以堂、部水文局局长邓坚、水利部灌排中心主任李仰斌、淮委主任钱敏、副主任汪斌、淮委水文局局长罗泽旺、信阳市市长郭瑞民、市委常委、组织部长乔新江、副市长张继敬等领导出席揭牌仪式。至此，河南省14个驻省辖市水文局率先在全国全部实现省水利厅和省辖市政府双重管理体制（表11-1-23）。

表11-1-23　　　　　驻省辖市水文机构双重管理体制情况表

序号	省辖市	批准时间	挂牌时间	序号	省辖市	批准时间	挂牌时间
1	洛阳	2008年11月14日	2008年12月26日	8	漯河	2009年5月25日	2009年5月26日
2	南阳	2009年3月27日	2009年4月15日	9	许昌	2009年5月23日	2009年5月26日
3	平顶山	2009年4月8日	2009年4月15日	10	开封	2009年5月26日	2009年6月1日
4	驻马店	2009年4月10日	2009年4月16日	11	郑州	2009年5月26日	2009年6月2日
5	新乡	2009年5月13日	2009年5月15日	12	濮阳	2009年6月1日	2009年6月2日
6	周口	2009年5月14日	2009年5月20日	13	安阳	2009年5月15日	2009年6月2日
7	商丘	2009年4月3日	2009年5月25日	14	信阳	2009年5月26日	2009年6月4日

河南省市级水文机构全面实现省、市双重管理体制，为全省水文事业健康科学发展奠定了基础。各水文局在地方政府的领导下，紧紧围绕经济社会

发展需求，积极主动地融入到当地经济社会发展中去，大力拓展服务范围和提升水文服务水平。

全省 14 个市水文局的成立，为省辖市党委、政府按照国家和《河南省水文条例》要求，进一步加强领导，将水文事业纳入国民经济和社会发展规划，理顺了投资渠道；为水文有效服务当地政府中心工作，不断提高水文测报、预报能力，增强水文应急监测能力，为防汛抗旱、水资源管理提供坚实技术支撑；建立健全水文资料信息服务体系，加快水文信息化建设；拓展服务领域，加强水资源监测评价、防洪影响评价、水环境影响评价、水土保持监测评价，为全省经济社会科学发展、和谐发展提供全面优质的水文服务，有效提高水文的社会地位。

2013 年 4 月 19 日由省水利厅主办，信阳水文局和潢川县政府承办的潢川县水文局授牌仪式在潢川县举行。部水文局局长邓坚和潢川县委书记赵亮共同向潢川县水文局负责人授牌，率先在河南省实行县级水文机构双重管理。

五、其他水文机构

民国 10 年（1921 年），顺直水利委员会设立彰德（今安阳）、淇县和新乡水文站。

民国 22 年（1933 年），黄委成立。此后数年间，分别在黄河干流上设立陕县、孟津、秦厂、高村 4 个水文站和石头庄水位站；在支流伊河、洛河、沁河上设有杨村、黑石关、嵩阳、洛阳、武陟 5 个水文站和仲贤村水位站。1947 年黄河水利工程总局水文总站驻地在开封，管辖河南省境的测站有陕县、花园口、孟津、洛阳、开封、兰封、木栾店等水文站和龙门镇、黑石关、秦厂等水位站。1952 年黄委测验处水文科在黄河干流上设立三门峡、宝山（渑池县）、八里胡同、孟津和秦厂水文站。1953 年黄委设立秦厂水文分站，管辖河南省境内的黄河水系测站。1958 年 4 月筹建三门峡库区水文实验总站，10 月成立郑州水文总站。1959 年将八里胡同、小浪底和仓头水文站划归郑州水文总站。1991 年 6 月成立洛阳水文水资源勘测队，1992 年 8 月三门峡库区水文实验总站更名为黄委三门峡库区水文水资源局；郑州水文总站更名为黄委河南水文水资源局。

长江委水文局 1953 年在汉江支流白河设立新甸铺水文站；1956 年在汉江支流唐河设立郭滩水文站；2012 年在丹江干流设立磨峪湾水文站；2013 年在丹江支流老灌河设立淅川水文站。

第二节 行 政 管 理

河南水文系统的行政管理随着管理体制的理顺、管理机构的完善，逐步由简单传统化管理转向规范化、法制化管理。

自1961年省人委发布《河南省水文测站管理暂行办法》，水文法规建设一直不断的充实和完善，特别是2005年，河南水文有史以来第一部地方法规《河南省水文条例》的颁布实施，使河南水文步入依法管理轨道。是年，省水文局成立水政监察支队，查处大量影响水文监测、水资源管理的水事案件，维护了水文合法权益。

1963年以前财务管理基本采取省、地两级管理，1963—2012年采取省水文总站、水文分站两级管理，2013年后各水文局作为一级预算单位向省财政部门报送预算。财务、资产、器材管理制度在贯彻执行国家财经法规的同时，完善了适应河南水文工作特点的管理规章。

一、水文执法

中华人民共和国成立以后，水文事业在国民经济发展中的基础地位和作用日益显现，水文行业管理逐步走向法制化、规范化，有力地保证了水文事业健康发展。

（一）法规建设

1961年12月，省人委发布《河南省水文测站管理暂行办法（草案）》，明确水文站网的性质、任务和管理权限。

1962年10月，水电部颁布水文法规《水文测站管理工作条例（草案）》。1963年省水利厅转发水电部《水文测站管理工作条例（草案）》，并制定《河南省水文测站管理工作条例补充规定草案》，要求各级水文站对照检查、落实措施、贯彻执行。

1984年10月，省政府发布《关于保护水文测报设施设备和测验场地的通告》，通告严禁任何单位和个人在水文测验河段的河床上挖土、捞沙、采石；严禁随意破坏水准标点、基线桩等水文测报设备、设施和场地；严禁侵占水文站的测验用地及其通路。通告明确"对有意侵占测报场地、破坏或盗窃测报设备者，应视情节轻重依法惩处"。

1993年7月，省水利厅发布《河南省〈水文管理暂行办法〉实施细则》的通知。该细则对水文工作资格认证、水文数据和成果审定、水文工作的全面规划、水文经费渠道、站网管理和资料汇交、测报设施保护等主要任务进行重申和细化，对加强水文行业管理，贯彻落实《水文管理暂行办法》提供了详尽的依据。

1997年6月，省水利厅发布《关于加强水文工作的通知》，通知进一步明确水文行业管理职能，对完善和改进水文管理体制、建立多渠道投入机制、强化内部管理、加强对水文工作的领导等方面提出具体的要求，强调水行政主管部门要依法搞好水文工作。

2002年，河南省政府发布《关于加强水文工作的通知》（豫政〔2002〕5号）。通知要求各省辖市人民政府、省人民政府有关单位要切实加强水文行业管理；加大投入力度，加快水文现代化建设步伐；加强对水文测报设施的管理和保护；关心支持水文事业的发展。

2003年11月，省十届人大常委会农工委组成《河南省水文条例》调研起草小组，并开始工作。省水文局为此专门组织《河南省水文条例》工作班子，直接参与工作调研、条例起草。2004年11月完成《河南省水文条例（草案）》，22日省第十届人大常委会第十二次会议通过初审。2005年5月完成《河南省水文条例》。2005年5月26日，河南省第十届人民代表大会常务委员会第十六次代表会议审议通过《河南省水文条例》，自2005年10月1日起执行。9月23日，河南省人大常委会农工委、省水利厅召开《河南省水文条例》新闻发布会。省人大农工委主任杨金亮主持，省人大常委会副主任张以祥作重要讲话，部水文局副局长蔡建元和省水利厅副厅长于合群分别代表部水文局和省水利厅讲话。省政府法制办、发展改革委、财政厅、农业厅、环保局、气象局和地矿局等省直有关部门，省水利厅、南水北调办、移民办及水利厅驻郑有关直属单位的负责人和新闻单位、省水文局职工等200多人参加会议。

《河南省水文条例》以《中华人民共和国水法》《中华人民共和国防洪法》和其他法律法规为依据，总结了河南省多年来水文工作的经验，针对实践中出现的新情况、新问题进行规范，对国家有关法律、行政法规进行细化和补充，是河南水文有史以来第一部地方法规。

《河南省水文条例》共7章33条，对水文体制、行业管理、规划建设、监测环境、设施保护、资料审查、情报传输、预报发布和法律责任等作出明确而具体规定。其中第四条规定，省人民政府应当将水文事业的发展纳入国民经济和社会发展总体规划，所需经费应当纳入年度预算；第九条规定，水文测站的设立、迁移、改级、裁撤，由省水文机构报省人民政府水行政主管部门批准；第二十二条和第二十五条规定，任何单位和个人不得侵占、毁坏或者擅自操作、移动水文监测设施。确因国家或者地方重要工程建设需要在水文测验河段保护范围内修建工程设施，建设单位应当在工程立项前报省人民政府水行政主管部门审查并签署意见。因前款工程建设需要迁移水文测站、水文测报设施或者采取其他补救措施的，所需费用及增加的运行费用由工程建设单位承担。

2007年4月25日，国务院公布《中华人民共和国水文条例》（国务院令第496号），自2007年6月1日起施行。省水文局组织全系统深入学习宣传贯彻《中华人民共和国水文条例》，结合《河南省水文条例》实施情况，组织专题宣讲、座谈会，邀请部水文局专家进行专题讲座。同时，为进一步强化执法人员依法行政、执法办案的水平与能力，5月省水文局组队参加由省水利厅主办的"河南省首届水法规电视知识竞赛"活动，获得三等奖。6月6日，省人大农工委和省水利厅联合举办的"学习宣传贯彻《中华人民共和国水文条例》和《河南省水文条例》座谈会"在郑州举行。会议由省人大农工委主任杨金亮主持。省人大常委会副主任李柏拴、农工委副主任韩天经、部水文局、省政府法制办、发展改革委、财政厅、省水利厅和人事厅等部门代表参加座谈。省人大常委会副主任李柏拴到会讲话，并在《河南日报》显著位置发表题为《依法管理水文　推动水文法制化建设》的署名文章。

2008年《河南省水文条例》颁布实施三周年，河南省人大常委会农村工作委员会组织部分省人大代表对洛阳、安阳等市贯彻实施《河南省水文条例》的情况开展专题调研，推动了全省水文法制建设。

（二）水政监察队伍

2005年以前，河南水文系统未单独成立水政执法队伍，大部分地市水文局参加当地水行政主管部门的水政执法队伍，基本做到统一着装，持证上岗。

2005年7月，省水利厅批复省水文局水政监察支队成立，王靖华任队长，王伟任副队长。14个水文局设水政监察大队，由一名副局长兼队长。水政监察支队建制受省水政监察总队领导，具体工作由省水文局管理。

2005年10月25日，由各水文局水政监察大队选派24名业务骨干，参加支队举办的《河南省行政执法证换发培训班》学习，标志着省水文水政监察支队正式运行。

2011年，对全省水文执法人员65人进行重新登记，领换水政监察证，并统一着装。

2013年3月25—26日，省水文局在南阳举办水政执法程序模拟演练培训班。邀请有多年执法经验的专家，对具体执法过程中的程序、要求、注意事项和具体案例进行深入讲解，对学员提出的问题进行解答，并在南阳水文站进行现场模拟执法演练。

（三）查处水事案件，维护水文合法权益

省水文局水政监察支队成立后，配备执法专车 2 辆，各类专业设备累计投入 30 余万元，在依法保护水文设施、处理水事纠纷、宣传水文法规、打击违法犯罪等方面，发挥重要作用。截至 2014 年年底，共查处各种水事案件 37 起，挽回经济损失 398 万元。

（1）2006 年，平顶山中汤水文站、南阳白土岗水文站和信阳谭家河水文站，相继发生测验河段保护区范围内违规取沙事件。接举报后，省局监察支队立即赶赴现场，在当地水行政主管部门协助下，向当事人出示并宣讲《河南省水文条例》，对其违规行为批评教育，责令取沙回填，恢复了原貌。

（2）南阳水文站因南阳市建设规划扩路工程，挤占水文站办公用地需要拆迁，经与工程指挥部协商，最终落实补偿 53 万元，置换土地 4 亩的协议。

（3）2008 年，下孤山、化行、长台关水文站有人在测验断面保护区非法采沙，水政监察队及时查处，制止了该行为的发展。

（4）2008 年 3 月，二广高速公路引线工程违法占用紫罗山水文站水文设施，并向北汝河主河道倾倒废渣土。接报后，省水文局水政监察支队迅同省水政监察总队、洛阳市水利局、洛阳水文局等水政执法人员赶赴现场进行实地查勘、核实、查处。省水政监察总队对此案高度重视，列为 2008 年全程督办案件（案件督办编号：2008001）。在当地政府的有力支持下，案件得到依法处理。

（5）2009 年 5 月 20 日，省水文局水政监察支队会同省防办、省水文局、鹤壁市水利局、浚县人民政府及相关部门负责人，在淇河新村、卫河淇门和共渠刘庄水文站，召开现场会，要求依法对河段内影响水文测验的树木无条件地予以清除。会后当地政府对此事非常重视，迅速开展行动，会同水利、林业部门，在省防办的统一组织下集中清理了三处水文站测验断面的违规树木。

（6）2011 年 3 月，汝州市政府在未经上级水行政主管部门许可的情况下，擅自在汝州水文站测验断面下游保护区内修建 3 号橡胶坝，其回水直接影响到汝州水文站，造成该站测验断面及水位自动测报系统功能丧失。3 月 17 日省水文局水政监察支队，赶赴汝州市北汝河治理工程施工现场调查取证，并将案件上报至省水利厅。10 月 25 日，省水政监察总队、省水文局、洛阳水文局的相关领导及汝州市人民政府、汝州市水利局的有关领导在省水利厅专门召开案件协调会。最终达成协议赔偿80万元，用于自动水位监测和测流设施设备购置，无偿划拨土地1.5亩，确保水文监测正常进行。

（7）2011年5月，长垣县交通运输局在未办理任何手续和行政许可的情况下，擅自在天然文岩渠大车集水文站测验断面上游20米处进行围堰建桥，直接影响正常水文测验工作。大车集水文站职工先后多次找业主单位向其出示宣传《中华人民共和国水文条例》《河南省水文条例》《水文监测环境和设施保护办法》等相关法规，同时向新乡市防办呈报《关于大车集水文测验断面违法建桥的报告》。6月29日，新乡市防指就此事件专门下发《关于立即清除天然文岩渠河道内违章阻水建筑的紧急通知》（新汛〔2011〕20号），责成业主和施工单位立即停止违法施工。8月16日，省防办下发明传电报，按照属地管辖原则，委托豫北水利工程管理局督导，长垣县水利局牵头，通知业主按省防办要求停工检查，办理相关手续，对大车集水文站水文设施予以补偿。9月1日，长垣县有关部门主动与新乡水文局协商，对水文测验补偿达成协议，足额支付了补偿款。

（8）2011年入汛，省水文局水政监察支队要求下辖14个大队配合防汛检查，就所属水文站尤其是水文测验断面开展一次集中整治活动。驻马店遂平、商丘砖桥、李集和新乡大车集、开封大王庙等水文站，发生因当地公路桥建设和河道整治影响正常测验工作事件，省水文局水政监察支队立即依法查处，在当地水行政部门的协助下，与当事方达成补偿协议，及时挽回经济损失，仅驻马店遂平水文站就补偿金额40万元。南阳荆紫关、米坪、濮阳范县、安阳新村、五陵等水文站久拖不决的林木清障问题也在集中整治中得以解决。

（四）水文测验场地确权划界

2000年以前，各水文站测验河段基本断面范围，未办理场地使用权属证，致使地方与水文站常因地界、地权发生纠纷。2009年，省水文局根据2005年10月1日施行的《河南省水文条例》有关条款，对全省所属119个水文站测验断面的上下游500米，左右岸定边划界建立保护区，并设置界桩实施依法保护管理。至2014年119个水文站划定测验保护区，设立界牌136块。此举将水文测验断面保护区地面标识明晰化，不仅结束长期以来水文测验环境界定模糊、管理困难的被动局面，而且对优化水文工作环境、开展水行政执法、保护水文设施提供现实依据。

二、财务

（一）财务体制

中华人民共和国成立初期，水文工作分别由省治淮总指挥部和省农林厅水利局管理，没有独立的会计单位，由各中心站（二等站）向直管财务部门报单据。1957 年成立省水文总站统一管理全省水文工作后，省水文总站为全省水文经费的核算单位，各地、市水利局财务部门代管水文经费，向省总站报送年度报表，基本上形成省、地两级管理方式。到 1963 年再次成立省水文总站，采取省水文总站、水文分站两级管理方式，年度由省水文总站（水文局）汇总向省财政部门报送。这种两级管理的方式延续至 2012 年。2013 年各水文局作为一级预算单位，单独向省财政部门报送预算。

2010 年，省水文局调整为副厅级后，设置计划财务处，担负省水文局、驻省辖市水文局各项资金预算、计划上报、经费核算、决算和全省水文仪器设备的仓管等工作。各水文局财务独立核算，设财务科，配备专职财会人员，一般 2～3 人。

（二）水文经费

1949—1962 年，由于管理体制变更频繁，水文经费没有独立核算，无法统计，据调查 1956 年以前全省水文经费年支出 30 万～50 万元，1956—1963 年为 70 万～90 万元。1963 年以后有比较准确的年度财务报表。1964—2015 年水文经费统计表详见表 11-2-1。从表 11-2-1 中数据统计，1964—1979 年，全省年平均水文经费约为 146 万元，其中 1976 年因"75·8"大水水文设施大量毁坏，上级拨水毁经费 100 万元，当年全省水文经费总数达 255 万元。1967—1971 年经费开支最少，年平均约为 81 万元。

表 11-2-1　　　　　　1964—2015 年水文经费统计表　　　　　单位：万元

年份	事业费	基建费	合计	年份	事业费	基建费	合计
1964	112.80	36.00	148.80	1975	170.00	36.00	206.00
1965	115.00	20.00	135.00	1976	240.00	15.00	255.00
1966	96.50	20.00	116.50	1977	158.30	53.00	211.30
1967	87.50	0.30	87.80	1978	140.0	20.00	160.00
1968	79.00	3.80	82.80	1979	210.00	60.00	270.00
1969	78.00	0.00	78.00	1980	244.40	0.00	244.40
1970	76.00	3.00	79.00	1981	219.50	20.00	239.50
1971	78.00	3.00	81.00	1982	328.0	43.00	371.00
1972	116.00	20.00	136.00	1983	284.40	30.00	314.40
1973	130.00	20.00	150.00	1984	303.30	0.00	303.30
1974	145.00	0.00	145.00	1985	302.10	0.00	302.10

年份	事业费	基建费	合计	年份	事业费	基建费	合计
1986	437.20	15.00	452.20	2001	3265.57	175.00	3440.57
1987	439.10	75.00	514.10	2002	3748.26	600.00	4348.26
1988	455.00	38.00	493.00	2003	4096.01	500.00	4606.01
1989	521.00	85.50	606.50	2004	4358.70	620.00	4978.70
1990	590.80	210.00	800.80	2005	4823.70	420.00	5243.70
1991	702.40	270.00	972.40	2006	5125.33	784.00	6000.13
1992	728.90	386.20	1115.10	2007	5580.20	660.00	6433.20
1993	802.80	176.00	978.80	2008	6383.03	565.00	7191.23
1994	1224.50	123.00	1347.50	2009	8408.00	403.00	9247.00
1995	1255.00	255.00	1510.00	2010	10736.72	320.00	11517.73
1996	2034.00	220.00	2254.00	2011	11010.10	11193.60	22660.03
1997	1650.00	515.00	2165.00	2012	13220.36	31694.00	45827.74
1998	2060.70	700.00	2760.70	2013	11435.37	23999.00	36492.93
1999	2736.00	560.00	3296.00	2014	13559.88	8240	21799.88
2000	3071.00	655.00	3726.00	2015	17208.25	2340.90	19549.15

1980年水文体制上收省管后，水文经费逐年增加，年经费由200多万元增加至1995年的1500多万元，1996年省级财政开始实行零基预算，经费开始逐步增长，到2013年达到11435.37万元。特别是1990年，省政府把河南水文系统基建工程纳入省级水利基建计划，其后在"八五""九五""十五""十一五"期间，中央和省共投入水文基建费8572万元（其中"八五"为1600万元，"九五"为2575万元，"十五"为3524万元，"十一五"为873万元）。

2011年为完善中小河流水文监测站网和预测预报预警体系，提高中小河流防灾减灾能力，经国家发展改革委核定批复河南省中小河流水文监测系统工程建设投资9.16亿元，截至2014年年底共到位资金6.97亿元。

经估算，1949—1962年水文经费840万元。初步统计，1963—2013年水文经费约为18.8亿元，总合计水文经费投入18.88亿元，年均经费2990万元。其中人头费（含正常业务费）8.6亿元，占总经费的45.5%；防汛费1亿元，占5.3%；其他事业费2.28亿元，占12%；基建费7亿元，占37.2%。

（三）会计制度

各驻市水文局1980年上收省管后，省局及各驻市水文局全部按照全额拨款事业单位性质管理，执行《中华人民共和国会计法》《事业单位会计准则》等国家有关财经法规的规定。

1996年，河南省级财政执行零基预算，按国家规定编制人员的工资、福利经费，根据公用经费定额和编制人数据实编制公用经费，专项经费由各水文局根据事业发展的实际需要具体编制。水文系统作为一个预算单位，由省局统一编制年度预算。主管部门对年度预算批复后，再对指标分解，将经费转拨至各水文局。

1998年，国家对事业单位会计制度的执行发生了比较大的变化，省水文局根据财政部《事业单位会计准则（试行）》和《事业单位会计制度》，并结合河南水文系统实际情况，编制《水文水资源事业财务管理与会计核算办法》，规范水文系统财务行为。

在贯彻执行国家财经法规的过程中，省水文局制定了《河南省水文水资源局财务管理制度》《河南省水文水资源局机关财务管理办法》《固定资产管理制度》《河南省水文水资源工程建设财务管理制度》《河南省水文水资源局会计电算化管理办法》等有关的财务规章制度，进一步加强对各水文局财务工作的监督管理，规范工程建设项目的核算。

各水文局作为财务独立核算的二级机构，对单位发生的各种经济业务事项进行单独核算，按照国家对财务工作的具体规范要求登记凭证、账簿，年终编制单位决算，经省水文局汇总之后报送上级主管部门。

2013年，省财政厅要求预算细化至基层单位，各水文局作为一级预算单位，单独向省财政部门报送预算，经批复后，省财政厅直接拨付到各水文局，不再经省水文局转拨。

随着国家"八五""九五""十五""十一五"计划对水文基础建设投入的资金越来越多，2011年经水利厅批准省水文局成立河南省水文工程建设管理局对基建项目进行规范管理，省建管局作为会计核算主体，各水文局成立建管处作为核算主体的分区核算单元，负责所属的建设子项目，年底以报表形式汇报，省建管局汇总向主管部门报送报表，通过各项指标分析，揭示各水文局建管处的工程进展。

（四）财务制度改革

2002年《中华人民共和国政府采购法》开始施行，使用财政性资金采购的货物、工程和服务的行为，必须符合《中华人民共和国政府采购法》的各项规定要求。根据国家对政府采购工作的相关要求，省水文局及各驻市水文局设专人负责对单位采购货物及服务等进行申请、报批、购置等工作。

2004 年，推行会计电算化，给各驻市水文局配备电脑和财务软件，对财务人员进行电算培训，实现全系统的会计电算化。

2005 年，实行国库集中支付，通过财政零余额账户进行资金的往来核算。

2009 年，河南水文系统开发"河南水文财务管理信息系统"并投入应用，实现全省水文系统会计资料联网，对各驻市水文局财务进行实时管理和指导。是年，根据省财政厅要求，省水文局机关实行"公务卡"制度，2013 年全省水文系统全部实行"公务卡"制度，出差、购物报销等均通过公务卡结算。

（五）国有资产

河南水文系统在 90 年代组织开发固定资产管理系统，并于 2001 年对单位固定资产进行全面系统清查。2007 年，根据《河南省财政厅关于印发〈河南省行政事业单位资产清查实施办法〉的通知》，又进行资产再清查。并按照《河南省财政厅关于印发〈河南省行政事业单位资产核实暂行办法〉的通知》的要求进行资产核实。2007 年 8 月，省水文局印发《河南省水文水资源局国有资产监督管理办法》，加强固定资产的管理工作。

2011 年 6 月，全省行政事业单位资产处置试行网络申报审批，省水文局亦开始施行资产处置的网络报批。

2012 年，"河南水文信息管理系统"正式运行后，将固定资产模块并入管理信息系统。

2013 年，建成"水文设施设备管理系统"，实现对各单位资产存量、设施设备的实时监控，做到统一规划、统一管理、统一调度。借助于网络设施和智能识别技术，实现各单位联网，达到资产动态追踪管理和全系统设施设备动态管理及网上指挥调度。

2014 年 7 月，根据省财政厅要求完成省水文系统行政事业单位资产管理信息系统（二期）前期数据迁移及卡片信息补充与完善录入。

（六）实施设备

1949—1966 年全省水文测站使用的主要仪器、测具均由省级水文管理机构统一购置。水文体制下放期间，一部分仪器、测具由各地市水文管理机构自行购置。80 年代以后，水文经费以水文分站为独立核算单位，从省水文总站领取的仪器、测具要计入包干经费，只有少量仪器测具直接由各水文分站自行购置，以减少运输环节。

进入 21 世纪，对水文仪器设备的投入也有较大增加，常规水文仪器设备实行统一购置、统一调拨。一类水文站常规仪器配置费用 0.4 万元每站年、二类水文站0.3万元每站年、三类水文站0.2万元每站年，常规水文仪器设备的正常使用和更新有了资金的保障。

随着科技的进步，新仪器新设备在水文行业得到普遍应用。从2002年开始陆续引进EKL-3型全自动缆道控制台、EKL-1型半自动缆道控制台，提高缆道测流的精度和技术含量。固态存储雨量计、固态存储水位计、桥测设备等现代化水文仪器设备的引入使用，既提高工作效率和测验精度，又极大地解放了一线测流职工的劳动强度。同一时期，代表水文仪器信息化、自动化发展方向的声学多普勒流速剖面仪（ADCP）也得到了广泛的使用。到2014年，省级以上重点水文站已全部配置走航式或便携式ADCP。全站仪、GPS全球定位系统等测绘设备也广泛应用于水文基础测量领域，极大地提高了水文测量的精确度和效率。

2003年开始，主要仪器及大型设备实行政府采购制度，2013年纳入省水文局水文设施设备管理系统，实现动态实时监控。每年年底将仪器、设施、器材纳入目标责任管理内容进行考察评比。

三、水文会议

（一）在河南举行的全国水文会议和业务培训

1959年1月10—20日，水电部水文局在郑州召开全国水文工作会议。提出"以全民服务为纲，以水利、电力和农业为重点，国家站网和群众站网并举，社社办水文，站站搞服务"的水文工作方针。

1988年10月11—14日，全国水利系统水文综合经营工作会议在郑州中州宾馆召开。会议动员、部署水文系统广泛开展水文综合经营工作，号召鼓励自主创收，以弥补事业费的不足和水文职工福利。

1990年4月24—26日，部水文司在洛阳召开咨询服务和综合经营座谈会。有10个省、市水文总站和长江委、黄委等40余人参加会议，会议由综合经营领导小组成员、部水文司原司长胡宗培主持。

1991年12月10—14日，水利部在郑州召开全国水文站队结合工作会议。副部长王守强发表书面讲话，部水文司司长卢九渊作《搞好站队结合，提高水文工作效益》的报告。会议就《水文管理暂行办法》，1991年修订的站队结合规划（修改稿）及评审，站队结合建设标准、管理条例和技术规定进行研讨，并交流站队结合工作经验。河南省水利厅厅长马德全及原河南省水利厅厅长、省人大常委陈惺出席会议。各省、直辖市、自治区、流域机构水文部门负责同志和相关规划设计、高等院校、科研单位及水文仪器厂家的代表、列席代表共 98 人出席会议。

1992 年 4 月 19—26 日，部水调中心在郑州举办全国桥测车使用方法研讨会。来自 11 个省、自治区、直辖市水文总站的 40 人参加研讨。与会者一致认为，利用桥梁开展水文巡测具有投资省、安全可靠、保证资料质量等优点，对于水文勘测站队结合工作将会起到积极的推动作用。

1995 年 10 月 17 日至 11 月 3 日，由部水文司主办、省水文总站承办的全国水文宣传通讯员培训班在郑州举行，来自全国水文单位的 25 名水文通讯员参加。

1995 年 11 月 5—10 日，由部水文司主办、省水文总站承办的《地下水监测规范》研讨会在郑州举行，来自全国部分省级行政区水文单位的 10 位专家参加了会议。

2001 年 10 月 21—30 日，省水文局与南京水利水文自动化研究所在郑州联合举办全国水文缆道测验新技术应用培训班。

2005 年 11 月 11—12 日，由部水文局主办、省水文局承办的全国水文法规暨体制建设工作座谈会在郑州召开。部水文局局长邓坚出席会议并讲话，河南省水利厅副厅长于合群出席会议并致辞，黄委水文局局长牛玉国出席会议并讲话，部水文局蔡建元主持会议。来自全国 7 个流域机构和 20 个省（自治区、直辖市）水文单位以及水利部法规司、人劳司的代表 70 多人参加会议。

2009 年 6 月 10—12 日，部水文局主办、省水文局承办的国家地下水监测工程可行性研究报告编制培训班在郑州举行，这次培训班主要讨论研究《国家地下水监测工程》可研编制大纲，部署可研编制有关工作，并就地下水监测工程重点内容进行了技术培训。来自全国七个流域机构、31 个省（自治区、直辖市）和新疆生产建设兵团水文部门 100 余人参加培训。部水文局副局长林祚顶针对可研编制和初步设计阶段的特点，结合地下水可研编制大纲专家咨询会议意见以及项目工作进度安排等，对下一步国家地下水监测工程可行性研究报告编制工作进行安排部署并提出具体要求。

2010 年 3 月 27 日，全国水文工作会议在郑州召开。此次会议目的是进一步贯彻落实科学发展观，积极践行"大水文"发展理念，加快推进全国水文事业又好又快发展。这是水利部党组明确提出"大水文"发展理念之后召开的第一次全国水文工作会议。水利部副部长刘宁出席会议并作重要讲话，河南省副省长刘满仓、黄委主任李国英出席会议并致辞。中央编办、国家发展改革委、国土资源部、环保部、交通运输部、中国气象局、总参气象水文空间天气总站和中国农林水利工会等有关部门的领导和代表应邀出席会议。参加这次会议的还有各省、自治区、直辖市、新疆生产建设兵团水利（水务）厅（局）的分管领导和水文部门的主要负责人，各流域机构的分管领导和水文局、水资源保护局的主要负责人；部机关有关司局和部直属有关单位的负责人；有关科研院校的代表。会议邀请新华社、《人民日报》、《河南日报》、河南电视台、河南广播电台、大河网、水利部网站和《中国水利报社》等新闻媒体列席会议。

（二）河南省水文工作会议

1980 年 1 月，河南水文体制上收省管，1982 年召开上收后的第一次全省水文工作会议。其后，年度全省水文工作会议每年汛前召开，主要内容：传达全国水文会议、省水利工作会议精神，总结往年工作部署当年任务，表彰先进，省水文总站（局）长与驻市水文分站（局）站（局）长签订目标责任书，2000 年后，增加签订廉政责任书和信访稳定目标责任书。这里仅简要记述 1980 年河南水文体制上收省管后的 1982 年、1997 年河南省水文水资源总站更名河南省水文水资源局、2012 年省水文局机构规格由正处级调整为副厅级 3 次水文体制转折期全省水文工作会议的情况。

1982 年 4 月 1—7 日，1982 年全省表彰先进暨水文工作会议在郑州召开。这是河南水文体制上收省级管理后首次召开的全省水文工作会议。

会议传达学习水利部副部长李伯宁在 1981 年 2 月 20—26 日北京召开的全国水文总站主任会议闭幕会上对加强水文工作的讲话和部水文局局长王子平《调整时期的水文工作任务》的报告。省水利厅副厅长姚天骥出席会议并作重要讲话。会议认真总结中华人民共和国成立后河南水文工作的经验教训，明确全国水文总站主任会议提出调整时期"巩固调整站网，加强分析研究，提高管理水平，狠抓职工培训，为当前生产做好服务工作，为今后水利和其他国民经济发展做好准备"。的水文工作任务。对 1982 年水文工作作出部署，表彰一批先进单位和劳动模范。

各水文分站党支部书记、站长、省水文总站机关各科室负责人及 21 个先进单位和 42 名劳动模范参加会议。

1997 年 4 月 12—13 日，省水利厅在郑州召开 1997 年全省水文工作会议。这是 1997 年 1 月 31 日省编委豫编〔1997〕8 号文批准河南省水文水资源总站更名为河南省水文水资源局后，省水利厅召开的全省水文工作会议。

会议强调了"九五"期间要着重抓好 5 个方面的水文工作：①根据全省水利改革与发展的需要，进一步优化水文站网；②地方水利建设和经济发展所需要的专用水文站，主要靠地方投资，并纳入水文行业管理；③加强平原区地下水动态观测，为地下水的科学合理开发和及时采取补源措施提供可靠依据；④加强水质监测，及时提供水质污染信息，更好地服务于水资源管理和保护；⑤为水资源统一管理做好服务，发挥水文系统的技术优势，把全省有限的水资源开发好、利用好、管理好、保护好。

省水利厅厅长马德全出席会议并作重要讲话；部水文局派员出席会议并致辞；省水利厅副厅长李福中主持会议并对贯彻落实会议精神提出明确要求。省水文局局长邹敬涵作工作报告，省水文局党委书记于新芳做总结讲话。

省编委、省发展改革委、省财政厅等有关单位负责同志应邀出席会议。省水利厅机关有关处室、各市地水利局局长、14个驻市水文局主要负责人、省水文局机关各科室负责人共130多人参加会议。会议邀请新华社、《人民日报》、《中国水利报》、《河南日报》、河南电视台、河南广播电台等新闻媒体采访报道会议。

2012年4月6日，省水利厅在郑州召开2012年全省水文工作会议。这是2010年12月省编委豫编〔2010〕65号文批准，省水文局机构规格由正处级调整为副厅级后，省水利厅召开的全省水文工作会议。

会议的主题是深入贯彻党的十七届六中全会和省九次党代会精神，认真落实全国水文工作会议和全省水利工作会议部署，全面总结2011年和安排部署2012年水文工作，深入分析当前水文发展形势，抢抓机遇，强化管理，全力推进河南水文事业跨越式发展。

省水利厅党组书记、厅长王树山出席会议并作重要讲话；部水文局副局长蔡建元出席会议并致辞；省水利厅副厅长王国栋主持会议并对贯彻落实会议精神提出明确要求。省水文局局长原喜琴作工作报告，省水文局党委书记潘涛做总结讲话。

会议期间，表彰了2011年度先进单位、先进工作者，与18个驻市水文局、省水文局机关各处室签订2012年目标责任书、廉政建设目标责任书和信访稳定目标责任书。

省编委、省发展改革委、省财政厅、省气象局、省防办等有关单位负责人应邀出席会议。省水利厅机关各处室、省水利厅直属有关单位负责人，各省辖市水利（水务）局、省直管县（市）水利（水务）局分管防汛抗旱和水文工作的主要负责人，省水文局机关中层以上干部、驻市水文局主要负责人，河南省主流媒体记者共150余人参加会议。

第三节　组　织　建　设

中华人民共和国成立至 1980 年，在河南水文管理体制由分散到统一管理的过程中，党组织关系一直由属地或有关机构领导管理。1980 年上收省级管理，即成立中共河南省水文总站委员会，1986 年成立中共河南省水文总站纪律检查委员会。随着省水文总站党委的成立和各水文分站党支部的建立，水文系统党的组织建设逐步走向正轨。到 2014 年，建立基层党支部 29 个，党员队伍由 1980 年的 223 人发展到 699 人。工会、共青团、妇委会等群团组织在党委的领导下，完善了组织建设，并依据各自的职能和工作原则开展工作，充分发挥了党群桥梁作用，为河南水文的发展作出突出贡献。

一、中共党组织

1980 年以前，由于水文管理体制多变，党组织关系一直由属地或有关机构领导管理。1980 年成立中共河南省水文总站委员会后，先后召开两届党员代表大会，及时改选、调整、充实党的各级组织，不断扩大基层党组织的覆盖面，增强基层党组织的凝聚力和战斗力。

（一）健全党的基层组织

1980 年经省水利厅党组批准，成立中共河南省水文总站委员会，徐荣波任党委书记，王亚岭任党委副书记，实行党委领导下的站长分工负责的工作机制。

1983 年 11 月，王亚岭任省水文总站党委书记。

1986 年 4 月，省水文总站召开第一次党代会，选举产生由王亚岭、马骠骑、王志芳、严守序、杨崇效、田建设、杨大勇等 7 名委员组成的中共河南省水文总站委员会，王亚岭任党委书记，马骠骑任副书记。会议还选举产生中共河南省水文总站纪律检查委员会。

1989 年 4 月，马骠骑任党委书记，8 月刘春来任副书记。

1992 年 4 月，省水文总站召开第二次党代会，选举产生由马骠骑、刘春来、田龙、杨崇效、杨正富、杨大勇、赵庆淮等 7 名委员组成中共河南省水文总站委员会。马骠骑任书记，刘春来任副书记。会议还选举产生新一届中共河南省水文总站纪律检查委员会。

1993 年 4 月，省水利厅党组豫水组字〔1993〕10 号文通知，赵庆淮任中共河南省水文水资源总站委员会副书记，兼任中共河南省水文水资源总站纪律检查委员会书记。是年 5 月，于新芳任党委书记、马骠骑改任党委副书记。9 月邹敬涵任副书记。

2000 年 12 月潘涛任省水文局党委书记、杨大勇任副书记。

2009 年 2 月，省水利厅直属机关党委豫水党〔2009〕4 号文批复，增补沈兴厚为省水文局党委委员。

2010 年 12 月，省水文局机构规格调整为副厅级，主要领导任命权限上收省委组织部。2011 年 8 月，省委组织部豫组干〔2011〕274 号文通知，潘涛任省水文局党委书记；原喜琴任局党委副书记。是年 12 月，省委组织部豫组干〔2011〕451 号文通知，王有振、江海涛、岳利军、王鸿杰为党委委员。

2012 年，设机关党委专职副书记，由袁建文担任。

党支部是党的基层组织。1980 年前，各水文分站党组织关系归属地市水利局党委。省水文总站党委成立后，及时调整、合并和分设相关机构党的基层组织。至 1987 年，郑州、南阳、信阳、许昌、驻马店、洛阳、安阳、新乡、商丘和周口等 10 个水文分站建立党支部。1993 年 4 月，省水文总站机关成立党总支，下设 4 个党支部。1995 年 9 月，平顶山、漯河 2 个水文局成立党支部。1996 年 6 月，开封、濮阳 2 个水文局成立党支部。2001 年 9 月，省水文局机关成立第五党支部，全系统共有 19 个党支部。2012 年，省水文局机关以处室为单位建立 9 个党支部。2013 年 7 月，济源、焦作、鹤壁、三门峡 4 个新建水文局成立党支部。至 2014 年，全省水文系统共建立党支部 29 个。其中，省水文局机关以处室为单位 9 个党支部，2 个离退休职工党支部，18 个驻市水文局党支部。各级党支部的建立确保单位机构设置到哪里，党组织就覆盖到哪里；哪里有党员，哪里就有党组织存在；推动了基层党建工作的正常化、正规化和经常化发展，增强了基层党组织的凝聚力、战斗力。

（二）发展组织壮大党员队伍

各基层党支部按照坚持标准、保证质量、优化结构、慎重发展的原则，提高新发展党员质量，注重发展基层一线职工入党，严格审查新发展党员材料的手续、程序、培养期限和培养过程，认真执行发展党员预审制、跟踪考察制、票决制、公示制和责任追究制等 5 项制度，严把党员入口关。1980 年成立省水文总站党委时，全省水文系统党员 223 人，到 2014 年全系统党员人数达 699 人，其中省水文局机关 135 人。

（三）干部队伍建设

省水文局党委切实加强领导班子和干部队伍建设，加强培养、考核、选拔后备干部。2001 年向省水利厅党组推荐 10 名处级干部考核任职意见，确定

23 名后备干部。2004 年，考核确定处级后备干部 24 名，其中 35 岁以下优秀年轻干部 5 名。任命及聘用科级干部 99 名。2005 年，河南水文在全国水文系统率先进行事业单位人事制度改革，实行全员聘用制度，247 人竞争到科级岗位（其中正科 92 人，新提拔 21 人；副科 155 人，新提拔 124 人）。2008 年，省水文局党委实行"三票制"，对 182 个科级岗位进行民主测评、公开演讲竞聘和调整。2009 年 2 月，183 名科级干部进行新一轮竞聘，首次通过公开竞争选拔 10 个副处级领导干部。截至 2014 年，共培养后备干部 200 余名，对河南水文系统干部队伍建设起到保障作用。

省水文局党委高度重视各级领导班子建设，把一些年富力强、经验丰富的优秀人员充实到领导岗位上来，及时补充因退休、工作变动和职务调整而出现空缺的领导班子。1994 年调整郑州、许昌、新乡水文局领导班子。1999 年充实调整驻马店、信阳、洛阳、郑州、新乡水文局领导班子。2004 年调整 5 个驻市水文局领导班子，增补 5 名党支部委员。2012 年选拔任用 24 名处级干部。

（四）党内民主制度建设

省水文总站党委成立后，建立和执行党委领导下的局长分工负责制。研究制定《河南省水文系统党支部委员会议事规则》《领导班子民主生活会制度》《各级领导干部理论学习制度》《各级领导班子民主决策制度》《重大问题请示报告制度》《关于坚持和健全民主集中制的若干规定》等制度，旨在加强党内民主制度建设，用制度管人、管事。省水文局党委在半年和年终对各党支部落实党日制度、党支部议事制度、"三会一课"制度、民主生活会制度和民主评议制度等进行监督检查，严格党内组织生活。严明党的纪律，根据有关规定，对不合格的党员进行及时处置，确保全系统党组织和党员的先进性和纯洁性。严格党的组织生活，提高党组织解决自身问题的能力。各级党组织坚持"党要管党，从严治党"的方针，严格党内生活制度，提高组织生活的质量，加强对党员领导。全系统各级党组织积极开展创先争优活动，截至 2014 年，全系统受到各级表彰的优秀党员达 800 余人次，荣获先进党组织称号达 200 余个次。

二、纪检监察

1986 年 5 月，经省水利厅直属机关党委豫水党字〔1986〕23 号文批准，成立省水文总站纪律检查委员会，由杨崇效、杨正富、孙四海、钟之纲、郑进锋等 5 名委员组成，杨崇效任副书记，7 月任书记；1992 年 4 月，省水文局第二次党代会，选举杨崇效、武泽民、孙四海、宋良璧、朱荣华等 5 名委员组成中共河南省水文总站纪律检查委员会，杨崇效任书记。1993 年省水文局党委副书记赵庆淮兼任纪委书记；2000 年 12 月赵凤霞任纪委书记。1997 年省水文局成立监察室，王晓东任主任。2014 年 11 月王福任主任。

1992 年 1 月，根据省水利厅豫水劳人字〔1992〕1 号文精神，为加强水文系统行政监察工作，10 个水文分站（勘测大队）各设一名副科级行政监察员。

（一）专项治理

根据省财政厅、省水利厅继续深化"小金库"专项治理的安排部署，分别于 2009 年、2010 年、2011 年连续 3 年在全系统开展"小金库"专项治理及"回头看"工作，对省水文局机关及驻市水文局全面进行检查，没有发现违规违纪行为。

2011 年 5—11 月，在全省水文系统对所有车辆进行自查，没有发现违反规定购买、使用公务用车行为。省水文局强化管理，进一步健全《车辆管理制度》《车辆驾驶员管理制度》等规章制度，确保车辆管理有效到位。

2012 年严格执行节日期间廉政建设有关规定。经检查未发现干部职工以各种名义接受管理和服务对象以及其他与行使职权有关系的单位或者个人的礼金和各种有价证券、支付凭证及婚丧嫁娶大操大办、参与赌博、公车私用及节日病等问题，并及时向驻省水利厅纪检组报告治理节日病统计报表和各种汇报材料。

（二）内部审计

2002 年 12 月，根据省委、省政府办公厅印发《河南省党政领导干部任期经济责任审计暂行办法》，制定省水文局经济责任审计工作联席会议制度（豫水文〔2002〕86 号）。联席会议召集人由省水文局纪委书记担任，联席会议成员单位由省水文局人事科、监察室、财务科组成。

（三）党风廉政建设责任制

省水文局为了扎实推进惩治与预防腐败体系工作，严格落实党风廉政建设的"两个主体责任"，与 18 个驻市水文局签订党风廉政建设责任目标书，对全系统党风廉政建设责任制进行分解，分管领导根据职责分工，按照"谁主管、谁负责"的要求，认真履行"一岗双责"，承担起分工职责范围内的党风廉政建设责任制暨惩防体系工作任务的布置、监督、检查。同时建立严格的责任追究制，形成一把手负总责、各党委成员分工负责、上下协调、齐抓共管局面的形成。

2013年4—10月，省水文局认真开展廉政风险防控机制建设工作，通过活动认真厘清省水文局、驻市水文局领导班子成员职责权限，梳理规范全系统9个处室29项业务工作流程。每一项工作，大到财务管理、干部选拔任用、重大事项决定，小到车辆、文书档案管理等，都明确梳理出各个处、科室岗位的职责和权力运行流程。共梳理出领导干部岗位权力项目40个，排查出系统各岗位廉政风险点161个，建立水文系统廉政风险库，并且廉政风险库处于动态中，使廉政风险点随着时间、环境、工作任务的变化而不断增加和废止。

三、群团组织

（一）省水文工会

省水文工会1986年恢复组建后，始终围绕河南水文工作中心，深化民主管理，切实保障职工合法权益，积极发挥党群桥梁作用，为河南水文的发展作出突出贡献。

1. 省水文工会历史沿革

1986年恢复组建省水文工会，苏玉璋任工会主席。1989年成立省水文工会职工技协服务部，武泽民任主任，主要从事技术咨询和技术服务活动。1991年11月，省水文总站根据《中共河南省水利厅党组关于加强和改善对工会工作领导的意见》（豫水工〔1989〕2号）文件精神，省水文工会在郑州召开第一次工会主席联席会议，选举产生水文工会第一届委员会，由苏玉璋、赵凤霞、江海涛、陈双义、李振亚、张殿莲、曹彦群、路三全、袁守业、秦光德、张广林、张治淮和崔泉水等13人组成省水文工会委员会，苏玉璋任工会主席，苏玉璋、赵凤霞、江海涛、张治淮和袁守业等5人为常委。各水文分站分别成立基层工会组织。1993年11月，省水文水资源工会一届三次全会在郑州召开，学习上级文件，评选先进，研究部署工会工作，召开座谈会，反映职工心声。1995年7月，史和平任工会副主席。1996年7月，依照工会有关法律法规，按全系统职工人数千分之三的比例配备省水文工会专职干部。1997年10月，史和平任工会主席。1998年，周口、郑州、新乡、洛阳、南阳和商丘水文局工会进行换届选举并理顺其工会隶属关系。1999年，安阳、许昌、信阳、开封、驻马店、平顶山和濮阳等水文局工会换届或成立工会组织，全面建立以省水文工会领导为主、同时接受地方工会领导的双重管理体制。2002年，进一步理顺水文工会管理体制，对全省水文系统15个基层工会均实行省水文工会垂直管理。2004年8月，省水利厅豫水人劳字〔2004〕50

号文批准信阳、南阳、驻马店、郑州、周口、安阳、新乡、平顶山等 8 个驻市水文局增设专职工会主席职数,规格相当于科级。2006 年,省水文工会组织全系统 15 个基层工会进行换届选举。2013 年 3 月,《河南省水利厅关于省水文水资源局机构编制方案的批复》(豫水人劳〔2013〕22 号)明确,省水文工会主席按省水文局机关处室的内设科室规格配备,规格仍为科级。2014 年 7 月,张艳任省水文工会主席。

2. 发挥桥梁和纽带作用,为基层水文职工排忧解难

1992 年,由于水文工作及水文职工面临诸多问题和困难,全国水电工会开展水文测站"百站调查"。省水文工会对河南水文系统现状进行调查,向全国水电工会提供调查报告,调查涉及全省 1/2 水文测站。

1997 年,省水文工会开展首次全系统劳模调查,建立劳模档案。

1999 年,省水文工会组织 14 个驻市水文局工会,对全省 119 个水文站的基本情况进行调查,并向省有关部门报送调查报告。调查报告荣获 1999 年度全国水利电力系统工会优秀调研成果一等奖。在有关部门制定水文行业政策中,发挥积极作用。

2001 年,省水文工会组织开展测站职工吃水难、吃菜难、洗澡难、看电视难的"四难"问题调查,得到省有关部门和省水利厅的关注和支持,2003 年和 2004 年两年投资 68 万多元,解决 38 个测站 160 多名职工及驻站职工家属的吃水困难。购置太阳能热水器 50 台,冰箱 42 台,惠及 65 个水文站。是年起,工会开展金秋助学活动,累计资助 50 多名考入大学的职工子女。

2003 年,按照中国农林水利工会、省水利工会的部署,省水文工会开展劳模调查工作。摸排全省水文系统省部级劳模的现状、存在的问题,提出解决问题的建议。

2004 年,水文职工赵建之子赵东身患颅咽管瘤、手术后完全丧失自理能力、无力支付巨额医疗费。为此,省水文工会积极组织献爱心捐款活动,共得到省水利厅机关、直属单位、省水文局等 39 个单位 1604 名职工捐款 173655 元。

2007—2008 年,省水文工会组织 14 个驻市水文局工会并协调有关业务部门,对全省 83 个水文测站职工饮用水水源水质进行全面普查,制订解决部分测站饮水安全实施方案,争取资金 100 多万元用于解决基层测站职工吃水难。

2008 年 5 月,省水文工会组织全系统 859 名职工为告成水文站职工李晓光医治早产患重病三胞胎女婴捐款 60180 元。

2010 年 10 月,省水文工会组织全省水文职工募集捐款 87330 元,用于开

封水文局职工宋铁岭儿子宋楠系统性红斑狼疮疾病治疗。

2011年，省水文工会针对全省水文测站职工野外津贴过低现状，进行全面调查，完成《河南省基层测站水文职工野外工作津贴偏低问题亟待解决》调研报告，引起各级领导重视，省水利厅厅长王树山亲自批示督办。2012年全省水文职工野外工作津贴偏低问题得到解决。该调研报告荣获2011年度河南省工运理论政策研究优秀调研报告，省水文工会主席史和平被省总工会授予2011年度工会理论政策研究先进个人。

3. 经济技术创新活动和劳动竞赛

1996年后，省水文工会组织全系统职工开展劳动竞赛，先后成功举办5届水文勘测工、4届水质监测工技能竞赛等省级二类比赛和计算机普及应用竞赛，有效地提高水文职工在防汛测报和水质监测工作中的实际操作技能和应变能力。组织职工开展水文职工技术创新活动，完成经济技术创新项目300多项，有80余项受到表彰和奖励。全系统获得全国水利技能大奖2项、全国水利技术能手3名、河南省技术能手、创新能手36名，获全国、省级技术创新成果奖18项。通过技能竞赛，8名水文职工荣获河南省五一劳动奖章。

1996年10月，由省总工会、省人事厅、省劳社厅、省水利厅联合举办的第一届全省水文勘测工技能竞赛在周口举行，郭有明、梁德来、李继成分获前三名。

1998年10月，由省总工会、省人事厅、省劳社厅、省水利厅联合举办的第一届全省水质监测工技能竞赛在南阳举行，田海洋、殷世芳、王玉娟取得前三名。

2000年10月，由省总工会、省人事厅、省劳社厅、省水利厅联合举办的第二届全省水文勘测工技能竞赛在周口举行，梁静杰、陈丰仓、王继民取得前三名。

2000—2003年，省水文局在全省水利系统计算机基础知识、网络知识、水利信息化知识竞赛中，取得优异成绩，实现四连冠。代表省水利厅参加全省计算机比赛并取得优异成绩。

2002年，由省总工会、省人事厅、省劳社厅、省水利厅联合举办的第二届全省水质监测工技能竞赛在郑州举行，许凯、张利亚、张颖取得前三名。

2003年5月，省水文局水情科荣获全国、省五一劳动奖状、河南省经济技术创新示范岗。

2004年4月，赵彦增荣获全国五一劳动奖章入选2004年全国水文行业十件大事。

2004年10月，由省总工会、省人事厅、省劳社厅、省水利厅联合举办的第三届全省水文勘测工技能竞赛决赛在潢川水文站举行。大坡岭水文站姚国峰、长台关水文站郑仕强、荆紫关水文站徐新龙获得前三名。

2006年12月，由省总工会、省人事厅、省水利厅联合举办第三届全省水利行业水质监测工技能竞赛在郑州举行，韩枫、陈莉、苗利芳分获前三名。

2008年10月，由省人事厅、省总工会、省水利厅联合举办的第四届河南省水文勘测工技能竞赛决赛在潢川水文站举行。蒋集水文站李家煜、长台关水文站郑仕强、槐店水文站杨沈生分获前三名。

2010年9月，第四届全省水利行业水质监测工技能竞赛决赛在洛阳水环境监测中心举行。省中心陈莉以理论知识、实际操作、综合成绩三个第一名，拔得本届竞赛的头筹，省中心魏磊、南阳分中心许静正分别获得第二名和第三名。

2012年6月，省人社厅、省总工会、省水利厅在唐河水文站联合举办第五届全省水利行业水文勘测工技能竞赛决赛。郑仕强、李家煜、陈宏国分获前三名。同时对获奖选手培训选拔，参加当年举办的第五届全国水文勘测工技能大赛。

4.水文行业文明创建

省水文工会在组织创建水文行业文明活动中，采取多种形式，开展争创文明水文站、十佳职工评选、女职工双文明建功立业、素质提升工程等项行业文明创建活动，树立一批先进典型，塑造了水文人良好社会形象，促进了全系统的精神文明建设。通过省水文工会申报，受到全国、省总工会表彰的水文职工100人次、获23项荣誉称号。其中全国五一劳动奖章获得者3名，省劳模3名，省五一劳动奖章获得者15名，全省十佳职工、优秀职工3名，河南省张玮式职工1名。全省职工自学成才奖获得者4名等。全省水文系统20个单位，荣获省级及以上不同荣誉称号15项：全国五一劳动奖状获得单位2个，省五一劳动奖状获得单位5个，河南省职业道德建设先进单位2个，河南省职工思想政治工作先进单位1个，河南省工人先锋号单位4个，河南省劳动竞赛先进单位2个等，为创建行业文明做出突出贡献。

5.文体活动

1986年省水文工会恢复组建后，结合水文系统实际，因地制宜配置乒乓球、羽毛球、中国象棋等体育设施和活动器材，使职工在工间和工余有了活动和健身的场所。全系统各级工会还组织职工开展丰富多彩、形式多样的群众性文体活动，并组队参加全国、全省水利系统多项体育赛事。

1989 年 12 月，省水文工会、省水文局团委在许昌联合举办首届全省水文系统围棋比赛。

1999 年 9 月，省水文工会在郑州举办首届河南省水文系统职工乒乓球比赛。

2004—2011 年，连续 8 年组队参加全国水利系统桥牌赛，2009 年取得团体第六名的好成绩。2011 年成功承办第十届赛事。

2004—2013 年，连续 10 年组队参加省水利厅职工保龄球比赛，取得第四至第八届比赛总分第一名的好成绩，并成功举办第四届赛事。

2007 年，省水文工会成立群众性体育活动领导小组，组织参加 2007 年全国水利系统全民健身与奥运同行·迎奥运全民健身知识竞赛。

2008—2013 年，连续 6 年组队参加华北六省市水文职工围棋邀请赛，并成功举办 2010 年赛事。

2010 年 4 月，组队参加全国水利系统中国象棋比赛，取得团体第四名和个人第四名的好成绩。

2000 年以后，省水文工会组队参加全省水利系统多项体育赛事，先后取得省水利厅男子篮球邀请赛冠军、全省水利系统中国象棋比赛团体第一名和个人第一名、全省水利系统乒乓球女子团体亚军和女子单打亚军等赛事佳绩。

2011 年 1 月，省水文局被中国水利体育协会授予 2006—2010 年度全国水利行业群众体育先进单位。2011 年 12 月又被国家体育总局授予全国全民健身活动先进单位。

（二）共青团组织

1982 年，中国共产主义青年团河南省水文总站委员会成立。1988 年 12 月 5 日，省水文总站团委召开 1980 年水文管理体制上收省管后的首届团代会，产生第一届团委，武泽民任团委书记，江海涛任副书记，组织委员为於立平，宣传委员为吴新建，文体委员为马勇。1989 年，省水文总站团委召开团支部书记会议，总结 1988 年共青团工作，讨论研究团委班子建设和如何开展团的活动等事项。1992 年，江海涛任团委书记。1994 年 5 月，总站团委召开第二次团代会，选举产生新的团委领导班子，江海涛任书记，全年共吸收 18 名青年加入团组织。1998 年 9 月，于吉红任团委书记。2005 年 5 月，省局团委召开第三次团代会，选举于吉红为团委书记。2005 年 10 月 28 日，河南水文系统团支部书记会议在郑州召开，会议的中心议题是安排和部署增强共青团员意识主题教育活动。2008 年 12 月，郑杰任团委副书记。2000 年后，团员人数逐年减少，至 2015 年年底省水文系统共有团员 39 名。

（三）妇委会

1995 年 8 月，经省水文工会常委会研究，省水文工会女职工委员会成立，由陈丽旗、赵凤霞、杨沛、李瑞馨、李淑敏组成女职工委员会，陈丽旗任主任。2004 年，省水文局妇委会成立，王景新任妇委会主任。2008 年 12 月，衣平任妇委会主任。

为全面落实《女职工权益保护专项集体合同》，省水文工会女工委积极贯彻落实《女职工劳动保护规定》《中华人民共和国妇女权益保障法》，促使女职工在劳动保障、生产等方面的条件改善。同时，积极组织开展丰富多彩、活跃女职工业余文化生活的活动，陶冶情操，提高整体素质。

省水文局妇委会围绕省水文局党委不同时期的中心工作，深入实施"女职工建功立业工程"和"女职工素质提升工程"，组织动员全系统女职工为水文建设又好又快发展做贡献。开展争创"三八红旗手""河南省五一巾帼标兵岗""巾帼建功标兵"等争先创优活动。截至 2015 年，受省级以上表彰的女职工有 29 人。省水文工会女职工委员会亦多次受到上级工会组织的表彰。

四、社团组织

1980 年成立省水利学会水文专业委员会和水环境专业委员会，先后有田龙、王志芳、马骉骑、邹敬涵、杨正富任主任，每年召开年会或专题学术交流会，推动水文水资源科技的发展。

第四节 队 伍 建 设

1949 年以前，河南水文建管处于多重部门，齐头并举。水文监测、管理人员大体分属顺直水利委员会、黄委、淮河水利测量局和河南省建设厅。1950 年统计到的河南省水文职工人数仅 23 人，随着水文事业的发展，不同专业、不同知识层面的人员引进，职工队伍不断发展壮大，形成专业门类齐全、业务素质较高的水文职工队伍。与此同时不断地加强职工培训，通过举办不同类型的专业培训、大中专函授学习等方式，提高职工整体素质。到 2014 年年底，河南水文系统在职职工 1047 人。其中博士学位 1 人，硕士 44 人，本科 428 人。专业技术人员 872 人，其中教授级高级工程师 50 人，高级工程师 138 人。涵盖水文、地质、环境工程、遥感、通信、人力资源和管理等专业。离退休职工 560 人。

一、职工队伍

中华人民共和国成立初期，河南省省属水文职工仅 23 人。1951 年，治淮工作持续开展，水文事业也迎来良好的发展时期，除招收部分当地青年学生外，一批经过水文专业培训的人员到水文系统工作，部分水利院校和其他院校的正规大中专毕业生也陆续分配到河南水文系统。至 1957 年全省水文职工总数已达 487 人，其中干部和工人的比例约为 3∶1，干部中行政干部占比例很少，技术干部中具有大专以上文化程度的也比较少，20～30 人，具有工程师技术职称的只有 2 人。

1957—1965 年，水文体制经历了一次下放和上收变动，站网和人员都有较大的变化。水文体制下放期间部分水文技术人员被地方抽调做其他工作。1963 年水文体制上收后，省水文总站首先抓了队伍建设，除开展枯季在职职工的政治和业务培训外，接收开封师范学院、新乡师范学院等大专院校毕业生共 20 多名，充实到各水文分站和基础测站。1964 年为了加强对水文队伍的政治领导，水利厅调配 10 余名部队转业的连职以上干部和一部分地方科级以上干部，充实到总站科室和分站科室担任领导工作。至 1965 年全省水文职工总数为 773 人，其中省水文总站 55 人，分站和测站 718 人，干部和工人的比例约为 5∶2，技术干部与行政干部的比例约为 4∶1，技术干部中具有大专以上文化程度的人数增加到 50 余人，具有工程师职称的 6 人。

"文化大革命"开始直到 1974 年，少有专业技术人员和大中专毕业生进入河南水文系统，加之管理体制下放，部分技术人员被地方抽调，水文职工总数比 1965 年减少 100 多人。

1975—1979 年，一批水利、水文、地质等专业院校及其他院校陆地水文、水文地质、化学等专业大学普通班毕业生分配到河南水文系统，充实到省及地市水文部门专业技术岗位上，初步缓解了河南水文系统专业技术人员匮乏的问题。

1980 年 1 月，河南水文体制上收省管后，省水文总站十分重视水文职工队伍的建设。1981 年 12 月，征得省劳动人事部门同意，公开向社会招收包括水文职工子女在内的 200 名社会知识青年补充到水文职工队伍中来。1982 年 1 月，经过多方协调，接收黄河水利学校 42 名陆地水文专业大专毕业生，充实到省水文总站机关和部分水文分站业务科室。1982 年 7 月，两名陆地水文、化学专业的大学本科毕业生分配到省水文总站工作，这是"文化大革命"以后首次接受本科毕业生入职水文。1982 年年底，水文职工人数突破 1000 人，专业技术人员近 500 人。

1986—2003 年的 18 年间，除了每年接受一批水文水资源、分析化学专业的应届本专科毕业生外，还从全国大专院校遴选招收一批计算机、机电、工业与民用建筑和财会等专业的应届本专科毕业生到水文系统工作，以满足河南水文事业快速发展和实现水文现代化的需要。

从 2004 年起，省水文局为进一步提高全省水文职工的综合素质，根据专业人才需求和增人指标，向社会公开招聘，择优录用或聘用本专科毕业生入职。

2005 年 8 月，根据省人事厅《关于转发人事部〈关于事业单位试行人员聘用制度有关工资待遇等问题的处理意见（试行）〉的通知》（豫人〔2005〕3 号）精神和省水文局实行人员聘用制度实施方案的有关规定，全系统共有 220 名工人竞聘到专业技术岗位，经省人事厅审批，全部办理转岗审批手续。

2006 年 8 月，接收华北水利水电学院 10 名水文与水资源工程专业本科毕业生充实到驻市水文局工作。

2007—2014 年，省水文局为加强水文人才队伍建设，优化专业技术人员结构，连续 7 年面向全国公开招聘大专以上水文及相关专业毕业生，共计 15 名硕士研究生、49 名本科生、63 名大专生，涵盖水文、地质、环境工程、遥感、通信、人力资源和管理等专业。其中，2009 年首次引进毕业于北京师范大学环境科学专业的博士到水环境监测岗位，从事水生态保护研究工作。

1980 年河南水文体制上收省管后的 35 年间，水文职工队伍的知识结构、专业结构发生显著变化。特别是进入 21 世纪以来，省水文局大量引进高层次专业人才，填补了 2000 年以前没有博士、硕士研究生学历人员的空白，基本形成专业门类齐全、业务素质较高的水文职工队伍。截至 2014 年年底，河南水文系统职工 1047 人。其中博士 1 人，硕士 44 人，本科 428 人，大专 391 人，中专 92 人；专业技术人员 872 人，其中教高 50 人，高级、中级、初级技术职务人员分别为 138 人、367 人、317 人；工勤岗位职工 175 人，其中高级技师 2 人，技师 32 人，高级工 108 人，中级工 30 人，初级工 3 人。

1950—2015 年河南省水文系统各级各类岗位人员统计情况详见表 11－4－1，1980—2015 年技术职务人员统计情况见表 11－4－2，2006—2015 年工勤岗位人员统计情况见 11－4－3。

二、职工教育

中华人民共和国成立初期，河南水文职工除由民国时期留下来的少数技

表 11 - 4 - 1 1950—2015 年河南省水文系统各级各类岗位人员统计情况

年份	全省总人数	各级人数			各类岗位人数			离退休人数
		省	驻市	测站	管理	技术	工勤	
1950	23							
1953	30	30						
1954	417	30	387					
1956	637	35	602					
1957	487							
1962	615	26	589					
1963	670	40	630					
1964	741							
1965	773	55	108	610				
1966	762	53	110	599				
1967	762	53	110	599				
1968	758	55	110	593				
1969	758	55	110	593				
1970	555	15	68	472				
1971	558	18	68	472				
1972	649	30	80	539				
1975	660	38	128	494	94	371	195	
1976	665	43	128	494	94	373	198	
1977	641	44	145	452	96	359	186	
1978	654	44	149	461	78	380	196	
1979	804	47	194	563	99	418	287	
1980	821	55	187	579	102	416	303	
1981	978	68	213	697	97	404	477	
1982	1043	73	222	748	68	487	488	
1983	1030	72	228	730	75	472	483	
1984	1024	77	273	674	102	437	485	
1985	1002	73	234	695	122	415	465	
1986	982	86	250	646	103	426	453	

年份	全省总人数	各级人数			各类岗位人数			离退休人数
		省	驻市	测站	管理	技术	工勤	
1987	996	92	252	652	93	410	493	
1988	967	87	223	657	59	408	500	
1989	994	90	248	656	47	465	482	
1990	960	96	230	634	54	415	491	
1991	958	100	228	630	48	406	504	
1992	953	99	311	543	31	421	501	
1993	947	103	340	504	25	419	503	
1994	945	102	357	486	39	488	418	428
1995	938	100	346	492	18	408	512	425
1996	965	98	361	506	16	420	529	457
1997	974	93	368	513	18	419	537	472
1998	995	90	372	533	20	427	548	487
1999	998	86	325	512	31	431	536	486
2000	1000	83	359	558	18	450	532	493
2001	—	—	—		—	—	—	491
2002	1038	101	937		19	486	533	497
2003	1026	103	923		16	495	515	497
2004	1055	104	951		16	523	516	502
2005	1042	104	938		26	707	309	517
2006	1053	102	951		23	760	270	515
2007	1055	100	955		20	772	263	531
2008	1067	104	963		20	798	249	541
2009	1069	109	960		20	803	246	536
2010	1067	111	956		22	807	238	543
2011	1046	109	937		17	807	222	550
2012	1057	108	949		18	828	211	558
2013	1069	110	959		20	846	203	561
2014	1047	119	928		18	854	175	560
2015	1043	117	926		17	861	165	548

表 11 - 4 - 2   1980—2015 年河南省水文系统技术职务人员统计情况

年份	技术职务				合计	年份	技术职务				合计
	教高	高级	中级	初级			教高	高级	中级	初级	
1980			16	400	416	1998		43	148	236	427
1981			60	344	404	1999		41	141	249	431
1982			59	428	487	2000	1	43	154	253	451
1983			137	335	472	2002	2	42	163	279	486
1984			98	339	437	2003	2	54	186	253	495
1985			94	321	415	2004	3	61	182	277	523
1986			91	335	426	2005	4	81	223	399	707
1987			87	323	410	2006	5	80	222	463	770
1988		18	190	200	408	2007	6	79	249	438	772
1989		22	184	259	465	2008	7	90	271	430	798
1990		20	150	245	415	2009	9	96	284	414	803
1991		10	137	259	406	2010	10	105	300	392	807
1992		18	156	247	421	2011	13	117	324	353	807
1993		26	157	236	419	2012	22	130	360	316	828
1994		22	142	324	488	2013	34	143	359	310	846
1995		27	133	248	408	2014	43	146	368	291	848
1996		35	137	248	420	2015	49	147	366	299	861
1997		36	140	238	414						

表 11 - 4 - 3   2006—2015 年河南省水文系统工勤岗位人员统计情况

年份	工勤岗位技术等级					合计
	高级技师	技师	高级工	中级工	初级工	
2006		25	101	116	68	310
2007		21	130	72	40	263
2009		21	156	52	16	245
2010		20	155	55	8	238
2011	1	18	144	52	7	222
2012	1	22	138	42	8	211
2013	2	35	120	40	6	203
2014	2	32	108	30	3	175
2015	3	30	102	27	3	165

术人员，具有中专以上学历外，其余大多都是招收当地青年学生或具有一定文化基础的人员，经过短期水文业务培训即参加水文工作。针对基层水文测站职工队伍的素质状况，采取业务技术培训和脱产学习两种形式进行职工教育。①枯水季节测站除留少数职工坚持工作外集中学习，由文化较高、受过水文专业训练和工作经验丰富的水文职工授课。1954年11月至1955年4月、1955年11月至1956年3月利用冬春枯水季节分两批（第一批120人，第二批100人）在开封治淮干校举行为期半年的业务培训，主要学习文化基础课和水文专业技术知识、水文测验规范等。②选送一些文化基础较好的职工到安徽怀远淮河水利学校进行学制二年的水文专业中专学历学习。个别经过考试，以调干生身份进入南京华东水利学院进行学制二年的水文专业专科学历学习。到1956年为止，全省约有700人次参加大中专学历教育和业务培训。

1958年，水文体制下放地市管理，全省性的冬季的集中学习停止。1963年水文体制上收省管后，1964年汛后在郑州举办一期规模较大的集中学习，参加人员200人，主要学习毛主席著作，开展"小四清"，提高政治思想觉悟。业务技术方面则主要由各水文分站采取讲课、答题、现场测试、专题问答等形式，组织学习《水文测验规范》，取得较好的学习效果。

1966—1979年，河南省水文职工教育基本处于停顿状态。

1980年河南省水文体制再次上收省管后，省水文总站针对全省水文职工队伍青黄不接、技术人员外流、青工业务素质较低等现状，制订职工教育长远目标和近期计划：即1981—1985年职工教育以文化补课为主，结合学习水文专业基础知识，着重提高职工文化素质；1986—1990年以学习水文专业基础知识和相关专业基础知识为主，辅助学习各类专业技术知识，达到全省各类专业人员结构基本合理；1991—2010年以提高水文专业及其他相关专业技术知识为主，达到更新知识，培养高层次人才的目的，水文职工教育的重点是水文专业的学历教育。

1984—1986年，在黄河水利学校举办一期由35人参加的水文专业大专班；1987—1993年，在长江水文职工中等专业学校举办两期由45人参加的水文专业中专函授班；1986—2008年，委托河海大学举办5期有200人参加的陆地水文专业大专函授班和两期有162人参加的本科函授班。2000年、2002年由省水文局、驻市水文局主要领导和中层领导干部共30人分别参加清华大学、河海大学举办的为期两年的水文水资源专业研究生班的学习。2001年以后，省水文局在开封黄河水利职业技术学院举办两期大专班，88人参加学习，举办1期中专班，161人参加学习。

省水文局在组织职工参加水文及相关专业学历教育，水利等院校各类专业培训的同时，支持和鼓励职工参加财会、化学、计算机、外语、经济管理等专业的函授教育、自学考试，获取大专或本科毕业文凭。经过近 20 年的努力，全省水文职工队伍的政治思想和业务水平有了显著提高。

此外，省水文局还结合新规范的出台、新仪器设备的引进、各项业务工作举办和参加部水文局各种短期业务技术培训，如缆道技术、资料整编、地下水、计算机、财会、水化学、文秘、水文宣传、人事、纪检、测站站长岗位、新入职职工岗前等业务培训。2005—2013 年，有 36 人参加部水文局在河海大学举办的测站站长培训班，25 人参加在扬州大学水利科学与工程学院举办的技师培训班；2012 年 9 名人事干部参加省水利厅在清华大学举办的人事干部培训班。2014 年，省水文局举办 55 名新入职人员培训班，3—4 月举办 3 期共有 491 人参加的水文测站业务技术骨干培训班。

1980—2015 年，省水文局共举办各类业务培训 60 多期，接受教育培训的人数 3300 多人次。举办水文专业本科、大专、中专学历教育函授班 13 期，646 人参加学习。共计培养各类专业硕士研究生 24 名，本科生 26 名，大专 80 人，中专生 50 余人，35 年来累计投入职工教育经费 200 多万元。

1993 年，省水文总站被评为全省职工教育先进单位，连续 9 年被省水利厅评为职工教育先进单位。2003 年，省水文局被评为全国水利系统人事劳动教育先进单位。

三、离退休职工

1984 年省水文总站设立离退休职工管理科，全省水文系统离退休职工 30 多人，2014 年达到 560 人。

省水文局党委对离退休干部工作高度重视，始终列入局党委的议事日程，1999 年、2005 年和 2009 年，3 次召开全系统离退休职工工作会议。

2012 年重阳节，利用新建成的视频会议系统，召开全省水文系统离退休职工视频通报会，300 多位老职工在各驻省辖市水文局同时参加。

（一）落实政治待遇

老干部听报告、看文件、参加重要的会议已形成制度并得到较好的落实。根据个人需要或爱好每人选订一份杂志，另外还根据行政、技术职务发放书报费。

所有离退休职工党员都编入党的组织，省水文局机关有两个离退休职工党支部，各驻省辖市水文局建立离退休职工党小组。各党支部在组织离退休职工党员学习、自我管理、自我服务、思想政治工作及开展组织活动等方面，战斗堡垒作用和党员的先锋模范作用得到较好发挥。根据省水文局党委的安排，把每月 15 日确定为全体离退休职工学习日和党员活动日。针对离退休职工居住分散的特点，注意做到"三个结合"，即集体学与个人自学相结合，学文件与看辅导录像相结合，学习理论与外出参观相结合。通过不断学习，广大离退休职工更加关心和支持水文工作。

（二）落实生活待遇

全省水文系统有 560 名离退休职工，离退休费全部列入省财政预算，做到按时足额发放。其公用经费、活动费、特需费，给予优先落实。医疗、医药费实行分类管理，对于离休干部实行全额报销制度，其中省局机关和郑州、许昌、新乡、南阳等 4 个驻市水文局的离休干部参加当地医疗统筹，按国家规定实报实销。退休职工全部参加当地医疗统筹医保，"老有所医"得到落实。

省水文局和多数驻市水文局坚持每年组织老职工进行健康体检。2000 年，省水文局给离退休职工管理科配置一台汽车，老职工看病、活动用车得到保障。

（三）开展文体活动

为了不断增进老职工的身心健康，离退休职工管理科积极组织老职工开展多种老年体育活动。1995—2000 年，省局机关和各驻市水文局先后建立离退休职工活动室。省水文局机关活动室有棋牌室、阅览室、健身房、乒乓球室。除日常老职工参加门球、扑克、乒乓球和太极拳（剑）等活动外，每年都组织老职工参加省直、省水利厅老干部处及各老年体育协会组织的运动会和书画等各类比赛。2002 年、2005 年和 2009 年，省水文局成功举办全省水文系统老年门球比赛。省水文局组织机关的老职工先后到北京、桂林、华东五市、上海世博会、港澳和省内景点及基层水文站参观，部分驻市水文局亦组织老职工外出参观游览。

第五节　水　文　文　化

水文文化是水文化的重要组成部分，是历代水文工作者在长期水文实践中积累的精神财富，是水文行业文明程度的重要标志。省水文局长期以来把水文文化活动与时代发展相融合，与社会主义精神文明建设、行业文明创建活动相结合，以建设社会主义核心价值体系为根本任务，以满足广大水文职工精神文化需求为出发点和落脚点，积极推进水文文化建设，全面增强水文文化软实力，形成了特色鲜明的水文行业文化。

一、精神文明建设

大力开展精神文明创建活动，提升水文文化内涵和品位，是水文文化建设重点任务之一。

省水文局精神文明建设及文明单位创建工作，着重于"以机制建设为保障，以队伍建设为基础，以行风建设为重点，以业务建设为载体，以文化建设为牵引"的"五位一体"工作架构。以促进水文事业健康持续发展，树立水文行业良好形象；以开展礼仪文明、环境文明、行为文明、秩序文明、服务文明、生态文明活动为指南，广泛开展思想、道德修养教育，引导干部职工自觉践行社会主义核心价值观；以开展主题实践、劳动竞赛等活动，建设高素质技术人才队伍；以建立健全《水文职工文明礼仪规范》《文明水文站考核办法》等制度，形成精神文明建设工作新机制。

1987年《中共中央关于社会主义精神文明建设指导方针的决议》发布，省水文总站作出在全省水文系统全面开展学习该决议，把精神文明建设与职业道德教育相结合，提倡精神文明建设与物质文明并重，"两手抓、两手都要硬"。

1990年开展"创先争优"竞赛，明确提出以"文明创建"活动为载体，以提供全面优质服务为目标，以提高预测预报能力为重点，全面推动水文基础设施建设，促进水文事业发展。

1997年，全系统组织开展"创建文明机关，塑造公仆形象"的群众性精神文明建设活动，及创建"文明站（队）""文明科室"活动，有效地推动创建活动更加深入发展。

1999年，省水文局党委学习贯彻精神文明建设"九五"规划，实施创建"文明单位、文明职工"活动。深入开展社会公德、职业道德、家庭美德及文明办公教育活动；广泛开展"爱岗敬业、无私奉献、优质服务"活动。

2000年，省水文局制定《加强精神文明建设的意见》，着力加强思想建设、科教文化建设、文明创建、水文宣传、行业文化建设。开展创建文明单位、文明楼院、文明科室、文明水文站和文明职工活动，评选"五好文明家庭""先进女职工"。同时开展"创先争优""热爱河南，增辉中原水文"活动。

2002年，全面贯彻落实《公民道德建设实施纲要》，加强公民思想道德教育，全省水文系统举行公民道德建设知识竞赛。

2003 年，省水文局组织全系统文明单位（科室、水文站）进行经验交流和学习考察活动。

2005 年，省水文局制定《职工日常行为礼仪规范》《职业道德规范》以及《职工文明规范行为准则》，并抓好学习贯彻。开展"建文明窗口、树行业新风"，争创"青年文明号"和"青年岗位能手"活动。

2006 年，省水文局紧紧围绕贯彻落实科学发展观，构建和谐社会等主题，深入开展社会主义荣辱观教育。

2008 年，出台《河南省水文水资源局水文站治理整顿暨文明水文站检查评比工作方案》，对各水文测站进行检查验收，评出 30 个文明水文站、29 个达标站。开展水文文明礼仪宣传教育和道德教育，制定《河南省水文水资源局职工文明手册》，以文明礼仪提升水文职工的文明素质。

2010 年，省水文局机关认真组织开展争创省级文明单位活动，制定《河南省水文水资源局环境卫生检查评分标准》，在省水利厅组织的多次检查中被树为标兵单位，在省级验收中受到好评。

2012 年，省水文局机关深入开展创建文明机关活动，顺利通过省级文明单位创建复查。

2013 年，省水文局开展第四届文明水文站评选活动，授予 40 个水文站为文明水文站；举办水文文化建设专题讲座。

2015 年 4 月，省水文局机关获省级文明单位称号；信阳、南阳、商丘、洛阳、漯河、新乡和濮阳等 7 个单位获市级文明单位称号。

1998 年，省水文局党委根据水文系统实际，全面开展创建文明单位活动。截至 2015 年年底，全系统先后有 18 个基层水文站荣获全国、省文明水文站，有 150 多个单位、部门荣获省部级以上先进集体称号。涌现出唐忠源、孙明志、吕天祥、丁金良为代表的一大批英雄人物。省水文局机关 2010 年与省水利厅共创获省级文明单位，2015 年 4 月荣获省级文明单位。

二、水文文化传播

（一）水文宣传

水文宣传是水文文化传播的主要途径。通过电视、报刊、广播、互联网等媒体，宣传水文为水利建设和经济社会发展所做出的重大贡献，及水文职工的先进事迹和无私奉献的崇高精神，对树立水文行业形象，提升水文的品质，增强水文在全社会的影响力。水文文化亦得以传播。

中华人民共和国成立后，随着水利建设的蓬勃发展，水文事业也迅速发展，水文宣传工作逐步展开。80 年代，省水文总站出版内部科技刊物《河南水文科技》，内部宣传刊物《河南水文通讯》，而后更名为《河南水文》及《水文工作信息》。由于水文工作站点分散，当时通信比较困难，水文工作信息就成为水文部门主要的宣传交流工具。在部水文局编印的《水文工作信息》《水文经营管理信息》等刊物上刊登河南水文信息、技术成果，宣传河南水文发展情况。

1. 宣传网络建设

1990 年，省水文总站为加强水文宣传，建立水文系统宣传网，聘任 31 名兼职通讯员，各水文分站创办《水文通讯》，省水文总站编发《河南水文》。

1992 年 11 月，省水文总站召开全省水文宣传工作会议，邀请《河南日报》、河南广播电台编辑讲课。

1995 年 10 月，省水文总站承办全国水文宣传通讯员培训班。来自流域机构和兄弟省水文单位的 25 名水文通讯员参加培训。之后，省水文总站加强宣传工作力度，强化和落实领导责任制，成立全省水文系统宣传工作领导小组，各水文局指定专人负责水文宣传工作。

1997 年 9 月至 1998 年 9 月，省水文局与《河南水利》杂志社联合举办为期一年的"水文杯"有奖征文活动，收到征文 50 余篇。评选出荣誉奖、特别奖、一等奖、二等奖、三等奖和优秀奖共 19 个。

2002 年，省水文局抽调专业技术力量，建立河南水文信息网站。设置有水文新闻、水文风采、组织机构、水文业务、水文科技、水文文化和政策法规等栏目。

2007 年，在全省水文系统明确 30 名宣传工作人员，建立稳定的水文宣传工作队伍。同时加强人员队伍的培训，切实提高水文宣传能力和水平。每年都参加有关部门组织的各类宣传培训班，学习宣传工作的调研、采集、撰写和报送等有关业务知识，强化写作规范，增强做好宣传工作的责任感。同时，出台宣传工作的制度，规范报道的事项和要求，形成覆盖全省水文系统的宣传信息网络。

2008 年，依照《中华人民共和国水文条例》，省水文系统 119 个水文站统一启用国家基本水文测站标牌，安装水文水资源宣传栏，制作 550 份《水文测验环境和设施保护办法》，张贴至各基层水文站。

2014 年河南省水文信息网网站群上线运行，设置有水文新闻、水文风采、水文文化、水文服务等栏目，丰富了宣传手段。

2. 宣传渠道和方式

随着信息技术的发展，宣传手段和渠道发生了很大变化。全省水文系统在坚守《中国水利报》《江河潮》《河南水利与南水北调》等传统报刊媒体阵地的同时，努力抢占网站、电视、手机等新媒体阵地，扩展宣传渠道和方式：①注重地方媒体与中央和省级媒体相结合，形成立体效应；②注重实时报道与深度报道相结合，创造震撼效应；③以公报、简报、通报形式向各级领导、单位及社会提供水文方面的信息，包括水情、水资源、水质及其他水文工作的情况。增强水文宣传工作的针对性、实效性和吸引力、感染力。

1975年省水文总站开始每年发布地下水通报，1998年开始出版河南省水资源公报（年报）。2003年开始发布墒情简报。2007年12月编印了第一期《河南省水功能区水资源质量状况通报》，2008—2013年改为季刊、2014年改为月刊。1982年开始编印《河南省水质概况》，2001年更名为《河南省水资源质量概况》，2011年再次更名为《河南省水资源质量年报》。1990年12月开始编制《河南省沙颍河水系水质动态监测公报》，1996年更名为《沙颍河污染联防水质信息》，2004年更名为《沙颍河水系污染联防水质简报》，2009年更名为《淮河水系污染联防水质简报》。省水文局还在省水利厅门户网站、省水文局网站开设《水资源公报》《水资源质量概况》《水功能区水质通报》《地下水通报》等栏目，向社会公众提供连续水文信息服务，收到良好效果。

2006年，为便于河南省各级防汛部门和行政首长及时掌握雨水情，省局水情部门开始充分利用各级政府网站、水利行业网站、手机等进行宣传。每年汛期，都以手机短信方式，向省防指成员及水利厅领导发布雨水情与重大天气形势信息。

2011年2月15日，央视《新闻调查》栏目编导王晓清等3名记者，为学习贯彻中央一号文件精神，加强水资源管理与保护，到郑州水文局采访地下水情况。2月19日，央视深度新闻评论节目《新闻调查》，以《干旱城市的反思》为题播出此次采访内容；2012年汛前平顶山电视台记者实地采访白龟山水文站汛前准备情况，唐河县电视台也实地采访省水文系统测报防洪实战演练全过程。

3. 宣传行业先进典型

1986年6月26日，南召县、嵩县部分地区骤降特大暴雨，白土岗水文站出现1919年后的特大洪水。该站6名水文职工临危不惧，以对人民高度负责精神，团结奋战，与洪水展开英勇拼搏，及时准确地为防汛指挥部门和当地政府提供洪水情报，为白土岗村3000多名群众及时安全转移，保卫国家和人民生命财产安全做出突出贡献，受到省政府的通令嘉奖。省水文总站及时把这个英雄群体的先进事迹制成电视片，编印成宣传材料，组织全省水文职工观看和学习，并组织白土岗水文站英雄事迹报告团到全省 17 个市地的水利系统巡回作报告，在水利、水文系统中引起强烈反响。

1995 年，反映口子河水文站职工工作和生活的电视专题片《情牵》在河南电视台、中央电视台播放。《中国水利报》以《峪河边上水文人》为题刊登河南省水文战线先进人物闫寿松的事迹。

2010 年 7 月 24 日，丹江流域发生百年不遇特大暴雨洪水，荆紫关水文站在上游水情信息极其缺乏、测验设施水毁严重、流量近万的严峻情势下，团结一致，不顾安危，果断除险，完整测洪，准确及时报汛，保住了国家财产，使荆紫关镇 4 万多群众安全转移无一伤亡。是年 8 月，在省总工会、省工信厅、省国资委、省工商联联合召开的河南省班组建设经验交流会上，荆紫关水文站作为省水利系统唯一基层单位作了题为《大力弘扬水文精神，在服务中彰显水文价值》的大会交流，受到广泛好评。

2011 年 1 月 26 日，30 年坚守在偏僻、艰苦基层测站的芦庄水文站站长丁金良，因劳累过度倒在工作岗位上的事迹，深深地感动着全系统每一名水文职工。其先进事迹先后以《永把忠诚献水文》《丁金良：27 年坚守，直到生命最后一刻》《我死也要死在水文站》为标题分别在河南党建网、《河南工人日报》《中国水利报》进行宣传报道。中工网、《工会一周》第 25 期《工会人物》栏目、《河南水利与南水北调》杂志、中国水文信息网、淮河水文网"淮河水文人物风采"、湖南水文网、《江河潮》杂志和松辽水文信息网等新闻媒体亦进行宣传报道。

（二）水文文学艺术

1987 年 3 月，新县水文站女职工马亚林书法作品隶书对联《秋月春风在怀抱，吉金乐石为文章》，入选由全国妇联、中国书协举办的全国妇女书法展并在中国美术馆展出。而后作为首届中日妇女书法展入选作品被选送到日本书道院展出。

1994 年，反映水文职工陈宏伟先进事迹的通讯《青春无悔》一文，获华东水利艺术节优秀奖。

1996 年，省水文总站组织开展"我为河南添光彩"爱岗敬业活动。纪念建党 75 周年和红军长征胜利 60 周年，开展 100 首革命歌曲大家唱群众歌咏活动。

1998 年 12 月，韩潮书法作品荣获省文联举办的纪念党的十一届三中全会召开 20 周年河南省行业企业文联书法作品展览铜奖。

1999 年，围绕建国 50 周年和澳门回归祖国开展"热爱河南、增辉中原水文"活动；举办全省水文系统"迎国庆、讲文明、跨世纪演讲比赛"和图片展览及澳门回归知识竞赛等活动。9 月 26 日，韩潮书法作品入选中国美协举办的"纪念孔子诞辰 2550 年书画大展"。

2000 年，省水文局举办治淮 50 周年书法比赛、"金秋十月练兵忙"图片展，举办全省水文系统庆祝新世纪文艺联欢会。

2001 年 12 月，韩潮书法作品荣获"黄兴杯"全国书画大赛三等奖。

2003 年，省水文局创作的短剧《淮河第一情》荣获由国家安监局、全国总工会为庆祝《中华人民共和国安全生产法》实施一周年共同主办的全国安全生产文艺汇演铜奖。该剧是此次汇演中唯一的一部以水文为题材的作品。该节目参加水利部安全生产办公室和部水利文协组织开展的 2004 年夏季"安全生产月"活动，到全国水利建设工地和水利工作第一线巡回演出。

2005 年 12 月 26—28 日，韩潮书法作品荣获纪念中国电影百年书画大展最佳作品奖，作品在国家博物馆展出。韩潮应邀参加北京人民大会堂颁奖典礼和在北京大学举行的中国当代书画艺术高峰论坛。这是全国水利系统唯一的一幅参展和获奖作品，后被编入《中国电影百年书画大典》，并于 2006 年 5月赴法国、德国等地巡回展出。10 月省水文局编辑刊印《发展中的河南水文》画册。

2006 年 6 月 25 日，韩潮的书法作品荣获全国水利职工纪念中国共产党诞生 85 周年、红军长征胜利 70 周年书法展览二等奖。10 月 13 日，韩潮的书法和国画作品、余建兴的国画作品分别荣获省直属机关工委、省文联联合举办的纪念中国共产党诞辰 85 周年、纪念红军长征胜利 70 周年书画摄影作品展览优秀奖。

2009 年，省水文局编印《河南水利与南水北调》河南水文 60 年发展特刊。7 月，潘涛的摄影作品《和谐》入选由省人社厅、省文化厅、省公务员局主办，省书画家协会承办的《河南省公务员及专业技术人员庆祝建国 60 周年书画摄影展》，并被收录入其书画摄影展作品集。在水利部举办的《手拉手——珍惜生命》安全生产汇报演出中，河南水文职工丁华璞参演的舞蹈《水月花影》和朝鲜族舞蹈《平安是福》受到水利部部长陈雷点名表扬。

10 月，在省水利厅庆祝中华人民共和国成立 60 周年歌咏比赛中，省水文局组建的 60 人的合唱团荣获第一名，并以省水文局为主组队，代表水利厅参加的省直机关爱国歌曲大家唱比赛活动荣获金奖。

2010 年 4—10 月，省水利厅、省编办、省摄影家协会联合开展河南水文杯"生态河南、美丽家园"采风、摄影展系列宣传活动。是年，编印反映河南水文 60 年建设成就的画册《河南水文》。

2011 年 7 月 1 日，寒潮书法作品《春夜喜雨》被评为庆祝建党 90 周年全国水文系统书画作品展书法类作品一等奖。

2012 年，省水文局汇编了水文职工文学艺术作品集《水之韵》《党支部工作实用手册》《河南省水文水资源局若干规章制度汇编》3 本水文文化书籍并刊印发行。

是年，省水文局参与由省水利厅组织的《感悟河南水利》编写工作，该书由王仕尧任主编，省水文局范留明、顾长宽作为副主编具体参与该书部分章节撰稿和编审工作。2013 年 6 月该书由中国水利水电出版社出版发行，并获第七届河南省社会科学普及优秀作品一等奖。书中有"关于水文及管理"等专题论述。

2013 年 3 月，由水利部副部长刘宁作序、水利部水文局局长邓坚主编、中国水利水电出版社出版的中华人民共和国成立以后第一部全国性的水文文学作品集《倾听水文——全国水文文学作品集》在全国发行。河南省 12 位水文职工创作的 11 件文学作品入选。8 月 8 日，洛阳水文局职工刘新志荣获由中国音乐家协会手风琴学会、"霍纳杯"全国流行手风琴邀请赛组委会举办的 2013"霍纳杯"全国流行手风琴邀请赛合奏组一等奖。

自 2000 年起，以范留明、刘爱姣、董晓绘为代表的水文职工，以水文人工作、生活为素材，创作出版了《美丽的山月季》《夏日雨》《人在旅途》《极限》《花落琴弦》《河边随想》等十余部小说、散文集、诗歌集。作品以文学视角，多方位地反映讴歌了水文职工的工作、生活状态和精神面貌，极大繁荣了河南水文文学。其中范留明创作的《美丽的山月季》散文集和董晓绘创作的《极限》诗集，被中国水利文联同时收入中国水利文艺丛书（第二辑）；《极限》《花落琴弦》被收入中国作家数字作品资源库。范留明、董晓绘先后成为河南省作家协会和中国水利作家协会会员，2008 年范留明任河南省水利文协副主席。

（三）《河南水文志》编修

1986 年 6 月，省水文总站在郑州召开会议，部署水文大事记和测站站志编写工作。

1997 年 1 月，《河南省水文志》第一轮编修工作启动。开展自上古时期至 2000 年河南基本水文史实的编纂，历时 4 年。2000 年 12 月定稿刊印，内部发行。

2013 年 7 月 1 日，《河南省水文志》第二轮编修工作正式启动。断限为：

上限自四千年前的黄帝时期，下限断至 2015 年。

2013 年 7 月 30 日，夏邦杰向省水利史志办捐赠水文、水利史志资料。夏邦杰从事水文、水利工作 40 余年，特别是长期从事水文、水利史研究，积累了大量宝贵的经验和成果。此次捐赠的图书史料包括清朝河南巡府奏折照片资料、民国影印报纸资料、"75·8"特大洪水资料和河南省水文、水利史志资料等，具有十分珍贵的历史研究价值，为《河南省水文志》第二轮编修提供了重要的历史资料。

三、水文文化研究和交流

水文文化是水文行业的思想旗帜，根本任务是社会主义核心价值体系建设，弘扬的是"求实、团结、奉献、进取"的水文行业精神。省水文局把水文行业思想道德建设与水文文化建设有机结合，坚持不懈地以优秀文化思想引领风尚，不断创新思想政治工作载体。同时，加强水文文化交流，吸收借鉴一切优秀文化成果，努力培育"特别能吃苦、特别能忍耐、特别负责任、特别能奉献"的水文人的道德风尚。

2000 年，省水文局成立思想政治工作研究会，把水文文化建设纳入工作范畴，摆在全局工作的重要位置，坚持与业务工作同步部署推进。

2001 年，省水文局制定《关于思想政治工作责任制的规定》，健全和完善思想政治工作考核、报告、奖惩制度。健全完善全系统思想政治工作研究会组织网络，召开思想政治工作研究会第二届年会。

2003 年，驻省辖市水文局成立政研会，进一步加强和改进思想政治工作。

2007 年，袁建文撰写的论文《水文行业文化建设》在中国水利政研会第七学年组大会上交流，获优秀论文一等奖。省水文局完成水利部年度调研任务，获得中国水利职工思想政治工作研究会优秀政研成果二等奖。

2009 年 10 月，在全国水文政研会年度优秀论文评选活动中，省水文局潘涛、江海涛、袁建文撰写的《深入贯彻落实科学发展观 努力开创河南水文改革发展新局面》，王保昌、王伟撰写的《注重人文关怀和心理疏导 提升思想政治工作水平》，胡保平、张明贵撰写的《把握思想动态 构建和谐水文》等 3 篇论文分别获得特等奖、一等奖和三等奖。

2010 年，加强思想政治工作探索研究，先后组织全系统开展深入贯彻"大水文"发展理念、转变水文发展方式、社会主义核心价值体系建设、思想政治工作、水文化建设等专题研讨活动和水文行业文学征文活动，有 6 篇论文分获特等奖、一等奖、二等奖和三等奖。省水文局政研会被表彰为全国水利系统优秀政研会。

2012 年，省水文局组织召开"喜迎十八大"首届水文文化建设座谈会，制定《关于加强水文文化建设的实施意见》，构建水文文化建设体系。9 月，全国水文系统文化建设座谈会暨中国水利政研会水文组年会在山东青岛召开。省水文局提交的 4 篇调研论文分获一等奖、二等奖、三等奖。

2014 年，省水文局研究制定贯彻落实水利部《水文化建设规划纲要（2011—2020 年）》实施意见，把水文文化建设纳入河南省水文建设总体发展规划，提出水文文化建设要与水文工程建设、水文法律法规、群众性精神文明创建活动相结合的发展思路，推动水文文化建设健康有序发展。

第六节　水　文　服　务

随着经济社会的发展和对水资源开发利用及管理的需求，全省水文系统以国家和地方的重点建设项目为中心，开展水文监测、水文情报预报、水文分析计算和水质监测评价服务，对涉水工程进行水资源论证、防洪评价、水土保持方案编制等，基本形成以防洪减灾预测预报为中心、以水资源监测评价为重点、以水文数据库信息存储应用为基础的功能齐全的水文服务体系。水文已从主要为水利工程和防汛抗旱减灾服务，拓展到为农业、工业、交通、环保等领域及社会多方面服务。

一、抗洪减灾

水文情报预报服务的主要内容包括水情信息提供、危险水情或灾害报警、旱涝趋势分析、水文情势分析和水情咨询服务等。

据统计，因水文情报预报服务及时准确，洪水调度合理，使泥河洼滞洪区自 1955 年建成至 2000 年，安全启用 38 次，总滞洪水量达 20 多亿立方米，保证了漯河以下两岸堤防、铁路和城镇安全。洪河老王坡滞洪区自 1951 年修建后，累计滞洪 37 次，总滞洪水量 22 亿立方米，使每次超标准洪水都能得以安全下泄，基本保证了下游的堤防安全。

1975 年 8 月 7 日，薄山水文站在水库内外通信全部中断情况下，水文职工根据本站雨量、水位涨势，提前 16 小时预报水库要溢洪，提前 6 小时预报洪水将超过坝顶，实际结果 8 日 1 时 45 分库水位 122.36 米，超过坝顶 0.66 米，距防浪墙顶 0.34 米，由于提前预报准确、调度指挥正确，保住了大坝及下游宿鸭湖水库及人民群众生命财产安全。

2000年汛期，河南省豫北延津、原阳和封丘出现了千年一遇的特大暴雨，沙颍河、洪汝河、唐白河连续发生了多次大洪水，沙河支流干江河出现了1949年后仅次于"75·8"的大洪水，鸭河口水库出现建库后的最高水位，新乡、濮阳、郑州等市内涝严重，全省水文系统各职能部门为各级防汛部门及时提供了大量的水情信息及准确及时的洪水预报，当年挽回经济损失达15亿元。

2003年淮河出现1991年后的最大洪水，史灌河出现历史最高洪水位，黄河遭遇近50年来少有的秋汛，黄河两岸滩地发生了严重的洪涝灾害。为此各级水文部门发布洪水预报120次，水文减灾效益达7.33亿元。

2004年干江河、澧河发生的30年一遇的超标准洪水，水文部门提前10小时做出预报并建议泥河洼分洪，及时转移群众6万人，确保了漯河市、京广大动脉的安全，得到水利部的表扬和奖励。

2005年淮河干流、洪汝河相继出现大洪水，息县水文站提前24小时准确预测预报洪峰，为防洪调度赢得先机。南召县出现13小时降雨648毫米的局部山洪，水文预先报警，使5000名群众安全转移。

2007年淮河出现全流域特大洪水，水文测报预报及时准确，适时建议大型水库削峰蓄洪、老王坡蓄洪区两次分洪，为淮河干流王家坝分洪作出贡献。

二、水资源管理

随着经济社会的日益发展，水资源短缺、水环境污染的矛盾愈来愈突出，为水资源合理开发利用和有效保护，1975年开始逐年编制《河南省地下水通报》，1983年开始逐年编制《河南省水资源公报》。2002年，省水文局以2000年为基准年首次编制《河南省水资源保护规划报告》。2012年，为落实最严格水资源管理制度，加快水资源保护和河湖健康保障体系建设，按照水利部关于开展全国水资源保护规划编制工作的通知，编制《河南省水资源保护规划》。同年完成的还有《河南省淮河流域入河排污口布设规划》《河南省重要河流湖泊水功能区纳污能力核定和分阶段限排总量控制方案》，为河流湖泊水资源保护设置纳污红线。

（一）发布河南省地下水通报、水资源公报

1975年，省水文总站逐年编制《河南省地下水通报》，该通报每年发布三期，内容包括降水量、地下水动态、地下水蓄变量和开发利用前景预测。为及时反映地下水重大问题，还不定期发布通报。为抗旱和水资源保护、管理提供地下水动态情报服务。

1983 年，省水文总站逐年编制《河南省水资源公报》，主要有水资源量、蓄水动态、供用水量、水体水质、水资源管理等。为各级领导部门宏观决策和水资源管理工作提供水资源信息服务。

（二）河南省水资源管理指标细化指标方案

2011 年，按照省水利厅工作要求，省水文局开展《河南省取水许可总量控制指标方案》编制工作，并指导信阳、南阳、三门峡、洛阳试点市编制完成当地取水许可总量控制指标初步方案。

2013 年，省水文局编制完成《河南省水资源管理指标细化指标方案》，为河南省实行最严格的水资源管理制度提供技术支持。同年 12 月，省政府办公厅印发《河南省人民政府关于实行最严格水资源管理制度考核办法的通知》（豫政办〔2013〕104 号）。

（三）河南省水资源保护规划报告

2002 年，省水文局以 2000 年为基准年，在分析河南省地表水、地下水水质现状的基础上，分阶段提出河南省水资源保护规划目标，编制完成《河南省水资源保护规划报告》。

2012 年 9 月，规划报告确定了河南省水资源保护规划的依据和标准，对水资源和水功能区进行需求分析，对水资源质量进行合理评价，提出河南省地表水功能区划总体方案。在此基础上，利用水质水量模型，对纳污能力进行分析计算，提出入河污染物总量控制方案和水资源保护工程与非工程措施。

按照水利部《关于开展全国水资源保护规划编制工作的通知》（水规计〔2012〕195 号）和《全国水资源保护规划技术大纲》的要求，及省属四流域编制工作进度安排，省水文局启动《河南省水资源保护规划》编制工作，2014年 7 月完成报告编制，9 月通过省水利厅审查验收，并向水利部和四个流域机构提交规划报告。

《河南省水资源保护规划》对河南省水质现状、入河排污口、生态基流及敏感生态需水、水生态现状、饮用水水源地安全状况、地下水资源保护状况、水资源保护监测与管理等现状进行调查评价，识别水资源保护存在的主要问题，确定河南省水资源保护规划的总体布局和重点规划区域，提出规划的控制性指标和水质保护、水量保障、水生态保护与修复工程及非工程措施体系。

规划对构建河南省水资源保护与河湖健康保障体系，加强水资源保护工作的顶层设计，完善水利规划体系，促进水生态环境改善，保障饮用水源安全、水生态安全起到重要的技术支撑作用。

（四）河南省淮河流域入河排污口布设规划

2012 年，根据淮委水保局《淮河流域入河排污口布设规划工作大纲》

的要求，针对省辖淮河流域水资源和水污染特点，开展水功能区水质、入河排污口调查与监测，以省政府批复的《河南省水功能区划报告》为基础，依据水域纳污能力及限制总量控制要求，结合经济发展、产业布局及城镇规划，对省辖淮河流域提出禁止区、严格限制区和一般限制区的入河排污口设置总体布局，并对典型水域入河排污口提出整治措施。2012年年底完成《河南省淮河流域入河排污口布设规划》编制，并通过淮委水保局组织的专家验收。

（五）河南省重要河流湖泊水功能区纳污能力核定和分阶段限排总量控制方案

2011年10月，水利部印发《关于开展全国重要江河湖泊水功能区纳污能力核定和分阶段限制排污总量控制方案制定工作的通知》（水资源〔2011〕544号），为贯彻落实最严格的水资源管理制度，强化河南省水资源保护监督管理，2012年省水文局编制完成《河南省重要河流湖泊水功能区纳污能力核定和分阶段限排总量控制方案》，并于2013年2月通过省水利厅验收。

方案对河南省水功能区现状水质进行达标分析，现阶段水功能区实际纳污量进行统计计算，对于水质目标调整的和设计条件变化较大的水功能区进行现状纳污能力重点计算核定。具体分为河流纳污能力核定和湖库纳污能力核定，根据纳污能力复核结果，提出水功能区限制排污总量分解技术方案，对各水平年分省辖市进行合理性检验。

方案根据新形势下水资源保护限制纳污红线的要求，重新从严核定河湖水功能区水域纳污能力，制定分阶段限制排污总量控制指标。

（六）建设项目水资源论证

自2002年起，省水文局共编制完成火电厂、水电站、采矿、煤化工、航运、供水和水生态工程等近百项重点建设项目水资源论证报告。促进水资源的优化配置和可持续利用，保障了建设项目的合理用水需求。

2002年8月，省水文局首次开展建设项目水资源论证工作，编制的《洛阳首阳山电厂三期2×600万瓦扩建工程水资源论证报告》被收录入水利部建设项目水资源论证岗前培训教材，作为建设项目水资源论证报告编写范例在全国推广。

此后又编制完成各类建设项目水资源论证。

电厂改扩建工程类：三门峡火电厂二期扩建工程（2×600万瓦）、华能沁北电厂三期（扩建2×1000万瓦）工程、襄城坑口电厂一期2×600万瓦机组工程等20余项。

煤矸石综合利用工程类：华能郏县煤电有限责任公司1×300万瓦煤矸石

综合利用发电工程等 5 项。

尿素建设工程：鹤壁尿素建设工程。

钼矿采选工程：河南金达矿业有限公司商城县汤家坪（10000 吨每天）钼矿采选工程。

引黄工程：郑州市牛口峪引黄工程。

引水补源工程：许昌东区引水补源工程。

生态工程：豫北黄河故道湿地鸟类国家级自然保护区生态修复工程。

航运工程：沱浍河航运开发建设一期工程（河南段）、涡河航运开发建设工程（河南段）。

甲醇工程：鹤壁煤电股份有限公司年产 60 万吨甲醇工程。

蓄能电站工程：河南天池抽水蓄能电站工程。

煤矿工程类：河南天中煤业有限公司安里煤矿、安阳鑫龙煤业集团安阳大众煤业有限责任公司改扩建项目等。

（七）区域水资源调查评价

2004 年，洛阳水文局与河海大学合作，历时 3 年完成的《洛阳市水资源评价》，获 2004 年河南省水利科技进步一等奖。

2006 年，郑州水文局完成郑州市地表水资源调查评价报告编制。

2007 年，洛阳水文局开展洛阳市水资源开发利用调查评价工作，完成《洛阳市水资源保护规划》编制。

2008 年，省水文局与商丘水文局共同完成永城市水资源调查评价和水资源保护规划报告编制。

2012 年，南阳水文局编制完成南阳市地表水资源调查评价报告编制。

2013 年，平顶山水文局编制完成平顶山市地表水资源调查评价及水资源开发利用现状调查评价报告编制。

2014 年，省水文局开展全省引黄地区水资源评价计算。完成各县区多年平均降水量、地表水资源量、地下水资源量、水资源总量、水资源可利用量、不同保证率水资源特征值分析计算等成果。洛阳水文局开展完成《三门峡市水资源调查评价》。

河南省水资源调查评价成果，广泛应用于《河南省水中长期供求规划》《国家粮食安全生产工程河南省粮食核心区建设规划》《中原经济区建设规划》《河南省水利发展"十二五"规划》以及经济规划、生产建设、功能发挥、管理应用、生活安排、交通保障等领域中，为全省水利建设及工农业生产发展发挥重要作用。

三、水文效益

1. 水文资料

河南省由水文部门通过"整编、审查、汇编"刊印的各种水文资料，1949 年共 609 站年，1950—2014 年主要水文资料 7.32 万站年，中型水库 2283 站年，录入水文数据库资料 1150 兆字节；水化学、水质、水污染、水功能区质量监测采集的资料约 8500 站年；地下水埋深、水位、开采量、水温资料约 3.5 万站年。长期以来这些水文资料通过各级规划、设计、管理等部门发挥着不可估量的社会经济效益。

2. 雨水情报

据统计，中华人民共和国成立 65 年来，全水文系统共接收转发雨水情信息情报 333 余万份，累计整理防汛数据 3.66 亿组，发布水情预报 8550 余站次，实现减灾效益近 200 亿元。

3. 水文综合经济效益

水文服务综合效益反映在多方面，具有时效性、双重性、广泛性和重复性。水文经济效益与水文工作测报手段、通信设施及水文资料积累有关。联合国气象组织（WMO）提出水文效益系数占水利工程总效益的 10%～30%，按 10%计算水文效益，经统计 1950—2000 年，减免洪涝灾害损失的水文经济效益达 50.81 亿元，年平均效益为 1.04 亿元。减免旱灾损失按灌溉工程效益的 5%，粮食平均产量抗旱效益的 3%估算，减免旱灾损失的水文经济效益为 25.3 亿元，年平均 0.53 亿元。1950—2000 年，水文工作在水资源开发利用和管理方面的经济效益年均达 0.51 亿元。

据省水利设计院《河南省 40 年来水利经济效益计算》的结果，全省 1950—1987 年水利经济效益为 702 亿元，1988—1999 年为 704 亿元，合计 1950—1999 年为 1406 亿元。

四、技术咨询和综合经营

1984 年 2 月，全国水文工作会议首次提出"在完成本职工作的同时，探索其他经营途径"。11 月，省水文工会成立河南省水文职工郑州技协服务部，各水文分站也先后成立自己的水文技术咨询服务机构。全省水文系统水文技术咨询、多种经营工作广泛开展。

1988 年 10 月 11—14 日，全国水利系统水文综合经营工作会议在郑州召开，动员、部署水文系统广泛开展水文综合经营工作，号召鼓励自主创收，以弥补事业费的不足和提高水文职工福利。部水文司成立全国水文综合经营领导小组，推动全国水文综合经营工作。10月17日，省水文总站邀请部水文司全国水文综合经营领导小组成员、司长胡宗培、山西省水文总站主任张履声、黑龙江省水文总站牡丹江大队劳动服务公司经理张培亚，在省水文总站机关职工大会上介绍开展综合经营工作的经验，借以推动全省水文综合经营工作。

1990年4月24—26日，部水文司在洛阳召开全国水文咨询服务和综合经营座谈会。会后，省水文总站把综合经营创收经济指标列入年度目标管理任务书，下达到各驻地市水文分站。各水文分站也给水文测站下达一定的综合经营经济指标任务。

1991年1月22日，水利部副部长王守强到河南检查工作，在省水文总站看望参加年终总结会的与会人员时强调指出，水文站工作条件、生活条件很艰苦，亟待解决问题很多，水文职工要搞好测报，当好尖兵，开展咨询服务，做好经营创收，改善职工生活。

1991年12月10—14日，全国水文站队结合工作会议在郑州山河宾馆召开期间，国家物价局吕福新博士在部水文司综合处处长王玉辉陪同下，邀请河南省物价局收费处领导就水文有偿服务收费标准问题进行座谈。

1992年9月，省水文总站和各驻市水文局分别获得水利部颁发的甲、乙级《水文、水资源调查评价资质证书》，明确水文技术服务范围、合法地位、资质等级，对开展水资源调查评价和水文情报预报，水文分析计算等技术咨询创收发挥重要作用。

1993年1月15日，经省物价局、省财政厅、省水利厅豫价市字〔1993〕93号文批准，《河南省水利系统水文专业有偿服务收费项目及标准》颁布执行，使水文技术咨询服务有了收费标准和政策依据。

1995年9月2日，省水环境监测中心和7个分中心获得国家技术监督局颁发的计量认证合格证书。确立省中心和7个分中心进行技术咨询服务的合法地位和监测数据的法律效力。

1997年9月4日，经省水利厅豫水人劳字〔1997〕88号文批准省水文局机关增设综合经营科，专门负责全省水文综合经营工作。各勘测局也成立相应的综合经营机构。

2003年9月5日，省水文局获水利部颁发的甲级《建设项目水资源论证资质证书》，随后，有9个驻市水文局相继获得乙级资质证书。

1984年开展水文技术咨询服务和综合经营后，省水文系统围绕河南社会经济发展和水利工程建设，积极开展全方位、专业化的地形测量、水质监测、水文分析计算、防洪影响评价、建设项目水资源论证、水资源调查评价等各种水文技术咨询服务。省水文局编制的《洛阳首阳山电厂三期 2×600 万瓦扩建工程水资源论证报告》，被收入水利部水资源论证岗前培训教材，作为全国建设项目水资源论证报告编写范例进行推广；《岭南高速公路跨河工程防洪影响研究》获河南省科学技术进步奖三等奖。同时，因地制宜开展综合经营，各水文分站兴办服务业、加工业等经济实体，测站开展种植养殖业，全省水文综合经营创收效益稳步增加，较好地弥补了单位事业费的不足，提高了职工福利待遇。

2010 年，随着国家对全供事业单位经费预算和财务管理的政策调整，全省水文系统经营性活动全部停止。

第十二章

水 文 人 物

中华人民共和国成立后，河南省水文系统广大职工在防汛抗旱、生产科研及水文事业发展中作出突出成绩，一批先进单位和先进个人分别受到各级政府和有关部门的表彰和奖励。历年来受省部级表彰的先进个人 300 多人次，荣获全国及省部级以上劳动模范荣誉称号的 19 人次，全国及河南省五一劳动奖章获得者 19 人次，全国及河南省抗洪抢险模范 46 人次。享受国务院政府特殊津贴专家 5 名，省管专家 1 名，省学术带头人 5 名，教授级高级工程师 57 人。荣获"全国水利技术能手"称号 3 人，"全国水利技能大奖"2 人。

第一节 简 介

河南省水文系统广大职工在长期的防汛抗旱、生产科研及水文事业发展中作出了突出成绩，有 16 人荣获全国及省部级以上劳模荣誉称号，其中全国农业水利先进工作者 2 人，全国水利电力系统劳动模范 1 人，全国水利系统先进工作者 2 人，全国抗洪抢险模范 3 人，河南省劳动模范 5 人，全国五一劳动奖章获得者 3 人。特别是不畏牺牲，在特大暴雨洪水中为防汛抢险做出突出贡献的基层水文站站长孙明志，先后被授予全国水利系统特等劳动模范、全国先进工作者、河南省劳动模范等荣誉称号。

1980 年，河南水文体制上收省管后，历经徐荣波、王亚岭、王志芳、马骠骑、严守序、于新芳、邹敬涵、潘涛、杨大勇、原喜琴和李斌成 11 位主要负责人。

一、省部级以上劳模

李芳青，男，1931 年 1 月出生，河南省南阳市人，高级工程师。1950 年

3 月参加工作。历任新乡一等水文站副站长、安阳二等水文站站长，长期从事水文勘测工作。1952 年在嵩县水文站首创刀割式浮标投放器，改进后在省内外推广应用。1956 年 4 月水利部、中国农业水利工会筹委会授予其"全国农业水利先进工作者"称号，出席 4 月 17—25 日在北京举行的表彰大会，与会代表 24 日下午在中南海怀仁堂受到党和国家领导人的接见并合影。1956 年 9 月省政府授予其"河南省水利先进工作者"称号。

陈应祥，男，1931 年 4 月出生，河南省南禹县人，中共党员。1952 年 8 月在许昌水文分站参加工作，曾先后在孤石滩、昭平台水文站工作。1954 年 10 月省政府授予河南省治淮甲等劳动模范。1955 年 8 月 3 日在孤石滩水文站抢测特大洪峰中，浮标投掷器发生故障，他纵身跳入汹涌的波涛，游到河对岸排除故障，终于测到 4650 立方米每秒的洪峰流量。1956 年 4 月，水利部、中国农业水利工会筹委会授予其"全国农业水利先进工作者"称号，出席 4 月 17—25 日在北京举行的表彰大会，24 日下午与会代表在中南海怀仁堂受到党和国家领导人的接见并合影。1956 年 9 月，省政府授予其"河南省水利先进工作者"称号。1992 年 10 月 1 日在确山县病逝。

田龙，男，1933 年 7 月出生，湖南省保靖县人，土家族，中共党员，高级工程师，中专学历。1954 年 2 月毕业于武汉水利学校，被分配到省水文总站工作。曾先后担任省水文总站水情室主任、副总工程师、副站长。长期从事防汛水文情报预报工作，对河南省暴雨洪水规律做了大量分析研究，主编的《河南省防汛水情资料汇编》《淮河流域实用水文预报方案》等，成为全省防洪调度决策的常用技术资料，为防汛把控起到参谋作用。尤其在 1975 年 8 月特大洪水和 1982 年大洪水的抗洪斗争中，为正确防洪调度提供了科学依据，取得了显著的社会经济效益。1982 年 10 月和 1983 年 1 月分别被省政府授予"河南省抗洪抢险模范"称号和"河南省农业劳动模范"称号。1992 年 10 月经批准为享受国务院政府特殊津贴专家。

王志芳，男，1932 年 3 月出生，浙江省金华市人，中共党员，教授级高级工程师，大专学历。1952 年 9 月毕业于南京华东水利专科学校。曾先后担任信阳水文分站副站长、站长、省水文总站站长、总工程师。1955—1960 年，负责薄山水库水面蒸发等实验研究取得多项成果，列入水利部《水面蒸发观测规范》。1956 年 9 月省政府授予其"河南省水利先进工作者"称号。曾参与省水文总站组织的息县水文站《水文缆道自动测流、取沙技术》试验研究工作，该成果分别荣获 1978 年 3 月全国科学大会奖和 1978 年 5 月河南省科学大会奖。1968 年负责信阳地区水情预报，是年信阳大水提前 30 小时预报淮滨城关将淹没，避免全城两万多名群众和大量国家财产损失。1982年信阳大水，提前预报息县关店乡粮库将受淹，使700多万斤粮食免遭损失。1983年1月省政府授予其"河南省农业劳动模范"称号。

宋良璧，男，1938年8月出生，河南省安阳市人，中共党员，高级工程师，大学本科学历。1963年8月毕业于开封师范学院物理系，分配到省水文总站工作。曾先后担任省水文总站财务器材科科长、安阳水文分站站长和工会主席。从事水文工作30多年，70年代在洛阳陆浑灌区工程指挥部工作期间，主持过龙门吊装技术革新，曾多次被评为生产能手。曾先后获得全省水利、水文系统先进工作者、优秀共产党员、抗洪抢险模范、优秀教育工作者等荣誉称号40余次。1984年12月水电部授予其"全国水利电力系统劳动模范"称号。2012年2月26日在安阳病逝。

孙明志，男，1933年8月出生，河南省唐河县人，中共党员。1951年从事水文工作后，先后在唐河、泌阳、宋家场、半店和白土岗等水文站工作。在1986年6月26日的特大暴雨洪水中，他身先士卒，带领全站职工抢测洪峰。测洪过程中，测船被巨浪和大树击翻，船上3人先后被卷入激流，孙明志被洪水冲走50多华里，上岸后他带着满身伤痕，继续投入到测报工作中。在前后不到24小时内，他们先后向南阳、武汉等8个防汛部门拍发水情电报108份，向当地县、乡防指报告水情56次，使3300多名当地群众及时转移，脱离危险，为保卫国家财产和下游人民生命安全做出了突出贡献。1989年孙明志先后被授予"全国水利系统特等劳动模范""全国先进工作者""河南省劳动模范"称号。1991年7月3日在南阳病逝。

廖中楷，男，1950年10月出生，河南省息县人，中共党员。曾任息县水文站站长、工程师。1968年11月参加水文工作后，在历次迎战大洪水的战斗中，身先士卒，勇挑重担，带领全站职工，出色地完成各项测报任务，为领导科学决策提供可靠的依据，广受到领导和职工们的好评。1990年时任站长的息县水文站，被水利部评为全国先进水文站，1992年4月获得"全国抗洪抢险先进集体"称号。1992年4月全国总工会授予廖中楷"全国五一劳动奖章"。

王有振，男，1953年9月出生，河南省新密市人，中共党员，教授级高级工程师，1977年1月华东水利学院陆地水文专业毕业，大学普通班学历，曾任省水文总站水情科科长、省水文局副局长。1991年6—7月淮河上游发生中华人民共和国成立以来罕见的特大暴雨洪水，在这次范围广、强度大、持续时间长的特大暴雨洪水过程中，他作为水情科科长夜以继日地工作在水情工作岗位上，准确及时地为防汛指挥部门提供雨水情报、洪水预报，为保护人民的生命财产安全，夺取抗洪抢险斗争的胜利做出了突出贡献。1992 年 4 月国家防总、人事部、水利部授予其"全国抗洪抢险模范"称号。

艾昌术，男，1946 年 8 月出生，湖北省仙桃县人，中共党员。1978 年 8 月从部队转业到河南水文系统工作。1991 年 6—7 月信阳地区先后出现七次大的暴雨洪水，时任信阳水文分站党支部书记的艾昌术，不顾身患多种疾病，风里来，雨里去，奔赴在洪水最大的站点，他三下蒋集，两下息县、淮滨，多次到潢川，指挥水文测报工作，带领全体职工出色地完成水情测报任务。1992 年 4 月国家防总、人事部、水利部授予其"全国抗洪抢险模范"称号。

范厚克，男，1954 年 5 月出生，河南省固始县人，中共党员，曾任蒋集水文站站长。1977 年 4 月部队退伍后，先后在白雀园、蒋集等条件艰苦的基层水文站工作。他数十年如一日，工作中勇挑重担，事事处处干在前。特别是在抢测 1991 年史灌河流域特大洪水中，他不惧艰难，带领全站职工，出色完成各项水文测报任务，为防汛抗洪减灾做出了突出贡献，时任省长李长春到该站指导抗洪抢险工作时给予高度赞扬。1994 年 4 月被省政府授予"河南省劳动模范"称号。

闫寿松，男，1969 年 2 月出生，河南省辉县市人，中共党员，高级工程师，大学本科学历，新乡水文局副局长。1987—2000 年在峪河口水文站工作期间，面对艰苦的工作环境，先后徒步行程万余千米，勘测收集水文数据。在多年洪水暴发时，不顾安危，先后救出 7 名落水者。工作之余，为弥补大山深处师资不足，避免儿童失学，常年义务为当地学生授课，同时还为当地驻军补习文化课，使 6 名战士考上军校。他的事迹在全省水利系统巡回演讲时引起强烈反响。1995 年荣获"全国水利系统先进工作者""河南省十佳团员"称号，1997 年被授予"全国水利系统文明职工"称号。

李继成，男，1965 年 3 月出生，河南省信阳人，中共党员，信阳水文局测验科工程师。1986 年 9 月参加水文工作，先后在大坡岭、长台关、竹竿铺水文站及信阳水文局测验科工作。在抢测 1996 年竹竿河大洪水中，时任竹竿铺水文站站长的他身先士卒抢测洪峰，提前 15 个小时发布洪水预报，并及时通知镇政府组织 1.53 万名群众安全转移。在测站房进水一米多深的情况下，他坚守岗位，顽强拼搏，带领全站职工测得完整的雨水情变化过程，为防汛抗洪减灾做出了突出贡献。1997 年 4 月，省政府授予其"河南省抗洪抢险模范"称号。1998 年被水利部授予全国技术能手，是年省总工会授予其河南省五一劳动奖章。1999 年 4 月省政府授予其"河南省劳动模范"称号。

赵彦增，男，1963年出生，河南省登封市人，中共党员，教授级高级工程师，研究生学历，硕士学位。1987年7月河海大学水文与水资源工程专业毕业分配到省水文总站工作。曾任省水文局水情科科长、平顶山水文局党支部书记、局长，2012年调任省水文局站网监测处处长。他主持完成的水文科研成果，3项荣获省部级科技进步奖，2项荣获省水利科技进步一等奖，1项荣获全国水文预报技术竞赛优秀奖。在省级以上刊物发表论文9篇，主持完成36万字的《河南省防汛水情手册》编印工作。主编的《河南省防汛指挥系统工程信息采集系统》和《河南省防汛指挥系统工程决策支持系统》达40万字。2004年4月全国总工会授予其全国五一劳动奖章。

潘涛，男，1955年6月出生，河南省项城市人，中共党员，高级会计师，大学本科学历。1981年参加水文工作，先后担任财务科科长、副局长，2000年任省局党委书记。在担任财务科科长期间，曾多次被省水利厅评为全省水利系统内审、水利经济工作先进工作者。2003年4月，响应省委号召，在任职淮阳县驻村工作队总队长及牛寨村驻村工作队队长期间，为农民群众脱贫致富奔小康做出了突出贡献。2004年7月，省总工会授予其河南省五一劳动奖章，2006年4月全国总工会授予其全国五一劳动奖章。

范泽栋，男，1942年8月出生，河南省镇平县人，中共党员，大学本科学历，高级工程师。曾任南阳水文分站副站长、南阳水文局副局长、局长、党支部副书记等职。1964年毕业后分配到山高路险、交通闭塞，位于鄂豫陕三省交界处的荆紫关水文站工作，一干就是22年。1991年任局长后，狠抓落实，南阳水文局各项水文工作一直走全省水文系统的前列，连续11年被评为全省水文系统先进单位。2002年1月，水利部、人事部授予其"全国水利系统先进工作者"称号。

杨大勇，男，1959年1月生，四川省蓬安县人，中共党员，教授级高级工程师，大学本科学历，学士学位。曾先后担任郑州水文分站站长、省水文局局长。2007年7月，淮河遭遇自1954年后流域性特大洪水。在他的指导下，成功预报4个波次的大洪水。为2次启用老王坡滞洪区及王家坝蒙洼滞洪区分洪提供科学依据。7月9日夜，史灌河蒋集水文站在抢测洪水时测船、缆道、起点距索遭到严重破坏，情况危急。接到报告后，他立即指挥启动水文防汛抢险紧急预案，亲自带领抢险突击队连夜奔赴现场坐镇督战。他一边组织制订各种水文抢险方案，一边顶着狂风，迎着倾盆大雨，到恶浪扑袭的测船上现场指挥，并及时组织将毁坏的测流设备进行恢复，从而保证蒋集站测报工作的正常进行，确保汛情的及时上报。由于成绩突出，2007年12月被国家防总、人事部、解放军总政治部授予其"全国防汛抗旱模范"称号。

黄志泉，男，1957年11月出生，河南省淅川县人，中共党员，水文勘测技师。1980年12月参加工作，曾任荆紫关水文站站长。他三十多年如一日，以站为家，多次出色完成丹江河特大暴雨洪水的水文测报工作。2010年"7·24"特大洪水测报过程中，身先士卒，冒着生命危险跳入激流中消除安全隐患，带领全站职工克服重重困难，测到超过百年一遇的8790立方米每秒的特大洪水。并且在通信中断、道路被毁的情况下，克服种种困难，向县、乡防指传递雨水情，为防汛指挥部门及时转移5万多群众赢得宝贵的时间。2010年12月被国家防总、人社部和解放军总政治部授予"全国防汛抗旱先进个人"称号。2011年1月省人社厅授予其"河南省技术能手"称号。

王鸿杰，男，1966年1月出生，河南省郏县人，中共党员，教授级高级工程师，硕士研究生学历。1988年毕业于河海大学陆地水文专业，分配到许昌水文水资源勘测局，先后担任副主任、副局长、局长等职务；2004年7月任信阳水文水资源勘测局局长；2011年12月任河南省水文水资源局总工程师、党委委员。参加水文工作以来，一直扎根基层，爱岗敬业，勇于创新，率先垂范。先后有30多项科研成果通过验收，获得省级科技进步奖3项、水利科技进步奖36项。多次参加国家标准、地方标准、行业标准的编写，对8项水利行业标准进行了审查；入选国家科技奖评审专家库，参加国家科技奖网评。在国内首次提出了水文测验的创新理论"垂线平均流速分布模型"，为水文测验方式的改革、无人值守自动水文站的建设提供了理论基础，被写入水利行业标准《水文巡测规范》及国家水文局《中小河流水文监测系统测验指导意见》，在全国推广应用。由于成绩突出：1998年被水利部评为"全国水文系统先进个人"；2000—2002年、2007—2008年被评为"河南省直机关优秀共产党员"；2008年被河南省水利厅授予"河南省水利系统优秀专家"称号；2011年1月被河南省人民政府办公厅授予"河南省学术技术带头人"称号，4月被省总工会授予"河南省五一劳动奖章"，5月被省人社厅等5部门联合授予"河南省百名职工技术英杰"称号；2013年被省农委等十部门授予"首届河南十大三农科技领军人物"等称号。

二、领导干部

徐荣波，男，1922年10月出生，河北省武邑县人，1939年2月参加工作，是年加入中国共产党。1939年2月至1946年10月先后在武邑县八区、县委组织部、冀南分区等处任通讯员、干事、科员、组织委员、特派员等职

务；1946 年 11 月至 1947 年 12 月任豫皖苏区党委工作队分队长；1948—1954
年先后在尉氏、中牟、郑州地委工作；1956 年 3 月至 1972 年 6 月先后任省水
利厅机关党总支副书记，省水利厅勘测队书记、政委，省水利厅钢铁厂书记、
政委，三门峡市水利局局长、省农委工部秘书、省水利厅农田水利局副局长
等职。1972 年 7 月至 1983 年 11 月先后任省水文总站负责人、党委书记、站
长。2005 年 3 月 10 日在郑州病逝。

王亚岭，男，1931 年 3 月出生，河南省方城县人，中共党员。1949 年 8
月参加工作，1951 年 3 月入党。1952 年至 1964 年 12 月，先后在板桥水库建
设工程指挥部政工科、南湾水库建设工程指挥部人事科、省治淮总指挥部人
事科工作，曾任省水利第二工程总队人事科副科长；1965 年 1 月任省委监委
驻省水利厅监察组监察员；1978 年 8 月调回省水利厅工作；1979 年 10 月至
1989 年 7 月任省水文总站党委副书记、副站长、党委书记等职。1989 年 7 月
24 日在郑州病逝。

王志芳，男，1932 年 3 月出生，浙江省金华市人，中共党员，教授级高
级工程师，大专学历。1952 年 9 月毕业于南京华东水利专科学校。1952 年 9
月至 1955 年 5 月在石漫滩水文站工作；1955 年 6 月至 1961 年 10 月任薄山水
库工程科副科长；1961 年 10 月至 1964 年 3 月任信阳地区水科所副所长；
1964 年 3 月至 1978 年任信阳水文分站副站长，1979—1983 年任信阳水文分站
站长；1983 年 11 月至 1985 年 4 月任省水文总站站长，1985 年 5 月至 1992 年
10 月任省水文总站总工程师。

马骠骑，男，1933 年 9 月出生，河南省信阳市人，中共党员，高级工程
师，中专学历。1954 年毕业于淮委怀远水利学校陆地水文专业。1954 年 7 月
至 1957 年 4 月在薄山水文站工作；1957 年 5 月至 1981 年 7 月在省水文总站
工作；1981 年 8 月至 1989 年 4 月任省水文总站副站长，1989 年 4 月至 1993
年 5 月任省水文总站党委书记、站长；1993 年 5 月至 1993 年 9 月任省水文总
站站长、党委副书记；1993 年 9 月至 1993 年 12 月任省水文总站党委副书记。

严守序，男，1940 年 11 月出生，湖北省宜都县人，中共党员，高级工程
师，大专学历。1963 年毕业于湖北水利水电专科学校陆地水文专业。1964 年
1 月至 1985 年 4 月先后任省水利勘测设计院设计员、助理工程师、工程师等；
1985 年 5 月至 1989 年 1 月任省水文总站副站长、站长，1987 年 9 月挂职锻
炼，任新蔡县委副书记；1989 年 2 月调水利厅工管处。

于新芳，男，1939 年 10 月出生，河南省邓州市人，中共党员，工程师，
中专学历。1957 年 9 月至 1958 年 12 月任邓县水利局施工员；1959 年 1 月至

1961年7月在郑州水利学校学习；1961年7月至1963年7月国家困难时期学校放长假，在邓县丝林学校教书；1963年7月至1964年12月在郑州水利学校学习；1964年12月至1969年12月在省水科所土工室工作；1969年12月至1978年6月在省水利勘测设计院实验室工作；1978年7月至1984年2月在省水科所土工实验室工作；1984年3月至1987年7月任省水利厅办公室秘书；1987年7月至1993年5月任省水利厅人事劳动处副处长；1993年5月至1997年1月任省水文总站党委书记；1997年1月至2000年12月任省水文局党委书记。

邹敬涵，男，1940年4月出生，上海市人，中共党员，高级工程师，大学本科学历。1964年7月华东水利学院陆地水文专业毕业分配到部水文局工作。1964年7月至1972年7月为部水文局技术干部；1972年7月至1980年9月为淮委水利处技术干部；1980年9月至1985年5月任淮委工管处科长、副处长；1985年5月至1990年3月任淮委水情处副处长、处长；1990年3月至1993年8月任省水资办副主任；1993年9月至1997年1月任省水文总站站长；1997年2月至2000年12月任省水文局局长。

潘涛，男，1955年6月出生，河南省项城市人，中共党员，高级会计师，大学本科学历。1981年7月省供销学校会计专业毕业，1981年9月分配到省水文总站。1981年9月至1993年4月在省水文总站财务科工作，先后任副科长、科长；1993年4月至1997年1月任省水文总站副站长；1997年2月至2000年12月任省水文局副局长（1998年12月中央党校经济管理专业大学本科毕业）；2000年12月至2011年8月任省水文局党委书记（2002年7月清华大学水文水资源研究生班结业）；2011年8月任省水文局党委书记（副厅级）、副局长。

杨大勇，男，1959年1月出生，四川省蓬安县人，中共党员，教授级高级工程师，大学本科学历，学士学位。1982年7月成都科技大学陆地水文专业毕业分配到省水文总站工作。1985年12月至1988年3月任郑州水文分站站长；1988年3月至1989年4月任省水文总站办公室主任；1989年4月至1997年1月任省水文总站副站长；1997年2月至2000年12月任省水文局副局长（1994年11月至1998年3月到范县挂职锻炼，任科技副县长）；2000年12月至2011年8月任省水文局局长、党委副书记，2011年9月调省防办。

原喜琴，女，1957年8月出生，河南省卫辉市人，中共党员，教授级高级工程师，大学本科学历，学士学位。1981年12月郑州工学院水利水电工程专业毕业，1982年1月分配到省水利厅工作。1982年1月至1985年8月任省水利厅基建处技术员、科员；1985年9月至1987年9月到淮滨县挂职锻炼，任县水利局副局长；1987年10月至1988年9月任省水利厅办公室主任科员；1988年9月任省水利厅基建处副处长；1998年2月任省小浪底水利水电工程枢纽工程南岸引水口工程建管局常务副局长（调研员）；2000年任省水利水电工程质量监督站站长；2004年任省水利厅建设与管理处处长；2011年8月任省水文局局长（副厅级）、党委副书记。

李斌成，男，汉族，1964年1月出生，河南省封丘县人，本科学历，学士学位，中共党员。1986年7月郑州工学院农水专业毕业，分配到省水利厅工作。2000年10月至2010年4月先后任河南省水利厅农村水利处副处长、调研员（其间：2000年7月至2003年11月河南省内乡县挂职锻炼，任副县长；2005年7月至2008年7月援疆，任新疆阿克苏地区水利局副局长、党组成员）；2010年4月任河南省水利厅办公室主任；2015年10月任河南省水文水资源局党委书记（副厅级）。

第二节 名 录

河南水文职工在平凡的工作岗位上做出了不平凡的业绩，在国家、省级举办的各种水文工种劳动竞赛中获得多项优异成绩，在水文基础理论和科学试验研究中取得多项科研成果。一批先进单位和个人受到表彰和奖励，一批专业技术人员脱颖而出，成为享受国务院政府特殊津贴专家，河南省省管专家、河南学术带头人等。全省水文技术人员被评为教授级高级工程师61人，高级工程师205人，高级经济师19人，高级会计师8人，副研究馆员1人，高级技师2人。荣获"全国水利技术能手"称号的有3人，"全国水利技能大奖"获得者2人，"河南省技术能手"称号的有27人，"河南省技术创新能手"的有4人，"河南省技术标兵"的有5人，受省部级表彰的先进个人300多人次。为传承和弘扬这种"爱岗敬业、奋发进取"的精神，编制名录励志。

一、河南省水文系统享受国务院政府特殊津贴专家、国家防汛抗旱专家名录

河南省水文系统享受国务院政府特殊津贴专家、国家防汛抗旱专家名录见表12-2-1。

表 12 - 2 - 1　　　河南省水文系统享受国务院政府特殊津贴专家、
国家防汛抗旱专家名录

序号	专家称号	姓　名	职　称	授予单位	授予时间
1	享受国务院政府特殊津贴专家	田　龙	高级工程师	人事部	1992 年
2		陈宝轩			1993 年
3		张殿识			1993 年
4		郑　晖	教授级高级工程师	人事部	1998 年
5		王有振			2001 年
6		杨大勇			2007 年
7	国家防总防汛抗旱专家	王有振	教授级高级工程师	国家防总	2009 年
8		岳利军			2015 年

二、河南省水文系统省优秀专家、省学术带头人名录

河南省水文系统省优秀专家、省学术带头人名录见表 12 - 2 - 2。

表 12 - 2 - 2　　　河南省水文系统省优秀专家、省学术带头人名录

序号	专家称号	姓　名	职　称	授予单位	授予时间
1	河南省优秀专家	岳利军	教授级高级工程师	省委、省政府	1999 年 10 月
2	河南省跨世纪学术技术带头人	崔新华		省政府	1996 年
3	河南省学术技术带头人	赵彦增			2000 年
4		沈兴厚			2009 年
5		王鸿杰			2011 年
6		李永丽	高级工程师		2013 年

三、河南省水文系统省水利系统优秀专家名录

河南省水文系统省水利系统优秀专家名录见表 12 - 2 - 3。

四、河南省水文系统荣获省部级以上表彰先进单位名录（1956—2015 年）

河南省水文系统荣获省部级以上表彰先进单位名录（1956—2015 年）见表 12 - 2 - 4。

表 12 - 2 - 3　　　　河南省水文系统省水利系统优秀专家名录

序号	姓　名	职　称	授予单位	授予时间
1	郑　晖	教授级高级工程师	省水利厅	1996 年
2	杨正富	高级工程师		1996 年
3	翟公敏			1996 年
4	王有振	教授级高级工程师		1998 年
5	赵桂良	高级工程师		1998 年
6	李中原	教授级高级工程师		1999 年
7	崔新华			2001 年 6 月
8	何俊霞			2001 年 6 月
9	宋铁岭			2001 年 6 月
10	沈兴厚			2004 年 8 月
11	王鸿杰			2008 年 8 月
12	赵彦增			2008 年 8 月

五、河南省水文系统荣获省部级表彰先进个人名录（1954—2015 年）

河南省水文系统荣获省部级表彰先进个人名录（1954—2015 年）见表
12 - 2 - 5。

表 12 - 2 - 4　　河南省水文系统荣获省部级以上表彰先进单位名录

（1956—2015 年）

序号	荣誉称号	荣誉称号获得单位	颁奖单位	颁奖时间
1	全省先进单位	周口水文站	省人委	1956 年 9 月
2	全国农业水利先进单位	周口中心水文站	水利部，中国农业水利工会筹委会	1957 年 8 月
3	全国"学大庆、学大寨"英勇顽强、奋战特大洪水的标兵站	板桥水文站	水电部	1977 年 12 月
4	全国"学大庆、学大寨"英勇顽强、奋战特大洪水的先进雨量站	林庄雨量站		
5	全国水文系统先进集体	省水文总站水情室	水电部	1983 年 4 月
6	全国水利系统先进集体	省水文水资源局	人事部，水利部	2005 年 12 月

序号	荣誉称号	荣誉称号获得单位	颁奖单位	颁奖时间
7	河南省五一劳动奖状	白土岗水文站	省总工会	1987 年 1 月
		省水文局水情科		2003 年 3 月
		许昌水文局		2005 年 4 月
		省水文局		2009 年 3 月
8	省政府嘉奖令	白土岗水文站	省政府	1986 年 12 月
9	河南省先进集体	谭家河水文站		1989 年 8 月
10	全国水文系统先进单位	省水文总站水情室	水利部	1990 年 11 月
11	全国先进水文站	息县水文站，扶沟水文站，尖岗水文站，漯河水文站		
12	全国抗灾救灾先进集体	信阳水文分站	全国总工会	1991 年 10 月
13	全国五一劳动奖状	信阳水文分站		1991 年 10 月
		省水文局水情科		2003 年 4 月
14	1991 年全国水利系统抗洪抢险先进集体	息县水文站	水利部	1992 年 2 月
15	全国抗洪抢险先进集体	河南省水文总站	国家防总，人事部，水利部	1992 年 4 月
		息县水文站		
16	全国水文系统应用计算机整编存贮检索水文资料达标评比集体一等奖	省水文总站	部人劳司，部水文司	1993 年 3 月
17	全国先进水环境监测单位二等奖	省水环境监测中心	部水文司	1995 年 11 月
18	全国先进水环境监测单位三等奖	信阳水环境监测中心		
19	1995 年度防汛计算机网络建设先进单位	省水文局	国家防办	1996 年 1 月
20	国家水文数据库建设优秀单位		水利部	1996 年 4 月
21	国家水文数据库建设一等奖		部水文局，部人劳司	1996 年 6 月
22	河南省抗洪抢险先进集体	省水文局	省政府	1997 年 4 月
		何口水文站	省委，省政府	2000 年 9 月

序号	荣誉称号	荣誉称号获得单位	颁奖单位	颁奖时间
23	河南省职业道德建设先进单位	驻马店水文局	省委宣传部，省总工会，省经贸委	1999 年 3 月
		河南省水文水资源局		2001 年 2 月
24	河南省职工思想政治工作先进单位	南阳水文局		2000 年 12 月
25	河南省劳动竞赛先进单位	省水文局	省劳动竞赛委员会省总工会	2001 年 3 月
		信阳水文局		2005 年 4 月
26	全国水情工作先进单位	省水文局水情科	国家防办，部水文局	2001 年 4 月
				2005 年 4 月
27	河南省职工技协活动先进集体	省水文工会郑州职工技协服务部	省总工会	2001 年 10 月
28	河南省经济技术创新示范岗	省水文局水情科	省总工会，省经贸委	2003 年 3 月
		许昌水文局	省总工会，省发展改革委	2005 年 4 月
29	全国水利系统人事劳动教育先进集体	省水文局人事劳动科	部人劳司	2003 年 4 月
30	河南省青年文明号	平顶山水文局水文突击队	团省委	2009 年 12 月
31	全国重点流域重点卷册水文年鉴汇刊工作先进单位	省水文局计算信息室	部办公厅	2003 年 7 月
32	全国水资源调度先进集体	省水环境监测中心	部人劳司，部水资源司，国家防办	2004 年 2 月
33	全国水利系统办公室工作先进集体	省水文局办公室	部办公厅	2004 年 5 月
34	全国文明水文站	潢川水文站，班台水文站，鸭河口水文站，槐店水文站	部水文局，部文明办	2005 年 3 月
35	全国先进报汛站	官寨水文站，蒋集水文站	国家防办，部水文局	2005 年 4 月
		鲇鱼山水文站		2009 年 3 月
		李青店水文站	国家防办	2011 年 3 月
36	海河流域入河排污口调查先进集体	安阳水文局	海委	2005 年 6 月

续表

序号	荣誉称号	荣誉称号获得单位	颁奖单位	颁奖时间
37	首届河南省机关事业单位技术工人技能竞赛水环境监测工决赛团体三等奖	省水环境监测中心	省人事厅，省总工会	2005 年 7 月
38	淮河流域入河排污口调查及监测工作先进单位	省水环境监测中心周口水环境监测中心	淮委	2005 年 10 月
39	全国水利系统优秀政研会	省水文局	中国水利职工政研会	2006 年 4 月
40	河南省五好团支部	平顶山水文局团支部	团省委	2006 年 4 月
41	全国水利科技工作先进集体	省水文局	水利部	2008 年 1 月
42	河南省工人先锋号	信阳水文局	省总工会	2008 年 2 月
		洛阳水文局		2009 年 2 月
		新乡水文局		2010 年 4 月
		南阳水文局		2011 年 4 月
43	全国干部人事档案工作目标管理一级单位	省水文局	中共中央组织部	2008 年 4 月
44	全国水文年鉴整汇编工作先进单位	省水文局	水利部水文局	2009 年 2 月
45	河南省模范职工小家	南阳水文局工会	省总工会	2010 年 5 月
46	全国水利系统模范职工小家	信阳水文局工会	中国农林水利工会	2010 年 9 月
		平顶山水文局工会		2012 年 9 月
47	全国水利行业群众体育先进单位	省水文局	中国水利体协	2011 年 1 月
		郑州水文局		2013 年 2 月
48	河南省五一巾帼标兵岗	省水文局水质监测室	省总工会	2011 年 3 月
		商丘水环境监测中心		2012 年 2 月
49	长江流域监测成果质量先进单位	省水环境监测中心	长江流域水环境监测网	2011 年 7 月
50	全国全民健身活动先进单位	省水文局	国家体育总局	2011 年 12 月
51	河南省第一次全国水利普查先进单位	省水文局站网监测处	省人社厅，省水利厅	2014 年 8 月

表 12－2－5 河南省水文系统荣获省部级表彰先进个人名录
（1954—2015 年）

序号	荣誉称号	荣誉称号获得者	颁奖单位	颁奖时间
1	河南省治淮劳动模范	甲等：陈应祥 乙等：杜世敬，张献瑞，颜世德，张永山，温启敬，刘显堂，王子模，朱勤耕等19人	省人委	1954 年 10 月
2	治淮劳动模范	杜世敬	淮委	1955 年
3	河南省水利先进生产者	孙双进，徐天德，颜世德，李富起，徐建业，刘春杰，鹿清州，朱国民，黄来申，罗福录，施云鹏，马骠骑，陈应祥，李芳青，王志芳	省人委	1956 年 9 月
4	河南省抗洪抢险模范	田龙，赵守章，颜世德，朱晓秋，徐建业，张允敏，栾铁山，王文义，张树航，沈善泉，张宗信，单仲和，王富春，王永来，席中林，朱富军，张卫东	省政府	1982 年 10 月
		岳利军，何俊霞，邹敬涵，张开森，王俊杰，朱玉祥，路云程，朱建军，陈淮颍，李振安，李继成，方和平，王林，李坤志	省政府	1997 年 4 月
		刘冠华，赵彦增，李进才，关玉新，和永场，程元书，郭国强，孙进喜，陈献，王为民，邱新安	省委，省政府	2000 年 9 月
5	全国水文系统先进个人	杨正富，席中林，郭学星，刘肃德（水池铺雨量站委托观测员）	水电部	1983 年 4 月
6	河南省优秀水文工作者	王景琴	省政府	1987 年 1 月
7	河南省五一劳动奖章	李继成	省总工会	1998 年 4 月
		田海洋		1999 年 1 月
		吕成全		2000 年 4 月
		梁静杰		2001 年 3 月
		许凯		2003 年 3 月
		潘涛		2004 年 7 月

续表

序号	荣誉称号	荣誉称号获得者	颁奖单位	颁奖时间
7	河南省五一劳动奖章	姚国锋	省总工会	2005 年 2 月
		王继新，游巍亭		2006 年 4 月
		韩枫		2007 年 4 月
		李家煜		2009 年 2 月
		陈莉，王鸿杰		2011 年 4 月
		王立军		2012 年 4 月
		郑仕强		2013 年 4 月
8	河南省优秀共青团员	王玉娟	团省委	1987 年 1 月
9	河南省临危不惧、忠于职守好青年年	陈献，梁青		1987 年 1 月
10	全国水文系统先进个人	谷培生，李春正，邢长有，黄柏富	水利部	1990 年 10 月
11	全国先进委托观测员	刘肃德（水池铺雨量站委托观测员），李进亭（周口地下水委托观测员），陈家三（林庄雨量站委托观测员）		
12	淮河正阳关以上流域水文自动测报系统建设先进工作者	杨正富	部水调中心	1992 年 4 月
13	全国水文系统应用计算机整编存储检索水文资料达标评比个人三等奖	张延杰	部人劳司	1993 年 3 月
14	河南省先进女职工工作者	叶耘	省总工会	1993 年 12 月
15	河南省科技战线巾帼建功杯	李玉兰	省科委，省妇联	1995 年 3 月
16	河南省十佳团员	阎寿松	团省委	1995 年 6 月
17	全国水利系统先进工作者	范泽栋	水利部，人事部	1995 年 9 月
				2002 年 1 月
18	全国民主管理积极分子	苏玉璋	全国总工会	1995 年 12 月
19	河南省工会积极分子	赵凤霞	省总工会	1995 年 12 月
20	全国水文宣传先进工作者	史和平	部水文司	1996 年 1 月

序号	荣誉称号	荣誉称号获得者	颁奖单位	颁奖时间
21	全国水利系统模范工人	郭有明，梁德来，李继成	水利部	1996 年 10 月
22	全国水利系统优秀干部	艾昌术		
23	河南省职工自学成才积极分子	殷世芳	省委宣传部，省经贸委，省科委，省教委，省人事厅，省劳动厅，省总工会	1996 年 11 月
24	河南省优秀职工	阎寿松	省委宣传部，省总工会，省经贸委	1996 年 11 月
		余金洲		2003 年 4 月
25	国家水文数据库建设先进个人	王继新，王景新	部水文局，部人劳司	1996 年 6 月
26	河南省群众生产保护先进工作者	史和平	省总工会	1996 年 12 月
27	河南省技术能手	郭有明，梁德来，李继成	省劳动竞赛委员会，省经贸委，省劳动厅，省总工会	1997 年 3 月
		田海洋，殷世芳，王玉娟	省总工会	1999 年 1 月
		梁静杰，陈丰仓，王继民		2001 年 3 月
		许凯，张利亚，张颖	省劳社厅，省总工会	2003 年 3 月
		田华，姚国锋，郑仕强，徐新龙	省劳社厅	2005 年 1 月
		韩枫，陈莉，苗利芳		2007 年 3 月
		汪立东，黄志泉	省人社厅	2011 年 1 月
		陈莉，魏磊，许静正		2011 年 5 月
		郑仕强，李家煜，陈宏国		2012 年 6 月
28	河南省职工自学成才奖	罗殿华	省委宣传部，省经贸委，省科委，省教委，省人事厅，省劳动厅，省总工会	1997 年 11 月
		郭有明		1998 年 9 月
		田华		2002 年 1 月

序号	荣誉称号	荣誉称号获得者	颁奖单位	颁奖时间
29	全国水利技术能手	李继成	水利部	1998 年 2 月
		郭有明		2005 年 5 月
		石政华		2006 年 12 月
30	全省文明家庭	李继成，严加卫	省总工会	1998 年 2 月
31	全国水文系统先进个人	王鸿杰，李继成	水利部	1998 年 4 月
		艾昌术，张福聚，张永亮		2002 年 3 月
32	河南省十佳职工	李继成	省委宣传部，省总工会，省经贸委	1998 年 4 月
33	全国水利系统文明职工	阎寿松	水利部	1999 年 2 月
34	河南省劳动竞赛优秀组织者	翟公敏	省劳动竞赛委员会，省总工会	2001 年 3 月
35	河南省百名职工技术英杰	韩潮	省总工会，省科技厅，省经贸委，省财政厅，省广电局	2001 年 4 月
		朱富军	省总工会，省经贸委，省科技厅，省财政厅，省乡镇企业局	2002 年 4 月
		张旭阳	省总工会，省发展改革委，省科技厅，省财政厅，省中小企业局	2006 年 4 月
		王鸿杰，胡成年	省总工会，省工信厅，省科技厅，省财政厅，省人社厅	2011 年 5 月
		陈宏立		2012 年 3 月
		贺旭东		2014 年 5 月
36	河南省张玮式职工	郭有明	省总工会	2001 年 4 月

续表

序号	荣誉称号	荣誉称号获得者	颁奖单位	颁奖时间
37	河南省新长征突击手	赵彦增	团省委	2001 年 4 月
		袁建文		2005 年 7 月
		李家煜		2009 年 4 月
38	河南省职工计算机技能比赛优秀选手	刘冠华，赵新强	省总工会	2000 年 10 月
		赵新强，常俊超，周珂，王丙申，陈宏立，游卫亭		2001 年 11 月
39	全国职工计算机知识普及应用活动先进个人	陈宏立	全国职工计算机知识普及应用活动组委会	2003 年 3 月
40	河南省优秀青年科技专家	王继新	省委组织部，省人事厅，省科协	2003 年 6 月
41	全国重点流域重点卷册水文年鉴汇刊工作先进个人	王景新，王增海	水利部办公厅	2003 年 6 月
42	全国水资源调度先进个人	沈兴厚	部人劳司，部水资源司，国家防办	2004 年 2 月
43	河南省技术创新能手	王丙申	省劳动竞赛委员会，省总工会	2004 年 3 月
		崔新华，赵新强	省总工会，省发展改革委	2005 年 4 月
		游巍亭		2006 年 3 月
44	首届河南省职工技术运动会组委会计算机项目决赛优秀评委	史和平，王骏，赵新强	首届河南省职工技术运动会组委会	2004 年 9 月
45	全国水文宣传优秀通讯员	史和平，於立新	部水文局	2005 年 3 月
46	全国水文标兵	赵彦增		
47	海河流域入河排污口调查先进个人	李向鹏，朱玉兰，蔡慧慧	海委	2005 年 6 月
48	淮河流域入河排污口调查及监测工作先进个人	尤宾，田海洋，臧红霞，杨沈丽，李玉兰	淮委	2005 年 10 月

序号	荣誉称号	荣誉称号获得者	颁奖单位	颁奖时间
49	全国水利技能大奖	姚国锋	水利部	2006 年 12 月
		徐新龙		2007 年 12 月
50	河南省三八红旗手	何俊霞	省妇联	2007 年 3 月
51	河南省环境保护工作先进个人	沈兴厚	省政府	
52	2003—2007 年"中原环保世纪行"宣传活动先进个人	付铭韬	省人大环资委,省委宣传部,省环保局,省新闻工作者协会	2007 年 12 月
53	全国水利科技工作先进个人	赵彦增	水利部	2008 年 1 月
54	河南省信息化工作先进个人	王骏	省政府信息办	2008 年 4 月
55	河南省建功"十一五"技术创新竞赛组织工作先进个人	唐新艳	省总工会,省工信厅,省科技厅,省财政厅,省人社厅	2009 年 4 月
56	河南省优秀共青团员	张景公	团省委	2010 年 5 月
57	河南省技术标兵	陈莉,魏磊,许静正,黄清,祝康	省劳动竞赛委员会	2010 年 12 月
58	全国水利系统人才工作先进个人	禹万清	水利部办公厅	2012 年 5 月
59	全国水利系统财务工作先进个人	郭德勇		
60	河南省五一巾帼标兵	衣平	省总工会	2013 年 2 月
61	"雏鹰杯"首届河南十大三农科技领军人物	王鸿杰	河南日报报业集团,省委农办,省农业厅,省水利厅,省林业厅,省畜牧局,省教育厅,省农科院,团省委,省妇联	2013 年 3 月
62	河南省第一次全国水利普查先进个人	余玉敏,岳利军,罗晓丹,赵彦增,越飞,韩潮,程艳涛	省人社厅,省水利厅	2014 年 8 月

六、河南水文系统教授级高级工程师技术职称人员名录

河南水文系统教授级高级工程师技术职称人员名录见表12－2－6。

表 12－2－6　河南水文系统教授级高级工程师技术职称人员名录

序号	工作单位	姓　名	性别	文化程度	任职资格取得时间
1	省水文局	周玉醴	男	本科	1989 年 8 月
2	省水文局	王志芳	男	大专	1989 年 8 月
3	省水文局	郑　晖	男	本科	2000 年 12 月
4	省水文局	王有振	男	大普	2000 年 12 月
5	省水文局	王靖华	女	大普	2003 年 12 月
6	省水文局	岳利军	男	本科	2005 年 12 月
7	省水文局	沈兴厚	男	本科	2005 年 12 月
8	省水文局	郭金巨	男	大普	2006 年 12 月
9	省水文局	李中原	男	本科	2006 年 12 月
10	省水文局	何俊霞	女	本科	2006 年 12 月
11	省水文局	赵彦增	男	本科	2007 年 12 月
12	省水文局	赵新智	男	本科	2008 年 12 月
13	省水文局	王　骏	男	本科	2008 年 12 月
14	省水文局	崔新华	男	本科	2009 年 12 月
15	省水文局	王鸿杰	男	本科	2009 年 12 月
16	省水文局	彭新瑞	男	本科	2010 年 12 月
17	许昌水文局	袁瑞新	男	大普	2010 年 12 月
18	商丘水文局	刘　琦	男	本科	2010 年 12 月
19	周口水文局	郑连科	男	本科	2010 年 12 月
20	南阳水文局	胡成年	男	大专	2011 年 12 月
21	省水文局	郭周亭	男	本科	2011 年 12 月
22	驻马店水文局	范留明	男	本科	2011 年 12 月
23	开封水文局	宋铁岭	男	本科	2011 年 12 月
24	省水文局	杨明华	男	本科	2011 年 12 月
25	省水文局	郑　革	男	本科	2011 年 12 月
26	驻马店水文局	邱新安	男	本科	2011 年 12 月
27	省水文局	付铭韬	女	本科	2011 年 12 月

续表

序号	工作单位	姓　名	性别	文化程度	任职资格取得时间
28	南阳水文局	王　林	男	本科	2012 年 12 月
29	开封水文局	赵自建	男	大专	2012 年 12 月
30	郑州水文局	丁绍军	男	本科	2012 年 12 月
31	省水文局	原喜琴	女	本科	2012 年 12 月
32	新乡水文局	朱玉祥	男	本科	2012 年 12 月
33	南阳水文局	王立军	男	本科	2012 年 12 月
34	省水文局	王增海	男	本科	2012 年 12 月
35	焦作水文局	孙孝波	男	本科	2012 年 12 月
36	省水文局	殷世芳	女	本科	2012 年 12 月
37	省水文局	吕伯超	男	本科	2012 年 12 月
38	省水文局	田　华	女	本科	2012 年 12 月
39	省水文局	禹万清	男	本科	2012 年 12 月
40	省水文局	李　亚	女	本科	2012 年 12 月
41	洛阳水文局	朱富军	男	本科	2013 年 12 月
42	省水文局	黄　岩	男	本科	2013 年 12 月
43	南阳水文局	王庆礼	男	大普	2013 年 12 月
44	洛阳水文局	王长普	男	本科	2013 年 12 月
45	省水文局	郑立军	男	本科	2013 年 12 月
46	安阳水文局	白林龙	男	本科	2013 年 12 月
47	周口水文局	王景深	男	本科	2013 年 12 月
48	省水文局	杨　峰	男	本科	2013 年 12 月
49	省水文局	蔡慧慧	女	本科	2013 年 12 月
50	信阳水文局	尤　宾	男	本科	2013 年 12 月
51	商丘水文局	臧红霞	女	本科	2014 年 12 月
52	省水文局	张旭阳	男	本科	2014 年 12 月
53	省水文局	杨　新	女	本科	2014 年 12 月
54	省水文局	张红卫	男	本科	2014 年 12 月
55	平顶山水文局	朱文升	男	本科	2014 年 12 月
56	新乡水文局	王小国	男	本科	2014 年 12 月
57	漯河水文局	徐冰鑫	男	本科	2014 年 12 月
58	商丘水文局	陈顺胜	男	本科	2015 年 12 月

序号	工作单位	姓 名	性别	文化程度	任职资格取得时间
59	信阳水文局	李振安	男	本科	2015 年 12 月
60	信阳水文局	余卫华	女	本科	2015 年 12 月
61	南阳水文局	张 宇	男	本科	2015 年 12 月

七、河南水文系统高级技术职称人员名录

河南水文系统高级技术职称人员名录见表 12 - 2 - 7。

表 12 - 2 - 7　　　　河南水文系统高级技术职称人员名录

序号	工作单位	姓 名	性别	文化程度	任职资格取得时间
1	省水文局	邹敬涵	男	本科	1987 年 10 月
2	省水文局	蒋金才	男	大专	1987 年 12 月
3	省水文局	王 邺	男	本科	1987 年 12 月
4	省水文局	赵守章	男	本科	1987 年 12 月
5	省水文局	钟之刚	男	大专	1987 年 12 月
6	驻马店水文局	王功顺	男	本科	1987 年 12 月
7	省水文局	於 积	男	大专	1987 年 12 月
8	南阳水文局	施云鹏	男	大专	1987 年 12 月
9	省水文局	刘 颖	男	大专	1987 年 12 月
10	省水文局	田 龙	男	中专	1987 年 12 月
11	商丘水文局	王丕义	男	中专	1987 年 12 月
12	省水文局	张延杰	男	大专	1987 年 12 月
13	省水文局	孔令钦	男	本科	1987 年 12 月
14	省水文局	吕宗逮	男	本科	1987 年 12 月
15	驻马店水文局	沈锡江	男	本科	1987 年 12 月
16	省水文局	张 震	男	中专	1988 年 6 月
17	省水文局	李芳青	男	本科	1988 年 6 月
18	省水文局	江蓉美	女	本科	1988 年 6 月
19	省水文局	陈宝轩	男	大专	1988 年 6 月
20	安阳水文局	张开森	男	本科	1988 年 6 月
21	省水文局	杨正富	男	本科	1988 年 6 月
22	漯河水文局	朱国民	男	中专	1992 年 4 月

续表

序号	工作单位	姓名	性别	文化程度	任职资格取得时间
23	南阳水文局	沈兆璞	男	中专	1992 年 4 月
24	省水文局	马骠骑	男	中专	1992 年 4 月
25	周口水文局	魏宪昌	男	本科	1992 年 4 月
26	安阳水文局	宋雍孚	男	中专	1992 年 4 月
27	信阳水文局	张殿识	男	大专	1992 年 4 月
28	驻马店水文局	韩瑞武	男	大专	1992 年 4 月
29	省水文局	赵桂良	男	本科	1992 年 4 月
30	漯河水文局	聂树岗	男	大专	1993 年 2 月
31	省水文局	吴国泉	男	本科	1993 年 2 月
32	南阳水文局	吕照恩	男	大普	1993 年 2 月
33	驻马店水文局	田文俊	男	大专	1993 年 2 月
34	商丘水文局	白学立	男	本科	1993 年 2 月
35	南阳水文局	范泽栋	男	本科	1993 年 2 月
36	南阳水文局	王承宗	男	中专	1993 年 11 月
37	新乡水文局	钟海鹏	男	大普	1993 年 11 月
38	洛阳水文局	马正礼	男	中专	1993 年 11 月
39	省水文局	方基建	男	中专	1993 年 11 月
40	郑州水文局	王天苍	男	中专	1993 年 11 月
41	安阳水文局	宋良璧	男	本科	1993 年 11 月
42	郑州水文局	连国俊	男	中专	1993 年 11 月
43	安阳水文局	李忠	男	本科	1993 年 11 月
44	洛阳水文局	王友梅	男	本科	1994 年 11 月
45	省水文局	白振兴	男	本科	1994 年 11 月
46	省水文局	李玉兰	女	大普	1994 年 11 月
47	周口水文局	翟公敏	男	大普	1994 年 11 月
48	省水文局	王景新	女	大普	1994 年 11 月
49	商丘水文局	魏仅信	男	本科	1995 年 11 月
50	省水文局	季新菊	女	大普	1995 年 11 月
51	省水文局	赵凤霞	女	大普	1995 年 11 月
52	省水文局	赵莉	女	本科	1995 年 11 月
53	商丘水文局	李占甫	男	本科	1996 年 11 月

续表

序号	工作单位	姓　名	性别	文化程度	任职资格取得时间
54	南阳水文局	许新耀	男	大专	1996 年 11 月
55	省水文局	肖寿元	男	大专	1996 年 11 月
56	南阳水文局	陈玉荣	女	大普	1996 年 11 月
57	周口水文局	李娟荣	女	大普	1996 年 11 月
58	商丘水文局	孙供良	男	大普	1996 年 11 月
59	省水文局	史和平	男	大普	1996 年 11 月
60	信阳水文局	孙建荣	女	大普	1996 年 11 月
61	漯河水文局	梁春雪	女	本科	1996 年 12 月
62	省水文局	王智纲	男	本科	1998 年 12 月
63	郑州水文局	席献军	男	本科	2001 年 12 月
64	周口水文局	彭作勇	男	本科	2002 年 12 月
65	省水文局	郑瑞敏	女	本科	2002 年 12 月
66	省水文局	李四海	男	本科	2002 年 12 月
67	鹤壁水文局	汪孝斌	男	本科	2003 年 12 月
68	省水文局	周振华	男	本科	2003 年 12 月
69	省水文局	王　伟	男	本科	2003 年 12 月
70	漯河水文局	王线朋	女	大专	2004 年 12 月
71	漯河水文局	李渡峰	男	本科	2004 年 12 月
72	洛阳水文局	梁进安	男	本科	2005 年 12 月
73	三门峡水文局	张广林	男	本科	2005 年 12 月
74	郑州水文局	李国昌	男	本科	2005 年 12 月
75	濮阳水文局	李向鹏	男	本科	2005 年 12 月
76	信阳水文局	余卫华	女	本科	2005 年 12 月
77	南阳水文局	张武云	男	本科	2005 年 12 月
78	鹤壁水文局	赵天力	男	本科	2006 年 12 月
79	商丘水文局	张本元	男	本科	2006 年 12 月
80	周口水文局	张永亮	男	本科	2006 年 12 月
81	信阳水文局	上官宗光	男	本科	2006 年 12 月
82	平顶山水文局	连明涛	男	本科	2006 年 12 月
83	驻马店水文局	周广华	男	本科	2006 年 12 月
84	商丘水文局	陈顺胜	男	本科	2006 年 12 月

续表

序号	工作单位	姓　名	性别	文化程度	任职资格取得时间
85	省水文局	陈　磊	男	本科	2006 年 12 月
86	南阳水文局	田海河	男	本科	2007 年 12 月
87	濮阳水文局	王少平	男	本科	2007 年 12 月
88	信阳水文局	李振安	男	本科	2007 年 12 月
89	商丘水文局	郑华山	男	本科	2007 年 12 月
90	济源水文局	王丙申	男	本科	2007 年 12 月
91	洛阳水文局	薛建民	男	本科	2007 年 12 月
92	南阳水文局	李春正	男	本科	2007 年 12 月
93	省水文局	吴湘婷	女	研究生	2007 年 12 月
94	开封水文局	荣晓明	男	本科	2008 年 12 月
95	南阳水文局	郭清雅	男	本科	2008 年 12 月
96	商丘水文局	李西京	男	本科	2008 年 12 月
97	濮阳水文局	王苏玉	男	本科	2008 年 12 月
98	郑州水文局	韩庚申	男	本科	2008 年 12 月
99	省水文局	韩　潮	男	本科	2008 年 12 月
100	省水文局	越　飞	男	本科	2008 年 12 月
101	省水文局	林红雨	女	本科	2008 年 12 月
102	信阳水文局	薛运宏	男	本科	2008 年 12 月
103	焦作水文局	王冬至	男	本科	2008 年 12 月
104	信阳水文局	王玉振	男	大专	2009 年 12 月
105	郑州水文局	姚常慧	女	本科	2009 年 12 月
106	漯河水文局	赵恩来	男	本科	2009 年 12 月
107	漯河水文局	韦红敏	男	本科	2009 年 12 月
108	周口水文局	杨沈丽	女	本科	2009 年 12 月
109	信阳水文局	李　鹏	男	本科	2009 年 12 月
110	南阳水文局	张　宇	男	本科	2009 年 12 月
111	周口水文局	王琳菲	女	本科	2009 年 12 月
112	驻马店水文局	李德岭	男	本科	2010 年 12 月
113	省水文局	江海涛	男	本科	2010 年 12 月
114	洛阳水文局	李娟芳	女	本科	2010 年 12 月
115	周口水文局	陈守峰	男	本科	2010 年 12 月

续表

序号	工作单位	姓　名	性别	文化程度	任职资格取得时间
116	商丘水文局	王卫东	男	本科	2010 年 12 月
117	信阳水文局	杨州	男	本科	2010 年 12 月
118	濮阳水文局	杨瑞娟	女	本科	2010 年 12 月
119	开封水文局	张志松	男	本科	2010 年 12 月
120	省水文局	魏鸿	女	本科	2010 年 12 月
121	新乡水文局	闫寿松	男	本科	2010 年 12 月
122	信阳水文局	陈宏立	男	本科	2010 年 12 月
123	郑州水文局	于海霖	女	本科	2010 年 12 月
124	省水文局	王志刚	男	本科	2011 年 12 月
125	省水文局	宾予莲	女	本科	2011 年 12 月
126	驻马店水文局	邓新红	男	本科	2011 年 12 月
127	郑州水文局	陈淮颖	男	本科	2011 年 12 月
128	南阳水文局	陈学珍	男	本科	2011 年 12 月
129	漯河水文局	孔笑峰	男	本科	2011 年 12 月
130	安阳水文局	刘华勇	男	本科	2011 年 12 月
131	商丘水文局	张铁印	男	本科	2011 年 12 月
132	周口水文局	和永场	男	本科	2011 年 12 月
133	南阳水文局	包文亭	男	本科	2011 年 12 月
134	驻马店水文局	张松吉	男	本科	2011 年 12 月
135	许昌水文局	游魏亭	男	本科	2011 年 12 月
136	南阳水文局	冉志海	男	本科	2011 年 12 月
137	濮阳水文局	饶元根	男	本科	2011 年 12 月
138	省水文局	刘义滨	男	本科	2011 年 12 月
139	开封水文局	胡凤启	男	本科	2011 年 12 月
140	平顶山水文局	蔡长明	男	本科	2011 年 12 月
141	周口水文局	韩新庆	男	本科	2011 年 12 月
142	周口水文局	刘华	女	本科	2011 年 12 月
143	省水文局	常俊超	男	本科	2011 年 12 月
144	许昌水文局	焦迎乐	男	本科	2011 年 12 月
145	省水文局	李永丽	女	博士	2011 年 12 月
146	焦作水文局	唐军	男	本科	2012 年 12 月

序号	工作单位	姓名	性别	文化程度	任职资格取得时间
147	许昌水文局	黄振离	男	本科	2012 年 12 月
148	漯河水文局	刘爱姣	女	大专	2012 年 12 月
149	安阳水文局	曹瑞仙	女	本科	2012 年 12 月
150	驻马店水文局	丁志安	男	本科	2012 年 12 月
151	郑州水文局	李争	女	大专	2012 年 12 月
152	濮阳水文局	张少伟	男	本科	2012 年 12 月
153	安阳水文局	万贵生	男	本科	2012 年 12 月
154	漯河水文局	张春强	男	本科	2012 年 12 月
155	商丘水文局	王占峰	男	大专	2012 年 12 月
156	郑州水文局	赵轩府	男	本科	2012 年 12 月
157	开封水文局	郑烨	女	本科	2012 年 12 月
158	信阳水文局	李家煜	男	本科	2012 年 12 月
159	周口水文局	邵全忠	男	本科	2012 年 12 月
160	商丘水文局	吕忠烈	男	本科	2012 年 12 月
161	南阳水文局	徐金鹏	男	本科	2012 年 12 月
162	平顶山水文局	刘红广	男	本科	2012 年 12 月
163	南阳水文局	段金凤	女	本科	2012 年 12 月
164	濮阳水文局	王旭	男	本科	2012 年 12 月
165	驻马店水文局	李贺丽	女	本科	2012 年 12 月
166	平顶山水文局	左惠玲	女	本科	2012 年 12 月
167	省水文局	许凯	女	本科	2012 年 12 月
168	省水文局	刘冠华	男	本科	2012 年 12 月
169	省水文局	崔亚军	男	本科	2012 年 12 月
170	商丘水文局	周珂	男	本科	2012 年 12 月
171	周口水文局	李平	女	大专	2013 年 12 月
172	驻马店水文局	袁建华	男	本科	2013 年 12 月
173	许昌水文局	靳永强	男	本科	2013 年 12 月
174	省水文局	肖航	男	本科	2013 年 12 月
175	南阳水文局	许静正	女	本科	2013 年 12 月
176	安阳水文局	赵嵩林	男	本科	2013 年 12 月
177	南阳水文局	陈朝阳	男	本科	2013 年 12 月

续表

序号	工作单位	姓名	性别	文化程度	任职资格取得时间
178	平顶山水文局	彭博	男	本科	2013 年 12 月
179	新乡水文局	何长海	男	本科	2013 年 12 月
180	漯河水文局	刘焕阳	女	本科	2013 年 12 月
181	省水文局	李洋	男	研究生	2013 年 12 月
182	周口水文局	杨丹	女	本科	2013 年 12 月
183	安阳水文局	李连云	女	本科	2014 年 12 月
184	南阳水文局	康大宁	男	本科	2014 年 12 月
185	安阳水文局	郭双喜	男	大专	2014 年 12 月
186	济源水文局	王善永	男	本科	2014 年 12 月
187	安阳水文局	杨永芹	女	研究生	2014 年 12 月
188	驻马店水文局	马松根	男	本科	2014 年 12 月
189	平顶山水文局	周军亭	男	本科	2014 年 12 月
190	郑州水文局	孟春丽	女	本科	2014 年 12 月
191	周口水文局	李东俊	男	本科	2014 年 12 月
192	信阳水文局	张颖	女	本科	2014 年 12 月
193	省水文局	朱荣华	女	本科	2003 年 11 月
194	省水文局	史秀霞	女	本科	2005 年 12 月
195	洛阳水文局	于吉红	男	本科	2005 年 12 月
196	济源水文局	谢恒芳	女	本科	2006 年 12 月
197	省水文局	袁建文	男	本科	2006 年 12 月
198	郑州水文局	李秀菊	女	本科	2007 年 12 月
199	省水文局	於立新	男	本科	2007 年 12 月
200	郑州水文局	李智喻	男	本科	2007 年 12 月
201	南阳水文局	王中坤	男	本科	2008 年 12 月
202	信阳水文局	张明贵	男	本科	2009 年 12 月
203	省水文局	郭德勇	男	本科	2010 年 12 月
204	省水文局	崔杰	男	本科	2012 年 12 月
205	省水文局	衣平	女	本科	2014 年 12 月
206	周口水文局	魏志红	女	本科	2014 年 12 月
207	省水文局	杨霞	女	本科	2014 年 12 月
208	省水文局	潘涛	男	本科	2001 年 12 月

序号	工作单位	姓　名	性别	文化程度	任职资格取得时间
209	省水文局	於立平	女	本科	2003 年 12 月
210	济源水文局	吴庆申	男	本科	2005 年 12 月
211	省水文局	张东安	男	本科	2008 年 12 月
212	省水文局	唐新艳	女	本科	2009 年 12 月
213	省水文局	郭雅莉	女	本科	2009 年 12 月
214	新乡水文局	原玉辉	女	本科	2012 年 12 月
215	开封水文局	崔永霞	女	本科	2014 年 12 月
216	省水文局	王鸿燕	女	本科	2003 年 12 月
217	省水文局	韩　枫	男	本科	2015 年 12 月
218	省水文局	罗晓丹	女	本科	2015 年 12 月
219	省水文局	黄　建	男	本科	2015 年 12 月
220	省水文局	王　磊	男	本科	2015 年 12 月
221	省水文局	王松茹	女	本科	2015 年 12 月
222	南阳水文局	李文胜	男	本科	2015 年 12 月
223	南阳水文局	徐新龙	男	本科	2015 年 12 月
224	郑州水文局	李　霞	女	本科	2015 年 12 月
225	安阳水文局	王　伟	男	本科	2015 年 12 月
226	信阳水文局	熊太玲	女	本科	2015 年 12 月
227	信阳水文局	杨　俊	男	本科	2015 年 12 月
228	周口水文局	杨沈生	男	本科	2015 年 12 月
229	周口水文局	张云茹	女	本科	2015 年 12 月
230	许昌水文局	姚广华	男	本科	2015 年 12 月
231	郑州水文局	张贵芳	女	本科	2015 年 12 月
232	郑州水文局	赵新强	男	本科	2015 年 12 月
233	郑州水文局	蔡玲霞	女	本科	2015 年 12 月

第三节　因公（工）殉职人员

中华人民共和国成立后，河南水文系统共有 6 名职工因公（工）殉职，其中，1 名追认为革命烈士，1 名追认为模范共青团员。

张文超，男，省水文总站下派到信阳寨河水文站技术人员。1954 年 7 月

10 日在竹竿河上测量洪峰流量过程中，因打捞被风吹掉入河中的观测记录本时跌落河中牺牲，年仅 20 岁。后被息县县委追认为模范共青团员。

岳朝鲜，男，1961 年 8 月 14 日出生，白龟山水库上游白村水文站 4 时 30 分出现大水，入库流量 1560 立方米每秒。该站职工岳朝鲜在观测比降水位时，不幸失足落水遇难。

蔡金道，男，1932 年 11 月出生，中共党员，南湾水文站站长。1964 年 3 月 15 日，在水库溢洪道口闸门处驾木船测流，吊船索冲断，测船被吸入水中殉职。去世时仅 32 岁。

唐忠源，男，1942 年出生，湖南省浏阳县人。1965 年湖南水电学校毕业，分配到后会水文站工作。1973 年 7 月 28 日凌晨，湍河流域普降暴雨，河水陡涨，唐忠源、吴辉堂冒雨登上测船抢测洪峰。河中水高流急，唐忠源把仅有的一件救生衣让吴辉堂穿上。突然顺流而下的十几间工棚如同冰山直撞测船，船舵被撞坏，测船失去控制，船尾下沉，吊船索又被拉断，断开的钢索打在唐忠源的左腿上，胫骨骨折，鲜血直流。失控的测船被巨浪冲向下游，生死关头，唐忠源提醒吴辉堂抓紧测船。顷刻一排恶浪将小船吞没，冲到下游的吴辉堂被群众救起。几天后，唐忠源的遗体在下游 100 千米外的新野县魏湾被找到。去世时年仅 31 岁。事后内乡县委召开追悼大会，追认唐忠源为中共党员，并安葬于内乡烈士陵园。南阳地委追认他为革命烈士。

吕天祥，男，1940 年出生，1956 年加入共青团，1963 年毕业于开封师范学院物理系。1976 年 4 月 8 日到窄口水库水文站工作，4 月 23 日调任朱阳水文站负责人。1979 年 10 月 9 日，在架设报汛线路中，线杆断裂从线杆上坠落殉职。去世时年仅 40 岁。

丁金良，男，回族，1962 年 4 月出生，中共党员。2011 年 1 月 27 日，突发心脏病倒在工作岗位上，不幸去世，年仅 49 岁。丁金良参加工作 30 年来，多次被评为先进工作者和优秀共产党员。2011 年 4 月，驻马店水文局党支部、驻马店水文局发出向丁金良学习的决定。

附 录

水文管理重要文件与法规选辑

河南省水文条例

（河南省人民代表大会常务委员会公告第 50 号
二○○五年五月二十六日）

第一章 总 则

第一条 为了加强水文管理，促进水文工作，更好地为开发利用水资源、防治水旱灾害、保护水环境提供服务，根据《中华人民共和国水法》《中华人民共和国防洪法》等法律、法规，结合本省实际，制定本条例。

第二条 在本省行政区域内从事水文工作应当遵守本条例。

在本省行政区域内属于国家管理的水文事项不适用本条例。

第三条 省人民政府水行政主管部门负责全省的水文工作，其所属的省水文机构负责实施具体管理。

省辖市行政区域内的水文工作，由省人民政府水行政主管部门派驻的水文机构，在上级水行政主管部门和省辖市人民政府领导下负责管理。

第四条 省人民政府应当将水文事业的发展纳入国民经济和社会发展总体规划，所需经费应当纳入年度预算。

第二章 水文规划与建设

第五条 省人民政府水行政主管部门按照国民经济发展总体规划的要求，组织编制全省的水文规划，报省人民政府批准。

第六条 省水文机构应当根据全省的水文规划，组织编制水文专业规划，报省人民政府水行政主管部门批准。

水文专业规划应当与相关专业规划相协调。

第七条 全省的水文规划和水文专业规划经批准后，由省水文机构负责组织实施。

第八条 全省水文站网由省人民政府水行政主管部门按照国家和全省的水文规划组织建设，省水文机构实施管理。

第九条 水文测站的设立、迁移、改级、裁撤，由省水文机构报省人民政府水行政主管部门批准。

列入国家管理的水文测站的设立、迁移、改级、裁撤，按照国家规定办理。

第十条 大型水库、重点中型水库和重要水利枢纽的建设单位应当设立水文测站，并纳入全省水文站网管理，其建设费用由建设单位承担。

自建水文测报系统的水利工程管理单位，应当向有指挥调度权的人民政府防汛抗旱指挥机构和省水文机构报送水文信息，同时报所在地县级人民政府。

第十一条 因专门业务需要设立专用水文测站的，应当经省人民政府水行政主管部门批准。专用水文测站由设立单位或者其委托的水文机构建设和管理。

需要在基本水文测站增加专用监测项目的，由使用资料单位提出要求，水文机构组织实施和管理。

第三章 水文情报预报和监测

第十二条 水文情报预报实行向社会统一发布制度。

水文情报预报由县级以上人民政府防汛抗旱指挥机构按照国家和省有关规定向社会统一发布，其他单位和个人不得发布。

第十三条 省人民政府防汛抗旱指挥机构确定的承担报汛任务的测站，应当准确及时地向县级以上人民政府防汛抗旱指挥机构提供水文情报预报。

非省所属水文机构设立的水文测站，应当向当地水文机构提供水文信息。

第十四条 广播、电视、报纸、网络等新闻媒体，应当按照国家有关规定和防汛抗旱的要求，及时播发、刊登水文情报预报信息。

第十五条 进行水文监测，应当依照国家有关标准和技术规范实施。

水文机构设立的承担大气降水量、地表水、地下水、水质和土壤墒情等观测任务的水文测站，可以委托单位或者个人承担相应的水文监测任务。

第十六条 水文机构应当加强对水资源的动态监测，在出现水体受到污染等危及用水安全的情况时，水文机构应当跟踪监测，并及时报告所在地人民政府和有关部门。

水文机构开展水文水资源动态监测工作时，有关单位和个人应当予以配合。

第四章　水文分析计算与资料管理

第十七条　水文分析计算由取得相应资质的单位实施。全省和区域性的水文分析计算工作由省水文机构实施。

第十八条　省水文机构应当建立全省水文数据库，并负责全省水文资料的收集、整理和汇总、审定、储存工作，保证水文资料的完整性、可靠性、代表性、一致性。

基本水文资料应当按照国家有关规定予以公开。

属于国家秘密的水文资料，其使用范围和方式按照国家有关规定执行。

禁止伪造水文资料。

第十九条　下列活动所依据的水文资料，应当由水文机构提供或者经其审查：

（一）直接从江河、湖泊或者地下取水并需申请取水许可证的建设项目以及组织有关国民经济总体规划、城市规划水资源论证；

（二）开展水资源评价、防洪影响评价和重大建设项目水资源论证；

（三）水事纠纷处理、水行政执法活动；

（四）法律、法规规定的其他有关活动。

第五章　监测环境和设施保护

第二十条　水文观测用地由省人民政府水行政主管部门派驻的水文机构会同水文测站所在地人民政府有关部门合理确定，需要增加的用地，依法办理用地审批手续。

第二十一条　省信息产业部门应当根据水文工作应急要求，及时指配无线电频率，保障水文机构无线电频率正常使用。

水文机构使用的无线电频率、专用有线通信线路，任何单位或者个人不得挤占、干扰、破坏。

第二十二条　任何单位和个人不得侵占、毁坏或者擅自操作、移动水文监测设施。

第二十三条　水文测验河段的保护范围为水文基本测验断面上、下游各五百米和水文测量过河索道两岸固定建筑物外二十米以内区域；无堤防的河道，其保护范围为水文基本测验断面上、下游各五百米和两岸设计洪水位之间的区域。

第二十四条 在水文测验河段的保护范围内禁止下列行为：

（一）修建危害水文监测环境的建筑物、构筑物；

（二）种植影响水文监测活动的林木或者高秆作物，堆放物料等；

（三）从事影响水文监测和危害监测设施安全的爆破、打井、采石、取土、挖沙、淘金等活动；

（四）其他影响水文监测的行为。

第二十五条 确因国家或者地方重要工程建设需要在水文测验河段保护范围内修建工程设施，建设单位应当在工程立项前报省人民政府水行政主管部门审查并签署意见。

因前款工程建设需要迁移水文测站、水文测报设施或者采取其他补救措施的，所需费用及增加的运行费用由工程建设单位承担。

第二十六条 在水文监测断面、过河监测设备、观测场的上空架设线路的，应当征得水文机构的同意。

第二十七条 在通航河道中或者桥上进行水文监测作业时，应当设置明显标志，监测作业以外的船只、车辆应当减速行驶，注意避让。

第六章 法 律 责 任

第二十八条 违反本条例规定的行为，法律、行政法规有处罚规定的，从其规定。

第二十九条 违反本条例规定，有下列行为之一的，由县级以上人民政府水行政主管部门责令停止违法行为，限期恢复原状或者采取其他补救措施，并可按照以下规定处以罚款：

（一）擅自操作、移动水文监测设施的，处一千元以下罚款；

（二）在水文测验河段保护范围内种植林木或者高秆作物、堆放物料影响水文监测活动，拒不改正的，处五百元以下罚款；

（三）在水文测验河段保护范围内，从事影响水文监测和危害监测设施安全的爆破、打井、采石、取土、挖沙、淘金等活动的，处一千元以上五千元以下罚款；

（四）未经水文机构同意，擅自在水文监测断面、过河监测设备、观测场的上空架设线路的，处一万元以下罚款；

前款行为给他人造成损失的，依法承担赔偿责任；构成犯罪的，依法追究刑事责任。

第三十条 违反本条例规定，在水文测验河段保护范围内修建构筑物、建筑物或者未经批准擅自修建工程设施的，由县级以上人民政府水行政主管部门责令停止违法行为，限期拆除违法建筑物、构筑物、工程设施，逾期不拆除的，强行拆除，处一万元以上五万元以下罚款；确因国家或者地方重要工程建设需要而修建的工程设施，限期补办手续，逾期未补办手续的，处一万元以上五万元以下罚款。

第三十一条 水行政主管部门和水文机构的工作人员违反本条例规定，有下列情形之一的，由其所在单位或者上级主管部门给予行政处分；构成犯罪的，依法追究刑事责任：

（一）漏报、迟报、错报、瞒报重要水情信息；

（二）擅自提供未经审定的水文资料；

（三）丢失、毁坏或者伪造原始水文监测资料；

（四）利用职务上便利收取他人财物、牟取私利；

（五）其他滥用职权、玩忽职守行为。

第七章　附　则

第三十二条 本条例所称水文测站，是指在河流上或者流域内设立的，按一定技术标准经常收集并提供水文要素的各种水文观测现场的总称。

本条例所称水文监测设施，是指用于水文测报的仪器、标志、照明设备、通信设施、地下水观测井和水文巡测车船等。

第三十三条 本条例自 2005 年 10 月 1 日起施行。

河南省人民政府关于保护水文测报设施、
设备和测验场地的通告

（1984 年 10 月 30 日）

水文测报工作是国民经济建设事业的一项基础工作。为了保护好水文测报设施、设备和场地，使其在国民经济建设中发挥更好的作用，现根据有关规定，通告如下：

一、水文测验河段、观测设备、断面设施、测量标志、防汛料物、通信线路、备用电源、照明设备等，关系到测报精度和防洪安全，必须严加保护，不准破坏。

二、严禁任何单位和个人在测验河段的河床上挖土、捞沙、采石，倾倒土、石、垃圾。在水文测验河段附近修建水工建筑物、桥梁、码头等工程时要事先和水文站协商，在确保不影响水文测验精度的前提下，经省主管部门批准后，才能进行。

三、严禁在开荒、种植、修路、建桥、盖房或其他基建时，随意破坏水准标点、基线桩、断面桩、标志桩、水尺、电杆、钢架、钢丝索、锚座、过河的缆道、缆车、测船、桥测设备，气象观测场、机房、电源线等水文测报设备、设施和场地。

四、严禁侵占水文站的测验用地及其通路，任何单位和个人不准在上述场地上种地、种树、建房、开路、挖土、临时搭棚、修建厕所、建牲畜棚圈、挖穴埋葬、堆放笨重杂物或进行任何妨碍水文测报的活动。

五、水文工作人员必须严格遵守国家政策、法令和有关规章制度，坚守岗位，管好测报设施、设备和场地，同一切危害水文工作的行为作斗争。任何人不得干预和阻挠水文工作人员执行任务。

六、各有关部门要发挥自己的职能作用，对违反本通告的单位及个人进行劝阻，批评教育；对有意侵占测报场地、破坏或盗窃测报设备者，应视情节轻重依法惩处。

河南省人民政府关于加强水文工作的通知

（豫政〔2002〕5 号　2002 年 2 月 19 日）

各省辖市人民政府，省人民政府有关部门：

水文工作是国民经济建设和社会发展的一项基础性工作。多年来，我省的水文部门在防汛抗旱、水资源规划设计、开发利用、管理和保护等方面发挥了重要作用，为我省各级政府防汛机构的防汛决策指挥、水工程合理调度和抗洪抢险等工作提供了科学依据；为能源、交通等基础设施及国民经济和社会发展提供了大量的基础数据和资料，取得了显著的社会效益和经济效益。但是，目前我省水文测报基础设施及水文行业管理工作等与国民经济和社会发展的需要不相适应，为进一步加强水文工作，特作如下通知：

一、加强水文行业管理

省水文水资源局是在省水行政主管部门领导下行使全省水文行业管理的职能机构。负责实施水利部《水文管理暂行办法》（水政〔1991〕24号）、《水文水资源调查评价资格认证管理暂行办法》，对从事水文勘测、水文情报预报、水文分析计算及水资源调查评价的单位进行资格审查；负责向社会发布洪水预报；负责本省境内水文水资源监测站网的布局与规划、建设和调整工作；负责全省水文情报预报、水资源勘测评价、水文分析计算、江河湖库水质和入河排污口监测等水环境评价工作；负责水文资料的搜集、汇总、审定和裁决。凡未经审定的水文资料，不能作为各项建设规划、设计的依据。

各地要切实发挥水文部门的行业优势，支持水文部门充分行使行业管理职能。各水利工程管理单位及其他单位自建的水文监测站点及水文自动测报系统，应符合水文管理规范，纳入水文行业管理，承担水文报汛任务。在发放取水许可证，征收水资源费、水费和保护水环境的监督管理中，充分利用现有的水文站网、技术、资料优势，进一步发挥水文在水资源评价、新建取水工程的水源论证和环境影响评价、取排水计量、水环境监测和分析计算等方面的作用。各级防汛抗旱指挥机构要把水文部门作为成员单位。水文部门要进一步明确管理职能，加强行业管理，充分发挥职能作用。

二、加大投入力度，加快水文现代化建设步伐

根据国家计委、财政部、水利电力部《关于加强水文工作意见的函》（〔87〕水电水文字第2号）和水利部《关于加强水文工作的若干意见》（水文〔2000〕336号）的精神，省计划、水利部门要继续支持水文站网技术改造、水文勘测站队结合基地建设；财政部门要逐步增加水文事业发展经费，加快推广应用现代信息技术。要认真执行1999年财政部、水利部《特大防汛抗旱补助费使用管理办法》，按规定安排水文项目，保证水毁水文测报设施的及时修复。根据水资源管理和保护的具体任务和实际情况，从省、市、县收取的水资源管理费中安排一定的经费用于水文水资源监测与评价工作。根据中央制定的水文设备运行维护管理办法，省级财政要安排一定的水文设施维护管理经费。新建、改建、扩建水利工程时，应把水文设施的建设列入计划，同步实施。无线电管理部门应在国家无线电频率划分规定范围内，保证水文报汛电台使用的频率，免收频率占用费。供电部门应保证水文测报用电。严禁各部门对水文站进行各种不合理的摊派。

水文监测自动测报系统和水文信息化的基础建设，应纳入全省国民经济和社会发展规划，逐步实施。要积极引进和应用计算机网络、遥测、遥控等

技术，提高水文信息的传递和处理速度，加快水文信息化建设，不断提高水文现代化技术水平。

三、加强对水文测报设施的管理和保护

各级公安、水行政主管部门要依照《中华人民共和国水法》《中华人民共和国河道管理条例》《中华人民共和国防洪法》等水法规中关于保护水文设施的规定，继续认真落实《河南省人民政府关于保护水文测报设施设备和测验场地的通告》精神，对水文站的测验河段、测报设施、测量标志、观测场地、站房、道路和通信线路等，要严加保护，任何单位和个人不得侵占、毁坏和擅自移动。在水文设施保护范围内，禁止修建建筑物和种植有碍观测的植物，禁止取土、采石、挖沙、倾倒垃圾等。因工程建设需搬迁水文站或水文设施以及因其他建设影响水文站测报功能的，应事先征得水文部门同意，按规定报上级主管部门批准后方可实施，并由建设单位承担重建水文站及其设施的全部费用。

四、关心支持水文事业的发展

各级政府要充分认识水文工作在国民经济和社会发展中的重要地位和作用，重视并支持水文工作，将水文工作列入议事日程，切实加强对水文工作的领导；要关心水文职工的工作与生活，对水文部门的基本设施建设要在土地使用等方面给予优惠政策。对实行站队结合的职工，其居住地的公安机关应给予办理落户。水文部门要加强自身队伍建设，积极依靠地方政府，认真履行职责，搞好服务。

河南省人民政府办公厅关于加强水文测报设施保护工作的通知

（豫政办〔1994〕61 号　1994 年 11 月 11 日）

各市、县人民政府，各地区行政公署，省政府有关部门：

水文测报是搞好防汛抗旱工作的重要条件，是国民经济和社会发展的一项重要前期工作和基础工作。我省水资源紧缺，旱涝灾害频繁，水文工作十分重要。近几年，一些地方的水文测报设施和工作场地屡被盗窃、破坏，严重干扰了水文工作的正常进行。为切实解决这一问题，经省政府同意，特作如下通知：

一、水文测验河段、观测设备、断面设施、测量标志、防汛物料、通信线路、备用电源、照明设施和水文工作场所是准确测报雨情、水情，提高防

洪抗旱能力的重要基础设施，各地要严加保护。为做好水文测报设施和水文工作场地的安全防范工作，省政府于 1984 年 10 月 30 日发布了《关于保护水文测报设施、设备和测验场地的通告》，省水利厅于 1993 年 7 月 27 日发布了《河南省〈水文管理暂行办法〉实施细则》（豫水政字〔1993〕014 号），对水文设施的保护范围、内容都作了具体明确的规定，各地要按照上述文件精神，进一步抓好贯彻落实。

二、要依照有关法规，划定水文测验河段和水文设施保护区，落实保护措施。对水文测验河段和水文设施保护区内的所有违章建筑，包括各类违章生产经营活动，都要严加禁止，并限期清除；其他正常的生产经营活动，也不准毁坏和移动水文测报设施。如确需在水文测验河段和其他水文设施附近修建工程，或拆除、移动水文测报设施的，要事先征得当地水文部门同意，并经省水行政主管部门批准，方能开工实施。由此出现的水文设施加固、拆迁、购置和恢复费用，有关生产建设单位要予以赔偿，水文部门要抓紧组织施工确保及时投入运用。

三、各有关部门要发挥职能作用，维护好水文工作秩序。各级水文机构是同级水行政主管部门实施水资源管理和保护，负责提供防汛抗旱情报、预报的监测机构，要积极向驻地群众宣传保护水文测报设施的意义，坚决同危害水文测报设施的行为作斗争。任何单位和个人都要支持配合水文部门履行职责。各级公安部门对破坏、盗窃水文测报设施和危及水文人员安全的案件，要及时侦破，严厉打击犯罪分子。各级人民政府及水行政主管部门要加强对水文工作的领导，协调解决水文设施保护中出现的问题，促进水文事业健康发展。

河南省机构编制委员会关于省水利厅
调整机构的批复

（豫编〔1985〕84 号　1985 年 7 月 12 日）

河南省水利厅：

豫水人字〔1985〕041 号悉。同意你厅撤销基本建设处和计划财务处，设立计划基建处和财务审计处。

为加强全省水利资源管理，将原河南省水文总站改名为河南省水文水资源总站。

河南省机构编制委员会关于河南省水利厅直属事业单位机构编制方案的通知（节选）

（豫编〔1995〕51 号　1995 年 12 月 28 日）

河南省水利厅：

根据省委办公厅、省政府办公厅豫办〔1993〕25 号和省编委豫编〔1994〕23 号文件精神，《河南省水利厅直属事业单位机构编制方案》经省机构编制委员会办公室审核，已经省机构编制委员会批准，现通知如下：

……

十、保留河南省水文水资源总站，挂河南省水质监测中心牌子。主要任务：负责全省水文行业管理工作，承担全省防汛抗旱水文信息的采集传输处理，发布水情预报和地下水动态信息，负责全省水文监测自动化网络规划、建设及业务管理，负责全省的水资源调查评价以及水量、水质监测工作。规格相当于处级；事业编制 1095 名，其中机关编制 80 名，总站领导职数 6 名，经费实行全额预算管理。下设河南省南阳、信阳、许昌、驻马店、商丘、周口、洛阳、郑州、新乡、安阳、平顶山、开封、漯河、濮阳 14 个水文水资源站，规格相当于副处级，各站领导职数 2 名。

……

河南省机构编制委员会关于改变省水文水资源总站名称的批复

（豫编〔1997〕8 号　1997 年 1 月 31 日）

河南省水利厅：

豫水人劳字〔1996〕86 号请示悉。根据工作需要，经研究，同意将河南省水文水资源总站更名为河南省水文水资源局，原规格不变，保留河南省水质监测中心的牌子；将设在郑州、开封、洛阳、新乡、安阳、濮阳、许昌、漯河、南阳、平顶山、信阳、周口、商丘、驻马店的 14 个水文水资源站更名为河南省××水文水资源勘测局。机构规格不变。

此复

河南省机构编制委员会办公室关于省水质
监测中心更名的通知

（豫编办〔2009〕6 号　2009 年 2 月 6 日）

省水利厅：

《河南省水利厅省水质监测中心更名的请示》（豫水人劳〔2008〕53 号）收悉。根据工作需要，经研究，同意河南省水质监测中心更名为河南省水资源监测中心。仍与河南省水文水资源局一个机构、两块牌子。其他均不变。

河南省机构编制委员会办公室关于
在三门峡焦作鹤壁济源四市设立水文水资源勘测局的通知

（豫编办〔2010〕124 号　2010 年 4 月 30 日）

河南省水利厅：

《河南省水利厅在三门峡焦作鹤壁济源四个省辖市设立水文机构的请示》（豫水人劳〔2010〕26 号）收悉。为更好地落实《河南省水文条例》的有关规定，理顺管理体制，经研究，同意在焦作、鹤壁、三门峡和济源四个省辖市分别设立水文水资源勘测局，为河南省水文水资源局派出机构，机构规格相当于副处级，所需编制，由省水文水资源局内部调剂解决，核定领导职数各 2 名。

洛阳、安阳、新乡三个水文水资源勘测局不再承担上述四个省辖市水文水资源勘测任务。

河南省水文水资源局机构编制方案

（豫编〔2010〕65 号　2010 年 12 月 23 日）

为加强全省水文水资源管理工作，根据省委常委八届会议决定（第 286 号），省水文水资源局机构规格由正处级调整为副厅级，为省水利厅直属事业单位。按照精简、统一、效能的原则，确定省水文水资源局机构编制方案如下：

一、主要任务

（一）负责全省水文行业管理。起草全省水文行业管理的政策、法规，组织编制全省水文事业发展规划并监督实施。

（二）负责全省水文水资源站网的规划、建设与管理工作。组织实施全省水文行业技术规范和标准。

（三）组织实施并指导水文水资源监测工作。组织实施全省地表水、地下水的水量、水质监测；协调全省重大突发水污染、水生态事件的水文应急监测工作；组织实施水文监测计量器具检定工作。

（四）组织指导全省水文水资源的情报预报、监测数据整编和资料管理工作；组织实施水文调查评价、水文监测数据统一汇交、水文数据使用审定等制度。

（五）承担水文水资源信息发布有关工作，负责实施水资源调查评价；参与组织编制全省水资源公报，承担水质和地下水月报等编制工作。

（六）负责全省防汛抗旱的水文及相关信息收集、处理、监视、预警以及省内重点防洪地区江河、湖泊和重要水库的暴雨、洪水分析预报。

（七）负责水文信息网络、数据中心的建设和运行管理工作。

（八）依照有关行政法规承担水文测报设施保护工作。负责有关水事纠纷、涉水案件裁决所需水文资料的审定。

（九）承办上级有关部门交办的其他事项。

二、内设机构

河南省水文水资源局内设 8 个职能处室，即：办公室、组织人事处、计划财务处、站网监测处、水情处、水资源处、水质处、信息管理处（河南省水文数据中心），规格相当于副处级。

三、人员编制

省水文水资源局事业编制 1098 名，经费实行全额预算管理，其中局机关事业编制 113 名。

核定省水文水资源局领导职数 6 名，其中党委书记、局长各 1 名，为副厅级；副局长 3 名，总工程师 1 名，为正处级。内设处室副处级领导职数 8 名。

四、其他事项

（一）保留河南省水资源监测中心牌子，工作任务由河南省水文水资源局负责。原核定的 1 名处级职数维持不变。

（二）河南省水文水资源局下设郑州、开封、洛阳、平顶山、安阳、鹤壁、新乡、焦作、濮阳、许昌、漯河、三门峡、南阳、商丘、信阳、周口、驻马店、济源水文水资源勘测局，原定副处级规格和领导职数均不变。

关于河南省水利厅所属事业单位清理
规范意见通知（节选）

（豫编办〔2012〕211号　2012年6月13日）

省水利厅：

根据中央编办《关于开展事业单位清理规范工作的通知》（中央编办发〔2011〕24号）、《省委办公厅省政府办公厅关于开展全省事业单位清理规范工作的意见》（豫办〔2012〕1号）和《河南省事业单位机构编制管理办法》（省政府令第137号）有关规定，现将省水利厅所属事业单位清理规范意见通知如下：

一、调整的事业单位（略）

二、保留的事业单位

（一）河南省水文水资源局

河南省水文水资源局机构规格相当于副厅级，为省水利厅直属事业单位。

1. 主要任务

（1）负责全省水文行业管理。起草全省水文行业管理的政策、法规，组织编制全省水文事业发展规划并监督实施。

（2）负责全省水文水资源站网的规划、建设与管理工作。组织实施全省水文行业技术规范和标准。

（3）组织实施并指导水文水资源监测工作。组织实施全省地表水、地下水的水量、水质监测；协调全省重大突发水污染、水生态事件的水文应急监测工作；组织实施水文监测计量器具检定工作。

（4）组织指导全省水文水资源的情报预报、监测数据整编和资料管理工作；组织实施水文调查评价、水文监测数据统一汇交、水文数据使用审定等制度。

（5）承担水文水资源信息发布有关工作，负责实施水资源调查评价；参与组织编制全省水资源公报，承担水质和地下水月报等编制工作。

（6）负责全省防汛抗旱的水文及相关信息收集、处理、监视、预警以及省内重点防洪地区江河、湖泊和重要水库的暴雨、洪水分析预报。

（7）负责水文信息网络、数据中心的建设和运行管理工作。

（8）依照有关行政法规承担水文测报设施保护工作。负责有关水事纠纷、涉水案件裁决所需水文资料的审定。

（9）承办上级有关部门交办的其他事项。

2．内设机构

河南省水文水资源局内设办公室、组织人事处、计划财务处、站网监测处、水情处、水资源处、水质处、信息管理处（河南省水文数据中心）8个处室，规格均相当于副处级。

3．人员编制、领导职数和经费管理形式

河南省水文水资源局事业编制1105名，其中局机关事业编制120名；经费实行财政全额拨款。

河南省水文水资源局领导职数6名，其中党委书记、局长各1名（副厅级），副局长3名、总工程师1名（正处级）；内设机构副处级领导职数9名（含机关党委专职副书记1名）。

4．有关问题

（1）河南省水文水资源局保留河南省水资源监测中心牌子，原核定的1名处级领导职数维持不变。

（2）河南省水文水资源局下设郑州、开封、洛阳、平顶山、安阳、鹤壁、新乡、焦作、濮阳、许昌、漯河、三门峡、南阳、商丘、信阳、周口、驻马店、济源市18个水文水资源勘测局，机构规格均相当于副处级，领导职数各2名。

……

河南省水利厅关于水质监测工作归口管理的通知

（豫水政字〔1992〕018号　1992年7月24日）

各市、地水利局：

为进一步加强水资源的统一管理与保护，促进水资源的综合开发和合理利用，更好地为国民经济建设和社会发展服务，根据《中华人民共和国水法》《中华人民共和国环境保护法》《中华人民共和国河道管理条例》和水利部办公厅《转发湖北省水利厅关于水质监测工作归口管理的通知》要求，现将我省水质监测的有关规定通知如下：

一、县级以上人民政府水行政主管部门，要切实负起对水资源统一管理和保护的职责。对辖区内各水系、水库、引黄渠系的地表水及地下水环境现状，由水文部门进行调查、评价。负责辖区内入河（库、引黄渠系）排污口的水质监测工作，重点做好排污口的设置及扩大方面的工作，对水环境实施监督管理。

二、各级水文机构是同级水行政主管部门实施水资源保护的监测机构。水质监测是水资源管理和保护的重要基础工作。目前，我省河流水体污染十分严重，流经城市的河流更为突出，且地面水污染已影响到地下水，水质污染大大减少了可利用的水资源。各级水行政主管部门要认真履行《中华人民共和国水法》及政府赋予的职责，把水质监测、水资源评价工作提到议事日程。要按照田纪云副总理提出的"五统一、一加强"的要求，负责水质监测站点规划；地表、地下水的监测、调查、评价。定期发布水资源公报和预报，组织实施水监测分析、质量控制、考核、重大污染事故的调查、分析与研究，开展监测试验和科研工作。现有的水质分析室，要进一步充实设备，完善监测手段，负责规定区内的水质监测、调查、评估，为水质、水量的统一管理服务。

三、各级水行政主管部门对今后凡涉及取水、排水，向河道，水库、引黄渠系排污的排污口的设置和扩大以及有关的水事纠纷案件裁决等所需水量、水质资料，一律以水文部门提供的数据为依据。

四、关于水质监测方法、资料整编方法等工作，由省水文水资源总站归口管理。

有偿服务规定及办法按水利部有关规定执行。

以上规定请遵照执行。

河南省水利厅关于实行水文、水资源调查评价资格认证、审批制度的通告

（1992 年 9 月 28 日）

为了更好地开发、利用、保护和管理水资源，防治水害、保护环境，加强全省水文工作行业管理，为社会主义经济建设提供优质服务，根据中华人民共和国水利部《关于颁发〈水文水资源调查评价资格认证管理暂行办法〉的通知》要求，决定自 1992 年 9 月起在全省实行水文、水资源调查评价资格认证、审批。现将有关事项通告如下：

一、凡从事水文、水资源评价（包括地表水、地下水的水量、水质和水能的勘测、水文情报预报、水文分析和计算及水资源调查评价等）的单位，

必须经过资格认证取得《水文、水资源调查评价证书》（以下简称《证书》），才能承担规定范围内的水文、水资源调查评价工作任务。

二、发证条件：《证书》的发证条件：有按国家规定的权限、经主管部门批准成立水文、水资源调查评价工作机构的文件；有专门从事水文、水资源调查评价工作的固定职工组成的实体；有固定工作场所和一定的仪器设备；具有独立承担和完成水文、水资源评价工作的能力，有足够进行分析计算所需要的水文资料和法人资格。

三、认证内容：

1. 地表水、地下水水量、水质和水能的勘测资格；

2. 水文情报预报的资格；

3. 水文分析和计算及水资源调查评价的资格。

四、《证书》分为甲、乙、丙三级。分级的规定是：

甲级：按水文水资源专业配套法规、规范、标准，能独立承担和完成一个省、自治区、直辖市和一个大江大河流域或更大范围内的水文勘测、水文情报预报和水资源调查评价工作任务。

乙级：按水文水资源专业配套法规、规范、标准，能独立承担和完成一个地区、市和一个中等水系范围内的水文勘测、水文情报预报和水资源调查评价工作。

丙级：按水文水资源专业配套法规、规范、标准，能独立承担和完成一个县和一条中小河流范围内的水文勘测、水文情报预报和水资源调查评价工作。

五、审批权限：

1. 甲级证书由国务院水行政主管部门——水利部审批和颁发。

2. 我省乙、丙级《证书》由河南省人民政府水行政主管部门——河南省水利厅审批和颁发，同时报水利部备案。

六、申办手续：申请办理《证书》的单位，应提出书面申请并填写申请表，经主管部门签署意见，将书面申请与申请表报河南省水利厅。申请表格统一由水利部印制，申办单位可到河南省水文水资源总站领取。

七、管理与监督：

1. 水文、水资源调查评价单位所提供的有关资料和成果，必须加盖标有《证书》级别相批准编号的印章。审批颁发部门必要时审查其资格。

2. 1993年4月1日起，未取得《证书》的单位，不得进行水文、水资源调查评价工作。对违章者，水行政主管部门应予以制止，其资料和成果无效，不得使用。

3. 持有《证书》的单位，可组织或指导未获《证书》单位的水文、水资源专业人员，进行专项的水文、水资源调查评价工作。

河南省水利厅转发信阳地区成立水资源水质监测中心的通知

（豫水站字〔1992〕7号　1992年10月24日）

各市、地水利局：

为贯彻执行《中华人民共和国水法》，加强水资源的统一管理和保护，深化水利改革，信阳地区水利局经地区行署批准，成立了"水资源水质监测中心"，对本地区水量、水质实行归口管理。并通过地区技术监督局、物价局，办理了《技术考核合格证》和《收费许可证》，已对本地区30个单位的取水进行计量和38个单位的水质进行监测，并逐步扩大。

现予以转发，望参照执行。

附件：关于成立信阳地区水资源水质监测中心的通知

关于成立信阳地区水资源水质监测中心的通知

（信地水字〔1992〕32号　1992年8月27日）

各县水利渔业局、信阳市农经委，各有关单位：

为贯彻执行《中华人民共和国水法》和其他水法规，进一步加强水资源的统一管理和保护，落实国务院领导同志关于"统一管理水量、水质"的要求，适应我区水资源统一管理的需要，更好地为全区国民经济建设和社会发展服务。经行署批准，决定成立"信阳地区水资源水质监测中心"。该中心设在信阳水文分站，隶属于地区水资源管理委员会。具体负责全区取水许可管理中水质、水量的监测、核定。今后凡涉及取水、排水、向河道、水库、渠道排污的排污口的设置和扩大，以及有关水事纠纷案件裁决等所需水量、水质资料，一律以水资源水质监测中心提供的数据为依据。所需费用按有关规定由被检单位（或委托单位）承担。

水资源水质监测中心主任、副主任名单附后。

主　任：王志林（地区水利渔业局副局长）

副主任：艾昌术（信阳水文分站支部书记）

张殿识（信阳水文分站站长、高级工程师）

韩炎坤（地区水资源管理委员会办公室副主任）

河南省《水文管理暂行办法》实施细则

（豫水政字〔1993〕014 号　1993 年 7 月 27 日）

第一章　总　　则

第一条　水文工作是防汛抗旱的耳目，是开发水利、防治水害、保护环境等国民经济建设和社会发展所必需的重要基础工作与前期工作。为加强我省水文行业管理，根据《中华人民共和国水法》和水利部发布施行的《水文管理暂行办法》《水文水资源调查评价资格认证管理暂行办法》，结合我省具体情况特制定本实施细则。

第二条　凡在河南省境内从事水文勘测、水文情报预报、水资源调查评价与水文分析计算等活动的，均应遵守本细则。

第三条　省水行政主管部门是全省水文行业的主管机关。省水文机构负责实施具体管理。设在各市、地的水文机构承担指定范围内的水文行业管理工作，其主要任务是：

（一）贯彻执行《水文管理暂行办法》《水文水资源调查评价资格认证管理暂行办法》和本细则。

（二）承担辖区范围内水文站网、水文水资源勘测、水质监测、水文情报预报、水文分析计算、水资源调查评价、水文科研、水文科技教育及水文测报设施建设工作的归口管理，向各级政府和全社会提供优质水文服务。

（三）负责水文专业规划、计划的编制、报批和实施。

（四）负责辖区所有水文资料的审定、裁决和汇总管理。

（五）负责省水行政主管部门下达的其他水文行业管理工作。

第四条　水文工作要超前进行。水文规划要适应水利基础产业和社会发展的需要。全省水文专业规划，由省水行政主管部门组织编制，报省人民政府批准，并报水利部备案。省水文机构组织具体实施。

第五条　水文经费，按隶属关系根据不同情况由省和地方财政列支：

（一）水文事业费、水质监测费、水文站网技术改造费、新技术开发引进费、站队结合费、站房修缮费、前期工作费等，由省水利事业费中列支。

（二）水文基建是水利基建的一部分，每年在省水利基建费中划出一定数额的水文基建费。

（三）为防汛抗旱服务所需的水文报汛费，在省和地方防汛抗旱费中列支（包括自动测报系统管理运行费用、情报、预报发布及通信费等）。

（四）专为水资源管理和保护而进行的水资源调查评价、规划管理、水环境监测的费用，从省、地、市收取的水资源费中提取。

（五）全省地下水观测管理费由农水经费中列支，地下水观测员委托观测费由所在地、市、县小农水切块经费中列支。

（六）水文科研经费，由省科研经费中列支，地方性科研项目由地方财政列支。

（七）被水毁的水文测报设施修复经费，在省特大防汛费或水毁费中列支。

（八）为水库闸坝、灌渠、城市供水等工程服务的专用水文站的管理运行费，在工程收益中列支。

第六条 要努力提高水文工作的现代化水平，水文科研项目纳入省水利科研规划和计划，市、地水行政主管部门对同级水文科研工作要给以支持和帮助。

第七条 各级水文机构应执行国家和水利部颁发的各项水文技术标准，省水文机构可结合省内实际，制定相应补充规定，并监督实施。

第八条 省水行政主管部门对全省从事水文工作的单位实行资格认证制度，经过审查，取得水文工作资格认证书的单位，才能承担规定范围内的水文工作任务。水文工作单位资格审查认证制度的具体实施办法按水利部《水文水资源调查评价资格认证管理暂行办法》执行。

第九条 各级水文机构在完成上级下达的指令性任务外，实行有偿服务。具体收费办法按省物价局、财政厅、水利厅下发的豫价市字〔1993〕第093号文《河南省水利系统水文专业有偿服务收费项目及标准》的通知执行。

第二章 水 文 勘 测

第十条 水文勘测是水文的基础工作。内容包括地表水、地下水的水量、水质等项目的观测、调查和资料整编。

第十一条 水利部统一规划的国家基本水文站网由省水行政主管部门组织实施，省水文机构具体管理。

水文站的变更要经过充分的技术论证。国家基本水文站的迁移、改级、裁撤，一类站由省水行政主管部门提出，报水利部审批；二类站由省水文机构提出，省水行政主管部门审批，报水利部备案；三类站和基本站观测项目的调整、变更由市（地）水文机构提出，报省水文机构批准。测站类别划分标准按水利部划分标准执行。按省统一规划设置的地下水观测站和水质监测站的迁移、改级、裁撤需报省水行政主管部门审批。

第十二条 专为防汛、水资源管理和保护而需要增加或撤销的专用水文测站和在原测站上（含地下水观测站和水质监测站）增加的专用观测项目，由使用资料单位提出要求，省水文机构统一组织实施和管理，报省水行政主管部门备案。

为某种专门目的服务的专用水文测站的设立和撤销，由使用资料单位委托当地水文机构管理，报省水文机构备案，但不应与基本水文站网重复。

第十三条 专用水文测站或在基本水文站（含地下水观测站和水质监测站）为专用目的增加的观测项目，其基本建设、运行管理、大修折旧等费用由使用资料单位承担。

第十四条 兴建、扩建、改建和除险加固水利工程时，应尽量不影响国家基本水文站的监测、报汛设施。确因工程建设需要影响水文测报时，工程建设单位应将需迁移或新建的水文测报基础设施（水文测报设施、水文管理用房与生活用房等）建设投资列入工程基建计划，由水文机构负责按要求完成迁移或新建水文设施，以不贻误水文测报工作。

第十五条 国家基本水文测站和省水文机构指定的专用水文测站的水文资料，应按规定进行整编，并报送上级水文机构会审。水文勘测队的勘测资料，应按站队结合建设标准要求，编写《年度水文水资源勘测报告》报省水文机构会审。

第十六条 为工程管理需要，在建和已建的大、中型水库，大型排灌水闸、大型灌区、大型泵站，应新建或补建水文测报设施，并有专人从事水文测报工作。工程管理单位应按有关技术标准，加强水文测报的领导和管理。

第十七条 专用水文站和水工程的水文测报工作应纳入全省水文行业管理，接受有关水文机构的技术指导，参加由其主办的业务活动。

水工程观测的水文资料应按规定整编。专用站与水工程主管部门可以自行或委托有关水文机构进行，整编的水文资料经省水文机构审查后统一汇总管理。

第十八条 各级水文机构是同级水行政主管部门实行水资源管理和保护的监测机构。凡直接从地下或者江、河、湖、库取水的单位，在申领取水许可证前和领取取水许可证后，均由有管辖权的水行政主管部门委托的水文机构对其水量和水质进行监测与核定。在河道、湖泊和水工程内设置或扩大排污口，应由有关水文机构实施监测，报有管辖权的水行政主管部门同意后，方可实施。

第十九条　为保证水文资料的可靠性和成果的合理性，对下列资料实行审定制度：

（一）各类工程规划设计所依据的基本水文资料；

（二）进行水资源评价和水环境影响评价所依据的水文资料；

（三）水事纠纷、水行政案件裁决所依据的水文资料；

（四）重要的取水、排水的水量、水质资料和排污口设置、改建、扩建所依据的水文资料；

（五）对水文年鉴中的数据进行重要变更的水文资料；

（六）其他作为执法依据的水文资料；

（七）使用特大洪水调查资料。

审定工作由省水行政主管部门组织省水文机构会同有关部门进行。对使用的水文资料有争议时，在省辖范围内，由省水利厅负责裁决；跨省的，由有关流域机构或水利部指定单位负责裁决。

第二十条　除水利部或省水行政主管部门另有规定外，水文机构向其他单位所提供的水文资料，只供该单位使用；未经负责该项资料的水文机构同意，使用单位不得以各种形式将其转让、出版，或用于以营利为目的的活动。

第三章　水　文　情　报　预　报

第二十一条　防汛抗洪是全社会的任务，水文情报预报工作是防汛抗洪斗争的耳目和参谋，各级水文机构要实行单位行政领导负责制，水文测报人员实行防汛水情岗位责任制和部门目标责任制。

第二十二条　向各级人民政府防汛抗旱机构和水行政主管部门报告雨情、水情、墒情、地下水、水质、蒸发等情况的水文工作单位，由防汛抗旱机构或水行政主管部门统一规划，省水文机构具体组织实施，每年以《任务书》的形式下达。凡在《任务书》中规定任务的水文测站和水工程管理部门都应按要求做到"测得到、测得准、报得出、报得及时"。各级水文机构要加强对水情报汛工作的监督管理。

第二十三条　各级人民政府的防汛抗旱机构、水行政主管部门或其授权的水文机构，负责向社会发布水文情报预报，其他部门和单位不得发布。经指定的水文测站和持有水文情报预报认证许可的水文工作单位可以向有关部门发布情报预报。

各级水文机构应按《任务书》要求，及时向当地人民政府及防汛抗旱指挥部门、上级水文领导机构报告雨情、水情以及地下水、水质等。

各级水文机构编制的水文预报方案，必须经省水文机构审查通过后方可实施。

第二十四条　向各级人民政府防汛抗旱机构及《任务书》中规定的有关单位拍报水情，所需的通信设备建设与维修费，由省防汛抗旱机构会同有关部门予以解决。向《任务书》以外其他部门和单位报汛，其通信设备建设与维修费，由提出任务单位承担。

水工程管理部门兴建无线、有线通信设施或水文测报自动化系统设施时，应与水文机构向各级防汛抗旱机构的水情信息传递通道统一计划实施。

第二十五条　水文机构向各级人民政府防汛抗旱机构提供水文情报预报的报汛费，由省防汛机构解决。向其他企事业单位提供水文情报预报，实行有偿服务。

第二十六条　承担向各级人民政府防汛抗旱机构和水行政主管部门提供水文情报信息的农民委托观测员，水行政主管部门可报请当地人民政府批准免除其水利义务工。

第四章　水资源评价与水文计算

第二十七条　水资源评价的内容包括水资源总量、地表水和地下水的水量、水质分析及水资源问题的预测与对策等。

全省和跨市、地的水资源评价，由省水行政主管部门组织，省水文机构会同有关部门进行。地、市、县及局部范围的水资源评价，由提出任务的单位委托本地水文机构或取得《水文、水资源调查评价证书》的单位进行，报相应辖区的水文机构归口审核。

第二十八条　对水资源开发利用规划、水的长期供求计划、水资源保护规划及调水、供水方案等所依据的水资源评价成果，实施审定制度。全省范围或跨市（地）的水资源评价成果，由省水行政主管部门组织省水文机构审定。市（地）、县的水资源评价成果，由相应水行政主管部门会同当地水文机构组织审定。

第二十九条　工程规划设计、水文计算应充分使用已有的水文资料，保证计算成果可靠。水文计算成果，应按工程等级、管理权限报相应水行政主管部门组织持有"水文、水资源调查评价证书"的单位审定。属省、市（地）

管理的，由省市（地）水行政主管部门组织省、市（地）水文机构会同其他有关部门进行审定。

第五章 水文测报设施保护

第三十条 水文监测设施：标志、基点、场地、道路、照明设施、测船、缆道、报汛设施、地下水观测井，受国家保护。任何单位和个人不得侵占、毁坏和擅自使用、移动。

第三十一条 水文测报设施、房屋院落、观测场、专用道路、测验作业占地，由市（地）水文机构按照有关规定和实际情况，提出管理范围，报省水文机构审核后，向当地土地管理部门申办手续，由土地管理部门确认其使用权、核发证书。

水文测站的管理范围，任何单位和个人不得侵犯。

第三十二条 为了保证水文观测和情报工作的正常进行，保证观测资料的精度，根据部颁水文测验技术标准，市（地）水文机构按实际情况分别在测验河段、测验设施和气象观测场周围划定保护范围。测验河段的保护范围为测验河段上浮标投放断面或上比降断面的上游 20 米起，至下浮标断面或下比降断面下游 50 米止，两岸历年最高洪水位以下的土地和水域。

测验设备和气象观测场保护范围为气象场周围 30 米，测验操作室、自记水位计台、过河缆道的支架（拉）锚周围 20 米。上述保护范围由地市水文机构报经县或县以上人民政府批准。由水文测站在保护区界处设立统一的地面标志。

未经省水行政主管部门同意，严禁在划定的保护区进行下列活动：

（一）植树造林、种植高秆作物、堆放物料，修建房屋、码头、引、泄水建筑物或其他建筑物；

（二）在河段内取土，采石、淘金、挖沙、停靠船舶、建窑、埋坟、倾倒垃圾或其他废物；

（三）在水文测验过河设备、测验断面、气象观测上方架设线路、索道，埋设地下管道、电缆等；

（四）其他对水文测验作业或水文资料有影响的活动。

第三十三条 在保护区内，水文设施建立后，设置的妨碍水文测验及管理的障碍物，按照《中华人民共和国河道管理条例》第三十六条规定"谁设障谁清除"的原则，限期清除。逾期不清除的，报请防汛指挥部组织强行清除，并由设障者负责全部清障费用。

第三十四条　确因国家重大建设需要，在水文测验河段保护区内修建工程的，或在其上下游修建工程影响水文测验的，应征得省水行政主管部门同意。对向国家防汛总指挥部报汛的水文站，应报水利部批准。由此而需要迁移水文站站址或改建测报设施和管理设施的，迁移或改建的全部费用应由工程建设单位承担。

第三十五条　在通航河道中或在公路桥上进行水文测验作业时，应设置示警标志。其他过往船只、车辆应减速慢行，或绕道行驶。

第三十六条　水文工作人员必须坚守工作岗位，管好用好测报设施，向群众宣传保护水文测报设施的重要意义，坚决同一切危害水文测报工作的行为作斗争。发现偷盗、破坏侵犯行为应及时报告当地人民政府或司法机关进行查处，并同时报告上级主管单位。

第三十七条　水利公安干警要积极维护测报设施的安全和水文测报工作的正常进行，对偷盗、破坏、侵犯水文测报设施的事件，要及时会同地方公安部门侦破查处。

第六章　附　　则

第三十八条　本实施细则由省水行政主管部门负责解释。

第三十九条　本实施细则自发布之日起施行。

河南省水利厅关于加强水文工作的通知

（豫水办字〔1997〕25 号　1997 年 6 月 10 日）

各市、地水利（渔业、水保）局，厅属各单位：

水文工作是防汛抗旱的耳目，是实施水资源统一管理和开发利用、水环境保护、水工程规划设计和管理运用的基础性工作，是促进国民经济和社会发展的一项重要社会公益事业。中华人民共和国成立以来，特别是改革开放以来，我省水文事业不断发展。目前，全省已建成流量、水位、雨量、地下水、水质、蒸发、泥沙等各类水文监测站点 2300 余处、水情报汛站 400 余处，通过对水环境的监测，为我省国民经济和社会发展提供了优质服务。特别是在历年的防汛抗旱斗争中，水文系统运用已建立的水文测报站网，搜集传递水情雨情信息，及时准确地作出洪水预报，给各级领导指挥防汛抗旱提供决策依据，为减少洪涝干旱灾害损失，保护人民生命财产安全做出了重要贡献，取得了显著的社会和经济效益。

水文工作点多面广，分散偏僻，长期以来由于水文投入不足，造成技术装备陈旧落后、测报设施老化失修，水文职工的工作和生活条件较差，子女上学就业困难，影响了水文工作的正常开展和水文事业的稳定发展。为了进一步加强我省的水文工作，切实解决存在的问题，促进水文事业发展，更好地为我省经济建设服务，特作以下通知。

一、进一步明确水文行业管理职能

1. 各级水行政主管部门要认真贯彻落实《河南省〈水文管理暂行办法〉实施细则》和厅关于水质监测归口管理、取水许可水质管理等有关规定，积极支持和帮助水文水资源机构履行职责。各级防汛指挥机构要切实加强对防汛测报工作的领导和支持，驻市、地水文水资源机构领导应是驻地防汛指挥机构领导成员。水文水资源机构应积极完成水行政主管部门下达或委托的水量、水质监测和水资源公报等任务。各级水行政主管部门在实施水资源管理和保护工作中，要充分发挥水文水资源机构在水资源评价、水量计量、水质监测和分析计算等方面的作用。

2. 省水行政主管部门是全省水文行业的主管机构，省水文水资源机构负责实施水文行业管理工作。凡在本省境内从事水文勘测、水文情报预报、水文分析计算及水资源调查评价的单位，均应依据《河南省〈水文管理暂行办法〉实施细则》的规定，经省水文水资源机构资格审查，取得省水行政主管部门审批和颁发的《水文、水资源调查评价资格证书》后方可进行。

3. 各级水行政主管部门在审查流域性、区域性河道、水库等水利工程（包括取、排水工程）时，应充分考虑工程对上下游水文（位）站功能的影响，并征得省水文水资源机构的同意。其中撤迁国家管理的水文（位）站或其设施的，应报经国务院水行政主管部门批准。涉及撤迁其他水文（位）站或其设施的，建设单位应征得所驻市、地水文水资源机构的同意，报经省水行政主管部门批准。迁移或重建水文（位）站或其设施所需经费，由建设单位纳入工程建设总投资与工程同步实施。

二、完善和改进水文管理体制

4. 我省水文管理体制实行以省级管理为主的管理体制。在省统一管理的基础上，实行分类、分级管理相结合，以促进水文事业的发展。

5. 凡为中央和全省水利事业服务水文站网的各项经费，除争取中央部分投入外，主要由省级负担；凡主要和直接为市地、县服务的水文站网，所在市地、县水行政主管部门应在防汛经费、征收的水资源费等项经费中给予补助。

6. 大型水库水文站是直接为水库水情调度和工程运用管理服务的，在工作上实行水文水资源机构和水利工程单位双重领导。工程管理单位根据可能条件，对驻地水文职工在工作和生活上尽力给予支持。

7. 今后新建水文站点，或为专门目的而设立的专用站，要实行"谁需要，谁建设，谁管理，谁负担"的政策，也可委托水文水资源机构按有偿原则代为管理。

8. 各级水行政主管部门在编制水工程规划或新建、扩建、改建水利工程时，要符合水文规划的总体要求，需要新建、扩建和改建的水文站网应列入工程建设投资计划。流域性治理工程未考虑水文建设计划的，有关部门不予转报；区域性治理工程未考虑相应水文设施建设计划的，有关部门不予审批立项。

9. 进一步认真贯彻执行《河南省〈水法〉实施办法》《河南省人民政府关于保护水文测报设施、设备和测验场地的通知》和省政府办公厅《关于加强水文测报设施保护工作的通知》，保证我省水文测报工作的顺利开展。

三、建立多渠道的投入机制，增加水文经费投入

10. 防汛费、大型修缮费等工程经费中，要专项安排一定经费，用于水文情报预报和测报设施的修复以及交通、通信手段的改造和建设。

11. 为加强水文基础设施和重点水文站测报设施建设，根据国家计划委员会、财政部、水利电力部《关于加强水文工作意见的函》精神，在实施五年计划时，省级水利基本建设费中，要安排一定数额的投资，用于水文基本建设。

12. 各级水行政主管部门在安排水利事业费时，要积极争取同级财政部门对水文事业的支持。各级水行政主管部门要安排经费，用于地下水观测、主要河道水质动态监测和入河排污口监测。

四、强化内部管理，提高服务效能

13. 加快站网调整优化步伐，努力实现精兵高效。省水文水资源机构要积极推广运用先进的测报技术和手段，改进和完善测报方式，提高服务水平。

14. 加强财务管理，建立健全各项规章制度，确保水文投入发挥最佳效益。水文设施的改造和建设要严格按照基建程序办理。

15. 各级水行政主管部门要认真贯彻落实省物价局、省财政厅、省水利厅发布的《河南省水利系统水文专业有偿服务收费项目及标准》的通知精神，大力支持水文水资源机构积极开展水文专业有偿服务，积极发展水利经济，努力改善水文职工的工作和生活条件。

五、切实加强对水文工作的领导，建设一支高素质的水文职工队伍

16. 坚持"两手抓，两手都要硬"的方针，搞好水文队伍的两个文明建设。各级水行政主管部门要加强水文职工的政治思想教育和业务技术培训，坚持讲学习、讲政治、讲正气，努力使水文职工成为具有"团结、求实、进取、奉献"水文精神的社会主义"四有"新人。

17. 各级水行政主管部门要关心水文职工的工作和生活，帮助他们解除就医、子女就学和就业等困难，对水文职工家属、子女农转非等，要与当地职工同等对待。

18. 切实加强对水文工作的领导，把水文工作摆上水利工作的重要日程，列入工作目标，纳入"红旗渠精神杯"竞赛评比内容。市、地水行政主管部门应明确一位领导分管水文工作。市地、县水行政主管部门都要建立与驻地水文水资源机构联系制度，定期了解水文工作情况，切实解决存在的问题，保证防汛抗旱工作正常进行。驻市、地水文水资源机构要主动向同级水行政主管部门汇报工作，以取得各方面的领导和支持。

19. 各级水行政主管部门要加大水文宣传工作力度，使全社会更多地了解水文、理解水文，关心和支持水文工作。

20. 各级水行政主管部门要认真执行有关法规，依法搞好水文工作。加强水文测报设施保护，支持水文水资源机构完成水文测报保护区的确权定界、发证工作，使全省水文工作逐步走上法制化、现代化轨道，为我省国民经济建设和水利事业发展作出更大贡献。

河南省水利厅关于省水文水资源局机构编制方案的通知

（豫水人劳字〔1997〕88 号　1997 年 7 月 15 日）

省水文水资源局：

根据省编委《关于河南省水利厅直属事业单位机构编制方案的通知》（豫编〔1995〕51 号）和《关于改变省水文水资源总站名称的批复》（豫编〔1997〕8 号），河南省水文水资源总站更名为河南省水文水资源局，挂河南省水质监测中心牌子，规格相当于处级。按照"精简、优化、效益"的原则，确定职责任务、机构设置和人员编制如下：

一、主要任务

负责全省水文行业管理工作，承担全省防汛抗旱水文信息的采集、传输、处理，发布水情预报和地下水动态信息，负责全省水文监测自动化网络规划、建设及业务管理，负责全省的水资源调查评价以及水量、水质监测工作。

二、机构设置

省水文水资源局设置党委办公室、办公室、人事劳动科、财务审计科、测验科、水资源科、水情科、综合经营科、离退休职工管理科、工会、监察室、计算信息室、水质监测室等 13 个内设机构，规格相当于科级。

省水文水资源局下设信阳、南阳、驻马店、郑州、周口、安阳、新乡、平顶山、商丘、洛阳、许昌、漯河、濮阳、开封 14 个水文水资源勘测局，规格相当于副处级。

信阳、南阳、驻马店、郑州、周口、安阳、新乡、平顶山 8 个水文水资源勘测局设置办公室、人事劳动科、财务经营科、水情科、站网科、水资源科等 6 个内设机构，规格相当于科级；商丘、洛阳、许昌 3 个水文水资源勘测局设置办公室、人事劳动科、财务经营科、水资源科、技术科等 5 个内设机构，规格相当于科级；漯河、濮阳、开封 3 个水文水资源勘测局设置办公室、人事劳动科、财务经营科、技术科等 4 个内设机构，规格相当于科级。

三、人员编制和领导职数

根据豫编〔1995〕51 号文，省水文水资源局事业编制 1095 名，经费实行全额预算管理。局机构及各水文水资源勘测局编制和领导职数分别是：

局机关编制 80 名，处级领导职数 6 名，科级领导职数 28 名（含总工程师、副总工程师各 1 名），其中正科级不超过 14 名；

信阳水文水资源勘测局编制 145 名，局领导职数 5 名，其中副处级不超过 2 名，科室领导职数 11 名，其中正科级不超 6 名；

南阳水文水资源勘测局编制 125 名，局领导职数 5 名，其中副处级不超过 2 名，科室领导职数 11 名，其中正科级不超过 6 名；

驻马店水文水资源勘测局编制 122 名，局领导职数 5 名，其中副处级不超过 2 名，科室领导职数 11 名，其中正科级不超过 6 名；

郑州水文水资源勘测局编制 120 名，局领导职数 5 名，其中副处级不超过 2 名，科室领导职数 11 名，其中正科级不超过 6 名；

周口水文水资源勘测局编制 85 名，局领导职数 4 名，其中副处级不超过 2 名，科室领导职数 11 名，其中正科级不超过 6 名；

安阳水文水资源勘测局编制 70 名，局领导职数 4 名，其中副处级不超过 2 名，科室领导职数 11 名，其中正科级不超过 6 名；

新乡水文水资源勘测局编制 65 名，局领导职数 4 名，其中副处级不超过 2 名，科室领导职数 6 名；

平顶山水文水资源勘测局编制 60 名，局领导职数 4 名，其中副处级不超过 2 名，科室领导职数 6 名；

商丘水文水资源勘测局编制 57 名，局领导职数 3 名，其中副处级不超过 2 名，科室领导职数 7 名，其中正科级不超过 5 名；

洛阳水文水资源勘测局编制 48 名，局领导职数 3 名，其中副处级不超过 2 名，科室领导职数 6 名，其中正科级不超过 5 名；

许昌水文水资源勘测局编制 32 名，局领导职数 3 名，其中副处级不超过 2 名，科室领导职数 5 名；

漯河水文水资源勘测局编制 31 名，局领导职数 3 名，其中副处级不超过 2 名，科室领导职数 4 名；

濮阳水文水资源勘测局编制 30 名，局领导职数 3 名，其中副处级不超过 2 名，科室领导职数 4 名；

开封水文水资源勘测局编制 25 名，局领导职数 3 名，其中副处级不超过 2 名，科室领导职数 4 名。

各水文水资源勘测局设置总工程师、工会主席、监察员（兼职）。

河南省水利厅关于省水文水资源局调整理顺机构的批复

（豫水人劳字〔2004〕50 号　2004 年 8 月 2 日）

省水文水资源局：

你局《关于进一步理顺内设机构的请示》（豫水文〔2004〕44 号）收悉。为加强全省水文水资源管理和勘测工作，经研究同意：

一、机关事业编制 110 名，科级领导职数 31 名（含总工程师、总经济师、总会计师、团委书记、副总工程师各 1 名），其中正科级不超过 17 名。

二、设置焦作水文水资源勘测局，隶属关系不变，规格相当于科级，领导职数 3 名，其中正科级 1 名。

三、信阳、南阳、驻马店、郑州、周口、安阳水文水资源勘测局增设水质监测室，站网科更名为测验科，科室领导职数 14 名（含总工程师、工会主席、监察员各 1 名），其中正科级不超过 10 名；新乡、平顶山水文水资源勘测局增设水质监测室，站网科更名为测验科，科室领导职数 12 名（含总工程师、监察员各 1 名），其中正科级不超过 10 名；商丘、洛阳水文水资源勘测局增设水质监测室，技术科更名为水情测验科，科室领导职数 11 名（含总工程师、工会主席、监察员各 1 名），其中正科级不超过 8 名；许昌水文水资源勘测局增设水质监测室，技术科更名为水情测验科，科室领导职数 9 名（含总工程师、监察员各 1 名），其中正科级不超过 8 名；开封、漯河、濮阳水文水资源勘测局增设水资源科，技术科更名为水情测验科，科室领导职数 8 名（含总工程师、监察员各 1 名），其中正科级不超过 7 名。以上各水文水资源勘测局局领导职数不变。

关于对水文水资源局推行人员聘用制度
实施方案的批复

（豫水人劳函〔2004〕50 号　2004 年 11 月 16 日）

省水文水资源局：

你局报来的《河南省水文水资源局关于推行人员聘用制度实施方案的请示》（豫水文〔2004〕92 号）收悉。经审查，原则同意你单位推行人员聘用制度实施方案，请结合我厅《事业单位人员聘用制度实施方案》（豫水人劳〔2004〕16 号）文件精神，抓紧组织实施。要通过推行人员聘用制度，建立和完善激励竞争机制，搞活内部分配，实现用人上的公开、公平、公正。要按照批准的岗位设置聘用人员，不得突破岗位限额。要坚持平等自愿、协商一致的原则，维护单位和职工双方的合法权益。要正确处理改革、发展与稳定的关系，认真做好政治思想工作，妥善安置落聘人员，确保改革的顺利进行。

根据有关规定和实际工作需要，同意你局设置妇女委员会主任，在水利信息中心设置 2 名正科级岗位，科级职位不超过 34 个。鉴于内部审计职责调整到监察室，财务审计科更名为财务科。建议分别制定中层干部竞争上岗和一般工作岗位双向选择办法。《实施方案》第十一条第二款"提前退休"的提法不符合政策规定，建议你局根据实际情况修改，局机关技术岗位请按专业技术职务机构和系列设置要求控制，以上两项不列入方案。

在推行人员聘用制度过程中，如有新问题、新情况请及时反映。修改后的方案一式 6 份报厅人事劳动处存档。

关于加强"以工程带水文"项目建设管理工作的通知

（豫水建〔2009〕12 号　2009 年 2 月 9 日）

各省辖市、扩权县水利（务）局，省重点项目建设管理单位：

根据水利部《水文管理暂行办法》第十四条："兴建水利工程时，应将须迁移或新建的水文测报和管理设施列入工程基建计划，并按要求完成。"水利部《关于加强水文工作的若干意见》中规定："在编制水利工程建设计划时，必须包含水文项目，新建改建水利工程，必须包括水文站、水文设施、信息网络等建设和改造（即'工程带水文'），其前期工作要同步进行"的要求，近些年来，国家和省批复的大中型水利工程中均有配套建设水文基础设施（"以工程带水文"）。经初步统计，目前已列入沙颍河、涡河等河道近期治理和燕山、盘石头、南湾、薄山等水库新建及除险加固工程的水文站改造建设约 20 处，列入水文工程资金约 1500 万元。随着这些工程项目资金的落实到位，水文基础设施也将得到较大幅度的改造，水文测站的办公生产条件及站容站貌将发生很大的变化，我省水文事业的发展将得到有力的推进。

但是，在"以工程带水文"的建设管理过程中，由于缺少统一的建管体制，没有相应较高管理水平的组织机构，致使在各项水利工程中的落实水文工程项目，争取到位工程资金，强化工程质量管理，组织验收等环节，暴露出程度不同的问题。为水文测站的建设改造工作带来了一定的困难，影响了水利工程整体功能效益的发挥。

鉴于以上情况，为使"以工程带水文"项目在我省水利工程建设中得到有效落实和切实加强，确保水文基础设施及时发挥为水利工程服务的耳目、尖兵作用，本着"建管一体"的原则，经省厅研究决定：今后所有的"以工程带水文"项目，其水文项目的实施由水利工程项目建设单位统一委托河南省水文水资源局负责组织实施，双向签订委托建设管理协议，明确各自责任和义务，工程完工后作为水文专项工程，由省级水行政主管部门组织验收，其决算纳入水利工程建设总决算之内。

各市水利局和水利工程建设管理单位应对"以工程带水文"项目的建设

给予支持和帮助，及时签订委托管理协议，足额落实水文工程建设资金，统筹安排水文工程实施计划，配合做好水文专项工程验收准备工作，促使配套水文工程早日具备服务功能，及时为水利工程的建设、管理、运用提供水文信息资料，以利于水利工程的防洪抗旱、蓄水发电、灌溉航运等综合效益的充分发挥。

河南省水文水资源局应组织精干高效的水文项目建设管理机构，按照《河南省水文工程建设管理暂行办法》，认真做好水文工程的设计、施工、决算、验收等各阶段工作，主动与有关水利项目建设单位联系沟通，及时安排部署水文工程建设，承担水文项目建设管理责任，履行水文项目法人职责，接受水利工程质量监督部门的监督，并按照水利工程建设程序，对水文工程建设实行招标投标制、工程监理制、合同管理制、竣工验收制，达到统一建设管理，确保水文工程效益及时发挥的目的。

河南省水文工程建设管理暂行办法

（豫水建〔2009〕13号　2009年2月9日）

第一章　总　　则

第一条　为规范水文基本建设管理工作，提高水文工程建设管理水平，确保水文工程建设质量，根据国家有关规定，结合我省水文建设实际，制定本办法。

第二条　本办法所称水文工程是指经国家和省批准的水文工程及水利工程中配套建设的水文项目（简称"工程带水文"），主要包括河南省水文站网内水文基础设施建设工程。

第三条　本办法适用于各级政府投资的水文工程项目，其他投资建设的水文工程可参照执行。

第四条　水文工程建设按建管一体的原则，由省级水文机构统一规划和实施。计划内水文工程项目由省级水文机构统一立项，其组织实施由省级水文机构统一负责。"工程带水文"项目，由有关部门或项目法人按照国家有关规定将新建、扩建、改建、迁建的水文监测设施列入水利工程建设内容，委托省级水文机构统一建设管理，并与之签订委托建管协议，明确双方责任义务，建设资金从中央和省投资中足额列支。

第五条　水文工程建设应严格履行基本建设程序，实行项目法人责任制、招标投标制、建设监理制、合同管理制、竣工验收制，接受省级水行政主管部门的监督；"工程带水文"项目还要接受水利工程项目法人的检查指导，完工后作为专项工程由省级水行政主管部门主持验收。

第六条　建设各方必须依据国家和水利部颁发的有关工程建设法律、法规及相关技术规程、规范和标准进行工程建设。

第二章　建　管　机　构

第七条　水文工程建设由省级水行政主管部门批准组建的水文工程项目法人（以下简称"项目法人"）统一组织实施，项目法人可根据具体情况组建现场管理机构。

第八条　项目法人及现场管理机构的组织机构和人员配备应与所承担工程的规模、重要性和技术要求相适应。应有固定的专业技术、财务和管理人员，其中：各类专业技术人员一般不少于总人数的50％，技术、财务负责人应具备中级及以上职称。

第九条　项目法人及现场管理机构应对所承担工程建设的全过程负责，必须遵守国家有关工程建设的法律、法规和规章、规程、规范，正确处理各方之间的关系，按批准的建设规模、标准和内容完成建设任务。

第十条　项目法人及现场管理机构应接受上级有关部门的审计、稽查、检查等，如实提交工程、计划、财务、统计等资料。

第十一条　项目法人应加强财务管理，建立完善的管理制度和有效的内控制度，严格执行有关财务管理法规，严禁挤占、截留、挪用水文工程建设资金，做到专户储存、专款专用。

第十二条　项目法人应当加强项目建设信息管理工作，指派专人负责，按有关规定和要求，及时准确地收集整理工程进度、质量、安全及资金到位、完成情况等信息，报送有关部门。

第三章　招　标　投　标

第十三条　水文工程应按国家规定实行公开招标。施工单项合同估算价在50万元以上，重要设备、材料采购单项合同估算价在30万元以上，服务单项合同估算价在20万元以上的应公开招标。

第十四条　承担水文工程的监理单位、施工单位、设备材料供应（制造）商，应具备相应的资质和条件。水文建设管理机构可委托招标代理机构进行招标。招标代理机构应具备相应的资格，并符合国家和河南省水利行业相关规定。招标文件的编制应符合水利部和河南省水行政主管部门的有关规定。

第十五条 评标委员会中技术、财务专家人数不少于评委总人数的三分之二，其中水文方面专家人数不少于技术专家人数的三分之二。评标专家从省级水行政主管部门专家库中抽取。招标、评标、定标按国家和河南省有关规定执行。

第四章 建 设 监 理

第十六条 水文工程建设应实行建设监理制。监理单位对水文工程建设的质量、资金、进度、安全等进行全面监理。

第十七条 监理单位要加强监理力量，根据所承担的监理任务，向施工现场派驻熟悉业务和胜任实际工作的监理人员。监理人员应具有相应资格，认真履行监理职责。

第十八条 为保证建设监理单位的工作质量，项目法人不得以任何形式和借口压减监理费用。

第五章 施 工 管 理

第十九条 项目法人应及时组织对施工图纸进行审查，未经审查的施工图不得投入使用。

第二十条 设备仪器运达现场后应由项目法人组织进行联合验收，不合格的仪器设备不准安装使用。

第二十一条 原材料和中间产品经检验不合格者不得使用。

第二十二条 施工单位必须按照承包合同约定，积极作好施工过程的各项安排，不得转包和违法分包，并对施工质量、进度、安全及施工范围内的环境保护负责。

第二十三条 参建单位应做好工程建设中资料的记录、整理、归档工作，并负责编制竣工管理工作报告。

第六章 质 量 管 理

第二十四条 水文工程建设实行项目法人负责、监理单位控制、施工单位保证和政府监督相结合的质量管理体制，项目法人对工程质量负总责。水利工程质量监督机构代表政府行使监督职能，不替代参建各方的质量管理职责。

第二十五条　水文工程建设在开工前，应按规定到质量监督机构办理质量监督手续。质量监督机构根据工程特点，采取巡查、抽查的方式开展监督工作。

第二十六条　各参建单位和个人均有责任和义务向质量监督机构和有关管理部门报告工程质量情况，反映工程质量问题。

第二十七条　水文工程建设质量评定、验收工作，参照《水利水电工程施工质量检验与评定规程》（SL 176—2007）、《水利水电建设工程验收规程》（SL 223—2008）执行。

第七章　竣　工　验　收

第二十八条　水文工程完工后，由省级水行政主管部门组织竣工验收。"工程带水文"项目作为专项工程组织验收。

第二十九条　水文工程竣工验收之前，必须按照水利基本建设项目竣工财务决算编制规程编制工程竣工财务决算，报送竣工验收主持单位财务部门审查及审计机关审计。"工程带水文"项目决算纳入水利工程竣工财务决算之内。

第三十条　水文工程不经验收合格不得投入使用。

第八章　附　　则

第三十一条　本办法由河南省水利厅负责解释。

第三十二条　本办法自印发之日起施行。

河南省水利厅关于省水文水资源局机构
编制方案的批复

（豫水人劳〔2013〕22 号　2013 年 3 月 12 日）

省水文水资源局：

你局《关于省局机关及 18 个勘测局拟内设机构的请示》（豫水文〔2013〕4 号）收悉。为加强全省水文水资源管理和勘测工作，根据《河南省事业单位机构编制管理办法》和《河南省机构编制委员会办公室关于河南省水利厅所属事业单位清理规范意见的通知》要求，按照"精简、统一、效能"的原则，确定你单位人员编制、科级内设机构和科级领导职数如下：

一、省水文水资源局机关

办公室设综合科、水政监察支队 2 个科级内设机构，综合科编制 9 名，水政监察支队编制 6 名，科级领导职数各 2 名（1 正 1 副）。

组织人事处设人事劳动科、监察室、老干部科 3 个科级内设机构，人事劳动科编制 6 名，监察室编制 6 名，老干部科编制 6 名，科级领导职数各 2 名（1 正 1 副）。

计划财务处设事业基建科、资产管理科 2 个科级内设机构，事业基建科编制 4 名，资产管理科编制 4 名，正科级领导职数各 1 名。

站网监测处设站网科、测验科 2 个科级内设机构，站网科编制 5 名，正科级领导职数 1 名；测验科编制 6 名，科级领导职数 2 名（1 正 1 副）。

水情处设遥测科、预报科 2 个科级内设机构，遥测科编制 6 名，科级领导职数 2 名（1 正 1 副）；预报科编制 4 名，正科级领导职数 1 名。

水资源处设调查评价科、地下水监测中心 2 个科级内设机构，调查评价科编制 6 名，地下水监测中心编制 6 名，科级领导职数各 2 名（1 正 1 副）。

水质处设质量科、监测科 2 个科级内设机构，质量科编制 6 名，监测科编制 6 名，科级领导职数各 2 名（1 正 1 副）。

信息管理处（省水文数据中心）设信息科、数据中心 2 个科级内设机构，信息科编制 6 名，数据中心编制 6 名，科级领导职数各 2 名（1 正 1 副）。

省水文水资源局机关全供事业编制 120 个，科级内设机构 17 个，科级领导职数 34 名（含党办主任、工会主席、团委书记、妇委会主任各 1 名，正科级），其中正科级领导职数不超过 21 名。

二、18 个水文水资源勘测局

信阳水文水资源勘测局全供事业编制 140 个，设办公室、人事劳动科、财务科、水情科、测验科、水资源科、水质监测科 7 个内设机构，规格相当于科级。办公室编制 7 名，科级领导职数 2 名（1 正 1 副）；人事劳动科和财务科编制各 4 名，正科级领导职数各 1 名；水情科、测验科、水资源科、水质监测科编制各 8 名，科级领导职数各 2 名（1 正 1 副）。局机关定编 52 名，科级领导职数 15 名（含副局长 3 名，正科级），其中正科级领导职数不超过 10 名。

南阳水文水资源勘测局全供事业编制 110 个，设办公室、人事劳动科、财务科、水情科、测验科、水资源科、水质监测科 7 个内设机构，规格相当于科级。办公室编制 7 名，科级领导职数 2 名（1 正 1 副）；人事劳动科和财务科编制各 4 名，正科级领导职数各 1 名；水情科、测验科、水资源科、水质监测科编制各 8 名，科级领导职数各 2 名（1 正 1 副）。局机关定编 52 名，科级领导职数 15 名（含副局长 3 名，正科级），其中正科级领导职数不超过 10 名。

驻马店水文水资源勘测局全供事业编制 110 个，设办公室、人事劳动科、财务科、水情科、测验科、水资源科、水质监测科 7 个内设机构，规格相当于科级。办公室编制 7 名，科级领导职数 2 名（1 正 1 副）；人事劳动科和财务科编制各 4 名，正科级领导职数各 1 名，水情科、测验科、水资源科、水质监测科编制各 8 名，科级领导职数各 2 名（1 正 1 副）。局机关定编 52 名，科级领导职数 15 名（含副局长 3 名，正科级），其中正科级领导职数不超过 10 名。

郑州水文水资源勘测局全供事业编制 85 个，设办公室、人事劳动科、财务科、水情科、测验科、水资源科、水质监测科 7 个内设机构，规格相当于科级。办公室编制 6 名，科级领导职数 2 名（1 正 1 副）；人事劳动科和财务科编制各 4 名，正科级领导职数各 1 名；水情科、测验科、水资源科、水质监测科编制各 8 名，科级领导职数各 2 名（1 正 1 副）。局机关定编 51 名，科级领导职数 15 名（含副局长 3 名，正科级），其中正科级领导职数不超过 10 名。

周口水文水资源勘测局全供事业编制 80 个，设办公室、人事劳动科、财务科、水情科、测验科、水资源科、水质监测科 7 个内设机构，规格相当于科级。办公室编制 7 名，科级领导职数 2 名（1 正 1 副）；人事劳动科和财务科编制各 4 名，正科级领导职数各 1 名；水情科、测验科、水资源科、水质监测科编制各 8 名，科级领导职数各 2 名（1 正 1 副）。局机关定编 51 名，科级领导职数 14 名（含副局长 2 名，正科级），其中正科级领导职数不超过 9 名。

安阳水文水资源勘测局全供事业编制 46 个，设综合科、财务科、水情测验科、水资源科、水质监测科 5 个内设机构，规格相当于科级。综合科编制 4 名，正科级领导职数 1 名；财务科编制 5 名，正科级领导职数 1 名；水情测验科、水资源科、水质监测科编制各 6 名，正科级领导职数各 1 名。局机关定编 31 名，正科级领导职数 7 名（含副局长 2 名，正科级）。

新乡水文水资源勘测局全供事业编制 50 个，设综合科、水情测验科、水资源科、水质监测科 5 个内设机构，规格相当于科级。综合科编制 4 名，正科级领导职数 1 名；财务科编制 5 名，正科级领导职数 1 名；水情测验科、水资源科、水质监测科编制各 6 名，正科级领导职数各 1 名。局机关定编 31 名，正科级领导职数 7 名（含副局长 2 名，正科级）。

平顶山水文水资源勘测局全供事业编制 63 个，设综合科、财务科、水情测验科、水资源科、水质监测科 5 个内设机构，规格相当于科级。综合科编制 4 名，正科级领导职数 1 名；财务科编制 5 名，正科级领导职数 1 名；水情测验科、水资源科、水质监测科编制各 6 名，正科级领导职数各 1 名。局机关定编 31 名，正科级领导职数 7 名（含副局长 2 名，正科级）。

商丘水文水资源勘测局全供事业编制 53 个，设综合科、财务科、水情测验科、水资源科、水质监测科 5 个内设机构，规格相当于科级。综合科编制 4 名，正科级领导职数 1 名；财务科编制 5 名，正科级领导职数 1 名；水情测验科、水资源科、水质监测科编制各 6 名，正科级领导职数各 1 名。局机关定编 31 名，正科级领导职数 7 名（含副局长 2 名，正科级）。

洛阳水文水资源勘测局全供事业编制 30 个，设综合科、财务科、水情测验科、水资源科 4 个内设机构，规格相当于科级。综合科编制 4 名，正科级领导职数 1 名；财务科编制 5 名，正科级领导职数 1 名；水情测验科、水资源科编制各 6 名，正科级领导职数各 1 名。局机关定编 24 名，正科级领导职数 5 名（含副局长 1 名，正科级）。

许昌水文水资源勘测局全供事业编制 37 个，设综合科、水情测验科、水资源科 4 个内设机构，规格相当于科级。综合科编制 4 名，正科级领导职数 1 名；财务科编制 5 名，正科级领导职数 1 名；水情测验科、水资源科编制各 6 名，正科级领导职数各 1 名。局机关定编 24 名，正科级领导职数 5 名（含副局长 1 名，正科级）。

漯河水文水资源勘测局全供事业编制 33 个，设综合科、财务科、水情测验科、水资源科 4 个内设机构，规格相当于科级。综合科编制 4 名，正科级领导职数 1 名；财务科编制 3 名，正科级领导职数 1 名；水情测验科、水资源科编制各 4 名，正科级领导职数各 1 名。局机关定编 18 名，正科级领导职数 5 名（含副局长 1 名，正科级）。

濮阳水文水资源勘测局全供事业编制 33 个，设综合科、财务科、水情测验科、水资源科 4 个内设机构，规格相当于科级。综合科编制 4 名，正科级领导职数 1 名；财务科编制 3 名，正科级领导职数 1 名；水情测验科、水资源科编制各 4 名，正科级领导职数各 1 名。局机关定编 18 名，正科级领导职数 5 名（含副局长 1 名，正科级）。

开封水文水资源勘测局全供事业编制 30 个，设综合科、财务科、水情测验科、水资源科 4 个内设机构，规格相当于科级。综合科编制 4 名，正科级领导职数 1 名；财务科编制 3 名，正科级领导职数 1 名；水情测验科、水资源科编制各 4 名，正科级领导职数各 1 名。局机关定编 18 名，正科级领导职数 5 名（含副局长 1 名，正科级）。

济源水文水资源勘测局全供事业编制 20 个，设综合科、水情测验科、水资源科 3 个内设机构。水情测验科、水资源科编制各 4 名，正科级领导职数各 1 名。局机关定编 15 名，正科级领导职数 4 名（含副局长 1 名，正科级）。

焦作水文水资源勘测局全供事业编制 20 个，设综合科、水情测验科、水资源科 3 个内设机构，规格相当于科级。综合科、水情测验科、水资源科编制各 4 名，正科级领导职数各 1 名。局机关定编 15 名，正科级领导职数 4 名（含副局长 1 名，正科级）。

鹤壁水文水资源勘测局全供事业编制 25 个，设综合科、水情测验科、水资源科 3 个内设机构，规格相当于科级。综合科、水情测验科、水资源科编制各 4 名，正科级领导职数各 1 名。局机关定编 15 名，正科级领导职数 4 名（含副局长 1 名，正科级）。

三门峡水文水资源勘测局全供事业编制 20 个，设综合科、水情测验科、水资源科 3 个内设机构，规格相当于科级。综合科、水情测验科、水资源科编制各 4 名，正科级领导职数各 1 名。局机关定编 15 名，正科级领导职数 4 名（含副局长 1 名，正科级）。

自发文之日起，河南省水文水资源局原定机构编制事项一并废止。

河南省水情预警发布管理办法（试行）

（豫防办〔2014〕19 号　2014 年 6 月 6 日）

第一条　为了防御和减轻水旱灾害，规范水情预警发布工作，依据《河南省实施〈中华人民共和国防汛条例〉细则》、《河南省实施〈中华人民共和国抗旱条例〉细则》、《河南省水文条例》、《水情预警发布管理办法（试行）》（国汛〔2013〕1 号）、《河南省防汛应急预案》、《河南省抗旱应急预案》，结合本省实际，制定本办法。

第二条　本办法适用于河南省发布的水情预警。

第三条　水情预警是指向社会公众发布的洪水、枯水等预警信息，一般包括发布单位、发布时间、水情预警信号、预警内容等。

第四条　水情预警依据洪水量级、枯水程度及其发展态势，由低至高分为四个等级，依次用蓝色、黄色、橙色、红色表示，即：洪水蓝色预警（小洪水）、洪水黄色预警（中洪水）、洪水橙色预警（大洪水）、洪水红色预警（特大洪水）；枯水蓝色预警（轻度枯水）、枯水黄色预警（较重枯水）、枯水橙色预警（严重枯水）、枯水红色预警（特别严重枯水）。

河南省水情预警发布标准见附件。

第五条 水情预警由水文机构按照管理权限统一向社会发布。

省水文机构负责本省管理的大型水库、主要河道控制站（一级、二级水文站）的水情预警发布工作。

省辖市、省直管县水文机构负责其管辖行政区内的中型水库、三级及以下水文站的水情预警发布工作。

水情预警发布需经同级防汛抗旱指挥机构审核。

第六条 水情预警由水文机构根据发布权限，通过广播、电视、报纸、电信、网络等媒体统一向社会发布。各媒体应当按照河南省有关规定和防汛抗旱要求，及时播发、刊登水情预警信息，并标明发布单位和发布时间，不得更改和删减水情预警信息。

第七条 有关部门应依据水文机构发布的水情预警信息，按照防汛抗旱应急预案，及时启动相应响应。社会公众应及时做好避险防御工作，减轻水旱灾害损失。

第八条 非法或未按规定向社会发布水情预警的，依据法律法规及有关规定追究有关责任人的责任。

第九条 本办法由河南省水文水资源局负责解释。

第十条 本办法自颁布之日起施行。

附件：

河南省水情预警发布标准

依据《水情预警发布管理办法（试行）》（国汛〔2013〕1号），制定河南省洪水、枯水两类水情预警发布标准。

一、洪水预警信号

1. 等级

依据洪水量级及其发展态势，洪水预警信号由低至高分为四个等级，依次用蓝色、黄色、橙色、红色表示。

2. 图标

洪水蓝色、黄色、橙色、红色预警信号图标依次为：

3. 标准

（1）洪水蓝色预警

水位接近警戒水位。

（2）洪水黄色预警

水位达到或超过警戒水位。

（3）洪水橙色预警

水位接近保证水位。

（4）洪水红色预警

水位达到或超过保证水位。

河南省洪水预警发布标准详见表1。

表1   河南省洪水预警发布标准表

序号	河名	站名	市县	警戒水位	保证水位	蓝色预警	黄色预警	橙色预警	红色预警
1	淮河	息县	信阳	41.50	43.00	$41.00 \leqslant Z < 41.50$	$41.50 \leqslant Z < 42.50$	$42.50 \leqslant Z < 43.00$	$Z \geqslant 43.00$
2	淮河	淮滨	信阳	29.50	32.80	$29.00 \leqslant Z < 29.50$	$29.50 \leqslant Z < 31.80$	$31.80 \leqslant Z < 32.80$	$Z \geqslant 32.80$
3	史河	蒋集	固始	32.00	33.24	$31.50 \leqslant Z < 32.00$	$32.00 \leqslant Z < 32.80$	$32.80 \leqslant Z < 33.24$	$Z \geqslant 33.24$
4	洪河	桂李	驻马店	60.50	63.00	$60.00 \leqslant Z < 60.50$	$60.50 \leqslant Z < 62.20$	$62.20 \leqslant Z < 63.00$	$Z \geqslant 63.00$
5	洪河	班台	新蔡	33.50	35.63	$33.00 \leqslant Z < 33.50$	$33.50 \leqslant Z < 35.00$	$35.00 \leqslant Z < 35.63$	$Z \geqslant 35.63$
6	汝河	遂平	驻马店	63.50	65.00	$63.00 \leqslant Z < 63.50$	$63.50 \leqslant Z < 64.50$	$64.50 \leqslant Z < 65.00$	$Z \geqslant 65.00$
7	沙河	马湾	漯河	66.50	69.10	$66.00 \leqslant Z < 66.50$	$66.50 \leqslant Z < 68.30$	$68.30 \leqslant Z < 69.10$	$Z \geqslant 69.10$
8	沙河	漯河	漯河	59.50	61.70	$59.00 \leqslant Z < 59.50$	$59.50 \leqslant Z < 61.00$	$61.00 \leqslant Z < 61.70$	$Z \geqslant 61.70$
9	澧河	何口	漯河	68.00	70.40	$67.50 \leqslant Z < 68.00$	$68.00 \leqslant Z < 69.70$	$69.70 \leqslant Z < 70.40$	$Z \geqslant 70.40$

序号	河名	站名	市县	警戒水位	保证水位	蓝色预警	黄色预警	橙色预警	红色预警
10	颍河	化行	许昌	79.50	81.50	79.00≤Z<79.50	79.50≤Z<80.90	80.90≤Z<81.50	Z≥81.50
11	沙河	周口	周口	46.10	49.83	45.60≤Z<46.10	46.10≤Z<48.70	48.70≤Z<49.83	Z≥49.83
12	沙河	槐店	周口	37.86	40.43	37.36≤Z<37.86	37.86≤Z<39.60	39.60≤Z<40.43	Z≥40.43
13	唐河	唐河	南阳	96.70	99.70	96.20≤Z<96.70	96.70≤Z<98.80	98.80≤Z<99.70	Z≥99.70
14	白河	南阳	南阳	114.89	116.94	114.39≤Z<114.89	114.89≤Z<116.30	116.30≤Z<116.94	Z≥116.94
15	共渠	合河	新乡	74.00	75.80	73.50≤Z<74.00	74.00≤Z<75.30	75.30≤Z<75.80	Z≥75.80
16	共渠	黄土岗	新乡	70.00	71.50	69.50≤Z<70.00	70.00≤Z<71.00	71.00≤Z<71.50	Z≥71.50
17	卫河	淇门	鹤壁	64.10	66.40	63.60≤Z<64.10	64.10≤Z<65.70	65.70≤Z<66.40	Z≥66.40
18	卫河	五陵	安阳	56.00	57.89	55.50≤Z<56.00	56.00≤Z<57.30	57.30≤Z<57.89	Z≥57.89
19	安阳河	安阳	安阳	73.18	75.18	72.68≤Z<73.18	73.18≤Z<74.60	74.60≤Z<75.18	Z≥75.18
20	卫河	元村	濮阳	47.68	49.68	47.18≤Z<47.68	47.68≤Z<49.10	49.10≤Z<49.68	Z≥49.68

注 Z 表示水位，单位为米。

二、枯水预警信号

1. 等级

依据枯水严重程度及其发展态势，枯水预警信号由低至高分为四个等级，依次用蓝色、黄色、橙色、红色表示。

2. 图标

枯水蓝色、黄色、橙色、红色预警信号图标依次为：

3．标准

（1）枯水蓝色预警

水位接近旱警水位。

（2）枯水黄色预警

水位降至或低于旱警水位。

（3）枯水橙色预警

水位接近历史最低水位（河道）或死水位（水库）。

（4）枯水红色预警

水位低于历史最低水位（河道）或死水位（水库）。

河南省枯水预警发布标准见表2。

表 2 　　　　　　　　河南省枯水预警发布标准表

序号	河名	站名	市县	旱警水位	死水位	蓝色预警	黄色预警	橙色预警	红色预警
1	白河	鸭河口	南阳	167.50	160.00	$167.50 < Z \leqslant 168.00$	$165.20 < Z \leqslant 167.50$	$160.00 < Z \leqslant 165.20$	$Z \leqslant 160.00$
2	浉河	南湾	信阳	97.00	88.00	$97.00 < Z \leqslant 97.50$	$94.00 < Z \leqslant 97.00$	$88.00 < Z \leqslant 94.00$	$Z \leqslant 88.00$
3	沙河	白龟山	平顶山	99.50	97.50	$99.50 < Z \leqslant 100.00$	$99.00 < Z \leqslant 99.50$	$97.50 < Z \leqslant 99.00$	$Z \leqslant 97.50$
4	汝河	板桥	驻马店	106.20	101.04	$106.20 < Z \leqslant 106.70$	$104.20 < Z \leqslant 106.20$	$101.04 < Z \leqslant 104.20$	$Z \leqslant 101.04$
5	颍河	白沙	许昌	214.00	209.00	$214.00 < Z \leqslant 214.50$	$212.50 < Z \leqslant 214.00$	$209.00 < Z \leqslant 212.50$	$Z \leqslant 209.00$

注　Z 表示水位，单位为米。

河南省地下水管理暂行办法

（豫水政资〔2014〕77号　2014年11月27日）

第一条　为加强地下水的管理和保护，促进地下水可持续利用，维护生态环境，根据《中华人民共和国水法》等法律法规，制定本办法。

第二条　在河南省行政区域内从事地下水开发、利用、节约、保护和管理及其相关活动，适用本办法。

本办法所称地下水，是指埋藏于地表以下的水体（含地热水、矿泉水）。

第三条　开发利用地下水要以实现地下水采补平衡、维持地下水良好生态环境为目标，坚持全面规划、保护优先、高效利用、合理储备、严格管理的原则。

第四条　县级以上地方人民政府水行政主管部门按照规定的权限，负责本行政区域内地下水统一管理和监督工作。

第五条　县级以上地方人民政府水行政主管部门应当编制地下水开发利用保护规划，确定地下水管理与保护目标，制定地下水开发利用总体布局和调配方案，提出地下水超采治理、修复保护措施。地下水开发利用保护规划应报请地方人民政府纳入地方经济社会发展综合评价体系，严格考核管理。

第六条　省级水行政主管部门负责制定本行政区域地下水开采总量控制指标，并将本行政区域地下水开采总量控制指标分解至各市和县级行政区域。区域内地下水开采总量不得超过上一级水行政主管部门下达的地下水开采总量控制指标。

第七条　国民经济和社会发展规划、城市总体规划、经济开发区、工业集聚区及各类成片开发区、新区的总体规划、重大建设项目布局规划，应当进行规划水资源论证，确保相关规划和布局与当地水资源条件相适应；新建、改建、扩建建设项目取用地下水的，建设单位应当按照有关要求编制水资源论证报告书，经有管辖权的人民政府水行政主管部门审查同意后，依法办理取水许可审批手续；综合开发区、工业园区和经济技术开发区等产业集聚区内的建设项目，应在产业集聚区规划水资源论证的基础上开展建设项目的水资源论证。

第八条　直接取用地下水的单位和个人应当按照国家取水许可制度和水资源有偿使用制度的规定，向县级以上人民政府水行政主管部门申请领取取水许可证，并缴纳水资源费，取得取水权。

取用地下水的单位和个人应当按照取水许可证载明的事项使用地下水，不得擅自转供或者改变规定的用途。

第九条　直接取用地下水的单位和个人在取水许可证有效期届满前，要先期开展水资源论证工作，在对当地地下水超采状况、水资源条件变化情况等全面评价的基础上，按照当地地下水开采总量控制指标重新论证原批准的地下水取水方案是否符合水资源管理与优化配置的要求，全面评估原批准的取水量、实际取水量、节水水平和退水量及水质状况。

第十条　有下列情形之一的，取水许可证不予延续，具有管辖权的水行政主管部门要强制其转换水源。

（一）在地下水保护区、保留区取用地下水的；

（二）在地下水超采区内具有替代水源，且满足用水需求的；

（三）在地下水禁采范围内取用地下水的；

（四）不符合行业用水定额和节水技术要求的；

（五）公共供水管网能够满足用水需求的。

第十一条　地下水开采总量控制指标是批准地下水取水许可的主要依据。地下水开采总量已达到或者超过总量控制指标的地区，暂停审批建设项目新增取用地下水。地下水开采总量已接近地下水开采总量控制指标的地区，限制建设项目新增取用地下水的取水申请。

第十二条　各市、县应当按照不同区域、地下水源类型、用水行业等，分类制定地下水水资源费征收标准。地下水水资源费征收标准应当高于地表水水资源费标准；超采区地下水水资源费征收标准应当高于非超采地区地下水水资源费征收标准，严重超采地区的地下水水资源费征收标准应当大幅高于非超采地区地下水水资源费征收标准；城市公共供水管网覆盖范围内取用地下水的水资源费征收标准应当高于公共供水管网未覆盖地区的地下水水资源费征收标准，并高于当地同类用途的城市供水价格；地热水、矿泉水的水资源费征收标准应当高于一般地下水水资源费征收标准。

第十三条　单位或者个人建设地下水取水工程，应在施工前向取水许可审批机关提出申请并取得批准文件。在取水许可申请书中应说明地下水取水工程施工方案，并按照批准的取水申请进行施工。地下水取水工程施工方案需要变更的，应当重新办理取水许可申请。

依法需要关停、报废或者未建成已经停工的地下水取水工程，产权单位或者个人应当在停止取水或者停工之日起十五日内到取水审批机关注销取水许可证或者废止取水申请批准文件，并在取水井所在地县级人民政府水行政主管部门的监督下实施封闭。需要作为应急备用地下水供水工程的，应当纳入应急备用供水工程体系实施管理。

第十四条　开采矿泉水、地热水和建设地下水源热泵系统应当符合地下水利用与保护规划，在城市建成区、规划区开采矿泉水、地热水和建设地下水源热泵系统应在专题规划的基础上进行，并应在地下水开采总量控制管理中单独严格管理。开采矿泉水、地热水和建设地下水源热泵系统的单位或者个人应当进行建设项目水资源论证。建设项目水资源论证、取水许可按照分级管理权限由属地省辖市、直管县（市）级以上水行政主管部门审查、审批。

第十五条 禁止在地下水饮用水水源保护区、地下水禁采区利用地下水源热泵系统取用地下水。禁止将深层地下水作为地下水源热泵系统的水源。地下水源热泵系统的建设和管理应当符合国家相关技术规范，取水井与回灌井应当布设在同一含水层位，保持合理的数量和间距，取水应当全部回灌到同一含水层，并不得对地下水造成污染。

第十六条 省人民政府水行政主管部门应当在地下水勘查的基础上，会同同级人民政府有关部门定期开展地下水调查评价和比较复核工作，调整划定地下水一般超采区和严重超采区，在地下水严重超采区可以划定地下水限制开采区或者禁止开采区，报省人民政府批准后公布。

第十七条 开采矿藏或者建设地下工程需要疏干排水的，应当向具有管辖权的取水许可审批机关申请取水。采矿单位或者建设单位应当安装排水计量设施，建设地下水监测井，开展地下水排水计量和地下水水位、水质监测，并应向取水许可审批机关及时报送排水计量和水位与水质监测情况。

第十八条 鼓励在适宜地区采用合理方式开展地下水人工回灌，涵养地下水水源。

需要实施地下水人工回灌的地区，有关地方人民政府水行政主管部门应当根据国家有关标准，编制地下水人工回灌规划，明确地下水人工回灌工程布局和回灌水源及其水质、回灌的含水层和回灌方式等，报本级人民政府批准后实施。

第十九条 各级人民政府水行政主管部门应当代表本级人民政府对下一级地方人民政府实行地下水开采总量控制和地下水超采治理情况进行监督检查和年度评估考核。

各行政区域地下水管理与保护工作的监督考核工作纳入最严格水资源管理制度考核体系。

第二十条 本办法自发布之日起施行。

编 纂 始 末

《河南省水文志》是河南省第一部水文专业志书。由河南省水文水资源局水文志编写组在 2000 年编写的内部版《河南省水文志》的基础上，重新编纂完成。

《河南省水文志》第二轮编修工作 2013 年 7 月正式启动。省水文局成立《河南省水文志》编纂委员会。2013 年 8 月，编修人员本着详今略古、详主略次、详独略同等原则，经过反复研讨，编制完成《〈河南省水文志〉篇目设计大纲（初稿）》。2013 年 12 月 5 日，编委会办公室召开由 18 个驻市水文局和省水文局机关处室负责人参加的会议，部署《河南省水文志》编修工作，并对与会人员进行志书编纂培训。会议要求，根据《〈河南省水文志〉篇目设计大纲（初稿）》内容，2014 年 3 月底前报送志书相关资料。会后，对篇目的章、节、目内容分解到省水文局机关处室，指定专人完成相关内容的志书组稿工作。

《〈河南省水文志〉篇目设计大纲（初稿）》，在广泛征求水文系统老领导、老专家和省水文局机关处室负责人意见的基础上，六易其稿。2014 年 10 月 11 日通过由省史志办主任霍宪章、省水利宣传中心副主任国立杰和省史志办、省水利史志办及水文老专家参加的评审。根据专家意见，在修改、补充、完善的基础上，形成篇目设计正式稿，予以指导《河南省水文志》的第二轮编修工作。

《河南省水文志》编修资料的收集整理工作始终贯穿于志书编修工作的全过程。在水文史料时间跨度长、工作量大、耗时多、涉及面广的情况下，编修人员参阅了《中国水文志》《黄河水文志》《淮河水文志》《海河志·水文篇》中河南省部分的相关内容，以及《湖南省水文志》《陕西省水文志》《广东省水文志》《云南省水文志》的志书编纂经验。重要水文史料则主要参阅选取于 2000 年第一轮编修完成的《河南省水文志》（内部资料）。2014 年 5 月 27—31 日，编修人员还先后到许昌、信阳、新乡水文局和新县、裴河、龙山、潢川等基层水文测站，通过召开座谈会、走访专家、离退休职工、现场勘查等形式，广泛征集修志史料和意见。2014年12月，编委会办公室将大事记、概述和正文第一章至第九章发给省水文局、驻市局和部分老同志征求意见。2015年6月，将第十章至十二章发送省水文局、驻市水文局征求意见，经再次审查修改形成送审稿。2015年9月，将《河南省水文志（送审稿）》发送有关专家审议。根据专家意见再次修改，形成终审稿。2015年10月21日召开专家评审会，与会专家一致认为，修改后的志稿达到"篇目科学、体例合理、史实准确、书写规范"，符合"存史资治"要求，同意通过评审。其后，根据评审意见，对部分内容进行调整、补充、修改。

《河南省水文志》在编修过程中，得到各级领导和专家以及广大水文职工的关心和支持，特别是老水文职工田龙、於稹、孔令钦、颜世德、张殿识等提供了大量的水文史料。在此，表示衷心感谢！

由于经验不足、水平所限，加上时间紧，考证难度大，本志难免有遗漏和不当之处，恳请读者批评指正。

编者

2016年12月

2015—2020 年机构变化情况 *

据豫编办〔2015〕288 号文件精神，同意省水文水资源局增加正处级领导职数 1 名，用于配备纪委书记；副处级领导职数 1 名，用于配备监察室主任。

据豫编办〔2016〕231 号文件精神，同意河南省水文水资源监测中心更名为河南省水资源监测管理中心，仍挂靠在省水文水资源局。承担水资源开发、利用、节约和保护及水资源规划论证、取水许可、水权制度建设、水权交易等相关技术工作；承担水量水质监测评价和水资源制度考核、监控系统运行管理、信息统计、技术培训等工作。所需编制在省水文水资源局内部调剂解决，增加副处级领导职数 1 名。

据豫水管〔2016〕60 号文件精神，河南省水文监测管理改革纳入河南省水利厅 2016 年改革总体部署，从 2016 年开始试点，到 2020 年完成全部 66 个水文测区监测改革任务。2016 年完成南阳水文测报中心、商丘水文测报中心、潢川水文局、唐河水文局等 18 处水文测区监测改革；2017 年完成开封水文测报中心、漯河水文测报中心、淮滨水文局、内乡水文局等 19 处水文测区监测改革；2018 年完成驻马店水文测报中心、三门峡水文测报中心、固始水文局、邓州水文局等 11 处水文测区监测改革；2019 年完成信阳水文测报中心、郑州水文测报中心、兰考水文局、舞钢水文局等 6 处水文测区监测改革；2020 年完成安阳水文测报中心、罗山水文局、确山水文局、鲁山水文局等 12 处水文测区监测改革。

据豫水人劳〔2016〕74 号文件精神，根据工作需要，经研究同意在安阳、新乡、平顶山、商丘、洛阳、许昌、漯河、濮阳、开封、济源、焦作、鹤壁、三门峡等 13 个水文水资源勘测局，增设人事劳动科科长职数各 1 名（正科级）。

据豫水人劳〔2017〕3 号文件精神，同意设立河南省潢川水文局等 18 个科级水文机构，分别为：河南省潢川水文局、河南省南阳水文测报中心、河南省唐河水文局、河南省新蔡水文局、河南省西平水文局、河南省舞阳水文

---

* 鉴于 2015—2020 年机构变化较大，为便于查阅，特将《2015—2020 年机构变化情况》收录于此。

局、河南省太康水文局、河南省鹿邑水文局、河南省登封水文局、河南省商丘水文测报中心、河南省永城水文局、河南省柘城水文局、河南省济源水文测报中心、河南省焦作水文测报中心、河南省鹤壁水文测报中心、河南省南乐水文局、河南省濮阳水文测报中心、河南省范县水文局。18 个水文机构均为正科级规格，科级领导职数 2 名（1 正 1 副）。

据豫水人劳〔2017〕70 号文件精神，同意设立河南省淮滨水文局等 19 个科级水文机构，分别为：河南省淮滨水文局、河南省新县水文局、河南省狮河水文局、河南省固始水文局、河南省内乡水文局、河南省南召水文局、河南省邓州水文局、河南省西峡水文局、河南省驻马店水文测报中心、河南省汝南水文局、河南省周口水文测报中心、河南省沈丘水文局、河南省汝州水文局、河南省许昌水文测报中心、河南省漯河水文测报中心、河南省汝阳水文局、河南省灵宝水文局、河南省卫辉水文局、河南省林州水文局。19 个水文机构均为正科级规格，科级领导职数 2 名（1 正 1 副）。

据豫水人劳〔2017〕75 号文件精神，为加强省水文系统计划财务管理工作，经研究，同意河南省水文水资源局计划财务处下属事业基建科、资产管理科各增加 1 名副科级领导职数。

据豫水人劳〔2018〕2 号文件精神，同意成立河口村水文站。河口村水文站隶属于河南省济源水文水资源勘测局，并纳入河南省济源水文测报中心管理，加挂"河南省河口村水库管理局水文站"牌子。

据豫水政监〔2018〕2 号文件精神，河南省水文水资源局成立郑州等 18 个水文水资源勘测局水政监察大队。

根据中央严格控制机构编制的有关要求，经研究决定将河南省水文水资源局机构规格由副厅级调整为正处级（豫编〔2018〕12 号）。河南省机构编制委员会重新核定省水文水资源局领导职数，核销省水文水资源局副厅级领导职数 2 名，正处级领导职数 6 名；撤销原设置的副处级内设机构，核销副处级领导职数 11 名（豫编〔2018〕67 号）。按照《河南省事业单位机构编制管理办法》（省政府令第 137 号）有关规定，重新核定省水文水资源局处级领导职数 1 正 5 副。王鸿杰任河南省水文水资源局局长，免去其河南省水文水资源局总工程师（正处级）职务（豫水人劳〔2019〕51 号）。王鸿杰任中共河南省水文水资源局委员会书记（豫水组〔2019〕81 号）。班子成员重新进行了分工，王鸿杰局长主持省水文水资源局全面工作。

据豫编办〔2019〕3 号文件精神，河南省漯河水利技工学校、河南省信阳水利技工学校 59 名全额拨款事业编制及在编人员划转至河南省水文水资源局，编制由原来的 1105 人，变成为 1164 人。

据豫编办〔2019〕120 号文件精神，省水文水资源局主要任务调整为：

（一）负责全省水文水资源监测工作。组织实施全省地表水、地下水的水量、水质监测；协调全省重大突发水污染、水生态事件的水文应急监测工作；组织实施水文检测计量器具检定工作。

（二）负责全省水文水资源的情报预报、监测数据整编和资料管理工作；组织实施水文调查评价、水文监测数据统一汇交、水文数据使用审定等制度。

（三）承担水文水资源信息发布有关工作，负责实施水资源调查评价；参与组织编制全省水资源公报，承担水质和地下水月报等编制工作。

（四）负责全省防汛抗旱的水文及相关信息收集、处理、监视、预警以及省内重点防洪地区江河、湖泊和重要水库的暴雨、洪水分析预报。

（五）负责水文信息网络、数据中心的建设和运行管理工作。

（六）依照有关行政法规承担水文测报设施保护工作。负责有关水事纠纷、涉水案件裁决所需水文资料的审定。

（七）承办上级有关部门交办的其他事项。